ELEKTRISCHE GASENTLADUNGSLAMPEN

VON

DR. W. UYTERHOEVEN ING. CIV.
EINDHOVEN

UNTER MITARBEIT VON

ING. K. W. HESS
EINDHOVEN

MIT 214 ABBILDUNGEN

BERLIN
VERLAG VON JULIUS SPRINGER
1938

ISBN-13: 978-3-642-89328-5 e-ISBN-13: 978-3-642-91184-2
DOI: 10.1007/978-3-642-91184-2

Softcover reprint of the hardcover 1st edition 1938

MEINEM FREUNDE

H. KERBERT

GEWIDMET

W. UYTERHOEVEN

Vorwort.

Die elektrischen Gasentladungslampen werden seit mehreren Jahren für allgemeine Beleuchtungszwecke in der Praxis geprüft, und man kann nun feststellen, daß sie auf verschiedenen Gebieten festen Fuß gefaßt haben.

Der Zweck dieses Buches ist, dem Ingenieur oder Techniker, der mit den neuen Lampen in Berührung kommt, deren wichtigste Eigenschaften in geschlossener Form zu bringen. Da dem genannten Leserkreis oft die Zeit oder die Literatur fehlt um die physikalischen Grundlagen im Detail zu studieren, ist hier der Versuch gemacht, von diesen soviel zu bringen, als zum weiteren Verständnis notwendig ist. Das Buch bildet also ein geschlossenes Ganzes, sowohl die theoretischen als auch die praktischen Eigenschaften der Lampen werden besprochen.

In den beiden ersten Teilen wird die Atomtheorie (kinetische Gastheorie, Spektren, Anregung usw.) und die Theorie der Gasentladungen (positive Säule, Zündung, Stabilisierung usw.) behandelt, im dritten Teil die lichttechnischen Eigenschaften der Strahlung (u. a. Photometrie und Farbenmetrik). Im vierten und fünften Teil werden die praktischen Ausführungsformen von Niederdruck- und Hochdruckentladungslampen vorgeführt, wobei die Entwicklung bis Ende 1937 verfolgt ist (Superhochdruck, Luminophore). Die praktischen und theoretischen Teile sind soweit wie möglich in verschiedenen Kapiteln oder Paragraphen untergebracht, so daß sie auch mehr oder weniger unabhängig voneinander gelesen werden können. Schwierigere theoretische Erklärungen oder Berechnungen sind zwischen Sterne gesetzt (★ — — — ★).

Die Quellen- und Literaturangaben sind am Ende des Buches zusammengefaßt, um den Text nicht allzusehr zu unterbrechen. Bei der Aufzählung der Bibliographie wurde nicht nach Vollständigkeit gestrebt; so sind von der großen Anzahl der gemeinverständlichen Veröffentlichungen der letzten Jahre nur einige angegeben. Weitere Hinweise zum Studium findet man in der angeführten Literatur. Der Inhalt der zitierten Veröffentlichungen ist mit einigen Worten angedeutet, um die Auswahl zu erleichtern.

Beim Studium der Kapitel über die praktische Ausführung von Lampen vergesse man nicht, daß die Entwicklung sich noch in vollem Gang befindet. Die in den Lampentabellen angegebenen Daten sind daher als Mittelwerte aufzufassen und bei der Messung einer individuellen Lampe können kleine Abweichungen auftreten.

Es ist mir eine angenehme Pflicht, an dieser Stelle Herrn Professor Dr. G. Holst, Direktor der Laboratorien der N. V. Philips' Gloeilampenfabrieken, meinen Dank auszusprechen für sein Interesse an dem Entstehen dieses Buches und die Erlaubnis, viele in den genannten Laboratorien erhaltene Resultate zu veröffentlichen. Meinen Kollegen: Dr. P. M. van Alphen, Dr. P. J. Bouma, E. G. Dorgelo, Dr. M. J. Druyvesteyn, Dr. W. Elenbaas, Dr. W. de Groot, Dr. F. M. Penning und Dr. G. Zecher danke ich für viele Verbesserungsvorschläge und aufklärende Diskussionen. Auch den Herren: Ing. E. L. J. Matthews, Ir P. J. Oranje, Drs. A. A. Padmos und Ir. P. Schouwstra von der Philora-Abteilung bin ich sehr verpflichtet für die Bereitwilligkeit, mit der sie mir beim Sammeln der Daten über die verschiedenen Lampentypen behilflich waren.

Meinem Assistenten, Herrn C. Verburg, gebührt großer Dank für das Anfertigen der Abbildungen und die sorgfältige Durchsicht der Korrekturen. Meinem Mitarbeiter, Herrn Ing. K. W. Hess sei gleichfalls der ihm gebührende Dank gebracht. Ursprünglich war die Verabredung, daß er nur die Übersetzung in die deutsche Sprache besorgen sollte. Während der Bearbeitung hat er aber durch kritisches Studium und daraus folgende Verbesserungsvorschläge einen großen Teil beigetragen.

Der Firma N. V. Philips' Gloeilampenfabrieken danke ich besonders für das auf großzügige Weise zur Verfügung gestellte Material. Auch den Firmen, von denen ich Daten und Abbildungen erhielt: Osram G. m. b. H. (Abb. 100, 195a und b), General Electric Company, England (Abb. 148a und b) und General Electric U.S.A. (Abb. 120), sei an dieser Stelle mein verbindlichster Dank gebracht.

Zum Schluß muß ich noch dem Verlag danken für sein Entgegenkommen bei der Ausstattung des Buches und für seine unerschöpfliche Geduld.

Eindhoven, im Januar 1938.

W. Uyterhoeven.

Inhaltsverzeichnis.

A. Elektronen, Atome, Ionen.

B. Gasentladungen.

C. Licht und Sehen.

D. Gasentladungslampen mit niedrigem Druck.

Seite

E. Quecksilberdampflampen mit hohem und sehr hohem Druck.

Anhänge.

A. Elektronen, Atome, Ionen.

Erstes Kapitel.

Elektronen.

§ 1. Bewegung der Elektronen im Vakuum unter dem Einfluß eines elektrischen Feldes.

Man kann sich ein Elektron als ein kleines, elektrisch-negativ geladenes Teilchen vorstellen, dessen Ladung $e = 4{,}77 \cdot 10^{-10}$ E.S.E.[1]) oder $1{,}59 \cdot 10^{-19}$ C und dessen Masse $m_e = 9 \cdot 10^{-28}$ g ist[2]). Fließt durch einen Leiter ein Strom von 1 A, also 1 C pro s, dann bewegen sich durch jeden ganzen Querschnitt des Leiters $\frac{1}{1{,}59 \cdot 10^{-19}} = 6{,}29 \cdot 10^{18}$ Elektronen per s.

In einem elektrischen Feld mit der Feldstärke $\mathfrak{E}$ wird auf ein Elektron, infolge seiner negativen Ladung e, eine Kraft $P = e\,\mathfrak{E}$ ausgeübt, die es mit der Beschleunigung $b_e = \frac{\mathrm{d}v_e}{\mathrm{d}t}$ in der Richtung zum positiven Pol hin, zur Anode, in Bewegung zu bringen trachtet. Da nach dem zweiten Newtonschen Gesetz, Kraft = Masse × Beschleunigung ist, erhalten wir:

$$P = e\,\mathfrak{E} = m_e\,b_e = m_e\,\frac{\mathrm{d}v_e}{\mathrm{d}t}\,. \tag{1}$$

Nehmen wir einfachheitshalber an, daß sich das Elektron in der Richtung der Kraftlinien fortbewegt, dann erhalten wir für die auf dem Weg ds vom Felde geleistete Arbeit:

$$e\,\mathfrak{E}\,\mathrm{d}s = m_e\frac{\mathrm{d}v_e}{\mathrm{d}t}\,\mathrm{d}s = m_e\frac{\mathrm{d}s}{\mathrm{d}t}\,\mathrm{d}v_e = m_e\,v_e\,\mathrm{d}v_e$$

(das Produkt aus Kraft und Weg), wobei $\mathfrak{E}\,\mathrm{d}s$ der durchlaufene Potentialunterschied ist. Zwischen zwei Punkten 1 und 2, mit den Potentialen V_1 und V_2 gilt dann:

$$\int_1^2 e\,\mathfrak{E}\,\mathrm{d}s = \int_1^2 m_e\,v_e\,\mathrm{d}v_e$$

und nach der Integration:

$$e\,(V_2 - V_1) = \frac{m_e\,v_{e\,2}^2}{2} - \frac{m_e\,v_{e\,1}^2}{2} = \frac{m_e}{2}\,(v_{e\,2}^2 - v_{e\,1}^2)\,. \tag{2}$$

Diese Gleichung sagt aus: Die Zu- oder Abnahme der kinetischen Energie des sich bewegenden Teilchens ist gleich dem Produkt aus Ladung und

[1]) Für Einheiten und Symbole siehe Zusammenstellung im Anhang.

[2]) Die Masse eines Wasserstoffatomes, $m_{\mathrm{H}} = 1{,}65 \cdot 10^{-24}$ g, ist 1835mal so groß wie die eines Elektrons.

Potentialunterschied [Gesetz von der Erhaltung der Energie: Gewinn (Verlust) an kinetischer Energie = Verlust (Gewinn) an potentieller Energie]. Für ein Elektron, das sich ursprünglich in Ruhe befand ($v_{e\,1} = 0$), erhalten wir daher

$$v_e = \sqrt{\frac{2e}{m_e}}\sqrt{V}, \tag{3}$$

wobei $V = V_2 - V_1$. Werden in obenstehendem Ausdruck die früher angegebenen Werte für e und m_e eingesetzt, dann findet man, daß ein Elektron, mit der Geschwindigkeit Null beginnend, nach dem Durchlaufen eines Potentialunterschiedes von 1 V ($= {}^1/_{300}$ E.S.E.) eine Geschwindigkeit von $5{,}95 \cdot 10^7$ cm/s erreicht und hierdurch eine kinetische Energie von $1{,}59 \cdot 10^{-12}$ erg besitzt. Drückt man V in V aus, dann erhält man:

$$v_e = 5{,}95 \cdot 10^7 \sqrt{V}\ \text{cm/s}, \tag{3'}$$

$$\frac{m_e v_e^2}{2} = 1{,}59 \cdot 10^{-12}\, V\ \text{erg}. \tag{4}$$

Zur Vereinfachung führte man als neue Energieeinheit das „Elektron-Volt" ein, welches die kinetische Energie eines Elektrons ist, das, mit der Geschwindigkeit Null beginnend, den Potentialunterschied von 1 V durchlaufen hat (1 Elektron-Volt = eV = $1{,}59 \cdot 10^{-12}$ erg). Der Kürze halber spricht man, obwohl nicht ganz richtig, von einem Elektron mit einer Energie von 1 V, und sogar von einer Geschwindigkeit von 1 V [1]).

Nach Formel (3') ist die Geschwindigkeit von einem 1-V-Elektron = $5{,}95 \cdot 10^7$ cm/s oder rund 600 km/s. Diese enormen Geschwindigkeiten bei kleinen Potentialunterschieden [Formel (3)] sind der großen spezifischen Ladung des Elektrons zu danken $\left(\frac{e}{m_e} = 1{,}76 \cdot 10^8\ \text{C/g}\right)$. Ein Stromdurchgang von 1 A in Form eines Elektronenstromes (wie z. B. in einer Rundfunksenderöhre) entspricht einem Massentransport von $5{,}66 \cdot 10^{-9}$ g/s [2]). Gerade diese hohe spezifische Ladung des Elektrons ist die Ursache der praktisch trägheitslosen Wirkung verschiedener Apparate, bei denen Elektronen im Hochvakuum den Strom transportieren.

§ 2. Thermische Elektronenemission.

In einer Glasröhre befestigen wir einen Metallzylinder A (Abb. 1), spannen durch dessen Achse einen dünnen Wolframdraht F, und erzeugen

---

[1]) Man pflegt z. B. zu sagen: „ein 5-V-Elektron" und meint damit, daß man aus Formel (3') oder (4) die Geschwindigkeit oder Energie des Elektrons berechnen kann, wobei die vorgesetzte Zahl (hier 5) die Größe der Spannung in V ist, die in die entsprechende Formel eingesetzt werden muß.

[2]) In einem Elektrolyt, z. B. Silbernitrat, würde der gleiche Strom ungefähr einen Massentransport von $1{,}12 \cdot 10^{-3}$ g Silber (Atomgewicht Ag = 107,9) erfordern (d. h. $1835 \cdot 107{,}9 = 1{,}98 \cdot 10^5$mal soviel g).

hierauf im Rohr ein möglichst vollkommenes Vakuum. Der Glühdraht F und der Zylinder A haben getrennte Zuleitungen, so daß wir eine sog. Diode erhalten.

Durch den Glühdraht F wird ein bestimmter Strom I_F geschickt, um ihn auf eine bestimmte Temperatur T_1 zu erhitzen. Dann wird mittels eines Potentiometers E, zwischen Draht und Zylinder eine veränderliche Spannung V_A gelegt, und zwar derart, daß der Zylinder am positiven Pol liegt. Die hohe Temperatur verleiht dem Glühdraht die Fähigkeit, Elektronen auszusenden. Unter dem Einfluß der aufgedrückten Spannung (= Potentialunterschied zwischen Glühdraht und Zylinder) bewegen sich diese freien Elektronen vom Glühdraht zum Zylinder. Wir messen nun bei verschiedenen Spannungen V_A[1]) den jeweils vom Glühdraht zum Zylinder fließenden Elektronenstrom I_A und tragen die entsprechenden Werte in ein Diagramm ein (Abb. 2). Hierdurch erhalten wir die Kurve T_1.

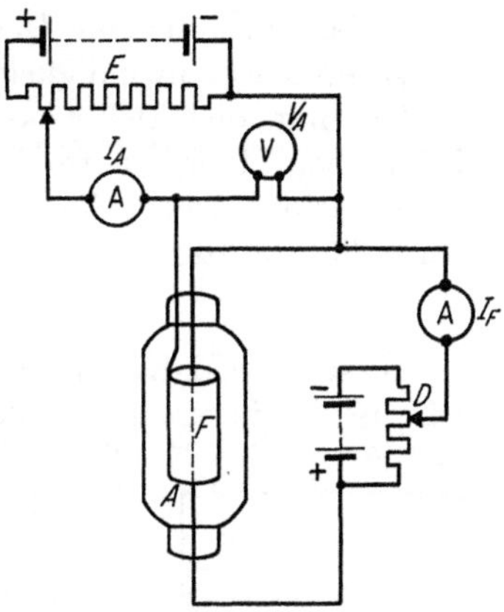

Abb. 1. Einfache Diode zur Untersuchung der thermischen Elektronenemission.

Die Kurve T_1 besteht aus zwei verschiedenen Stücken: von O bis A_1 nimmt der Strom mit der angelegten Spannung zu, aber für größere Spannungen als OA_1' nähert er sich einem konstanten Wert. In diesen beiden Kurvenästen hat die Begrenzung des Stromes verschiedene Ursachen. Unterhalb des Punktes A_1 (auf T_1) bestimmt die Spannung die Anzahl der übergehenden Elektronen per s, man sagt, der Strom ist durch R a u m l a d u n g b e g r e n z t. Rechts vom Punkt A_1 (auf T_1) bestimmt die Temperatur T_1 die Anzahl der übergehenden Elektronen per s und man nennt diesen Wert des Stromes S ä t t i g u n g s s t r o m.

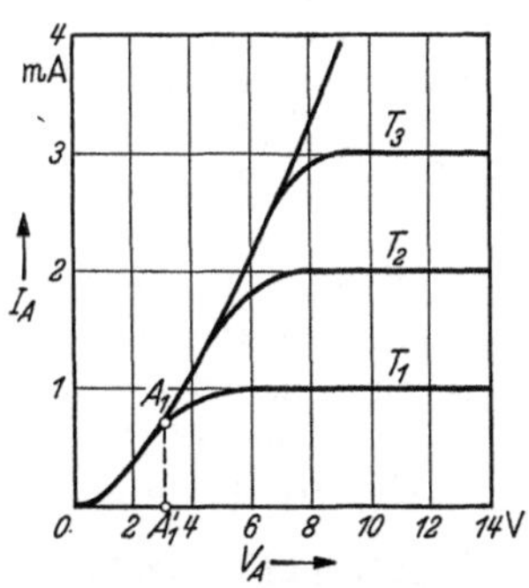

Abb. 2. Thermische Elektronenströme I_A in einer Diode für verschiedene Glühdrahttemperaturen: T ($T_1 < T_2 < T_3 \ldots$) und verschiedene Anodenspannungen: V_A.

Eine Kurve wie T_1 ist eine nichtlineare Charakteristik und diese sagt uns, daß Strom und Spannung einander nicht proportional sind, wie dies bei dem O h m schen Gesetz wohl der Fall ist. Nichtlineare Charakteristiken kommen bei Gasentladungen ganz allgemein vor und wir wollen nun näher untersuchen, warum im obengenannten Fall eine derartige Charakteristik auftritt.

[1]) Die Spannung V_A wird zwischen dem negativen Pol des Glühdrahtes und der Anode gemessen, wobei der Spannungsabfall im Glühdraht vernachlässigt wird.

§ 3. Durch Raumladung begrenzter Strom.

Wir nehmen an, daß sich in einem bestimmten Raum eine Elektronenwolke befindet, die eine Dichte n_e Elektr./cm³ besitzt und sich mit einer konstanten Geschwindigkeit u_e cm/s fortbewegt.

Um nun den Elektronenstrom bestimmen zu können, der durch eine Fläche von 1 cm², normal auf die Bewegungsrichtung, fließt, also die Stromdichte j_e, bedenke man, daß der Strom als jene Ladung definiert wird, die per s durch einen gegebenen Querschnitt geht. Wir erhalten dann:

$$j_e = n_e e u_e. \tag{5}$$

Diese Formel drückt aus, daß j_e durch die Anzahl Elektronen gegeben ist, die sich in einem Parallelepipedon von 1 cm² Grundfläche und u_e cm Höhe, also mit einem Volumen von $(1 \cdot u_e)$ cm³, befindet[1]). Ein derartiger Elektrizitätstransport heißt unipolarer Konvektionsstrom (unipolar, da ausschließlich Elektrizität eines Vorzeichens befördert wird). Dieser hat eine bestimmte Raumladungsdichte $\varrho = n_e e$ C/cm³ und diese freien Ladungen sind die Erzeuger eines elektrischen Feldes. Wenn die Ladungsdichte ϱ groß wird, kann sie ein äußeres Feld vollständig verformen und den Strom begrenzen.

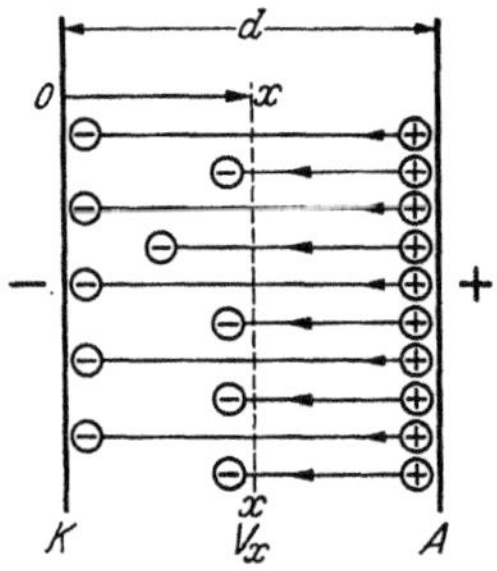

Abb. 3. Verzerrung des äußeren Feldes durch freie Ladungen beim Plattenkondensator.

Nehmen wir z. B. einen Plattenkondensator, an den eine bestimmte Spannung V gelegt wird. In dem Raum zwischen den Platten entsteht dann ein homogenes Feld, das durch die Oberflächenladung σ erzeugt wird.

Bringen wir nun in den Raum zwischen A und K erst nur eine geringe Anzahl Elektronen (z. B. durch Erhitzen der negativen Platte K, wodurch thermische Elektronenemission auftritt), dann wird das Feld praktisch unverändert bleiben, solange die durch die Elektronen auf den Platten induzierte Ladung im Verhältnis zu σ klein ist. Die auf eines dieser Elektronen ausgeübte Kraft wird $P = \mathfrak{E} e = e\frac{V}{d}$ (d = Abstand zwischen den Platten).

Wenn jedoch die Anzahl der eingebrachten Elektronen größer wird, macht sich der Einfluß der induzierten Ladungen bemerkbar: die Ladung $(+\sigma)$ auf der Anode wird verstärkt und die Ladung $(-\sigma)$ auf der Kathode geschwächt. Die von A ausgehenden Kraftlinien endigen in größerer Zahl auf den freien negativen Ladungen, anstatt nach K durchzulaufen. Links von $x - x$ wird das Feld geschwächt, rechts von $x - x$ verstärkt (Abb. 3). Wenn nun die Kathode K eine große Anzahl Elektronen

---

[1]) Mit e in C, u_e in cm/s und n_e Elektr./cm³ erhält man j_e in A/cm². Sei z. B. $n_e = 10^{10}$ Elektr./cm³ und $u_e = 5{,}95 \cdot 10^7$ cm/s, dann wird $j_e = 10^{10} \cdot 1{,}59 \cdot 10^{-19} \times 5{,}95 \cdot 10^7 = 9{,}46 \cdot 10^{-2}$ A/cm².

aussendet, kann die Kraftliniendichte dort verschwinden, so daß keine einzige Kraftlinie mehr von A nach K verläuft, oder mit anderen Worten, das Feld an der Oberfläche der Kathode Null wird. Treten noch mehr Elektronen per s aus der Kathode aus, dann werden diese nicht mehr zur Anode getrieben, der Strom ist durch Raumladung begrenzt. Die Elektronenwolke übt gleichsam eine abstoßende Wirkung auf die Elektronen aus, die sich von der Kathode K entfernen wollen.

Man kann für verschiedene Fälle, z. B. für zwei parallele Platten, den Wert der durch die Raumladung begrenzten Stromdichte j_e berechnen. Man findet:

$$j_e = C \cdot \frac{V^{\frac{3}{2}}}{d^2} \text{ A/cm}^2, \tag{6}$$

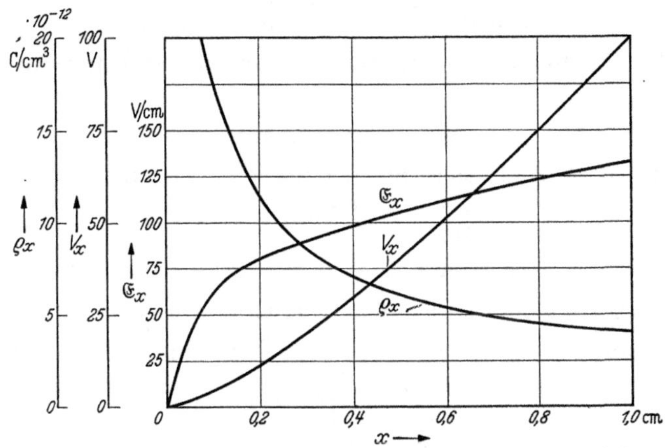

Abb. 4. Verlauf von Potential V_x, Feldstärke $\mathfrak{E}_x$ und Raumladung ϱ_x bei raumladungsbegrenztem Elektronenstrom zwischen flachen Elektroden. Abstand $d = 1$ cm, Spannungsdifferenz $V = 100$ V.

wobei V in V, d in cm und die Konstante C den Wert $2{,}334 \cdot 10^{-6}$ hat. Für $d = 1$ cm und $V = 100$ V z. B., erhält man $j_e = 2{,}3 \cdot 10^{-3}$ A/cm² oder 2,3 mA/cm². Für dieses Beispiel sind Potential-, Feld- und Raumladungsverlauf zwischen den Platten als Funktion des Abstandes x von der Kathode in Abb. 4 angegeben.

★ Ableitung der Formel (6). Wenn die Elektronen die Kathode K (Abb. 3) mit der Anfangsgeschwindigkeit $v_{e0} = 0$ verlassen, werden sie nach dem Durchlaufen eines Potentialunterschiedes V_x eine Geschwindigkeit v_{ex} haben, die durch Formel (3) gegeben ist:

$$v_{ex} = \sqrt{\frac{2e}{m_e}} \sqrt{V_x} = a \sqrt{V_x},$$

wobei $a = \sqrt{\frac{2e}{m_e}}$. V_x ist hier eine Funktion des Abstandes x, von der Kathode aus gerechnet. ★

★ Die zwischen Sterne gesetzten Teile können bei einer ersten Durchsicht überschlagen werden.

★ Formel (5) gibt eine Beziehung zwischen der Stromdichte j_e (A/cm²), der Ladungsdichte $\varrho = n_e e$ (C/cm³) und der Geschwindigkeit v_e (cm/s) (da in diesem Falle $u_e = v_e$): $j_e = n_e e v_e = \varrho v_e$.

Die Poissonsche Gleichung

$$\frac{d^2 V}{d x^2} = -4\pi\varrho^{1)} \tag{7}$$

gibt eine Beziehung zwischen der Raumladungsdichte ϱ und der zweiten Ableitung des Potentials, welche es ermöglicht, letzteres zu bestimmen. Ersetzen wir in (7) das ϱ durch $\frac{j_e}{v_e}$ und das v_e durch $a\sqrt{V_x}$, dann erhalten wir:

$$\frac{d^2 V}{d x^2} = 4\pi\frac{j_e}{v_e} = 4\pi\frac{j_e}{a} V_x^{-\frac{1}{2}}.$$

Da die Raumladung ϱ negativ ist, wird die rechte Seite von (7) positiv.

Nachdem man beide Seiten der letzten Gleichung mit $2\frac{dV}{dx}dx$ vervielfältigt hat, läßt sie sich direkt integrieren und liefert:

$$\left(\frac{dV}{dx}\right)^2 = \frac{16\pi j_e}{a} V^{\frac{1}{2}} + C_1.$$

Die Integrationskonstante C_1 wird aus der Voraussetzung bestimmt, daß für $x = 0$, das Potential $V = 0$ und der Gradient $\frac{dV}{dx} = 0$ angenommen wird. Hieraus erhält man $C_1 = 0$. Nach dem Wurzelziehen ergibt sich:

$$\frac{dV}{dx} = 4\sqrt{\frac{\pi j_e}{a}}\, V^{\frac{1}{4}}$$

und dieser Ausdruck läßt sich nach der Trennung der Veränderlichen wieder integrieren:

$$V^{-\frac{1}{4}} dV = 4\sqrt{\frac{\pi j_e}{a}}\, dx \qquad V^{\frac{3}{4}} = 3\sqrt{\frac{\pi j_e}{a}}\, x + C_2.$$

Die Integrationskonstante $C_2 = 0$, weil für $x = 0$, auch $V = 0$ ist.

Lösen wir nun nach j_e auf, dann ergibt sich:

$$j_e = \frac{1}{9\pi}\sqrt{\frac{2e}{m_e}}\,\frac{V^{\frac{3}{2}}}{d^2}. \tag{8}$$

Für j_e in A/cm², V in V und d in cm wird (8) identisch mit (6). ★

Der Teil OA_1 in der Charakteristik auf Abb. 2 ist nun einfach zu erklären: Für jeden Wert der Anodenspannung $V_A < OA_1'$ wird ein Strom fließen, der durch die Raumladung begrenzt ist und sich nach einer Formel berechnen läßt, die ähnlich lautet wie (6) (die entsprechende Formel für den Zylinderkondensator). Erreicht die Spannung den Wert $V_A = OA_1'$, dann werden alle Elektronen, die der Glühdraht bei der Temperatur T_1 aussenden kann, von der Anode aufgefangen, der Strom

[1] Ableitung der Poissonschen Gleichung siehe Anhang.

ist gesättigt und steigt bei zunehmender Spannung praktisch nicht mehr an. Nach Formel (6) muß der Strom von O bis A_1 mit der Potenz 3/2 von der Spannung V zunehmen; dies wurde tatsächlich experimentell nachgewiesen.

§ 4. Sättigungsstrom.

Sättigungsströme waren der Gegenstand ausgebreiteter Untersuchungen und man hat gefunden, daß sie hauptsächlich von der Temperatur des Glühdrahtes und von dessen Material abhängen. Richardson hat eine Formel aufgestellt, bekannt unter dem Namen „Richardsonsche Formel“, die mit den experimentell gefundenen Werten gut übereinstimmt:

$$j_s = A\,T^2\,\varepsilon^{-\frac{e V_\Phi}{k T}} \text{ [1]} \qquad (9)$$

j_s = Sättigungsstrom in $\mathrm{A/cm^2}$.
T = absolute Temperatur des Metalles in °K.
ε = Basis der natürlichen Logarithmen = 2,718.
e = Ladung des Elektrons = $1{,}59 \cdot 10^{-19}$ C.
k = Boltzmannsche Konstante = $1{,}37 \cdot 10^{-16}$ erg/°K.
V_Φ = Austrittspotential des Elektrons in V [2].
A = Konstante.

Wir können sofort sehen, daß die Ströme besonders stark von V_Φ und T abhängig sind, da diese beiden Werte als Potenzexponenten vorkommen.

Es ist nun Aufgabe, eine Kathode zu finden, die imstande ist, eine maximale Anzahl Elektronen per s auszusenden. Nach der theoretischen Formel (9) muß man, um dieses Resultat zu erreichen, entweder das Metall auf sehr hohe Temperatur erhitzen, oder ein Metall wählen, dessen Austrittspotential V_Φ der Elektronen möglichst klein ist.

In Abb. 2 sind die Sättigungsströme für verschiedene Temperaturen, T_1, T_2, T_3, angegeben. Um die thermische Emission durch Steigerung der Temperatur auf sehr hohe Werte bringen zu können, muß man Metalle von sehr hoch liegenden Schmelzpunkten und sehr geringer Verdampfungsgeschwindigkeit wählen. Das hierfür in erster Linie in Betracht kommende Metall ist Wolfram (Schmelzpunkt bei 3390° C). Unglücklicherweise ist das Austrittspotential bei diesem ziemlich groß:

[1]) Die ursprüngliche Richardsonsche Formel enthielt $T^{\frac{1}{2}}$ statt des neueren, von Dushman eingeführten Wertes T^2.

[2]) Es ist bekannt, daß für das Verdampfen von 1 g einer Flüssigkeit eine bestimmte Wärmemenge erforderlich ist: die sog. (latente) Verdampfungswärme. Diese kann auch per Atom berechnet werden und gibt dann die Arbeit an, die erforderlich ist, um 1 Atom aus der Flüssigkeit, durch die Grenzfläche zwischen Flüssigkeit und Dampf, zu befördern. Die Austrittsarbeit eines Elektrons, $e \cdot V_\Phi$, ist eine ähnliche Größe und gibt die Arbeit an, die das Elektron bei seinem Austreten aus der Metalloberfläche ins Vakuum verbraucht.

$V_{\Phi W} = 4{,}54$ V, so daß die Betriebstemperatur und daher der Energieverbrauch ziemlich hoch sein muß.

Die andere Methode, nämlich die Anwendung von Kathoden mit geringer Austrittsarbeit, ist gegenwärtig allgemein gebräuchlich. Man verwendet elektropositive Metalle: Alkalien und Erdalkalien. Da diese bereits bei ziemlich niedrigen Temperaturen leicht verdampfen, kann man sie als dünne Schicht auf anderen Metallen auftragen (z. B. Cäsium auf Wolfram), oder noch besser auf Metallen mit oxydierter Oberfläche (Cs auf oxydiertem W). Die Verdampfungsgeschwindigkeit wird hierdurch vermindert. Man hat auch die frühere Methode von Wehnelt wieder aufgegriffen und verbessert. Nach dieser Methode wird ein Metall, z. B. Nickel, mit einer Schicht von Oxyden alkalischer Erden überzogen und ergibt nach entsprechender Behandlung eine ausgezeichnete Elektronenquelle. Die meisten, gegenwärtig in Entladungsröhren verwendeten Kathoden beruhen auf diesem Prinzip.

Tabelle 1. Austrittspotential V_Φ in V für Elektronen, bestimmt aus der thermischen Emission (Kolonne A) und aus dem photoelektrischen Effekt (Kolonne B).

Material	A (thermisch)	B (photoelektrisch)
Cs (Metall)	1,81	1,87
Ba (Metall)	2,11	—[1]
Mo (Metall)	4,15	4,15
W (Metall)	4,54	4,54
W — Cs	1,36	—[2]
W — Ba	1,56	—
W — O, Cs	0,71	—
W — O, Ba	1,44	—
Metall — BaO — Ba[3]	0,99	1,34

Die obenstehende Tabelle 1 (Kolonne A) gibt das Austrittspotential der Elektronen für einige Typen von Kathoden, die viel verwendet werden (bzw. wurden).

§ 5. Der photoelektrische Effekt.

Die erwähnte Methode, eine Metallelektrode auf sehr hohe Temperatur zu erhitzen, um sie zur Elektronenaussendung zu veranlassen (thermische Emission), ist die am meisten verwendete. Es bestehen jedoch noch andere Möglichkeiten, von welchen wir eine wegen ihrer großen theoretischen Bedeutung näher besprechen wollen. Es ist dies der photoelektrische Effekt.

Eine negativ aufgeladene Metalloberfläche kann durch Bestrahlung mit Licht von genügend kurzer Wellenlänge zur Aussendung von Elek-

[1] Unbekannt.

[2] Für diese und die folgenden Kombinationen ist nach neueren theoretischen Auffassungen V_Φ verschieden, je nachdem der Wert aus der thermischen Emission oder aus dem photoelektrischen Effekt bestimmt wird.

[3] Sog. Oxydkathode.

tronen veranlaßt werden. Man fand an Hand von Experimenten, daß die Anzahl der per s ausgesandten Elektronen proportional der per s absorbierten Lichtmenge ist und daß ihre Geschwindigkeit von der Frequenz ν der auffallenden Strahlung abhängt. Einstein hat dieses eigentümliche Verhalten durch folgende Gleichung ausgedrückt:

$$h\,\nu = \frac{m_e\,v_e^2}{2} + e\,V_\Phi \tag{10}$$

h = Konstante von Planck $= 6{,}55 \cdot 10^{-27}$ erg · s.

ν = Strahlungsfrequenz $\left(= \frac{c}{\lambda}\right)$ [1]).

Diese Gleichung drückt das Gesetz von der Erhaltung der Energie aus, in seiner Anwendung auf den photoelektrischen Effekt. Um diese Gleichung zu verstehen, kann man sich vorstellen, daß sich die Energie in einem Lichtbündel in diskreten Einheiten, „Quanten", fortpflanzt, deren Energiegehalt $W = h\,\nu$ [2]) ausschließlich von der Frequenz abhängig ist. Wenn so eine bestimmte Energiemenge von dem Metall absorbiert wird und die Emission eines Elektrons zur Folge hat, dann hat sie die Austrittsarbeit eV_Φ geleistet und einen Überschuß, je nach der Größe des absorbierten Quants ($h\,\nu$), als kinetische Energie $\frac{m_e\,v_e^2}{2}$ an das ausgetretene Elektron abgegeben. Die wirkliche Austrittsgeschwindigkeit des Elektrons wird im allgemeinen jedoch kleiner sein als diesem $\frac{m_e\,v_e^2}{2}$ entspricht, da bereits im Metall Energie verlorengehen kann. Formel (10) gibt also den Maximalwert für v_e.

Die V_Φ-Werte für Metalle, die mit Hilfe des photoelektrischen Effektes bestimmt werden, sind in guter Übereinstimmung mit jenen, welche sich aus der Gleichung von Richardson ergeben. Tabelle 1, Kolonne B (S. 8) gibt eine Anzahl V_Φ-Werte, aus dem photoelektrischen Effekt bestimmt, die mit jenen der Kolonne A, aus der thermischen Emission bestimmt, verglichen werden können.

---

[1]) Bekanntlich ist die Fortpflanzungsgeschwindigkeit der elektromagnetischen Strahlung $c = \nu\,\lambda$ cm/s, wobei ν die Frequenz oder die Anzahl Schwingungen per s bedeutet und λ die Wellenlänge in cm. So sind (mit $c = 3 \cdot 10^{10}$ cm/s) z. B. für Licht mit den Wellenlängen der gelben Natriumlinien von $\lambda = 5890 \cdot 10^{-8}$ cm und $\lambda = 5896 \cdot 10^{-8}$ cm die zugehörigen Schwingungszahlen $\nu = 5{,}093 \cdot 10^{14}$ bzw. $\nu = 5{,}088 \cdot 10^{14}$.

[2]) Der Zusammenhang zwischen Wellenlänge λ und Energie W (in Elektron-Volt) wird dann:

$$e\,V = W = h\,\nu = h\,\frac{c}{\lambda}$$

oder:

$$\lambda = \frac{h\,c}{e\,V} = 12\,350\,\frac{1}{V}\,\text{Å},$$

wenn λ in Å (10^{-8} cm) und V in V eingesetzt wird.

Zweites Kapitel.

Kinetische Gastheorie.

Bei der Behandlung der Atome haben wir es mit zwei verschiedenartigen Eigenschaften zu tun: die ersten, die mit Hilfe der klassischen Mechanik abgeleitet werden, sind bereits seit langem in der kinetischen Gastheorie zusammengefaßt. Die zweite Art, deren Entdeckung jüngeren Datums ist, wird zur Erklärung der Atomstruktur verwendet und bildet einen Teil der Quantentheorie.

In der elementaren Theorie formt man sich von einem Gas ein sehr einfaches Bild: man nimmt nämlich an, daß die Moleküle sehr kleine kugelförmige Teilchen sind, die sich ununterbrochen in Bewegung befinden und unaufhörlich gegeneinander und gegen die Wand stoßen. Der Durchmesser dieser Kügelchen ist von der Größenordnung von einigen 10^{-8} cm. Ihre Anzahl n per cm^3 ist sehr groß, z. B. bei atmosphärischem Druck und 0° C ist sie $2{,}71 \cdot 10^{19}$. Schon mit dieser sehr beiläufigen Vorstellung kann die Theorie einige der allerwichtigsten Eigenschaften erklären.

§ 6. Druck eines Gases auf die Wand.

Wir wählen einen Kubus von der Kantenlänge a, in welchem sich N Atome oder Moleküle befinden, und nehmen an, daß alle dieselbe Geschwindigkeit v besitzen und sich parallel zu den Kanten a bewegen. Ein Gas im Gleichgewichtszustand zeigt keine Bewegung seines Massenmittelpunktes und wir denken uns daher, daß sich $^1/_6$ der Atome in der Richtung OX (Abb. 5) und $^1/_6$ in entgegengesetzter Richtung bewegen. Dasselbe gelte auch für die Richtungen OY und OZ. Wir berechnen nun den Druck auf die Ebene, die durch die YZ-Achsen geht, also vertikal auf die X-Achse steht.

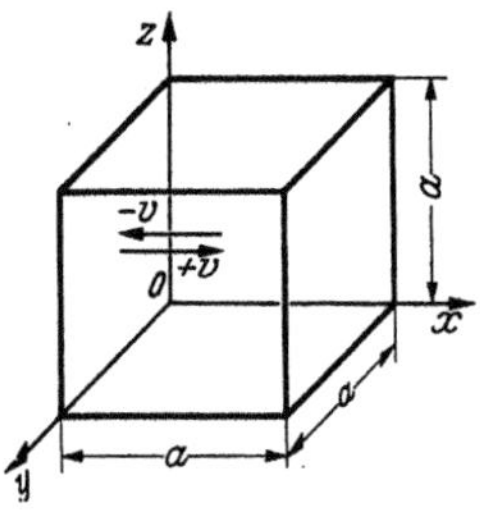

Abb. 5. Ableitung des Gasdruckes auf die Wand des Gefäßes.

Nach dem zweiten Newtonschen Gesetz gilt

$$P = \frac{\mathrm{d}(m\,v)}{\mathrm{d}t} = m\,\frac{\mathrm{d}v}{\mathrm{d}t} = m\,b$$

(m = Masse eines Atomes oder Moleküles), die ausgeübte Kraft ist gleich der Änderung der „Bewegungsgröße" per Zeiteinheit. Da wir voraussetzen, daß die Stöße der Atome vollkommen elastisch sind und die Bewegungsrichtung normal auf die Wand gerichtet ist, wird jedes Teilchen bei jedem Zusammenstoß mit der Wand seine Bewegungsgröße um $2\,m\,v$ ändern. Nach der Reflexion ist bloß die Richtung der Bewegung umgekehrt. Jedes Atom, das sich parallel zu OX bewegt, wird $\frac{v}{2\,a}$-mal per s von der Fläche YZ reflektiert werden. Da $\frac{N}{3}$ Atome vorhanden sind, die sich parallel zur OX-Richtung bewegen, wird die Anzahl Stöße auf die Fläche YZ per s: $\frac{N}{3}\frac{v}{2a}$ betragen und die Bewegungsgröße, an die Fläche YZ per s abgeben, also die im Mittel von dem Gas auf die Wand ausgeübte Kraft wird

$$P = \frac{N}{3}\frac{v}{2a}\cdot 2mv = \frac{2}{3}\frac{N}{a}\frac{mv^2}{2}$$

sein.

Der Druck, das ist die wirksame Kraft per cm², beträgt daher:

$$p = \frac{P}{a^2} = \frac{2}{3}\frac{N}{a^3}\frac{mv^2}{2} = \frac{2}{3}n\frac{mv^2}{2}, \tag{11}$$

wobei n die Anzahl Atome per cm³ ist. Der Druck ist also $^2/_3$ der kinetischen Energie, die in 1 cm³ des Gases enthalten ist. Da $a^3 = \mathfrak{V}$, kann der Ausdruck (11) auch geschrieben werden:

$$p\,\mathfrak{V} = \frac{2}{3}N\frac{mv^2}{2}. \tag{12}$$

Das Produkt $p\,\mathfrak{V}$ beträgt daher (bei einatomigen Gasen) $^2/_3$ von der kinetischen Energie aller Atome, die sich in dem Volumen $\mathfrak{V}$ befinden.

Aus Formel (12) lassen sich einige Größen bestimmen, die ein gutes Bild von der Größenordnung der Zahlen geben, mit welchen man in der kinetischen Gastheorie zu tun hat. Nehmen wir z. B. $p = 1$ at $=$ 76 cm Hg $=$ 760 tor $= 76\cdot 13{,}6$ g/cm² $= 1033{,}5$ g/cm² und $\mathfrak{V} = 1$ cm³, dann erhalten wir $p\,\mathfrak{V} = 1033{,}5$ (g/cm²) $\cdot$ 1 cm³ $= 1033{,}5$ g $\cdot$ cm $=$ 0,010335 kgm $=$ 0,0242 cal (da 1 kgm $=$ 2,34 cal). In 1 cm³ Luft von atmosphärischem Druck und 0° C befindet sich also ein Arbeitsvermögen in Form von kinetischer Energie der Moleküle von $\frac{3}{2}\cdot 0{,}0242 = 0{,}0363$ cal[1]).

Wenn in (12) N und m bekannt sind, läßt sich die Geschwindigkeit der Atome oder Moleküle in einem Gas berechnen. Nehmen wir z. B. 1 cm³ Neongas von 0° C und 760 tor. In diesem cm³ befinden sich $2{,}71\cdot 10^{19}$ Atome (nach dem Gesetz von Avogadro gilt dies für alle Gase). Die Masse des Neonatomes m_{Ne} ist $33\cdot 10^{-24}$ g. Löst man Formel (12) nach v auf, dann erhält man nach dem Einsetzen der Werte für N, m_{Ne}, $\mathfrak{V}$ und p (muß hier ausgedrückt werden in dyn/cm²; 1 g/cm² $=$ 981 dyn/cm²):

$$v_{\mathrm{Ne}} = \sqrt{\frac{3\,p\,\mathfrak{V}}{N m_{\mathrm{Ne}}}} = \sqrt{\frac{3\cdot 1033{,}5\cdot 981\cdot 1}{2{,}71\cdot 10^{19}\cdot 33\cdot 10^{-24}}} = 5{,}83\cdot 10^4 \text{ cm/s},$$

also ungefähr 580 m/s bei 0° C.

---

[1]) Bekanntlich ist eine Gramm-Kalorie (cal) jene Wärmemenge, die erforderlich ist, um 1 g Wasser von $14^1/_2$° C auf $15^1/_2$° C zu erwärmen.

§ 7. Kinetische Energie und Temperatur.

Wird ein Gas bei konstantem Volumen auf höhere Temperaturen gebracht, dann findet man die zugeführte Wärme als kinetische Energie der Atome wieder zurück. Da für ein ideales, einatomiges Gas die spezifische Wärme konstant ist, wird die zugeführte Wärmemenge und daher auch die Zunahme der kinetischen Energie der Atome proportional der Temperaturerhöhung sein. Setzt man die kinetische Energie der absoluten Temperatur der Gasmenge proportional, dann ist

$$\frac{m v^2}{2} = \frac{3 k T}{2}. \tag{13}$$

Die Boltzmann-Konstante k ($= 1{,}37 \cdot 10^{-16}$ erg/°K) trafen wir bereits in der Formel von Richardson (9) an.

Ersetzt man in Formel (11) $\frac{m v^2}{2}$ durch den Wert, den wir in (13) erhielten, dann ergibt sich hieraus eine Beziehung zwischen Druck, Dichte und Temperatur.

$$p = n k T. \tag{14}$$

Da laut Formel (13) die Atome verschiedener Gase bei der gleichen Temperatur die gleiche kinetische Energie haben, verhalten sich die Geschwindigkeiten der betreffenden Atome umgekehrt zueinander wie die Quadratwurzeln aus den Atommassen:

$$\frac{v_1}{v_2} = \sqrt{\frac{m_2}{m_1}}. \tag{15}$$

In vielen Fällen kann man eine Elektronenwolke auch als Gas auffassen. Wenn nun eine solche Elektronenwolke in thermischem Gleichgewicht mit einer Neongasmenge ist (die gleiche Temperatur besitzt), dann wird die Elektronengeschwindigkeit $\sqrt{1835 \cdot 20{,}2} = 192$mal so groß sein wie die der Neonatome, während die kinetischen Energien beider gleich groß sind.

Multipliziert man beide Seiten der Gleichung (13) mit $\frac{2\mathfrak{L}}{3}$, wobei $\mathfrak{L}$ die Anzahl Atome in einem Gramm-Atom (oder Gramm-Molekül), die sog. Loschmidtsche Zahl ($= 6{,}06 \cdot 10^{23}$ Atome per Mol) ist, dann erhält man nach einigen Umformungen:

$$\mathfrak{L} k T = R T = \frac{2}{3} \mathfrak{L} \frac{m v^2}{2} = p \mathfrak{B}_{\mathrm{Mol}}$$

oder

$$p \mathfrak{B}_{\mathrm{Mol}} = R T. \tag{16}$$

Dieser Ausdruck (wo $\mathfrak{B}_{\mathrm{Mol}}$ das Volumen eines Gramm-Atoms) ist das Gesetz von Boyle-Gay-Lussac. R ist die Gaskonstante: $8{,}3 \cdot 10^7$ erg per °K per Mol oder 1,98 cal per °K per Mol. Für $T =$ konstant geht diese Gleichung in das Boyle-Mariottesche Gesetz über: $p \mathfrak{B}_{\mathrm{Mol}} =$ konstant.

§ 8. Maxwellsche Geschwindigkeitsverteilung.

Die vereinfachende Hypothese, die in den vorhergehenden Abschnitten angenommen wurde, nämlich, daß alle Atome eines Gases bei einer bestimmten Temperatur dieselbe Geschwindigkeit haben, kann mit der Wirklichkeit nicht übereinstimmen.

Es läßt sich beweisen, daß bei elastischen Atomen diese gleichförmige Geschwindigkeitsverteilung schon nach sehr kurzer Zeit, durch den Mechanismus der Stöße, zerstört werden würde. Sogar in einem Gas, das sich im Temperatur- und Druckgleichgewicht befindet, kommen sehr verschiedene Geschwindigkeiten vor. Diese gruppieren sich aber um einen Mittelwert, der sich für eine bestimmte Temperatur nicht mit der Zeit ändert. Dieser Mittelwert tritt dann in den Berechnungen an Stelle des vorausgesetzten konstanten Wertes. Jedes einzelne Atom aber ändert fortlaufend, bei jedem Stoß, seine Geschwindigkeit.

Wir nehmen nun z. B. 1 cm³ Gas, der n Atome enthält und fragen uns, welche Geschwindigkeiten haben die verschiedenen Atome in dem betrachteten Augenblick? Wir erhalten dann eine Geschwindigkeitsverteilung, die uns angibt, wieviel Atome $\mathrm{d}n$ der Gesamtzahl n, Geschwindigkeiten zwischen den Werten v und $v + \mathrm{d}v$ besitzen. Die Anzahl ist für kleine $\mathrm{d}v$ diesen proportional und abhängig von dem Absolutwert v der eben herausgegriffenen Geschwindigkeit. Für die gesuchte Anzahl $\mathrm{d}n$, als Bruchteil von n ausgedrückt, schreibt man dann:

$$\frac{\mathrm{d}n}{n} = F(v)\,\mathrm{d}v\,, \tag{17}$$

wobei $F(v)$ die Geschwindigkeitsfunktion ist, die wir bestimmen wollen.

Die genaue Berechnung der Funktion $F(v)$ nach der Methode von Boltzmann erfordert komplizierte mathematische Betrachtungen. Boltzmann untersuchte, welche Form $F(v)$ haben muß, damit, wenn einmal die Geschwindigkeitsverteilung zustande gekommen ist, der Mechanismus der Stöße dafür sorgt, daß sie bestehen bleibt, mit anderen Worten, daß die Verteilung stabil ist. Maxwell hatte bereits früher $F(v)$ bestimmt, wenn auch auf eine etwas weniger genaue Weise. Die gesuchte Funktion lautet:

$$F(v) = 4\pi\left(\frac{m}{2\pi k T}\right)^{\frac{3}{2}} \cdot v^2 \cdot \varepsilon^{-\frac{m v^2}{2 k T}}\,. \tag{18}$$

Abb. 6 gibt eine graphische Darstellung von Formel (18) für Hg-Atome. Als Abszissen sind die Geschwindigkeiten v aufgetragen, als Ordinaten die Werte der Funktion $F(v)$. Der Ausdruck (17) $F(v)\,\mathrm{d}v$ wird durch die schraffierte Fläche vorgestellt. Die Form der Kurve hängt von der Temperatur T ab und wird, wie man sieht, für größere T flacher. Das Maximum der Kurve für $v = v_{\mathfrak{w}}$ bestimmt die am meisten vorkommende, die wahrscheinlichste Geschwindigkeit[1]). Das Maximum entsteht, weil für kleine v der Faktor v^2 schneller wächst als der exponentielle Faktor $\varepsilon^{-\frac{m v^2}{2 k T}}$ kleiner wird; für große v gilt jedoch gerade das Umgekehrte: für diese wächst v^2 weniger schnell als der exponentielle Faktor vermindert, so daß $F(v)$ sehr klein wird. Für $v = 0$ wird $F(v) = 0$. Es sind daher wenig Atome mit sehr großer und wenig mit sehr kleiner Geschwindigkeit vorhanden, die meisten haben Geschwindigkeiten von ungefähr der Größe $v_{\mathfrak{w}}$. In der Abb. 6 sind für $T = 1273°$ K noch zwei andere besondere Werte angegeben: $\bar{v}$ und v_f. Der erste, $\bar{v}$, ist der „arithmetische Mittelwert", der zweite, v_f, ist die Wurzel aus

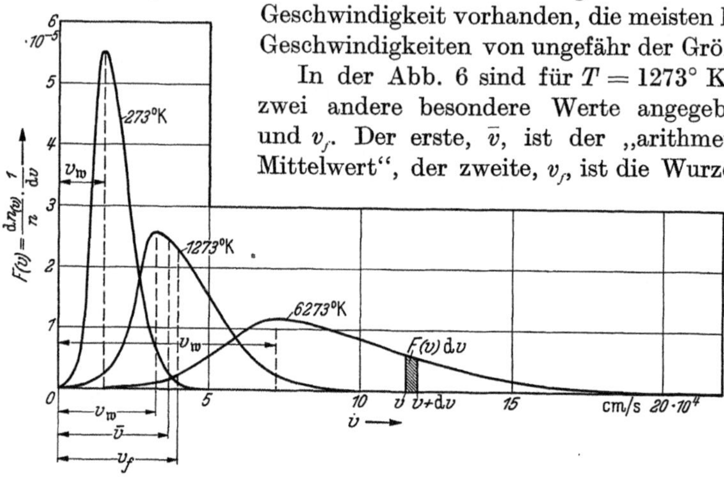

Abb. 6. Geschwindigkeitsverteilung von Maxwell nach Formel (18). Die Kurven haben Beziehung auf Hg-Dampf von 273° K (0° C), 1273° K (1000° C), 6273° K (6000° C).
$v_{\mathfrak{w}}$ = wahrscheinlichste Geschwindigkeit;
$\bar{v}$ = arithmetischer Mittelwert der Geschwindigkeiten;
v_f = Effektivwert (Wurzel aus dem quadratischen Mittelwert).

dem „quadratischen Mittelwert" (= arithmetisches Mittel der Quadrate) oder der Effektivwert, zu vergleichen mit dem Effektivwert eines Wechselstromes. Diese drei besonderen Werte lassen sich als Funktionen der drei Größen: absolute Temperatur T des Gases, Masse m der Atome und Boltzmann-Konstante k ausdrücken. Sie lauten:

$$v_{\mathfrak{w}} = \sqrt{\frac{2 k T}{m}}, \tag{19}$$

$$\bar{v} = \sqrt{\frac{8 k T}{\pi m}}, \tag{20}$$

$$\left.\begin{aligned} v_f &= \sqrt{\frac{3 k T}{m}} \\ \text{oder in der Form von (13)} \quad \frac{m v_f^2}{2} &= \frac{3 k T}{2}. \end{aligned}\right\} \tag{21}$$

[1]) Zur Bestimmung der Geschwindigkeit $v_{\mathfrak{w}}$, für die $F(v)$ ein Maximum ist, stellt man in der üblichen Weise die Ableitung $\frac{\mathrm{d} F(v)}{\mathrm{d} v} = 0$ und löst diese Gleichung nach v.

Für Hg bei 1273°K betragen $v_{\mathfrak{w}} = 3{,}25 \cdot 10^4$ cm/s, $\bar{v} = 3{,}67 \cdot 10^4$ cm/s und $v_{f} = 3{,}98 \cdot 10^4$ cm/s[1]). Tabelle 2 gibt für einige Gase den Wert v_{f} bei 0° C (= 273° K).

Tabelle 2. Molekulare Geschwindigkeiten v_f in cm/s (Effektivwert) für verschiedene Gase bei 0° C.

	N_2	O_2	H_2	He	Ne	Ar	Kr	Xe	Hg	Na
$10^4 \times$	4,93	4,62	18,39	13,05	5,81	4,13	2,87	2,29	1,84	5,44

★ Bei der Berechnung der mittleren Geschwindigkeit geht man folgendermaßen vor: man multipliziert die Anzahl $\mathrm{d}n = n F(v)\,\mathrm{d}v$ der Atome, deren Geschwindigkeit zwischen v und $v + \mathrm{d}v$ liegt mit v und summiert für alle v-Werte durch Integration von $v = 0$ bis $v = \infty$. Teilung des Integrals durch die Gesamtzahl n der Atome gibt den gesuchten Mittelwert.

$$\bar{v} = \frac{1}{n}\int_0^\infty v\, n F(v)\,\mathrm{d}v = 4\pi\left(\frac{m}{2\pi k T}\right)^{\frac{3}{2}}\int_0^\infty v^3\, \varepsilon^{-\frac{m v^2}{2kT}}\,\mathrm{d}v\,.$$

Auf analoge Weise berechnet man v_{f}, indem man $\mathrm{d}n$ mit v^2 multipliziert und die Wurzel aus dem Integral zieht. ★

Aus Formel (21) kann man durch Einführung des Atomgewichtes[2]) $\mu = \mathfrak{L} m$ und der Gaskonstanten $R = \mathfrak{L} k$, für v_{f} folgenden Ausdruck ableiten:

$$v_f = 1{,}58 \cdot 10^4 \sqrt{\frac{T}{\mu}}\ \text{cm/s} \tag{21'}$$

und analog für die beiden anderen besonderen Werte der Geschwindigkeit

$$\bar{v} = 1{,}455 \cdot 10^4 \sqrt{\frac{T}{\mu}}\ \text{cm/s}, \tag{20'}$$

$$v_{\mathfrak{w}} = 1{,}29 \cdot 10^4 \sqrt{\frac{T}{\mu}}\ \text{cm/s}. \tag{19'}$$

Führt man die meist wahrscheinliche Geschwindigkeit (19) in Formel (18) ein, dann kann man (17) folgendermaßen schreiben:

$$\mathrm{d}n = \frac{4n}{\sqrt{\pi}}\left(\frac{v}{v_{\mathfrak{w}}}\right)^2 \varepsilon^{-\left(\frac{v}{v_{\mathfrak{w}}}\right)^2}\mathrm{d}\left(\frac{v}{v_{\mathfrak{w}}}\right). \tag{22}$$

Diese Formel, in der nur das Verhältnis $\frac{v}{v_{\mathfrak{w}}}$ auftritt, ist oft sehr praktisch. Berechnen wir z. B. die Anzahl Hg-Atome per cm³, die bei 273° K

[1]) Die drei Werte, $v_{\mathfrak{w}}$, $\bar{v}$, v_f, stehen zueinander in dem Verhältnis: $v_{\mathfrak{w}} : \bar{v} : v_f = 1 : \frac{2}{\sqrt{\pi}} : \sqrt{\frac{3}{2}} = 1 : 1{,}128 : 1{,}225$. Man muß bei Berechnungen darauf achten, daß der passende v-Wert eingesetzt wird.

[2]) Für zwei- oder mehratomige Moleküle muß für μ das Molekulargewicht anstatt des Atomgewichtes eingeführt werden.

Geschwindigkeiten zwischen $1{,}505 \cdot 10^4$ cm/s und $1{,}506 \cdot 10^4$ cm/s haben, wobei also $\mathrm{d}v = 10$ cm/s ist. Nach (19') ist $v_w = 1{,}505 \cdot 10^4$ cm/s, daher $\frac{v}{v_w} = 1$ und $\frac{\mathrm{d}v}{v_w} = \frac{10}{1{,}51 \cdot 10^4}$. Man findet dann $\frac{\mathrm{d}n}{n} = 5{,}52 \cdot 10^{-4}$ und z. B. mit $n = 10^8$ Atome per cm³, $\mathrm{d}n = 10^8 \cdot 5{,}52 \cdot 10^{-4} = 5{,}52 \cdot 10^4$.

Bei verschiedenen Aufgaben, z. B. bei der genauen Bestimmung des auf eine Wand ausgeübten Druckes, interessiert lediglich die Geschwindigkeitsverteilung in einer bestimmten Richtung, da bloß die Komponente normal auf die Wand für die Abgabe von Bewegungsgröße in Anmerkung

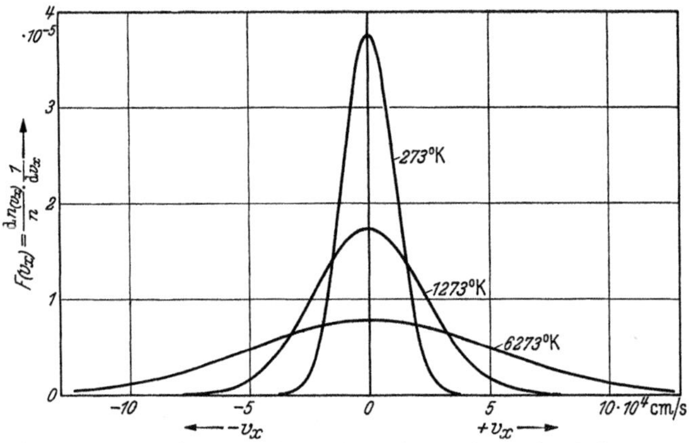

Abb. 7. Geschwindigkeitsverteilung von Maxwell für eine bestimmte Geschwindigkeitskomponente (z. B. in der OX-Richtung). $f(v_x)$ aus Formel (23) für Hg-Atome bei drei verschiedenen Temperaturen, 273° K, 1273° K und 6273° K.

kommt. In Formel (18) findet man jedoch bloß den absoluten Wert von v und keine nähere Angabe bezüglich der Richtung.

Bekanntlich kann eine Geschwindigkeit in drei Richtungen, z. B. des rechtwinkeligen Koordinatensystems (OX, OY, OZ) zerlegt werden und wir erhalten dann v_x, v_y, v_z, wobei $v = \sqrt{v_x^2 + v_y^2 + v_z^2}$. Wegen der vollkommenen Symmetrie muß für jede der drei Komponenten die gleiche Form der Geschwindigkeitsverteilung $f(v_x)$, $f(v_y)$, $f(v_z)$ gelten. Für den Bruchteil $\frac{\mathrm{d}n_{(v_x)}}{n}$ der Atome mit einer Geschwindigkeitskomponente in der OX-Richtung, deren Größe zwischen v_x und $v_x + \mathrm{d}v_x$ liegt, gilt dann:

$$\frac{\mathrm{d}n_{(v_x)}}{n} = f(v_x)\,\mathrm{d}v_x = \sqrt{\frac{m}{2\pi k T}} \cdot \varepsilon^{-\frac{m v_x^2}{2kT}} \cdot \mathrm{d}v_x. \tag{23}$$

Abb. 7 gibt die Funktion $f(v_x)$ für Hg-Atome bei drei Temperaturen, mit v_x als Abszissen und $f(v_x)$ als Ordinaten. Diese Funktion ist nicht Null für $v_x = 0$, sondern besitzt an dieser Stelle ein Maximum. $v_x = 0$ sagt nicht, daß die totale Geschwindigkeit v Null ist, denn die Komponenten v_y und v_z können noch alle möglichen Werte haben. Für große Werte von v_x wird $f(v_x)$ sehr klein, zufolge des exponentiellen Faktors.

★ Zwischen den Funktionen $F(v)$ und $f(v_x)$, $f(v_y)$ und $f(v_z)$ besteht ein bestimmter Zusammenhang, den wir näher betrachten wollen.

Wir nehmen 1 cm³ Gas, in welchem sich n Atome befinden und tragen vom Ursprung eines dreiachsigen Koordinatensystems für jedes Atom die Geschwindigkeit nach Größe und Richtung auf. Wir erhalten so n Vektoren v (Geschwindigkeitsvektordiagramm, Abb. 8a), deren Endpunkte die Koordinaten v_x, v_y und v_z haben. Jeder Endpunkt charakterisiert somit die Geschwindigkeit eines bestimmten Atomes.

In einem Gas, das sich bezüglich der Temperatur und des Druckes im Gleichgewicht befindet, können keine bevorzugten Richtungen für die Bewegungsgeschwindigkeiten der Atome bestehen. Für die Geschwindigkeiten der Atome gilt also sphärische

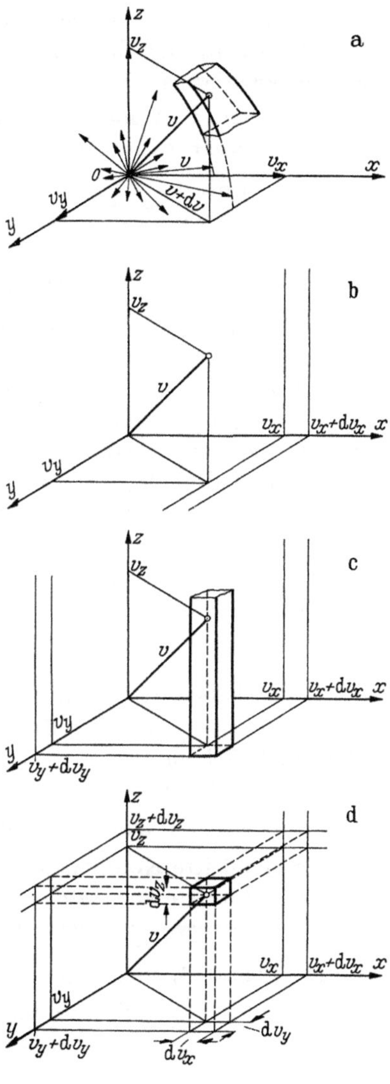

Abb. 8 a—d. Maxwellsche Geschwindigkeitsverteilung. Zusammenhang zwischen $F(v)$ und $f(v_x)$, $f(v_y)$ und $f(v_z)$.

a Geschwindigkeitsvektordiagramm. Jede Geschwindigkeit wird durch einen Vektor v vorgestellt, dessen Endpunkt die Koordinaten v_x, v_y, v_z hat. Die Anzahl $\mathrm{d}\,n_{(v)}$ der Atome mit Geschwindigkeiten zwischen v und $v + \mathrm{d}\,v$ wird gegeben durch die Anzahl Vektorendpunkte in der Kugelschale zwischen den Kugeln mit Radien v und $v + \mathrm{d}\,v$.

b Anzahl Atome $\mathrm{d}\,n_{(v_x)} = n\,f(v_x)\,\mathrm{d}\,v_x$ mit Geschwindigkeiten in der OX-Richtung zwischen v_x und $v_x + \mathrm{d}\,v_x$ = Anzahl Vektorendpunkte zwischen den Flächen parallel zu YOZ, die von der OX-Achse v_x bzw. $v_x + \mathrm{d}\,v$ abschneiden.

c Anzahl Atome $\mathrm{d}\,n_{(v_x,\,v_y)} = n\,f(v_x)\,f(v_y)\,\mathrm{d}\,v_x\,\mathrm{d}\,v_y$, die gleichzeitig eine OX-Komponente der Geschwindigkeit zwischen v_x und $v_x + \mathrm{d}\,v_x$ und eine OY-Komponente zwischen v_y und $v_y + \mathrm{d}\,v_y$ haben.

d Anzahl Atome $\mathrm{d}\,n_{(v_x,\,v_y,\,v_z)} = n\,f(v_x)\,f(v_y)\,f(v_z)\,\mathrm{d}\,v_x\,\mathrm{d}\,v_y\,\mathrm{d}\,v_z$, die gleichzeitig Geschwindigkeitskomponenten in der OX-Richtung zwischen v_x und $v_x + \mathrm{d}\,v_x$, OY-Richtung zwischen v_y und $v_y + \mathrm{d}\,v_y$ und OZ-Richtung zwischen v_z und $v_z + \mathrm{d}\,v_z$ haben.

Symmetrie und das Geschwindigkeitsdiagramm muß daher zentralsymmetrisch sein.

Die Endpunkte aller Vektoren deren Länge zwischen v und $v + \mathrm{d}\,v$ liegt, befinden sich in einer Kugelschale, bzw. zwischen den Kugelflächen mit den Radien v und $v + \mathrm{d}\,v$. Auf Grund der zentralen ★

★ Symmetrie (im Vektordiagramm) muß die Anzahl Vektorendpunkte, die man in der Kugelschale findet, bezogen auf 1 cm³ der Kugelschale, also deren Dichte, von der Richtung unabhängig sein. Diese Anzahl wird jedoch wohl von der Größe der Geschwindigkeit v abhängen, d. h., die Dichte der Endpunkte in der Kugelschale verändert sich mit dem Schalenradius.

Aus Formel (17) und (18) folgt für die Dichte der Vektorendpunkte in der Kugelschale mit Inhalt $4\pi v^2 dv$

$$\left.\begin{aligned}\frac{\mathrm{d}n_{(v)}}{4\pi v^2\,\mathrm{d}v} &= \frac{1}{4\pi v^2\,\mathrm{d}v}\, n\, 4\pi \left(\frac{m}{2\pi k T}\right)^{\frac{3}{2}} v^2\, \varepsilon^{-\frac{m v^2}{2kT}}\,\mathrm{d}v = \\ &= n \left(\frac{m}{2\pi k T}\right)^{\frac{3}{2}} \varepsilon^{-\frac{m v^2}{2kT}}.\end{aligned}\right\} \qquad (24)$$

Greifen wir nun eine Geschwindigkeit $v\,(v_x, v_y, v_z)$ heraus von **bestimmter Größe und Richtung** und untersuchen wir im Geschwindigkeitsvektordiagramm einen kleinen Kubus, dessen Kanten die Längen $\mathrm{d}v_x$, $\mathrm{d}v_y$, $\mathrm{d}v_z$ haben und der einen Eckpunkt auf der inneren Kugelfläche hat mit den Koordinaten v_x, v_y, v_z. Die Anzahl Vektorendpunkte in dem Kubus $\mathrm{d}v_x \cdot \mathrm{d}v_y \cdot \mathrm{d}v_z$ bestimmt wieviel Atome $\mathrm{d}n_{(v_x, v_y, v_z)}$ eine Geschwindigkeit besitzen, deren Komponenten zwischen v_x und $v_x + \mathrm{d}v_x$, v_y und $v_y + \mathrm{d}v_y$, v_z und $v_z + \mathrm{d}v_z$ liegen (Abb. 8d).

Von allen n Atomen haben eine Anzahl $\mathrm{d}n_{(v_x)}$ Geschwindigkeiten in der OX-Richtung zwischen v_x und $v_x + \mathrm{d}v_x$ (Abb. 8b):

$$\mathrm{d}n_{(v_x)} = n\, f(v_x)\,\mathrm{d}v_x\,. \qquad (25)$$

Von diesen haben $\mathrm{d}n_{(v_x)} \cdot f(v_y)\,\mathrm{d}v_y$ eine Geschwindigkeit in der OY-Richtung zwischen v_y und $v_y + \mathrm{d}v_y$. Die Anzahl Atome, die gleichzeitig Geschwindigkeitskomponenten zwischen v_x und $v_x + \mathrm{d}v_x$ bzw. zwischen v_y und $v_y + \mathrm{d}v_y$ haben (Abb. 8c), ist also:

$$\mathrm{d}n_{(v_x, v_y)} = n\, f(v_x)\,\mathrm{d}v_x\, f(v_y)\,\mathrm{d}v_y = n\, f(v_x)\, f(v_y)\,\mathrm{d}v_x\,\mathrm{d}v_y\,.$$

Für die dritte Komponente gilt eine analoge Überlegung, so daß die Anzahl Endpunkte von Geschwindigkeitsvektoren im Kubus $\mathrm{d}v_x \cdot \mathrm{d}v_y \cdot \mathrm{d}v_z$,

$$\mathrm{d}n_{(v_x, v_y, v_z)} = n\, f(v_x)\, f(v_y)\, f(v_z)\,\mathrm{d}v_x\,\mathrm{d}v_y\,\mathrm{d}v_z$$

beträgt (Abb. 8d) und deren Dichte

$$\frac{\mathrm{d}n_{(v_x, v_y, v_z)}}{\mathrm{d}v_x \cdot \mathrm{d}v_y \cdot \mathrm{d}v_z} = n\, f(v_x)\, f(v_y)\, f(v_z) \qquad (26)$$

ist.

Dieser Ausdruck muß nun gleich (24) sein, da dieser ebenfalls die Dichte der Vektorendpunkte im Abstand v vom Ursprung angibt. Durch Substitution von $f(v_x)$, $f(v_y)$ und $f(v_z)$ nach (23) wird (26) zu

$$n \left(\frac{m}{2\pi k T}\right)^{\frac{3}{2}} \varepsilon^{-\frac{m}{2kT}(v_x^2 + v_y^2 + v_z^2)}\,, \qquad ★$$

★ und da

$$v_x^2 + v_y^2 + v_z^2 = v^2$$

ist, gleich dem Ausdruck (24). ★

Bei vielen Problemen muß man den Bruchteil der Atome, mit Geschwindigkeiten v, größer als ein gegebener Wert v_0, kennen. Ist die Temperatur gegeben und somit auch die wahrscheinlichste Geschwindigkeit v_w, dann läßt sich dieser Bruchteil aus (17) und (18) bestimmen und man erhält

$$4\pi \left(\frac{m}{2\pi k T}\right)^{\frac{3}{2}} \int_{v_0}^{\infty} v^2 \varepsilon^{-\frac{m v^2}{2 k T}} d v .$$

Nach Einführung von v_w aus (19), durch $\frac{v}{v_w} = x$ zu setzen und $\frac{v_0}{v_w} = x_0$ [x_0 gibt an, wieviel mal größer (bzw. kleiner) die Minimumgeschwindigkeit v_0 ist als v_w] ergibt sich

$$\frac{4}{\sqrt{\pi}} \int_{x_0}^{\infty} x^2 \varepsilon^{-x^2} \cdot d x .$$

Die Lösung findet man durch partielle Integration zu

$$\frac{2}{\sqrt{\pi}} \cdot x_0 \cdot \varepsilon^{-x_0^2} + 1 - \frac{2}{\sqrt{\pi}} \int_0^{x_0} \varepsilon^{-x^2} d x ,$$

wobei das übrigbleibende Integral die Gaußsche Fehlerfunktion darstellt.

Tabelle 3. Bruchteil der Atome mit Geschwindigkeiten v größer als ein gegebener Wert v_0 bei gegebenem v_w.

$x_0 = \frac{v_0}{v_w}$	Bruchteil
0,5	0,92
1,0	0,57
1,5	0,21
2,0	0,046
3,0	$4{,}4 \cdot 10^{-4}$
4,0	$5{,}2 \cdot 10^{-7}$
5,0	$8{,}0 \cdot 10^{-11}$

In Tabelle 3 sind für einige Werte von $x_0 = \frac{v_0}{v_w}$ die gesuchten Bruchteile, nach obenstehender Formel berechnet, angegeben.

§ 9. Anwendung der Geschwindigkeitsverteilung von Maxwell.

Mit Hilfe der Maxwellschen Formel (18) bzw. (23) lassen sich einige Probleme lösen, die für die Theorie der Gasentladungen von großer Wichtigkeit sind.

a) Anzahl Atome (ν), die per s durch eine Fläche von 1 cm² gehen.

Wir nehmen ein Gas, das n Atome per cm³ enthält und untersuchen 1 cm² einer Fläche an einer beliebigen Stelle im Gas. Das Koordinatensystem wählen wir derart, daß die OX-Richtung lotrecht auf die zu untersuchende Fläche steht. Um feststellen zu können, ob ein Atom durch das Flächenstück geht, genügt es, die Geschwindigkeitskomponente

v_x zu untersuchen[1]). Nehmen wir nun ein Prisma mit der Basisfläche 1 cm² und der Höhe $v_x\,dt$, dann werden alle darin anwesenden Atome, deren Geschwindigkeit v_x beträgt und zur Fläche hin gerichtet ist, im Laufe der Zeit dt auch durch die Fläche gehen. Die Zeit dt ist so klein gedacht, daß der Abstand $v_x\,dt$ gegenüber den Abmessungen der Grundfläche ebenfalls klein ist. Dann kann die seitliche Bewegung der Atome, die natürlich außer v_x auch eine v_y- und v_z-Komponente haben, vernachlässigt werden. Dasselbe gilt für den Einfluß der Stöße.

Die Anzahl Atome mit einer Geschwindigkeit zwischen v_x und $v_x + dv_x$ ist $dn_{(v_x)} = n\,f(v_x)\,dv_x$ per cm³, und daher im Volumen $v_x\,dt$ cm³: $n\,v_x\,f(v_x)\,dv_x\,dt$. Nun muß man alle vorkommenden Geschwindigkeiten v_x, von 0 bis $+\infty$ in Betracht ziehen und die zu allen diesen Geschwindigkeiten gehörenden Atomanzahlen, $n\,v_x\,f(v_x)\,dv_x\,dt$ summieren. Unter Verwendung der Formel (23) erhält man dann

$$\nu\,dt = dt\int_0^\infty n\,v_x\,f(v_x)\,dv_x = dt\int_0^\infty n\sqrt{\frac{m}{2\pi k T}}\cdot v_x\,\varepsilon^{-\frac{m v_x^2}{2kT}}\cdot dv_x \tag{27}$$

die gesamte Anzahl der in der Zeit dt durch 1 cm² der betrachteten Fläche gehenden Atome. In 1 s gehen dann ν Atome durch den cm². Atome mit einer Geschwindigkeit $-v_x$ kommen natürlich nicht in Anmerkung, weil sie nicht durch die Fläche gehen. Obenstehendes Integral kann leicht gelöst werden und man findet:

$$\nu = n\sqrt{\frac{kT}{2\pi m}}. \tag{28}$$

Diesen Ausdruck kann man durch Substitution von (20) für die mittlere Geschwindigkeit $\bar{v}$ umwandeln in:

$$\nu = \frac{1}{4}\,n\,\bar{v}. \tag{29}$$

Z. B. findet man für Neon bei 0° C und einem Druck von 10 tor, mit $n = 3{,}56\cdot 10^{17}$, aus (20′) $\bar{v} = 5{,}35\cdot 10^4$ cm/s und somit $\nu = 4{,}77\cdot 10^{21}$ Atome per cm² und per s.

b) Druck auf die Wand.

Wir können hier die vorhergehende Berechnung teilweise verwenden. Das 1 cm² große Flächenstück wurde per s von $\int_0^\infty n\,v_x\,f(v_x)\,dv_x$ Atomen getroffen. Durch den elastischen Stoß wird jedes Atom eine Bewegungsgröße im Werte von $2\,m\,v_x$ an die Wand abgeben. Insgesamt wird daher auf 1 cm² Wand eine Kraft ausgeübt von:

$$p = \int_0^\infty 2\,m v_x\,n\,v_x\,f(v_x)\,dv_x\,.$$

---

[1]) Wir betrachten hierbei nur die auf einer Seite des Flächenstückes eindringenden Atome. Herrscht im Gas Gleichgewicht, dann ist die auf der anderen Seite des Flächenstückes eindringende Anzahl gleich groß.

Man könnte wieder für $f(v_x)$ die gefundene Verteilung einführen und integrieren, aber es ist einfacher, auf folgende Weise zu berechnen: $v_x^2 f(v_x)$ ist eine gerade Funktion und deshalb können wir schreiben:

$$p = 2nm\int_0^\infty v_x^2 f(v_x)\,\mathrm{d}v_x = nm\int_{-\infty}^{+\infty} v_x^2 f(v_x)\,\mathrm{d}v_x\,.$$

Das zuletzt gefundene Integral stellt den Ausdruck für $\overline{v_x^2}$ vor (s. S. 15, Ableitung von $\bar{v}$ und v_f). Wir setzten früher $v^2 = v_x^2 + v_y^2 + v_z^2$ und können daher auch schreiben $\overline{v^2} = \overline{v_x^2} + \overline{v_y^2} + \overline{v_z^2} = v_f^2$ und wegen der sphärischen Symmetrie $\overline{v_x^2} = \overline{v_y^2} = \overline{v_z^2} = \frac{1}{3}v_f^2$. Der Integralwert kann also durch $\frac{1}{3}v_f^2$ ersetzt werden und wir erhalten:

$$p = \frac{1}{3}nm\,v_f^2 = \frac{2}{3}n\frac{m\,v_f^2}{2}\,, \tag{30}$$

was mit Formel (11) übereinstimmt, wenn wir die Geschwindigkeit dieser Formel als Effektivwert v_f (21) deuten.

c) Formel von Boltzmann. Veränderung der Dichte der Erdatmosphäre als Funktion der Höhe.

Eine Gasmenge mit der Temperatur T habe wieder n Atome per cm³. Wir fragen nun: Wieviel Atome (ν_0) treffen per s ein Flächenstück von 1 cm², das normal auf die OX-Richtung steht, mit einer Geschwindigkeit, die größer als ein gegebener Wert v_{x_0} ist. Diese Anzahl wird durch (27), über 1 s summiert, gegeben, wenn die Integration anstatt von 0 bis ∞, von v_{x_0} bis ∞ durchgeführt wird:

$$\nu_0 = \int_{v_{x_0}}^\infty n\,v_x\sqrt{\frac{m}{2\pi kT}}\cdot\varepsilon^{-\frac{m v_x^2}{2kT}}\,\mathrm{d}v_x\,. \tag{31}$$

Das Integral kann wieder durch partielle Integration berechnet werden und liefert

$$\nu_0 = n\sqrt{\frac{kT}{2\pi m}}\cdot\varepsilon^{-\frac{m v_{x_0}^2}{2kT}}\,. \tag{32}$$

Der Unterschied zwischen (28) und der letzten Formel liegt im exponentiellen Faktor.

Mit Hilfe von (32) können wir nun die Veränderung der Dichte unserer Atmosphäre als Funktion der Höhe berechnen. Zu diesem Zwecke setzen wir die Schwerkraft und die Lufttemperatur als konstant voraus in dem betrachteten Gebiet und untersuchen zwei horizontale Flächen: 1. in der Höhe H und 2. in der Höhe $H + h$. Die zu den Höhen 1 und 2 gehörigen Atomanzahlen per cm³ nennen wir n_1 und n_2. Nach (29) gehen durch 1 cm² der Fläche 1 per s

$$\nu = \frac{1}{4}n_1\bar{v}_1$$

Atome nach oben. Von diesen ν Atomen erreicht jedoch nur eine bestimmte Anzahl ν_1 die Fläche 2, und zwar jene, deren nach oben gerichtete kinetische Energie größer ist als $m g h$ (g = Beschleunigung durch die Schwerkraft). Die Bedingung ist also $\frac{m v_{x_0}^2}{2} \geqq m g h$, da $m g h$ die Arbeit ist, die ein Atom gegen die Schwerkraft verrichten muß, um von H aus die Höhe $H + h$ zu erreichen. Diese Arbeit kann nur von der der Schwerkraft entgegengesetzt wirkenden kinetischen Energie geliefert werden. Die Fläche 2 erreichen also

$$\nu_1 = n_1 \sqrt{\frac{k T}{2 \pi m}} \cdot \varepsilon^{-\frac{m v_{x_0}^2}{2 k T}} = n_1 \sqrt{\frac{k T}{2 \pi m}} \cdot \varepsilon^{-\frac{m g h}{k T}}$$

Atome per cm^2 per s. Durch 1 cm^2 der Fläche 2 gehen per s nach unten

$$\nu_2 = \frac{1}{4} n_2 \bar{v}_2 = n_2 \sqrt{\frac{k T}{2 \pi m}}$$

Atome, und diese gehen alle auch durch Fläche 1, da die Schwerkraft in dieser Richtung beschleunigend wirkt. Für den Fall des Gleichgewichtszustandes müssen durch Fläche 2 gleich viel Atome nach oben und nach unten gehen, also muß $\nu_1 = \nu_2$ sein. Setzen wir für ν_1 und ν_2 die gefundenen Werte ein, dann erhalten wir

$$n_2 = n_1 \cdot \varepsilon^{-\frac{m g h}{k T}}. \tag{33}$$

Die Anzahl Atome per cm^3 und somit auch die Dichte des Gases ($= n \cdot m$) nimmt also exponentiell ab mit wachsender Höhe.

Aus (33) folgt, daß die Abnahme für schwere Atome rascher stattfindet als für leichte (m ist größer), so daß die Konzentration der leichteren Gase (H_2, He) in der Atmosphäre relativ mit der Höhe zunimmt. Während in der Nähe der Erdoberfläche das Verhältnis $He/N_2 = 10^{-5}$ ist, wird dieses in etwa 120 km Höhe 1. (Der Einfluß von Luftströmungen und Temperaturänderungen ist hierbei vernachlässigt.)

Betrachten wir nun anstatt eines Gases in einem Schwerefeld eine Elektronenwolke in einem elektrischen Feld. Wir werden später sehen, daß die Elektronen, die sich in einer Entladung zwischen den Atomen bewegen, in vielen Fällen eine Maxwellsche Geschwindigkeitsverteilung haben. Die hierzu gehörige Temperatur T_e braucht nicht dieselbe wie die des Atomgases zu sein (§ 36).

Nach (21) können wir für die mittlere kinetische Energie der Elektronen schreiben

$$e V_e = \frac{m_e v_{ef}^2}{2} = \frac{3}{2} k T_e. \tag{34}$$

Formel (33) behält auch für den Fall der Elektronenwolke ihre Gültigkeit, wenn wir die Kraft $m g$ durch $e \mathfrak{E}$ und die Arbeit $m g h$ durch $e \mathfrak{E} s$ ersetzen ($\mathfrak{E} s$ ist der Potentialunterschied V über den ganzen Weg s).

Für die Elektronenwolke im elektrischen Feld erhalten wir also

$$n_{e2} = n_{e1}\,\varepsilon^{-\frac{e\,\mathfrak{E}\,s}{k\,T_e}} = n_{e1}\,\varepsilon^{-\frac{e\,V}{k\,T_e}} = n_{e1}\,\varepsilon^{-\frac{3\,V}{2\,\bar{V}_e}}. \tag{35}$$

Die beiden Formeln (33) und (35) drücken das Boltzmannsche Prinzip aus, das ein Spezialfall einer von Gibbs abgeleiteten, allgemeinen statistischen Formel ist. Man kann die genannten Formeln folgendermaßen in Worten ausdrücken.

Wenn eine, sich in thermischem Gleichgewicht befindende Gesamtheit von Teilchen eine Geschwindigkeitsverteilung nach der Formel von Maxwell hat, verhalten sich die Konzentrationen an den Stellen 2 und 1, für die der Unterschied an potentieller Energie [= die Arbeit um ein Teilchen von 1 nach 2 zu befördern] $m\,g\,h$ oder $e\,V$ beträgt, wie Formel (33) bzw. (35). Im Prinzip erfolgt hieraus, daß an Stellen mit großer potentieller Energie die Konzentration relativ klein wird.

§ 10. Mittlere freie Weglänge λ, λ_e.

Zu Beginn der Entwicklung der kinetischen Gastheorie stand man vor folgender Schwierigkeit: wieso ist es möglich, daß trotz der großen Atomgeschwindigkeiten (Tabelle 2) die Fortbewegung eines Gases (wie Chlor z. B., das sich leicht an seinem Geruch erkennen läßt) in einem anderen Gas (wie z. B. Luft) über einen Abstand von wenigen Metern, so langsam stattfindet? Clausius hat diese Frage durch die Einführung der mittleren freien Weglänge gelöst. Er wies darauf hin, daß, obwohl die Atomgeschwindigkeiten sehr groß sind, die Atome sich, infolge von Zusammenstößen, nicht geradlinig fortbewegen, sondern in sehr komplizierten Zickzack-Bahnen, so daß sie nach verhältnismäßig langer Zeit noch ganz nahe bei ihrem Ausgangspunkt sein können.

Wenn wir wieder die vereinfachende Hypothese der elastischen Kügelchen einführen, können wir die mittlere freie Weglänge definieren als „den durchschnittlichen Abstand, den ein Atom zwischen zwei Zusammenstößen zurücklegt“. Zur Bestimmung dieses Abstandes untersuchen wir ein Atom 1 mit Radius r_1, das sich mit einer Geschwindigkeit v_1 in einem Gas bewegt, dessen Atome 2 einen Radius r_2 haben und einfachheitshalber in Ruhe gedacht sind. Wenn das Atom 1 mit einem Atome 2 zusammenstößt, befinden sich die Mittelpunkte dieser beiden Atome in einem Abstand $r_1 + r_2$ voneinander. Soll daher ein Zusammenstoß stattfinden, dann muß sich der Mittelpunkt eines Atomes 2 in einer Kugel befinden, deren Mittelpunkt in 1 liegt und deren Radius $r_1 + r_2$ ist. In der Zeit von 1 s legt das Atom 1 einen Weg v_1 zurück, und das von genannter Kugel bestrichene Volumen beträgt dann $\pi\,(r_1 + r_2)^2\,v_1$. Alle Atome 2, deren Mittelpunkte sich in diesem Volumen befinden, werden mit 1 in Berührung gewesen sein und wenn n_2 Atome per cm³ vorhanden sind, wird Atom 1 per s $n_2 \pi (r_1 + r_2)^2 v_1$ Zusammenstöße erlitten haben. Die Zeit, die im Mittel zwischen zwei Zusammenstößen verläuft, ist dann $\tau = \frac{1}{n_2 \pi (r_1 + r_2)^2 v_1}$ s, und der dazugehörige mittlere zurückgelegte Weg:

$$\lambda_1' = \tau v_1 = \frac{1}{n_2 \pi (r_1 + r_2)^2}. \tag{36}$$

Ist das Atom 1 von gleicher Art wie die Atome 2, also $r_1 = r_2 = r$, dann wird (36) zu:

$$\lambda_1 = \frac{1}{n 4 \pi r^2}. \tag{37}$$

Wir haben vorausgesetzt, daß die Atome 2 sich in Ruhe befinden; in Wirklichkeit besitzen sie natürlich ihre eigenen, in alle möglichen Richtungen verteilten Geschwindigkeiten, so daß für die Zusammenstöße die relative Geschwindigkeit zwischen den stoßenden Atomen ausschlaggebend ist. Eine genaue Berechnung zeigt, daß Formel (37) mit einem Faktor $\frac{1}{\sqrt{2}}$ korrigiert werden muß. Die richtige Formel lautet dann:

$$\lambda = \frac{1}{4 \pi \sqrt{2}\, n r^2}. \tag{38}$$

Im Anschluß hieran wollen wir noch als Beispiel die mittlere freie Weglänge in Ar von 0° C und 1 tor bestimmen. Die Anzahl Atome per cm³ beträgt hierbei $n = 3{,}56 \cdot 10^{16}$ und der Radius des Ar-Atomes ist $r = 1{,}43 \cdot 10^{-8}$ cm. Füllen wir diese Werte in (38) ein, dann erhalten wir

$$\lambda = \frac{1}{4 \pi \sqrt{2}\; 3{,}56 \cdot 10^{16} (1{,}43 \cdot 10^{-8})^2} = 7{,}73 \cdot 10^{-3}\ \text{cm}.$$

In Tabelle 4 sind die mittleren freien Weglängen λ für einige Gase bei 1 tor und 0° C angegeben.

Tabelle 4. Mittlere freie Weglänge λ der Atome [Formel (38)] und λ_e der Elektronen [Formel (39) $\lambda_e = 4\sqrt{2}\,\lambda = 5{,}66\,\lambda$] in verschiedenen Gasen bei 0° C und 1 tor.

	He	Ne	Ar	Na	Hg[1])	H_2	N_2	O_2	
λ	13,1	11,6	7,73	8,07	4,88	13,3	6,33	7,22	$\times 10^{-3}$ cm
λ_e	7,41	6,57	4,38	4,57	2,76	7,53	3,58	4,09	$\times 10^{-2}$ cm
r	1,1	1,17	1,43	1,40	1,80	1,09	1,58	1,48	$\times 10^{-8}$ cm
m	6,54	33,0	65,24	37,63	328,2	3,298	45,84	52,34	$\times 10^{-24}$ g

In der vorletzten Zeile sind die Werte der Atomradien r angegeben, die zur Berechnung verwendet wurden. Die letzte Zeile gibt die Atom- bzw. Molekülmassen.

[1]) Da der Sättigungsdruck des Hg bei 0° C etwa $1{,}85 \cdot 10^{-4}$ tor beträgt, ist der angegebene Zustand, 0° C und 1 tor virtuell. Die wirkliche freie Weglänge bei Sättigungsdruck und 0° C ist $5{,}4 \cdot 10^3$-mal so groß wie der Wert in der Tabelle, d. h. 26,4 cm. Für Na ist dieser Wert $1{,}78 \cdot 10^{10}$ cm.

Nach Formel (38) ist λ umgekehrt proportional der Konzentration n des Gases, d. h. bei konstanter Temperatur umgekehrt proportional dem Druck und bei konstantem Druck proportional der Temperatur $\left[p = n\,k\,T \text{ oder } n = \frac{p}{k\,T}\,(14)\right]$.

Für ein Elektron, das sich in einem Gas bewegt, kann r_1 in (36) bezüglich r_2 vernachlässigt werden, da die Abmessungen des Elektrons im Verhältnis zu jenen des Atomes sehr klein sind. Ist das Elektron in thermischem Gleichgewicht mit der Gasmasse, dann ist nach (15) seine Geschwindigkeit hunderte Male größer als die der Atome, welche dann bezüglich des Elektrons als in Ruhe befindlich angenommen werden können. Man kann daher die Korrektur für die relative Geschwindigkeit weglassen und (36) ergibt für die mittlere freie Weglänge eines Elektrons in einem Gas:

$$\lambda_e = \frac{1}{\pi\,n\,r^2}\,. \tag{39}$$

Der Vergleich mit (38) gibt

$$\lambda_e = 4\sqrt{2}\,\lambda = 5{,}66\,\lambda\,. \tag{39'}$$

Formel (39) kann auch noch auf andere Weise gedeutet werden. Da $\pi\,r^2$ die Fläche eines Meridiankreises einer Kugel mit Radius r ist und n die Anzahl Atome per cm^3, stellt $\pi\,n\,r^2$ die scheinbare Oberfläche aller Atome eines cm^3 vor. $\pi\,n\,r^2$ heißt der effektive Querschnitt[1]) und wird im allgemeinen ausgedrückt in cm^2/cm^3 für einen Druck von 1 tor und 0° C; er ist gleich dem reziproken Wert der mittleren freien Weglänge λ_e unter den gleichen Bedingungen.

Man kann, wenn die mittlere freie Weglänge bekannt ist, die Wahrscheinlichkeit berechnen, mit der ein Atom einen Abstand x durchläuft ohne einen Zusammenstoß zu erleiden. Zu diesem Zwecke lassen wir N_0 Atome längs paralleler Bahnen in eine Gasmenge eintreten und fragen nach der Anzahl N_x, die einen Abstand x zurücklegt ohne einen Zusammenstoß zu erfahren. Wir setzen voraus, daß alle Atome, die Zusammenstöße erfahren, derart abgelenkt werden, daß sie das Bündel verlassen.

Auf dem Wegstück $\mathrm{d}\,x$ soll die Anzahl der abgelenkten Atome $\mathrm{d}\,N_x$ betragen und wir schreiben:

$$\mathrm{d}\,N_x = -\,C\,N_x\,\mathrm{d}\,x\,. \tag{40}$$

$\mathrm{d}\,N_x$ wird proportional dem Abstand $\mathrm{d}\,x$, der Anzahl in x noch vorhandenen Atome und der Konstanten C genommen[2]). Die Integration obenstehender Gleichung ist nach Trennung der Veränderlichen leicht

[1]) Dieser Wert gilt nur für den behandelten Fall, daß der effektive Querschnitt der Atome von einem Elektron aus betrachtet wird.

[2]) Das negative Zeichen ist deshalb nötig, weil ein positives $\mathrm{d}\,N_x$ eine Zunahme bedeuten würde.

durchführbar. Für den Anfangswert $x = 0$ ist $N_x = N_0$ und hieraus ergibt sich

$$N_x = N_0 \cdot \varepsilon^{-Cx}, \tag{41}$$

wobei x der zurückgelegte Wert ist. Aus Formel (41) ersieht man, daß die übrigbleibende Anzahl sehr rasch abnimmt mit größerem x, da dieses als Potenzexponent auftritt (s. Abb. 9). In Formel (41) muß noch die Konstante C bestimmt werden.

Die Atome, welche auf dem Weg x bis $x + \mathrm{d}\,x$ verschwinden, haben freie Weglängen von der Länge x bis höchstens $x + \mathrm{d}\,x$. Die Anzahl der auf dem Wegstück $\mathrm{d}\,x$ verschwindenden Atome war nach Voraussetzung $\mathrm{d}\,N_x$, und wir erhalten nun mit Hilfe der in x noch vorhandenen Anzahl Atome N_x:

$$\mathrm{d}\,N_x = -C\,N_0\,\varepsilon^{-Cx}\,\mathrm{d}\,x. \tag{42}$$

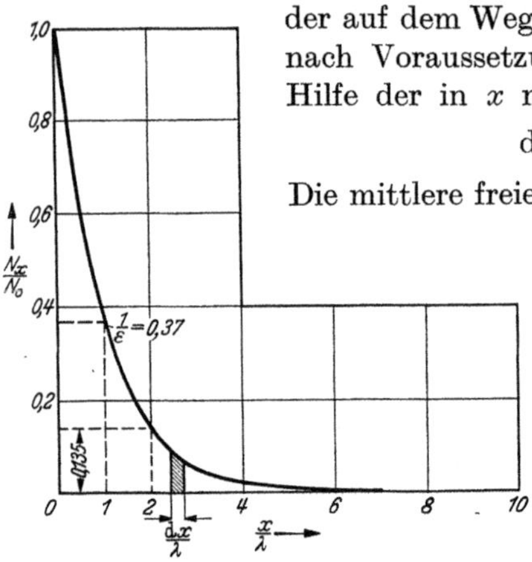

Abb. 9.

Graphische Darstellung von $\frac{N_x}{N_0} = \varepsilon^{-\frac{x}{\lambda}}$, der relativen Atomanzahl mit freien Weglängen größer als x, als Funktion von $\frac{x}{\lambda}$.

Die mittlere freie Weglänge[1]) $\lambda = \bar{x}$ ergibt sich dann zu

$$\lambda = \bar{x} = \frac{1}{N_0}\int_0^\infty x\,C\,N_0\,\varepsilon^{-Cx}\,\mathrm{d}\,x$$

und integriert $\lambda = \frac{1}{C}$. Hiermit geht (41) über in:

$$N_x = N_0\,\varepsilon^{-\frac{x}{\lambda}}. \tag{43}$$

Für λ ist nun der Wert aus (38) [oder (39) für Elektronen] einzusetzen. Abb. 9 gibt $\varepsilon^{-\frac{x}{\lambda}}$ als Funktion von $\frac{x}{\lambda}$ und zeigt, daß nach dem Zurücklegen von einem Abstand $2\,\lambda$ die Atomanzahl auf $\varepsilon^{-2} = 13{,}5\%$ des ursprünglichen Wertes gesunken ist. Formel (42) wird mit obigem Wert für $C = \frac{1}{\lambda}$:

$$\frac{\mathrm{d}\,N_x}{N_0} = -\frac{1}{\lambda}\,\varepsilon^{-\frac{x}{\lambda}}\,\mathrm{d}\,x. \tag{44}$$

Abgesehen von der Konstanten $\frac{1}{\lambda}$ ist die Formel gleichfalls durch Abb. 9 dargestellt. Die schraffierte Fläche ist ein Maß für $\frac{\mathrm{d}\,N_x}{N_0}$, oder $\mathrm{d}\,N_x$, die auf dem Wegstück $\mathrm{d}\,x$ zusammenstoßende Atomanzahl[2]).

[1]) Die Bestimmung der mittleren freien Weglänge vollzieht sich auf analoge Weise wie die der mittleren Geschwindigkeiten. Die mittlere freie Weglänge $\bar{x}$ mal der Gesamtanzahl Atome N_0, die vorhanden war, muß gleich sein der Summe von den Produkten: $\mathrm{d}\,N_x$ mal den jeweils zugehörigen freien Weglängen x, also

$$\bar{x}\,N_0 = \int x\,\mathrm{d}\,N_x = \int_0^\infty x\,C\,N_0\,\varepsilon^{-Cx}\,\mathrm{d}\,x.$$

[2]) Man sieht aus Abb. 9 deutlich, daß ein analoger Wert wie v_w bei der Geschwindigkeitsverteilung hier nicht auftritt.

Alle obenstehenden Betrachtungen basieren auf der Hypothese der elastischen Kügelchen, die eine genaue Festlegung des Begriffes „Zusammenstoß“ ermöglicht. Nach diesem Begriff spricht man von einem Zusammenstoß, wenn die Atommittelpunkte in Abstände $r_1 + r_2$ voneinander kommen. In Wirklichkeit ist die Wechselwirkung, auch zwischen neutralen Atomen, den elektrischen Kräften zu verdanken, die sie aufeinander ausüben. Obwohl diese Kräfte sehr rasch mit zunehmendem Abstand der Atome voneinander abnehmen, so daß ihre Wirkungsbereiche nur sehr klein sind, ist die Definition eines Zusammenstoßes doch mehr oder weniger willkürlich und von der Minimum-Wechselwirkung $\left(\text{Änderung der Bewegungsgröße } m\,v \text{ bzw. der kinetischen Energie } \frac{m\,v^2}{2}\right)$, die man eigentlich noch als Zusammenstoß werten will, abhängig. Für eine erste Annäherung kann man jedenfalls die neutralen Atome als elastische Kügelchen behandeln.

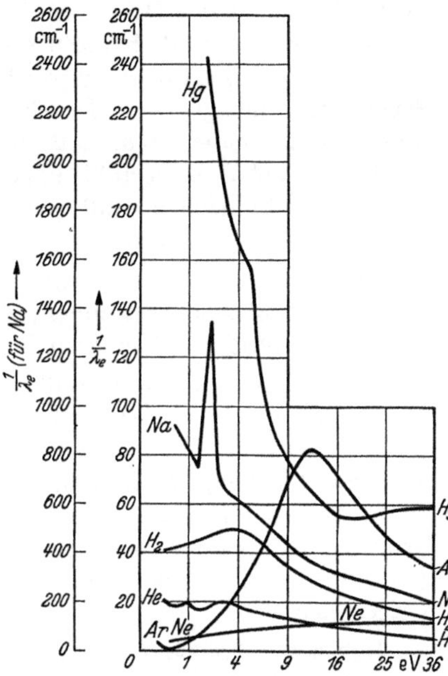

Abb. 10. Wirkungsquerschnitt $\frac{1}{\lambda_r}$ (reziproker Wert der mittleren freien Weglänge) für Elektronen in verschiedenen Gasen bei 0° C und 1 tor, als Funktion der Energie in Elektron-Volt. Die Kurven für Na und Hg stellen virtuelle Werte vor; siehe Fußnote [1]) S. 24.

Für geladene Teilchen $\left(\text{z. B. Elektronen, deren elektrische Kräfte proportional } \frac{1}{r^2} \text{ sind}\right)$ jedoch, kann man beträchtliche Abweichungen von Formel (39) erwarten. Außer den Abweichungen der experimentell gefundenen Werte von den nach Formel (39) berechneten, fand man auch, daß λ_e sehr stark von der Elektronengeschwindigkeit abhängt. Abb. 10 gibt hiervon ein deutliches Bild. Zum Vergleich seien hier die aus Tabelle 4 berechneten gaskinetischen Werte von $\frac{1}{\lambda_e}$ für Ar und Hg angeführt: Ar 22,8 und Hg 36,2. Diese Änderung von λ_e mit der Elektronenenergie erschwert die Berechnungen erheblich. Im folgenden werden wir daher in den angeführten Beispielen einfachheitshalber die gaskinetischen Werte verwenden.

§ 11. Diffusion.

Unter normalen Umständen, d. h. Zimmertemperatur und normaler Druck, sind die freien Weglängen sehr klein (bei 1 at von der Größenordnung von 10^{-5} cm). Trotzdem nun auch die Moleküle sehr große

Geschwindigkeiten besitzen (etwa 600 m/s), werden sie doch durch sehr häufige Zusammenstöße einen sehr großen Umweg machen müssen, so daß sie für das Durchlaufen eines kleinen Abstandes längere Zeit nötig haben.

Man nennt die Erscheinung des sich Fortbewegens oder des sich Ausbreitens der Gesamtmasse eines Gases: Diffusion. Die Atome oder Moleküle führen hierbei ihre normalen chaotischen Bewegungen aus. In der Natur ist die Diffusion eine oft vorkommende Erscheinung und durch sie werden z. B. Konzentrationsunterschiede ausgeglichen. Wenn man z. B. zwei Behälter, von welchen der eine Stickstoff und der andere Sauerstoff vom gleichen Druck enthält, miteinander in Verbindung bringt, dann findet man, daß sich beide Gase nach einiger Zeit über die beiden Behälter verteilt haben, und zwar derart, daß die Dichte jedes Gases für sich überall gleich groß ist.

Diffusion der Massen entsteht also auf Grund von Konzentrationsunterschieden, die sich auszugleichen suchen. Mit Hilfe der Formel (29) läßt sich annähernd bestimmen, wieviel Teilchen ν_D per s durch 1 cm², in der Richtung zur kleineren Konzentration hin, gehen.

Wir nehmen zuerst an, daß die Anzahl n der Teilchen per cm³ nur von x abhängt: $n = f(x)$, und zwar mit steigendem x kleiner wird und untersuchen nun drei zueinander parallele, auf die OX-Achse lotrecht stehende Flächen, die in den Abszissen $x - \lambda$, x und $x + \lambda$ errichtet sind. Wir nennen die Flächen I, II und III. λ bedeutet die freie Weglänge. Uns interessiert, wieviel Teilchen durch die mittlere Fläche II (die in x errichtete) gehen, sowohl in der OX-Richtung als auch entgegengesetzt.

Durch die Fläche I gehen per s und per cm² in der OX-Richtung nach Formel (29)

$$\nu_{\rightarrow} = \frac{1}{4} n_{x-\lambda} \cdot \bar{v}$$

und diese gehen auch durch Fläche II, da der Abstand zwischen den beiden gleich der mittleren freien Weglänge λ ist.

Auf gleiche Weise findet man in der OX entgegengesetzten Richtung

$$\nu_{\leftarrow} = \frac{1}{4} n_{x+\lambda} \cdot \bar{v}.$$

Wenn wir konstante Temperatur voraussetzen und daher $\bar{v}$ für beide Ausdrücke den gleichen Wert hat, gehen mehr Atome in der OX-Richtung durch Fläche II als in umgekehrter Richtung (n wird kleiner mit wachsendem x!).

Der Unterschied $\nu_D = \nu_{\rightarrow} - \nu_{\leftarrow}$ ist die Anzahl Atome, welche den Ausgleich herbeizuführen trachtet.

$$\nu_D = \nu_{\rightarrow} - \nu_{\leftarrow} = \frac{1}{4} \bar{v} \left(n_{x-\lambda} - n_{x+\lambda} \right).$$

Bedenken wir nun, daß:

$$n_{x-\lambda} = n_x - \frac{\mathrm{d}\,n}{\mathrm{d}\,x} \cdot \lambda$$

und

$$n_{x+\lambda} = n_x + \frac{\mathrm{d}\,n}{\mathrm{d}\,x} \cdot \lambda\,,$$

dann wird

$$\nu_D = -\frac{1}{4}\,\bar{v}\,2\,\frac{\mathrm{d}\,n}{\mathrm{d}\,x} \cdot \lambda = -\frac{\bar{v}\,\lambda}{2} \cdot \frac{\mathrm{d}\,n}{\mathrm{d}\,x}\,.$$

Auf Grund der allzu weitgehenden Vereinfachungen erhalten wir eine nicht ganz richtige Diffusionskonstante $\frac{\bar{v}\,\lambda}{2} = D$; eine genauere Berechnung ergibt $D = \frac{\bar{v}\,\lambda}{3}$ bzw.

$$\nu_D = -D\,\frac{\mathrm{d}\,n}{\mathrm{d}\,x} = -\frac{\bar{v}\,\lambda}{3} \cdot \frac{\mathrm{d}\,n}{\mathrm{d}\,x}\,. \tag{45}$$

Dieser Ausdruck sagt uns: Die Anzahl ν_D der per s durch 1 cm^2 diffundierenden Teilchen ist dem Konzentrationsverfall $\frac{\mathrm{d}\,n}{\mathrm{d}\,x}$ und der Diffusionskonstanten D proportional. Die Konstante D ist von der freien Weglänge λ und von $\bar{v}$ abhängig und daher von der Masse m und Temperatur T [Formel (20)]. Für gegebenes $\frac{\mathrm{d}\,n}{\mathrm{d}\,x}$ ist also ν_D größer, je größer λ und T, und je kleiner m ist[1]).

Wir untersuchen nun die stationäre Diffusion zwischen zwei Flächen, die in einem endlichen Abstand d voneinander, normal auf OX stehen. In Fläche I, $x = 0$, sei die Konzentration $n_x = n_0$ und in Fläche II, $x = d$, sei $n_d = 0$. Für jede Fläche zwischen Fläche I und Fläche II, bzw. 0 und d, gilt Formel (45), die sich für konstantes ν_D, nach Trennung der Veränderlichen, integrieren läßt. Mit Hilfe des Grenzwertes für $x = 0$, $n_x = n_0$ finden wir

$$n_x = n_0 - \frac{\nu_D}{D}\,x$$

und mit dem anderen Grenzwert $x = d$, $n_d = 0$ erhalten wir

$$\nu_D = D\,\frac{n_0}{d}\,.$$

Nach Substitution des ν_D in der ersten Gleichung ergibt sich

$$n_x = n_0\left(1 - \frac{x}{d}\right),$$

d. h., die Konzentration fällt mit zunehmendem Abstand x linear ab.

[1]) Formel (45) hat ein Minuszeichen, weil wir die in OX-Richtung fortschreitenden Teilchen positiv rechnen, während $\frac{\mathrm{d}\,n}{\mathrm{d}\,x}$ zufolge des die Strömung verursachenden Konzentrationsunterschiedes, der mit wachsendem x abnehmendes n verlangt $\left(\frac{\mathrm{d}\,n}{\mathrm{d}\,x} < 0\right)$, negativ ist.

★ Ist kein stationärer Zustand vorhanden, dann ist die Differentialgleichung der Diffusion etwas komplizierter:

$$\frac{\partial n}{\partial t} \cdot \mathrm{d}\,x = (\nu_D)_x - (\nu_D)_{x+\mathrm{d}x} \,.$$

Die letzte Gleichung in Worten ausgedrückt lautet: Die Zunahme der Anzahl Teilchen per s in einem Volumen 1 $\mathrm{cm}^2 \cdot \mathrm{d}\,x \left[\frac{\partial n}{\partial t} \cdot (1\ \mathrm{cm}^2\,\mathrm{d}\,x)\right]$ ist gleich der Differenz von den eindringenden $\left[(\nu_D)_x\right]$ und den austretenden $\left[(\nu_D)_{x+\mathrm{d}\,x}\right]$ Teilchen per s. Mit Hilfe der Formel (45) transformieren wir obigen Ausdruck:

$$\frac{\partial n}{\partial t} = D\,\frac{\partial^2 n}{\partial x^2} \,. \tag{46}$$

Dies ist die allgemeine Diffusionsgleichung für den eindimensionalen Fall. ★

Um einen Begriff von der Größenordnung der hierbei vorkommenden Zahlen zu erhalten, wollen wir zwei Beispiele anführen. Zwei unendlich große ebene Platten, die mit Natrium bedeckt seien, stehen zueinander parallel in einem Abstand von 1 cm. Die Platte *I* hat eine Temperatur $T_1 = 600°$ K ($= 327°$ C), die Platte *II* $T_2 = 300°$ K ($= 27°$ C). Wieviel Natrium geht per s und per cm² von der warmen Platte zur kalten, wenn a) zwischen den beiden Platten Vakuum ist und b) Neongas von 10 tor?

a) Vakuum[1]).

Der Einfluß der Natriumatmosphäre zwischen den beiden Platten kann vernachlässigt werden, da selbst bei 300° C der Na-Dampfdruck bloß 0,013 tor beträgt und die mittlere freie Weglänge ($\lambda = 1{,}27$ cm) größer ist als der Abstand der Platten. Mit Hilfe der Formel (28) können wir berechnen, wieviel Atome per cm² und per s von der warmen Platte ausgesandt werden, wenn wir für n_1 die Anzahl Atome per cm³ gesättigten Na-Dampfes bei 600° K setzen: $n_1 = 5{,}75 \cdot 10^{14}$. Wir erhalten dann:

$$\nu_1 = n_1 \sqrt{\frac{k\,T_1}{2\,\pi\,m_{\mathrm{Na}}}} = 5{,}75 \cdot 10^{14} \sqrt{\frac{1{,}37 \cdot 10^{-16} \cdot 600}{2 \cdot \pi\ 3{,}76 \cdot 10^{-23}}} = 1{,}07 \cdot 10^{19} \,.$$

Auf gleiche Weise errechnen wir ν_2 für die kältere Platte:

$$\nu_2 = n_2 \sqrt{\frac{k\,T_2}{2\,\pi\,m_{\mathrm{Na}}}} = 9{,}46 \cdot 10^{5} \sqrt{\frac{1{,}37 \cdot 10^{-16} \cdot 300}{2 \cdot \pi\ 3{,}76 \cdot 10^{-23}}} = 1{,}20 \cdot 10^{10} \,.$$

$\nu_1 - \nu_2$ gibt die Differenz der von Platte *I* nach Platte *II* und von Platte *II* nach Platte *I* gehenden Atome, d. h. die überdampfende Anzahl:

$$\nu_D = \nu_1 - \nu_2 = 1{,}07 \cdot 10^{19}\ \mathrm{Atome}/(\mathrm{cm}^2 \cdot \mathrm{s}) \,.$$

In g ausgedrückt wird dies: $4{,}025 \cdot 10^{-4}$ g/(cm² · s) oder 0,4025 mg/(cm² · s).

[1]) Hier ist natürlich von Diffusion keine Rede, sondern von normalem Verdampfen in Vakuum. Vergleicht man diesen Fall mit Fall b), dann tritt der Einfluß der Gasatmosphäre sehr deutlich hervor.

b) Neonatmosphäre.

Hier haben wir ein Diffusionsproblem vor uns, eindimensional und stationär. Die Grenzwerte sind gegeben: für $x = 0$, $T_1 = 600°$ K, $n_1 = n_{600}$ und für $x = d$, $T_2 = 300°$ K, $n_2 = n_{300}$. Wir finden direkt aus (45)

$$\nu_D = -D\frac{\mathrm{d}n}{\mathrm{d}x} = -D\frac{n_2 - n_1}{d} = +D\frac{n_1 - n_2}{d} = D\frac{n_{600} - n_{300}}{d}.$$

Die Diffusionskonstante $D = \frac{\bar{v}\lambda}{3}$ ist eigentlich von x abhängig, da die Temperatur zwischen den Platten nicht konstant ist, sondern von $T_1 = 600°$ K auf $T_2 = 300°$ K abnimmt. Wir bestimmen sie näherungsweise für die mittlere Temperatur $T_m = 450°$ K[1]):

$$D = \frac{\bar{v}\lambda}{3} = \frac{1}{3}\,6{,}44 \cdot 10^4 \cdot 1{,}58 \cdot 10^{-3} = 33{,}9$$

$$\nu_D = D\frac{n_{600} - n_{300}}{1} = 33{,}9 \cdot \frac{5{,}75 \cdot 10^{14}}{1} = 1{,}95 \cdot 10^{16}.$$

In der Neonatmosphäre von 10 tor ist also die Menge Natrium, die von der warmen zur kalten Platte geht, $\nu_D = 1{,}95 \cdot 10^{16}$ Atome/(cm$^2 \cdot$ s) $= 7{,}33 \cdot 10^{-7}$ g/(cm$^2 \cdot$ s). Dies ist viel weniger als im Vakuum (ungefähr $^1/_{550}$).

Drittes Kapitel.

Atomtheorie.

Die moderne Atomtheorie basiert auf der Quantenhypothese. Eigentlich sollte man nicht mehr von einer Quantenhypothese sprechen, sondern kurzweg von „Quanten“, da sich deren Bestehen fortlaufend in den Resultaten einer großen Zahl experimenteller Untersuchungen bestätigt.

Drei der wichtigsten Größen, mit denen man in der Physik zu schaffen hat, Stoff, Elektrizität, Strahlung, sind bei genügend genauer Untersuchung von atomistischer Struktur. Für Stoff wurde diese Struktur bereits allgemein zu Beginn des vorigen Jahrhunderts angenommen, auf Grund der Resultate, die bei Anwendung dieser Hypothese in der Chemie und der kinetischen Gastheorie erhalten wurden. Die atomistische Struktur der Elektrizität wurde bereits von Helmholtz auf Grund der Erscheinungen bei der Elektrolyse angenommen und durch die Versuche von J. J. Thomson mit Entladungen in verdünnten Gasen bestätigt. Millikan gelang es, die Ladung eines Elektrons sehr genau zu bestimmen. Die Annahme, daß Licht, oder Strahlungsenergie im

[1]) $\bar{v}$ aus (20′) mit $T = 450°$ K und $\mu = 23$; $\lambda = \frac{1}{\pi n \sqrt{2}\,(r_{Na} + r_{Ne})^2}$, $r_{Na} = 1{,}40 \cdot 10^{-8}$ cm, $r_{Ne} = 1{,}17 \cdot 10^{-8}$ cm, $r_{Na} + r_{Ne} \approx 2{,}57 \cdot 10^{-8}$ cm, $n = 2{,}16 \cdot 10^{17}$ Atome per cm^3 für 10 tor bei 450° K. Wegen der geringen Dichte des Natriumdampfes werden die Zusammenstöße der Na-Atome miteinander vernachlässigt.

allgemeinen, als diskontinuierliche Größe auftreten könnte, wurde zum erstenmal von Planck in seiner Ableitung des Strahlungsgesetzes, das seinen Namen trägt, ausgesprochen. Einige Jahre danach hat Einstein diese Tatsachen zur Erklärung des photoelektrischen Effektes angewandt [Formel (10)]. Man stand jedoch jahrelang vor einem Rätsel, nämlich seit der Entdeckung der Spektralanalyse, bezüglich der scharf umrissenen und eindeutig definierten Spektrallinien, die jedes Atom charakterisieren. Bohr gelang es nun, mit Hilfe der Quantenhypothese, eine Theorie für das Wasserstoffatom aufzustellen, die über das Spektrum, das diesem Element eigen ist, Aufschluß gab. Seine Theorie wurde für andere Atome und Moleküle erweitert und es gelang, auf dieser Grundlage fortschreitend die komplizierten Spektra zu ordnen. Nachher wurde die Theorie von Bohr von einer neueren Quantentheorie, die besser mit den experimentellen Erfahrungen übereinstimmt, überholt. Diese Theorie wird sowohl durch die Wellenmechanik von Schrödinger als auch durch die Matrizenmechanik von Heisenberg formuliert.

§ 12. Atommodell von Bohr.

Rutherford zeigte an Hand von Versuchen, daß ein Atom aus einem schweren, positiv geladenen Kern besteht, der praktisch die gesamte Masse des Atoms enthält, und aus einer Anzahl, diesen Kern umkreisenden Elektronen. Da die resultierende Ladung eines Atomes Null ist, muß die Anzahl der sich um den Kern bewegenden Elektronen gleich der Anzahl der positiven Elementarladungen des Kernes sein. Diese Anzahl nennt man die *Atomnummer Z* eines Atomes. Die Elektronen müssen sich tatsächlich in Bewegung befinden, da sie sonst zufolge der elektrischen Anziehungskräfte, die zwischen ihren und den entgegengesetzten Ladungen des Kernes bestehen, auf letzteren fallen würden. Die Bewegung ist derart, daß die Zentripetalkraft, die für die Erhaltung der Elektronenbahnen erforderlich ist, von den elektrischen Anziehungskräften geliefert wird: es besteht also dynamisches Gleichgewicht. Die zwischen zwei Ladungen Q_1 und Q_2 wirkende Anziehungskraft ist bekanntlich zufolge des Coulombschen Gesetzes $-\frac{Q_1 Q_2}{r^2}$, wobei r den Abstand zwischen den Ladungen bezeichnet. Zwei derartige Ladungen haben in bezug aufeinander eine potentielle Energie oder ein Arbeitsvermögen $-\frac{Q_1 \cdot Q_2}{r}$, da Arbeit nötig ist, um sie voneinander zu entfernen bzw. Arbeit frei wird (abgegeben wird), wenn sie sich einander nähern.

Nehmen wir erst das einfachste Atom, das des Wasserstoffes, mit einem Elektron, dessen Kern eine positive Ladung enthält. Man kann nun, wenn der Radius der Elektronenbahn gegeben ist, mit Hilfe der Mechanik die Geschwindigkeit berechnen, die erforderlich ist, um das dynamische Gleichgewicht zu erhalten. Umgekehrt kann man für eine gegebene Elektronengeschwindigkeit die zugehörige Bahn berechnen. Es bestehen also unendlich viel Kombinationsmöglichkeiten und jeder entspricht eine bestimmte Energie. Die Lösung der Frage, wie die ganz bestimmten Spektrallinien mit den Elektronenbahnen zusammenhängen, ist Bohr durch die Einführung von zwei Hypothesen gelungen.

Stationäre Zustände.

Von all den mechanisch möglichen Zuständen kommt nach Bohr bloß eine bestimmte Anzahl für ein dynamisches Gleichgewicht des Atomes in Anmerkung. Nur in diesen Zuständen, die durch eine „Quantenbedingung" festgelegt wurden, kann sich das Atom eine endliche, längere oder kürzere, Zeit befinden. Nennen wir die Gesamtenergien (die Summe von potentieller und kinetischer Energie) der verschiedenen Zustände W_1, W_2, W_3 ... W_n, dann bestimmen diese durch die zweite Hypothese die ausgesandten Spektrallinien.

$$h\nu = W_2 - W_1 . \tag{47}$$

Die Strahlungsemission des Atomes korrespondiert mit dem Übergang von einem Zustand mit Energie W_2 nach einem Zustand mit kleinerer Energie W_1; der umgekehrte Übergang korrespondiert mit Strahlungsabsorption. Die freikommende Energie $W = W_2 - W_1$ gibt ein Lichtquant, dessen Frequenz $\nu = \frac{W}{h}$ (h = Konstante von Planck). Wie beim photoelektrischen Effekt [Formel (10)] ist $W = h\nu$.

Diese beiden Hypothesen geben zusammen also eine Erklärung für die sehr genau definierten Wellenlängen λ (oder Frequenzen ν) der Spektrallinien, die einem bestimmten Atom eigen sind. Man hatte bereits empirisch gefunden, daß die Frequenzen der Spektrallinien eines Atomes aus den Unterschieden bestimmter Zahlen, Terme genannt, abgeleitet werden können (Kombinationsregel von Ritz). Nach der Auffassung von Bohr sind diese Terme nun nichts anderes, als die durch h geteilten Energiewerte der verschiedenen stationären Zustände. In normalem Zustand befindet sich das Atom im sog. Grundniveau mit Minimumenergie W_1. Durch Zufuhr bestimmter Energiemengen kann man das Atom in die höheren Energieniveaus bringen, doch verweilt es dort im allgemeinen nur sehr kurze Zeit (ungefähr 10^{-8} s), um unter Aussendung von Strahlung in ein niedrigeres Niveau überzugehen und schließlich nach W_1 zurückzukehren.

§ 13. Spektrum des Wasserstoffatomes.

Wir wollen nun die vorhergehenden Betrachtungen an Hand des Spektrums des Wasserstoffatomes weiter klarlegen. Die stationären Zustände dieses Atomes werden in Abb. 11a vereinfacht wiedergegeben, wobei der Kern mit einer positiven Ladung durch den kleinen Kreis in der Mitte angedeutet wird. Die konzentrischen Kreise stellen die Elektronenbahnen, die zu den verschiedenen stationären Energiezuständen gehören, vor.

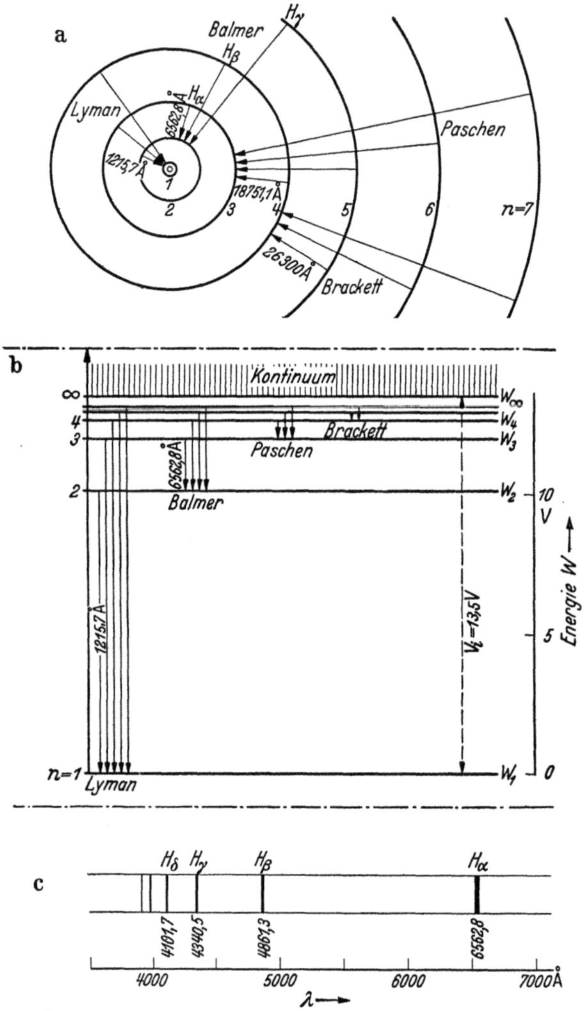

Abb. 11 a—c. Spektrum des Wasserstoffatomes. a Schema des H-Atomes; b Termschema (vereinfacht!); c sichtbares Spektrum (Balmer-Reihe).

Im normalen Zustand mit der Energie W_1 beschreibt das Elektron die Bahn 1; mit zunehmender Energie $W_2 < W_3 < W_4 < \ldots$ usw. werden die Radien der Bahnen 2, 3, 4 ... usw. größer und größer. Diese Zustände höherer Energie, bei welchen das Elektron eine der Bahnen 2, 3, 4 usw. beschreibt, nennt man „*angeregte Zustände*".

Wenn der Radius so groß wird, daß das Elektron aus dem Wirkungsbereich des Kernes kommt, spricht man von „*Ionisierung*". Diese liefert ein positiv geladenes Ion (hier der Kern allein, das sog. Proton) und ein freies Elektron.

Ein angeregtes Atom, das sich im Zustand W_2 befindet, wird, wie erwähnt, nach kurzer Zeit unter Strahlungsaussendung in den Normalzustand W_1 zurückkehren. Dieser Übergang, dessen zugehörige Strahlung die Frequenz $\nu = \frac{W_2 - W_1}{h}$ und daher die Wellenlänge $\lambda = \frac{c}{\nu} = \frac{h\,c}{W_2 - W_1}$ hat, ist in Abb. 11a mit einem Pfeil angegeben. Für ein Atom, das auf W_3 angeregt wurde, bestehen jedoch mehr Möglichkeiten: es kann nämlich direkt nach W_1 zurückkehren, oder aber auch über den

Zwischenzustand W_2. Für den ersten Fall ist die Strahlungsfrequenz $\nu_{3-1} = \frac{W_3 - W_1}{h}$ und im zweiten Fall $\nu_{3-2} = \frac{W_3 - W_2}{h}$ und $\nu_{2-1} = \frac{W_2 - W_1}{h}$. Dem zweiten Fall entsprechen also zwei Frequenzen, und somit zwei Spektrallinien. Wir erhalten also mit zunehmendem Energieinhalt des angeregten Atomes mehr Möglichkeiten und daher eine größere Zahl von Spektrallinien.

Um über die verschiedenen Möglichkeiten eine bessere Übersicht zu erhalten, kann man ein Energiediagramm, wie Abb. 11b, verwenden. In vertikaler Richtung trägt man die Energiewerte, die den stationären Zuständen entsprechen, in V (richtig ist eV) auf, wobei man von W_1 als Grundlinie beginnt. Der Abstand von der Grundlinie W_1 bis zur obersten Linie W_∞ ist ein Maß für die Arbeit, die erforderlich ist, um ein Elektron aus dem Atomverband zu rücken, d. h., für die Ionisationsarbeit bzw. Ionisationsspannung. Die Abstände zwischen zwei horizontalen Linien (Niveaus) geben die Übergänge bei Strahlungsabsorption oder bei Strahlungsemission an. Die beigeschriebenen Zahlen sind die Wellenlängen der entsprechenden Spektrallinien in Å.

Das Spektrum des Wasserstoffatomes ist sehr gut bekannt und besteht hauptsächlich aus drei Serien: der Lyman-Reihe (im Ultraviolett), der Balmer-Reihe (hauptsächlich im sichtbaren Gebiet) und der Paschen-Reihe (im Infrarot). Die sichtbaren Linien der Balmer-Reihe hatten bereits Wollaston (1802) und Fraunhofer (1817) als Absorptionslinien im Sonnenspektrum gefunden. Die drei Reihen können durch folgende Formeln ausgedrückt werden:

$$\nu = R\left(\frac{1}{1^2} - \frac{1}{n^2}\right), \quad n = 2, 3, 4, \ldots \quad \text{Lyman}, \tag{48}$$

$$\nu = R\left(\frac{1}{2^2} - \frac{1}{n^2}\right), \quad n = 3, 4, 5, \ldots \quad \text{Balmer}, \tag{49}$$

$$\nu = R\left(\frac{1}{3^2} - \frac{1}{n^2}\right), \quad n = 4, 5, 6, \ldots \quad \text{Paschen}, \tag{50}$$

wobei ν die Frequenz der ausgesandten Strahlung angibt (in s^{-1}) und R die Rydberg-Konstante[1]: $R = 3{,}29 \cdot 10^{15}\ s^{-1}$.

Die Lyman-Reihe (s. Abb. 11b) entspricht Übergängen von höheren Energieniveaus nach W_1. Die Schwingungszahlen der zugehörigen Spektrallinien bestimmt man mit Hilfe der Formel (48), indem man

[1] In der praktischen Spektroskopie verwendet man statt der großen Frequenzzahlen ν, die sog. *Wellenzahl* $\tilde{\nu}$. $\tilde{\nu}$ gibt die Anzahl Wellenlängen per cm $= \frac{1}{\lambda}$ für λ in cm, so daß $\tilde{\nu} = \frac{1}{\lambda} = \frac{1}{c}\nu$ ist. Bei Verwendung der Wellenzahl wird die Rydberg-Konstante in den Formeln (48) ÷ (50) $R' = \frac{R}{c} = 109\,737\ cm^{-1}$ und $\tilde{\nu} = R'\left(\frac{1}{1^2} - \frac{1}{n^2}\right)$ usw.

für n sukzessive die Werte 2, 3, 4 usw. einsetzt. „n" ist dabei eine „*Quantenzahl*", die ein Niveau kennzeichnet. So gibt man dem Grundniveau die Zahl $n = 1$, dem darauffolgend höher liegenden $n = 2$, usw.

Das Endniveau der Balmer-Reihe hat $n = 2$. Der Übergang von 3 nach 2 entspricht der kleinsten Frequenz, bzw. der größten Wellenlänge der Balmer-Reihe, der sog. H_α-Linie. Nach der zweiten Hypothese von Bohr ist also $-\frac{R}{2^2}$ [1]) der durch h geteilte Energieinhalt W_2 des ersten angeregten Niveaus und ebenso $-\frac{R}{3^2} = \frac{W_3}{h}$ usw. Abb. 11c (s. auch Abb. 20) gibt die Balmer-Reihe, wie man sie in einem Spektroskop wahrnimmt, $H_\alpha = 6563$ Å: rot, $H_\beta = 4861$ Å, $H_\gamma = 4341$ Å, $H_\delta = 4102$ Å usw. Wenn man in einer Entladungsröhre die Balmer-Reihe erscheinen sieht, muß auch mindestens die erste Linie der Lyman-Reihe erzeugt werden (die mit der längsten Wellenlänge). Diese ist jedoch nicht direkt mit dem Auge wahrnehmbar, da sie im fernen Ultraviolett liegt.

Schließlich kann man aus (50) ablesen, daß die Linien der Paschen-Reihe bei Übergängen von höheren Niveaus nach $W_3 (n = 3)$ auftreten. In Abb. 11a und 11b ist auch noch die Brackett-Reihe angegeben, bei der die Übergänge in $W_4 (n = 4)$ enden.

Die Terme des Wasserstoffatomspektrums lassen sich leicht berechnen, wenn die Bahn des Elektrons kreisförmig angenommen wird. Bewegt sich das Elektron mit der Geschwindigkeit v_e um den Kern, dann herrscht Gleichgewicht, wenn die elektrische Anziehungskraft die Größe der erforderlichen Zentripetalkraft hat:

$$\frac{m_e v_e^2}{r} = \frac{e^2}{r^2}. \tag{51}$$

Die kinetische Energie des Elektrons ist dann

$$W_{\text{kin}} = \frac{m_e v_e^2}{2} = \frac{e^2}{2r}$$

und die totale Energie

$$W = W_{\text{kin}} + W_{\text{pot}} = \frac{e^2}{2r} - \frac{e^2}{r} = -\frac{e^2}{2r}. \tag{52}$$

Bohr fand aus allen möglichen Bahnen [für jedes r kann aus (51) ein entsprechendes v_e bestimmt werden] die stationären Zustände, indem er als Bedingung stellte, daß das Impulsmoment $m_e v_e r$ des Elektrons

---

[1]) Hierbei ist die potentielle Energie $= 0$ gesetzt, wenn der Abstand $r = \infty$ ist. Dies ist zulässig, da es sich stets nur um Energieunterschiede handelt. Bei wachsendem Abstand r wird die Energie also weniger negativ, d. h. sie nimmt zu. Setzen wir die Energien ein, dann erhalten wir:

$$\nu_{3-2} = \frac{1}{h}(W_3 - W_2) = \left[\left(-\frac{R}{3^2}\right) - \left(-\frac{R}{2^2}\right)\right] = \left(\frac{R}{2^2} - \frac{R}{3^2}\right),$$

also entsprechend einer Lichtausstrahlung einen positiven Wert für ν_{3-2}.

bezüglich des Kernes ein ganzzahliges Vielfaches von $\frac{h}{2\pi}$ sein muß (h Konstante von Planck):

$$m_e v_e r = n \frac{h}{2\pi}. \tag{53}$$

Aus der Kombination von (53) und (51) lassen sich also mit der ganzen Zahl n die Radien der stationären Bahnen berechnen:

$$r = \frac{n^2 h^2}{4\pi^2 m_e e^2}. \tag{54}$$

Für $n = 1$, den Grundzustand, wird $r = 0{,}53$ Å.

Für W erhält man aus (52) mit (54) für r

$$W_n = -\frac{2\pi^2 m_e e^4}{n^2 h^2}. \tag{55}$$

Für einen Übergang zwischen zwei Niveaus, W_2 und W_1 mit $n_2 = 2$ und $n_1 = 1$ [die erste Linie der Lyman-Reihe (48)], wird

$$\nu = \frac{W_2 - W_1}{h} = \frac{2\pi^2 m_e e^4}{h^3}\left(\frac{1}{n_1^2} - \frac{1}{n_2^2}\right) = R\left(\frac{1}{1^2} - \frac{1}{2^2}\right) = \frac{3}{4} R.$$

Mit den bekannten Werten für m_e, e und h findet man für R, die Rydberg-Konstante, $R = 3{,}27 \cdot 10^{15}$. Experimentell fand man für $R = 3{,}29031 \cdot 10^{15}$ [1]).

§ 14. Atommodell und periodisches System.

Bevor wir zu der Behandlung der komplizierteren Spektren übergehen, müssen wir den Aufbau der Atome, die diese Spektren erzeugen, näher betrachten. Vom Wasserstoffatom ausgehend könnte man vielleicht erwarten, daß sich ein schwereres Atom ergibt, wenn die Kernladung und die Kernmasse einfach größer und schwerer wird und die Elektronen, die die Kernladung neutralisieren müssen, alle auf dem untersten Niveau um den Kern kreisen. Die Periodizität der Atomeigenschaften lehrt uns jedoch, daß ein derartiger Aufbau nicht wahrscheinlich ist.

Es war bereits seit Mitte des vorigen Jahrhunderts bekannt, daß, wenn man die verschiedenen Elemente nach steigenden Atomgewichten ordnet, eine gewisse Periodizität ihrer Eigenschaften festzustellen ist. Auf Grund dieser Beobachtungen haben Mendelejeff und Lothar Meyer das periodische System aufgestellt (Tabelle 5a). Die Periodizität der chemischen Eigenschaften ließ auch eine Periodizität des Atomaufbaues erwarten. Für einen bestimmten Platz in diesem periodischen System ist nun eigentlich nicht das Atomgewicht, sondern die Atomnummer Z maßgebend: Für die leichteren Elemente ist die Atomnummer (Anzahl der positiven Ladungen des Kernes) zahlenmäßig etwa die Hälfte des Atomgewichtes. Durch die Einführung der Atomnummern verschwanden auch einige Unregelmäßigkeiten aus der ursprünglichen

---

[1]) Die Berechnung des Wasserstoffatomspektrums nach Schrödinger siehe Anhang II.

Tabelle 5a. Das periodische System der Elemente (Mendelejeff-Meyer).

Die erste Zahl gibt die Atomnummer, die zweite das Atomgewicht (0 = 16). In der ersten vertikalen Kolonne findet man die Hauptquantenzahl der Elektronen in der äußeren Schale. Für die umrahmten Zahlen und Elemente, z. B. 3 *d* und 21 Sc....28 Ni siehe § 15.

n	I	II	III	IV	V	VI	VII	VIII
1	1 H 1,0078							2 He 4,002
2	3 Li 6,94	4 Be 9,02	5 B 10,82	6 C 12,01	7 N 14,01	8 O 16,00	9 F 19,00	10 Ne 20,18
3	11 Na 23,00	12 Mg 24,32	13 Al 26,97	14 Si 28,06	15 P 31,02	16 S 32,06	17 Cl 35,46	18 Ar 39,94
3 *d*	19 K 39,10	20 Ca 40,08	21 Sc 45,10	22 Ti 47,90	23 V 50,95	24 Cr 52,01	25 Mn 54,93	26 Fe 55,84 27 Co 58,94 28 Ni 58,69
4	29 Cu 63,57	30 Zn 65,38	31 Ga 69,72	32 Ge 72,60	33 As 74,91	34 Se 78,96	35 Br 79,92	36 Kr 83,7
4 *d*	37 Rb 85,48	38 Sr 87,63	39 Y 88,92	40 Zr 91,22	41 Nb 92,91	42 Mo 96,0	43 —	44 Ru 101,7 45 Rh 102,9 46 Pd 106,7
5	47 Ag 107,88	48 Cd 112,41	49 In 114,8	50 Sn 118,7	51 Sb 121,76	52 Te 127,61	53 J 126,92	54 X 131,3
5 *d*	55 Cs 132,91	56 Ba 137,36	57 La 138,92 [4 *f*]	72 Hf 178,6	73 Ta 180,88	74 W 184,0	75 Re 186,31	76 Os 191,5 77 Ir 193,1 78 Pt 195,23
6	79 Au 197,2	80 Hg 200,61	81 Tl 204,39	82 Pb 207,21	83 Bi 209,0	84 Po 210,0	85 Am	86 Rn 222
6 *d* 7	87	88 Ra 226,05	89 Ac 226	90 Th 232,12	91 Pa 231	92 U 238,07		

4 *f*	58 Ce	59 Pr	60 Nd	61	62 Sm	63 Eu	64 Gd	65 Tb	66 Dy	67 Ho	68 Er	69 Tu	70 Yb	71 Cp
	140,13	140,9	144,3	—	150,4	152,0	156,9	159,2	162,5	163,5	167,6	169,4	173,0	175,0

Tabelle des periodischen Systems. Man mußte nämlich einige Elemente mit größeren Atomgewichten vor leichtere setzen, um die Periodizität der chemischen Eigenschaften nicht zu unterbrechen. Ein solcher Fall ergab sich bei Argon und Kalium, welche als Atomnummer bzw. Atomgewicht: Ar : 18, bzw. 39,9 und K : 19, bzw. 39,1 haben (s. Tabelle 5a und 5b).

Die chemischen Eigenschaften eines Atomes werden durch die Struktur der äußeren Elektronenbahnen bestimmt. Auf Grund der Röntgenspektren nimmt man an, daß sich die Elektronen bei ihrer Umkreisung des Kernes in bestimmte „Schalen" einordnen. Vom Kern ausgehend nennt man sie der Reihe nach die *K*-, die *L*- und die *M*-Schale usw. und diese enthalten maximal 2, 8, 18, 32 . . . usw. Elektronen[1]). Das Heliumatom, He, Atomnummer $Z = 2$, enthält einen Kern mit 2 positiven Ladungen (das α-Teilchen) und 2 Elektronen in der *K*-Schale, die hiermit auch voll ausgebaut ist. Das folgende Element Li, ($Z = 3$) hat 3 positive Kernladungen, 2 Elektronen in der *K*-Schale und eines in der *L*-Schale. Mit steigender Atomnummer wird diese vollgebaut, bis die Gesamtzahl (8 Elektronen) bei Ne ($Z = 10$) erreicht ist. Das folgende Element Na, ($Z = 11$) hat wieder 2 Elektronen in der *K*-Schale (vollgebaut), 8 in der *L*-Schale (vollgebaut) und 1 Elektron in der *M*-Schale. Es beginnt also wieder mit einer neuen Schale.

Die Elemente, die uns am meisten interessieren sind die Edelgase, die Alkalimetalle und die alkalischen Erden. Die Edelgase He, Ne, Ar, Kr und Xe zeigen bezüglich äußerer Störungseinflüsse sehr große Stabilität: hohe Ionisations- und Anregungsspannung (s. Tabelle 5b und 7). Sie befinden sich am Ende der horizontalen Reihen, in der letzten vertikalen Kolonne, und werden eben auf Grund ihrer chemischen Indifferenz, die eine Folge der geschlossenen äußeren Elektronenschale ist, Edelgase genannt. Vollkommen andere Eigenschaften zeigen die Alkalimetalle Li, Na, K, Rb und Cs, die zu den chemisch aktivsten Stoffen gehören. Sie stehen alle in der ersten vertikalen Kolonne, zu Beginn der Perioden, und haben je ein Elektron in der äußeren Schale. Hiermit in Übereinstimmung sind die sichtbaren Alkalispektren sehr einfach und die Ionisations- und Anregungsspannungen sehr niedrig (Tabelle 5b und 7).

Abb. 12 gibt die erste Ionisationsspannung V_i in V („erste" bedeutet, daß hierbei ein einziges Elektron dem Atom entrissen wird) für verschiedene Elemente als Funktion der Atomnummern *Z*. Die Periodizität ist hier sehr deutlich zu sehen, sowie auch die hohen Werte für die Edelgase und die niedrigen Werte für die Alkalien. Aus dieser Abbildung erscheint die Stellung des Ar vor dem K sicher gerechtfertigt.

---

[1]) Die Anzahl Elemente in den horizontalen Reihen des periodischen Systems, Tabelle 5a, 2, 8, 8, 18, 18, 32 . . . usw. stimmen nur bis zur zweiten Reihe mit dem obengenannten Schalensystem überein. Siehe auch § 15.

Die Elemente in der Kolonne der alkalischen Erden (Ca, Sr, Ba), sowie z. B. Hg und Cd haben je 2 Elektronen in der äußeren Schale und demzufolge auch ein komplizierteres Spektrum als die Alkalien. Die Halogene F, Cl, Br und J stehen in der vorletzten vertikalen Kolonne und haben eine äußere Schale, in der noch 1 Elektron fehlt. Bringt man sie mit einem Alkalimetall, das leicht ein Elektron abgibt, in Berührung, dann werden deren äußere Schalen durch Auswechslung eines Elektrons die Edelgas-Konfiguration annehmen und sich in diesem Zustand als sehr stabil erweisen. Man denke an die große Bindungsneigung zwischen Na und Cl und die Stabilität der Verbindung NaCl (Kochsalz). Da die

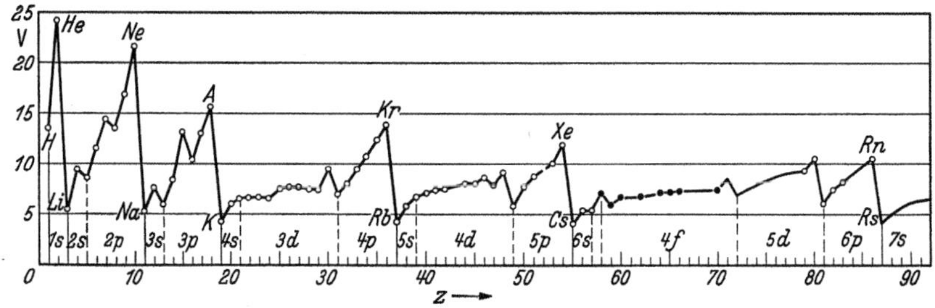

Abb. 12. Erste Ionisationsspannung V_i der Elemente als Funktion der Atomnummern Z.

Halogene sehr leicht ein Elektron binden, werden sie sehr leicht die Bildung sog. negativer Ionen [dies sind Atome (oder Moleküle), die ein überschüssiges Elektron gebunden haben] veranlassen.

Im allgemeinen kann man sagen, daß der Kern der Ursprung der radioaktiven Erscheinungen ist, in den inneren Schalen die Röntgenstrahlen entstehen und die äußere Schale das sichtbare Spektrum (auch den ultravioletten und infraroten Teil) und die chemischen Eigenschaften bestimmt.

§ 15. Quantenzahlen der Elektronen (n, l, m_l, m_s). Pauli-Prinzip. Aufbau des periodischen Systems.

Bei der Berechnung des Wasserstoffatomspektrums (§ 13) beschränkten wir uns auf den einfachsten Fall, nämlich kreisförmige Elektronenbahnen. Eine derartige Bahn wird durch Angabe des Radius vollständig bestimmt, so daß eine einzige Quantenzahl n, Formel (54), zur Festlegung genügt. Das Elektron kann sich aber auch in einer elliptischen Bahn bewegen, und eine Ellipse erfordert zu ihrer Festlegung zwei Bestimmungsstücke, z. B. die große und die kleine Achse. Die große Achse wird durch die Hauptquantenzahl n festgelegt, während die Nebenquantenzahl l die weitere Form der Ellipse bestimmt, wobei $l = 0, 1, 2 \ldots (n-1)$ sein kann. Abb. 13 gibt die verschiedenen möglichen Bahnen für das Wasserstoffatom, für $n = 1$, $l = 0$; $n = 2$, $l = 0$ oder $l = 1$; $n = 3$,

$l = 0$, 1 oder 2. Mit zunehmendem n wächst die große Achse wie der Durchmesser des Kreises nach (54). Je kleiner bei gegebenem n der Wert von l ist, desto schmaler wird die Ellipse; für $l = n - 1$ hat man eine kreisförmige Bahn.

Die Nebenquantenzahl l gibt das Impulsmoment, d. h. das Moment der Bewegungsgröße des Elektrons auf seiner Bahn um den Kern $\left[\text{in Einheiten } \frac{h}{2\pi} \text{ ausgedrückt wird das Impulsmoment } (l+1)\frac{h}{2\pi}\right]$. l hat den Charakter eines Vektors der normal auf der Bahnebene steht (Abb. 14). Wenn man also die Lage der Bahnfläche im Raum festlegen will, genügt es, die Richtung des Vektors l anzugeben. Ein Elektron, das eine Bahn durchläuft, für die $l = 0$ ist, nennt man „ein s-Elektron"; ist $l = 1$, dann spricht man von einem „p"-, $l = 2$, von einem „d"-, $l = 3$, von einem „f"-Elektron usw. Ein Elektron mit (Hauptquantenzahl) $n = 3$ kann also ein $3d$- (Nebenquantenzahl $l = 2$), ein $3p$- ($l = 1$) oder ein $3s$- ($l = 0$) Elektron sein (Abb. 13).

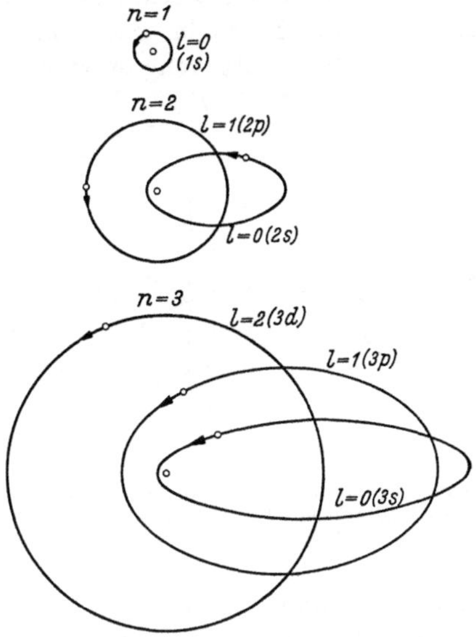

Abb. 13. Elliptische Bahnen im H-Atom für verschiedene Werte der Hauptquantenzahl n und der Nebenquantenzahl l [$l = 0, 1, 2 \ldots (n-1)$]. ($l = n - 1$ gibt eine kreisförmige Bahn.)

Da das umlaufende Elektron einem elektrischen Strom äquivalent ist, sind mit ihm auch magnetische Wirkungen verbunden. Wird das Atom in ein äußeres magnetisches Feld $\mathfrak{H}$ gebracht, dann wird das Feld versuchen, die Bahnebene so einzustellen, daß sie normal auf $\mathfrak{H}$ steht und somit der Vektor l in der Richtung des Feldes liegt. Gelingt diese Einstellung aber nicht, infolge des Impulsmomentes des Elektrons auf seiner Bahn, dann entsteht eine Präzessionsbewegung des Vektors l (natürlich auch der mit diesem festverbundenen Bahnfläche), um die feststehende Richtung $\mathfrak{H}$ des Feldes (die analoge Erscheinung wie beim rotierenden Kreisel im Gravitationsfeld) (Abb. 14). Die Schräglage von l bezüglich $\mathfrak{H}$ (Winkel α) ist nicht willkürlich, sondern an eine Quantenbedingung gebunden. Projizieren wir l auf die Richtung von $\mathfrak{H}$, wobei die Projektion mit m_l, der *magnetischen*

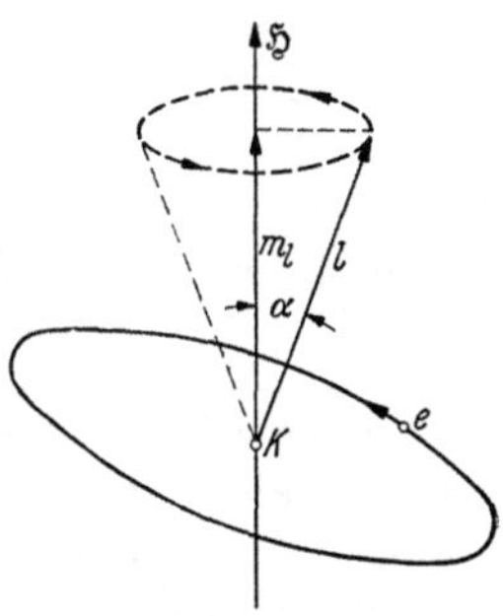

Abb. 14. Vektor l, Nebenquantenzahl (Impulsmoment des Elektrons e auf seiner Bahn um den Kern K). $\mathfrak{H}$ äußeres Magnetfeld, m_l die magnetische Quantenzahl, ist die Projektion von l auf $\mathfrak{H}$.

Quantenzahl, angedeutet werden möge (Abb. 14), dann muß der Unterschied zwischen zwei aufeinanderfolgenden Werten von m_l „1" sein. Dies ergibt (bei ganzzahligen m_l): $(2l+1)$ mögliche Einstellungen; z. B. für $l = 1$ erhält man: $m_l = 1$ (l in Richtung von $\mathfrak{H}$), $m_l = 0$, $m_l = -1$ (l in entgegengesetzter Richtung des Feldes), d. h. $(2l+1) =$ 3 Fälle. Für $l = 2$ ergeben sich: $m_l = 2,\ 1,\ 0,\ -1,\ -2$, d. h. $(2l+1) = 5$ Fälle (Abb. 15).

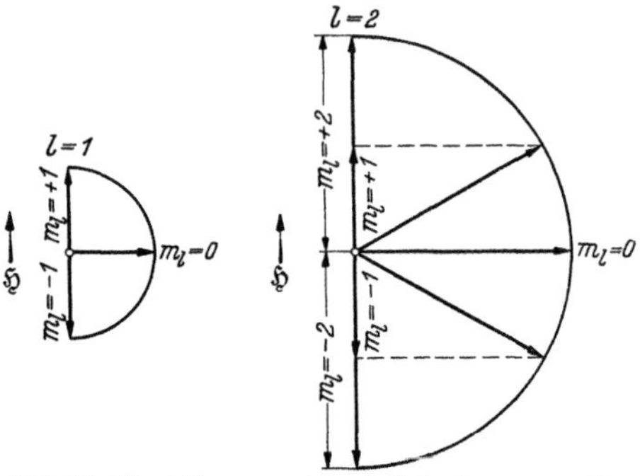

Abb. 15. Einstellung von l bezüglich eines magnetischen Feldes $\mathfrak{H}$. Für $l = 1$ ist $m_l = +1,\ 0,\ -1$; für $l = 2$ ist $m_l = +2,\ +1,\ 0,\ -1,\ -2$.

Zum Schluß müssen wir noch den Einfluß der Eigenrotation des Elektrons, das sog. Spin, beachten. Man nimmt an, daß sich das Elektron in Rotation um eine Achse durch seinen Mittelpunkt befindet und dadurch sowohl ein mechanisches als auch ein magnetisches Moment erhält. (Die schnell bewegende Ladung wirkt wieder als ein elektrischer Strom.) Unter dem Einfluß eines magnetischen Feldes stellt sich die Drehungsachse wieder in bestimmten Richtungen, relativ zum Felde, ein, wobei jedoch nur zwei Möglichkeiten vorliegen; parallel und antiparallel zu $\mathfrak{H}$. Der Drehimpuls beträgt in diesem Falle $\mathfrak{s}\frac{h}{2\pi}$, wobei $\mathfrak{s}$ (Vektor) immer $\frac{1}{2}$ ist. Da (wie oben für m_l) der Unterschied zwischen den Projektionen m_s von $\mathfrak{s}$ auf $\mathfrak{H}$, für die verschiedenen Einstellungen, wieder „1" sein muß, folgt, daß $m_s = +\frac{1}{2}$ ($\mathfrak{s}$ parallel zu $\mathfrak{H}$) oder $m_s = -\frac{1}{2}$ ($\mathfrak{s}$ antiparallel zu $\mathfrak{H}$) ist (Abb. 16).

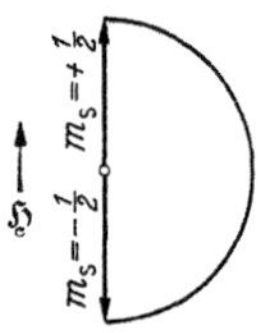

Abb. 16. Die beiden Einstellungen des Spinvektors $\mathfrak{s}$ in einem magnetischen Feld $\mathfrak{H}$: parallel und antiparallel zu $\mathfrak{H}$.

Zusammenfassend können wir also sagen, daß zur vollständigen Festlegung der Bewegung eines Elektrons im Atom **vier** Quantenzahlen nötig sind: n (Hauptquantenzahl: große Achse Ellipse), l (Nebenquantenzahl: Form der Ellipse), m_l (magnetische Quantenzahl, Richtung von l) und m_s (Elektronenspin, Richtung von $\mathfrak{s}$).

Die Elektronen in der K-Schale haben im Normalzustand die Hauptquantenzahl $n = 1$, die in der L-Schale $n = 2$, die in der M-Schale $n = 3$ usw. Im allgemeinen sind Elektronen mit kleinen n-Zahlen stärker gebunden (höhere Anregungs- und Ionisierungsenergie!) als solche mit großen n-Zahlen. Weiter ist bei gegebenem n das Elektron um so stärker gebunden, je kleiner l ist.

Die Erklärung des Schalenaufbaues der Atome ist aus dem Pauli-Prinzip abzuleiten. Nach diesem können in einem Atom keine zwei Elektronen vorkommen, die vier gleiche Quantenzahlen haben. In untenstehender Übersicht sind für die K-Schale ($n = 1$), L-Schale ($n = 2$) und M-Schale ($n = 3$) die maximal zulässigen Elektronenanzahlen angegeben. Sowohl die L- als auch die folgenden Schalen sind je nach dem Wert von l noch in *Unterschalen* unterteilt. Aus der Übersicht sieht man, daß die K-Schale höchstens 2, die L-Schale höchstens 8, die M-Schale höchstens 18, im allgemeinen eine Schale mit Hauptquantenzahl n maximal $2n^2$ Elektronen enthält.

Übersicht des Schalenaufbaues.

Schale	n	l	m_l	m_s	Summe in der Unterschale	Maximale Elektronenanzahl in Schale n: $= 2 \cdot n^2$
K	1	0 (1 s)	0	$+\frac{1}{2}$, $-\frac{1}{2}$	2	$2 = 2 \cdot 1^2 = 2$
L	2	0 (2 s)	0	$\pm\frac{1}{2}$	2	$8 = 2 \cdot 2^2 = 8$
L	2	1 (2 p)	1, 0, -1	$\pm\frac{1}{2}$	6	
M	3	0 (3 s)	0	$\pm\frac{1}{2}$	2	$18 = 2 \cdot 3^2 = 18$
M	3	1 (3 p)	1, 0, -1	$\pm\frac{1}{2}$	6	
M	3	2 (3 d)	2, 1, 0, -1, -2	$\pm\frac{1}{2}$	10	

Den Aufbau des periodischen Systems kann man sich nun folgendermaßen vorstellen (Tabelle 5b) (wir beschränken uns hierbei auf die vier ersten Horizontalreihen von Tabelle 5a).

Wasserstoff mit $Z = 1$ (Schreibweise 1 H) hat nur ein Elektron, das im Normalzustand ein 1 s-Elektron ist. 2 He hat im Normalzustand zwei 1 s-Elektronen (Unterschied in m_s), womit die K-Schale vollgebaut ist (He ist ein Edelgas). Mit 3 Li fängt die L-Schale und die zweite horizontale Reihe der Tabelle 5a (die erste kurze Periode mit 8 Elementen von 3 Li bis 10 Ne) an. Das dritte Elektron hat $n = 2$, $l = 0$, d. h. es ist ein 2 s-Elektron. 4 Be hat zwei 1 s-Elektronen in der K-Schale und zwei 2 s-Elektronen in der L-Schale, wodurch die erste Unterschale mit $l = 0$ vollbesetzt ist. Nun wird die zweite Unterschale mit $n = 2$ und $l = 1$ gefüllt und diese ist bei Ne, mit zwei 2 s- und sechs 2 p-Elektronen, vollgebaut. Hiermit ist auch die ganze L-Schale vollgebaut: Ne Edelgas mit acht Außenelektronen. Bei 11 Na mit zwei 1 s-Elektronen: K vollständig, zwei 2 s-Elektronen und sechs 2 p-Elektronen:

Tabelle 5b. Das periodische System der Elemente (Bohr-Stoner).
Die horizontalen Linien geben den Abschluß der horizontalen Reihen in Tabelle 5a an, z. B. von 3 Li bis 10 Ne.

Atom-nummer	Elemente	Schalen K	L		M			N				O				P			Q	Atom-gewichte	Ionisierungs-spannung
Z		Unterschalen 1s	2s	2p	3s	3p	3d	4s	4p	4d	4f	5s	5p	5d	5f	6s	6p	6d	7s	μ	V
1	H	1	—	—	—	—	—	—	—	—	—	—	—	—	—	—	—	—	—	1,0078	13,539
2	He	2	—	—	—	—	—	—	—	—	—	—	—	—	—	—	—	—	—	4,002	24,47
3	Li	2	1	—	—	—	—	—	—	—	—	—	—	—	—	—	—	—	—	6,94	5,37
4	Be	2	2	—	—	—	—	—	—	—	—	—	—	—	—	—	—	—	—	9,02	9,28
5	B	2	2	1	—	—	—	—	—	—	—	—	—	—	—	—	—	—	—	10,82	8,28
6	C	2	2	2	—	—	—	—	—	—	—	—	—	—	—	—	—	—	—	12,01	11,21
7	N	2	2	3	—	—	—	—	—	—	—	—	—	—	—	—	—	—	—	14,01	14,49
8	O	2	2	4	—	—	—	—	—	—	—	—	—	—	—	—	—	—	—	16,00	13,56
9	F	2	2	5	—	—	—	—	—	—	—	—	—	—	—	—	—	—	—	19,00	18,6
10	Ne	2	2	6	—	—	—	—	—	—	—	—	—	—	—	—	—	—	—	20,18	21,47
11	Na	Neon-Konfiguration			1	—	—	—	—	—	—	—	—	—	—	—	—	—	—	23,0	5,12
12	Mg				2	—	—	—	—	—	—	—	—	—	—	—	—	—	—	24,32	7,61
13	Al				2	1	—	—	—	—	—	—	—	—	—	—	—	—	—	26,97	5,96
14	Si				2	2	—	—	—	—	—	—	—	—	—	—	—	—	—	28,06	8,12
15	P				2	3	—	—	—	—	—	—	—	—	—	—	—	—	—	31,02	11,1
16	S				2	4	—	—	—	—	—	—	—	—	—	—	—	—	—	32,06	10,31
17	Cl				2	5	—	—	—	—	—	—	—	—	—	—	—	—	—	35,46	12,96
18	Ar				2	6	—	—	—	—	—	—	—	—	—	—	—	—	—	39,94	15,69
19	K	Argon-Konfiguration					—	1	—	—	—	—	—	—	—	—	—	—	—	39,10	4,32
20	Ca						—	2	—	—	—	—	—	—	—	—	—	—	—	40,08	6,09
21	Sc						1	2	—	—	—	—	—	—	—	—	—	—	—	45,10	6,7
22	Ti						2	2	—	—	—	—	—	—	—	—	—	—	—	47,90	6,81
23	V						3	2	—	—	—	—	—	—	—	—	—	—	—	50,95	6,76
24	Cr						5	1	—	—	—	—	—	—	—	—	—	—	—	52,01	6,74
25	Mn						5	2	—	—	—	—	—	—	—	—	—	—	—	54,93	7,41
26	Fe						6	2	—	—	—	—	—	—	—	—	—	—	—	55,84	7,83
27	Co						7	2	—	—	—	—	—	—	—	—	—	—	—	58,94	≈ 8,5
28	Ni						8	2	—	—	—	—	—	—	—	—	—	—	—	58,69	7,61
29	Cu						10	1	—	—	—	—	—	—	—	—	—	—	—	63,57	7,68
30	Zn						10	2	—	—	—	—	—	—	—	—	—	—	—	65,38	9,36
31	Ga						10	2	1	—	—	—	—	—	—	—	—	—	—	69,72	5,97
32	Ge						10	2	2	—	—	—	—	—	—	—	—	—	—	72,60	8,0
33	As						10	2	3	—	—	—	—	—	—	—	—	—	—	74,91	10,0
34	Se						10	2	4	—	—	—	—	—	—	—	—	—	—	78,96	9,7
35	Br						10	2	5	—	—	—	—	—	—	—	—	—	—	79,92	11,8
36	Kr						10	2	6	—	—	—	—	—	—	—	—	—	—	83,7	13,94
37	Rb	Krypton-Konfiguration								—	—	1	—	—	—	—	—	—	—	85,48	4,16
38	Sr									—	—	2	—	—	—	—	—	—	—	87,63	5,67
39	Y									1	—	2	—	—	—	—	—	—	—	88,92	6,5
40	Zr									2	—	2	—	—	—	—	—	—	—	91,22	6,92
41	Nb									4	—	1	—	—	—	—	—	—	—	92,91	—
42	Mo									5	—	1	—	—	—	—	—	—	—	96,0	7,35
43										6	—	1	—	—	—	—	—	—	—	—	—
44	Ru									7	—	1	—	—	—	—	—	—	—	101,7	—

Tabelle 5b. (Fortsetzung.)

Atom-nummer	Elemente	Schalen																		Atom-gewichte	Ioni-sierungs-spannung
		K	*L*		*M*			*N*				*O*				*P*			*Q*		
		Unterschalen																			
Z		1*s*	2*s*	2*p*	3*s*	3*p*	3*d*	4*s*	4*p*	4*d*	4*f*	5*s*	5*p*	5*d*	5*f*	6*s*	6*p*	6*d*	7*s*	μ	V
45	Rh	Krypton-Konfiguration								8	—	1	—	—	—	—	—	—	—	102,9	7,7
46	Pd									10	—	—	—	—	—	—	—	—	—	106,7	8,3
47	Ag	Palladium-Konfiguration									—	1	—	—	—	—	—	—	—	107,88	7,54
48	Cd										—	2	—	—	—	—	—	—	—	112,41	8,96
49	In										—	2	1	—	—	—	—	—	—	114,8	5,76
50	Sn										—	2	2	—	—	—	—	—	—	118,7	7,37
51	Sb										—	2	3	—	—	—	—	—	—	121,76	8,3
52	Te										—	2	4	—	—	—	—	—	—	127,61	—
53	J										—	2	5	—	—	—	—	—	—	126,92	10,4
54	X										—	2	6	—	—	—	—	—	—	131,3	12,08
55	Cs	Die Schalen 1*s* bis 4*d* enthalten 46 Elektronen									—	Die Schalen 5*s* bis 5*p* enthalten 8 Elektronen		—	—	1	—	—	—	132,91	3,87
56	Ba										—			—	—	2	—	—	—	137,36	5,19
57	La										—			1	—	2	—	—	—	138,92	5,59
58	Ce										1			1	—	2	—	—	—	140,13	—
59	Pr										2			1	—	2	—	—	—	140,9	—
60	Nd										3			1	—	2	—	—	—	144,3	—
61											4			1	—	2	—	—	—	—	—
62	Sm										5			1	—	2	—	—	—	150,4	—
63	Eu										6			1	—	2	—	—	—	152,0	—
64	Gd										7			1	—	2	—	—	—	156,9	—
65	Tb										8			1	—	2	—	—	—	159,2	—
66	Dy										9			1	—	2	—	—	—	162,5	—
67	Ho										10			1	—	2	—	—	—	163,5	—
68	Er										11			1	—	2	—	—	—	167,6	—
69	Tu										12			1	—	2	—	—	—	169,4	—
70	Yb										13			1	—	2	—	—	—	173,0	—
71	Cp										14			1	—	2	—	—	—	175,0	—
72	Hf	Die Schalen 1*s* bis 5*p* enthalten 68 Elektronen												2	—	2	—	—	—	178,6	—
73	Ta													3	—	2	—	—	—	180,88	—
74	W													4	—	2	—	—	—	184,0	—
75	Re													5	—	2	—	—	—	186,31	—
76	Os													6	—	2	—	—	—	191,5	—
77	Ir													7	—	2	—	—	—	193,1	—
78	Pt													8	—	2	—	—	—	195,23	8,9
79	Au	Die Schalen 1*s* bis 5*d* enthalten 78 Elektronen													—	1	—	—	—	197,2	9,20
80	Hg														—	2	—	—	—	200,61	10,38
81	Tl														—	2	1	—	—	204,39	6,07
82	Pb														—	2	2	—	—	207,21	7,39
83	Bi														—	2	3	—	—	209,0	8,0
84	Po														—	2	4	—	—	210,0	8,0
85	Am														—	2	5	—	—	—	—
86	Em														—	2	6	—	—	222	10,689
87		Emanation-Konfiguration																—	1	—	—
88	Ra																	—	2	226,05	—
89	Ac																	1	2	226	—
90	Th																	2	2	232,12	—
91	Pa																	3	2	231	—
92	U																	4	2	238,07	—

L vollständig und einem 3 s- (Leucht- oder Valenz) Elektron fängt die M-Schale an (dritte Horizontalreihe in Tabelle 5a und zweite kurze Periode mit 8 Elementen von 11 Na bis 18 Ar). 12 Mg hat die erste M-Unterschale, mit $l = 0$, vollgebaut. Dann folgt 13 Al, mit einem 3 p-Elektron in der zweiten M-Unterschale ($l = 1$). Diese zweite M-Unterschale ist bei 18 Ar (Edelgas) wieder vollgebaut. Beim folgenden Element 19 K wird das 19. Elektron anstatt in der dritten M-Unterschale, als 4 s-Elektron in der N-Schale eingebaut; mit diesem beginnt die erste lange Periode mit 18 Elementen, die 4. Horizontalreihe in Tabelle 5a (von 19 K bis 36 Kr). Das 4 s-Elektron ist nämlich stärker gebunden als das 3 d-Elektron (wegen der hohen Nebenquantenzahl $l = 2$ des 3 d-Elektrons). Dasselbe gilt auch noch für das zweite 4 s-Elektron bei 20 Ca, während das folgende bei 21 Sc nun ein 3 d-Elektron ist. Dieses nachträgliche Vollbauen der Unterschalen findet man an mehreren Stellen im periodischen System, und es erklärt z. B. das Auftreten der Reihe der seltenen Erden (Vollbauen der 4 f-Unterschale), die chemisch ähnlich sind, da die äußere Konfiguration der Elektronen für alle diese Elemente die gleiche ist (Tabelle 5a, von 58 Ce bis 71 Cp).

An Hand des in diesem Paragraphen besprochenen Schalenaufbaues der Atome und der Quantenzahlen wollen wir nun einige Spektren näher betrachten.

§ 16. Das Natriumatomspektrum (Type Alkalien). Selektionsregeln.

Die einfachsten Spektren, die direkt dem Wasserstoffatomspektrum folgen, sind die der Alkalien. Wie wir bereits erwähnten, besitzen diese Elemente in der äußeren Schale je ein einziges Elektron (Tabelle 5b), das Leuchtelektron. Man kann den Kern mit den vollbesetzten Elektronenschalen mehr oder weniger als ein Ganzes betrachten, dessen eine positive Ladung durch das äußere Elektron neutralisiert wird, so daß man von den Alkalispektren eine gewisse Analogie mit dem des Wasserstoffatoms erwarten kann. Es gelang mit Hilfe der Quantenzahlen n und l vereinfachte Termschemen aufzustellen, wie in Abb. 17 eines für Na angegeben ist.

In vertikaler Richtung ist wieder die Energie der verschiedenen angeregten Zustände aufgetragen, wobei für das Grundniveau Null gesetzt ist. Die Termwerte bezeichnet man mit 3 S, 4 S, 5 S ..., 3 P, 4 P ... usw., die Zahl gibt die Hauptquantenzahl n, der Buchstabe die Nebenquantenzahl l, wobei wie bei den Elektronen für einen S-Term $l = 0$, für einen P-Term $l = 1$ usw. ist. Im allgemeinen sind die Quantenzahlen eines Termes von den Quantenzahlen sämtlicher Elektronen in der äußeren Schale abhängig. Na (bzw. die Alkalien) hat nur ein einziges äußeres Elektron, dessen Quantenzahlen ohne weiteres die Termquantenzahlen geben. Die Quantenzahlen dieses Elektrons für Na im Normalzustand sind: $n = 3$, $l = 0$ (also ein 3 s-Elektron, Tabelle 5b), so daß der Grundzustand als 3 S-Term bezeichnet wird (für die Termbezeichnung verwendet man große Buchstaben).

Die Niveaus, die dieselben Nebenquantenzahlen haben, sind in vertikale Kolonnen eingeordnet, die erste hat S, d. h. $l = 0$, die zweite P, d. h. $l = 1$ usw.[1]). Geht man in einer Kolonne nach oben, dann nimmt für jedes folgende Niveau die Hauptquantenzahl um 1 zu. Das Grundniveau in der ersten Kolonne 3 S hat $n = 3$ und $l = 0$, das nächstfolgende 4 S hat $n = 4$ und $l = 0$. In der zweiten vertikalen Kolonne (P) hat das niedrigste Niveau $n = 3$ und $l = 1$, in der dritten (D) $n = 3$ und $l = 2$; in der vierten Kolonne (F) muß jedoch $n = 4$ sein, weil $l = 3$ ist und der höchste Wert für l aus $l \leqq n - 1$ gegeben ist.

Die Verbindungslinien zwischen zwei Termen geben die Elektronenübergänge an. Man sieht sofort (im Gegensatz zum vereinfachten Termschema des Wasserstoffatoms in Abb. 11b), daß nicht alle möglichen Verbindungslinien gezogen sind. Zwischen zwei beliebigen Niveaus mit verschiedener Energie sind nicht immer Übergänge möglich, die die Aussendung von Spektrallinien zur Folge haben.

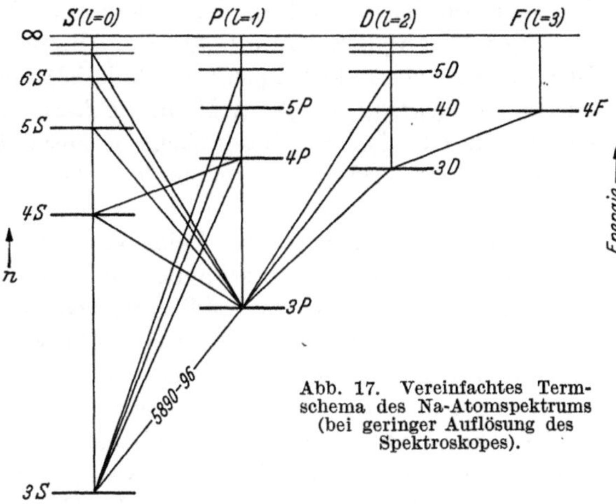

Abb. 17. Vereinfachtes Termschema des Na-Atomspektrums (bei geringer Auflösung des Spektroskopes).

Die Selektionsregeln für die verschiedenen Quantenzahlen geben nun an, welche Übergänge tatsächlich möglich sind. Für die Hauptquantenzahl besteht keine Selektionsregel, wohl aber für die Nebenquantenzahl, nämlich

$$\Delta l = \pm 1 . \tag{56}$$

Diese Bedingung sagt, daß nur Übergänge zwischen S- und P-Kolonnen oder umgekehrt, zwischen P- und D-Kolonnen oder umgekehrt usw. zulässig sind. Übergänge zwischen P- und F- oder D- und S-Kolonnen sind unzulässig. Ebenso unzulässig sind Übergänge zwischen Niveaus mit verschiedener Energie innerhalb ein und derselben Kolonne (l = konstant, $\Delta l = 0$). Übergänge zwischen Niveaus mit gleichen n-Werten sind möglich, da $\Delta n = 0$ noch nicht aussagt, daß die Energie konstant bleibt. In erster Annäherung wird die Energie wohl durch n

[1]) Die Buchstaben S, P usw. sind die Anfangsbuchstaben der Worte „*S*harp, *P*rincipal, *D*iffus" usw. und datieren noch aus der Zeit der Entstehung der spektroskopischen Klassifikation, wobei man die Linien nach ihrem Aussehen ordnete.

bestimmt, aber schließlich ist sie auch noch von den anderen Quantenzahlen abhängig. Man vergleiche z. B. in Abb. 17 die Höhe der Niveaus $3\,S$ und $3\,P$, für welche beiden $n = 3$ ist.

Die näherungsweise Annahme: die vollbesetzten Schalen mit dem Atomkern (Atomrumpf) verhalten sich wie eine Punktladung, gibt nur für kreisförmige Bahnen mit großem Radius (großes n) gute Resultate. Für kleinere Durchmesser der Elektronenbahnen macht sich die Tatsache, daß die Ladung nicht im Kern konzentriert ist, bemerkbar (Polarisation des Rumpfes). Besonders aber für Elektronenbahnen mit niedriger Nebenquantenzahl l wird die Abweichung erheblich. Die Bahn ist dann eine schmale Ellipse (vgl. Abb. 13) und als Folge davon dringt das Leuchtelektron, bei Na z. B. in die L-Schale, das Gebiet der Innenelektronen, ein. Die auf dieses Elektron ausgeübte Anziehungskraft wird größer und es wird stärker gebunden. Der Energieinhalt des Niveaus hängt nicht mehr bloß von der Hauptquantenzahl n, sondern auch von der Nebenquantenzahl l ab. Beim Wasserstoffatom wird die Energie praktisch nur durch n bestimmt. In Abb. 11b (H-Atom) liegen die Niveaus mit demselben n und verschiedenen l praktisch in gleicher Höhe, aber für das Na-Atom (Abb. 17) wird für das gleiche n der Energieunterschied mit dem ionisierten Zustand größer, wenn l sinkt.

Das Schema der Abb. 17, das nur auf den Quantenzahlen n und l basiert, kann aber doch nicht vollständig sein, da es keine Auskunft über die bekannten Doppellinien im Na-Spektrum gibt. Um die Struktur dieser Linien zu erklären, hat man die Hypothese des Elektronenspins eingeführt. Diese Hypothese gibt gute Übereinstimmung mit den Experimenten. Wie erwähnt (§ 15) hat das Elektron ein mechanisches und magnetisches Moment, das in einem äußeren magnetischen Feld nur zwei Einstellungen annehmen kann: parallel und antiparallel zum Feld (Abb. 16). Der Drehimpuls des Elektrons auf seiner Bahn (Vektor l) spielt nun die Rolle des äußeren Magnetfeldes, so daß sich durch die Wechselwirkung zwischen dem magnetischen Eigenmoment des rotierenden Elektrons und dessen magnetischen Moment auf seiner Bahn die Vektoren $\mathfrak{s}$ und l zueinander parallel oder antiparallel einstellen. Durch vektorielle Addition von l und $\mathfrak{s}$ erhält man den Vektor j, die sog. innere Quantenzahl. Für diese gilt die Selektionsregel

$$\Delta j = 0 \text{ oder } \pm 1 \tag{57}$$

mit der Beschränkung, daß, wenn für eines der Niveaus $j = 0$ ist, $\Delta j = 0$ verboten ist.

Bei gegebener Nebenquantenzahl l kann man leicht die zwei möglichen Werte von j bestimmen, da $\mathfrak{s}$ immer $= \frac{1}{2}$ ist (Abb. 18). Für ein S-Niveau mit $l = 0$, besteht nur eine einzige Möglichkeit, und zwar $j = \mathfrak{s} = \frac{1}{2}$, wodurch sich die einfachen S-Terme ergeben (Abb. 19, s. S. 50).

Ein P-Niveau hat $l = 1$ und kann daher $j = l + \mathfrak{s} = \frac{3}{2}$ oder $j = l - \mathfrak{s} = \frac{1}{2}$ haben, so daß es doppelt ist und aus zwei dicht untereinander liegenden Untertermen besteht. Der Deutlichkeit halber sind in der Abb. 19 die P-Niveaus ($l = 1$) in zwei Kolonnen geteilt; die eine hat $l = 1$, $j = \frac{3}{2}$, die andere $l = 1$, $j = \frac{1}{2}$. Bei der Bezeichnung eines Termes schreibt man rechts unten die innere Quantenzahl j, links oben die sog. Multiplizität (= Anzahl der Unterterme), hier 2: also $3\,^2P_{\frac{3}{2}}$[1])

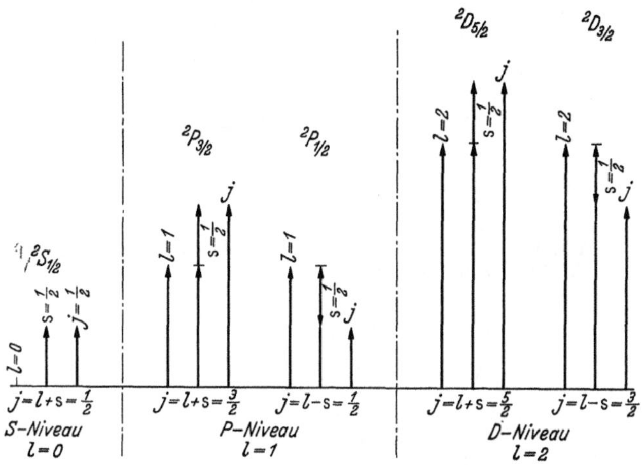

Abb. 18. Bestimmung der inneren Quantenzahl j durch vektorielle Addition von Nebenquantenzahl l und Elektronenspin $\mathfrak{s}$ (1 Elektron in der Außenschale; Alkalien).

und $3\,^2P_{\frac{1}{2}}$. Ein D-Niveau mit $l = 2$ ergibt $j = \frac{5}{2}$ oder $\frac{3}{2}$. ($^2D_{\frac{5}{2}}$ und $^2D_{\frac{3}{2}}$ sind nicht gesondert gezeichnet, da der Energieunterschied sehr klein ist.)

Die Bedeutung einer Termbezeichnung, z. B. $3\,^2P_{\frac{3}{2}}$, ist nun ohne weiteres deutlich: Hauptquantenzahl $n = 3$, Multiplizität des Termes = 2, Nebenquantenzahl $l = 1$ (P), innere Quantenzahl $j = \frac{3}{2}$[2]).

Eine Spektrallinie wird durch die beiden Terme charakterisiert, die das Endniveau und Beginniveau des Leuchtelektrons bei seinem Übergang bezeichnen. Für die bekannte gelbe Na-Doppellinie schreibt man daher:

$$\lambda\,5896\,\text{Å}\;(3\,^2S_{\frac{1}{2}} - 3\,^2P_{\frac{1}{2}}) \text{ und } \lambda\,5890\,\text{Å}\;(3\,^2S_{\frac{1}{2}} - 3\,^2P_{\frac{3}{2}}).$$

Beide Linien haben das gleiche Endniveau, aber die Beginniveaus unterscheiden sich in den inneren Quantenzahlen. Diese Linien geben auch das einfachste Beispiel eines sog. Multipletts, das charakterisiert ist durch gleiche n_B aller Beginniveaus und gleiche n_E aller Endniveaus

[1]) Sprich: „drei Dublett P dreihalbe".
[2]) Für früher viel verwendete Bezeichnungen der Terme siehe Anhang III.

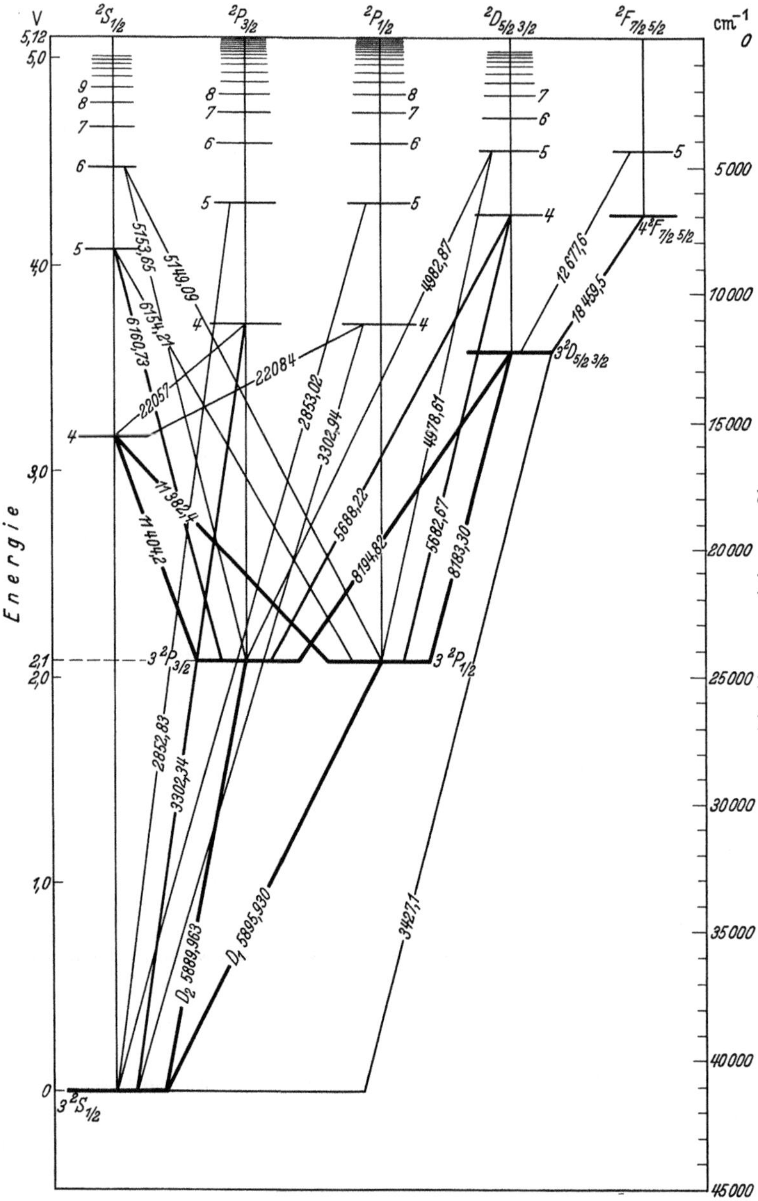

Abb. 19. Termschema des Na-Atomes.

(hierbei kann jedoch n_B von n_E verschieden sein), aber verschiedene j für jede einzelne Linie. Mit den j ändert sich auch die Energie der Niveaus einigermaßen, so daß die Wellenlängen der ausgesandten Linien verschieden sind. Eine Spektralserie nennt man jene Übergänge, deren

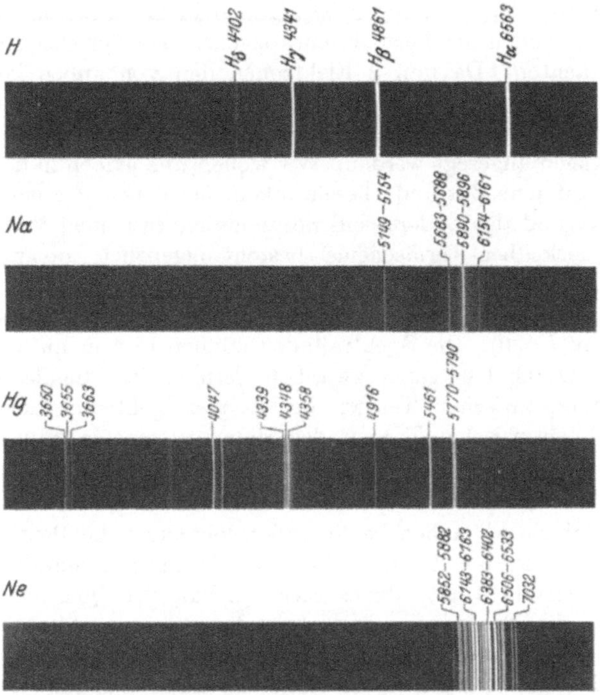

Abb. 20. Sichtbares Spektrum von H (Atom), Na, Hg, Ne.

Endniveaus das gleiche n_E aber deren Beginniveaus aufeinanderfolgende Werte von n_B haben. So ist z. B. die Hauptserie von Na:

$$(3\,^2S_{\frac{1}{2}} - 3\,^2P_{\frac{3}{2},\frac{1}{2}}),\quad (3\,^2S_{\frac{1}{2}} - 4\,^2P_{\frac{3}{2},\frac{1}{2}}),\quad (3\,^2S_{\frac{1}{2}} - 5\,^2P_{\frac{3}{2},\frac{1}{2}}) \text{ usw.},$$

wobei die Linien dieser Spektralserie Doppellinien sind (Dubletts). An Hand der Abb. 19 können nun leicht mit Hilfe der in (56) und (57) angegebenen Selektionsregeln die erlaubten und die verbotenen Übergänge bestimmt werden. Bei einer Na-Lampe treten z. B. neben den gelben Doppellinien noch andere sichtbare Linien auf, die aber viel geringere Intensität haben. Die intensivsten sind:

im Rot λ 6161 Å $(3\,^2P_{\frac{3}{2}} - 5\,^2S_{\frac{1}{2}})$ und λ 6154 Å $(3\,^2P_{\frac{1}{2}} - 5\,^2S_{\frac{1}{2}})$;
im Grün λ 5688 Å $(3\,^2P_{\frac{3}{2}} - 4\,^2D_{\frac{5}{2},\frac{3}{2}})$ und λ 5683 Å $(3\,^2P_{\frac{1}{2}} - 4\,^2D_{\frac{3}{2}})$ und
im Blau λ 5154 Å $(3\,^2P_{\frac{3}{2}} - 6\,^2S_{\frac{1}{2}})$ und λ 5149 Å $(3\,^2P_{\frac{1}{2}} - 6\,^2S_{\frac{1}{2}})$.

In Abb. 20 ist eine photographische Aufnahme des sichtbaren Na-Spektrums wiedergegeben.

§ 17. Das Hg-Spektrum (Type Spektrum der Erdalkalien). Metastabile Zustände des Hg-Atomes, Hg-Multipletterm ($6\,{}^3P_{0,1,2} - 6\,{}^3D_{1,2,3}$). Das Ne-Spektrum.

In der zweiten Kolonne (Tabelle 5a) des periodischen Systems findet man Elemente, deren Atome 2 Elektronen in der äußeren Schale enthalten. Wir wollen als Beispiel eines solchen das Quecksilberspektrum näher betrachten. Da nun 2 Elektronen den von außen kommenden Einflüssen ausgesetzt sind, ist das Spektrum der Erdalkalien bedeutend komplizierter als das der Alkalien. Es ist z. B. möglich, daß beide Elektronen zugleich angeregt werden. Wir wollen uns jedoch in der Behandlung bloß auf jene Zustände beschränken, bei denen das eine Elektron angeregt ist und das andere sein normales Niveau nicht verläßt.

Das Quecksilber-Termschema besteht eigentlich aus zwei Teilen (s. Abb. 22), dem Singulettspektrum, das einfache Terme hat und dem Triplettspektrum, bei dem die Terme dreifach sind (mit Ausschluß der S-Terme mit $l = 0$). Die Spektrallinien können hieraus auf drei Weisen entstehen. Durch Übergänge zwischen Termen des Singulettspektrums untereinander, zwischen Termen des Triplettspektrums untereinander und schließlich zwischen Termen des Singulett- einerseits und des Triplettspektrums andererseits. Die letztgenannten Übergänge erzeugen die sog. *Interkombinationslinien.*

Nach Tabelle 5b haben beide Außenelektronen die Bezeichnung $6\,s$ ($n = 6$, $l = 0$), so daß der Grundterm als Hauptquantenzahl 6 und als Nebenquantenzahl 0 hat. Jedes Elektron hat vier Quantenzahlen und es entsteht die Frage, wie aus diesen die Quantenzahlen des Termes abgeleitet werden müssen. In der folgenden Diskussion werden wir die magnetische Quantenzahl außer Betracht lassen und nur n, l, s und j betrachten. Beim Spektrum der Elemente mit 1 Elektron in der Außenschale (z. B. Na) sahen wir, daß l und s zu einem Vektor j zusammengesetzt wurden. Beim 2-Elektronenspektrum kann man nun diese Zusammenstellung für jedes der beiden Elektronen durchführen und nachher die j-Vektoren zu einer Resultanten kombinieren. Es besteht aber noch eine andere Möglichkeit, und diese tritt gerade im Hg-Spektrum auf: erst werden die beiden l der einzelnen Elektronen zu einer Resultierenden $\mathfrak{L}$, die beiden s zu einer Resultierenden $\mathfrak{S}$, und schließlich $\mathfrak{L}$ und $\mathfrak{S}$ zur Resultanten $\mathfrak{J}$ zusammengestellt. Diese letzte Kombination nennt man die $\mathfrak{L}\,\mathfrak{S}$, oder nach ihren Erfindern, die Russell-Saunders-Kopplung. An Hand dieser wollen wir das Entstehen des Singulett- und Triplettspektrums besprechen.

Bei der Kombination der s-Vektoren zur Resultanten $\mathfrak{S}$ bestehen wieder zwei Möglichkeiten: die beiden sind zueinander entweder parallel oder antiparallel gerichtet. Im ersten Fall (parallel) ist die Resultante $\mathfrak{S} = 1$ $\left(\text{da } \mathsf{s} \text{ immer} = \frac{1}{2}\right)$, im zweiten Fall (antiparallel) ist $\mathfrak{S} = 0$. Hat man nun $\mathfrak{S} = 0$, dann ist, da $\mathfrak{J} = \mathfrak{L} + \mathfrak{S}$, immer $\mathfrak{J} = \mathfrak{L}$ (Abb. 21) und die Terme sind einfach, d. h. sie gehören dem Singulettspektrum an. Hat man dagegen $\mathfrak{S} = 1$, dann ist für $\mathfrak{L} = 0$ der Term wieder einfach, da $\mathfrak{J} = \mathfrak{L} + \mathfrak{S}$ ist, aber für $\mathfrak{L} = 1, 2$, usw. ist er dreifach, d. h. er gehört dem Triplettspektrum an. Bei gegebenem $\mathfrak{L}$ sind für $\mathfrak{J}$ alle ganzzahligen Werte von $\mathfrak{L} + \mathfrak{S}$ bis $\mathfrak{L} - \mathfrak{S}$ möglich, d. h. mit $\mathfrak{S} = 1$,

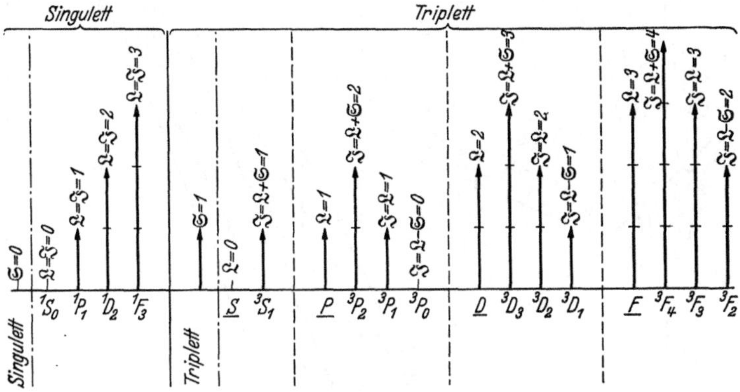

Abb. 21. Diagramm für zwei Valenzelektronen in $\mathfrak{L}\mathfrak{S}$- (Russell-Saunders-) Kopplung.

von $\mathfrak{L} + 1$ bis $\mathfrak{L} - 1$ (Abb. 21). Es sind also die folgenden Kombinationen möglich:

$$\begin{array}{llll} \mathfrak{L} = 1 & \mathfrak{J} = \mathfrak{L} + \mathfrak{S} & = 2 & ^3P_2 \\ & \mathfrak{J} = \mathfrak{L} & = 1 & ^3P_1 \\ & \mathfrak{J} = \mathfrak{L} - \mathfrak{S} & = 0 & ^3P_0 \\ \mathfrak{L} = 2 & \mathfrak{J} = \mathfrak{L} + \mathfrak{S} & = 3 & ^3D_3 \\ & \mathfrak{J} = \mathfrak{L} & = 2 & ^3D_2 \\ & \mathfrak{J} = \mathfrak{L} - \mathfrak{S} & = 1 & ^3D_1 \text{ usw.} \end{array}$$

In Abb. 22 findet man das Termschema für Hg; links das Singulett-, rechts das Triplettspektrum. Die Energiewerte der verschiedenen Niveaus sind wieder nach oben aufgetragen, wobei für das Grundniveau Null gesetzt ist. In den vertikalen Kolonnen befinden sich die Terme mit gleicher Nebenquantenzahl. Die Terme sind einfach für das Singulett-, dreifach für das Triplettsystem, mit Ausnahme der S-Terme, die auch im Triplettspektrum einfach sind. In der Bezeichnung der Terme, z. B. $6\,^3P_1$[1]) gibt die erste Zahl die Hauptquantenzahl $n = 6$, links oben vor dem Buchstaben steht die Multiplizität (= Anzahl der Unterterme mit verschiedenen $\mathfrak{J}$), hier = 3, der Buchstabe (hier P) bestimmt die Nebenquantenzahl (für P ist $\mathfrak{L} = 1$), rechts unten steht die innere Quantenzahl $\mathfrak{J}$, hier $\mathfrak{J} = 1$.

---

[1]) Sprich: „sechs Triplett P eins“.

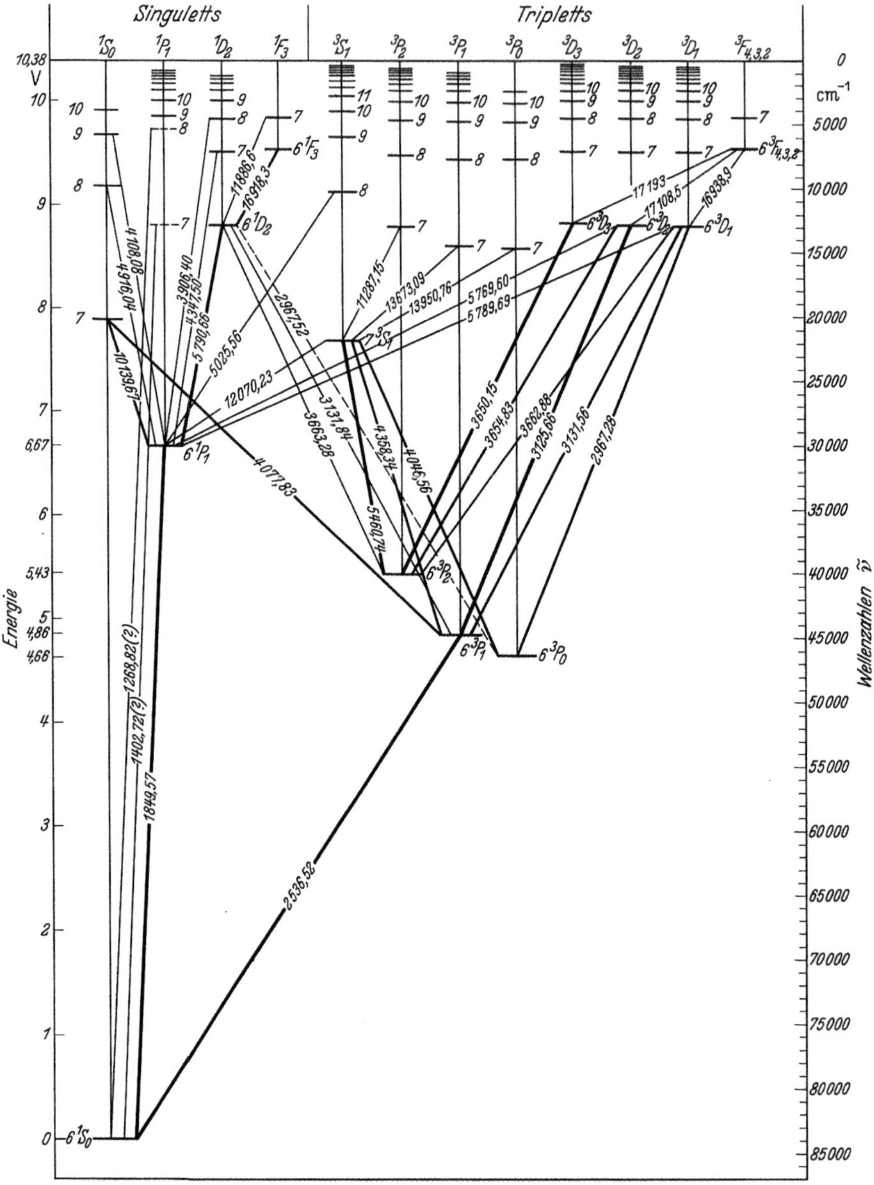

Abb. 22. Termschema des Hg-Atomes.

Da jeder Term einen bestimmten Zustand des Atomes angibt, sollte man zu seiner vollständigen Festlegung die Quantenzahlen sämtlicher Elektronen angeben. Man kann jedoch von den inneren Elektronen absehen, da bei der Emission der erwähnten Linien nur die Elektronen in der äußeren Schale beteiligt sind. Im Grundzustand des Hg hat man zwei 6 s-Elektronen (geschrieben als 6 s^2), so daß der Term angedeutet werden müßte als: $(6\,s^2)\,{}^1S_0$, abgekürzt $6\,{}^1S_0$. In untenstehender Übersicht sind für einige Fälle außer der Bezeichnung der Elektronen die vollständigen und abgekürzten Bezeichnungen der Terme angegeben.

	$6s$	$6s$	$(6\,s^2)$	${}^1S_0$	$6\,{}^1S_0$
{	$6s$	$6p$	$(6\,s, 6\,p)$	${}^3P_{0,1,2}$	$6\,{}^3P_{0,1,2}$
{	$6s$	$6p$	$(6\,s, 6\,p)$	${}^1P_1$	$6\,{}^1P_1$
{	$6s$	$7s$	$(6\,s, 7\,s)$	${}^3S_1$	$7\,{}^3S_1$
{	$6s$	$7s$	$(6\,s, 7\,s)$	${}^1S_0$	$7\,{}^1S_0$

usw. Der Grundterm $6\,{}^1S_0$ hat zwei 6 s- ($n = 6$, $l = 0$) Elektronen mit verschiedenen s-Werten, nämlich $+\frac{1}{2}$ und $-\frac{1}{2}$; der Term $6\,{}^3P$ hat ein 6 s- ($n = 6$, $l = 0$) Elektron und ein 6 p ($n = 6$, $l = 1$) Elektron, wobei s für beide $+\frac{1}{2}$ ist. Für den letzten Term ist $n = 6$, $\mathfrak{L} = 1$ und $\mathfrak{S} = 1$, usw.

Die Verbindungslinien der verschiedenen Niveaus geben die ausgesandten Spektrallinien an, die beigeschriebenen Zahlen deren Wellenlängen in Å. Es gelten wieder die im vorigen Paragraphen gegebenen Auswahlregeln: für die Nebenquantenzahl $\Delta\,\mathfrak{L} = \pm 1$, für die innere Quantenzahl $\Delta\,\mathfrak{J} = 0$ oder ± 1, mit der Beschränkung, daß $\Delta\,\mathfrak{J} = 0$ verboten ist, wenn $\mathfrak{J} = 0$.

Das Hg-Triplett-Spektrum zeigt noch die Eigenart, daß das tiefste Niveau nicht ein S-, sondern ein P-Term ist. Diese Tatsache ist für das optische Verhalten dieses Atomes von großer Bedeutung. Durch das Fehlen des $6\,{}^3S_1$-Terms wird $6\,{}^1S_0$ vom Singulettsystem das niedrigste Niveau des ganzen Spektrums. Zwischen den $6\,{}^3P_{0,1,2}$-Termen und $6\,{}^1S_0$ liegt kein einziges Niveau mehr, so daß, wenn ein Atom sich in einem der drei $6\,{}^3P$-Zustände befindet, eine Abgabe von Strahlungsenergie nur durch den Übergang auf Niveau $6\,{}^1S_0$ möglich ist. Zufolge der Selektionsregeln für $\mathfrak{J}$ sind aber die Elektronensprünge $(6\,{}^1S_0 - 6\,{}^3P_2)$ und $(6\,{}^1S_0 - 6\,{}^3P_0)$ verboten, weil $\Delta\,\mathfrak{J} = 2$ ist für den ersteren und $\Delta\,\mathfrak{J} = 0$ für letzteren, während bei diesem für beide Niveaus $\mathfrak{J} = 0$ ist. Ein Atom in $6\,{}^3P_2$ und $6\,{}^3P_0$ kann normalerweise seine Energie auch tatsächlich nicht durch Strahlung abgeben, sondern muß dies auf andere Weise tun (z. B. durch Stoß mit einem anderen Atom). Wir haben hier ein sog. „metastabiles Niveau“ vor uns.

Daß der Term $6\,{}^3S_1$ nicht bestehen kann, wird durch das bereits erwähnte Pauli-Verbot festgelegt: in einem gegebenen Atom können keine zwei Elektronen vorhanden sein, deren sämtliche Quantenzahlen paarweise gleich groß sind. Vergleichen wir die Werte der Quantenzahlen (n, l, m_l, m_s), die jedes Elektron im Niveau $6\,{}^3S_1$ haben würde. Für beide ist $n = 6$, $l = 0$, da sie 6 s-Elektronen sind (Tabelle 5b).

Wegen $l = 0$ ist auch $m_l = 0$, also gleich für beide. Auch die Spinvektoren $\mathfrak{s}$ würden gleich sein, da es sich um ein Triplettniveau handelt, wobei die $\mathfrak{s}$ gleichgerichtet sind (S. 53). Keine der vier Quantenzahlen hat verschiedene Werte, so daß der Term nach dem Pauli-Verbot nicht bestehen kann. Die experimentellen Ergebnisse sind damit vollständig im Einklang.

Vergleichen wir die Spektren von Na und Hg, dann finden wir nicht nur den Unterschied in der Termstruktur, Na-Dublett und Hg-Singulett und -Triplett, sondern auch noch einen anderen Unterschied, der von ausschlaggebender Bedeutung für Gasentladungslampen ist, die die Spektren dieser Elemente aussenden. Bei Na liegt die langwelligste Spektrallinie mit dem Grundniveau als Endterm noch im sichtbaren Gebiet, nämlich ($3\,^2S_{\frac{1}{2}} - 3\,^2P_{\frac{3}{2},\frac{1}{2}}$). Für das unmittelbar darauffolgende Hauptseriendublett λ 3302 Å und λ 3303 Å ($3\,^2S_{\frac{1}{2}} - 4\,^2P_{\frac{3}{2},\frac{1}{2}}$) ist dies nicht mehr der Fall, dieses liegt im unsichtbaren ultravioletten Gebiet. Bei Hg liegt bereits die langwelligste Linie λ 2537 Å ($6\,^1S_0 - 6\,^3P_1$) mit dem Grundniveau als Endterm im unsichtbaren Teil des Spektrums. Will man daher Hg veranlassen, sichtbares Licht auszustrahlen, dann muß man andere Übergänge erzwingen und praktisch kommen hierfür jene in Betracht, deren Endterme $6\,^3P_{0,1,2}$ und $6\,^1P_1$ sind. Die Ausgangsniveaus für die erstgenannten können sowohl die mit $n\,^3S_1$, ($n \geqq 7$) als auch die mit $n\,^3D_{1,2,3}$, ($n \geqq 6$) sein. Die erste Kombination gibt drei sichtbare Linien. Die entsprechenden Wellenlängen sind: λ 4047 Å ($6\,^3P_0 - 7\,^3S_1$) die „violette", λ 4358 Å ($6\,^3P_1 - 7\,^3S_1$) die „blaue" und λ 5461 Å ($6\,^3P_2 - 7\,^3S_1$) die „grüne" Hg-Linie. Die Wellenlängenunterschiede zwischen den verschiedenen Komponenten des Multipletts sind hier bedeutend größer als bei Na, bei dem sie bloß 6 Å betragen. Die zweite Kombination ($6\,^3P_{0,1,2} - 6\,^3D_{1,2,3}$) ließe neun Linien erwarten, da jedes der beiden Niveaus dreifach ist. Tatsächlich entstehen jedoch bloß sechs, was hier wieder durch die Selektionsregeln für $\mathfrak{J}$ erklärt werden kann. Abb. 23 gibt die entstehenden Linien mit den zugehörigen Wellenlängen an, wobei die „verbotenen" strichliert eingetragen sind. Alle sechs Linien liegen im Ultraviolett; die um etwa 3100 Å sind wegen ihrer vitaminisierenden Wirkung von größerer Bedeutung.

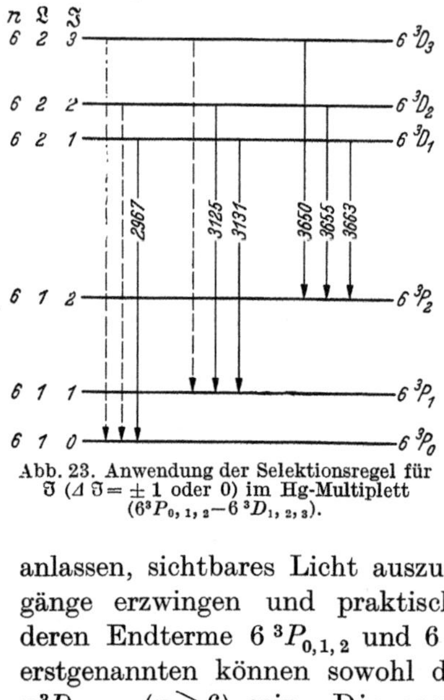

Abb. 23. Anwendung der Selektionsregel für $\mathfrak{J}$ ($\Delta \mathfrak{J} = \pm 1$ oder 0) im Hg-Multiplett ($6\,^3P_{0,1,2} - 6\,^3D_{1,2,3}$).

Für das sichtbare Gebiet sind noch, wie erwähnt, folgende Linien mit $6\,^1P_1$ als Endniveau von Wichtigkeit: die „gelben" Hg-Linien,

λ 5791 Å ($6\,^1P_1 - 6\,^1D_2$), λ 5770 Å ($6\,^1P_1 - 6\,^3D_2$) und λ 5790 Å ($6^1P_1 - 6\,^3D_1$). Die erste dieser drei ist dabei noch die intensivste, die beiden letzten sind Interkombinationslinien und deshalb ziemlich schwach.

Schließlich wollen wir noch einige charakteristische Eigenschaften des *Ne-Spektrums* erwähnen. Dieses Element gehört zu den Edelgasen und hat eine vollbesetzte äußere Schale mit 8 Elektronen. Auf Grund

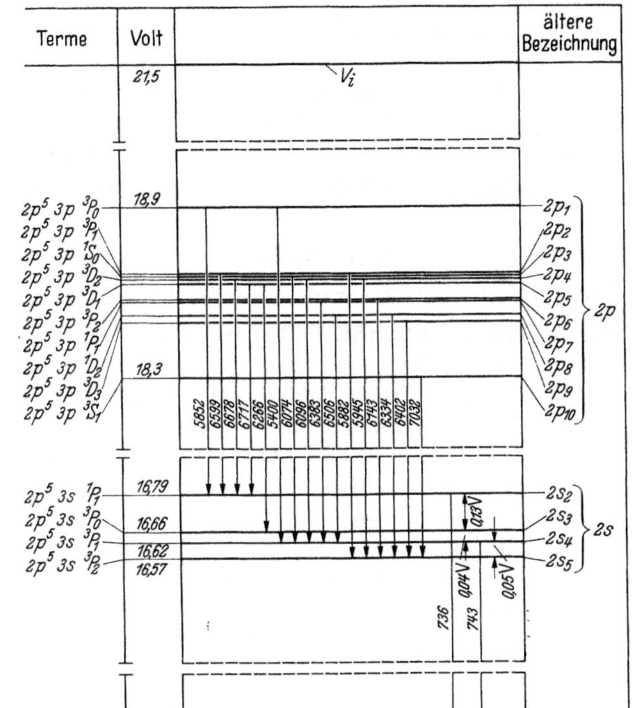

Abb. 24. Die niedrigeren Terme des Neonspektrums.

des vorher Gesagten kann man hier ein sehr kompliziertes Spektrum erwarten, was auch tatsächlich für die höheren Terme zutrifft. Für die niedrigeren Niveaus jedoch (die näher bei dem Grundniveau liegen) zeigt das Spektrum einen einigermaßen analogen Aufbau wie das Hg-Spektrum (s. Abb. 24). Der Grundzustand ist $2\,^1S_0$, hierauf folgen erst drei Triplett-Terme mit $3\,s\,^3P_2$, $3\,s\,^3P_1$ und $3\,s\,^3P_0$ und noch ein Singulett-Term $3\,s\,^1P_1$. In Übereinstimmung mit den Selektionsregeln sind die erzeugten Linien λ 735,7 Å ($2\,^1S_0 - 3\,s\,^1P_1$) und λ 743,5 Å ($3\,s\,^1S_0 - 3\,s\,^3P_1$). Das Niveau $2\,^3S_1$ fehlt wieder wie bei Hg und die beiden Niveaus $3\,s\,^3P_0$ und $3\,s\,^3P_2$ sind metastabil und spielen eine wichtige Rolle bei den

Leuchtröhren, die das Neonspektrum aussenden. Die Linien, die den Grundzustand als unteren Term haben, liegen weit im Ultraviolett, in dem sog. Schumann-Gebiet. Für die Erzeugung sichtbaren Lichtes ist man wieder auf Übergänge zwischen höheren Termen angewiesen. Einige der bedeutendsten sind in der Abb. 24 angegeben. Die Niveaugruppe bei 18,6 V ist zehnfach und man erhält hierdurch eine Idee von der Kompliziertheit der Edelgasspektren.

Auf der rechten Seite der Abb. 24 sind auch noch die älteren Paschenschen Bezeichnungen zu sehen. Die Niveaugruppe bei 16,6 V werden wir später mit 2 *s*, die Gruppe bei 18,6 V mit 2 *p* andeuten. Zum Schlusse sei noch auf die in der Abbildung angegebene Ionisationsspannung hingewiesen. 21,5 eV ist also die Energie, die erforderlich ist, um ein Elektron aus dem Atomverband zu entfernen, bzw. das Atom einmal zu ionisieren.

Viertes Kapitel.

Wechselwirkung zwischen Atomen und Elektronen.

Im vorhergehenden sahen wir, daß, wenn einem Atom Energie zugeführt wird, dieses in einen sog. angeregten Zustand kommt, wobei eines seiner Elektronen auf eine Bahn übergeht, die vom Kern weiter entfernt ist als die ursprüngliche, die normale. Wenn die zugeführte Energie groß genug ist, kann das Elektron auch vollkommen dem Einfluß des Kernes entzogen werden, wodurch man ein freies Elektron und ein positiv geladenes Atom = ein positives Ion erhält.

Die einfachste Methode zur Erzielung von Anregung und Ionisierung ist das Beschießen von Atomen mit Elektronen. Die dabei auftretenden Erscheinungen wurden durch die Experimente von Franck und Hertz geklärt. Diese Forscher arbeiteten mit Elektronen uniformer Geschwindigkeit, so daß der Einfluß der Elektronenenergie bei der Wechselwirkung zwischen Elektronen und Atomen deutlich hervortrat.

Da für die folgenden Betrachtungen in erster Linie die Edelgase und einatomigen Metalldämpfe in Anmerkung kommen, wollen wir diese näher untersuchen. Nehmen wir ein Elektron, das sich in einem derartigen Gas oder Dampf bewegt, und dessen Energie kleiner ist als der Energieunterschied zwischen dem Grundzustand und dem erstfolgenden angeregten Niveau der Atome dieses Gases oder Dampfes. Das Elektron kann dann die innere Energie des Atomes nicht erhöhen, da dafür eine ganz bestimmte Minimumenergie nötig ist (Quantentheorie). In diesem Falle kann nur die kinetische Energie des Atomes geändert werden. Wegen des Massenunterschiedes zwischen Elektron und Atom ist die abgegebene Energie nur ein sehr kleiner Bruchteil der ursprünglichen Energie des Elektrons. Man hat dann mit elastischen Zusammenstößen zu tun und wir wollen uns im folgenden Paragraphen hauptsächlich mit solchen beschäftigen.

Sobald die Energie des Elektrons den obenerwähnten Minimalwert überschreitet, kann es erhebliche Energiemengen auf das Atom übertragen, wobei letzteres in einen angeregten Zustand gebracht wird und eine Spektrallinie aussenden kann. Franck und Hertz zeigten nun, daß in einem solchen Fall der Energieverlust des Elektrons genau mit der Anregungsenergie übereinstimmt, die nach der Bohrschen Theorie aus den spektroskopisch gefundenen Termwerten berechnet werden kann.

Eindeutig wurde auch festgestellt, daß für das Auftreten von Ionisation, die Elektronen mindestens eine Energie $e\,V_i$ haben müssen, wobei V_i die Ionisierungsspannung ist.

§ 18. Die Bewegung von Elektronen und Ionen in einem Gas, unter dem Einfluß eines elektrischen Feldes. Elastische Zusammenstöße. Beweglichkeit.

Betrachtet man einen elastischen Zusammenstoß zwischen einem Elektron und einem Edelgas- oder Metallatom als den zweier elastischer Kugeln, deren Massen m_e und m sind, dann gibt das Elektron per Stoß durchschnittlich einen Bruchteil $\varkappa = 2\,\frac{m_e}{m}$ seiner Energie ab. Der Energieverlust $\Delta W_e = \varkappa W_e$ ($W_e =$ Energie des Elektrons vor dem Stoß) ist sehr klein wegen der geringen Masse des Elektrons und nimmt ab mit steigender Masse des Atoms. Bei Ar z. B. ist er also kleiner als bei Ne. $\varkappa$ beträgt bei Ar: $2{,}76 \cdot 10^{-5}$ und bei Ne: $5{,}45 \cdot 10^{-5}$. Außer von den Massen m_e und m hängt der Energieverlust per Stoß noch von der Größe und Richtung der relativen Geschwindigkeit der stoßenden Teilchen ab. Bei zentralem Stoß ist er ein Maximum.

Sind z. B. die Geschwindigkeiten vor dem Stoß v_e bzw. v und nach dem Stoß v_e' bzw. v' für Elektron bzw. Atom, dann ergibt sich für zentralen Stoß aus den Gesetzen von der Erhaltung der Energie und der Bewegungsgröße der Energieverlust per Stoß bzw. die auf das Atom übertragene kinetische Energie W' (v wird gegenüber v_e vernachlässigt, da $v_e \gg v$):

$$\frac{m_e v_e^2}{2} = \frac{m_e v_e'^2}{2} + \frac{m\,v'^2}{2} \quad \text{und} \quad m_e v_e = m_e v_e' + m\,v'\,. \tag{58}$$

Eliminiert man aus diesen Gleichungen das v_e', dann erhält man für $W' = \frac{m\,v'^2}{2}$:

$$W' = \frac{4\,m_e\,m}{(m_e + m)^2} \cdot \frac{m_e v_e^2}{2}\,. \tag{59}$$

und da man im Nenner m_e gegenüber m vernachlässigen kann

$$W' = \frac{4\,m_e}{m} \cdot \frac{m_e v_e^2}{2} = 4\,\frac{m_e}{m} \cdot W_e\,. \tag{60}$$

Zieht man alle möglichen Richtungen in Betracht, dann ergibt sich im Mittel für nicht zentralen Stoß der oben angegebene Wert für $\varkappa$, nämlich $\varkappa = 2\,\frac{m_e}{m}$.

Hat man ein Elektron, das sich in einem gleichförmigen elektrischen Feld $\mathfrak{E}$ bewegt, dann wird es zwischen je zwei aufeinanderfolgenden Stößen eine Parabelbahn AB beschreiben (Abb. 25), die nur wenig von der Sehne AB verschieden ist. Nennen wir den Winkel, den die Geschwindigkeit v_e des Elektrons nach dem Stoß, beim Beginn einer freien Weglänge, mit der Feldrichtung $\mathfrak{E}$ bildet, φ, und den Winkel zwischen der Sehne AB und der Feldrichtung $\mathfrak{E}$, φ' (Abb. 25). Die Zunahme der kinetischen

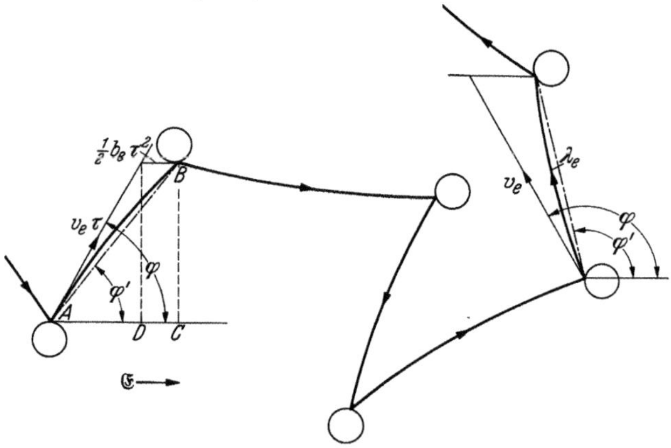

Abb. 25. Elastische Stöße eines Elektrons bei seiner Bewegung in einem Gas unter Einfluß eines elektrischen Feldes.

Energie, zwischen zwei Stößen, gleich der Arbeit des Feldes, ist dann

$$d W_e = e\,\mathfrak{E}\,\lambda_e \cos\varphi' . \tag{61}$$

Im Mittel wird die Energie des Elektrons auf einer freien Weglänge um einen Betrag $\overline{d W_e}$ zunehmen:

$$\overline{d W_e} = e\,\mathfrak{E}\,\lambda_e\,\overline{\cos\varphi'} . \tag{62}$$

Bei jedem Stoß wird $\varkappa W_e$ abgegeben und der stationäre Zustand wird erreicht, wenn die Energie $W_{e\,\mathrm{lim}}$ so groß geworden ist, daß der Verlust $\varkappa W_{e\,\mathrm{lim}}$ gleich dem Energiegewinn (62) ist:

$$e\,\mathfrak{E}\,\lambda_e\,\overline{\cos\varphi'} = \varkappa W_{e\,\mathrm{lim}} = \varkappa\,\frac{m_e v_{e\,\mathrm{lim}}^2}{2} . \tag{63}$$

Der Mittelwert $\overline{\cos\varphi'}$ (von allen Richtungen) läßt sich wie folgt berechnen.

Wenn τ die Zeit zwischen zwei Stößen ist, folgt für $\cos\varphi'$

$$\cos\varphi' = \frac{AC}{AB} = \frac{AD + DC}{AB} = \frac{v_e \tau \cos\varphi + \frac{1}{2} b_e \tau^2}{\lambda_e} . \tag{64}$$

Den Bogen $AB = \lambda_e$ haben wir der Sehne gleichgestellt und $b_e = \frac{e\mathfrak{E}}{m_e}$ ist die Beschleunigung des Elektrons. Der Mittelwert aus allen Richtungen ist

$$\overline{\cos\varphi'} = \frac{v_e\,\tau\,\overline{\cos\varphi} + \frac{1}{2}\frac{e\mathfrak{E}}{m_e}\tau^2}{\lambda_e} = \frac{1}{2}\frac{e\mathfrak{E}}{m_e\lambda_e}\tau^2 .$$

Da alle Richtungen nach dem Stoß gleich wahrscheinlich angenommen sind, wird $\overline{\cos\varphi} = 0$ (isotrope Streuung)[1]. Die Zeit zwischen zwei Stößen ist $\tau = \frac{\lambda_e}{v_e}$, so daß für $\overline{\cos\varphi'}$

$$\overline{\cos\varphi'} = \frac{1}{2}\frac{e\mathfrak{E}}{m_e}\frac{\lambda_e}{v_e^2} . \tag{65}$$

folgt. Mit (65) in (63) und Auflösung nach $v_{e\,\mathrm{lim}}$ ergibt sich

$$v_{e\,\mathrm{lim}} = \sqrt{\frac{e\lambda_e}{m_e\sqrt{\varkappa}}}\cdot\sqrt{\mathfrak{E}} . \tag{66}$$

Der Index „lim" bedeutet den Grenzwert von v_e, der auftritt, nachdem die Elektronen einen sehr langen Weg zurückgelegt haben. v_e nennt man die thermische $\left(\frac{m_e v_e^2}{2} = W_e\right)$ oder *Bahngeschwindigkeit.*

In der Zeit τ zwischen zwei Stößen verschiebt sich das Elektron in der Feldrichtung um den Abstand $AC = v_e\,\tau\cos\varphi + \frac{1}{2}b_e\tau^2$, also mit der Geschwindigkeit:

$$\frac{AC}{\tau} = v_e\cos\varphi + \frac{1}{2}b_e\tau .$$

Der Mittelwert aus allen Richtungen, die sog. *Fortschreitungsgeschwindigkeit* u_e, ist [vgl. (64) und (65)]

$$u_e = \frac{1}{2}b_e\tau = \frac{1}{2}\frac{e\lambda_e}{m_e v_e}\mathfrak{E} = K_e\mathfrak{E} . \tag{67}$$

$K_e = \frac{1}{2}\frac{e\lambda_e}{m_e v_e}$ ist die sog. *Beweglichkeit*, die Fortschreitungsgeschwindigkeit für die Einheit der Feldstärke. Sie ist keine Konstante sondern von der mittleren freien Weglänge λ_e und der Bahngeschwindigkeit v_e abhängig. Führt man für v_e den Wert $v_{e\,\mathrm{lim}}$ aus (66) ein, dann wird

$$u_{e\,\mathrm{lim}} = \frac{1}{2}\sqrt{\frac{e\lambda_e\sqrt{\varkappa}}{m_e}}\cdot\frac{1}{\sqrt{\mathfrak{E}}}\cdot\mathfrak{E} \tag{68}$$

und

$$K_{e\,\mathrm{lim}} = \frac{1}{2}\sqrt{\frac{e\lambda_e\sqrt{\varkappa}}{m_e}}\cdot\frac{1}{\sqrt{\mathfrak{E}}}, \tag{69}$$

so daß die Beweglichkeit umgekehrt proportional der Wurzel aus der Feldstärke ist.

[1]) Dabei ist angenommen, daß τ von der Richtung unabhängig ist, oder, was damit gleichbedeutend ist, daß v_e zwischen zwei Stößen nur wenig verändert, wie schon aus (63) folgt, da $\varkappa \approx 10^{-5}$ ist.

Die vorhergehenden Formeln sind nur als Näherungswerte aufzufassen, da wir bei der Berechnung verschiedene Faktoren vernachlässigt haben, u. a. die Abhängigkeit der mittleren freien Weglänge λ_e von der Geschwindigkeit v_e (Abb. 10). Eine ähnliche Bemerkung gilt für die Geschwindigkeit v_e und den Energieverlust $\varkappa W_e = \varkappa \frac{m_e v_e^2}{2}$, wobei stillschweigend angenommen wurde, daß v_e im stationären Zustande für alle Elektronen gleich groß ist; während in Wirklichkeit eine Geschwindigkeitsverteilung auftritt. Auch eventuelle nicht elastische Stöße, wobei die von den Elektronen abgegebenen kinetischen Energien hauptsächlich für Anregung und Ionisation verwendet werden, sind vernachlässigt.

Wendet man die genannten Formeln bei Edelgasen an, dann erhält man wohl Werte von der richtigen Größenordnung. Für Ne von 1 tor bei 0° C und $\mathfrak{E} = 1$ V/cm $= {}^1/_{300}$ E.S.E./cm findet man für die Bahngeschwindigkeit nach (66):

$$v_{e\,\mathrm{lim}} = \sqrt{\frac{4{,}77 \cdot 10^{-10} \cdot 6{,}57 \cdot 10^{-2}}{9 \cdot 10^{-28}}} \frac{1}{\sqrt[4]{5{,}45 \cdot 10^{-5}}} \cdot \sqrt{\frac{1}{300}} = 1{,}25 \cdot 10^8 \text{ cm/s}$$

oder, da für 1 V, $v_e = 5{,}75 \cdot 10^7$ cm/s, $\left(\frac{1{,}25}{5{,}75} \cdot \frac{10^8}{10^7}\right)^2 = 4{,}75$ V.

Auf analoge Weise folgt aus (68): $u_{e\,\mathrm{lim}} = 4{,}63 \cdot 10^5$ cm/s (oder $6{,}5 \cdot 10^{-5}$ V) und somit auch die Beweglichkeit für $\mathfrak{E} = 1$ V/cm. Für Ar unter den gleichen Umständen findet man $v_{e\,\mathrm{lim}} = 1{,}22 \cdot 10^8$ cm/s (oder 4,5 V) und $u_{e\,\mathrm{lim}} = 3{,}19 \cdot 10^5$ cm/s (oder $3{,}1 \cdot 10^{-5}$ V).

Wenn sich das Elektron um x cm in der Richtung des Feldes fortbewegt, hat es einen Umweg L zurückgelegt. Das Verhältnis der beiden, der sog. *Umwegfaktor* $\frac{L}{x}$, folgt aus (66) und (68) zu

$$\frac{L}{x} = \frac{v_{e\,\mathrm{lim}}}{u_{e\,\mathrm{lim}}} = \frac{2}{\sqrt{\varkappa}}. \tag{70}$$

Ebenso wie die vorhergehenden Formeln ist auch dieser Wert nicht ganz genau. Für Ne mit $\varkappa = 5{,}45 \cdot 10^{-5}$ ist das Verhältnis $\frac{2}{\sqrt{\varkappa}} = 271$, für Ar ist $\varkappa = 2{,}76 \cdot 10^{-5}$ und $\frac{2}{\sqrt{\varkappa}} = 381$.

Im vorhergehenden haben wir die Bewegung der Elektronen in Edelgasen, unter dem Einfluß eines elektrischen Feldes, betrachtet und hierbei nur auf elastische Zusammenstöße mit Gasatomen Rücksicht genommen; dabei haben wir etwaige Konzentrationsunterschiede nicht beachtet. Wenn jedoch die Konzentrationsveränderung der Elektronen so groß wird, daß man auch die hierbei auftretende Diffusion berücksichtigen muß, dann wird das Problem viel komplizierter und man erhält dann eine sog. Rückdiffusion. Man kann sich diesen Vorgang folgendermaßen vorstellen: In einem Gas bestehe zwischen zwei Platten ein gleichförmiges

Feld. Die negative Elektrode sende eine bestimmte Anzahl Elektronen aus, die mit sehr kleiner Geschwindigkeit die Platte verlassen. Durch das Feld wird die Geschwindigkeit bis zu dem Grenzwert $v_{e\,\lim}$ erhöht. Im stationären Zustand ist der Strom per cm² $j_e = n_e e u_e$ konstant und für alle Querschnitte gleich groß. Da in der Nähe der Kathode $v_e < v_{e\,\lim}$ und somit $u_e > u_{e\,\lim}$ ist, wird zur Anode hin die Anzahl n_e der Elektronen per cm³ größer werden. Durch diesen Konzentrationsunterschied tritt eine Rückdiffusion zur Kathode hin auf, die eine Abnahme der Stromstärke hervorruft.

Wird schließlich die Konzentration so groß, daß man die Feldverzerrung durch die Raumladung nicht mehr vernachlässigen kann, dann ergeben die obenstehenden Näherungswerte nur mehr unbefriedigende Resultate.

Betrachten wir die Bewegung von positiven Ionen in einem einatomigen Gas, z. B. Ne_p oder Na_p in Ne, dann fällt sofort ein prinzipieller Unterschied im Vergleich zur Elektronenbewegung auf. Die Teilchen haben wohl eine gleich große Ladung wie die Elektronen, sei es auch von entgegengesetztem Vorzeichen, aber eine Masse von der Größenordnung der der neutralen Atome. Durch die große Masse werden die Stoßverluste viel größer und der mittlere Wert von $\varkappa$ in $\Delta W_p = \varkappa W_p$ wird etwa $\frac{1}{2}$. Als Folge davon wird die Limesgeschwindigkeit eines Ions bei gegebenem Gas, Gasdruck und gegebener Feldstärke viel kleiner sein als die eines Elektrons und der stationäre Zustand wird viel rascher erreicht werden[1]). Man kann die Fortschreitungsgeschwindigkeit in der Feldrichtung wieder durch eine Formel ähnlich (67) ausdrücken:

$$u = K\mathfrak{E} = a\frac{e\lambda}{m v}\mathfrak{E}. \tag{71}$$

K ist wieder die Beweglichkeit. Die Konstante a ist abhängig von den Hypothesen, die man als Ausgang der Berechnung wählt. Diese Formel gilt sowohl für Ionen, K_p, K_n, als auch für Elektronen, K_e (nur bei elastischen Stößen), wenn man bloß für λ, m und v die entsprechenden Werte einsetzt[2]). Da diese jedoch nicht immer mit der erforderlichen Genauigkeit bekannt sind (Schwarmbildung, S. 65), entsteht einigermaßen Unsicherheit in der Berechnung. Mit wachsender Masse wird K kleiner, daher ist die Beweglichkeit eines Ions auch viel kleiner als die eines Elektrons. Diese Regel gilt auch für Ionen verschiedener Gase, wie die Tabelle 6 für die Werte von K_p und K_n (für negative Ionen) deutlich zeigt.

---

[1]) Dasselbe gilt auch für negative Ionen; d. s. Atome, die ein Elektron zuviel gebunden haben (s. auch S. 65).

[2]) Welcher Wert für v im Falle einer Maxwellschen Geschwindigkeitsverteilung der Elektronen einzusetzen ist, s. S. 131.

Tabelle 6. Beweglichkeit (experimentell) von Elektronen (K_e), negativen Ionen (K_n) und positiven Ionen (K_p) in verschiedenen Gasen bei 0° C und 1 tor, in cm/s per V/cm. $\left(K = \frac{u}{\mathfrak{E}}, \text{S. 61.}\right)$

Gasart $\mathfrak{E}$ in $\frac{\text{V}}{\text{cm}}$	K_e $\frac{\text{cm}}{\text{s}} / \frac{\text{V}}{\text{cm}}$	K_n $\frac{\text{cm}}{\text{s}} / \frac{\text{V}}{\text{cm}}$	K_p $\frac{\text{cm}}{\text{s}} / \frac{\text{V}}{\text{cm}}$
Luft (rein)	—	$1{,}9 \cdot 10^3$	$1{,}4 \cdot 10^3$
H_2 (verunreinigt)	—	$6{,}2 \cdot 10^3$	$4{,}5 \cdot 10^3$
H_2 (rein, $\mathfrak{E} = 1$)	$9{,}3 \cdot 10^5$	—	—
H_2 (rein, $\mathfrak{E} = 0{,}2$)	$2{,}3 \cdot 10^6$	—	—
N_2 (rein, $\mathfrak{E} = 1$)	$7{,}5 \cdot 10^5$	—	$1{,}9 \cdot 10^3$
N_2 (rein, $\mathfrak{E} = 0{,}2$)	$1{,}8 \cdot 10^6$	—	—
He (verunreinigt)	—	$6{,}3 \cdot 10^3$	$5{,}1 \cdot 10^3$
He (rein, $\mathfrak{E} = 1$)	$8{,}4 \cdot 10^5$	—	$1{,}5 \cdot 10^4$
He (rein, $\mathfrak{E} = 0{,}2$)	$2{,}1 \cdot 10^6$	—	—
Ne (rein, $\mathfrak{E} = 1$)	$1{,}4 \cdot 10^6$	—	$7{,}5 \cdot 10^3$
Ne (rein, $\mathfrak{E} = 0{,}2$)	$2{,}5 \cdot 10^6$	—	—
Ar (verunreinigt)	—	$1{,}3 \cdot 10^3$	$1{,}0 \cdot 10^3$
Ar (rein, $\mathfrak{E} = 1$)	$4{,}2 \cdot 10^5$	—	—
Ar (rein, $\mathfrak{E} = 0{,}2$)	$1{,}3 \cdot 10^6$	—	—

Für negative Ionen ist K_n von gleicher Größenordnung wie K_p, für freie Elektronen ist $K_e \gg K_p$. In reinem H_2, N_2 und Edelgasen gibt es keine negativen Ionen. K_p und K_n gelten für Ionen, die dem Gas entstammen.

Für Alkaliionen in Edelgasen gelten folgende Werte (0° C und 1 tor) für K_p in cm/s per V/cm.

	He	Ne	Ar
Na_p	$1{,}65 \cdot 10^4$	$6{,}4 \cdot 10^3$	$2{,}28 \cdot 10^3$
Cs_p	$1{,}35 \cdot 10^4$	$4{,}7 \cdot 10^3$	$1{,}6 \cdot 10^3$

(Werte in $\frac{\text{cm}}{\text{s}} / \frac{\text{V}}{\text{cm}}$)

Bei den positiven Ionen sind die Energien, bei denen unelastische Zusammenstöße vorkommen, viel größer als bei Elektronen, so daß diese Stöße meistens vernachlässigt werden können, da sie beinahe niemals auftreten. Es tritt jedoch eine andere Komplikation auf, und zwar die Umladung: ein positives Ion kann nämlich einem vorbeieilenden Atom ein Elektron entziehen und wird dadurch ein schnelles, neutrales Atom, da es seine ursprüngliche Geschwindigkeit, die es als Ion besaß, beibehält. Das neu gebildete Ion behält jedoch die Geschwindigkeit des Atomes, das ionisiert wurde, und da diese meistens kleiner ist als die Ionengeschwindigkeit, ist ein langsames Ion entstanden.

Die Behandlung der Elektronenbewegung in Edelgasen, wobei man unterhalb einer bestimmten Elektronenenergie nur mit elastischen Stößen zu tun hat und meist auch deren Verluste in erster Annäherung vernachlässigen kann, führt bereits zu sehr komplizierten Berechnungen. Das gleiche gilt aber in noch größerem Maße für zwei- und mehratomige Gase. Bei diesen liegt das niedrigste Anregungsniveau viel dichter bei dem normalen Zustand als bei den einatomigen Gasen. Im Molekül können nämlich nicht nur Elektronensprünge vorkommen, sondern auch Übergänge in der Eigenrotation des Moleküls und der Schwingung der Atome. Die beiden letztgenannten Übergänge finden bereits bei geringerer Energiezufuhr statt als die Elektronenübergänge.

Unelastische Zusammenstöße sind daher bei Molekülgasen schon bei sehr geringen Elektronengeschwindigkeiten möglich. So fand man bei Wasserstoff experimentell, daß der mittlere Energieverlust pro Stoß viel größer ist als der auf Grund der elastischen Zusammenstöße berechnete Wert von $\varkappa$, der $\varkappa = 5{,}46 \cdot 10^{-4}$ ergibt.

Eine weitere Komplikation tritt noch infolge der „Klebung" der Elektronen auf. Verschiedene zweiatomige Gase sind imstande ein Elektron zu binden und verursachen dadurch die Entstehung von negativen Ionen. In dieser Beziehung verhält sich N_2 noch beinahe wie ein Edelgas, aber O_2 und vor allem die Halogene zeigen sehr stark die Neigung, negative Ionen zu bilden. Die Beweglichkeit der negativen Ionen kann ebenfalls aus Formel (71) bestimmt werden. Wie bei den positiven Ionen besteht auch bei diesen die Schwierigkeit in der richtigen Bestimmung von m wegen der Schwarmbildung. Diese besteht darin, daß sich neutrale Atome an das Ion anheften und dadurch m, λ und v beeinflussen.

Die unedlen Gase haben für uns nur deshalb Bedeutung, weil sie infolge von Einlecken durch Sprünge od. dgl. als Verunreinigung in Lampen auftreten und die Wirkung dieser herabsetzen.

§ 19. Anregungs- und Ionisationsfunktionen.

Wenn ein Elektron in einem Edelgas oder Metalldampf eine Energie erhält, die größer ist als der kritische Wert, dann „kann" es, wie erwähnt, bei einem einzigen Zusammenstoß beträchtliche Energiebeträge an ein Atom abgeben. Das Atom erleidet dadurch eine eingreifende Veränderung, indem es von dem normalen Zustand in einen angeregten Zustand übergeht, aus dem es nach einiger Zeit, meistens unter Strahlungsaussendung, in den Grundzustand zurückkehrt.

Bei Quecksilber z. B. kann ein Elektron, dessen Energie größer als 4,66 V ist [Ordinatenabstand zwischen dem Grundniveau $6\,^1S_0$ und dem niedrigsten Niveau $6\,^3P_0$ (Abb. 22)] das Atom, durch einen unelastischen Zusammenstoß, aus dem normalen Zustand nach $6\,^3P_0$ befördern. Es führt aber nicht jeder Zusammenstoß zwischen einem energiereichen Elektron und neutralen Atom zu einer solchen Energieabgabe, die Umwandlung kinetischer Energie in potentielle zur Folge hat. Es besteht eine bestimmte Wahrscheinlichkeit für das Auftreten einer Anregung, d. h. bei 100 Zusammenstößen wird eine kleine Anzahl, z. B. 20, Anregungen hervorrufen, die übrigen 80 Stöße werden elastische sein; die Anregungswahrscheinlichkeit ist hier also 20%. Die letztgenannte hängt außer von der Art der Gasatome und der Übergänge auch noch von der Energie des Elektrons ab.

Wenn man die Anregungswahrscheinlichkeit als Funktion der Elektronenenergie in V aufzeichnet, erhält man eine Kurve, deren Ordinaten unterhalb eines kritischen Wertes Null sind, wobei dieser Wert gerade der erforderliche Energiebetrag für den Übergang ist. Die Kurve steigt mit der Elektronengeschwindigkeit, erreicht ein Maximum und nimmt mit weiter wachsenden Geschwindigkeiten wieder ab. Die Form dieser Kurve ist für die verschiedenen Übergänge eines bestimmten Atoms von diesen abhängig.

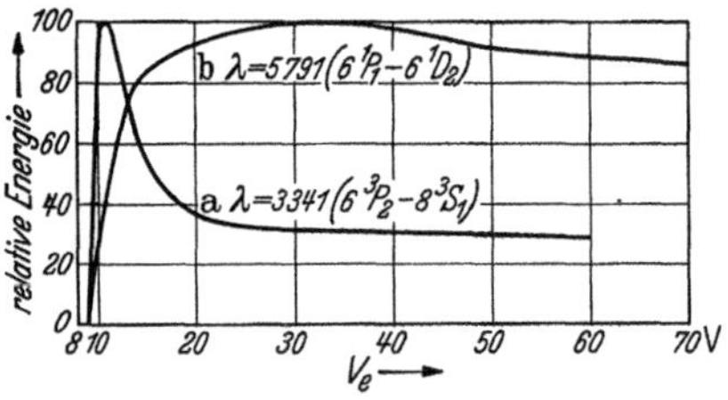

Abb. 26. Anregungsfunktion des Hg-Atoms. Relative ausgestrahlte Energie (Maximum = 100 gestellt) bei konstantem Elektronenstrom als Funktion der Elektronengeschwindigkeit in V. a Triplettniveau: λ 3341 Å ($6\,^3P_2 - 8\,^3S_1$). b Singulettniveau: λ 5791 Å ($6\,^1P_1 - 6\,^1D_2$).

Abb. 26 gibt zwei Anregungskurven (die ein Maß für die Anregungswahrscheinlichkeiten sind) für Hg-Niveaus, die eine für eine Linie des Triplettspektrums, die andere für einen Übergang des Singulettspektrums. Die erste (Triplett) zeigt ein ausgesprochenes Maximum, sehr dicht bei dem kritischen Wert, die letztgenannte (Singulett) ein schwächeres Maximum, bei viel höheren Geschwindigkeiten[1]). Derartige Anregungsfunktionen sind natürlich von großer Wichtigkeit, wenn man wissen will, welche Strahlungsemission unter bestimmten Umständen auftreten wird. Leider sind nur verhältnismäßig wenige dieser Anregungsfunktionen mit genügender Genauigkeit bekannt, so daß man höchstens qualitative Schlußfolgerungen daraus ziehen kann. Hierbei ergibt sich noch die Schwierigkeit, daß die Elektronen in einer Gasentladung meistens keine uniforme Geschwindigkeit besitzen.

Auch wenn Elektronen mit einer Energie, die größer ist als die Ionisationsspannung (= Energie in V erforderlich, um dem Atom ein Elektron zu entreißen, s. Tabelle 7) mit Atomen zusammenstoßen, braucht noch nicht jeder Stoß zu einer Ionisation zu führen. Man kann die Ionisationswahrscheinlichkeit auf gleiche Weise definieren wie die Anregungswahrscheinlichkeit. Abb. 27 gibt die Ionisierungsfunktion für

---

[1]) Man findet z. B. für das Triplett ($6\,^3P_{0,1,2} - 7\,^3S_1$) (λλ 4047, 4358, 5461 Å) im Maximum der Kurve eine Anregungswahrscheinlichkeit von 3,2% (für die 3 Linien zusammen).

die einfache Ionisation von Hg[1]). Diese Kurve hat für die verschiedenen Elemente eine analoge Form, bloß das Maximum tritt bei verschiedenen Spannungen auf. Vergleicht man dieses Maximum mit dem der Anregungsfunktion, dann sieht man, daß das Ionisationsmaximum bei viel größeren Elektronenenergien auftritt. In Abb. 27 z. B. liegt das Maximum bei 60 V und in Abb. 26 für das Singulettspektrum bei etwa 30 V.

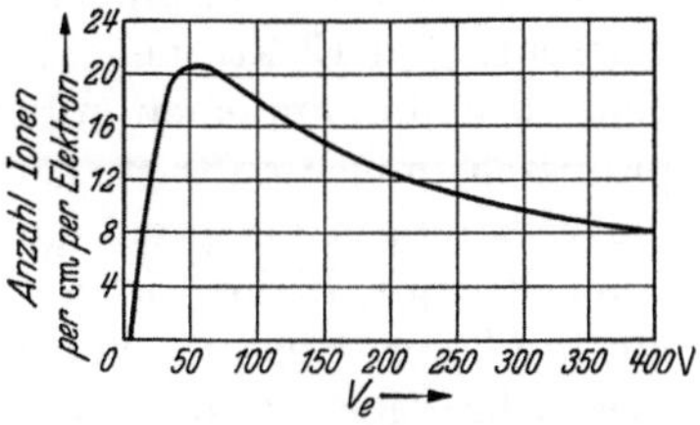

Abb. 27. Ionisationsfunktion für einfache Ionisation des Hg-Atomes. Anzahl Ionen per cm per Elektron bei 0° C und 1 tor.

Die Form der Anregungs- und Ionisationsfunktionen hat noch eine wichtige

Tabelle 7. Anregungsspannung V_a in V für Resonanzlinien in Å (10^{-8} cm), Anregungsspannung für metastabile Niveaus V_{ms} in V und Ionisationsspannung V_i in V.

		V_a	λ	V_{ms}	V_i
He	Helium	20,86—21,12	592— 584	19,72—20,51	24,47
Ne	Neon	16,62—16,79	743— 736	16,57—16,66	21,47
Ar	Argon	11,56—11,77	1067—1048	11,49—11,66	15,69
Kr	Krypton	9,98—10,59	1236—1165	9,86—10,51	13,94
X	Xenon	8,39— 9,52	1469—1295	8,28— 9,40	12,08
Li	Lithium	1,84	6708	—	5,37
Na	Natrium	2,1	5896—5890	—	5,12
K	Kalium	1,60—1,61	7699—7665	—	4,32
Rb	Rubidium	1,55—1,58	7948—7800	—	4,16
Cs	Cäsium	1,38—1,45	8944—8521	—	3,87
Mg	Magnesium	2,70—4,33	4571—2852	2,70	7,61
Ba	Barium	1,56—2,23	7914—5536	1,11—1,41	5,19
Zn	Zink	4,01—5,77	3076—2139	3,99—4,01	9,36
Cd	Cadmium	3,78—5,39	3261—2289	3,71—3,93	8,96
Hg	Quecksilber	4,86—6,67	2537—1850	4,66—5,43	10,38
H	Wasserstoffatom	10,15	1216	—	13,54
H_2	Wasserstoffmolekül	—	—	—	15,4
N	Stickstoffatom	10,3—10,6	—	2,37—3,56	14,49
N_2	Stickstoffmolekül	—	—	—	15,8

[1]) Die Kurve von Abb. 27 gibt nicht direkt die Ionisierungswahrscheinlichkeit, sondern die Anzahl der pro Elektron pro cm gebildeten Ionen (Hg +) bei 0° C und 1 tor. Aus Abb. 10 folgt für λ_e bei 25 V der Wert: $\frac{1}{57} = 1{,}75 \cdot 10^{-2}$ cm. Man hat also pro cm 57 Stöße und nach Abb. 27 führen 15 von diesen zu Ionisationen, so daß für $V_e = 25$ V die Ionisierungswahrscheinlichkeit $\frac{15}{57} \cdot 100 \approx 26\,\%$ beträgt.

Konsequenz. Für die Anregung eines bestimmten Niveaus, d. h. die Erzeugung einer bestimmten Spektrallinie, ist es besonders bei Tripletts (also mit stark ausgebildetem Maximum der Anregungsfunktion) erwünscht, den Elektronen eine bestimmte Geschwindigkeit zu erteilen. Eine Streuung um einen mittleren Wert, die übrigens in Gasentladungen praktisch immer auftritt, hat nachteilige Folgen. Für Ionenbildung ist die Streuung jedoch ein gewisser Vorteil, da neben den Elektronen, deren Energie kleiner ist als der Mittelwert von einigen V, auch andere, mit größerer Energie, vorhanden sind. Diese letzteren wirken dann viel tatkräftiger, da die Ionisationswahrscheinlichkeit bis zum Maximum (60 V in Abb. 27) mit der Energie stark zunimmt. Wir werden in der Folge sehen, daß in der sog. positiven Säule, in der die Elektronen ungefähr eine Maxwellsche Geschwindigkeitsverteilung haben, die erforderliche Ionisation von einer verhältnismäßig geringen Anzahl sehr schneller Elektronen besorgt wird.

§ 20. Lebensdauer angeregter Atome. — Metastabile Zustände. Stöße zweiter Art.

Wird ein Atom in angeregten Zustand gebracht und weiter sich selbst überlassen, dann wird es in den meisten Fällen bereits nach sehr kurzer Zeit von selbst in den Grundzustand (mit dem kleinsten Energieinhalt) zurückkehren und dabei Strahlung aussenden. Dieser Übergang braucht nicht immer direkt stattzufinden, sondern kann auch über Umwege oder Zwischenstufen erfolgen. Bei Na z. B. kann ein Atom aus $4\,{}^2S_{\frac{1}{2}}$ nicht direkt nach $3\,{}^2S_{\frac{1}{2}}$ übergehen, dies ist durch die Selektionsregel für die Nebenquantenzahl l ($\Delta\, l = \pm\, 1$) verboten (Abb. 19). Für die Anregung durch Elektronenstoß gelten die Selektionsregeln nicht, da es sonst unmöglich wäre, das Atom von $3\,{}^2S_{\frac{1}{2}}$ direkt nach $4\,{}^2S_{\frac{1}{2}}$ zu bringen. Den Übergang von $4\,{}^2S_{\frac{1}{2}}$ nach $3\,{}^2S_{\frac{1}{2}}$ kann das Atom über den Umweg $3\,{}^2P_{\frac{1}{2}}$ oder $3\,{}^2P_{\frac{3}{2}}$ ausführen und emittiert dabei die Linien:

$$\lambda\; 11382\,\text{Å}\; (3\,{}^2P_{\frac{1}{2}} - 4\,{}^2S_{\frac{1}{2}}) \quad \text{und} \quad \lambda\; 11404\,\text{Å}\; (3\,{}^2P_{\frac{3}{2}} - 4\,{}^2S_{\frac{1}{2}}),$$

die beide im Infrarot liegen. Von $3\,{}^2P_{\frac{3}{2},\frac{1}{2}}$ kann es in den Grundzustand zurückkehren und sendet dabei das gelbe Na-Dublett aus.

Es kommt auch vor, daß die Zurückkehr auf verschiedene Weisen möglich ist, wie z. B. für das $6\,{}^3D_2$ Hg-Niveau (s. Abb. 22). Die folgenden Übergänge sind hier möglich: λ 3126 Å ($6\,{}^3P_1 - 6\,{}^3D_2$), λ 3655 Å ($6\,{}^3P_2 - 6\,{}^3D_2$) und die Interkombination λ 5770 Å ($6\,{}^1P_1 - 6\,{}^3D_2$). Von $6\,{}^3P_1$ erfolgt der Übergang zum Grundniveau unter Aussendung von λ 2537 Å, von $6\,{}^1P_1$ mit λ 1850 Å. $6\,{}^3P_2$ ist ein metastabiles Niveau, von dem aus der Übergang nach $6\,{}^1S_0$ im allgemeinen nicht unter Strahlungsemission möglich ist (S. 55). Die relativen Intensitäten der Linien λ 3126 Å, λ 3655 Å und λ 5770 Å werden durch die sog. „Übergangswahrscheinlichkeiten" bestimmt. Diese geben an, welcher der drei genannten Wege der am meisten bevorzugte ist.

Die Lebensdauer der verschiedenen angeregten Niveaus ist nicht gleich groß und von der Art des Niveaus abhängig.

Nehmen wir an, daß zur Zeit $t = 0$, N_{a_0} Atome in einem bestimmten angeregten Zustand sind, von dem aus nur ein Übergang möglich ist und nun sich selbst überlassen werden. Wie groß ist nun die Anzahl N_{a_t} der angeregten Atome zur Zeit t? Setzen wir die Abnahme $\mathrm{d}N_a$ der Zeit $\mathrm{d}t$ und der noch übrigbleibenden Anzahl N_{a_t} proportional und nennen wir A den Proportionalitätsfaktor (die sog. „*Übergangswahrscheinlichkeit*"), dann ist

$$\mathrm{d}N_a = -N_{a_t} A \,\mathrm{d}t. \tag{72}$$

Nach Integration folgt, da für $t = 0$ $N_{a_t} = N_{a_0}$ ist:

$$N_{a_t} = N_{a_0}\,\varepsilon^{-At}. \tag{73}$$

Die Zeit τ, nach der N_a auf $N_a \cdot \frac{1}{\varepsilon}$ gesunken ist, wird durch $A\tau = 1$ oder $\tau = \frac{1}{A}$ gegeben. Die mittlere Lebensdauer[1]) τ ist der reziproke Wert der Übergangswahrscheinlichkeit A. Sind mehrere Übergänge aus dem angeregten Zustand möglich, dann ist $\tau = \frac{1}{\Sigma A}$ (wobei ΣA die Summe der verschiedenen „Übergangswahrscheinlichkeiten" angibt).

Mit (73) in (72) erhält man für die Abnahme:

$$\mathrm{d}N_a = -N_{a_0} A\,\varepsilon^{-At}\,\mathrm{d}t. \tag{74}$$

Wird bei einem Übergang die Energie $W = h\nu$ abgegeben, dann ist die in der Zeit $\mathrm{d}t$ ausgestrahlte Energie $h\nu\,|\mathrm{d}N_a|$. Denkt man sich die Anzahl der angeregten Atome konstant, dann ist die ausgestrahlte Leistung oder Intensität

$$S_\nu = N_a A h\nu \ \mathrm{erg/s}. \tag{75}$$

Für starke Linien, also mit großem A, hat das erzeugende Niveau eine kleine Lebensdauer τ. Für $3\,^2P_{\frac{3}{2},\frac{1}{2}}$ von Na ist $\tau = 1{,}48 \cdot 10^{-8}$ s, für $6\,^3P_1$ von Hg ist $\tau = 1{,}08 \cdot 10^{-7}$ s. Der Unterschied wird begreiflich, wenn man bedenkt, daß λ 2537 Å ($6\,^1S_0 - 6\,^3P_1$) eine Interkombinationslinie ist, für die A klein und daher τ groß wird.

Bei den **metastabilen** Niveaus werden die Lebensdauern viel größer. Doch auch Atome in diesen Zuständen geben aus eigenem Antrieb ihre Energien früher oder später auch ohne äußere Beeinflussung als Strahlung ab. Linien, die diesen verbotenen Übergängen entstammen, kommen im Nordlicht und der Sonnenkorona vor und wurden früher einem unbekannten Element, „Nebulium", zugeschrieben. Gegenwärtig nimmt man an, daß in der verdünnten Atmosphäre, in der sie entstehen, Zusammenstöße zwischen Atomen so selten vorkommen, daß die Energie

[1]) Siehe die analogen Überlegungen bei der Bestimmung der mittleren freien Weglänge auf S. 26.

doch als Strahlung freikommt. In Gasentladungsröhren gehen die metastabilen Zustände praktisch immer durch Zusammenstöße zugrunde, die die Atome entweder untereinander, mit Elektronen, mit der Wand oder mit den Elektroden erleiden.

Das Verhalten von Neon wurde wegen seiner Bedeutung für Leuchtröhren sehr gründlich untersucht und man fand hierbei, daß das Atom durch Zusammenstoß nicht ausschließlich nach dem Normalzustand befördert werden muß, sondern daß auch noch andere Möglichkeiten vorhanden sind. An Hand der Abb. 24 (S. 57) ist dies auch verständlich. Der metastabile Zustand $3\,s\,{}^3P_0$ kann bei Stößen auf zwei Manieren in einen gewöhnlichen angeregten Zustand übergehen. Durch Energieaufnahme einerseits, nach $3\,s\,{}^1P_1$, wobei 0,13 V erforderlich sind und durch Energieabgabe anderseits nach $3\,s\,{}^3P_1$, wobei 0,04 V frei werden. $3\,s\,{}^3P_2$ kann dagegen bei Stößen nur durch Energieaufnahme von 0,05 V aus dem metastabilen in den Zustand $3\,s\,{}^3P_1$ übergehen, da ein direkter Übergang mit Energieabgabe durch Stoß nach dem Grundzustand $2\,{}^1S_0$ unwahrscheinlich ist. Die Umwandlung eines so großen Energiebetrages wie 16,57 V von potentieller in kinetische Energie eines Atomes kommt praktisch nicht vor. Die mittlere Energie von Gasatomen bei 20° C ist 0,038 V, so daß, dank der Maxwellschen Geschwindigkeitsverteilung, eine Anzahl neutraler Atome ausreichende Energie besitzt, um diese bei Stoß an das Atom in $3\,s\,{}^3P_2$ abgeben zu können und es dadurch nach $3\,s\,{}^3P_1$ zu befördern.

Da die kinetische Energie mit der Temperatur zunimmt, muß hierdurch die Lebensdauer der metastabilen $3\,s\,{}^3P_2$ kleiner werden, was auch in der Tat experimentell bestätigt wird. Die Lebensdauer von $3\,s\,{}^3P_2$ ist unter normalen Umständen (einige tor Druck und Rohrdurchmesser von etwa 4 cm) in der Größenordnung von 10^{-3} s, während ungefähr einer von 60000 Stößen mit normalen Atomen den metastabilen Zustand zerstört.

Auch für die angeregten Niveaus mit normaler Lebensdauer können die Stöße mit anderen Gasatomen eine Beeinflussung von τ verursachen. Betrachten wir gesättigten Hg-Dampf bei 357° C und 1 at Druck. Unter diesen Umständen ist die mittlere freie Weglänge $\lambda = 1{,}48 \cdot 10^{-5}$ cm und die Geschwindigkeit eines Atoms $\bar{v} = 2{,}58 \cdot 10^4$ cm/s, so daß die durchschnittliche Zeit zwischen zwei Zusammenstößen $\bar{t} = \frac{\lambda}{\bar{v}} = 5{,}74 \cdot 10^{-10}$ s wird[1]).

[1]) Formel (38) $\lambda = \frac{1}{4\pi\sqrt{2}\,n r^2}$ gibt für 1 at mit $n_{630^\circ K} = n_{273^\circ K}\frac{273}{630} = 2{,}71 \cdot 10^{19} \times \frac{273}{630} = 1{,}17 \cdot 10^{19}$ Atome/cm³, $r = 1{,}80 \cdot 10^{-8}$ cm, $\lambda = 1{,}48 \cdot 10^{-5}$ cm. Aus (20) ist $\bar{v} = \sqrt{\frac{8kT}{\pi m}} = \sqrt{\frac{8 \cdot 1{,}37 \cdot 10^{-16} \cdot 630}{\pi \cdot 328{,}2 \cdot 10^{-24}}} = 2{,}58 \cdot 10^4$ cm. Wir erhalten also

$$\bar{t} = \frac{\lambda}{\bar{v}} = \frac{1{,}48 \cdot 10^{-5}}{2{,}58 \cdot 10^4} = 5{,}74 \cdot 10^{-10}\ \text{s}.$$

Vergleicht man diesen Wert mit der früher angegebenen Lebensdauer von 10^{-7} s, dann sieht man, daß ein angeregtes Atom schon lange vor dem Ende der mittleren Lebensdauer durch Zusammenstöße gestört wird. Dies äußert sich in einer Verbreiterung der Spektrallinien.

Wir haben bereits bemerkt, daß das metastabile Niveau $3\,s\,{}^3P_0$ von Neon durch Abgabe eines Energiebetrages von 0,04 V bei Stößen mit einem normalen Atom in den Zustand $3\,s\,{}^3P_1$ übergehen kann, während sich die kinetische Energie auf die beiden Stoßpartner verteilt. Auch bei angeregten Atomen mit normaler Lebensdauer können derartige Erscheinungen, sog. Stöße zweiter Art, auftreten. Diese sind aber wegen der kleineren Lebensdauer τ weniger wahrscheinlich, und zwar besonders bei Entladungen unter niedrigem Druck (Größenordnung einige tor). Das Atom hat seine Energie schon lange ausgestrahlt, bevor noch ein Zusammenstoß stattfindet, da τ viel kleiner ist als die mittlere Zeit zwischen zwei Stößen. Außerdem ist eine Energieabgabe durch Stoß, die Umwandlung von potentieller in kinetische Energie erfordert, um so weniger wahrscheinlich, je größer die zu übertragende Energie wird. In den meisten Fällen ist der Energieunterschied zwischen einem angeregten Zustand und dem unmittelbar darunterliegenden ein oder mehrere V, so daß eine Energieübergabe aus diesem Grunde ziemlich selten vorkommt. Die Energieübertragung wird jedoch sehr wahrscheinlich, wenn das stoßende Teilchen die Energie in der gleichen Form übernehmen kann (Resonanz), wie dies bei der gleichzeitigen Anregung und Ionisierung von Mg-Atomen durch Ne-Ionen der Fall ist.

Eine andere Möglichkeit, die von großer Bedeutung ist, ist die Ionisation von Beimischungen durch metastabile Atome des Hauptgases. Wenn z. B. ein Ar-Atom, dessen Ionisationspotential $V_i = 15{,}7$ V ist, mit einem metastabilen Ne-Atom, dessen Energieinhalt $V_{ms} = 16{,}6$ V ist, zusammenstößt, dann wird das Ar-Atom ionisiert (Abb. 28, Nr. 9). Dieselbe Erscheinung tritt auch bei dem Zusammenstoß zwischen einem Hg-Atom ($V_i = 10{,}4$ V) und einem metastabilen Ar-Atom ($V_{ms} = 11{,}5$ V und 11,7 V) auf. Ein weiteres Beispiel findet man in der gleichzeitigen Anregung und Ionisierung eines Mg-Atoms durch ein angeregtes Ne-Atom (Abb. 28, Nr. 8). Es bestehen auch noch andere Möglichkeiten: z. B. kann das stoßende Teilchen, wenn es ein zweiatomiges Molekül ist, dissoziiert werden, d. h. in seine zwei Atome gespalten werden, wie z. B. H_2 durch metastabiles Hg.

Derartige Stöße zweiter Art können auch mit Elektronen stattfinden, wobei das Elektron die potentielle Energie als kinetische übernimmt. Man hat dann gerade das Umgekehrte wie bei Anregung durch ein schnelles Elektron, und hiervon rührt auch die Bezeichnung „Stoß zweiter Art". In Abb. 28 findet man eine Zusammenstellung der wichtigsten Elementarprozesse, die in Gasentladungen auftreten.

(1—3) Stöße erster Art.

1. **Anregung durch Elektron.** Schnelles Elektron (kinetische Energie) + normales Atom → angeregtes Atom (potentielle Energie) + Elektron.

2. **Ionisation durch Elektron.** Schnelles Elektron (kinetische Energie) + normales Atom → Ion + freies Elektron (potentielle Energie) + Elektron.

3. **Thermische Ionisation.** Schnelles Atom (kinetische Energie) + normales Atom → Ion + freies Elektron (potentielle Energie) + normales Atom.

4. **Anregung durch Strahlungsabsorption.** Lichtquant (Strahlungsenergie) + normales Atom → angeregtes Atom (potentielle Energie).

5. **Ionisation durch Strahlungsabsorption.** Lichtquant (Strahlungsenergie) + normales Atom → Ion + freies Elektron (potentielle und kinetische Energie).

(6—10) Stöße zweiter Art.

6. Angeregtes Atom (potentielle Energie) + normales Atom → schnelles normales Atom (kinetische Energie) + schnelles normales Atom (kinetische Energie).

7. Angeregtes Atom (potentielle Energie) + Elektron → normales Atom + schnelles Elektron (kinetische Energie).

8. Angeregtes Ne-Atom (potentielle Energie) + normales Mg-Atom → normales Ne-Atom + angeregtes Mg-Ion (potentielle Energie) + freies Elektron.

9. Metastabiles Ne-Atom (potentielle Energie) + normales Ar-Atom → normales Ne-Atom + Ar-Ion (potentielle Energie) + freies Elektron.

10. **Umladung.** Schnelles Ion (kinetische + potentielle Energie) + normales Atom → schnelles Atom (kinetische Energie) + langsames Ion (potentielle Energie).

(11—12) Kumulative Effekte.

11. **Kumulative Anregung.**
a Schnelles Elektron (kinetische Energie) + angeregtes Atom (potentielle Energie) → höher angeregtes Atom (potentielle Energie) + Elektron.
b Lichtquant (Strahlungsenergie) + angeregtes Atom (potentielle Energie) → höher angeregtes Atom (potentielle Energie).

12. **Kumulative Ionisation.**
a Schnelles Elektron (kinetische Energie) + angeregtes Atom (potentielle Energie) → Elektron (kinetische Energie) + Ion (potentielle Energie) + freies Elektron (kinetische Energie).
b Lichtquant (Strahlungsenergie) + angeregtes Atom (potentielle Energie) → Ion (potentielle Energie) + freies Elektron (kinetische Energie).

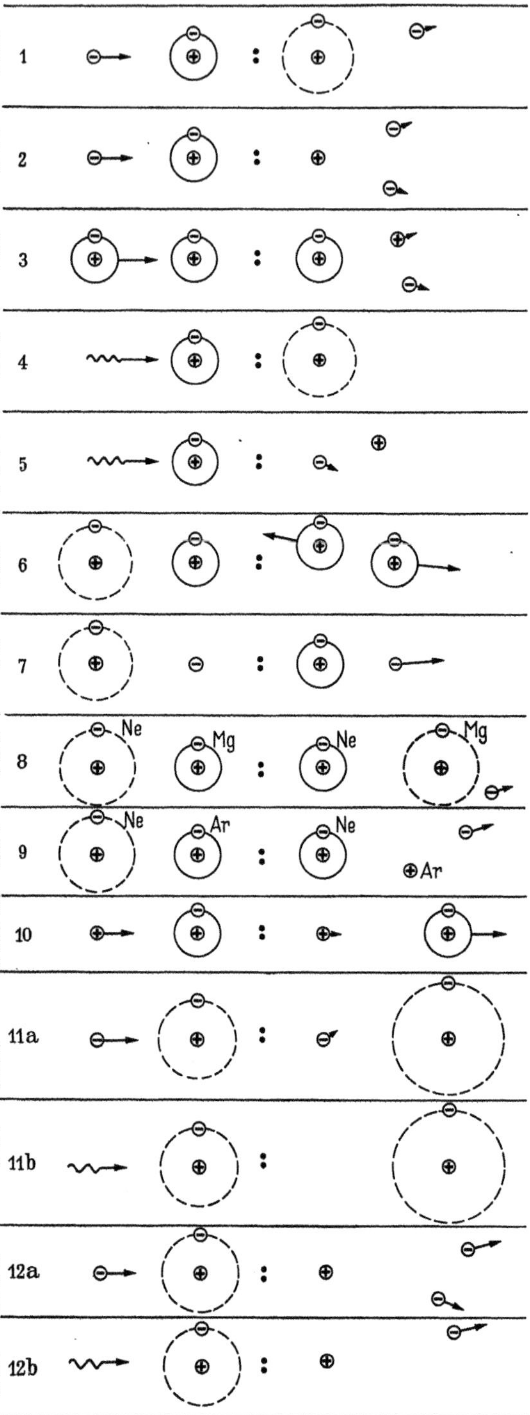

Abb. 28. Schematische Darstellung von Stößen erster und zweiter Art.

§ 21. Diffusion der Resonanzstrahlung, kumulative Anregung und Ionisation, Photo-Ionisation.

Diffusion der Resonanzstrahlung. Sendet man Licht von einer Lichtquelle mit kontinuierlichem Spektrum (z. B. Glühlampen) durch ein atomares Gas oder einen atomaren Dampf wie Na (der selbst keine Entladung enthält), dann zeigt das Spektrum des austretenden Lichtes, daß bestimmte, scharf umgrenzte Linien absorbiert werden. An Hand des Termschemas der absorbierenden Atome kann man untersuchen, welche Linien das sind. Da die Gasatome sich in ihrem normalen Zustand befinden, können nur solche Linien absorbiert werden, deren unteres Niveau der Grundzustand ist.

Bei Na entsprechen diesen nur die Linien der Hauptserie. So wurde z. B. das gelbe Na-Dublett ($3\,{}^2S_{\frac{1}{2}} - 3\,{}^2P_{\frac{3}{2},\,\frac{1}{2}}$) bereits von Wollaston und Fraunhofer als Absorptionsdublett im Sonnenspektrum gefunden. Auch das folgende, das Strutt-Dublett im Ultraviolett, wird absorbiert. Das Verhalten des Dampfes ist in diesen beiden Fällen jedoch sehr verschieden. Absorbiert ein Atom $\lambda\lambda$ 5890, 5896 Å, dann kann es aus den Zuständen $3\,{}^2P_{\frac{3}{2},\,\frac{1}{2}}$ unter Emission der absorbierten Linien wieder die aufgenommene Energie abgeben und in sein Grundniveau zurückkehren. Die einzigen ausgestrahlten Linien sind dabei dieselben, die erst absorbiert wurden. Bei Absorption von λ 3302 Å und λ 3303 Å besteht außer der direkten Zurückkehr, unter Aussendung derselben Linien, noch eine andere Möglichkeit, und zwar die, wobei das $4\,{}^2S_{\frac{1}{2}}$ als Zwischenstufe dient. Man hat dann aufeinanderfolgend die Emission von λ 22057 Å oder λ 22084 Å und hierauf eine der beiden Möglichkeiten: λ 11404 Å und λ 5890 Å (über $3\,{}^2P_{\frac{3}{2}}$) oder: λ 11382 Å und λ 5896 Å (über $3\,{}^2P_{\frac{1}{2}}$). Neben dem ultravioletten Dublett treten also noch verschiedene andere Linien auf. Wenn ausschließlich die eingestrahlte Linie wieder ausgesandt wird, spricht man von „echten Resonanzlinien". Diese korrespondieren also mit Übergängen vom Grundzustand in das niedrigste Anregungsniveau: für Na: λ 5890 Å und λ 5896 Å, für Hg: λ 2537 Å und λ 1850 Å. Mit Hilfe der Abb. 19 und 22 kann man sich leicht überzeugen, daß für diese Linien die genannten Voraussetzungen für echte Resonanz vorhanden sind[1]).

Diese Aufeinanderfolge von Absorption und Emission spielt bei den Na-Lampen eine wichtige Rolle und hat im allgemeinen bei Lichtquellen, die gerade die Resonanzlinien eines bestimmten Elementes aussenden sollen, sehr große Bedeutung. Da sich in einer Entladungsröhre meistens eine große Anzahl Atome im Grundzustand befindet, ist die Wahrscheinlichkeit für Absorption der Resonanzlinien sehr groß und die im Innern der Röhre erzeugte Strahlung wird einen großen Umweg machen müssen,

---

[1]) λ 1850 ist eine „echte Resonanzlinie", weil von $6\,{}^1P_1$ aus nur Übergänge nach dem Grundniveau $6\,{}^1S_0$ möglich sind. ($6\,{}^3P_{0,1,2} - 6\,{}^1P_1$) ist wegen der Selektionsregel für l: $\Delta l = \pm 1$, verboten.

bevor sie schließlich die Röhre verlassen kann. Diese Erscheinung zeigt eine gewisse Ähnlichkeit mit der Diffusion materieller Teilchen zufolge von Konzentrationsunterschieden, so daß man deshalb auch von der *Diffusion der Resonanzstrahlung* spricht. Sie verursacht eine starke Zunahme der scheinbaren Lebensdauer der Anregungszustände, weil für jede Absorption mit darauffolgender Emission ein angeregtes Atom gebildet wurde, das während der normalen Lebensdauer τ im angeregten Zustand blieb. Treten daher n derartige Absorptionen auf bevor das Lichtquant die Röhre verläßt, dann ist die scheinbare Lebensdauer $(n + 1)\,\tau$ geworden. Für die Folgen, die hierdurch entstehen, ist es ganz gleichgültig, welches Atom sich im Anregungszustand befindet. Die wachsende Konzentration von $3\,^2P_{\frac{3}{2},\,\frac{1}{2}}$ Zuständen oder scheinbare Verlängerung der Lebensdauer vergrößert die Möglichkeit, daß bei Zusammenstößen mit Elektronen die bereits angeregten Atome in ein höheres Niveau befördert werden (kumulative Anregung). Diese sekundären Erscheinungen vermindern bei Lampen, die eine Resonanzstrahlung abgeben sollen, den Wirkungsgrad.

Wird in einem Gas oder Metalldampf eine Entladung hervorgerufen, dann erhält man außer den Absorptionslinien, die vom Grundzustand ausgehen, auch noch andere. Ein typisches Beispiel dafür ist das Wasserstoffatomgas, das in normalem Zustand die Balmer-Linien nicht absorbiert, während es diese wohl absorbiert, sobald eine Entladung erzeugt wird, die eine ausreichende Anzahl Atome im Anregungszustand $n = 2$ hervorruft. $n = 2$ charakterisiert das Endniveau bei Emission der Balmer-Reihe und dieses ist daher das Anfangsniveau für deren Absorption. Da die Anzahl der angeregten Atome in derartigen Entladungen meistens bedeutend kleiner ist als die der normalen, ist deren Absorption auch viel geringer als die der normalen Atome, die echte Resonanzstrahlung absorbieren.

Metastabile Niveaus mit ihren verhältnismäßig großen Lebensdauern werden leicht diese Erscheinung veranlassen. So zeigt Ne, das durch eine Entladung angeregt ist, eine starke Absorption für die Linie λ 6402 Å, die von dem metastabilen Niveau $3\,s\,^3P_2$ ausgeht (s. Abb. 24). Auch ein Niveau mit normaler Lebensdauer kann die Rolle eines Pseudo-Grundniveaus spielen, wenn bloß die Anzahl angeregter Atome durch Erhöhung der Stromdichte groß genug gemacht wird. Außer bei dem genannten Beispiel des atomaren Wasserstoffes, tritt diese Erscheinung z. B. auch bei Hochdruck-Hg-Entladungen für $6\,^3P_1$ als Ausgangsniveau für die Absorption auf.

Kumulative Anregung und Ionisation. Bei der Besprechung der Diffusion der Resonanzstrahlung hatten wir bereits ein Beispiel für kumulative Anregung. Das Atom wird erst durch Absorption der Resonanzlinien in das unterste Anregungsniveau gebracht und dann von da aus, durch Elektronenstoß, auf ein höheres Niveau (Abb. 28, Nr. 11a und 11b).

Diese Erscheinung von kumulativer Anregung ist nicht an die Aufeinanderfolge: Strahlungsabsorption + Elektronenstoß gebunden. Man kann ebensogut folgende Stufen haben: Elektronenstoß + Elektronenstoß, Elektronenstoß + Strahlungsabsorption, Stoß zweiter Art (angeregtes Atom stößt mit neutralem Atom zusammen) + Elektronenstoß oder Strahlungsabsorption. Auch kumulative Ionisation (Abb. 28, Nr. 12a und 12b) ist möglich, denn man kann die Anregung als Vorstufe zur Ionisation betrachten. Ein Atom kann z. B. in zwei Stufen, durch Strahlungsabsorption und darauffolgenden Elektronenstoß, ionisiert werden.

Diese kumulativen Erscheinungen werden bedeutend, wenn die Strahlungsdichte und die Dichte des Gases und der Elektronen groß werden.

Photo-Ionisation. Direkte Ionisation, ausschließlich durch Strahlungsabsorption, kommt auch vor und trägt den Namen „Photo-Ionisation" (Abb. 28, Nr. 5). Man kann diese auch einfach als photoelektrischen Effekt ansprechen, doch handelt es sich hier um einzelne Atome anstatt um Metalloberflächen. An Stelle der Austrittsarbeit eV_Φ für ein Elektron tritt in diesem Falle die Ionisationsarbeit eV_i. Diese Erscheinung ist besonders gut bei den Alkalien untersucht worden, und man fand, daß z. B. für die Ionisation von einem Cs-Atom durch Strahlungsabsorption eine Wellenlänge $\lambda < 3184$ Å erforderlich ist. Dies kommt, was den Energieinhalt des Lichtquants betrifft, überein mit der Forderung:

$$h\nu \geqq e V_i .$$

[Vgl. mit Formel (10).] Den Überschuß der Strahlungsenergie findet man als kinetische Energie des Elektrons zurück. Wenn die Frequenz größer wird als dem (durch obigen Ausdruck gegebenen) kritischen Wert entspricht, dann nimmt die Wahrscheinlichkeit einer Ionisation sehr rasch ab mit wachsender Frequenz.

§ 22. Rekombination.

Rekombination ist die Umkehrung der Ionisation: ein positives Ion und ein Elektron vereinigen sich zu einem neutralen Atom. Hierbei kommt, genau die gleiche Energie frei die für die Ionisation erforderlich war (eV_i). Wie diese Energie umgewandelt wird, hängt von den Umständen der Rekombination ab. Die Rekombination kann an der Wand, an den Metallelektroden oder in dem Gasraum stattfinden.

Bei Rekombination an der Wand wird allgemein angenommen, daß die Energie in der Form von Wärme von der Wand aufgenommen wird. Die hierdurch entstehende Erwärmung kann besonders bei Edelgasionen, die ein hohes Ionisationspotential haben, beträchtlich sein. Dieser Effekt trägt bei Gasentladungslampen, deren Betriebstemperatur höher ist als die Temperatur der Umgebung, in ausschlaggebender Weise zu

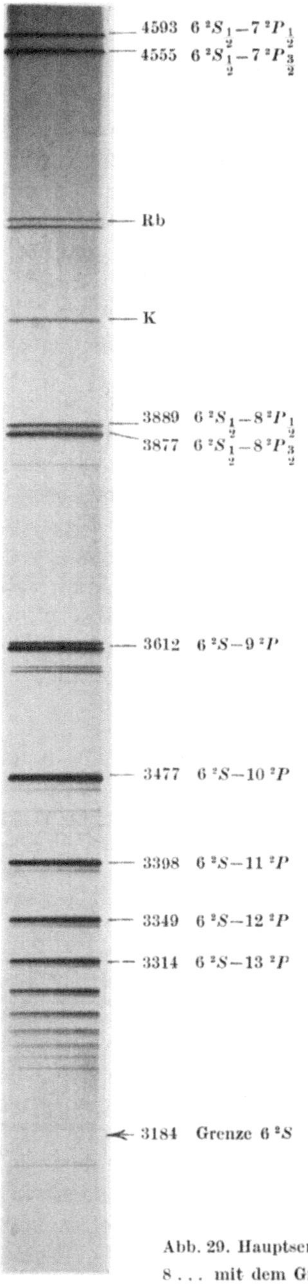

Abb. 29. Hauptserie des Cäsiums, $(6\,^2S_{\frac{1}{2}} - n\,^2P_{\frac{3}{2}})$ und $(6\,^2S_{\frac{1}{2}} - n\,^2P_{\frac{1}{2}})$, $n = 6, 7, 8 \ldots$ mit dem Grenzkontinuum (unten: $6\,^2S$-Grenze, λ 3184 Å, $e\,V_i = h\,\nu$). Das Kontinuum auf der oberen Seite gehört der Rekombination in die $6\,^2P_{\frac{3}{2}, \frac{1}{2}}$-Niveaus an, die langwelligere Linien ergibt. Positive Säule, Grundgas: Neon, Stromdichte: 2 A/cm², Dampfdruck Cs: 2 tor

der erforderlichen Erwärmung der Wand bei (z. B. Na-Lampen). Per Ion kommt bei Ne z. B. frei: $eV_i = 4{,}77 \cdot 10^{-10} \cdot \frac{21{,}5}{300} \cdot 10^{-7} = 3{,}42 \cdot 10^{-18}$ J oder $8{,}17 \cdot 10^{-19}$ cal. Per g Ionen wird dies: $2{,}47 \cdot 10^4$ cal; die Verbrennungswärme (oberer Heizwert) von 1 g H_2 ist $3{,}41 \cdot 10^4$ cal. Sollte ein Neonatom durchschnittlich diesen Energiebetrag eV_i durch Stoß an die Wand abgeben, dann müßte die Gastemperatur ungefähr $1{,}25 \cdot 10^5$ °K betragen.

Bei Rekombination an einer Metalloberfläche entstehen kompliziertere Vorgänge, es tritt nämlich oft sekundäre Emission von Elektronen aus dem Metall auf. Wie sich dieser Vorgang eigentlich abspielt, ist noch nicht aufgeklärt. Die Anzahl der per auftreffendem Ion befreiten Elektronen ist von der Größenordnung von einigen Prozenten und abhängig von der Art des Gases und Metalles.

Die Rekombination von einem freien Elektron mit einem positiven Ion in dem Gasraum kommt im allgemeinen nicht oft vor. Dies ist eine Folge der großen Elektronengeschwindigkeiten. Wenn bei dieser Vereinigung von Ion und Elektron kein weiteres Teilchen (Atom oder Elektron) in unmittelbarer Nähe ist, um die freiwerdende Energie aufnehmen zu können, muß diese als Strahlung ausgesandt werden. Wird das Elektron im Grundzustand eingefangen, dann erhält man das sog. Grenzkontinuum[1]), dessen verschiedene Frequenzen gegeben sind durch:

$$h\,\nu = e\,V_i + \frac{m\,v_e^2}{2}. \tag{76}$$

[1]) Außer in den Grundzustand kann das Elektron auch in höhere Bahnen eingefangen werden, wobei andere, nach Blau verbreiterte Spektrallinien, mit kleinerer Frequenz, ausgesandt werden.

$\frac{m_e v_e^2}{2}$ ist die kinetische Energie des Elektrons vor dem Zusammenstoß. Die Intensität dieses Kontinuums, das bei Alkalien, z. B. Cs, wahrgenommen wurde (Abb. 29), sinkt rasch mit zunehmender Frequenz ν, also mit steigender Elektronengeschwindigkeit. Diese Erscheinungen sind bei Hochdruckentladungen mit großer Stromdichte zu erwarten, da in diesen, eben durch Druck und Stromdichte, die Energie der Elektronen niedrig gehalten und somit die Möglichkeit für Rekombination vergrößert wird.

In den Gasen, die Elektronenklebung zulassen, z. B. in atmosphärischer Luft, erfolgt die Rekombination meist über den Umweg der negativen Ionenbildung, da die kinetische Energie dieser viel kleiner ist und daher die Rekombination mit den positiven Ionen leichter stattfinden kann.

B. Gasentladungen.

Fünftes Kapitel.

Allgemeines.

§ 23. Qualitative Beschreibung der Glimmentladung mit positiver Säule und kalter Kathode.

Wir nehmen z. B. eine Röhre von 40 mm Durchmesser, an deren beiden Enden die Stromzuleitungen von zwei flachen Elektroden (z. B. Nickel) eingeschmolzen sind, und die nach sehr sorgfältigem Evakuieren mit Neongas von 10 tor Druck gefüllt wurde. Diese Entladungsröhre wird über einen Widerstand R und unter Zwischenschaltung eines Amperemeters A an eine veränderliche Gleichspannung angeschlossen. Die Spannung der Röhre läßt sich durch das Voltmeter V, angeschlossen an die Röhrenklemmen, bestimmen (Abb. 30). Wird die aufgedrückte Spannung langsam und kontinuierlich erhöht, dann geschieht scheinbar nichts, solange diese Spannung bloß kleine Werte behält; der tatsächlich durchfließende Strom, in der Größe von 10^{-15} bis 10^{-10} A, ist mit gewöhnlichen Instrumenten nicht nachweisbar. Bei einer bestimmten Spannung jedoch, der „Zünd- oder Durchschlagspannung" wächst der Strom plötzlich stark an. Wurde der Widerstand sachverständig gewählt, dann stellt sich der durch die Röhre fließende Strom auf einen bestimmten Wert I_l ein. Die Spannung, die erst praktisch vollkommen an den Röhrenklemmen A, K stand, verteilt sich jetzt über die Röhre (V_l) und den Widerstand ($V_R = R\, I_l$).

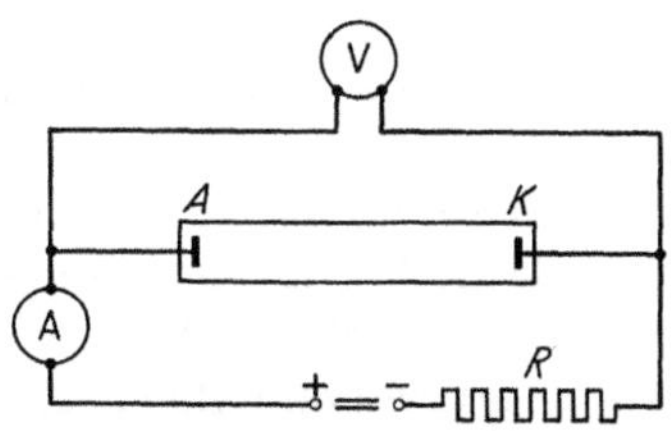

Abb. 30. Schaltung für Gleichstromentladung.

Betrachtet man nun die Röhre, dann sieht man darin eine Leuchterscheinung, in der man deutlich mehr oder weniger helle Teile unterscheiden kann. Abb. 31 gibt schematisch die Verteilung der hellen und dunklen Zonen wieder (die lichtgebenden Teile sind dunkel angegeben; siehe auch Abbildung 34). Von der Kathode aus gerechnet kann man die folgenden Zonen unterscheiden: den Crookes-Hittorfschen Dunkelraum[1]) (D.K.R.), der wohl nicht ganz dunkel ist, sondern sich bloß dunkel abhebt von dem darauffolgenden leuchtenden Teil, dem negativen Glimmlicht (N.G.L.), das bei einigen Gasen sehr scharf begrenzt ist und überhaupt den hellsten Teil der Entladung bildet. Zur Anode hin verliert dieses nach und nach an Helligkeit und geht über in den Faradayschen Dunkelraum (D.R.F.), auf den schließlich die leuchtende positive Säule (P.S.) folgt. Oftmals findet man auch noch ganz nahe an der Anode eine leuchtende Schicht (A.L.), die manchmal durch eine dunkle Schicht (A.F.) von der Anode getrennt ist. Von all den genannten Zonen werden bis heute nur das negative Glimmlicht und die positive Säule in technischen Lichtquellen verwendet. Die anderen haben so geringe Intensität, daß ihre Beiträge zum Totallichtstrom vernachlässigt werden können.

Abb. 31. Gleichstrom-Glimmentladung mit kalter Kathode und positiver Säule. Schematisch (leuchtende Teile dunkel gezeichnet).

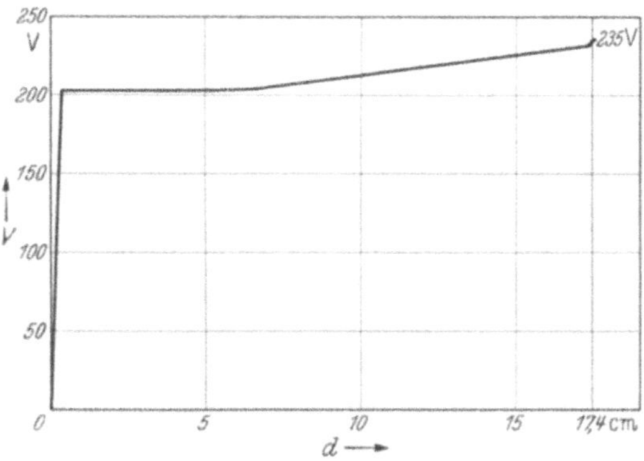

Abb. 32. Potentialverlauf in der Glimmentladung.

§ 24. Stromdurchgang und Raumladung in der Entladung.

Die erste Frage, die man sich bei der Betrachtung einer Gasentladung stellen kann, ist wohl die nach dem Stromtransport in dem Gasraum

[1]) Wie man auf dem Schema Abb. 31 sieht, liegt ganz nahe an der Kathode eine sehr dünne dunkle Schicht, die scharf begrenzt ist, der Astonsche Dunkelraum (A.D.R.), hierauf folgt eine dünne, leuchtende Schicht, die zur Anode hin an Helligkeit verliert, das erste Kathodenlicht (E.K.L.). (Dies gilt nur für den normalen Kathodenfall). Diese beiden sind eigentlich ein Teil des Crookes-Hittorfschen Dunkelraumes. Obwohl nicht auf Abb. 34 sichtbar, können sie unter günstigen Umständen doch deutlich wahrgenommen werden.

zwischen den Elektroden. Das Amperemeter im äußeren Stromkreis zeigt wohl in den Zufuhrleitungen einen bestimmten Strom an, aber man erhält hierdurch keinen Aufschluß über die Art und Weise, wie der Strom das Gas durchfließt. Ob der Strom in der Form von Elektronen von der Kathode zur Anode geht oder in der Form von positiven Ionen von der Anode zur Kathode, kann auf Grund des Verhaltens der Ionen und Elektronen in Gasen bestimmt werden.

Nehmen wir z. B. als praktisch vorkommende Werte, 250 V Brennspannung und 20 cm Elektrodenabstand. Mit diesen Zahlen in Formel (6), findet man unter Annahme von Stromtransport durch Elektronen die maximale Stromdichte zwischen zwei unendlich großen, flachen Elektroden (im Vakuum) zu: $j_e = 2{,}31 \cdot 10^{-5}$ A/cm². Für eine Elektrodenfläche (Rohrquerschnitt) von 10 cm² ergibt sich daher 231 μA. Bei dieser Schätzung sind die Einflüsse der Wand des Entladungsrohres und der Gasfüllung, die beide ungünstig sind, außer acht gelassen. Führt man eine gleichartige Berechnung unter Annahme eines Transportes durch positive Ionen aus, dann erhält man noch kleinere Werte. Bei genügend hohem Druck kann man (z. B. in Ne mit Fe-Elektroden) in einer Röhre mit den angegebenen Abmessungen leicht Ströme von 25 mA und mehr erhalten. Wir ziehen also die Schlußfolgerung, daß Elektronen allein oder Ionen allein nicht imstande sind, den Mechanismus [nach Formel (6)] zu erklären.

Außerdem können wir an Hand der Raumladungsgleichung (7) feststellen, daß es nicht nur wahrscheinlich ist, daß Elektronen und Ionen in dem Rohr vorhanden sind, sondern, daß deren Konzentration im größten Teile der Entladung ungefähr gleich groß sein wird, da sonst außergewöhnlich hohe Feldstärken auftreten müßten.

Hätte man z. B. 10^{10} pos. Ionen per cm³ (ein Wert, der in der positiven Säule oft gemessen wird) und nähme man an, daß 1% mehr Elektronen als Ionen vorhanden wären, also $n_e = 1{,}01\, n_p$, dann würde die Raumladung einen Potentialunterschied per cm von etwa 180 V verursachen. Dieser Wert läßt sich aus (7) berechnen:

$$\frac{\mathrm{d}^2 V}{\mathrm{d} x^2} = -4\pi\varrho = -4\pi(n_p - n_e)\, e\,.$$

Oder anders geschrieben:

$$\frac{\mathrm{d}}{\mathrm{d}x}\left(-\frac{\mathrm{d}V}{\mathrm{d}x}\right) = \frac{\mathrm{d}\mathfrak{E}}{\mathrm{d}x} = -4\pi\, 0{,}01\, n_p\, e$$

und nach der Integration ergibt sich:

$$\mathfrak{E} = -4\pi\, 0{,}01\, n_p\, e\, x + \text{konst.}$$

Mit $n_p = 10^{10}$ pos. Ionen/cm³, $e = 4{,}77 \cdot 10^{-10}$ E.S.E. und 1 E.S.E. $= 300$ V, findet man für die Potentialzunahme per cm (oder Feldstärke) den obenangeführten Wert von 180 V/cm[1]). Da die an die Röhre angelegte Spannung von der Größenordnung von 100 V ist, muß daher der größte Teil der Entladung frei von Raumladungen sein, $n_p \approx n_e$.

Weiß man nun, daß die Anzahl der Ionen und Elektronen ungefähr gleich groß sein muß, dann kann man mit Hilfe von (71) für die Fortschreitungsgeschwindigkeit u_p bzw. u_e den relativen Anteil von Ionen und Elektronen an dem gesamten Stromtransport berechnen.

$$u = a \frac{e \lambda}{m v} \mathfrak{E} .$$

Nehmen wir zuerst einmal an, daß die Elektronen und Ionen die gleiche kinetische Energie besitzen, $\frac{m_e v_e^2}{2} = \frac{m_p v_p^2}{2}$, dann ist mit $\lambda_e = 4 \sqrt{2}\, \lambda = 4 \lambda_p$[2]) und $m_p \approx 1835\, \mu\, m_e$ (μ = Atomgewicht des Gases, das die positiven Ionen liefert, für Neon $\mu_{\mathrm{Ne}} = 20{,}2$)

$$\frac{u_e}{u_p} = 4 \sqrt{\frac{m_p}{m_e}} = 4 \sqrt{1835 \cdot 20{,}2} = 768 .$$

Die Beiträge der beiden Ladungsarten zum Strom stehen im selben Verhältnis zueinander wie die Fortschreitungsgeschwindigkeiten, da die Stromdichte für einen Konvektionsstrom nach (5) allgemein

$$j = n e u$$

ist. In Wirklichkeit ist die kinetische Energie der Elektronen meistens einige Male größer als die der positiven Ionen, so daß (infolge von v im Nenner) die Verhältniszahl der beiden Fortschreitungsgeschwindigkeiten kleiner ist als bei gleicher Energie. Die Stromdichte der Elektronen ist dann noch einige hundert Male größer als die der positiven Ionen, so daß der Entladungsstrom praktisch ein Konvektionsstrom von Elektronen ist, der sich an der relativ nahezu stillstehenden Ionenwolke vorbeibewegt. Es gilt also

$$j_e \gg j_p .$$

§ 25. Anregung und Ionisation in den verschiedenen Gebieten der Glimmentladung.

Im vorhergehenden Paragraphen kamen wir zu dem Resultat, daß im größten Teil der Entladung $n_e \approx n_p$ und $j_e \gg j_p$ sein muß. Beträgt der

[1]) Die Integrationskonstante, die durch das von außen aufgedrückte Feld bestimmt wird, ist vernachlässigt, da deren Wert meistens nicht mehr als einige V/cm beträgt.

[2]) Die Korrektur der Formel (38) $\lambda = \frac{1}{4 \pi \sqrt{2}\, n r^2}$ mit $\frac{1}{\sqrt{2}}$ verfällt für die freie Weglänge λ_p der Ionen, da die Atome bezüglich der Ionen, die viel größere Geschwindigkeiten besitzen, als stillstehend betrachtet werden können. Es wird also

$$\lambda_p = \frac{1}{4 \pi n r^2} \quad \text{oder} \quad \lambda_p = \sqrt{2}\, \lambda .$$

Unterschied zwischen n_e und n_p auch nur wenige Prozente, dann verursacht die auftretende Raumladung eine beträchtliche Feldstärke und großen Spannungsabfall oder Anstieg. Abb. 32 gibt den Potentialverlauf in einer Glimmentladung und man sieht, daß nur im Kathoden- und Anodenfall große Werte von $\mathfrak{E}$ auftreten.

Im Kathodenfall ist $n_p > n_e$ und die Raumladung spielt eine wichtige Rolle, da der Überschuß von positiven Ionen einen schnellen Potentialanstieg von der Kathode zum negativen Glimmlicht verursacht. Das hierdurch entstehende starke Feld bringt die aus der Kathode austretenden Elektronen bereits nach kurzem Weg auf große Geschwindigkeit und diese können dann leicht ionisierend wirken. Bei der Ionisation entsteht ein zweites Elektron und ein neues Ion. Letzteres wird von der Kathode angezogen, während ersteres wie das ursprüngliche Elektron weiter zum negativen Glimmlicht wandert und seinerseits wieder nach gewisser Beschleunigung durch das Feld ionisieren kann. Abb. 33 gibt schematisch den Mechanismus des Kathodenfalles[1]). Man sieht, daß nach dem ersten ionisierenden Zusammenstoß zwei freie Elektronen (= 2^1) vorhanden sind (ein altes und ein neues), nach dem zweiten Stoß 4 (= 2^2), nach dem dritten 8 (= 2^3) usw., im allgemeinen nach dem n-ten Stoß 2^n Elektronen und 2^n-1 positive Ionen. Man hat dieser Erscheinung des sich selbst Vervielfältigens durch Ionisation im elektrischen Feld den Namen „Elektronen-Lawine" gegeben. In jedem Querschnitt ist der Strom gleich groß. Zur Kathode hin nimmt die Elektronenanzahl ab und die Ionenanzahl zu, so daß man an der Kathodenoberfläche selbst je Elektron 2^n-1 Ionen hat. Sind nun die 2^n-1 Ionen imstande, neben den 2^n-1 Elektronen, die zu ihrer Neutralisation erforderlich sind, ein extra Elektron aus der Kathode zu

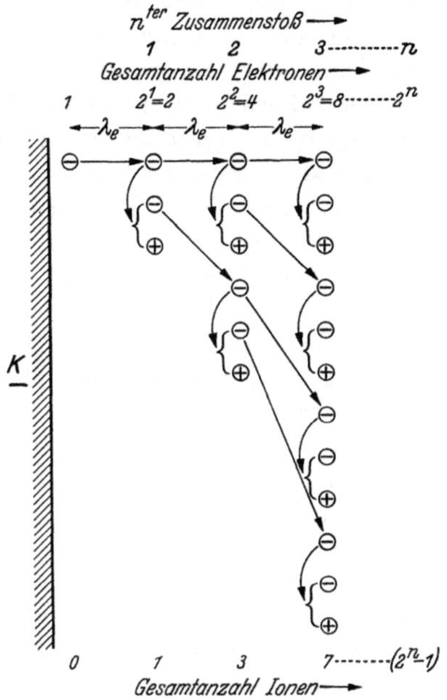

Abb. 33. Ionisation im Gebiet des Kathodenfalles (Elektronen-Lawine).

[1]) Diese Darstellung ist nur sehr schematisch, da erstens nicht alle Zusammenstöße in gleichen Abständen (λ_e) erfolgen und zweitens nicht alle ionisierend sind (ein Teil davon verläuft elastisch und ein anderer Teil verursacht Anregung). Außerdem kommen auch Ionen aus dem negativen Glimmlicht in den Crookes-Hittorfschen Dunkelraum.

befreien, dann ist der Kreislauf geschlossen, da dieses extra Elektron seinerseits wieder $2^n - 1$ Ionen bildet. Der Raum D.K.R. (Abb. 31) vor der Kathode ist also ein ausgesprochenes Ionisationsgebiet, in welchem nur selten Anregung auftritt[1]).

Das negative Glimmlicht verdankt sein Bestehen der Energie, die der Kathodenfall den Elektronen mitgibt. Die Feldstärke ist hier immer sehr klein, oftmals sogar negativ, so daß die Elektronen auf ihrem Weg zur Anode in diesem Gebiet verzögert werden können. Da nur eine relativ geringe Anzahl der Elektronenstöße im Kathodenfall Ionisation oder Anregung verursachen, viele also elastisch verlaufen, kommen zahlreiche Elektronen mit großer Geschwindigkeit in das Gebiet des negativen Glimmlichtes. Hier geben sie ihre Energie an das Gas ab, entweder durch Anregung oder durch Ionisation, oder teilweise auch an die Rohrwand, in der Form von Wärme. Die Ionenkonzentration ist hier sehr groß, da die Ionisation durch die energiereichen Elektronen aus dem Kathodenfall groß ist und die Ionen wegen der geringen Feldstärke nur durch Diffusion, zur Wand oder in den Kathodenfall wandern können. Messungen ergaben Konzentrationen (n_p und n_e) von der Größenordnung von $10^{12}/\text{cm}^3$, also sehr hoch. Auch die Lichterzeugung ist hier stark. Im negativen Glimmlicht führen Elektronen durch Diffusion den Strom in der Richtung zur Anode weiter.

Zusammenfassend stellen wir also fest, daß das negative Glimmlicht ein Gebiet starker Ionisation, maximaler Konzentration und intensiver Anregung ist.

Der Faradaysche Dunkelraum ist das Verbindungsglied zwischen negativem Glimmlicht und positiver Säule. Die Elektronendiffusion sorgt für den Stromdurchgang. Das Gebiet ist praktisch feldfrei und es tritt nahezu keine Ionisation und Anregung auf. Nach einem bestimmten Weg wird, durch Diffusion zur Wand, die Elektronenkonzentration für den gegebenen Strom zu klein. Man findet dann auch ein Ansteigen der Feldstärke, wodurch die Elektronen beschleunigt werden und wieder genug Energie erhalten, um ionisieren zu können. Hiermit ist man in das Gebiet der positiven Säule gekommen.

Während Kathodenfall und negatives Glimmlicht ein Ganzes bilden und nur gleichzeitig auftreten können, ist eine Entladung ohne positive Säule leicht zu erzeugen. Die Unabhängigkeit letzterer von den Erscheinungen an der Kathode wird u. a. aus folgendem Versuch deutlich.

[1]) In der vollkommen dunklen Astonschen Schicht ist die Elektronengeschwindigkeit überhaupt zu gering, um unelastische Zusammenstöße zu verursachen. Das erste Kathodenlicht erklärt man als Resultat normaler Elektronenanregung. Diese Erklärung gilt bloß für den normalen Kathodenfall. Bei genügend anomalem Kathodenfall (d. h. hohe Spannung) ist der Astonsche Dunkelraum nicht sichtbar, sondern liegt eine andere lichtgebende Schicht ganz nahe an der Elektrode, da die positiven Ionen bei sehr großen Geschwindigkeiten auch Licht erzeugen durch Anregung (sog. Kanalstrahlen).

Wenn man eine Röhre mit verschiebbarer Anode nimmt und die positive Säule kürzer oder länger macht, bleibt sowohl das Aussehen der kathodischen Teile (negatives Glimmlicht und Kathodenfall) als auch deren Spannung hierbei unverändert (Abb. 34).

Die positive Säule ist hinsichtlich der Anwendung der Gasentladungen als Lichtquelle der wichtigste Teil. Anregung ist hier vorherrschend und Ionisation tritt nur in dem Maße auf, als zur Kompensation der Raumladung erforderlich ist.

Der Strom wird in der positiven Säule durch eine Elektronenwolke, unter dem Einfluß eines elektrischen Feldes, zur Anode transportiert. Das Feld sorgt außerdem für den Ersatz der Ionen und Elektronen, die an der Wand verlorengehen. Die für die Ionisation erforderliche Energie beziehen die stromtransportierenden Elektronen aus dem Feld, wobei sie gleichzeitig einen Teil davon durch Anregung an die Atome abgeben und einen viel kleineren Teil durch elastische Zusammenstöße verlieren. Im stationären Zustand geben die Elektronen auf einem bestimmten Wegstück in der Richtung zur Anode ebensoviel Energie ab, als sie aus dem Feld aufnehmen, so daß ihre mittlere Energie konstant bleibt. Die Ionen spielen eine wichtige Rolle, weil sie die Raumladung der Elektronen neutralisieren. Infolge ihrer größeren Masse ist ihre Beweglichkeit viel kleiner als die der Elektronen, so daß sie sich praktisch nicht am Stromtransport beteiligen.

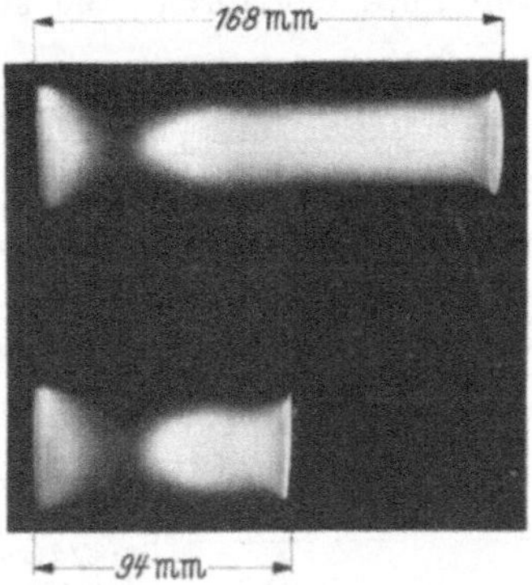

Abb. 34. Ausdehnung der positiven Säule mit wachsendem Abstand zwischen Kathode und Anode in der Glimmentladung. Die Teile an der Kathode bleiben hierbei unbeeinflußt.

Ob ein Anodenfall am Ende der positiven Säule auftritt oder nicht, ist hauptsächlich von der Größe der Anodenoberfläche und der Entladungsstromstärke abhängig. Bei kleiner Anode und großer Stromstärke müssen die Elektronen mittels eines beschleunigenden Feldes zur Elektrode getrieben werden, man erhält dann einen positiven Anodenfall. Umgekehrt kann man bei großer Anode und kleinem Strom ein verzögerndes Feld bzw. negativen Anodenfall erhalten.

Die im vorhergehenden beschriebenen Erscheinungen an der Kathode sind für die sog. „kalte Kathode" der Glimmentladung kennzeichnend. Eine Entladung mit positiver Säule kann man jedoch auch mit „geheizter Kathode" (sog. Glühkathode) erzeugen, wobei die Kathodenoberfläche aus einem Stoff bestehen kann, der sehr leicht Elektronen emittiert. Die Erhitzung kann durch einen getrennten Heizstrom oder durch den Entladungsstrom selbst erfolgen. Die Elektronenemission ist dann hauptsächlich thermischer Art und deshalb leichter zu erhalten.

Demzufolge wird der Kathodenfall viel kleiner, ungefähr von der Größenordnung der Ionisationsspannung des Füllgases und man erhält eine sog. Bogenentladung. Durch den kleineren Spannungsabfall erhalten die Elektronen, die aus dem Kathodenfallgebiet kommen, bedeutend geringere Energie als bei kalten Kathoden, so daß die räumliche Ausdehnung der kathodischen Leuchterscheinungen kleiner wird.

§ 26. Zündung.

Unter normalen Umständen sind Gase, z. B. atmosphärische Luft, sehr gute Isolatoren. Sie können jedoch ihre Eigenschaften in einem Bruchteil einer s (z. B. 10^{-6} s) derartig verändern, daß aus den guten Isolatoren ausgezeichnete Leiter werden. Die Leitfähigkeit eines Gases ist, wie wir bereits gesehen haben, der Anwesenheit von positiven Ionen und Elektronen und eventuell auch negativen Ionen zu verdanken.

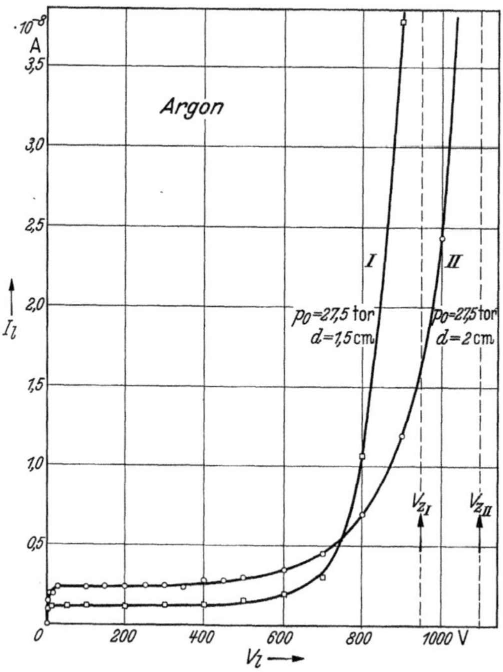

Abb. 35. Charakteristik einer unselbständigen Entladung bei (verschiedener) Vorionisation des Gases durch Röntgenstrahlen (gemessen).

Bestimmte durchdringende Strahlungen, wie Röntgenstrahlen, radioaktive und kosmische Strahlen, können durch ihre ionisierende Wirkung Gase leitend machen. Eine bekannte Methode für die Bestimmung der Intensität von Röntgenstrahlen besteht in der Messung des durch diese Ionisation hervorgerufenen Stromes. Da nahezu überall Spuren durchdringender Strahlung vorhanden sind, wird sich in jedem Gase eine bestimmte Anzahl geladener Teilchen befinden. In atmosphärischer Luft an der Erdoberfläche werden durch diese natürliche Ionisation einige Ionen per cm^3 und s gebildet, die unter normalen Umständen wieder durch Rekombination verschwinden.

Wenn jedoch diese natürliche Ionisation in einer Gasmenge auftritt, die sich zwischen zwei Metallplatten befindet und zwischen diesen ein Potentialunterschied besteht, dann bewegen sich die positiven Ionen in der Richtung zur Kathode und die Elektronen oder die negativen Ionen zur Anode. Mißt man diesen Strom in Abhängigkeit von der aufgedrückten Spannung, dann findet man bei Vorionisation durch Röntgenstrahlen den in Abb. 35 angegebenen Kurvenverlauf. Mit zunehmender Spannung steigt der Strom erst bis zum Sättigungswert an, bleibt dann über ein gewisses Gebiet konstant, um von einer bestimmten Feldstärke an steil anzusteigen. Der zweite Anstieg entsteht durch das Anwachsen der Energie der Elektronen, die dann selbst ionisierend wirken. Es entwickelt sich eine Lawine, auf die Art, wie im vorhergehenden Paragraphen (S. 81) für den Kathodenfall beschrieben wurde.

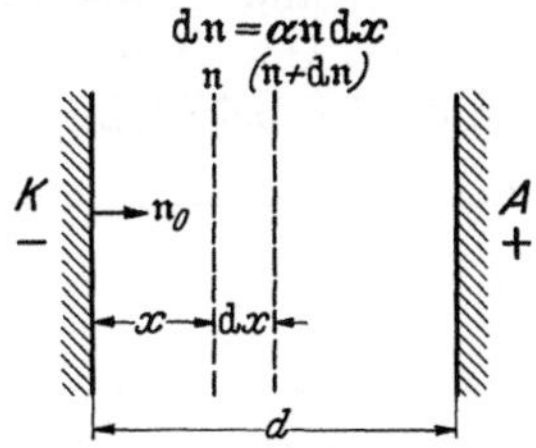

Abb. 36. Ionisation in einem homogenen elektrischen Felde: $d\mathfrak{n} = \mathfrak{n}\,\alpha\,dx$.

Es ist Townsend mit Hilfe einer einfachen Theorie gelungen, den Stromanstieg durch Ionisation im Felde zu erklären. Er ging hierbei davon aus, daß die Elektronen durch U.V.-Strahlung aus der Kathodenoberfläche befreit werden.

Legen wir die Kathode in den Ursprung eines Koordinatensystemes (Abb. 36) und nennen wir $\mathfrak{n}$ die Anzahl Elektronen, die per s durch den im Abstand x von der Kathode liegenden Querschnitt gehen. Ist α die Anzahl der durch 1 Elektron auf 1 cm Weg in der Feldrichtung gebildeten neuen Elektronen, dann werden auf dem Weg dx per Elektron $\alpha\,dx$ Ionisationen verrichtet. Auf dem Weg dx nimmt die Anzahl $\mathfrak{n}$ mit $d\mathfrak{n}$ zu und wir erhalten

$$d\mathfrak{n} = \mathfrak{n}\,\alpha\,dx. \qquad (77)$$

Nach Integration erhält man

$$\mathfrak{n} = C\,\varepsilon^{\alpha x} \qquad (78)$$

mit C als Integrationskonstante. Nehmen wir an, daß durch Bestrahlung $\mathfrak{n}_0$ Elektronen per s aus der Kathode befreit werden. Für $x = 0$ (Kathodenoberfläche) ist

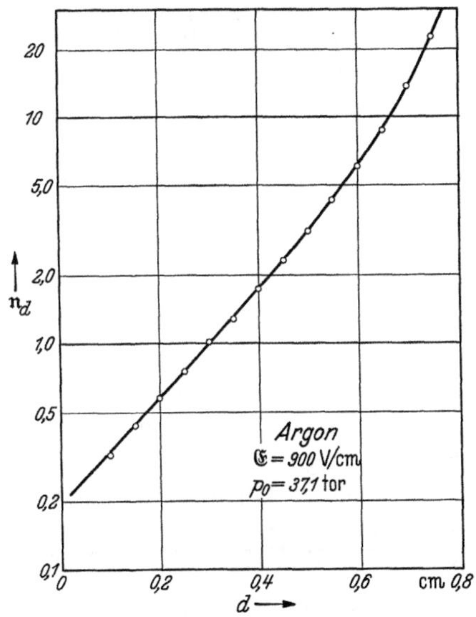

Abb. 37. $\mathfrak{n}_d$ als Funktion des Elektrodenabstandes d [Formel (79)]. Punkte gemessen, Kurve berechnet. $\mathfrak{n}_0 = 0{,}022$, $\alpha = 5{,}19$.

dann $\mathfrak{n} = \mathfrak{n}_0 = C$. Für den Abstand d zwischen den Elektroden erhält man dann die Anzahl Elektronen, die per s die Anode erreichen, mit

$$\mathfrak{n}_d = \mathfrak{n}_0\,\varepsilon^{\alpha d}. \qquad (79)$$

Drücken wir die Gleichung in Strömen aus durch Multiplikation auf beiden Seiten mit der Ladung e des Elektrons, $\mathfrak{n}_0 e = i_0$, $\mathfrak{n}_d e = i_d$, dann erhalten wir

$$i_d = i_0\,\varepsilon^{\alpha d}. \qquad (80)$$

i_0 ist die Stromstärke, die auftreten würde, wenn keine Ionisation im Gasraum stattfände[1]). Da d als Potenzexponent auftritt, wächst $\varepsilon^{\alpha d}$ und somit i_d sehr schnell mit d. Abb. 37 gibt eine Messung in Ar, wobei $\mathfrak{n}_d$ logarithmisch als Funktion des Elektrodenabstandes d aufgetragen ist. Die Abweichung der Kurve von der Geraden bei höheren Werten von d, also bei großen $\mathfrak{n}_d$, ist eine Folge der Elektronenbefreiung aus der Kathode durch die positiven Ionen. Die Konstante α, das Ionisierungsvermögen der Elektronen, bezogen auf 1 Elektron und 1 cm Weg, kann für verschiedene Gase als Funktion des Druckes und der Feldstärke aus dem geraden Teil der Kurve bestimmt werden.

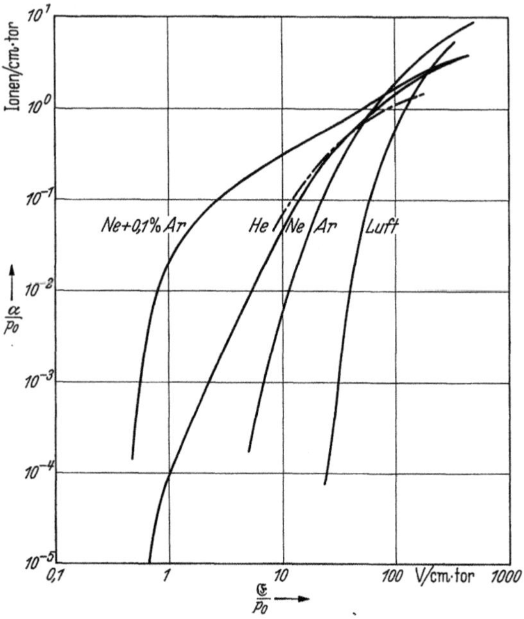

Abb. 38. $\frac{\alpha}{p_0}$ als Funktion von $\frac{\mathfrak{E}}{p_0}$ für verschiedene Gase[2]).

Derartige Untersuchungen wurden in großer Zahl von **Townsend** und anderen Forschern ausgeführt und sie fanden für ein bestimmtes Gas:

$$\frac{\alpha}{p} = f\left(\frac{\mathfrak{E}}{p}\right). \tag{81}$$

p = Gasdruck, $\mathfrak{E}$ = Feldstärke. Abb. 38 gibt für einige Gase den Verlauf von $\frac{\alpha}{p_0}$ als Funktion von $\frac{\mathfrak{E}}{p_0}$[2]).

Den in (80) ausgedrückten Vorgang nennt man **unselbständige Entladung**. Sobald nämlich die photoelektrische Befreiung der Elektronen aus der Kathode endigt, also $i_0 = 0$, wird auch $i_d = 0$. Dieser Vorgang tritt z. B. in einer „guten", gasgefüllten Photozelle auf; der verstärkte Photostrom i_d muß proportional i_0 sein. Da α mit wachsender Feldstärke zunimmt, kann man den Verstärkungsfaktor $\frac{i_d}{i_0} = \varepsilon^{\alpha d}$ erhöhen, indem man die angelegte Spannung erhöht. Bei höheren Spannungen

[1]) Infolge der Rückdiffusion der Elektronen beim Austreten aus der Kathode ist i_0 von $\frac{\mathfrak{E}}{p}$ abhängig. Die emittierten Elektronen werden zum Teil durch Reflexion an den Gasatomen zur Kathode zurückgetrieben und von dieser absorbiert. i_0 ist also die Differenz der per s photoelektrisch befreiten Elektronen (konstant bei konstanter Bestrahlung) und der per s zur Kathode zurückdiffundierenden $\left(\text{diese Anzahl nimmt ab mit zunehmendem } \frac{\mathfrak{E}}{p}\right)$.

[2]) p_0 = Druck in tor bei 0° C.

geht jedoch die Entladung in eine selbständige über, d. h., sie befreit selbst die zu ihrem Fortbestehen erforderlichen Elektronen aus der Kathode. Natürlich wird damit i_0 und als Folge davon i_d nicht mehr proportional dem einfallenden Lichtstrom sein. In Photozellen muß man diesen sog. Durchschlag vermeiden, dagegen in Entladungslampen, die zur Lichterzeugung verwendet werden, muß gerade dieser Punkt überschritten werden, um das Fortbestehen der Entladung zu sichern.

§ 27. Durchschlagspannung und Gesetz von Paschen.

Auf welche Weise werden nun in der selbständigen Entladung die Elektronen in der Nähe der Kathode erzeugt? Hierüber bestehen zahlreiche Hypothesen, und wir wollen eine, die für die Entladungsart (mit kalter Kathode), mit der wir uns hier beschäftigen, die größte Wahrscheinlichkeit besitzt, näher behandeln. Zufolge dieser Auffassung befreien die positiven Ionen, wenn sie auf die Kathode auftreffen, nicht nur die für ihre Neutralisation erforderlichen Elektronen, sondern noch einen Überschuß solcher aus dem Metall. Man nennt die Verhältniszahl zwischen den extra befreiten Elektronen und den auftreffenden Ionen γ. Die Zahl γ hängt ab vom Kathodenmetall und dessen Oberflächenzustand, von der Gasionenart und der Ionengeschwindigkeit beim Auftreffen auf die Kathode (γ steigt mit der Ionengeschwindigkeit). Nach (79) erzeugen $\mathfrak{n}_0$ Elektronen auf ihrem Weg von der Kathode zur Anode soviel neue, daß insgesamt $\mathfrak{n}_d$ dort ankommen; per Elektron aus der Kathode kommen daher $\frac{\mathfrak{n}_d}{\mathfrak{n}_0}$ Elektronen bei der Anode an. Die Anzahl neu geformter auf dem ganzen Weg, per Elektron, ist also $\frac{\mathfrak{n}_d}{\mathfrak{n}_0} - 1 = \varepsilon^{\alpha d} - 1$. Gleich groß ist die Anzahl neugeformter positiver Ionen. Gelingt es diesen $\varepsilon^{\alpha d} - 1$ positiven Ionen beim Auftreffen auf die Kathode ein einziges extra Elektron zu befreien, dann ist das Fortbestehen der Entladung gesichert, da dieses *eine* Elektron wieder $\varepsilon^{\alpha d} - 1$ Ionen bildet, die ihrerseits wieder ein Elektron befreien usw. Die Voraussetzung für die Kontinuität wird daher:

$$\gamma\,(\varepsilon^{\alpha d} - 1) \geqq 1 \tag{82}$$

und nach Umformen und Logarithmieren

$$\alpha\, d \geqq \ln\left(\frac{1}{\gamma} + 1\right). \tag{83}$$

Aus (83) kann man die Durchschlagspannung V_z bestimmen, wenn der Plattenabstand d (parallele Platten) der Elektroden, die Verhältniszahl γ, der Druck p und die Art des Gases gegeben sind, da α dann bekannt ist.

Da das Feld homogen vorausgesetzt wird, ist $\mathfrak{E} = \frac{V_z}{d}$.

Schreibt man (83)

$$\frac{\alpha}{p}\,p\,d = \ln\left(\frac{1}{\gamma} + 1\right)$$

oder mit (81) für $\frac{\alpha}{p}$

$$f\left(\frac{\mathfrak{E}}{p}\right)p\,d = f\left(\frac{\mathfrak{E}\,d}{p\,d}\right)p\,d = \ln\left(\frac{1}{\gamma} + 1\right)$$

und löst für $\mathfrak{E}\,d = V_z$ auf, dann wird

$$V_z = \mathfrak{E}\,d = p\,d\,\mathfrak{F}\left(\frac{\ln\left(\frac{1}{\gamma} + 1\right)}{p\,d}\right). \tag{84}$$

In diesem Ausdruck tritt nur das Produkt $p\,d$ und γ auf [in erster Annäherung kann für eine bestimmte Kombination von Gas und Metall der Wert von $\ln\left(\frac{1}{\gamma} + 1\right)$ konstant angenommen werden].

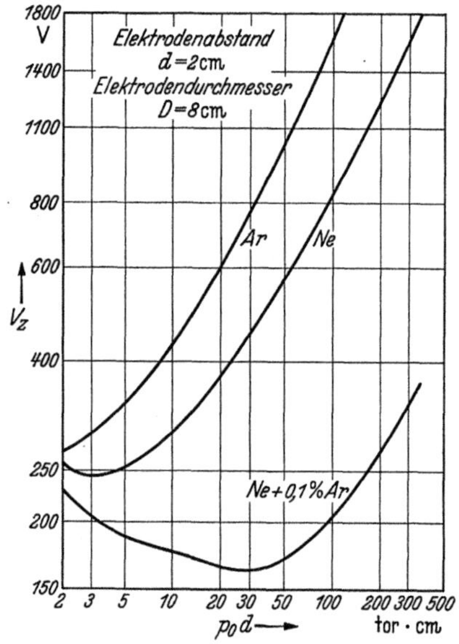

Abb. 39. Durchschlagspannung für zwei große parallele Platten in Ar, Ne und Ne + 0,1% Ar als Funktion von $p_0\,d$ (p_0 bedeutet den Druck in tor bei 0° C).

Gl. (84) formuliert das Gesetz von Paschen: Die Durchschlagspannung zwischen zwei großen, flachen, parallelen Platten hängt nur von dem Produkt $p\,d$ ab. Für ein gegebenes Gas und Metall haben also zwei Platten in 2 cm Abstand bei einem Druck von 5 tor die gleiche Durchschlagspannung wie bei 1 cm Abstand und 10 tor.

In Abb. 39 sind die Meßresultate angegeben, die man für Ar, Ne und Ne + 0,1% Ar fand. Wie man aus der Abbildung ersieht, zeigen die Kurven für bestimmte $p_0\,d$ [$(p_0\,d)_{\min}$] kleinste Werte der Zündspannung V_z.

Bei der Ableitung von (80) wurde z. B. ein homogenes Feld vorausgesetzt ($\mathfrak{E}$ = konstant). Unter Umständen spielt jedoch auch die Raumladung beim Durchschlag eine Rolle. Hat die Ionisation einmal begonnen, dann wird sie in den meisten Fällen durch den Einfluß der sich bildenden Raumladungen weiter verstärkt. Die Beweglichkeit der Elektronen ist ja, wie bereits gesagt, bedeutend größer als die der Ionen, so daß letztere sich noch unterwegs zur Kathode befinden, wenn die Elektronen bereits die Anode erreicht haben. Hierdurch entstehen Raumladungen und diese verursachen, daß die Feldstärke an der Kathode erhöht und an der Anode erniedrigt wird. In den meist vorkommenden Fällen wird die totale Stoßionisation durch Elektronen auf diese Weise begünstigt.

Die Untersuchungen der letzten Jahre haben ergeben, daß es gerade die Raumladungen sind, die es ermöglichen, in der sehr kurzen Zeit von etwa 10^{-6} s eine Entladung in einem Gas von hohem Druck und meistens auch großem $p_0\,d$ (z. B. atmosphärische Luft) aufzubauen.

Die Raumladungen erklären auch, daß bei konstanter Dichte des Gases oder Dampfes, in dem die Entladung stattfindet, die Brennspannung V_l meistens niedriger liegt als die Zündspannung V_z. Dies wirkt sich sehr deutlich bei Glimmentladungen mit kalter Kathode aus, wo die durch Raumladung erzeugte Konzentration des Feldes das Ionisierungsvermögen der die Kathode verlassenden Elektronen erhöht. $\frac{\alpha}{p}$ steigt mit $\frac{\mathfrak{E}}{p}$ (s. Abb. 38). Die von der Kathode abwandernden Elektronen erzeugen dann mehr Ionen als im ursprünglichen homogenen Felde. Da auch γ mit $\frac{\mathfrak{E}}{p}$ steigt, genügt für die Befreiung eines Elektrons eine geringere Anzahl Ionen, d. h. es sind weniger Ionisationen erforderlich.

Beide Wirkungen verursachen (bei gegebenem Entladungsstrom) eine Verminderung der Leistungsaufnahme von außen, d. h., die von der Entladung verbrauchte Spannung sinkt, es ist $V_l < V_z$.

§ 28. Zündspannung V_z.

Methoden zur Erniedrigung von V_z.

Die vorhergehenden Betrachtungen, die sich auf Entladungen zwischen zwei großen, flachen Platten bezogen, können nicht ohne weiteres auf Gasentladungen angewandt werden, bei denen die Entladung langgestreckte Form hat (positive Säule), die Elektroden nur kleine Abmessungen besitzen und die Entladung außerdem von der Glaswand der Röhre eng umschlossen wird. Die hier auftretenden Wandladungen können so ausgeprägte Feldverzerrungen verursachen, daß selbst bedeutende Überspannungen nicht mehr imstande sind, die Röhre zu zünden.

Bei den Wechselstromentladungen treten noch die durch die periodischen Spannungsveränderungen verursachten Erscheinungen auf. Spannung und Strom sinken regelmäßig auf Null und ändern ihre Richtung, d. h. die Entladung muß nach jedem Nulldurchgang aufs neue gezündet werden, wobei für die Zündung eine allmählich ansteigende Spannung zur Verfügung steht. Durch das langsame Ansteigen der Spannung kann das entstehende elektrische Feld erst „entionisierend“ wirken, indem es die Ladungen zu den Elektroden transportiert, ohne stark genug zu sein, eine bemerkenswerte Stoßionisation zu verursachen.

Bevor die Spannung noch ihr Maximum erreicht hat, können praktisch alle aus der vorigen Halbperiode zurückgebliebenen Ionen verschwunden sein. Die Entionisation wird auch noch durch Rekombination (an der Wand) befördert.

Im allgemeinen ist die Zündspannung von folgenden Faktoren abhängig: von der Gasart und dem Gasdruck; von dem Durchmesser, der Länge und der Form der Röhre und von den Elektroden.

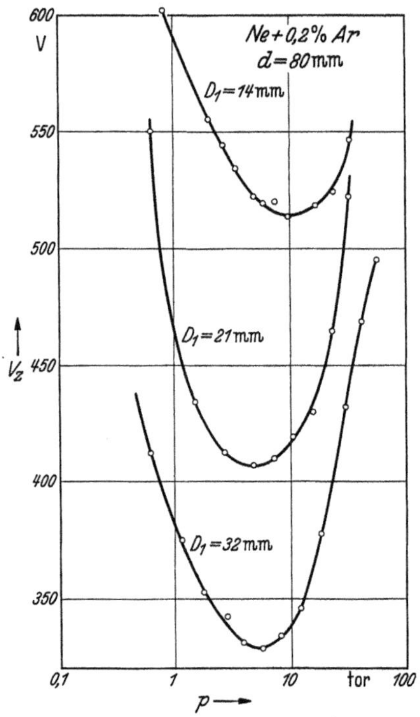

Abb. 40. Zündspannung in Ne + 0,2% Ar bei verschiedenen Durchmessern D_1 als Funktion des Druckes p. (Gerade Röhre, Elektrodenabstand $d = 80$ mm, nicht fremdgeheizte Oxydkathoden, Gleichstrom.)

Unter den verschiedenen Gasen findet man bei den Edelgasen, unter sonst gleichen Umständen, die kleinsten Zündspannungen. Das ist auffallend, da gerade bei diesen die Ionisationspotentiale hoch sind. Dieser scheinbare Widerspruch läßt sich bei näherer Betrachtung jedoch folgendermaßen aufklären. Bewegt sich ein Elektron unter dem Einfluß eines elektrischen Feldes in einem Edelgas, dann wird es, ungeachtet der zahlreichen Zusammenstöße mit Gasatomen, die zum Ionisieren erforderliche Energie aufspeichern können. In Edelgasen ist der Energieverlust per Stoß sehr klein, solange die Stöße elastisch sind. Hat das Elektron schließlich eine Energie, die genügend groß ist, um Anregung erzeugen zu können, dann hängt der mittlere Energieverlust von der Anregungswahrscheinlichkeit ab, die angibt wieviel der Stöße unelastisch verlaufen. Bei den Edelgasen ist nun einerseits der Energieinhalt der untersten Anregungsniveaus und des ionisierten Zustandes nur wenig verschieden und andererseits ist das Verhältnis von Anregungs- zu Ionisierungswahrscheinlichkeit kleiner[1]) als bei den zweiatomigen Gasen.

Untersucht man ein bestimmtes Gas in einer Entladungsröhre bei verschiedenen Drücken, dann findet man bei einem bestimmten Druck eine kleinste Durchschlagspannung (Abb. 40) (eigentlich müßte man bezüglich

[1]) Zum Beispiel Ar: $V_a = 11{,}6$ V und $V_i = 15{,}7$ V; Ne: $V_a = 16{,}6$ V und $V_i = 21{,}5$ V. In Abb. 39 liegt die V_z-Kurve für Ne niedriger als die für Ar, da, trotzdem V_i für Ne größer ist, das günstigere Verhältnis von Ionisierung zur Anregung diesen Unterschied überkompensiert (Abb. 38).

der Dichte untersuchen; wir wollen aber voraussetzen, daß die Temperatur konstant ist, so daß Druck und Dichte einander proportional sind).

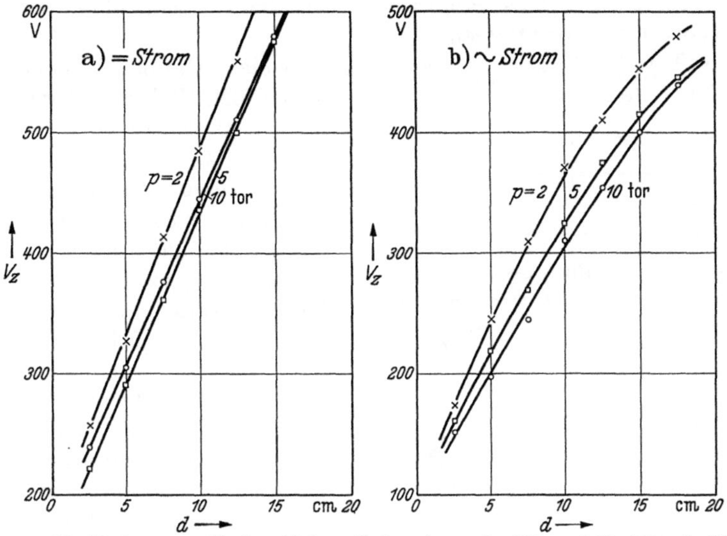

Abb. 41 a und b. Zündspannung V_z einer Säulenentladung in gerader Röhre als Funktion des Elektrodenabstandes d (cm) bei verschiedenen Drücken p (tor) und gegebenem Durchmesser D_1 (= 21 mm) in Ne + einige zehntel Prozent Ar. a für Gleichstrom, b für Wechselstrom (V_z = Effektivwert).

In einem gegebenen Gas wächst die Durchschlagspannung bei gegebenem Druck mit der Länge der Röhre (Abb. 41) und der Abnahme des Röhrendurchmessers (Abb. 42).

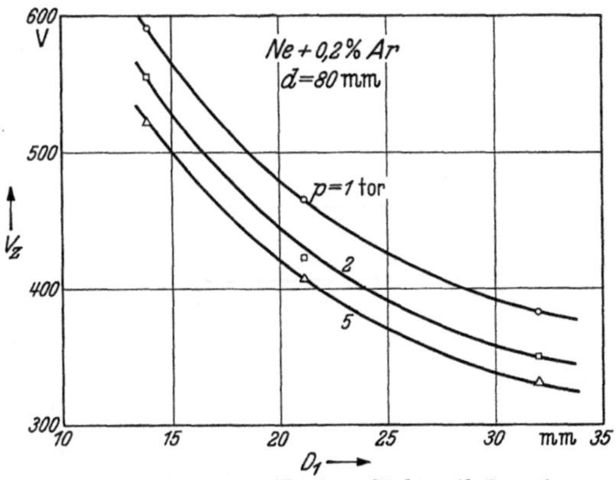

Abb. 42. Zündspannung V_z einer Säulenentladung in gerader Röhre als Funktion des Durchmessers D_1 (mm) bei verschiedenen Drücken p (tor) und gegebenem Elektrodenabstand d (= 80 mm) in Ne + 0,2% Ar, für Gleichstrom.

Schließlich spielt die Rohrform auch noch eine Rolle. Eine Verengung z. B. in der Röhre wird die Durchschlagspannung stark erhöhen.

Ohne besondere Hilfsmittel sind die Zündspannungen V_z im Verhältnis zu den Brennspannungen V_l meistens sehr hoch. In § 29 werden wir sehen, daß ein möglichst kleiner Unterschied zwischen V_l und V_z von großer Bedeutung für die praktische Verwendung der Röhre ist. Obwohl nun die oben angeführten Einflüsse, zunehmende Rohrlänge, abnehmender Durchmesser usw. auch die Brennspannung erhöhen, wird doch das Verhältnis $\frac{V_z}{V_l}$ meistens größer und daher ungünstiger. Man wendet daher verschiedene Hilfsmittel an, die es erlauben V_z zu erniedrigen, ohne dabei V_l nennenswert zu beeinflussen.

Ein Mittel ist z. B., zwischen den beiden Hauptelektroden eine Hilfselektrode anzubringen, die über einen großen Widerstand mit einer der Hauptelektroden verbunden ist (Abb. 43a). Hierdurch wird die Länge der Gassäule, in der der Durchschlag stattfinden muß, verringert und bei gegebener Klemmenspannung der Lampe die Feldstärke, also auch die Ionisierung vergrößert. Manchmal trachtet man noch diese Wirkung zu erhöhen, indem man der Hilfselektrode höhere Spannung zuführt, die hoch- oder normalfrequent (50 ~) sein kann. Auch in diesem Falle befindet sich im Hilfselektrodenkreis ein großer Widerstand, der den Strom durch diese Elektrode begrenzt. Um die konstruktiven Schwierigkeiten einer extra Einschmelzstelle im Rohr für eine Innen-Hilfselektrode zu umgehen, bringt man diese oft in der Nähe einer Hauptelektrode an, wobei für beide dieselbe Quetschung verwendet wird (Abb. 43b).

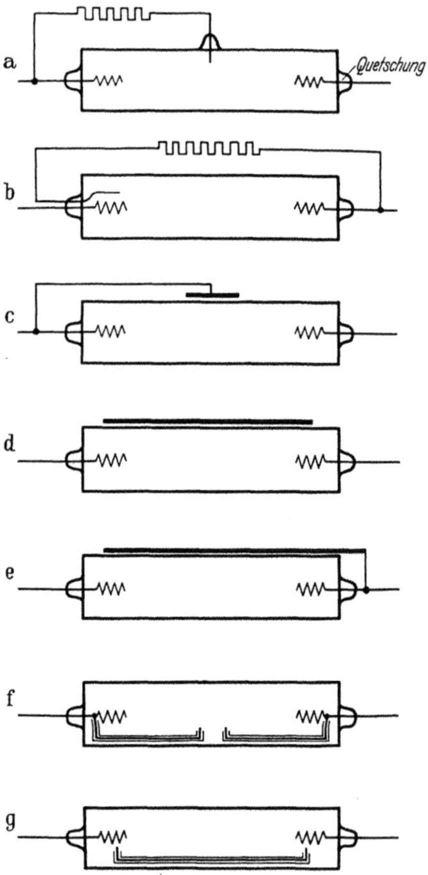

Abb. 43a—g. Mittel zur Erniedrigung der Zündspannung.

Statt der extra Innenelektrode kann man auch eine Außen-Hilfselektrode anbringen und diese wieder mit einer der Hauptelektroden oder mit einer Hochspannungsquelle verbinden (Abb. 43c). Eine derartige Hilfselektrode arbeitet infolge der zwischenliegenden Glaswand als Kapazität und oft kann selbst der obengenannte große Widerstand erspart werden. Eine Außenelektrode kann manchmal auch über die gesamte Rohrlänge gelegt sein (Abb. 43d) und anstatt aus Metall, aus einer weniger leitenden Schicht bestehen (z. B. Aquadag = fein verteilter Graphit, verwendet bei Neon-Lichtreklameröhren). Ein Vorteil dieser Anordnung ist die Verhinderung des störenden Einflusses der Wandladungen. Diese Art Hilfselektrode muß nicht unbedingt mit einer Hauptelektrode in Verbindung stehen (Abb. 43d), obwohl die Wirkung doch etwas günstiger ist, wenn dies wohl der Fall ist (Abb. 43e).

Eine andere Methode zur Verkürzung der Entladungsbahn besteht auch in der Verwendung eines gut isolierten Drahtes (im Rohr), dessen Eigenwiderstand genügend groß sein muß. Der Draht kann z. B. mit beiden Elektroden leitend verbunden und in der Mitte unterbrochen sein (Abb. 43f; die einander gegenüberstehenden Enden sind natürlich blank), oder durch das ganze Rohr laufen und an den Enden in der Nähe der beiden Elektroden blank gelassen werden (Abb. 43g) ohne die Elektroden zu berühren. Beide Ausführungen erniedrigen die Zündspannung erheblich.

Man kann z. B. auch die Austrittsarbeit $e\,V_\Phi$ der Elektronen aus der Kathode erniedrigen, wodurch γ [in (83) und (84)] erhöht und infolgedessen der Durchschlag erleichtert wird. Früher verwendete man zu diesem Zwecke Alkalimetall für die Kathoden, heute nimmt man jedoch gewöhnliche Oxydkathoden.

Durch Vorwärmung der Oxydkathoden vor der Zündung wird die Zündspannung ebenfalls vermindert (S. 216). Die beim Zünden in einer solchen Röhre erzeugten Ionen müssen dann bloß die positive Raumladung aufbauen und brauchen keine Elektronen aus der Kathode zu befreien, da diese durch die thermische Emission ausgesandt werden. Große Ionengeschwindigkeit ist dann überflüssig, so daß eine kleinere Potentialdifferenz genügt.

Endlich wollen wir noch eine sinnreiche Methode erwähnen, die aber bloß bei Edelgasen und Quecksilberdampf möglich ist. Fügt man bei Ne z. B. eine geringe Menge Ar hinzu, dann kann die Durchschlagspannung hierdurch sehr bedeutend erniedrigt werden (Abb. 39). So sinkt bei zwei parallelen Platten in einem Abstand von 2 cm bei 15 tor für das Ne-Gas, durch Beimengung von 0,1% Ar die Durchschlagspannung von 450 V auf 160 V. Atome in langlebigen metastabilen Zuständen (durch Elektronenstöße gebildet) ionisieren durch Zusammenstöße zweiter Art die Atome des beigemengten Gases oder Dampfes (§ 20). Die Bedingung für das Auftreten dieses Effektes ist dann $V_i' \leq V_{\mathrm{ms}}$, wobei V_i' das Ionisationspotential der Beimengung und V_{ms} die Anregungsspannung für das metastabile Niveau des Hauptgases ist. Dieser Effekt kann natürlich mit einem oder mehreren anderen Hilfsmitteln kombiniert werden.

§ 29. Stabilisierung der Gleichstromentladung.

Nahezu alle in Lampen verwendeten Gasentladungen zeigen eine negative Charakteristik $V_l = f(I_l)$, d. h., mit wachsendem Strom I_l

fallende Spannung V_l an den Klemmen der Röhre. Die mathematische Formulierung hierfür lautet: $\frac{dV_l}{dI_l} < 0$. Will man solche Entladungen stabilisieren, dann muß man also Begrenzungswiderstände in den äußeren Stromkreis schalten.

Die meisten Stromverbrauchsapparate haben eine *positive* oder *steigende Charakteristik*, wie z. B. eine Glühlampe; die Klemmenspannung steigt mit dem Strom (Abb. 44), und zwar schneller als direkt proportional, da bei zunehmendem Strom die Temperatur und mit dieser der Widerstand ansteigt.

Eine Gasentladungscharakteristik, welche die Spannung als Funktion des Stromes gibt, enthält eigentlich die resultierende Spannung über die ganze Röhre, deren einzelne Komponenten auf verschiedene Weisen mit dem Strom zusammenhängen. Die Klemmenspannung der Röhre setzt sich aus dem Anodenfall + Spannung der Säule + Spannung des negativen Glimmlichtes + Kathodenfall zusammen.

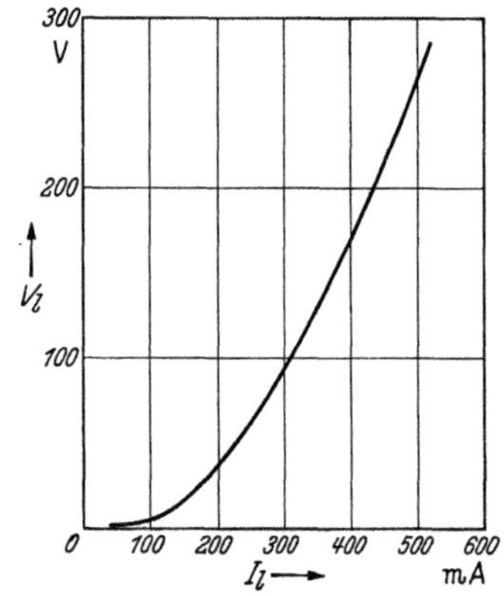

Abb. 44. Positive Charakteristik einer Glühlampe.

Der Anodenfall ändert sich meistens nur wenig mit dem Strom. Der Gradient in der Säule, und bei gegebener Länge also auch die gesamte Säulenspannung, fällt mit wachsendem Strom; bei Entladungen mit langen Säulen ist hauptsächlich diese Spannungsabnahme für die negative Charakteristik verantwortlich. Im Glimmlicht ist der Potentialunterschied meist sehr klein und kann bei großen Strömen sogar negativ werden. Den Kathodenfall wollen wir unter Zugrundelegung einer kalten Kathode betrachten (keine thermische Elektronenemission). Solange die als flache Platte gedachte Kathode nicht vollständig mit Glimmlicht bedeckt ist, bleibt der Kathodenfall konstant, man hat den sog. *normalen Kathodenfall*. Die Stromdichte auf dem bedeckten Teil der Kathodenoberfläche ist dabei ebenfalls für gegebenen Gasdruck und gegebene Metalloberfläche in ein und demselben Gas konstant.

Der Kathodenfall bleibt solange konstant, bis mit steigendem Strom die Kathode vollkommen vom Glimmlicht bedeckt wird und beginnt von da an mit wachsender Stromdichte zu steigen. Abb. 45 gibt eine vollständige Charakteristik des kathodischen Teiles einer Entladung mit nicht fremdgeheizter Kathode bei nicht allzu geringem Gasdruck. *A* ist die Zündspannung. Bei *B* sind die Raumladungen, welche die Glimmentladung kennzeichnen, aufgebaut. *B C* Glimmentladung mit normalem Kathodenfall. *C D* Gebiet des anomalen Kathodenfalles, mit dem Strom bis D steigend, von wo aus thermische Emission der Kathode beginnt, da diese durch die große Energiezufuhr durch positive Ionen aus dem

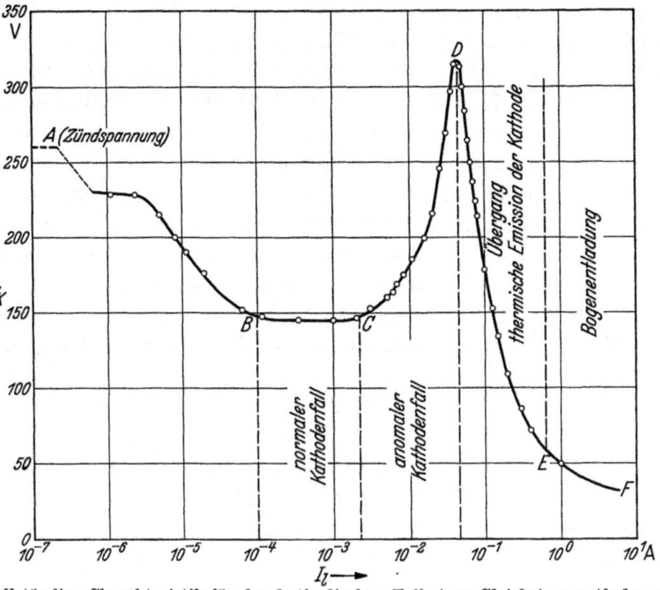

Abb. 45. Vollständige Charakteristik für den kathodischen Teil einer Gleichstromentladung in Neon (50 tor). Parallele Drahtelektroden, Abstand 6 mm, Durchmesser 0,6 mm, Länge 6 mm.

anomalen Kathodenfall stark erwärmt wird. Es entwickelt sich eine Bogenentladung, die bei E vollkommen aufgebaut ist.

Wir wollen nun an Hand eines einfachen Beispieles den Mechanismus der Stabilisierung einer Gasentladung näher betrachten. Hierzu wählen wir eine Glimmentladung, mit kalter Kathode und positiver Säule, die über einen Ohmschen Widerstand an eine Gleichspannung angeschlossen ist (s. Schema in Abb. 46). Die Kurve $A\,B$ in Abb. 46 gibt die Charakteristik für diese Entladung bei normalem Kathodenfall. Der Spannungsverbrauch im Kathodengebiet wird also durch die Ordinaten im Stück BC der Abb. 45: „normaler Kathodenfall" vorgestellt. Bei der angegebenen Schaltung muß die Summe der Spannungen über den Widerstand R und die Lampe l gleich der konstanten Netzspannung U sein:

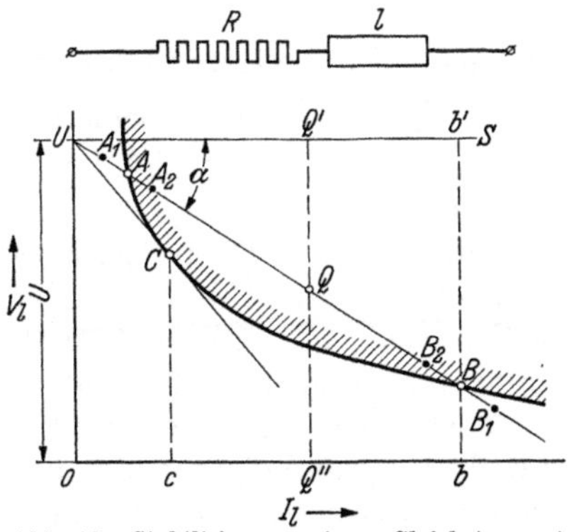

Abb. 46. Stabilisierung einer Gleichstromentladung durch einen Ohmschen Widerstand. B stabiler, A nichtstabiler Punkt.

$$U = R\,I_l + V_l. \qquad (85)$$

V_l und I_l müssen also sowohl der Gleichung der Charakteristik, $V_l = f(I_l)$, als auch Gl. (85) genügen. Die vom Widerstand verzehrte Spannung wird als Funktion des Stromes, in Abb. 46 durch den Abstand $Q\,Q'$, zwischen der sog. Widerstandslinie $U\,Q$ und Linie $U\,S$, dargestellt. Für $I_l = O\,Q''$ bleibt also die Spannung $Q\,Q''$ für die Entladung disponibel. Nur Punkt A und Punkt B erfüllen die beiden genannten Bedingungen, $V_l = f(I_l)$ und (85), gleichzeitig, so daß bei gegebenem U und R diese die einzig möglichen sind.

Welcher von den beiden Punkten einen stabilen Zustand ergibt, hängt noch von den betreffenden Betriebsumständen ab. Dies läßt sich aus der Charakteristik in Abb. 46 nicht ohne weiteres ablesen, sondern man muß hierzu auch das Verhalten der Entladung in den zu beiden Seiten der Kurve AB liegenden Gebieten kennen. Obwohl nur die Punkte auf der Charakteristik stationäre Zustände darstellen, kann sich die Entladung vorübergehend doch in außerhalb der Charakteristik liegenden Punkten befinden. Man kann die Charakteristik als Grenze zwischen zwei Gebieten auffassen: das eine (positive) hat die Eigenschaft, daß, wenn die Entladung sich durch diese oder jene Ursache kurzzeitig darin befindet, der Strom mit der Zeit zunimmt, und das andere (negative), daß der Strom mit der Zeit abnimmt. Bei Gasentladungen mit negativer Charakteristik $\left(\frac{\mathrm{d}V_l}{\mathrm{d}I_l} < 0\right)$ liegt das positive Gebiet im (I_l, V_l)-Diagramm beinahe immer oberhalb der Kurve $V_l = f(I_l)$, so daß wir diese Tatsache im weiteren Verlauf als allgemein geltend annehmen wollen.

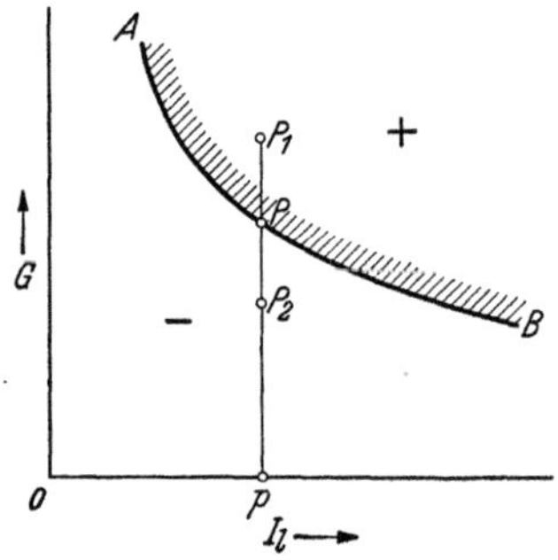

Abb. 47. Positives (schraffiert) und negatives Gebiet bei Gasentladungen mit negativer Charakteristik $\left(\frac{\mathrm{d}V_l}{\mathrm{d}I_l} < 0\right)$, an Hand der positiven Säule.

Nehmen wir z. B. die positive Säule zur Erläuterung des Vorhergehenden. AB in Abb. 47 sei der Verlauf des Spannungsgradienten G als Funktion des Stromes I_l, und setzen wir voraus, daß sich die Entladung im stationären Zustand P befinde, wobei $G = P\,p$ und $I_l = O\,p$ ist. (Bei einer gegebenen Säulenlänge l hat man dann $V_{\text{Säule}} = G \cdot l$, so daß die Schlußfolgerungen, die sich auf G beziehen, auch für $V_{\text{Säule}}$ gelten.) Steigt nun der Gradient aus irgendeinem Grunde auf den Betrag $P_1\,p$, dann wird hierdurch auch die mittlere Endenergie der Elektronen und deren Ionisierungsvermögen steigen [falls die Geschwindigkeit unterhalb des Wertes bleibt, für den die Ionisationswahrscheinlichkeit ein Maximum ist (S. 67), was in der positiven Säule praktisch immer der Fall ist]. Die Elektronen müssen aber erst eine große Anzahl freier Weglängen in dem verstärkten Feld zurückgelegt haben, bevor ihre mittlere Energie den mit dem erhöhten Gradient korrespondierenden Endwert erreicht hat. Diese Umstellung erfordert natürlich Zeit und ist die Ursache der Aufbauträgheit. Die durch die Steigung des Gradienten hervorgerufene Erhöhung des Stromes wird also wegen der Aufbauträgheit der Entladung eine gewisse Zeit benötigen. In dem betrachteten Fall nimmt im Punkt P_1 der Strom mit der Zeit zu $\left(\frac{\mathrm{d}I_l}{\mathrm{d}t} > 0\right)$, das Gebiet oberhalb AB ist „positiv". Im Punkt P_2 sinkt der Strom mit der Zeit $\left(\frac{\mathrm{d}I_l}{\mathrm{d}t} < 0\right)$ und das Gebiet unterhalb AB ist daher „negativ".

Kehren wir nun zu unserem Beispiel in Abb. 46, wo das positive Gebiet gleichfalls oberhalb $\widehat{AB}$ liegt, zurück. Der Punkt B soll ein stabiler Zustand sein, in den die Entladung nach einer Abweichung von selbst wieder zurückkehrt ($I_l = Ob$, $V_l = Bb$). Kleine Schwankungen der Stromstärke sind unvermeidlich und wir denken uns die Entladung nach Punkt B_1 versetzt. Punkt B_1 kann in unserem Falle nur auf der Widerstandslinie liegen, da R konstant ist ($b'\,b = O\,U$ = Netzspannung, $b'B = RI_l$ = Spannung am Widerstand R, Bb = Spannung an den Lampenklemmen für einen Strom $I_l = Ob$). Da B_1 im negativen Gebiet liegt $\left(\frac{\mathrm{d}I_l}{\mathrm{d}t} < 0\right)$, wird der Strom mit der Zeit abnehmen und Punkt B_1 sich längs der Widerstandslinie nach B verschieben. Die Entladung kehrt also in ihren ursprünglichen Zustand zurück. Auf analoge Weise kehrt die Entladung aus Punkt B_2, im positiven Gebiet $\left(\frac{\mathrm{d}I_l}{\mathrm{d}t} > 0\right)$, ebenfalls nach B zurück; B ist also ein stabiler Betriebspunkt. In A ist jedoch kein stabiler Betriebszustand. Kommt die Entladung nach A_1, dann erlischt sie $\left(\frac{\mathrm{d}I_l}{\mathrm{d}t} < 0\right)$ und von A_2 $\left(\frac{\mathrm{d}I_l}{\mathrm{d}t} > 0\right)$ verschiebt sie sich nach B. Unter den angenommenen Verhältnissen [negative Charakteristik $\left(\frac{\mathrm{d}V_l}{\mathrm{d}I_l} < 0\right)$, positives Gebiet oberhalb der Kurve] kann man die Stabilisierungsbedingung auch dadurch ausdrücken, daß die Neigung der Widerstandslinie[1]) größer sein muß als die der Charakteristiktangente im stabilen Punkt. Mathematisch lautet diese Bedingung

$$R > \left|\frac{\mathrm{d}V_l}{\mathrm{d}I_l}\right|, \tag{86}$$

wobei von $\frac{\mathrm{d}V_l}{\mathrm{d}I_l}$ der absolute Wert genommen ist.

An Hand der Abb. 46 kann man nun auch untersuchen, bis zu welchem Wert der Widerstand R bei konstanter Netzspannung erhöht werden darf. Die Widerstandslinie $U\,B$ dreht sich bei Erhöhung von R um U

[1]) $\operatorname{tg}\alpha = \frac{Q'Q}{UQ'} = \frac{V_R}{I_l} = R.$

und der Schnittpunkt B verschiebt sich hierbei nach C. Größer als dem Neigungswinkel der Tangente $U\,C$ in C entspricht, kann man den Widerstand nicht machen, da sich dann kein Schnittpunkt mehr ergibt, d. h., die Lampe erlischt. Bei gegebener Netzspannung kann der Strom also nicht unter einen Minimumwert $O\,c$ sinken.

Wir können nun für eine bekannte Charakteristik einer Entladung und für gegebene Stromstärke $O\,b$ (Abb. 48) den zum Stabilisieren erforderlichen Minimalwiderstand bestimmen. Dies ist graphisch ausgeführt durch das Ziehen der Tangente ($U'B$) im Punkt B an die Charakteristik, deren Neigung den kleinsten Widerstand $R_{\min}$ bestimmt. Man könnte leicht glauben, daß gerade die Bestimmung von $R_{\min}$ für Gasentladungslampen von großer praktischer Bedeutung sei. Bei einem Strom I_l ist der Gesamtverbrauch $U\,I_l$, der Verbrauch in der Lampe $V_l\,I_l$ und der Verlust im Vorschaltwiderstand $R\,I_l^2$. Letzterer hat natürlich auf den Gesamtwirkungsgrad nachteiligen Einfluß und muß daher so klein wie möglich gehalten werden. Man ist jedoch meistens gezwungen, den Widerstand aus verschiedenen Gründen bedeutend größer als $R_{\min}$ zu wählen.

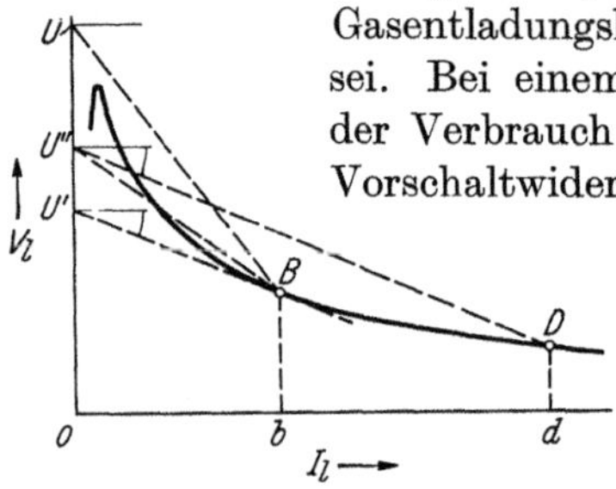

Abb. 48. Minimum-Widerstand $R_{\min}$ für stabilen Betrieb einer Gasentladung: Widerstandslinie = Tangente in B an die Charakteristik.

Bei Verwendung des Minimum-Widerstandes müßte die Netzspannung $O\,U'$ (Abb. 48) genügen. Sobald sie jedoch unter den Wert $O\,U'$ sinkt, und das ist in der Praxis unvermeidlich, erlischt die Lampe.

Eine andere Ursache, warum der Widerstand größer als $R_{\min}$ sein muß, ist, daß er auch den Unterschied zwischen Zündspannung V_z und Brennspannung V_l aufnehmen muß und V_z immer bedeutend höher als V_l liegt. Wohl kann man V_z mit allerlei Hilfsmitteln erniedrigen, aber der Unterschied bleibt immer noch sehr beträchtlich. In Abb. 48 ist $O\,U$ die erforderliche Netzspannung ohne Verwendung besonderer Hilfsmittel zur Zündungserleichterung und $O\,U''$ die praktisch kleinste bei Verwendung solcher Mittel. Zu dieser Netzspannung gehört ein Widerstand $R > R_{\min}$, der durch die Neigung der Geraden $U''B$ bestimmt wird. Würde man bei dieser Minimum-Netzspannung $O\,U''$ den Minimum-Widerstand $R_{\min}$ verwenden, dann würde der Strom bis $O\,d$ anstatt bis $O\,b$ ansteigen. Der Widerstand, der den Spannungsunterschied $V_z - V_l$ aufnehmen muß, wobei $I_l = O\,b$ nicht überschritten wird, ist also belangreich größer als $R_{\min}$ (Neigung von $U''B >$ Neigung $U'B$).

Der Widerstand muß so groß gewählt werden, daß er bei Netzspannungsschwankungen zu große Strom- und Leistungsvariationen verhindert. Werden die Leistungsschwankungen groß, dann können sie sowohl die Lichtstrahlung als auch die Lebensdauer der Lampen ungünstig beeinflussen.

In Abb. 49 ist der Einfluß gleicher prozentueller Netzspannungsschwankung $\Delta U = 0{,}10\, U$ für zwei Fälle von R angegeben. $U_1 U_1' = 0{,}10\, O\, U_1$ und $U_2 U_2' = 0{,}10\, O\, U_2$. Normalstromstärke $I_l = O\, b$. Bei dem großen Widerstand R_2 (Gerade $U_2\, B$) kommt die Entladung nach B_2 und $\Delta_2 I_l = b\, b_2$, bei kleinem Widerstand R_1 (Gerade $U_1 B$) geht B nach B_1 und wird $\Delta_1 I_l = b\, b_1$, wobei $b\, b_1 > b\, b_2$. Bei $\Delta U = -0{,}10\, U$ erlischt die Entladung mit der Charakteristik in Abb. 49 für R_1, da die Widerstandslinie dann durch U_1'' geht und keinen Schnittpunkt mit der Charakteristik liefert.

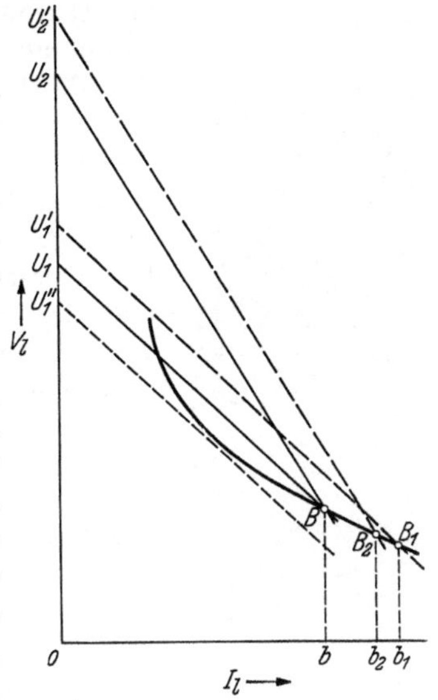

Abb. 49. Einfluß der Größe des Serien-Widerstandes R auf die Stromschwankung ΔI_l bei gleichen prozentuellen ΔU.

In der Praxis muß man mit einem Spannungsverlust am Widerstand von ungefähr 50% der nominalen Netzspannung rechnen. Dadurch wird die Lichtausbeute η_t des Ganzen nur die Hälfte der Lichtausbeute η_l der Lampe allein. Dieser niedrige Gesamtwirkungsgrad ist einer der wichtigsten Nachteile der Gleichstromentladungslampen, der sie für praktische Verwendung unökonomisch macht, während die Lichtausbeute der Lampen selbst größer sein kann als die der Wechselstromtypen. Die Folge hiervon ist, daß nahezu ausschließlich die letzteren für allgemeine Beleuchtungszwecke verwendet werden.

§ 30. Stabilisierung der Wechselstromentladung.

Gehen wir zur Stabilisierung von Wechselstromentladungen über, dann sehen wir sofort, daß das Problem komplizierter wird, da sich hier die Entladungscharakteristik[1]) periodisch ändert. Ist eine Gleichstromentladung einmal aufgebaut, dann erübrigt sich bloß noch das Aufrechthalten des bestehenden Zustandes bezüglich Ionisierungsgrades, Raumladung usw. Abgesehen von kleinen Schwankungen, deren Weiterentwicklung durch den Serienwiderstand endgültig verhindert wird, sind die elektrischen Eigenschaften konstant. Bei Wechselstrom ist dies grundsätzlich anders, da der Strom in jeder Halbperiode seine Richtung umkehrt. Daher muß per Halbperiode, also bei normalem Wechselstrom von etwa 50 Per./s, in $^1/_{100}$ s die Entladung zünden, sich aufbauen bis zur maximalen Stromstärke, und sich wieder abbauen, bis der Strom Null geworden ist. Die folgende Halbperiode verlangt genau denselben

[1]) Im folgenden werden die Effektivwerte der Wechselströme und -spannungen mit I und V bezeichnet und die Momentanwerte mit i und v.

Prozeß, jedoch mit umgekehrter Stromrichtung. Die Elektrode, die in der vorigen Halbperiode Kathode war, wird nun Anode und umgekehrt.

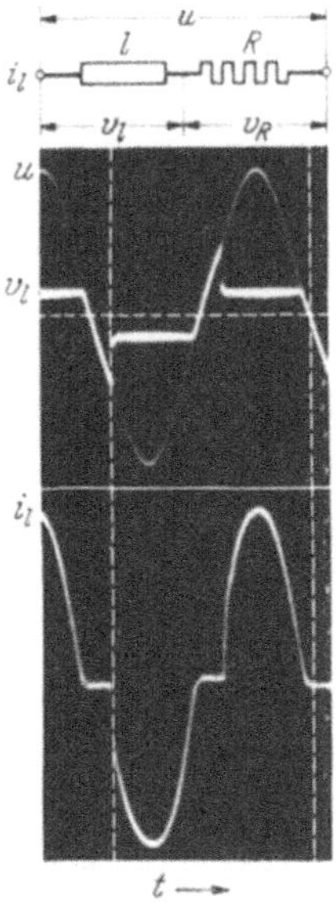

Abb. 50. Spannung v_l und Strom i_l bei einer Wechselstromröhre mit Glühkathode und Ohmschem Stabilisierungswiderstand. Neon: $p = 5$ tor, $D_l = 28$ mm, $U = 220$ V, $I_l = 1$ A, $R =$ etwa 150 Ω, Elektrodenabstand $d = 25$ cm.

Abb. 50 gibt den Strom- und Spannungsverlauf einer mit Ohmschem Widerstand stabilisierten Neonentladung als Funktion der Zeit. Zu Beginn jeder Halbperiode steigt die Spannung v_l, vollkommen der Netzspannung folgend, bis zur „Wiederzündspannung", da der Strom bis dahin praktisch gesprochen Null war. Nach dem Erreichen der Zündspitze sinkt die Spannung v_l und bleibt dann einige Zeit konstant. Der Unterschied zwischen diesem konstanten Wert und der Netzspannung u ist $R \cdot i_l$ und der Strom variiert in diesem Abschnitt ungefähr nach einer Sinusoide.

Wenn man in der Gleichstromröhre von Abb. 46 den Strom durch Änderung des Widerstandes (drehen der Geraden $U\,B$ um den Punkt U) erst zu- und dann abnehmen läßt, wird man im allgemeinen bei derselben Stromstärke auch die gleiche Bogenspannung erhalten, sowohl bei zu- als auch abnehmendem Strom. Dies gilt jedoch nur für nicht allzu schnelle Veränderungen, da sonst (vor allem bei höheren Drücken) bei steigendem i_l die Spannung höher wird als bei fallendem i_l. Bei einer Entladung mit 50periodigem Wechselstrom tritt diese Erscheinung fortlaufend auf, und wenn man hier v_l als Funktion von i_l aufträgt, die sog. *dynamische Charakteristik*, erhält man eine Kurve wie in Abb. 51 gegeben ist. Beim Steigen des Stromes muß die zugeführte momentane Leistung und somit die Spannung so groß sein, daß nicht nur alle Ladungsverluste gedeckt werden, die auftreten würden, wenn der Strom konstant bliebe, sondern daß auch der Ionisierungsgrad zunehmen kann. Bei fallendem Strom ist gerade das Gegenteil der Fall: aus den vorhergehenden Augenblicken sind mehr Ladungen übriggeblieben als für den Momentanwert des Stromes erforderlich sind, so daß ein Teil der normalen Verluste von diesen gedeckt werden kann. Die Ionisation und die Röhrenspannung können daher kleiner sein als bei konstantem Strom erforderlich wäre. In der Kurve $v_l = f(i_l)$ liegt dann auch die Spannung für fallende i_l unter der für steigende i_l.

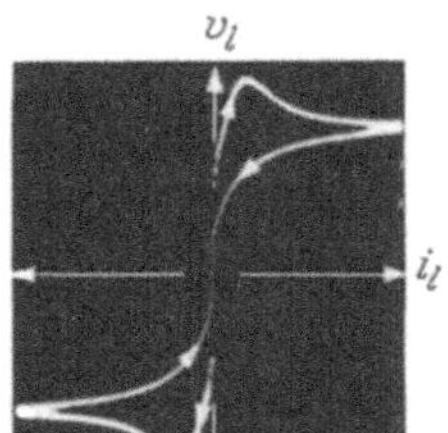

Abb. 51. Dynamische Charakteristik für eine Wechselstromentladung (HP—300, Streuspartrafo).

Vorläufig wird vorausgesetzt, daß der Widerstand der Lampe konstant ist, so daß sie wie ein Ohmscher Widerstand behandelt werden kann.

Die Spannungen v_l (Lampe) und v_L (Drossel) sind dann sinusförmig und es kann die normale Vektordarstellung der Wechselströme angewandt werden. In Wirklichkeit ist der Widerstand der Lampe im Laufe einer Halbperiode stark veränderlich (negative Charakteristik), und zwar vor dem Durchschlag unendlich groß (bei endlicher Klemmenspannung ist der Strom praktisch Null). Doch gibt der Ersatz der Lampe durch einen Ohmschen Widerstand bereits eine ziemlich gute Beschreibung der auftretenden Erscheinungen; wo erforderlich, soll auf die Abweichungen näher eingegangen werden (s. Anhang IV).

Abb. 52 a gibt das Vektordiagramm für eine Wechselstromentladung, die mit einem Ohmschen Widerstand stabilisiert ist. Die Spannung V_l an der Röhre l, der Strom I_l und die Netzspannung U sind miteinander in Phase und es gilt $U = V_l + R\,I_l$. Diese Schaltung hat hier jedoch wieder die gleichen Nachteile wie beim Gleichstrombetrieb, nämlich die großen Wattverluste im Widerstand und außerdem noch die Schwierigkeit der Wiederzündung (s. S. 102); sie kommt darum auch praktisch nicht in Betracht.

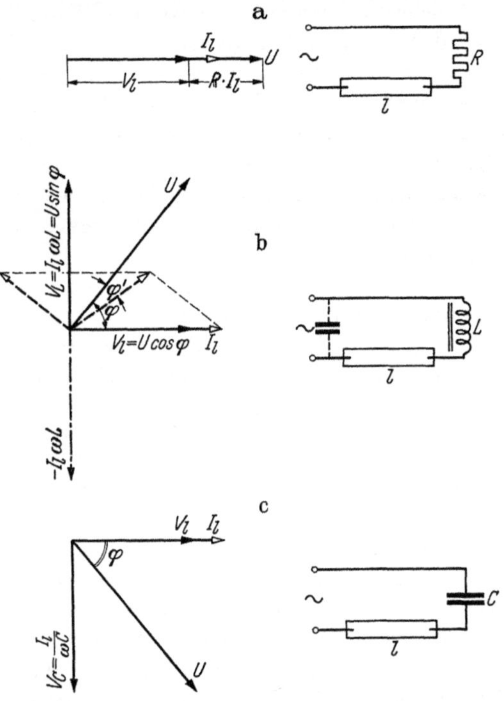

Abb. 52 a—c. Stabilisierung einer Wechselstromentladung. Vektordiagramm: a mit Widerstand R, b mit Drosselspule L, c mit Kondensator C.

Abb. 52b gibt das Vektordiagramm für eine Wechselstromentladung mit Drosselspule als Stabilisierungswiderstand. Bekanntlich ist die in einer Drosselspule mit der Selbstinduktion L durch den Strom I_l induzierte Spannung $V_L = \omega L I_l$, um 90° dem Strom nacheilend (strichpunktierter Vektor in Abb. 52b). ($\omega = 2\pi\nu$, ν = Wechselstromfrequenz, meistens $\nu = 50$ Per./s und somit $\omega = 314$, L = Selbstinduktion in Henry, I_l = Effektivwert des Stromes in A und daher V_L in V).

Da die Netzspannung eine Komponente liefern muß, die der induzierten Spannung das Gleichgewicht hält, kann sie mit dem Strom I_l und der Bogenspannung V_l nicht mehr in Phase sein, sondern muß mit diesen einen Winkel φ bilden, um die entsprechende Gegenspannung liefern zu können. Bei dieser Schaltung hat man im Stabilisierungselement bloß die geringen Kupferverluste des Ohmschen Widerstandes der Wicklung und die Eisenverluste infolge der magnetischen Hysteresis. Beide können durch geeignete Dimensionierung sehr klein gehalten werden, so daß der Gesamtwirkungsgrad der Installation, Lampe plus Stabilisierungselement, nur wenige Prozent kleiner ist als der Wirkungsgrad der Lampe allein (meistens um etwa 10%). Wohl hat man hierbei den Nachteil der Phasenverschiebung (induktive Belastung), doch wiegt dieser nicht gegen die Vorteile, die sich bei praktischer Verwendung ergeben (gute Wiederzündung), auf, so daß die Drosselspule hier ziemlich allgemein als Strombegrenzer verwendet wird. Wo die induktive Belastung schließlich nicht zugelassen werden kann, wird durch parallel geschaltete Kondensatoren der Verschiebungsfaktor $\cos\varphi$ verbessert (strichliert in Abb. 52b).

Endlich ist es auch möglich, eine Wechselstromentladung durch Kondensatoren zu stabilisieren, wie schematisch in Abb. 52c angegeben ist. In diesem Falle muß die Netzspannung eine dem Strom nacheilende Komponente an den Kondensatorklemmen liefern, deren Effektivwert $V_C = \frac{I_l}{\omega C}$ (C in F) beträgt. Hierdurch eilt die Netzspannung dem Strom I_l und der Entladungsspannung um den Winkel φ nach ($V_l = U\cos\varphi$, $V_C = U\sin\varphi$). Die Wattverluste sind hier wieder sehr klein und vermindern den Lampenwirkungsgrad praktisch nicht. Die Phasenverschiebung muß man dann wieder in den Kauf nehmen (kapazitive Belastung), doch ist diese beinahe niemals hinderlich, da die meisten Netze doch induktiv belastet sind und der $\cos\varphi$ des Netzes also verbessert wird. Die Schwierigkeit liegt hier jedoch bei der Entladungsröhre selbst (Stromstöße infolge der Kondensatorentladung über den Eigenwiderstand der Lampe mit negativer Charakteristik).

Wir müssen erst näher auf das Funktionieren der Wechselstromlampe eingehen, bevor wir die Vor- und Nachteile der drei genannten Stabilisierungsmethoden richtig beurteilen können.

Wie wir bereits erwähnten, erlischt die Entladung am Ende jeder Halbperiode vollständig, da der Strom bei seiner Richtungsumkehr durch Null geht; sie muß daher zu Beginn jeder Halbperiode wieder gezündet werden. Im allgemeinen wird nun diese „Wiederzündung" leichter erfolgen als die erste Zündung beim Inbetriebsetzen der Lampe, da zufolge des Stromdurchganges in der vorhergehenden Halbperiode Restladungen übriggeblieben sind, die als Vorionisation fungieren. Nachdem der Strom am Ende der Halbperiode Null geworden ist, verschwinden die übriggebliebenen Elektronen und Ionen allmählich durch Rekombination an der Wand oder im Gas. Da die Durchschlagspannung von der Größe der im Gasraum vorhandenen Ladungen abhängig ist, und zwar um so kleiner wird, je mehr Ladungen anwesend sind, wird eine um so kleinere Spannung genügen, je rascher die Wiederzündung dem Abbrechen folgt. Abb. 53 gibt schematisch die „Wiederzündspannung" als Funktion der Zeit, die seit dem Abbrechen des Stromes verlaufen ist; sie steigt mit der Zeit und nähert sich asymptotisch dem Wert der „ersten Zündspannung" (V_z statisch).

Vom Standpunkt der Wiederzündung ist die Drossel unbedingt das günstigste Stabilisierungselement. Infolge der Induktivität der Drossel eilt der Strom i_l der Netzspannung u nach (Abb. 54b). Die Drosselspannung $v_L = -L\frac{\mathrm{d}i_l}{\mathrm{d}t}$ ist Null, wenn i_l ein Maximum ist $\left(\frac{\mathrm{d}i_l}{\mathrm{d}t} = 0\right)$ oder, wenn i_l Null bleibt (gleichfalls $\frac{\mathrm{d}i_l}{\mathrm{d}t} = 0$). Da nun am Anfang jeder Halbperiode, wo für kurze Zeit $i_l = 0$ und $\frac{\mathrm{d}i_l}{\mathrm{d}t} = 0$, also auch $v_L = 0$ ist, der Momentanwert der Netzspannung vollständig an den Klemmen der Röhre liegt und infolge der Phasenverschiebung zwischen i_l und u einen relativ hohen Wert hat, findet der Spannungsanstieg von v_l sehr rasch statt (Zündspitze). Bei der Schaltung in Abb. 50, mit Ohmschem Widerstand als Stabilisierungselement, folgt der Spannungsanstieg dem sinusförmigen Verlauf von u. Wie in Abb. 53 gezeigt wurde, erniedrigt aber der schnelle Spannungsanstieg die erforderliche Zündspannung.

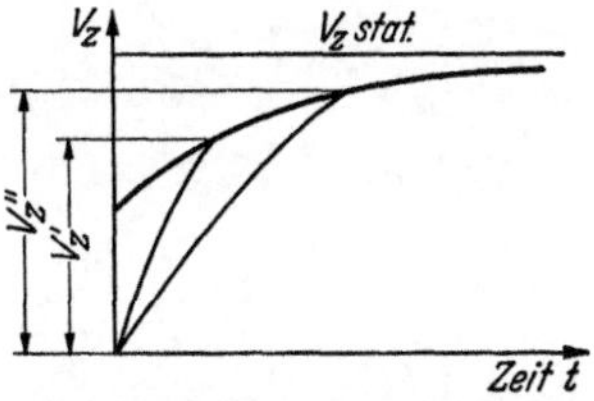

Abb. 53. Verlauf der Wiederzündspannung als Funktion der Zeit, vom Augenblick des Abbrechens des Stromes an gerechnet, für Wechselstromentladung: V'_z für L in Serie (schnelles Ansteigen der Spannung), V''_z für R in Serie (schematisch).

Der Einfluß der Drossel äußert sich nicht nur in der Phasenverschiebung, sondern auch in einer Veränderung der Stromkurve i_l und Spannungskurve v_l in der Nähe des Nulldurchganges (Abreißspitze am Ende der Halbperiode, Abb. 54b). Die Spannung v_l an den Klemmen der Röhre steigt und verhindert, daß der Strom vor dem Ende der Halbperiode Null wird (vgl. dazu im Gegensatz Abb. 50 — i_l), so daß die Restionisation nach der Spannungsumkehr größer ist und wie oben, abermals die Wiederzündspannung erniedrigt wird.

Beide Faktoren also, die Phasenverschiebung und die Verzögerung des Stromabbruches, verkürzen die Zeit zwischen Erlöschen und Wiederzündung und erleichtern dadurch die letztere.

Vergleichen wir nun noch den früher erwähnten Fall, wobei wir die Entladung als Ohmschen Widerstand betrachteten, mit dem zuletzt behandelten. In Abb. 54a sind die entsprechenden Kurven für diesen vereinfachten Fall angegeben. Man findet von oben nach unten die Momentanwerte der Netzspannung u, des Stromes i_R (Lampe durch Widerstand ersetzt), der Widerstandsspannung v_R (Ersatzspannung für v_l) und der Drosselspannung v_L. Die Unterschiede in den Kurven links und rechts der Abb. 54 sind nun gerade darauf zurückzuführen, daß eine Entladung bei genauer Betrachtung nicht als konstanter Widerstand aufgefaßt werden darf. Die linke Seite der Abb. 54 korrespondiert mit den voll ausgezogenen Linien des Vektordiagrammes von Abbildung 52b (Entladung durch Widerstand ersetzt gedacht). Der Strom i_R eilt der Netzspannung u nach, die Spannung $v_R = i_R \cdot R$ ist mit dem Strom i_R in Phase. Wenn i_R genau sinusförmig ist, muß dies auch der Fall mit der Drosselspannung v_L sein. Der Strom i_R ist aber einigermaßen verzerrt, d. h. er enthält infolge der magnetischen Sättigung im Eisen der Drossel höhere Harmonische. Diese höheren Harmonischen zeigen sich auffallend in der Drosselspannung, da die induzierte Spannung $v_L = -L\frac{di}{dt}$ mit der Frequenz des durchgehenden Stromes zunimmt.

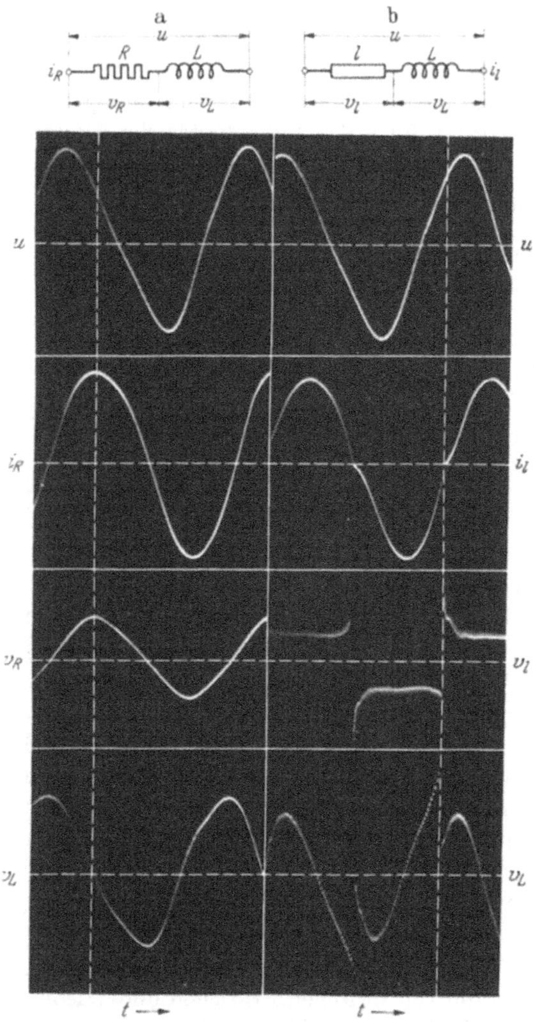

Abb. 54 a und b. Oszillogramm von: a Drossel L in Reihe mit Ohmschem Widerstand R als Ersatz der Entladung. Netzspannung u, Strom i_R, Widerstandsspannung v_R, Drosselspannung v_L als Funktion der Zeit. b Drossel in Reihe mit Entladung. Netzspannung u, Strom i_l, Entladungsspannung v_l, Drosselspannung v_L.[1]) als Funktion der Zeit.

Man kann auch die drei verschiedenartigen Stabilisierungselemente: Widerstand, Drosselspule und Kondensator miteinander kombinieren. In der Praxis wird bisher meist nur eine Drosselspule verwendet.

In den Diagrammen von Abb. 52 wurde angenommen, daß i_l und v_l sinusförmig sind, in Wirklichkeit

[1]) Die kleinen Diskontinuitäten in der v_L-Kurve und die Strichdicke der v_l-Kurve sind eine Folge des Auftretens von Schichten in der aufgenommenen Neonentladung. Dieselbe Röhre wie in Abb. 50; $I_l = 1$ A, $U = 220$ V.

tritt jedoch eine bedeutende Verzerrung auf. Beim Strom ist die Verformung nicht so ausgeprägt und beschränkt sich auf das Entstehen einer dritten Harmonischen von geringer Stärke. Bei der Spannung v_l hingegen tritt infolge der Zündspannung und des plötzlichen Abbruches sehr starke Verformung (höhere Harmonische) auf, die eine scheinbare Phasenverschiebung verursacht. Mißt man den Wattverbrauch der Entladung N_l und die Effektivwerte von Strom und Spannung, I_l und V_l, dann gibt der Quotient $\frac{N_l}{I_l V_l}$ den *Verzerrungsfaktor ψ der Entladung*, der kleiner als 1 ist.

Mit Hilfe des Schemas Abb. 55, bei dem der Strom sinusförmig und die Spannung rechteckig angenommen ist, kann man den Verzerrungsfaktor ψ schätzen. Nach der oben genannten Definition erhält man:

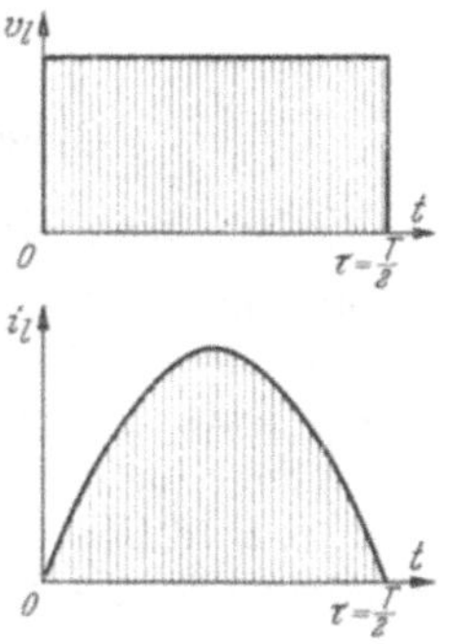

Abb. 55. Schema zur Berechnung des Verzerrungsfaktors ψ ($\tau = \frac{T}{2}$ = Zeitdauer einer Halbperiode).

$$\psi = \frac{N_l}{I_l V_l} = \frac{\frac{1}{\tau}\int\limits_0^\tau v_l\, i_l\, dt}{\sqrt{\left(\frac{1}{\tau}\int\limits_0^\tau v_l^2\, dt\right)\left(\frac{1}{\tau}\int\limits_0^\tau i_l^2\, dt\right)}}, \quad (87)$$

wobei τ die Zeitdauer einer Halbperiode, bzw. einer Entladungsphase ist.

Für den rechteckigen Spannungsverlauf wird $v_l = V_{m\,l} = V_l$ (die Spannung ist konstant) und vorhergehender Ausdruck lautet:

$$\psi = \frac{\frac{V_l}{\tau}\int\limits_0^\tau i_l\, dt}{V_l\sqrt{\frac{1}{\tau}\int\limits_0^\tau i_l^2\, dt}}$$

und mit $i_l = I_{m\,l} \sin \omega t$ erhält man nach Integration und Vereinfachung, wobei $\omega \tau = \pi$

$$\psi = \frac{\frac{V_l}{\tau}\cdot\frac{2\, I_{m\,l}}{\omega}}{V_l \frac{I_{m\,l}}{\sqrt{2}}} = \frac{2\sqrt{2}}{\pi} = 0{,}90.$$

Praktische Messungen an Entladungen ergeben Werte von gleicher Größenordnung, meist zwischen 0,85 und 0,95. Diese scheinbare Phasenverschiebung läßt sich nicht mit Hilfe eines Kondensators aufheben und ist wohl zu unterscheiden von der wirklichen Phasenverschiebung ($\cos \varphi$), die bei s i n u s f ö r m i g e n Wechselgrößen auftritt. Bei einer mit Drosselspule oder Kondensator stabilisierten Gasentladungslampe treten sowohl der Verzerrungsfaktor ψ als auch der Verschiebungsfaktor $\cos \varphi$ auf.

Bei Stabilisierung mit Ohmschem Widerstand tritt keine wirkliche Phasenverschiebung auf (der Verschiebungsfaktor $\cos\varphi = 1$), da Strom i_l und Spannung u gleichzeitig durch Null gehen. Die Verzerrung der Entladung ist bei Verwendung eines Ohmschen Widerstandes als Stabilisator stärker als bei einer Drossel ($\psi_{\text{Ohmsch}} < \psi_{\text{Drossel}}$), da die Wiederzündung später eintritt (S. 103).

Sechstes Kapitel.

Erscheinungen an den Elektroden.

§ 31. Kalte Kathode. Normaler und anomaler Kathodenfall.

Man kann beim Kathodenfall zwei verschiedene Fälle unterscheiden, je nachdem er bei kalter Kathode oder Glühkathode auftritt. Bei ersterer ist die Kathode auf so niedriger Temperatur, daß die thermische Elektronenemission keine nennenswerte Rolle spielt. Die Elektronen werden dann z. B. durch die positiven Ionen aus der Kathode befreit. Bei der Glühkathode werden die Elektronen hauptsächlich durch thermische Emission erzeugt, wobei die Erwärmung entweder durch die Entladung selbst erfolgen kann (entladungsgeheizte Kathoden) oder durch einen gesonderten Glühstrom (fremdgeheizte Kathoden). Ursprünglich verwendete man in Gasentladungslampen nur kalte Kathoden und erst später wurde die Anwendung der Glühkathoden ganz allgemein.

Beim Vergleich der kalten mit der Glühkathode fällt vor allem der hohe Wert des Kathodenfalles V_K bei der erstgenannten als großer Nachteil auf. Dieser verursacht in dem Kathodengebiet großen Leistungsverbrauch ($I_l V_K$), ohne dafür eine nennenswerte Lichtproduktion gegenüber zu stellen. Für eine Leuchtröhre ergibt dieser Verbrauch einen Verlust, so daß der Gesamtwirkungsgrad viel kleiner ist als der Wirkungsgrad der positiven Säule allein. So ist z. B. für eine Neon-Lichtreklameröhre normaler Ausführung (Innendurchmesser des Rohres $D_1 = 10$ mm, Gasdruck $p = 10$ tor, Eisenkathoden) der Kathodenfall 180 V (einigermaßen anomal) und der Gradient in der positiven Säule 5,5 V/cm. Für ein Rohr von 150 cm Länge wird der Wirkungsgrad also im Verhältnis $\frac{150 \cdot 5{,}5}{150 \cdot 5{,}5 + 180} = \frac{825}{1005}$, d. h. um etwa 20% erniedrigt. Aus diesem Grunde verwendet man Hochspannungsröhren mit sehr langer positiver Säule, da hierdurch der Kathodenfall im Verhältnis zum Spannungsverbrauch des lichtgebenden Entladungsteiles nicht so sehr ins Gewicht fällt.

Bei der kalten Kathode ist die Stromdichte begrenzt, wenn man den Kathodenfall nicht beliebig ansteigen lassen will. Ein stark anomaler Kathodenfall verursacht neben den Energieverlusten noch weitere Nachteile.

Wir sahen bereits bei der Besprechung der Abb. 45, daß der Kathodenfall konstant bleibt, solange nicht die gesamte Kathodenoberfläche mit Entladung bedeckt ist (normaler Kathodenfall V_{Kn}). V_{Kn} ist praktisch vom Gasdruck unabhängig und hat für eine gegebene Kombination von Gas und Metall einen bestimmten Wert (Tabelle 8). V_{Kn} ist klein für große γ (= Anzahl befreiter extra Elektronen per auftreffendem Ion) und für Gase, deren α (= Anzahl Ionisationen, die ein Elektron auf 1 cm seines Weges verrichten kann) groß ist. Für ein gegebenes Gas ist V_{Kn} dem Austrittspotential V_{Φ} des Kathodenmetalles proportional.

Wird in einer Entladung mit normalem Kathodenfall der Strom erhöht, dann breitet sich das Glimmlicht auf der Kathodenoberfläche aus, und zwar dermaßen, daß die Stromdichte per cm² bedeckter Kathodenoberfläche konstant bleibt. Diese normale Stromdichte

Tabelle 8. Normaler Kathodenfall V_{Kn} in V.

Kathodenmetall \ Gas	N_2	H_2	He	Ne	Ar	Hg
Na	178	185	80	75	—	—
Cu	208	214	177	220	131	447
Ba	157	—	86	—	93	—
Hg	226	270	143	—	—	340
Al	179	171	141	120	100	245
Wo	—	—	—	125	—	305
Fe	215	198	153	150	131	389
Ni	197	211	158	140	131	275

Tabelle 9. Normale Stromdichte j_{no} bei 1 tor und 20° C in μA/cm².

Kathodenmetall \ Gas	N_2	H_2	He	Ne	Ar	Hg
Cu	—	64	—	—	—	≈ 15
Al	—	90	—	—	—	4
Fe	400	72	2,2	6	160	8
Ni	← etwa wie Fe →					—

ist von der Kombination Gas-Metall abhängig und bei flacher Kathode proportional dem Quadrat des Gasdruckes (die Temperatur ist hierbei konstant gedacht, so daß die Gasdichte dem Druck proportional ist): $j_n = j_{no} \cdot p^2$; j_{no} ist der Wert für den Druck von 1 tor und p der Druck in tor (Tabelle 9). Die Dicke des Crookes-Hittorfschen Dunkelraumes d_n ist bei normalem Kathodenfall dem Druck umgekehrt proportional (bei konstanter Temperatur) und daher proportional der freien Weglänge der Elektronen im Gas.

Der maximale Strom, den man also bei normalem Kathodenfall durch die Röhre senden kann, ist bei gegebener Gasdichte: $I_l = j_n f$ A, wobei j_n = normale Stromdichte in A/cm² und f = Kathodenoberfläche in cm² ist. Überschreitet man diesen Strom, dann erhält man einen anomalen Kathodenfall. Die Stromdichte nimmt dann wohl zu, doch auf Kosten eines erhöhten Kathodenfalles V_K; hierbei vermindert sich die Dicke d des Crookes-Hittorfschen Dunkelraumes. Beide Folgeerscheinungen, Zunahme von V_K und Abnahme von d, verursachen ein heftigeres Auftreffen der Ionen auf die Kathode. γ wird dadurch größer, aber gleichzeitig tritt nun auch intensiveres Zerstäuben des Kathodenmetalles auf. Die mit großer Energie auftreffenden Ionen reißen Atome aus der Metalloberfläche, und diese setzen sich an den Wänden der Röhre ab. Dieser Anschlag erzeugt nicht nur Lichtabsorptionsverluste, sondern ist auch imstande, große Mengen der Gasfüllung aufzunehmen. Hierdurch steigert sich der anomale Kathodenfall noch mehr, da die Gasdichte kleiner wird; die Zerstäubung wird ebenfalls stärker und schließlich wird der Gasverlust so groß, daß die Entladung zu flackern beginnt oder überhaupt nicht mehr zündet [1]).

Die große Energieaufnahme im Kathodenfall erzeugt eine lokale Temperaturerhöhung und diese kann durch die hierdurch bedingte geringere Gasdichte [2]) einen anomalen Kathodenfall verursachen, trotzdem man auf Grund des bei Zimmertemperatur gemessenen Druckes und der angewandten Stromdichte einen normalen erwarten sollte. Man darf daher eine kalte Kathode nicht zu schwer belasten. Reklameleuchtröhren haben deshalb, soweit nicht Glühkathoden verwendet werden, zylinderförmige Elektroden mit großer Oberfläche.

§ 32. Kathodenfall bei Glühkathoden.

In der Verwendung der Glühkathoden hat man ein einfaches Mittel, um den Kathodenfall von z. B. 150 V auf z. B. 20 V zu erniedrigen. Bei genügend hoher Temperatur treten die Elektronen von selbst aus der Kathode, so daß die Ionen nur mehr die Erzeugung der Raumladung zu besorgen haben. Es erscheint vielleicht merkwürdig, daß man durch Energiezufuhr von außen bei der fremdgeheizten, im Vergleich zur kalten Kathode, Energie spart. Doch bedenke man, daß wegen des kleinen γ der Befreiungsprozeß bei der kalten Kathode sehr unökonomisch ist. So ist z. B. bei einer kalten Kathode mit 150 V Kathodenfall (Fe in

[1]) Die Aufzehrung des Füllgases kann jedoch auch stattfinden, wenn die Zerstäubung der Kathode durch geeignete Konstruktion hintangehalten wird. Man nimmt dann an, daß die positiven Ionen in das Kathodenmetall hineingeschossen werden und nach Neutralisation als Atome steckenbleiben.

[2]) Da der Druck $p = n k T$ (14) in der geschlossenen Röhre überall gleich groß sein muß, sowohl an kalten wie an warmen Stellen, wird an letzteren die Dichte n (= Anzahl Teilchen per cm³) des Gases geringer sein, da T höher ist.

Ne) per 100 mA Betriebsstrom der Leistungsverbrauch im Kathodenfall 15 W. Bei einer gesondert erhitzten Glühkathode ist dieser Verbrauch in der Größenordnung von 2,5 W per 100 mA, wobei 1 W hiervon für die Erwärmung der Kathode erforderlich ist und 1,5 W im Kathodenfall verbraucht wird. Sowohl bei kalter als auch bei Glühkathode kommt ein wesentlicher Teil der Leistung $I_l V_K$ den kathodischen Leuchterscheinungen zugute.

Betrachten wir nun eine Glühkathode in einer Edelgasentladung bei einem Druck in der Größenordnung von 10 tor und einem Entladungsstrom, kleiner als der Sättigungsstrom der Kathode bei der angewandten Betriebstemperatur. Bei diesen Verhältnissen befindet sich zwischen der Kathodenoberfläche und dem ionisierten Gas eine Raumladungsschicht, deren Dicke einige 10^{-2} cm beträgt [1]) und wobei der Potentialunterschied V_K von der Größenordnung der Ionisationsspannung ist. Die Elektronen, die von der erhitzten Kathode ausgesandt werden, kommen mit einer Energie, die ungefähr gleich V_K ist, in die Entladung. An der Außenseite werden die positiven Ionen, die die Oberfläche der die Kathode bedeckenden Raumladungsschicht treffen, im Feld beschleunigt und von der negativen Elektrode aufgefangen. Die Elektronen aus der Entladung können jedoch nicht tief in den Kathodenraum eindringen, da sie durch das Gegenfeld gebremst und reflektiert werden (Abb. 56).

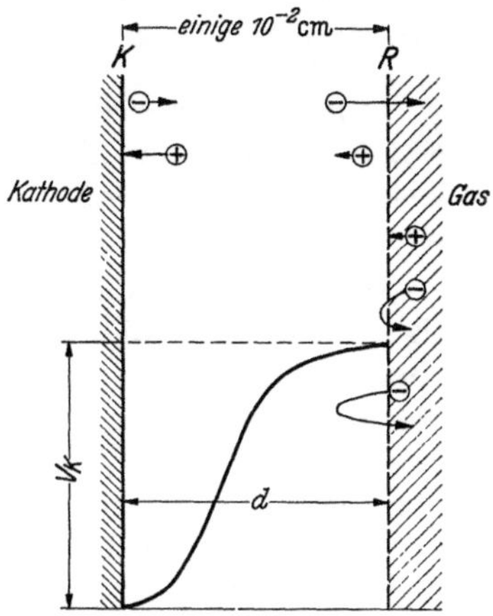

Abb. 56. Kathodenfall bei Glühkathode in ionisiertem Gas.

Man hat hier einen durch Raumladung begrenzten Strom, der im Gegensatz zu dem in § 3 besprochenen von Ladungen verschiedener Vorzeichen getragen wird. Man nennt diesen einen raumladungsbegrenzten *Ambipolarstrom*.

Auf analoge Weise, wie in § 3 für reinen Elektronenstrom ausgeführt wurde, kann auch dieser durch Raumladung begrenzte Strom berechnet werden, wobei die Raumladungsdichte an jeder Stelle durch $\varrho = (n_p - n_e)\, e$ gegeben ist. Hierbei vernachlässigt man Zusammenstöße, da die Schicht sehr dünn ist und nimmt an, daß sowohl der Elektronen- als auch der Ionenstrom durch Raumladung begrenzt wird, d. h. die Feldstärke an den Grenzflächen Null ist (Abb. 56). Man findet dann für die positiven Ionen j_p:

$$j_p = \frac{1{,}86}{9\pi} \sqrt{\frac{2e}{m_p}}\, \frac{V^{\frac{3}{2}}}{d^2} \tag{88}$$

[1]) Zum Beispiel für Ar bei 10 tor und 1 A/cm² ist die Dicke 0,1 mm.

und für die Elektronen j_e:

$$j_e = \frac{1{,}86}{9\pi}\sqrt{\frac{2e}{m_e}}\,\frac{V^{\frac{3}{2}}}{d^2}\,. \tag{89}$$

Die Bedeutung der Zeichen ist dieselbe wie in (8), wobei m_p die Masse der positiven Ionen und m_e die Masse der Elektronen vorstellt. Bei Vergleich von (89) mit (8) sieht man, daß durch das Auftreten des positiven Ionenstromes der Elektronenstrom ungefähr auf das Zweifache gestiegen ist. Das gleiche gilt für den Ionenstrom j_p, wenn man den Wert aus (88) mit (8) vergleicht, wobei für m_e, m_p gesetzt wird. Wie aus vorhergehenden Gleichungen leicht abzuleiten ist, ergibt sich $\frac{j_p}{j_e} = \sqrt{\frac{m_e}{m_p}}$ und dieses Verhältnis beträgt somit für He: $11{,}7 \cdot 10^{-3}$, Ne: $5{,}22 \cdot 10^{-3}$ und Ar: $3{,}72 \cdot 10^{-3}$. Je schwerer das Ion ist, desto kleiner wird der erforderliche Ionenstrom im Vergleich zum Elektronenstrom.

Der Potentialverlauf in der dünnen Schicht ist in Abb. 56 schematisch angegeben (die Austrittsgeschwindigkeit der Elektronen aus der Kathode ist hierbei vernachlässigt). In der Nähe der Kathode haben die Elektronen kleine Geschwindigkeiten, die Ionen nach dem Durchlaufen von V_K große und die negative Raumladung der Elektronen überwiegt. Rechts vom Wendepunkt in der Spannungskurve überwiegt die positive Raumladung, da hier die Elektronen bereits große Geschwindigkeit besitzen, während die Ionen am Beginn ihrer beschleunigten Bewegung sind. Die Stromdichten, die man mit derartigen Kathoden erreichen kann, sind sehr groß und betragen z. B. in Gleichrichtern 5—10 A/cm² (Hg + Ar-Grundfüllung von 0,6 tor).

Beim Kathodenfall an einer kalten Kathode sahen wir, daß die Ionisierung im Dunkelraum und Glimmlicht für die Instandhaltung der Raumladung sorgt, wodurch ein einigermaßen unabhängiger Entladungsteil entsteht. Ein ungefähr ähnlicher Vorgang spielt sich auch bei einer Glühkathode ab, doch ist die Anzahl der erforderlichen Ionen aus den bereits genannten Gründen viel geringer. Die Ionisation erfolgt hier nicht im Dunkelraum, sondern hauptsächlich außerhalb. Während man nun einen Kathodenfall erwarten sollte, der mindestens gleich der Ionisationsspannung ist, ergibt sich bei genügend hoher Kathodentemperatur jedoch ein kleinerer ($V_K < V_i$).

Wenn die von K kommenden Elektronen die Fläche R durchschreiten, haben sie (abgesehen von den Unterschieden in den kleinen Austrittsenergien) nahezu alle die dem Spannungsunterschied V_K entsprechende Geschwindigkeit. Im Gasraum werden ihre Geschwindigkeiten durch die Wirkung der dort anwesenden Ladungen so zerstreut, daß bereits in kurzem Abstand von R eine Maxwell-Verteilung entsteht, und wie S. 68 angeführt, erzeugen nun die Elektronen mit relativ großer Energie die erforderliche Ionisation. Ist z. B. die mittlere Energie der Elektronen $\overline{V}_e = 0{,}4\, V_i$, dann können noch etwa 5% von der gesamten Anzahl ionisieren. Oft spielen in diesem Fall der Glühkathode auch die kumulativen Effekte eine große Rolle. Wenn man nun noch bedenkt, daß z. B. bei Neon ein Ion bei gleicher Energie einen Strom von etwa 200 Elektronen neutralisieren kann, dann wird das Auftreten von den niedrigen V_K-Werten begreiflich.

Bei der Verwendung von Glühkathoden bleibt der Entladungsstrom I_l meistens unter dem Sättigungsstrom I_s. Übersteigt I_l den Wert I_s, dann muß der Unterschied $I_l - I_s$ zum Teile von positiven Ionen transportiert werden[1]). Das Verhältnis $\frac{j_p}{j_e}$ wird größer als $\sqrt{\frac{m_e}{m_p}}$, in dem Raum vor der Kathode wird intensivere Ionisation erfordert und V_K steigt. Hierbei steigt nicht nur die Anzahl der auf die Kathode auftreffenden Ionen, sondern auch deren Energie, so daß vor allem hierdurch Zerstäubung und Vernichtung der emittierenden Oberfläche verursacht werden kann.

Wie wir bereits früher erwähnten, wird in einer Wechselstromentladung jede Elektrode in der einen Halbperiode Kathode und in der darauffolgenden Anode. Die an der Anode auftretenden Vorgänge beeinflussen die an derselben Elektrode in der folgenden Halbperiode entstehenden nicht wesentlich, wenn es sich um kalte oder gesondert erhitzte Elektroden handelt. Bei entladungserwärmten Elektroden ist dieser Einfluß jedoch ausschlaggebend und wir müssen daher erst den Anodenfall näher untersuchen.

§ 33. Anodenfall.

Das Entstehen eines Anodenfalles läßt sich qualitativ auf Grund der Eigenschaften der positiven Säule ungefähr folgendermaßen erklären. Der Strom wird von der Kathode zur Anode als Elektronenwolke transportiert, die sich mit einer bestimmten Geschwindigkeit durch eine (im Verhältnis zur Elektronengeschwindigkeit) praktisch stillstehende Ionenwolke bewegt. Die nach dem Maxwellschen Gesetz [Formel (18)] verteilten Geschwindigkeiten der Elektronen sind jedoch viel größer als die Fortschreitungsgeschwindigkeit der Wolke zur Anode hin (§ 18). Natürlich kann die Geschwindigkeitsverteilung nicht isotrop sein, da sonst kein Stromtransport stattfinden könnte, aber in erster Annäherung darf man doch Isotropie annehmen, da die Fortschreitungsgeschwindigkeit der Wolke im Verhältnis zur wahrscheinlichsten Geschwindigkeit v_w der Maxwell-Verteilung klein ist.

[1]) Die Elektronenemission wird hierdurch auch noch erhöht, weil die Feldstärke an der Kathodenoberfläche nun hohe Werte erreichen kann. Unter dem Einfluß von derart starken äußeren Feldern kann die Elektronenemission bis über den Sättigungswert steigen (Schottky-Effekt).

Durch ein Flächenstück von 1 cm², normal zur Achse der Säule, wird eine Anzahl Elektronen per s gehen, die nach (28)

$$\nu_e = n_e \sqrt{\frac{k T_e}{2 \pi m_e}}$$

ist. n_e = Konzentration der Elektronen = Anzahl per cm³, m_e = Masse eines Elektrons, T_e = äquivalente Temperatur der Elektronen, bestimmt durch Gl. (34):

$$\frac{3 k T_e}{2} = \frac{m_e \overline{v_{ef}^2}}{2} = e \overline{V_e}.$$

Der mit ν_e korrespondierende Strom per cm² ist

$$j_e = \nu_e e$$

und wird „random current" (ungerichteter Strom) genannt. Setzt man in obenstehenden Ausdrücken die Werte ein, wie sie in Säulen vorkommen, z. B. $V_e = 3$ V oder $T_e = 23200°$ K, $n_e = 10^{10}$ Elektronen/cm³, dann erhält man $j_e = 3{,}78 \cdot 10^{-2}$ A/cm² = 37,8 mA/cm². An jeder beliebigen Stelle in der Säule kann man in zwei entgegengesetzten Richtungen einen derartigen Strom finden. Ein Unterschied entsteht nur durch das Vorhandensein des elektrischen Feldes, das die Elektronengeschwindigkeit zur Anode hin bevorzugt. Der Gesamtunterschied von den Strömen in Gegenrichtung, gemessen über den ganzen Querschnitt, ergibt gerade den Entladungsstrom.

Wenn man nun das untersuchte Flächenstück von 1 cm² bis an die Grenze des Anodenfallgebietes rücken läßt, dann verschwindet der „random current" in der Richtung zur Kathode, weil, solange keine Reflexion der Elektronen an der Anode auftritt, diese vom Metall aufgenommen werden. Sobald nun das Produkt aus der Anodenoberfläche f und dem „random current" j_e größer als der Entladungsstrom I_l wird, tritt ein *negativer Anodenfall* auf, d. h. das Gas besitzt in der Nähe der Anode ein höheres Potential als die Anode selbst (positive Raumladung). Hierdurch wird die Konzentration der Elektronen n_e' dicht vor der Anode kleiner als in der Entladung, da nur die schnellen Elektronen gegen das Gegenfeld aufkommen können. Der Anodenfall ist nun gerade soviel negativ, daß $I_l = \nu_e' e f$ wird, wobei ν_e' aus (28) mit der Konzentration n_e' bestimmt wird. Ist dagegen bei kleiner Anodenoberfläche $j_e f < I_l$, dann entsteht dank der negativen Raumladung ein *positiver Anodenfall*. Die Anode wird dann in solchem Grade positiv gegenüber der Entladung, daß sie durch das beschleunigende Feld eine genügende Anzahl Elektronen aus dem ionisierten Gas anziehen kann. Wenn ein positiver Anodenfall auftritt, ist die äußere Begrenzung der Raumladung als die effektive Anodenoberfläche f' anzusehen und die Bedingung $j_e f' = I_l$ ist wieder erfüllt.

Bei positivem Anodenfall kann die Energie, die von den Elektronen an die Anode abgegeben wird, so groß sein, daß diese bis zur Rotglut erhitzt wird. Zu allererst kommt für jedes Elektron, das im Anodenmetall verschwindet, eine Arbeit $e\,V_\Phi$ (entsprechend dem Austrittspotential V_Φ) frei. Hierzu kommt die aus der Entladung mitgebrachte Energie $\frac{4}{3}\,e\,\overline{V_e}$ (s. unten) und die im eventuellen Anodenfall V_A aufgenommene, $e\,V_A$. Man erhält dann für die an die Anode abgegebene Leistung

$$N_A = I_l\left(V_\Phi + \frac{4}{3}\overline{V_e} + V_A\right). \tag{90}$$

Falls kein Anodenfall oder ein negativer vorhanden ist, wird in obenstehender Formel $V_A = 0$. Der positive Anodenfall ist meistens einige V bis ungefähr V_i.

Es läßt sich auf analoge Weise wie bei der Bestimmung des Druckes (30) berechnen, daß die von den Atomen durch eine Fläche transportierte Energie im Mittel $2\,k\,T$ per Atom beträgt. Verwendet man nun die in (34) ausgedrückte Beziehung zwischen der Temperatur und der Energie der Elektronen, dann erhält man tatsächlich $2\,k\,T_e = \frac{4}{3}\,e\,\overline{V_e}$. Dies gilt auch in dem Gebiet, wo ein negativer Anodenfall auftritt, da in einem Gegenfeld zwar die Konzentration der Elektronen kleiner wird, aber ihre mittlere Energie $\frac{3}{2}\,k\,T_e$ unverändert bleibt (Prinzip von Boltzmann).

§ 34. Entladungsgeheizte Glühkathode.

Bei der Besprechung der Glühkathoden in § 32 wurden gesondert geheizte Kathoden vorausgesetzt. Es handelt sich in diesen Fällen eigentlich um *unselbständige Bogenentladungen*. Unselbständig deshalb, weil die Befreiung der Elektronen aus der Kathode durch besondere Hilfsmittel (getrennte Heizung) und nicht durch die Entladung selbst erzielt wird. Bogenentladung nennt man sie, weil der Kathodenfall in der Größenordnung der Ionisationsspannung ist.

Diese Definition der Bogenentladung sagt nichts über die Natur der eventuell anwesenden positiven Säule aus, da diese bis zu einem gewissen Grade unabhängig von den kathodischen Gebieten ist. Es kann also sowohl eine Niederdrucksäule als auch eine Hochdrucksäule mit Kontraktion (z. B. wie bei einer Bogenentladung in atmosphärischer Luft) auftreten.

Wird nun eine Glühkathode von der Entladung selbst auf die erforderliche Temperatur gebracht, dann hat man eine *selbständige Bogenentladung*. Ein typisches Beispiel davon ist der bekannte Kohlenspitzenbogen in Luft.

Wir wollen einfachheitshalber erst die Verhältnisse bei Gleichstrom besprechen.

Eine derartige selbständige Bogenentladung entwickelt sich meistens aus einer Glimmentladung, wie in Abb. 45 angegeben ist. Bei C ist die

Kathode vollständig mit Glimmlicht bedeckt und das weitere Steigen des Entladungsstromes verursacht einen anomalen Kathodenfall. Die Spannung V_K und die Stromdichte j steigen, während die Dicke des Dunkelraumes, und somit das Gebiet, über das sich der große Spannungsabfall erstreckt, kleiner werden. Durch alle diese Veränderungen wird die an die Kathode abgegebene Wärmemenge größer und bei einem bestimmten Wert des Entladungsstromes geht die Entladung in eine Bogenentladung über (Punkt D in Abb. 45). Dieser Übergang tritt um so leichter ein, je konzentrierter die Energieabgabe an die Kathode ist, d. h. je größer die Stromdichte bei normalem Kathodenfall ist. Wir sahen auf S. 107, daß $j_n = j_{n_0} \cdot p^2$ ist (die Stromdichte ist für eine gegebene Kombination Metall-Gas dem Quadrat des Gasdruckes proportional), woraus deutlich hervorgeht, daß eine Entladung um so leichter in eine Bogenentladung übergeht, je höher der Gasdruck ist.

Bei Gleichstrom ist es nicht gleichgültig, ob die Bogenentladung mit entladungsgeheizter oder mit fremdgeheizter Kathode betrieben wird. Gemeinsam haben beide den niedrigen Kathodenfall, von der Größe des Ionisationspotentiales, aber während bei der unselbständigen Entladung der Strom nahezu ausschließlich von Elektronen getragen wird (bis auf etwa 1%), besteht er bei der selbständigen Bogenentladung zum Teile auch aus Ionen. Der Grund hierfür ist, daß bei Gleichstrom die Kathode meistens nicht die Temperatur erreichen kann, die für einen reinen Elektronenstrom erforderlich ist, da die von den positiven Ionen abgegebene Energie nicht ausreicht.

Bei Wechselstrom sind die Verhältnisse ganz anders.

Die von einer Elektrode in der kathodischen Halbperiode abgegebene Energie zur Elektronenemission (per Elektron ist $e V_\Phi$ erforderlich) wird an diese Elektrode in der anodischen Halbperiode wieder zurückgeliefert. Im Mittel sind also nur mehr die Wärmeverluste $\boldsymbol{N}_T$ infolge Strahlung und Leitung (auch Konvektion) zu kompensieren.

Nennt man den Bruchteil des Stromes, der in der Kathodenhalbperiode als Ionen auftritt, μ, dann wird die an die Kathode abgegebene Leistung

$$\left.\begin{aligned} \boldsymbol{N}_K &= \mu I_l (V_K + V_i) - (1-\mu) I_l V_\Phi \\ &= I_l [-V_\Phi + \mu (V_K + V_i + V_\Phi)] \end{aligned}\right\}. \qquad (91)$$

Bei einer Glühkathode ist $\mu \approx 0{,}01$ (§ 32). Nehmen wir z. B. $V_i = V_K = 20$ V und $V_\Phi = 1$ V, dann wird $\boldsymbol{N}_K$ negativ, d. h. die Elektrode kühlt in der Kathodenhalbperiode ab[1]). Die Elektrode muß also in der Anodenhalbperiode so stark erhitzt werden [$\boldsymbol{N}_A$ in Formel (90) gibt die von der Anode aufgenommene Leistung], daß sie dank ihrer Wärmekapazität die Temperatur in der Kathodenhalbperiode noch genügend hoch halten kann. In normalem Betrieb sind die Wärmeverluste $\boldsymbol{N}_T$ gleich

[1]) Hierbei sind die obengenannten Wärmeverluste $\boldsymbol{N}_T$ noch außer acht gelassen.

der halben Summe von N_A und N_K, so daß man mit (90) und (91) folgenden Wert erhält:

$$N_T = \frac{1}{2}(N_A + N_K) = \frac{1}{2} I_l \left[V_A + \frac{4}{3} V_e + \mu (V_K + V_i + V_\Phi) \right]. \quad (92)$$

Da bei einer richtigen Glühkathode μ immer sehr klein ist (etwa 0,01 und kleiner), wird der größte Teil der Leistung $\frac{1}{2} I_l \left(V_A + \frac{4}{3} \overline{V_e} \right)$ in der Anodenhalbperiode geliefert.

Eine Wechselstromentladung mit entladungsgeheizten Kathoden durchläuft bei der Zündung eine Charakteristik, die analog mit der in Abb. 45 ist. Sie beginnt mit kalter Kathode, d. h. verhältnismäßig kleinem Strom und großem Kathodenfall (also auch großem V_l, Kurve A, Abb. 57). Während der Strom I_l steigt, fällt V_l bis auf ein Minimum, um danach infolge des Anomalwerdens des Kathodenfalles wieder anzusteigen. Die von den positiven Ionen an die Kathode abgegebene Leistung steigt derart (durch das steigende V_K und I_l), daß diese auf hohe Temperatur kommt und thermisch emittiert (Punkt A in Abb. 57). Die für die Einleitung dieser thermischen Emission erforderliche Leistung hängt stark von der Größe und der Art der Kathodenoberfläche ab. Besteht diese Oberfläche aus einer Schicht, die gut Elektronen emittiert (kleines V_Φ), dann genügt bereits eine niedrigere Temperatur.

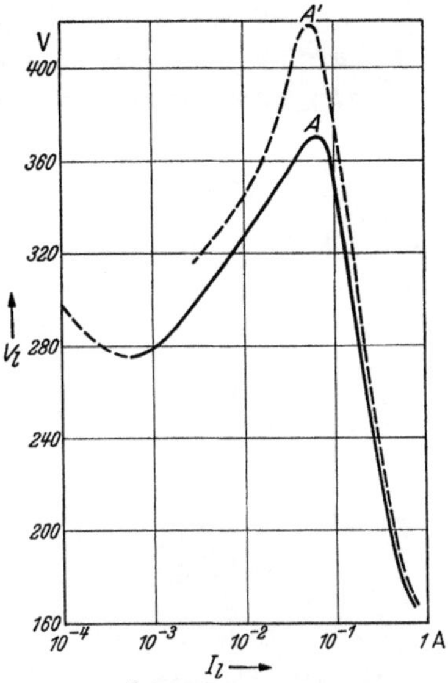

Abb. 57. Übergang von kalter Kathode auf entladungsgeheizte Glühkathode bei einer Wechselstromentladung. Na-Lampe SO 650. Kurve A gute, Kurve A' schlechte Kathode (gemessen).

Die Charakteristik von Abb. 57 wird bei jedem Einschalten der Entladung durchlaufen. Durch die Beschießung mit positiven Ionen während der Anwärmzeit zerstäubt das emittierende Material auf der Kathodenoberfläche. Dieses Zerstäuben kann man vermindern, indem man die Wärmekapazität und die Wärmeabgabe der Kathode verkleinert, so daß sie schneller die erforderliche Temperatur erreicht. Geht man in dieser Richtung jedoch zu weit, dann wird die Temperatur während des normalen Betriebes zu hoch (V_A wird zu groß) und das emittierende Material verdampft. Wird nun das Emissionsvermögen der Kathode schlechter, dann muß die Temperatur steigen, damit die erforderliche Anzahl Elektronen geliefert werden kann. Zum Erhöhen der Temperatur nimmt der Kathodenfall größere Leistung auf und wird stärker anomal (strichlierte Kurve in Abb. 57). Die hierzu benötigte Spannung kann dabei so groß werden, daß die verfügbare Netzspannung zum Erreichen des Punktes A' (in Abb. 57) nicht mehr ausreicht. Die Kathode wird infolgedessen nicht warm genug und die Entladung flackert. In der Praxis sucht man einen Mittelweg, wobei die Entladung sowohl oft genug zünden als auch genügend lang in Betrieb sein kann, ohne daß die Kathode ihre Emissionseigenschaften frühzeitig verliert.

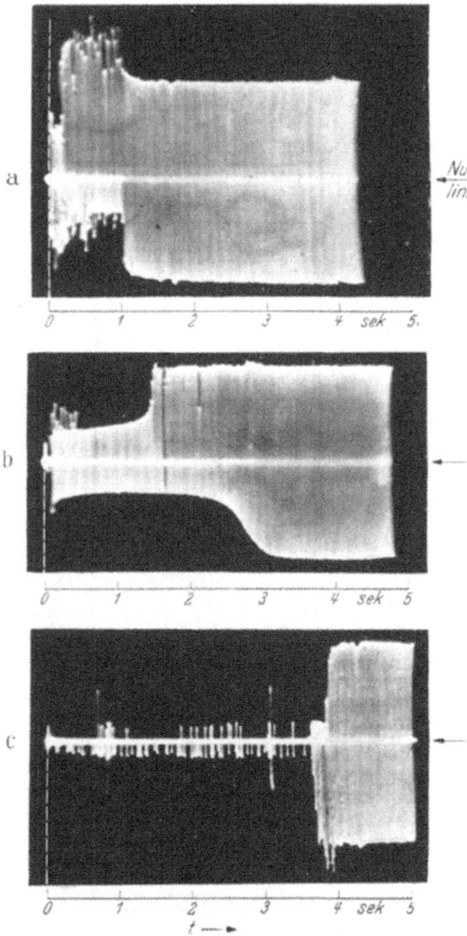

Abb. 58a—c. Verlauf der Amplituden des Entladungsstromes bei der Zündung einer Entladung mit entladungsgeheizten Glühkathoden. (Na-Lampe SO 650.)

Die entladungsgeheizte Kathode hat vom praktischen Standpunkt aus sehr große Bedeutung und wird ihrer verschiedenen Vorteile wegen ganz allgemein verwendet. Wir kommen bei der Behandlung der einzelnen Lampentypen noch darauf zurück. Sie hat aber auch einen Nachteil in der hohen Zündspannung, die durch die Zündung in kaltem Zustand verursacht wird. Man kann diese Schwierigkeit umgehen, indem man sie entweder vor der Zündung vorwärmt, oder indem man Hilfselektroden in ihrer nächsten Nähe anbringt (Abb. 43b), wobei die Hilfsentladung für die Anwärmung der Hauptelektrode sorgen kann.

Bei dem oben besprochenen Übergang von der kalten zur entladungsgeheizten Kathode können zahlreiche Komplikationen auftreten. So gibt Abbildung 58 den Verlauf der Amplituden des Entladungsstromes bei der Zündung als Funktion der Zeit. In Abb. 58a ist die Glimmentladung sehr schnell aufgebaut und nach ungefähr $^1/_5$ s ist bereits eine der Elektroden aufgeheizt. Der Strom ist dann asymmetrisch, nl. größer in der Halbperiode in der die warme Elektrode als Kathode auftritt (Gleichrichtereffekt). In Abb. 58b ist diese Asymmetrie noch stärker ausgeprägt. Es handelt sich hier um eine (ältere) Lampe, bei der die Glimmentladung länger bestehen bleibt (1,5 s anstatt $^1/_5$ s), bevor eine der Elektroden genügend aufgeheizt ist, um thermisch zu emittieren. Es folgt dann wieder eine asymmetrische Entladung (in der einen Halbperiode Glimm-, in der anderen Bogenentladung), die nach genügender Erwärmung der relativ kalt gebliebenen Elektrode (nach ungefähr 3 s) symmetrisch wird. Abb. 58c zeigt den Vorgang bei einer schlecht zündenden Lampe (z. B.

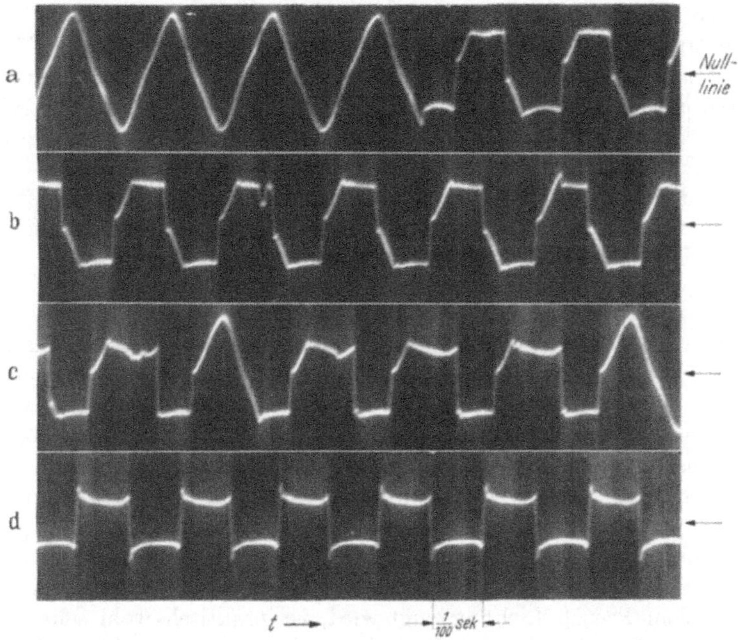

Abb. 59a—d. Verlauf der Spannung v_l bei der Zündung einer Entladung mit entladungsgeheizten Glühkathoden (Na-Lampe SO 650) in verschiedenen Augenblicken nach dem Anlegen der Spannung.

mit schlechten Elektroden). Zu beachten ist, daß die Zündung der Bogenentladung an jener Kathode auftritt, die auch bei der Glimmentladung die häufigsten Zündungen einleitet.

Die bei der Zündung auftretende Asymmetrie im Entladungsstrom muß natürlich auch in der Entladungsspannung zurückzufinden sein. Abb. 59 gibt einige Oszillogramme von v_l für verschiedene Zeitpunkte während des Aufbauens der Bogenentladung. Die Aufnahmen beziehen sich auf einen Zündungsverlauf wie in Abb. 58b angegeben, die zugehörigen Zeiten sind ungefähr a) $^1/_{10}$ s: $v_l \approx$ Netzspannung u und Zündung der Glimmentladunng; b) 1. s: Glimmentladung; c) 2. s: Gleichrichtereffekt, abwechselnd Glimm- und Bogenentladung je Halbperiode; d) 4. s: Bogenentladung (in Ne, da die Lampe noch kalt und das Na noch nicht verdampft ist).

Siebentes Kapitel.

Die positive Säule bei niedrigem Druck und Gleichstrom.

Die bis heute am meisten verwendeten Lampen haben als lichtgebendes Element die positive Säule einer Entladung in einem Gas (z. B. Neon) oder einem Gemisch von Gas und Dampf (z. B. Natrium mit Neon, oder Quecksilber mit Argon). Man kann sie einteilen in Niederdrucksäulen: Neon, Natrium und Niederdruck-Quecksilberdampf (Teil D) und Hochdrucksäulen: Hochdruck-Quecksilberdampf (Teil E). Die letztgenannten kennzeichnen sich durch eine Einschnürung der Entladung in der Röhrenachse. Die Grenze zwischen Hoch- und Niederdruck kann nicht immer genau angegeben werden; sie verändert sich mit der Gasart und hängt von der Stromdichte ab.

In diesem Kapitel wollen wir den einfachsten Fall der Niederdrucksäulen behandeln, wobei die Füllung aus einem einzigen Gas, z. B. Ne, besteht.

§ 35. Elektrische Eigenschaften der homogenen Säule.

Bei der Betrachtung der Gasentladungslampen vom physikalischen Standpunkt aus, darf man nicht vergessen, daß eine Entladung der Mechanismus ist, der den Strom von der einen Elektrode zur anderen befördert. Die Hauptsache in physikalischem Sinn ist also das Vorhandensein geladener Teilchen (meistens durch Ionisation erzeugt), die aus dem Gas, das in normalem Zustand ein Isolator ist, einen Leiter machen und dadurch den Stromdurchgang ermöglichen. Die primäre Aufgabe der positiven Säule ist also die Beförderung einer bestimmten Elektrizitätsmenge vom Faradayschen Dunkelraum zur Anode. Daß bei diesem Prozeß Licht erzeugt wird, ist praktisch wohl sehr wichtig, aber vom Standpunkt der Entladung aus gesehen bleibt es doch nur eine Nebenerscheinung. Die Lichterzeugung ist eine indirekte Folge des Ionen- und Elektronenverlustes beim Stromtransport, da hierdurch die Bildung neuer Ladungsträger erforderlich wird und Ionisation die Anregung von Atomen als Nebenerscheinung mit sich bringt.

Denken wir uns eine Entladungsröhre, deren isolierende Glaswand keine Ladungen ableiten kann. In dieser Röhre ist der Strom in jedem Querschnitt gleich groß und gleich dem Entladungsstrom I_l. Mißt man den Spannungsunterschied je Längeneinheit in der Säule (V/cm), den sog. Gradient G, dann findet man, daß auch dieser auf der ganzen Säulenlänge der gleiche ist. Eine derartige Messung ist z. B. leicht an einer Röhre mit verschiebbarer Anode ausführbar. Man mißt die Spannungsänderung ΔV_l an den Röhrenklemmen für bestimmte Verschiebungslängen Δl der Anode und berechnet hieraus den Gradient $G = \frac{\Delta V_l}{\Delta l}$. Da sowohl Strom als auch Gradient über die ganze Säulenlänge (s. auch Abb. 32) konstant sind, gilt dies auch für den Wattverbrauch per cm

$N_1 = I_l G$. Anregung und Ionisation sind unabhängig vom Abstand des untersuchten Teiles von der Anode und tatsächlich ist auch die Lichtemission der gewöhnlichen Säule über die ganze Säulenlänge gleichmäßig verteilt.

Manchmal treten jedoch Komplikationen durch „Schichtung“ auf (auch bei Edelgasen). Die positive Säule zeigt dann abwechselnd hellere und dunklere Teile, die stillstehen oder sich von der Anode zur Kathode bewegen. Eine Säule, die bei oberflächlicher Betrachtung homogen aussieht, kann bei Beobachtung mit Hilfe eines drehenden Spiegels sehr schnell fortschreitende „Schichten“ zeigen. Für solche Fälle müssen die Zusammenhänge, die wir besprechen wollen, als Durchschnittswerte angesehen werden.

Die folgenden Betrachtungen können wir auf ein Stück von 1 cm Länge beziehen, da wir die Säule in der Längsrichtung homogen voraussetzen dürfen. In § 24 wurde gezeigt, daß infolge des großen Beweglichkeitsunterschiedes zwischen Elektronen und Ionen der Stromtransport nahezu ausschließlich von den leichteren geladenen Teilchen besorgt wird (zu mehr als 99%). In das von uns betrachtete zylindrische Stück von 1 cm Länge treten also per s gleichviel Elektronen aus der Richtung von der Kathode ein, wie in der Richtung zur Anode austreten, da die isolierende Rohrwand keinen Strom durchläßt.

Es ist aber nicht notwendig, daß die in das Volumen eingetretenen Elektronen dieses in axialer Richtung verlassen. An der Wand verschwindet eine Anzahl schneller Elektronen durch Rekombination und an deren Stelle tritt eine Anzahl neuer, durch Ionisation erzeugter. Diese neugeformten sind bei ihrer Entstehung zwar langsam, aber der Gradient bringt sie wieder auf größere Geschwindigkeit, so daß die mittlere Energie der ein- und austretenden Elektronen doch konstant ist.

Die Ladungen, die an der Wand rekombinieren, werden durch einen ambipolaren Diffusionsstrom, bei dem per s gleichviel Ionen und Elektronen die Wand erreichen, befördert (Schottky). An Hand der Abb. 60 kann man sich ein Bild von diesem Vorgang formen. Nehmen wir an, daß wir in einer Gasatmosphäre eine gleich große Anzahl Ionen und Elektronen erzeugen, deren räumliche Konzentrationsverteilung zur Zeit t_0 durch die Kurven n_{p0} und n_{e0} in Abb. 60a dargestellt wird. Der angegebene Zustand ist nicht stabil. Sowohl die Ionen als auch die Elektronen werden sich infolge der Konzentrationsunterschiede durch Diffusion über den Raum verteilen. Wegen des Unterschiedes in der Diffusionskonstante $D = \frac{\bar{v}\lambda}{3}$ (S. 29), die für Elektronen, sowohl auf Grund der größeren freien Weglänge λ_e als auch auf Grund der größeren Geschwindigkeit $\bar{v}_e$ viel größer ist, laufen die Elektronen voraus[1]). Hierdurch entstehen Raumladungen

[1]) So ist z. B. die Diffusionskonstante für ein Elektron mit $V_e = 1$ V in Neon von 1 tor bei 0° C: $D_e = 1{,}26 \cdot 10^6$. Für ein Ne_p-Ion mit der gleichen Energie $V_p = 1$ V beträgt sie, unter sonst gleichen Umständen: $D_{Ne_p} = 1{,}64 \cdot 10^3$.

(Abb. 60 b), die ein Feld erzeugen, das die Elektronen bremst (Anziehung durch die zurückgebliebenen Ionen) und die positiven Ionen beschleunigt (Anziehung durch die vorauseilenden Elektronen). Dieses Feld wächst in seiner Stärke solange, bis die kombinierte Wirkung von Diffusion und elektrischem Feld die Fortbewegungsgeschwindigkeit beider Sorten Teilchen gleich groß gemacht hat (Abb. 60 c). Ist dieser Zustand erreicht, dann gehen per s gleichviel positive wie negative Ladungen nach rechts oder links, so daß der Summenstrom Null ist.

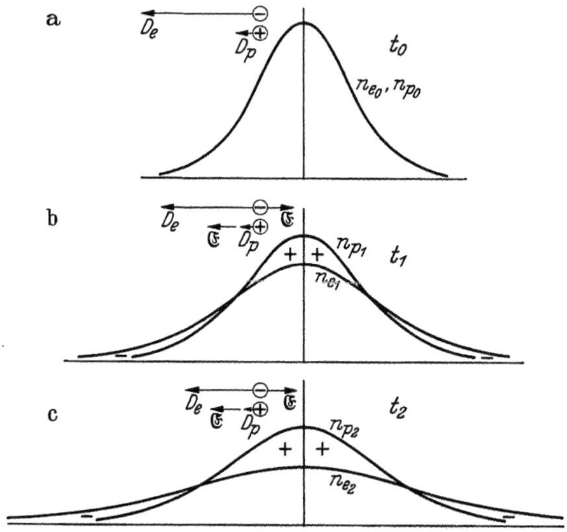

Abb. 60 a–c. Schematische Vorstellung ambipolarer Diffusion. $\mathfrak{E}$ = elektrische Feldstärke, D = Diffusion.

In der positiven Säule spielt sich ein ähnlicher Vorgang ab. Sowohl die Elektronen als auch die Ionen diffundieren radial aus der positiven Säule, aber wie wir eben sahen, gehen die ersteren viel schneller. Treffen sie auf ihrem Weg eine isolierende Wand, dann laden sie diese negativ auf, wodurch eine negative Wandladung entsteht, die die Ionen anzieht und die Elektronen abstößt. Solange die Anzahl der die Wand erreichenden Elektronen größer ist als die der ankommenden Ionen, wächst die Wandladung und daher auch das hierdurch erzeugte Feld. Sobald jedoch letzteres genügend stark geworden ist, erhält man einen stationären Zustand, bei dem die Summe des positiven (Ionen) und negativen Stromes (Elektronen) in radialer Richtung gerade Null ergibt. An der Wand rekombinieren die Ionen und Elektronen und hierbei kommt unter anderem die Ionisationsarbeit frei, die in Wärme umgesetzt wird.

§ 36. Maxwellsche Geschwindigkeitsverteilung und Temperatur T_e der Elektronen.

Aus den Langmuirschen Messungen mit Hilfselektroden (Anhang V) folgt, daß die Elektronen in der positiven Säule eine Maxwellsche Geschwindigkeitsverteilung haben. Wie diese zustande kommt, ist nicht genau bekannt, aber für einen guten Wirkungsgrad der Säule als lichtgebendes Element ist sie von großer Bedeutung.

Für die Ionisation ist die Maxwell-Verteilung unbestritten günstig. Sahen wir doch in § 19, daß ein Elektron eine bestimmte Minimumenergie V_i, die Ionisationsspannung des Gases, besitzen muß, um überhaupt ionisieren zu können. Darüber hinaus nimmt die Wahrscheinlichkeit, daß bei einem Zusammenstoß zwischen Atom und schnellem Elektron Ionisation auftritt, mit der Elektronenenergie zu. Für nicht allzu schnelle Elektronen gilt als erste Annäherung, daß die Ionisationswahrscheinlichkeit proportional ist dem Unterschied zwischen der Voltgeschwindigkeit V_e des Elektrons und der Ionisationsspannung V_i des Atoms (beide in V ausgedrückt).

$$w_i = C_i (V_e - V_i) \tag{93}$$

C_i ist eine Konstante, die für Ne: $4{,}5 \cdot 10^{-3}$, für Ar: $12 \cdot 10^{-3}$, für He: $4{,}6 \cdot 10^{-3}$ und für Hg: $14 \cdot 10^{-3}$ beträgt. Für Ne findet man also bei einer Elektronenenergie von zweimal der Ionisationsspannung, $V_e = 43$ V eine Ionisationswahrscheinlichkeit von $w_i = 9{,}7 \cdot 10^{-2}$. Von 10 Stößen eines solchen Elektrons wird also einer die Bildung eines neuen Elektrons und eines Ions veranlassen.

Mit der Elektronengeschwindigkeit steigt nicht nur die Ionisationswahrscheinlichkeit, sondern auch die Anzahl Stöße z' per s, da $z' = \frac{v_e}{\lambda_e}$ (v_e = Geschwindigkeit = zurückgelegter Weg per s, λ_e = freie Weglänge, abhängig von V_e) ist, so daß derartige schnelle Elektronen ausgezeichnete Ionisatoren sind.

Die mittlere Energie $\overline{V_e}$ der Elektronen kann hierbei erheblich kleiner sein als das Ionisationspotential des Gases. Ist z. B. $\overline{V_e} = \frac{1}{2} V_i$, dann haben noch ungefähr 10% der Elektronen eine genügend große Energie, um ionisieren zu können.

Im Falle die Anregungsfunktion (§ 19) für den Übergang, der sichtbares Licht erzeugt, ein sehr scharf ausgeprägtes Maximum besitzt, ist es das vorteilhafteste, allen Elektronen gerade die diesem Maximum entsprechende Geschwindigkeit zu geben. Bei einer Maxwell-Verteilung ist dies jedoch nicht möglich und man kann höchstens versuchen, die meist wahrscheinliche Geschwindigkeit $v_{e\mathfrak{w}} = \sqrt{\frac{2\,k\,T_e}{m_e}}$ (19) mit dem gewünschten Wert zusammenfallen zu lassen. In dieser Hinsicht ist die Verteilung also nicht so günstig. Einen Vorteil behält sie aber doch, nämlich, daß der größere Teil der Elektronen Energien besitzen kann, die wohl groß genug sind, um anregen zu können, aber zu klein sind zum Ionisieren, so daß die in Anregung umgesetzte Energiemenge im Verhältnis zu der für Ionisation verwendeten relativ groß ist.

Wie wir bereits früher gesehen haben, läßt sich eine Maxwellsche Geschwindigkeitsverteilung auch durch eine zugehörige Temperatur charakterisieren (§ 8 und § 9). So kann man für die Elektronentemperatur T_e, wenn die mittlere Elektronenenergie $\overline{V}_e$ gegeben ist, nach (34)

$$e\,\overline{V}_e = \frac{m_e\, v_{ef}^2}{2} = \frac{3\,k\,T_e}{2}$$

den entsprechenden Wert finden. Hierbei kann die Temperatur T_e der Elektronen, die sich in einem Atomgas bewegen, vollkommen von der Gastemperatur T_g verschieden sein. Nehmen wir z. B. $\overline{V}_e = 1$ V. Da die Konstante von Boltzmann ($k = 1{,}37 \cdot 10^{-16}$ erg/° K) in erg per ° K gegeben ist, drücken wir alles in den entsprechenden Einheiten aus. Mit $e = 1{,}59 \cdot 10^{-19}$ C und $\overline{V}_e = 1$ V wird $e\,\overline{V}_e = 1{,}59 \cdot 10^{-19}$ J $=$ $1{,}59 \cdot 10^{-12}$ erg (1 J $= 10^7$ erg). (34) nach T_e aufgelöst gibt dann:

$$T_e = \frac{2}{3}\, e\,\overline{V}_e \frac{1}{k} = \frac{2}{3}\, 1{,}59 \cdot 10^{-12} \cdot \frac{1}{1{,}37 \cdot 10^{-16}} = 7735^\circ\,\mathrm{K}\,. \tag{94}$$

Eine mittlere Energie von $\overline{V}_e = 1$ V korrespondiert also bereits mit einer Temperatur $T_e = 7735^\circ$ K [1]). In der positiven Säule werden für $\overline{V}_e$ meistens Werte von einigen V gefunden.

Bezüglich des Zusammenhanges zwischen Elektronentemperatur und den verschiedenen Parametern der Entladung kann man im allgemeinen folgendes sagen. Die Elektronentemperatur T_e steigt mit dem Ionisationspotential V_i des Gases, das die Entladung trägt. Mit wachsendem Druck des Füllgases fällt T_e, da die Ionenverluste an der Wand geringer werden wegen der langsameren Diffusion. Mit zunehmendem Strom I_l fällt T_e ebenfalls einigermaßen, da die Ionisation unter anderem durch kumulative Effekte erleichtert wird.

In ein und derselben Entladungsröhre können also zwei Gase (die Elektronen können ja gleichfalls als Gas angesehen werden!) mit sehr verschiedenen Temperaturen (einige hundert Grade für das atomare Gas und einige zehntausend Grade für das Elektronengas) nebeneinander vorkommen. Die Elektronen nehmen fortlaufend vom Längsgradient des elektrischen Feldes Energie auf. Solange aber ihre Energie unterhalb der Anregungs- und Ionisationsspannung des Atomes bleibt, können sie je elastischen Stoß nur einen sehr geringen Teil hiervon (kleiner als $1^0/_{00}$) an die Atome abgeben. Es besteht, sozusagen, ein schlechter termischer Kontakt zwischen dem Elektronen- und Atomgas, so daß der Energieübergang vom warmen (Elektronen-) zum kalten (Atom-) Gas nur langsam vor sich geht.

§ 37. Wirkung der Raumladungsschicht an der Wand.

Mit Hilfe der ambipolaren Diffusion (§ 35) und der Maxwell-Verteilung der Elektronengeschwindigkeiten (§ 36) können wir etwas

1) In amerikanischen Arbeiten findet man oft für T_e korrespondierend mit 1 V den Wert 11600° K. Siehe dafür Anhang V.

näher auf die elektrischen Eigenschaften der Säule eingehen. Die Elektronen diffundieren von der Achse der Entladung zur Wand und erzeugen hierdurch ein Radialfeld, das ihre Bewegung bremst und die relativ langsamen Ionen beschleunigt. In radialer Richtung von der Achse zur Wand wird das Potential im Gasraum mehr und mehr negativ bezüglich des Ausgangspunktes in der Achse (Abb. 62a). Das radiale Feld, der sog. „Quergradient", wird durch die Entladung selbst aufgebaut und instand gehalten im Gegensatz zum Längsgradient, der durch die aufgedrückte Spannung erzeugt wird. In einem Punkt außerhalb der Achse ist die resultierende Feldstärke nicht zur Entladungsachse parallel

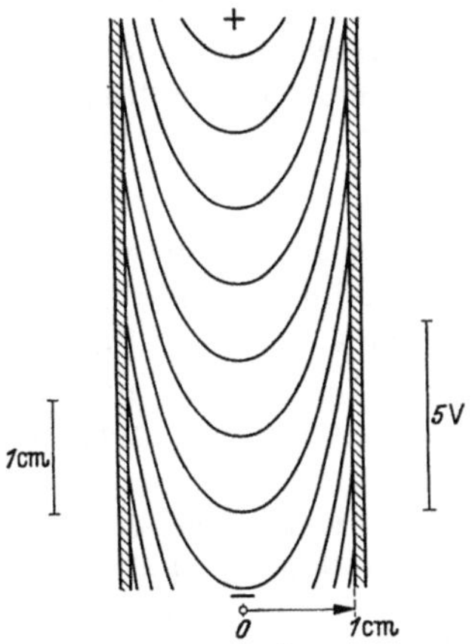

Abb. 61. Schnitt durch die Äquipotentialflächen der positiven Säule.

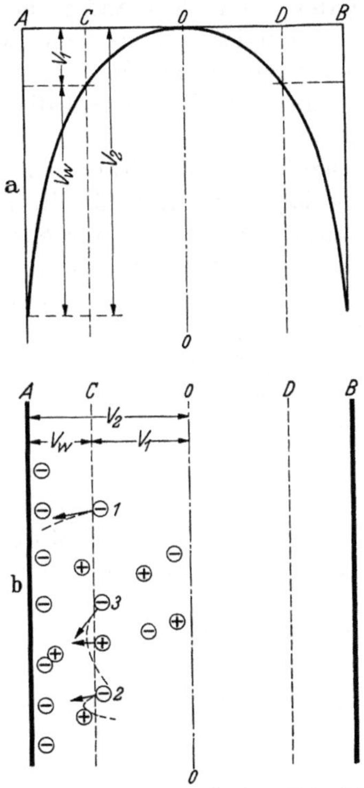

Abb. 62 a und b. Positive Säule. a Potentialverlauf in radialer Richtung. b Entstehen der positiven Raumladungsschicht in der Nähe der Wand.

gerichtet, da sie sich aus einer longitudinalen und radialen Komponente zusammensetzt. Die Äquipotentialflächen sind dann keine Ebenen normal auf die Achse, sondern gekrümmte Flächen. Einen Achsenschnitt dieser Flächen gibt Abb. 61.

Man sieht in Abb. 62a, daß von der Achse aus das Potential in radialer Richtung erst nur langsam fällt, die radiale Feldstärke ist hier also klein. In der Nähe der Wand fällt das Potential jedoch sehr schnell, so daß die Feldstärke hier groß ist. Dieser starke Potentialabfall ganz in der Nähe der Rohrwand wird durch eine positive Raumladungsschicht ermöglicht. Die negativen Wandladungen stoßen die sich in der Nähe befindenden Elektronen ab und ziehen die positiven Ionen an, so daß eine positive Raumladung entsteht (Abb. 62b).

An der Entladungsseite der Raumladungsschicht sind die Konzentrationen n_e und n_p beinahe gleich groß (es kommen nur wenig Kraftlinien von der Wandladung in dieses Gebiet, das Potential fällt nur langsam). Näher zur Wand hin nimmt n_e rasch ab, da die Elektronen nicht gegen das Gegenfeld aufkommen können und nur die schnellsten imstande sind die Wand zu erreichen. Die Raumladung stellt sich nun so ein, daß der in ihr transportierte positive Ionenstrom den Elektronenstrom gerade ausgleicht. Im stationären Zustand erreichen dann gleichviel Ionen und Elektronen die Wand, so daß die Wandladung erhalten bleibt.

Der Teil in der Nähe der Wand (und an dieser) mit dem großen Potentialabfall wirkt für die Elektronen wie ein elektrischer Spiegel. Bis auf wenige Prozent werden alle aus der Entladung wegdiffundierenden Elektronen reflektiert und der Verlust an Ladungen, die sich an der Wand absetzen, wird beschränkt. Die Größe des Reflexionskoeffizienten läßt sich folgendermaßen schätzen.

An der Entladungsseite der Raumladungsschicht (C in Abb. 62b) beträgt der Strom der positiven Ionen per cm² in der Richtung zur Wand hin:

$$j_p = n_p \, e \, \bar{v}_p \, ,$$

wobei $\bar{v}_p$ die mittlere Geschwindigkeit der Ionen in radialer Richtung ist. Die Ionen haben keine Maxwellsche Verteilung, ihre Energie wird vielmehr durch den Potentialunterschied zwischen ihrem Entstehungsort und dem betrachteten Punkt erzeugt. In unserem Fall ist dies maximal V_1 (Abb. 62a) für die Ionen, die in der Nähe der Achse erzeugt werden.

Die Elektronen haben jedoch wohl eine Maxwell-Verteilung, so daß sich der Elektronenstrom per cm² nach (29) bestimmen läßt

$$j_e = \frac{1}{4} n_e \, e \, \bar{v}_e \, .$$

$\bar{v}_e$ ist hierbei die mittlere Elektronengeschwindigkeit, die mit der Temperatur T_e korrespondiert aus (20)

$$\bar{v}_e = \sqrt{\frac{8 \, k \, T_e}{\pi \, m_e}} \, .$$

Da $n_e \approx n_p$ sein muß, werden die radialen Stromdichten j_e und j_p also bloß von $\bar{v}_e$ und $\bar{v}_p$ abhängen. Analog mit Formel (3) haben wir:

$$\frac{m_p \, \bar{v}_p^2}{2} = e \, V_p \qquad \text{und angenähert} \qquad \bar{v}_p = \sqrt{\frac{2 \, e}{m_p}} \sqrt{V_p}$$

und

$$\bar{v}_e = \frac{1{,}128}{1{,}224} v_{ef} = 0{,}92 \sqrt{\frac{2 \, e}{m_e}} \sqrt{V_e} \quad \text{(S. 15)}.$$

Nennen wir $\mathfrak{f}$ den Bruchteil von j_e, der gegen das Querfeld der Raumladung doch noch die Wand erreichen kann, dann muß wegen des stationären Zustandes

$$j_p = \mathfrak{f}\, j_e \tag{95}$$

sein. Für die Verhältniszahl $\mathfrak{f}$ erhalten wir nach dem Einsetzen obiger Ausdrücke

$$\mathfrak{f} = \frac{j_p}{j_e} = 4\,\frac{n_p\, e}{n_e\, e}\,\frac{\bar{v}_p}{\bar{v}_e} \approx 4{,}33\,\sqrt{\frac{m_e}{m_p}}\,\sqrt{\frac{\bar{V}_p}{\bar{V}_e}}\,. \tag{96}$$

Für praktisch vorkommende Werte von $\bar{V}_p = 1$ V und $\bar{V}_e = 2$ V erhalten wir bei Neongas mit $m_p = 1835 \cdot 20{,}2 \cdot m_e$: $\mathfrak{f} = 1{,}59 \cdot 10^{-2}$, d. h. es werden 1,6% der Elektronen absorbiert und der Rest wird in die Entladung zurückreflektiert. Nur die Elektronen mit großer Geschwindigkeit normal auf die Wand [Fall 1), Abb. 62b] können die Wand noch erreichen. Wird diese Geschwindigkeitskomponente zu klein [Fall 2)], weil die Gesamtenergie des Elektrons klein ist, oder [Fall 3)], weil die Bewegungsrichtung zu schräg ist, dann wird es wieder in die Entladung reflektiert und kann sich weiter am Stromtransport beteiligen, kann anregen und ionisieren. Der Potentialunterschied $V_w = V_2 - V_1$ über die Raumladungsschicht ist ungefähr $3\,\bar{V}_e$ [1]).

Die Ausbildung der Raumladungsschicht an der Wand, mit als Folge die Reflexion der Elektronen, verursacht also eine Verminderung der Ladungsverluste. Bei sehr kleinen Strömen, während der Zündung z. B., kann sich die Raumladungsschicht infolge der geringeren Ladungskonzentration nicht ausbilden, so daß der Verlust an Elektronen (und Ionen) relativ größer ist. Da die zur Ionisation erforderliche Energie von dem Gradient geliefert werden muß, ist dieser während der Zündung größer als im normalen Betrieb. Dies ist einer der Gründe, weshalb $V_z > V_l$ ist.

§ 38. Stromverteilung und Gradient. Zusammenfassung.

Auch in der Mitte der Entladung, im Gebiet CD (Abb. 62a) empfinden die Elektronen, die sich zur Wand hin bewegen wollen, die Wirkung des Gegenfeldes, wenn auch in geringerem Maße als im Gebiet der Raumladungsschicht CA und DB. Die Folge der ambipolaren Diffusion ist also, daß von der Entladungsachse aus gerechnet die Konzentration n_e

[1]) In der Nähe der Wand ist die Elektronenstromdichte $j_e' = \frac{1}{4}\, n_e' \bar{v}_e$, wenn n_e' die Konzentration in der Nähe der Wand ist. Da $j_e' = \mathfrak{f}\, j_e = j_p$ sein muß, folgt für gegebenes $\mathfrak{f}$ das Verhältnis $\frac{j_p}{j_e} = \frac{j_e'}{j_e} = \frac{n_e'}{n_e} = \mathfrak{f}$. Nach dem Boltzmannschen Prinzip ist:

$$\frac{n_e'}{n_e} = \varepsilon^{-\frac{e\,V_w}{k\,T_e}} = \varepsilon^{-\frac{3\,V_w}{2\,\bar{V}_e}} = \mathfrak{f}\,.$$

Für $\mathfrak{f} = 1{,}6 \cdot 10^{-2}$ und $\bar{V}_e = 2$ V z. B. wird $V_w = 2{,}76\,\bar{V}_e = 5{,}52$ V.

der Elektronen und daher auch die der positiven Ionen n_p (im Gebiet CD ist $n_p \approx n_e$) zur Wand hin abnimmt. Abb. 63 gibt die Verteilung der Konzentration in radialer Richtung normal auf die Achse der Röhre.

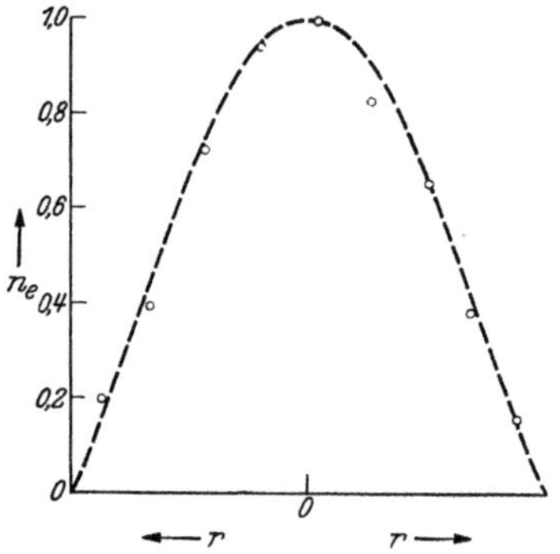

Abb. 63. Radiale Verteilung der Elektronenkonzentration n_e in der positiven Säule (gemessen).

Infolge dieser Verteilung ist der Entladungsstrom nicht gleichmäßig über den Querschnitt verteilt, sondern einigermaßen in der Achse konzentriert[1]).

Da die Elektronenkonzentration in der Umgebung der Achse groß ist, ist die Ionisation und die Anregung in diesem Gebiet gleichfalls groß. Für eine Entladungslampe, die Resonanzstrahlung aussenden soll, ist die Anregung in diesem Gebiet infolge der Selbstabsorption ungünstig (§ 21). Für den Nutzeffekt der Ionisation ist diese räumliche Verteilung von n_e jedoch recht vorteilhaft. Der durchschnittliche Abstand des Entstehungsortes der Ionen von der Wand wird vergrößert und damit auch die mittlere Zeit, die ein Ion benötigt, um die Wand zu erreichen. Je länger sich das Ion in der Entladung befindet, desto mehr trägt es zur positiven Raumladung bei. Muß z. B. in einem Volumen eine positive Raumladung von 100 Ionen/cm³ instand gehalten werden und beträgt die Zeit zwischen Bildung und Rekombination an der Wand $^1/_{10}$ s, dann müssen per s und cm³ 1000 Ionen erzeugt werden. Bei kürzerer Lebensdauer, z. B. $^1/_{20}$ s, wird die erforderliche Anzahl Neubildungen größer, bzw. hier 2000.

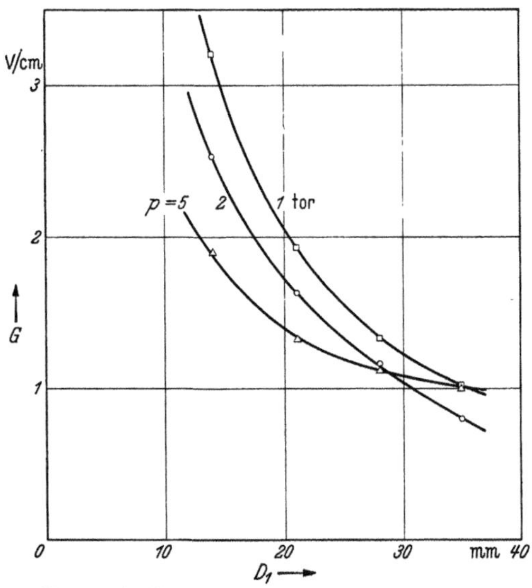

Abb. 64. Gradient G als Funktion des Rohrdurchmessers D_1 für verschiedene p (Ne + 0,2% Ar, I_l = 1 A, Gleichstrom) (gemessen).

[1]) Es ist interessant, diese Verhältnisse mit jenen beim Elektrizitätstransport in Metallen zu vergleichen. Bei einem Gleichstrom in einem Draht ist der Strom über den ganzen Querschnitt uniform verteilt, während er bei Wechselstrom durch sein eigenes magnetisches Feld aus der Achse gedrückt wird (und zwar um so stärker, je höher die Frequenz ist) und mit Vorliebe an der Oberfläche strömt (Skin-Effekt). Bei einer positiven Säule verhält es sich gerade umgekehrt.

Die hierfür benötigte Eenergie wird hiermit auch größer und bei konstantem Strom muß daher der Gradient steigen. Bei längerer Lebensdauer, z. B. durch eine Röhre mit größerem Durchmesser zu erzielen (oder durch höheren Druck, S. 128), wird die Anzahl der per s zu bildenden neuen Ionen kleiner und mithin auch der erforderliche Gradient. G sinkt mit zunehmendem Durchmesser (Abb. 64).

Außer der Energieabgabe an das Gas, durch Ionisation und Anregung, besteht für die Elektronen noch eine andere Möglichkeit, um Energieverluste zu erleiden, und zwar bei elastischen Zusammenstößen. Bei niedrigem Druck, 1 tor z. B., ist dieser Verlust im Vergleich zu den anderen zwei Möglichkeiten, wenigstens bei Edelgasen, sehr klein, da der im Mittel bei jedem elastischen Zusammenstoß abgegebene Energieanteil $\varkappa = 2\frac{m_e}{m}$ sehr klein ist. Hierdurch ist es auch möglich, daß die Elektronen bei ihrer Bewegung in Edelgasen über mehrere aufeinanderfolgende freie Weglängen Energie akkumulieren, bis sie schließlich Anregung oder Ionisation verursachen können. In diesen Gasen ist deshalb auch der Längsgradient viel kleiner als unter sonst gleichen Umständen, in unedlen Gasen.

Zum Vergleich diene, daß in einer Röhre von 20 mm Durchmesser bei einem Druck von 5 tor der Gradient in Neon 3,4 V per cm beträgt und in N_2 57 V per cm (bei 25 mA Gleichstrom). Der Unterschied der Gradienten verschiedener Edelgase ist hauptsächlich den verschiedenen Ionisationsspannungen zuzuschreiben. Mit steigendem V_i steigt auch G. Selbst kleine Verunreinigungen von Edelgasen mit Spuren von N_2 oder O_2, die durch Einlecken entstehen können, haben eine erhebliche Steigung des Gradienten, und somit auch der erforderlichen Lampenspannung, zur Folge. Die Anwesenheit von 1% N_2 in einer Röhre von 20 mm Durchmesser, bei 25 mA Gleichstrom, die mit Neon von 5 tor gefüllt ist, verursacht ein Ansteigen des Gradienten von 3,4 V/cm auf 6 V/cm.

Dieses Verhalten wird durch den „Umwegfaktor" (S. 62) erklärt. Der Umwegfaktor gab das Verhältnis zwischen dem wirklich zurückgelegten Weg und dem in der Feldrichtung zurückgelegten an. Nehmen wir an, daß der Gradient z. B. 3 V/cm sei, so daß für die Ionisation eines Ar-Atomes das Elektron 5,23 cm in der Feldrichtung zurücklegen müßte, um die erforderliche Energie aufspeichern zu können. (Den Einfluß von elastischen Zusammenstößen auf die Energie vernachlässigen wir hierbei.) Der wirklich zurückgelegte Weg ist jedoch 381mal so groß, also rund 2000 cm. Nach Tabelle 4 (S. 24) ist die freie Weglänge λ_e bei 5 tor und 25° C in Ar $9{,}6 \cdot 10^{-3}$ cm [1]). Die Anzahl Zusammenstöße auf 2000 cm wird dann

$$\frac{L}{\lambda_e} = \frac{1905}{9{,}6 \cdot 10^{-3}} = 208\,500.$$

[1]) Hierbei ist die Abhängigkeit der freien Weglänge λ_e von der Geschwindigkeit v_e vernachlässigt.

Wenn nun die Verunreinigung 0,1% beträgt ($5 \cdot 10^{-3}$ tor), werden bei dem Akkumulieren der Energie für die Ionisation von einem Ar-Atom (V_i) doch wenigstens 209 Zusammenstöße mit dem unedlen Gas vorkommen, wobei die Möglichkeit eines Energieverlustes groß ist. Nachdem das Elektron 5,23 cm in der Feldrichtung zurückgelegt hat, wird seine Energie also noch nicht 15,7 V betragen infolge der Energieabgabe an die Verunreinigung (durch Anregung). Da die Anzahl ionisierender Stöße per cm Rohrlänge, die für die Neutralisierung der Raumladung erforderlich ist, praktisch gleich groß bleibt, muß der Gradient steigen, um dem Elektron auf dem 5,23 cm langen Weg genügend große Energie für die Ionisation erteilen zu können.

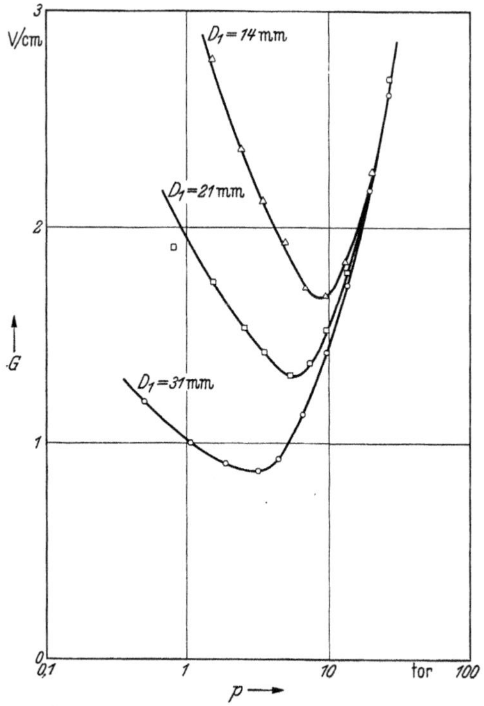

Abb. 65. Gradient G als Funktion des Druckes p für verschiedene Durchmesser D_1 (Ne + 0,2% Ar, I_l = 1 A, Gleichstrom).

Der Gradient G hängt von der Gasart, dem Rohrradius R_1, dem Gasdruck p und der Betriebsstromstärke I_l ab. G wächst mit steigenden Energieverlusten der Elektronen bei Zusammenstößen. Für einen bestimmten Druck, abhängig von der Gasart, I_l und D_1, wird G ein Minimum (Abb. 65). Für Drücke unterhalb des Wertes, für den der Gradient ein Minimum ist, nimmt G mit steigendem p ab; dies ist eine Folge der Zunahme der „Ionen-Lebensdauer" (s. S. 127). Oberhalb des Minimums nimmt G infolge der zunehmenden elastischen Stoßverluste und der abnehmenden Beweglichkeit mit p zu.

Mit wachsendem Strom fällt G und hierdurch entsteht die negative Charakteristik. Bei steigender Stromdichte nimmt die Wahrscheinlichkeit des Entstehens kumulativer Ionisation zu, wodurch ein Teil der Energie nicht mehr als Licht ausgestrahlt wird, sondern als erste Stufe zur Ionisation dient. Auch kann die Erwärmung in der Entladungsachse, die mit I_l wächst und eine Dichteverminderung des Gases erzeugt (bei abgeschlossener Entladungsröhre ist $p = n\,k\,T$ = konstant), durch die hieraus folgende Erhöhung der freien Weglänge und die, beim

Durchlaufen dieser, erhöhte Energieaufnahme, die Akkumulation der Elektronenenergie und somit auch die Ionisationsmöglichkeit verbessern.

Über die Lichtemission der Säule können wir uns hier kurz fassen, da diese bei der Behandlung der Lampen noch ausführlich besprochen werden soll. Die angeregten Linien gehören zu dem sog. „Bogenspektrum", d. h., sie entstehen aus Übergängen, die von den Anregungszuständen neutraler Atome ausgehen. Mit Vorliebe werden die Resonanzlinien ausgestrahlt. Das sog. „Funkenspektrum", bestehend aus Linien, die bei Übergängen zwischen den Niveaus einfach oder mehrfach ionisierter Atome erzeugt werden, kommt nur unter sehr besonderen Umständen vor (Mischung eines Edelgases mit einem Metalldampf kleiner Anregungsspannung V_a bei großer Stromdichte und kleinem Metalldampfdruck, Ne und Mg z. B.). Daß normalerweise nur das Bogenspektrum angeregt wird, ist eine Folge der verhältnismäßig geringen mittleren Energie $\overline{V}_e$, die durch den niedrigen Wert des Gradienten festgelegt wird.

Zusammenfassend kann man sich also den Mechanismus des Stromtransports in der positiven Säule folgendermaßen vorstellen: Der Strom bewegt sich in Form einer Elektronenwolke, deren Elektronen eine Maxwellsche Geschwindigkeitsverteilung mit der mittleren Energie $\overline{V}_e$ haben, unter dem Einfluß eines elektrischen Feldes, das durch die angelegte Spannung erzeugt wird, in der Richtung von der Kathode zur Anode. In der Längsrichtung ist die Säule homogen; $n_e \approx n_p$, die Raumladung ist in erster Annäherung Null. Durch Querdiffusion der Elektronen in der Säule entsteht ein Radialfeld, das diese Abdiffusion der Elektronen zu verhindern sucht und die Ionen zur Wand, die eine negative Oberflächenladung besitzt, treibt. Die Ladungskonzentration und somit auch die Stromdichte ist am größten in der Entladungsachse und nimmt zur Wand hin stetig ab. Mit Ausnahme von wenigen Prozenten werden alle Elektronen von der negativen Wandladung reflektiert. Der Verlust an positiven und negativen Ladungen wird durch Ionisation ersetzt, wobei die schnellen Elektronen aus der Wolke des Stromtransportes diese Ionisation bewerkstelligen. Als Nebenerscheinung tritt hierbei Anregung und Lichtemission auf. Der Gradient sorgt dafür, daß die Elektronentemperatur T_e, ungeachtet der Energieabgaben (Ionisation, Anregung, elastische Zusammenstöße) über die ganze Säulenlänge konstant bleibt. Den Stromtransport besorgen in erster Linie die weniger schnellen Elektronen der Maxwell-Verteilung, da sie einerseits sehr zahlreich sind und andererseits große Beweglichkeit besitzen (71).

★ § 39. Ambipolare Diffusion.

Bevor wir einige einfache Berechnungen bezüglich der positiven Säule ausführen können, müssen wir die auf S. 119 beschriebene ambipolare ★

★ Diffusion in mathematische Fassung bringen. Zu diesem Zwecke betrachten wir den vereinfachten Fall in Abb. 66. Ein Potentialunterschied $V_0 - V_d$ bringe die positiven Ionen nach rechts in Bewegung und die Elektronen daher nach links. In O werde die Konzentration von Ionen und Elektronen konstant gehalten, wobei $n_e = n_p$ sei; nach rechts nehme mit wachsendem x sowohl n_e als auch n_p ab, so daß $\frac{\mathrm{d}n_e}{\mathrm{d}x}$ und $\frac{\mathrm{d}n_p}{\mathrm{d}x}$ negativ sind.

Betrachten wir erst die Bewegung eines positiven Ions, das sowohl durch das Feld (erzeugt durch den Potentialunterschied $V_0 - V_d$) als auch durch den Konzentrationsabfall nach rechts getrieben wird. Die Fortschreitungsgeschwindigkeit ist hierbei

$$u_p = K_p \mathfrak{E} - D_p \frac{1}{n_p} \frac{\mathrm{d}n_p}{\mathrm{d}x}. \qquad (97)$$

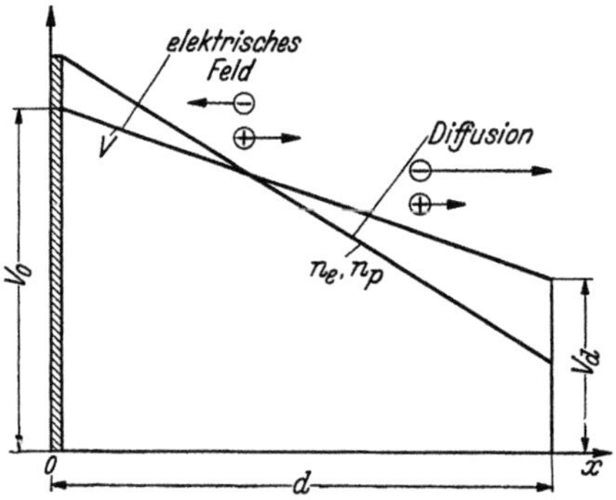

Abb. 66. Schematische Darstellung ambipolarer Diffusion: Einfluß des elektrischen Feldes und des Konzentrationsabfalles auf die Bewegung der Elektronen und Ionen.

Das erste Glied auf der rechten Seite der Gleichung ist die durch das Feld erzeugte Fortschreitungsgeschwindigkeit nach der Beweglichkeitsgleichung (71). Das zweite Glied rechts ist die Fortschreitungsgeschwindigkeit infolge des Konzentrationsunterschiedes. Nach (45) ist

$$\nu_D = -D \frac{\mathrm{d}n}{\mathrm{d}x} = -\frac{\bar{v}\lambda}{3} \cdot \frac{\mathrm{d}n}{\mathrm{d}x}$$

die Anzahl Teilchen, die per s durch 1 cm² einer Fläche, normal auf die Fortschreitungsrichtung, strömt. Teilt man diese Anzahl ν_D durch die Konzentration n_p (Anzahl Teilchen per cm³), dann erhält man das zweite Glied der rechten Seite von (97):

$$\frac{\nu_D}{n_p} = -D_p \frac{1}{n_p} \cdot \frac{\mathrm{d}n_p}{\mathrm{d}x}.$$

Auf analoge Weise erhalten wir für die Elektronen

$$u_e = -K_e \mathfrak{E} - D_e \frac{1}{n_e} \cdot \frac{\mathrm{d}n_e}{\mathrm{d}x}. \qquad (98)$$

Das erste Glied rechts ist hier negativ, da die Elektronen durch das Feld $(V_0 - V_d)$ gegen die positive x-Richtung getrieben werden. Das zweite Glied ist positiv wie bei den Ionen, da die Bewegungsrichtung die gleiche ist

$$\left(\frac{\mathrm{d}n_p}{\mathrm{d}x} \text{ bzw. } \frac{\mathrm{d}n_e}{\mathrm{d}x} < 0!\right).$$

Bei ambipolarer Diffusion müssen die Ströme der Elektronen und Ionen gleich groß sein, oder

$$n_e u_e = n_p u_p, \qquad ★$$

★ und da wir $n_e = n_p$ angenommen haben, wird auch

$$u_e = u_p$$

und somit wird (97) = (98). Da n_e und n_p für jedes x gleich groß sind, gilt auch für die Ableitungen $\frac{\mathrm{d} n_e}{\mathrm{d} x} = \frac{\mathrm{d} n_p}{\mathrm{d} x}$. Verwenden wir diese Beziehungen, multiplizieren (98) mit K_p und addieren sie zu (97), nachdem diese erst mit K_e vervielfältigt wurde, dann erhalten wir

$$u = -\frac{D_p K_e + D_e K_p}{K_e + K_p} \cdot \frac{1}{n} \cdot \frac{\mathrm{d} n}{\mathrm{d} x}, \tag{99}$$

wobei wir für $n_e = n_p = n$, $u_e = u_p = u$ und $\frac{\mathrm{d} n_e}{\mathrm{d} x} = \frac{\mathrm{d} n_p}{\mathrm{d} x} = \frac{\mathrm{d} n}{\mathrm{d} x}$ geschrieben haben.

Bringen wir (99) in dieselbe Form wie (45)

$$n\, u = \nu_{\mathrm{am}} = -D_{\mathrm{am}} \frac{\mathrm{d} n}{\mathrm{d} x}, \tag{100}$$

dann können wir D_{am} die ambipolare Diffusionskonstante nennen, die in erster Annäherung folgendermaßen geschrieben werden kann:

$$D_{\mathrm{am}} = \frac{D_p K_e + D_e K_p}{K_e + K_p} = D_e \frac{K_p}{K_e}. \tag{101}$$

Teilt man nämlich in (101) Zähler und Nenner durch $K_e \cdot K_p$, dann erhält man

$$D_{\mathrm{am}} = \frac{\frac{D_p}{K_p} + \frac{D_e}{K_e}}{\frac{1}{K_p} + \frac{1}{K_e}}. \tag{101'}$$

Da $K_e \gg K_p$ nach (71), ist $\frac{1}{K_e} \ll \frac{1}{K_p}$ und wir können $\frac{1}{K_e}$ in erster Annäherung gegenüber $\frac{1}{K_p}$ vernachlässigen. Für Teilchen mit Maxwell-Verteilung ist das Verhältnis $\frac{D}{K}$

$$\frac{D}{K} = \frac{\frac{\bar{v}\,\lambda}{3}}{a \frac{e\,\lambda}{m\,\bar{v}}} = \frac{m\,\bar{v}^2}{3\,a\,e} \quad \text{[nach (45) und (71)].}$$

Näherungsweise kann man mit Hilfe von (21) und $\bar{v}^2 = (0{,}922)^2\, v_f^2$ obigen Ausdruck transformieren und erhält, da a zwischen 0,5 und 2 liegt:

$$\frac{D}{K} \approx \frac{k\,T}{e}. \tag{102}$$

Hierbei wird für K der Wert aus (71) nun für die Maxwell-Verteilung durch Mittelwertbildung von $\left(\frac{1}{v}\right)$ gefunden, wobei $\overline{\left(\frac{1}{v}\right)} = 0{,}9\,\frac{1}{\bar{v}}$ wird. Der Faktor 0,9 ist in der Konstanten a einbezogen. ★

★ Da $T_p \ll T_e$ [1]), ist auch $\frac{D_p}{K_p} \ll \frac{D_e}{K_e}$. Im Zähler von (101′) können wir daher $\frac{D_p}{K_p}$ gegenüber $\frac{D_e}{K_e}$ vernachlässigen und erhalten schließlich wie in (101) angegeben ist

$$D_{\mathrm{am}} = D_e \frac{K_p}{K_e},$$

was wir auch nach (102) anders schreiben können, n. l.:

$$D_{\mathrm{am}} \approx K_p \frac{k\,T_e}{e}. \tag{103}$$

D_{am} liegt zwischen D_p und D_e, ist aber viel kleiner als D_e und von gleicher Größenordnung wie D_p.

§ 40. Differentialgleichung der positiven Säule. Verteilung der Elektronenkonzentration n_e in radialer Richtung.

Mit Hilfe einiger vereinfachenden Hypothesen ist es möglich, die Eigenschaften der kontinuierlichen Säule im stationären Zustand zu berechnen. Die Resultate der Berechnung wurden wiederholt durch experimentelle Untersuchungen nachgeprüft und aus der Übereinstimmung zwischen Theorie und Experiment kann man schließen, daß der der Berechnung zugrunde gelegte Mechanismus nicht viel von der Wirklichkeit abweicht.

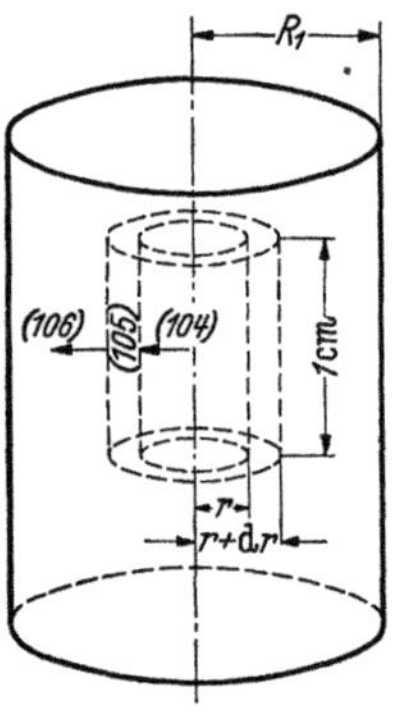

Abb. 67. Stationärer Zustand der positiven Säule.

Aus der Tatsache, daß der Längsgradient in einer geraden Röhre mit gegebenem Durchmesser konstant ist, folgt z. B., daß in der Achse per cm Länge gleichviel positive und negative Ladungen vorkommen. Jeder cm Länge der Säule ist gleich dem vorhergehenden oder folgenden cm, abgesehen von den Enden, bei der Anode und dem Faradayschen Dunkelraum.

Im stationären Zustand müssen per Volumen von 1 cm Länge gleichviel Ionen bzw. Elektronen ein- und austreten, bzw. die verlorengehenden durch neugebildete ersetzt werden. Wir wollen nun den Stromtransport in radialer Richtung untersuchen und wählen der Symmetrie halber ein Volumenelement, das zwischen zwei Zylinderflächen mit den Radien r und $r + \mathrm{d}r$ liegt; R_1 ist der Radius der lichten Weite des Rohres (Abb. 67).

Infolge der axialen Symmetrie ist die Konzentration der Elektronen n_e und der Ionen n_p ausschließlich eine Funktion vom ★

[1]) Obwohl die positiven Ionen wahrscheinlich keine Maxwellsche Geschwindigkeitsverteilung aufweisen, kann man doch zum Vergleich mit T_e einen Wert T_p, bestimmt durch $\frac{3\,k\,T_p}{2} = e\,\overline{V}_p$, einführen ($\overline{V}_p < \overline{V}_e$).

★ Radius r, während wir außerdem noch annehmen, daß in der Entladung selbst $n_e = n_p$ ist[1]).

In den betrachteten Ringzylinder treten, zufolge der größeren Konzentration in Achsennähe, an der Innenseite nach (100)

$$-2\pi r D_{\mathrm{am}} \left(\frac{\mathrm{d} n_e}{\mathrm{d} r}\right)_r \tag{104}$$

Elektronen bzw. Ionen per s durch ambipolare Diffusion ein. Bei Verwendung der Formel (104) wird stillschweigend vorausgesetzt, daß der Druck nicht allzu niedrig ist, damit wirklich Diffusion auftritt. Diese Voraussetzung läßt sich formulieren durch $\lambda \ll R_1$, d. h., die mittlere freie Weglänge muß im Verhältnis zu R_1 sehr klein sein.

Die Anzahl Ladungen in dem betrachteten Ringzylinder nimmt durch Ionisation zu und wir setzen die Zunahme der anwesenden Elektronenzahl direkt proportional. Das bedeutet, daß wir nur direkte Ionisation annehmen und kumulative Effekte nicht in Betracht ziehen. Nennen wir z die Anzahl per Elektron per s neugeformter Elektronen, dann werden in dem betrachteten Element $2\pi r \,\mathrm{d} r$, per s

$$z\, n_e 2\pi r \,\mathrm{d} r \tag{105}$$

neue Elektronen durch Ionisation erzeugt.

Wir nehmen auch an, daß Ladungsverlust durch Rekombination nur an der Wand und nicht im Entladungsraum stattfindet. In diesem Fall können die Ladungen nur durch Diffusion aus dem Ringzylinder verschwinden. Für die Anzahl der per s aus dem Element in radialer Richtung austretenden Elektronen ergibt sich dann analog (104)

$$-2\pi (r + \mathrm{d} r) D_{\mathrm{am}} \left(\frac{\mathrm{d} n_e}{\mathrm{d} r}\right)_{r + \mathrm{d} r}. \tag{106}$$

Die Austrittsfläche ist hier $2\pi (r + \mathrm{d} r)$ und der Konzentrationsabfall $\left(\frac{\mathrm{d} n_e}{\mathrm{d} r}\right)_{r + \mathrm{d} r}$ ist verschieden von dem im Abstand r von der Achse $\left(\frac{\mathrm{d} n_e}{\mathrm{d} r}\right)_r$. Zwischen diesen beiden besteht die Beziehung

$$\left(\frac{\mathrm{d} n_e}{\mathrm{d} r}\right)_{r + \mathrm{d} r} = \left(\frac{\mathrm{d} n_e}{\mathrm{d} r}\right)_r + \left(\frac{\mathrm{d}^2 n_e}{\mathrm{d} r^2}\right)_r \mathrm{d} r. \tag{107}$$

Im stationären Zustand ist n_e unabhängig von der Zeit, so daß die Zu- und Abnahme per s einander gleich sein müssen und die Summe (104) + (105) = (106) sein muß. Eintretende Ladungen durch Diffusion (104) + neugeformte durch Ionisation (105) = austretende Ladungen durch Diffusion (106). Hieraus erhalten wir die gesuchte Differentialgleichung:

$$-2\pi r D_{\mathrm{am}} \left(\frac{\mathrm{d} n_e}{\mathrm{d} r}\right)_r + z\, n_e 2\pi r \,\mathrm{d} r = -2\pi (r + \mathrm{d} r) D_{\mathrm{am}} \left(\frac{\mathrm{d} n_e}{\mathrm{d} r}\right)_{r + \mathrm{d} r}. \quad ★$$

---

[1]) Als eigentliche Entladung ist das Gebiet $C \div D$ in Abb. 62 gemeint, das innerhalb der Raumladungsschicht liegt.

★ Formt man diese Gleichung mit Hilfe von (107) um und vernachlässigt die Glieder höherer Ordnung, d. h. solche, wo $\mathrm{d}r^2$ als Faktor auftritt, dann ergibt sich

$$\frac{\mathrm{d}^2 n_e}{\mathrm{d}r^2} + \frac{1}{r}\frac{\mathrm{d}n_e}{\mathrm{d}r} + \frac{z}{D_{\mathrm{am}}} n_e = 0. \tag{108}$$

Ersetzen wir die Variable r durch $x\sqrt{\frac{D_{\mathrm{am}}}{z}}$, dann erhalten wir folgende Differentialgleichung:

$$\frac{\mathrm{d}^2 n_e}{\mathrm{d}x^2} + \frac{1}{x}\frac{\mathrm{d}n_e}{\mathrm{d}x} + n_e = 0. \tag{109}$$

Eine im Ursprung endliche Lösung dieser Differentialgleichung wird durch die Besselsche Funktion nullter Ordnung gegeben[1]).

$$n_e = n_{em}\cdot I_0(x) = n_{em}\cdot I_0\left(r\sqrt{\frac{z}{D_{\mathrm{am}}}}\right). \tag{110}$$

Der Verlauf der Funktion I_0 (x) ist graphisch in Abb. 68 dargestellt.

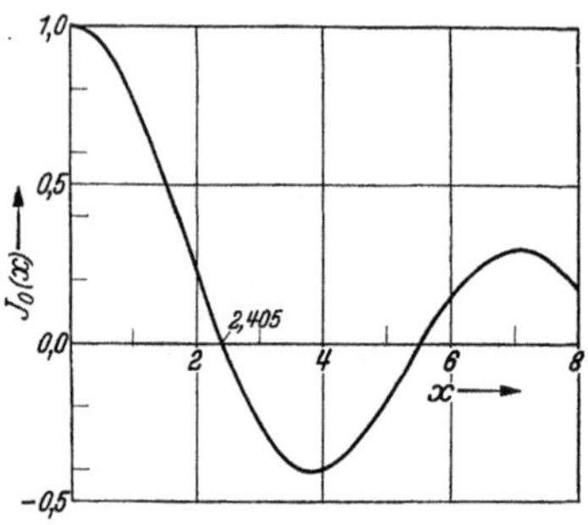

Abb. 68. Verlauf der Besselschen Funktion I_0 (x).

Für $x = 0$, also auch $r = 0$, ist $I_0(x) = 1$, d. h., n_{em} gibt die Konzentration der Ladungen in der Achse der Entladung bzw. der Röhre und muß noch näher bestimmt werden. Aus Abb. 68 sieht man, daß für $x > 2{,}405$ die Funktion I_0 (x) negativ wird. Dies würde bedeuten, daß die Konzentration n_e negativ werde, was physikalisch unmöglich ist. Man kann daher nur den Kurventeil zwischen $x = 0$ und $x = 2{,}405$ verwenden. Nehmen wir einfachheitshalber an, daß an der Wand, für $r = R_1$, die Konzentration $n_e = 0$ ist, dann wird nach (110) der zugehörige Wert von $x = 2{,}405$, und da $x = r\sqrt{\frac{z}{D_{\mathrm{am}}}}$ ist, wird

$$R_1\sqrt{\frac{z}{D_{\mathrm{am}}}} = 2{,}405. \tag{111}$$

Aus (111) ersieht man, daß z und D_{am} voneinander nicht unabhängig sind, was übrigens auch aus deren Definition zu erwarten war, da z als die Anzahl per s per Elektron gebildeter Ionen (neuer Elektronen) festgesetzt wurde und D_{am} die Geschwindigkeit bestimmt, mit der sie wieder aus der Entladung verschwinden. ★

---

[1]) Diese Besselsche Funktion in einer Reihe entwickelt lautet:

$$I_0(x) = 1 - \frac{x^2}{2^2} + \frac{x^4}{2^2\cdot 4^2} - \frac{x^6}{2^2\cdot 4^2\cdot 6^2} + \cdots.$$

★ § 41. Berechnung verschiedener charakteristischer Vorgänge in der positiven Säule.

Eine sehr wichtige Größe, die wir später noch verwenden werden, ist die Gesamtzahl Elektronen N_{eI} per cm Länge der Säule. In einem Volumen, das zwischen den Zylindern, mit den Radien r und $r + \mathrm{d}r$, von 1 cm Länge liegt, ist die Anzahl Ladungen

$$2\pi r\,\mathrm{d}r\, n_{em} \cdot I_0\left(r\sqrt{\frac{z}{D_{\mathrm{am}}}}\right),$$

wobei $n_e = n_{em} \cdot I_0\left(r\sqrt{\frac{z}{D_{\mathrm{am}}}}\right)$ aus (110) verwendet wird. Das Argument $x = r\sqrt{\frac{z}{D_{\mathrm{am}}}}$ der Besselschen Funktion kann mit Hilfe von (111) folgendermaßen geschrieben werden:

$$x = r\sqrt{\frac{z}{D_{\mathrm{am}}}} = \frac{2{,}405\,r}{R_1}. \tag{112}$$

Die Anzahl N_{eI} bestimmt man nun durch Integration des oben aufgestellten Ausdruckes zwischen den Grenzen $r = 0$ und $r = R_1$:

$$N_{eI} = \int_0^{R_1} 2\pi r\, n_{em} \cdot I_0\left(\frac{2{,}405\,r}{R_1}\right)\mathrm{d}r.$$

Führen wir nun wieder die Veränderliche $x = \frac{2{,}405\,r}{R_1}$ ein, dann lautet der Ausdruck

$$N_{eI} = 2\pi n_{em}\frac{R_1^2}{(2{,}405)^2}\int_0^{x=2{,}405} x \cdot I_0(x)\,\mathrm{d}x = \pi R_1^2\, 0{,}433\, n_{em}, \tag{113}$$

da der Wert obigen Integrales 1,25 ist. Es sieht also aus, als ob der ganze Querschnitt mit einer Konzentration gefüllt wäre, die 0,433mal der maximalen n_{em} ist.

Berechnen wir nun den Wandstrom I_{wI} per cm Säulenlänge, der den Ladungsverlust an Elektronen und Ionen gibt. I_{wI} folgt direkt aus (104), wenn man die Ableitung $\frac{\mathrm{d}n_e}{\mathrm{d}r}$ an der Wand nimmt $(r = R_1)$ und mit der Ladung e vervielfältigt, da die Formel die Anzahl Teilchen angibt.

$$I_{wI} = -2\pi R_1 e D_{\mathrm{am}}\left(\frac{\mathrm{d}n_e}{\mathrm{d}r}\right)_{R_1}. \tag{114}$$

$D_{\mathrm{am}} = K_p\frac{k\,T_e}{e}$ ist durch (103) gegeben und $\left(\frac{\mathrm{d}n_e}{\mathrm{d}r}\right)_{R_1}$ folgt aus (110):

$$\left(\frac{\mathrm{d}n_e}{\mathrm{d}r}\right)_{R_1} = \frac{\mathrm{d}}{\mathrm{d}r}\left\{n_{em} I_0\left(r\sqrt{\frac{z}{D_{\mathrm{am}}}}\right)\right\}_{R_1} = -n_{em}\frac{2{,}405}{R_1} I_1(2{,}405) = -n_{em}\frac{2{,}405}{R_1}\cdot 0{,}519\ ^{1)}$$

[1]) Der Differentialquotient der Besselschen Funktion nullter Ordnung gibt die Besselsche Funktion erster Ordnung mit negativem Vorzeichen: $\frac{\mathrm{d}I_0(x)}{\mathrm{d}x} = -I_1(x)$ und deren Wert für $x = 2{,}405$ bzw. $x = R_1\sqrt{\frac{z}{D_{\mathrm{am}}}}$ ist 0,519.

★ Dies in (114) eingesetzt, gibt

$$I_{w\,\mathrm{I}} = 7{,}83\, K_p\, k\, T_e\, n_{em}, \tag{115}$$

wobei n_{em} und T_e noch unbestimmt sind (K_p aus Tabelle 6).

Der Wandstrom gibt die Anzahl der per s per cm Länge der Röhre verschwindenden Ladungen (Elektronen oder Ionen), die im stationären Zustand gleich der Anzahl der neugebildeten sein muß.

Letztgenannte kann mit Hilfe der Anzahl ionisierender Stöße berechnet werden. Zu diesem Zweck gehen wir von der Anzahl Elektronen $N_{e\mathrm{I}}$ per cm Länge der Röhre aus (113) und nehmen an, daß für diese eine Maxwell-Verteilung mit der Temperatur T_e gilt. Ein Elektron mit der Geschwindigkeit v_e macht per s $\frac{v_e}{\lambda_e}$ Zusammenstöße, wenn λ_e die mittlere freie Weglänge ist. Die Anzahl Elektronen $\mathrm{d}N_{e\mathrm{I}}$ mit Geschwindigkeiten zwischen v_e und $v_e + \mathrm{d}v_e$ ist durch (18) gegeben, so daß die Anzahl Zusammenstöße von derartigen Elektronen per cm Länge der Röhre, per s

$$\frac{v_e}{\lambda_e}\,\mathrm{d}N_{e\mathrm{I}} = 4\pi N_{e\mathrm{I}} \left(\frac{m_e}{2\pi k T_e}\right)^{\frac{3}{2}} \frac{v_e}{\lambda_e}\, v_e^2\, \varepsilon^{-\frac{m_e v_e^2}{2 k T_e}}\, \mathrm{d}v_e$$

beträgt. Die Wahrscheinlichkeit, daß es bei einem solchen Stoß wirklich zu Ionisation kommt, ist durch (93) gegeben, und die Anzahl ionisierender Stöße daher durch

$$300 \cdot C_i (V_e - V_i)\, \frac{v_e}{\lambda_e}\, \mathrm{d}N_{e\mathrm{I}}.$$

V_e = Elektronengeschwindigkeit und V_i = Ionisationspotential des Atoms, beide in E.S.E. (Faktor 300).

Für $V_e < V_i$ ist die Wahrscheinlichkeit Null, so daß die Gesamtzahl der Ionisationen durch Integration über alle Geschwindigkeiten von $v_e = \sqrt{\frac{2 e V_i}{m_e}}$ bis ∞ erhalten wird. Führen wir anstatt der Geschwindigkeiten v_e die diesen entsprechenden Energien $e V_e$ in erg $\left(\text{aus } \frac{m_e v_e^2}{2} = e V_e\right)$ ein, dann erhalten wir[1]):

$$600 \cdot \frac{8\pi N_{e\mathrm{I}} C_i}{\lambda_e} \left(\frac{e}{m_e}\right)^2 \left(\frac{m_e}{2\pi k T_e}\right)^{\frac{3}{2}} \int_{V_i}^{\infty} (V_e - V_i)\, V_e\, \varepsilon^{-\frac{e V_e}{k T_e}}\, \mathrm{d}V_e.$$

Dieser Ausdruck läßt sich durch partielle Integration lösen und gibt nach Teilung durch $N_{e\mathrm{I}}$ die Anzahl der Ionisationen per Elektron per s = z in (105), ★

[1]) Der Wert $w_i = C_i (V_e - V_i)$ in (93) ist nur für nicht allzu große Elektronenenergien, d. h. einige Male V_i, gültig. Der Fehler, den man macht, indem man bis ∞ integriert, ist jedoch nicht groß, da der exponentielle Faktor viel rascher fällt als $C_i (V_e - V_i)$ steigt und dadurch der Betrag der großen Werte von V_e im Integral ruhig vernachlässigt werden kann.

★ $$z = 600 \frac{C_i}{(\lambda_e)_0} \cdot \frac{p}{e\sqrt{\pi m_e}} (2\,k\,T_e)^{\frac{3}{2}} \cdot \varepsilon^{-\frac{e V_i}{k T_e}} \left(1 + \frac{1}{2} \frac{e V_i}{k T_e}\right). \tag{116}$$

p ist der Druck des Gases in tor bei 0° C und $(\lambda_e)_0$ die mittlere freie Weglänge bei 0° C und 1 tor.

Mit Hilfe des Wertes (116) für z ist es möglich, die Elektronentemperatur T_e zu bestimmen. Im Ausdruck für z kommt nämlich nur T_e als Unbekannte vor, während z selbst in (111) mit D_{am} auftritt, welch letzteres nach (103) eine Funktion von K_p und T_e ist. Löst man (111) nach z auf und setzt dies gleich mit (116), dann erhält man nach einigen Umformungen (wobei man 1 gegenüber $\frac{1}{2} \frac{e V_i}{k T_e}$ vernachlässigt):

$$\frac{1}{\sqrt{\frac{e V_i}{k T_e}}} \cdot \varepsilon^{\frac{e V_i}{k T_e}} = 1{,}16 \cdot 10^7 \cdot C^2 \cdot p^2 \cdot R_1^2, \tag{117}$$

wobei die Konstante $C = \sqrt{\frac{C_i}{(\lambda_e)_0} \cdot \frac{\sqrt{V_i}}{K_p}}$ nur von der Art des Gases abhängig ist. Bei He ist $C = 3{,}9 \cdot 10^{-3}$, bei Ne: $5{,}9 \cdot 10^{-3}$, bei Ar: $5{,}3 \cdot 10^{-2}$ und bei Hg: $1{,}1 \cdot 10^{-1}$. R_1 in cm, p in tor, V_i in V (Tabelle 7), K_p in cm/s per V/cm (Tabelle 6). Das Verhältnis $\frac{V_i}{T_e}$ ist nur von dem Produkt $C \cdot p \cdot R_1$ abhängig, so daß man für jeden Wert dieses Produktes $\frac{V_i}{T_e}$ oder den reziproken Wert $\frac{T_e}{V_i}$ bestimmen kann (Abb. 69). Wird für eine bestimmte Entladung die Art des Gases, dessen Druck und der Rohrdurchmesser bekannt angenommen, dann findet man mit Hilfe der Kurve in Abb. 69 das zugehörige T_e. Abb. 70 gibt die mit (117) berechneten Werte als Funktion des Produktes $p\,R_1$ für Neon und Argon wieder. Für Neon sind einige Meßpunkte, bei einem Strom von etwa 0,25 A ($R_1 \approx 1$ cm, verschiedene Drücke), eingetragen. In Anbetracht der zahlreichen Annäherungen, die in die Berechnungen eingeführt wurden, darf man die Übereinstimmung sehr gut nennen. Für größere Ströme sinkt T_e, bei konstantem $p\,R_1$, ein wenig (10—20%) bezüglich des Rechnungswertes.

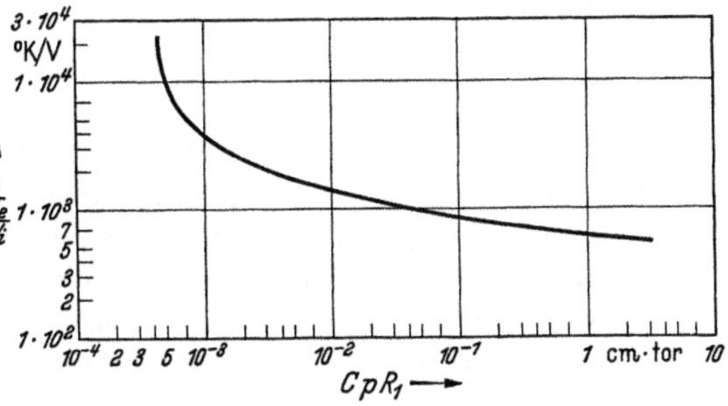

Abb. 69. Verhältnis $\frac{T_e}{V_i}$ als Funktion des Produktes $C \cdot p \cdot R_1$.

Beim Untersuchen einer Entladung beginnt man mit der Messung des Stromes I_l und der Spannung V_l. Die Frage ist nun, wie kann man ★

★ I_l durch die Parameter der Entladung, n. l. Druck, Rohrdurchmesser usw., ausdrücken. Man kann den Entladungsstrom als einen Konvektionsstrom von Elektronen, unter dem Einfluß des Gradienten G ansehen. Per cm Rohrlänge befinden sich nach (113) $N_{e\,\mathrm{I}} = \pi R_1^2 \cdot 0{,}434\, n_{em}$ Elektronen in der Säule. Die Fortschreitungsgeschwindigkeit u_e wird durch (71) $\left(0{,}75 \frac{e\,\lambda_e}{m_e\,\bar{v}_e} G\right)$ gegeben, wobei $a = 0{,}75$ und $v = \bar{v}_e$ genommen wird. Per s strömt durch einen willkürlichen Querschnitt in der Säule eine Anzahl Elektronen, die gegeben ist durch $N_{e\,\mathrm{I}}$ (Anzahl per cm Länge) mal u_e (per s von den Elektronen in der Achsenrichtung zurückgelegter Weg in cm), also:

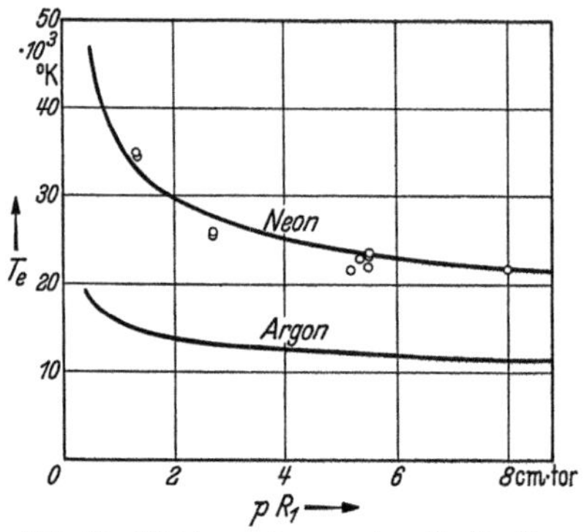

Abb. 70. Elektronentemperatur T_e für Ne und Ar als Funktion von $p R_1$.

$$I_l = e\,N_{e\,\mathrm{I}}\,u_e = e\,\pi R_1^2 \cdot 0{,}433\, n_{em} \frac{0{,}75\, e\,\lambda_e}{m_e\,\bar{v}_e} G\,. \qquad (118)$$

$\bar{v}_e$ wird durch (20) gegeben, und nach Ersatz von T_e durch $\bar{V}_e$ aus (34) folgt für I_l:

$$I_l = 5{,}24 \cdot 10^{-12} \cdot \frac{1}{\sqrt{\bar{V}_e}}\, \lambda_e\, n_{em}\, R_1^2\, G \qquad \mathrm{A}. \qquad (118')$$

wobei λ_e und R_1 in cm, n_{em} Anzahl Elektronen per cm³ in der Entladungsachse, $\bar{V}_e$ in V und G in V/cm eingeführt ist.

Man kann den Gradient G als Funktion der Elektronentemperatur T_e ausdrücken, wenn man die Arbeit des elektrischen Feldes dem Verlust durch Ionisation, Anregung und elastische Stöße gleichsetzt. Diese Ableitung würde jedoch zu weit führen. ★

§ 42. Energieumsatz in der positiven Säule.

Bei allen technischen Umwandlungsprozessen ist die Aufstellung einer Energiebilanz sehr wichtig, da diese den Schlüssel für die Bestimmung des Wirkungsgrades gibt.

Wir betrachten wieder ein Stück der Säule von 1 cm Länge, an beiden Enden durch ein ebenes Flächenstück, normal auf die Achse und die Wand der Entladungsröhre begrenzt, und fragen nach der Energiebilanz dieses Stückes, d. h. nach der Energiemenge, die in das Volumen eintritt, und die aus dem Volumen austritt, bzw. in welcher Form diese austritt. Im stationären Zustand sind die beiden natürlich gleich groß. Die Endflächen können wir außer Betracht lassen, da die Säule in der Längsrichtung konstant ist und daher gleichviel hineinkommt als herausgeht.

Die aufgenommene Leistung ist

$$\mathfrak{N}_{\mathrm{I}} = I_l G \quad \mathrm{W/cm}, \tag{119}$$

wenn I_l in A und G in V/cm eingesetzt wird. Diese Leistung wird von außen geliefert (V_l) und in kinetische Energie der Elektronen umgesetzt (Abb. 71). Die letztgenannten geben ihre Energie durch unelastische (Anregung und Ionisation) und elastische (Wärme = kinetische Energie der Atome) Stöße an die Gasatome, und auch teilweise direkt an die Wand (negative Wandladung) ab. Einige dieser Energiewerte lassen

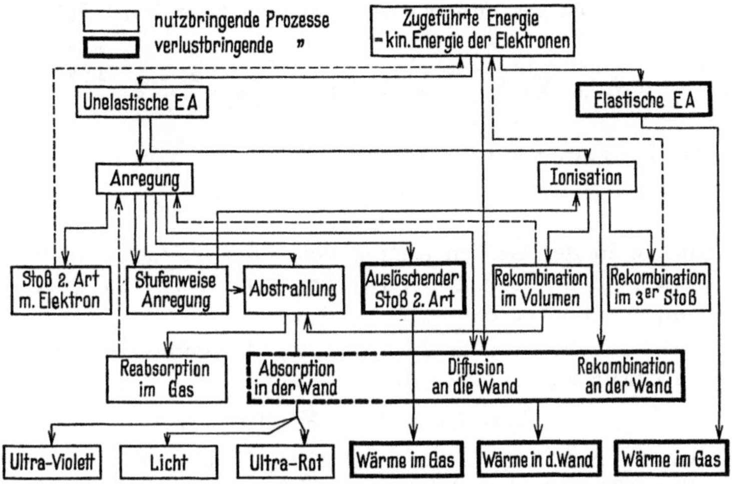

Abb. 71. Schema des Energieumsatzes in der positiven Säule. EA = Energieabgabe. Ausgezogene Linien bezeichnen Energie entziehende, gestrichelte Linien Energie rückliefernde Vorgänge.

sich mit Hilfe der vorgehenden Formeln bestimmen. Durch den Wandstrom (115) kennen wir die Anzahl Ladungen, sowohl positive Ionen wie auch Elektronen, die per s und per 1 cm Rohrlänge die Wand erreichen, n. l. $\frac{1}{e} I_{w\mathrm{I}}$. Jedes Elektron, das die Wand erreicht, gibt an diese eine Energie von $2\,k\,T_e$ (S. 113) oder in eV: $\frac{4}{3}\,e\,\overline{V}_e$ ab; alle dem Strom $I_{w\mathrm{I}}$ entsprechenden daher $\frac{4}{3} I_{w\mathrm{I}} \overline{V}_e$. Ein Ion bringt außer der kinetischen auch potentielle Energie mit, n. l. $e\,V_i$, die bei Rekombination in der Form von Wärme frei wird. Die kinetische Energie ist $e\,(\overline{V}_p + V_w)$. $\overline{V}_p$ ist hierbei die mittlere Geschwindigkeit der Ionen im Augenblick, daß diese an dem Rand der Raumladungsschicht ankommen (Abb. 62) und V_w das Potential der Raumladungsschicht. Insgesamt haben wir also für die Ionen $I_{w\mathrm{I}}\,(V_i + \overline{V}_p + V_w)$. Die Wandverluste der Ionen und Elektronen, $\mathfrak{N}_{w\mathrm{I}}$, betragen also

$$\mathfrak{N}_{w\mathrm{I}} = I_{w\mathrm{I}} \left(\frac{4}{3} \overline{V}_e + V_i + \overline{V}_p + V_w \right). \tag{120}$$

Die von den Elektronen an die Gasatome (durch elastische Stöße) abgegebene Wärme $N_{\varkappa\,\mathrm{I}}$, kann mit Hilfe des Faktors $\varkappa = 2\frac{m_e}{m}$ (S. 59) und der Maxwell-Verteilung (18) bestimmt werden.

Für ein Elektron mit der Geschwindigkeit v_e ist die Energieabgabe im Mittel $\varkappa\frac{m_e v_e^2}{2}$ per Stoß und die Anzahl Stöße per s: $\frac{v_e}{\lambda_e}$. Ist $N_{e\,\mathrm{I}}$ die Gesamtzahl der Elektronen (im betrachteten Zylinder von 1 cm Länge), dann haben $\mathrm{d}N_{e\,\mathrm{I}}$ Elektronen Geschwindigkeiten zwischen v_e und $v_e + \mathrm{d}v_e$. Die gesamte per s abgegebene Energie ist daher

$$\int_0^\infty \varkappa\frac{m_e v_e^2}{2}\frac{v_e}{\lambda_e}\,\mathrm{d}N_{e\,\mathrm{I}} = N_{e\,\mathrm{I}}\int_0^\infty \varkappa\frac{m_e v_e^2}{2}\frac{v_e}{\lambda_e}\,4\pi\left(\frac{m_e}{2\pi k T_e}\right)^{\frac{3}{2}} v_e^2\cdot\varepsilon^{-\frac{m_e v_e^2}{2kT_e}}\,\mathrm{d}v_e. \quad (121)$$

Nach der Integration erhält man

$$N_{\varkappa\,\mathrm{I}} = \frac{2\varkappa m_e N_{e\,\mathrm{I}}}{\sqrt{\pi}\,\lambda_e}\cdot v_{e\,\mathrm{w}}^3. \quad (121')$$

Bei Drücken in der Größenordnung von 1 tor ist dieser Verlust $N_{\varkappa\,\mathrm{I}}$ meistens sehr klein, bei höheren Drücken jedoch, z. B. in Quecksilberdampflampen, kann er sehr groß werden.

Nennen wir die ausgesandte Strahlung S_{I}, dann erhalten wir als Energiebilanz für 1 cm Säule

$$N_{\mathrm{I}} = I_l G = S_{\mathrm{I}} + N_{\varkappa\,\mathrm{I}} + N_{w\,\mathrm{I}}. \quad (122)$$

Teilen wir die Strahlung in einen sichtbaren Teil S_{I}' und einen unsichtbaren Teil (ultraviolett und infrarot) S_{I}'', dann wird der Nutzeffekt der sichtbaren Strahlung (ohne Elektrodenverluste)

$$\zeta_2 = \frac{S_{\mathrm{I}}'}{N_{\mathrm{I}}} = 1 - \frac{S_{\mathrm{I}}'' + N_{\varkappa\,\mathrm{I}} + N_{w\,\mathrm{I}}}{N_{\mathrm{I}}}. \quad (123)$$

In einer Gasentladungslampe wird also bei weitem nicht die aufgewandte Energie für 100% in sichtbares Licht umgesetzt. $N_{\varkappa\,\mathrm{I}}$ und $N_{w\,\mathrm{I}}$, als auch der Teil von S_{I}'', der von der Wand absorbiert wird, dient jedoch oft dazu, um die Röhre auf die richtige Temperatur zu bringen, so daß das verwendete Metall genügend hohe Dampfspannung erhält.

§ 43. Vergleich der gemessenen und berechneten Werte für einen bestimmten Fall.

Es ist wohl ohne weiteres einzusehen, daß infolge der, bei den diversen Ableitungen, verwendeten Vereinfachungen die entsprechenden Formeln nur beschränkte Gültigkeit haben. Sie wurden bisher bloß an der positiven Säule in Edelgasen und Hg erprobt, und da man hierbei recht gute Übereinstimmung zwischen den experimentellen und theoretischen Werten konstatieren konnte, darf man wohl annehmen, daß die Beschreibung den tatsächlichen Zustand in großen Zügen gut wiedergibt.

Um noch einigermaßen ein Bild vom Ganzen und eine Idee von der Größenordnung der Werte, um die es hier geht, zu erhalten, wollen wir an Hand einer bestimmten Entladung einige wichtige Größen berechnen.

Wir wählen hierzu eine positive Säule in Neon von 1 tor Druck[1]), in einem Rohr von $D_1 = 4{,}2$ cm Innendurchmesser, bei einem Strom $I_l = 0{,}5$ A. Beginnen wir mit der Elektronentemperatur T_e (117). Das Produkt $C \cdot p \cdot R_1 = 5{,}9 \cdot 10^{-3} \cdot 1 \cdot 2{,}1 = 1{,}24 \cdot 10^{-2}$. Abb. 69 gibt für dieses Produkt ein Verhältnis $\frac{T_e}{V_i} = 1{,}32 \cdot 10^3$, woraus mit $V_i = 21{,}5$ V $T_e = 28400°$ K wird. Diese Temperatur korrespondiert mit $\overline{V}_e = 3{,}7$ V, während direkte Messung $\overline{V}_e \approx 4$ V ergibt ($T_e = 31000°$ K).

Die Elektronenanzahl per cm³ in der Röhrenachse kann man aus (118′) bestimmen. Löst man diesen Ausdruck nach n_{em} auf und setzt ein: $I_l = 0{,}5$ A, $\lambda_e = 6{,}57 \cdot 10^{-2}$ cm, $R_1 = 2{,}1$ cm, $G = 1{,}14$ V/cm (gemessen), $\overline{V}_e = 4$ V (gemessen), dann ergibt sich $n_{em} = 5{,}8 \cdot 10^{11}$ Elektronen per cm³. Experimentell fand man hierfür $n_{em} = 2{,}47 \cdot 10^{11}$.

Die Gesamtzahl per cm Säulenlänge wird mit $n_{em} = 2{,}47 \cdot 10^{11}$ (gemessen), nach (113) $N_{e\,\mathrm{I}} = \pi R_1^2\, 0{,}433\, n_{em} = 1{,}48 \cdot 10^{12}$ Elektronen per cm (Säulenlänge).

Da n_{em} bekannt ist, kann man den Wandstrom $I_{w\,\mathrm{I}}$ nach (115) berechnen. Man findet mit $K_p = 7{,}5 \cdot 10^3 \frac{\mathrm{cm}}{\mathrm{s}} \Big/ \frac{\mathrm{V}}{\mathrm{cm}}$, $T_e = 31000°$ K, $n_{em} = 2{,}47 \cdot 10^{11}$, $k = 1{,}37 \cdot 10^{-16}$: $I_{w\,\mathrm{I}} = 6{,}16 \cdot 10^{-3}$ A per cm (Rohrlänge). Per cm² Wandoberfläche wird der Wandstrom $j_w = \frac{I_{w\,\mathrm{I}}}{2\pi R_1} = 0{,}47$ mA/cm². Das Experiment gibt $j_w = 0{,}52$ mA/cm².

Der Wandstrom $I_{w\,\mathrm{I}}$ gibt, nach Teilung durch e, die Anzahl Ionen und Elektronen, die per s und cm Rohrlänge die Wand erreicht. Im stationären Zustand kommt diese Anzahl überein mit z aus (116), vervielfältigt mit $N_{e\,\mathrm{I}}$ ($= 1{,}48 \cdot 10^{12}$). Man findet mit $z = 6{,}4 \cdot 10^4$, $N_{e\,\mathrm{I}}\, z = 9{,}5 \cdot 10^{16}$ und zum Vergleich $\frac{1}{e} I_{w\,\mathrm{I}} = 3{,}87 \cdot 10^{16}$.

Schließlich wollen wir noch den „ungeordneten Strom" in der Entladungsachse berechnen [(29), S. 20].

$$j_{em} = \nu_{em}\, e = \frac{1}{4}\, n_{em}\, e\, \bar{v}_e \quad \mathrm{A/cm^2}\,.$$

Mit $n_{em} = 2{,}47 \cdot 10^{11}$ Elektr./cm³, $e = 1{,}59 \cdot 10^{-19}$ C, $\bar{v}_e = 0{,}922 \cdot 5{,}95 \cdot 10^7 \sqrt{4} = 1{,}097 \cdot 10^8$ cm/s findet man $j_{em} = 1{,}08$ A/cm², also belangreich größer als die mittlere Stromdichte in der Röhre $\frac{I_l}{\pi R_1^2} = 3{,}61 \cdot 10^{-2}$ A/cm².

Nach Formel (121′) betragen die Volumenverluste $N_{\varkappa\,\mathrm{I}}$ per cm Rohrlänge: 0,11 W. Nach (120) betragen die Wandverluste $N_{w\,\mathrm{I}} = 0{,}26$ W,

[1]) Bei Zimmertemperatur gemessen. In den nachfolgenden Berechnungen ist hierfür nicht korrigiert.

wobei $\overline{V}_p$ vernachlässigt, $I_{w\,\mathrm{I}} = 6{,}82 \cdot 10^{-3}$ A/cm (experimentell) und $V_w = 3\,\overline{V}_e$ (S. 125) genommen wurde.

Bei der betrachteten Entladung verteilt sich nach Messung die Leistung $\mathfrak{N}_{\mathrm{I}}$ per cm Rohrlänge, $I_l\,G = 0{,}57$ W, auf folgende Weise:

Wandverluste	$\mathfrak{N}_{w\,\mathrm{I}}$:	0,26 W =	46%
Sichtbare Strahlung	S'_{I}:	0,08 W =	14%
Volumenverluste und unsichtbare Strahlung	$\mathfrak{N}_{\varkappa\,\mathrm{I}} + S''_{\mathrm{I}}$:	0,23 W =	40%
		0,57 W =	100%

ζ_2 aus Formel (123) wird dann ungefähr $\frac{0{,}07}{0{,}57} = 0{,}12$.

C. Licht und Sehen.

Bevor wir uns mit den Eigenschaften der Gasentladungslampen näher beschäftigen können, müssen wir erst einige Begriffe festlegen, die uns gestatten werden, die verschiedenen Lichtquellen hinsichtlich ihrer Wirkung miteinander zu vergleichen.

Dieser Abschnitt soll daher die für uns wichtigen Faktoren, die das Sehen beeinflussen, kurz behandeln, so daß wir an Hand dieser die Vor- und Nachteile, sowie den Fortschritt, der durch die Anwendung der Gasentladungslampen erzielt wurde, richtig einschätzen können.

Achtes Kapitel.

Begriffe und Maßeinheiten.

§ 44. Das Auge.

Von den Eigenschaften des Auges wollen wir nur jene erwähnen, die für das gute Verständnis des folgenden unentbehrlich sind.

Der kugelförmige Augapfel (Abb. 72) ist von einer dreifachen Haut umschlossen. Die äußerste Hülle, die Sehnenhaut S (Sklerotika) ist an der Vorseite C durchsichtig und wird dort Hornhaut (Cornea) genannt. Diese schließt die vordere Augenkammer K, die mit der sog. wässerigen Flüssigkeit gefüllt ist, ab. Zwischen der vorderen (K) und der hinteren Augenkammer (A), die den sog. Glaskörper enthält, befindet sich die Kristallinse (L), mit den Ziliarmuskeln befestigt. Unter der Sehnenhaut liegt die Aderhaut (Choroid Ch), die sehr viel Adern und Nerven enthält; durch eine auf dieser liegenden Pigmentschicht von schwarzer oder dunkelbrauner Farbe wird die Reflexion des auffallenden Lichtes verhindert. An der Vorseite kommt die Aderhaut als Regenbogenhaut oder Iris J

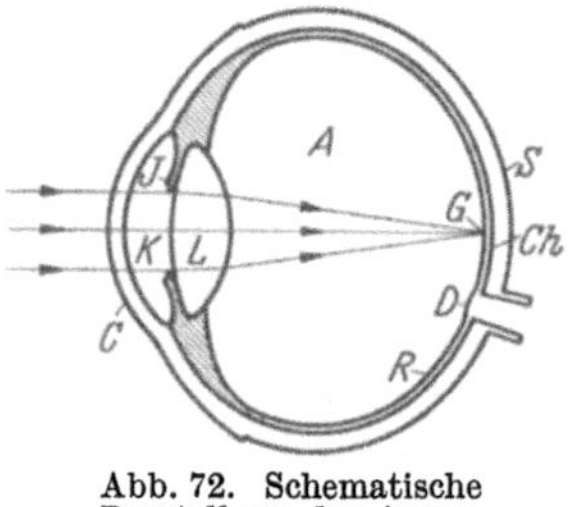

Abb. 72. Schematische Darstellung des Auges.

zum Vorschein (die infolge verschiedener Pigmentation alle möglichen Farben zeigen kann) und besitzt in der Mitte eine kreisrunde Öffnung, die Pupille, die ihren Durchmesser innerhalb gewisser Grenzen verändern kann. Die innerste Schicht ist die sehr komplizierte Netzhaut (Retina *R*), die hauptsächlich aus Nerven besteht. Letztere gehen vom Eintritt (*D*) des Sehnerves in das Auge (blinder Fleck) aus und bedecken die Innenseite der Aderhaut.

Durch die Kristallinse und die anderen lichtbrechenden Substanzen im Auge wird von dem wahrgenommenen Gegenstand ein umgekehrtes, reelles Bild in dem empfindlichsten Teil des gelben Fleckes *G*, dem Netzhautgrübchen, abgebildet (bei zentralem Sehen). Man nimmt an, daß unter dem Einfluß des Lichtes in der empfindlichen Schicht (im Sehpurpur) eine photochemische Umsetzung auftritt. Hierdurch werden Sehnerven angeregt und diese leiten die Anregung zum Sehzentrum im Gehirn weiter. Der umgesetzte Sehpurpur wird fortlaufend zurückgeformt, das entstandene Bild wird sozusagen ununterbrochen ausgelöscht und aufs neue aufgenommen. Ist der Lichteindruck so stark, daß der Regenerationsprozeß nicht mehr nachkommt (auslöschen kann), dann entstehen Nachbilder. Die sog. „Dunkel-Adaptation" (s. unten) ist nach dieser Auffassung einer Konzentrationszunahme des Sehpurpurs zu danken.

Die Netzhaut enthält zwei sehr verschiedene Arten lichtempfindlicher Elemente, die Stäbchen und die Zäpfchen. Ungefähr an der Stelle, wo die optische Achse des Auges die Netzhaut schneidet, in der sog. Fovea centralis (Netzhautgrübchen) befinden sich beinahe ausschließlich Zapfen. Von diesem Punkte aus nimmt in radialer Richtung die Anzahl Zapfen ab und die Anzahl Stäbchen zu, so daß in größerem Abstand vom gelben Fleck (Macula lutea) nur mehr letztere vorhanden sind. In der unmittelbaren Umgebung der Fovea centralis ist die relative Anzahl der Zapfen sehr groß. Die Zapfen sind farbenempfindlich, so daß wir mit diesen Farbunterschiede wahrnehmen können, während die Stäbchen alles Licht nur in einer Farbe, nl. blaugrau, wiedergeben.

Bei besonders kleinen Beleuchtungsstärken bzw. Leuchtdichten arbeiten nur die Stäbchen (man nennt dies auch Dämmerungssehen), bei großen Leuchtdichten nur die Zapfen (Tagessehen) und bei Zwischenwerten alle beide.

In technischen Arbeiten findet man oft die Bezeichnung „Helladaptation" für Zapfensehen und „Dunkeladaptation" für Stäbchensehen. Dies ist eigentlich nicht zulässig, da man z. B. bei Dunkeladaptation doch mit den Zapfen wahrnehmen kann, wie dies bei Beobachtung eines farbigen Sternes der Fall ist.

In all seiner Vollendung ist unser Auge doch bei weitem kein fehlerloses optisches Instrument und einer der wichtigsten Fehler ist die chromatische Abweichung. Der Brennpunktsabstand des Linsensatzes ist nicht für alle Farben der gleiche. Für blau von λ 4341 Å beträgt $f = 20{,}134$ mm, während für rot von λ 7600 Å $f = 20{,}677$ mm ist. Zwischen diesen beiden Extremen besteht also ein Unterschied von 0,543 mm. Die Folge hiervon ist, daß bei weißem Licht verschiedene Bilder in verschiedenen Farben entstehen, die nicht zusammenfallen; das violette Bild liegt der Linse dabei am nächsten. Der Abstand zwischen dem violetten und dem roten Bild eines unendlich entfernten Gegenstandes beträgt also 0,543 mm.

Aus obengenanntem Grunde kann natürlich jeweils bloß eine einzige Farbe ein scharfes Bild auf der Netzhaut liefern, und zwar ist dies bei normalem Tageslicht das gelbgrüne (maximale Hellempfindlichkeit des Auges bei Helladaptation). Die anderen Farben geben nur unscharfe Bilder, die die Bildschärfe des Ganzen ungünstig beeinflussen.

Die Anpassungsfähigkeit des Auges ist andererseits jedoch enorm groß, sowohl was die Sehschärfe für verschiedene Abstände (Akkommodation) als auch das Sehen bei verschiedenen Leuchtdichten (Adaptation) betrifft. Ein normales Auge kann alle Gegenstände, die sich in einem Abstand von 15 cm bis ∞ befinden, scharf wahrnehmen. Diese Einstellung erfolgt durch unbewußte Veränderung der Krümmung der Kristallinse, mit Hilfe der Befestigungsmuskeln (Ziliarmuskeln). Bei der Einstellung auf ∞ sind diese im Ruhezustand. Die durch Altertum auftretende Weitsichtigkeit entsteht durch Erschlaffung der Ziliarmuskeln, da der kleinste Abstand für scharfes Sehen (Nahepunkt) weiter und weiter vom Auge abrückt (läßt sich mittels konvergierender Linse korrigieren).

Wenn man bedenkt, daß es, wenn auch nicht ganz ohne Anstrengung, möglich ist, sowohl bei voller Mittagssonne als auch bei Vollmond zu lesen, wobei im ersten Fall die Beleuchtungsstärke etwa 100000 Lux und im zweiten etwa $^1/_4$ Lux beträgt, dann erhält man eine Idee von der Anpassungsfähigkeit des Auges für verschiedene Beleuchtungsstärken (und somit auch Leuchtdichten). Diese Adaptation erfolgt durch die gleichzeitige Wirkung zweier ganz verschiedener Vorgänge. Der erste, die Verengung und Erweiterung der Pupille, geschieht nahezu augenblicklich. Der Öffnungsdurchmesser kann von 2 bis 8 mm variieren, so daß die Lichtströme, die in den beiden Fällen (2 und 8 mm) die Retina erreichen, sich wie 4 zu 64 verhalten. Der zweite, die Veränderung der absoluten Empfindlichkeit der Netzhaut, dauert jedoch viel länger[1]). Die erforderliche Zeit kann mehrere Minuten betragen, bisweilen sogar

[1]) Diese langsame Adaptation ist wohl zu unterscheiden von dem Übergang vom Zapfensehen auf das Stäbchensehen. Bei niedrigen Leuchtdichten und nicht zu großen Leuchtdichtenunterschieden erfolgt dieser Übergang beinahe augenblicklich und können auch beide Sehvorgänge nahezu unabhängig voneinander an verschiedenen Stellen der Netzhaut gleichzeitig auftreten, wie mit dem Versuch in § 51 gezeigt werden kann (S. 188).

Stunden, wobei die Adaptation von Dunkel auf Hell rascher erfolgt als umgekehrt. Vollkommene Adaptation von den bei Tag vorkommenden Leuchtdichten auf die Leuchtdichten in einer klaren mondlosen Nacht erfordert 1 Stunde und mehr.

Die absolute Lichtempfindlichkeit des Auges ist außerordentlich groß (man kann ungefähr ein Minimum von 100 bis 200 Lichtquanten per s wahrnehmen). Bei klarer Luft kann man nachts eine Kerze auf mehr als 10 km Abstand noch wahrnehmen. Die Energie, die hierbei die Netzhaut erreicht, ist in der Größenordnung von 10^{-6} erg/s. Die kleinste noch wahrnehmbare Leuchtdichte ist etwa 10^{-10} K/cm², also etwa der hundertste Teil der Leuchtdichte eines nächtlichen, mondlosen Himmels (etwa 10^{-8} K/cm²).

§ 45. Licht und Spektrum. Spektrale Hellempfindlichkeit des Auges.

Sowohl sichtbares Licht als auch ultraviolette, infrarote, Röntgen-, usw. Strahlungen sind elektromagnetische Schwingungen, die sich im hypothetischen „Äther“ als Wellenbewegungen fortpflanzen. Alle diese Strahlungen haben im Vakuum die gleiche Fortpflanzungsgeschwindigkeit, die, wie bekannt, etwa 300000 km per s $= 3 \cdot 10^{10}$ cm/s beträgt. Die verschiedenen Lichtstrahlen oder elektromagnetischen Wellen unterscheiden sich durch ihre Wellenlängen (Abb. 73) bzw. durch ihre Schwingungszahlen. Von dem ausgebreiteten Wellenlängengebiet ist nur ein äußerst kleiner Abschnitt vom Auge wahrnehmbar, und zwar der Teil, der ungefähr zwischen den Wellenlängen λ 3760 Å und λ 7880 Å liegt [1]). Hierbei muß noch bemerkt werden, daß ein Lichtstrahl selbst, auch „sog. sichtbaren Lichtes“, für uns unsichtbar bleibt, so lange er nicht direkt, oder nach Reflexion, in unser Auge gelangt und dadurch die Umgebung sichtbar

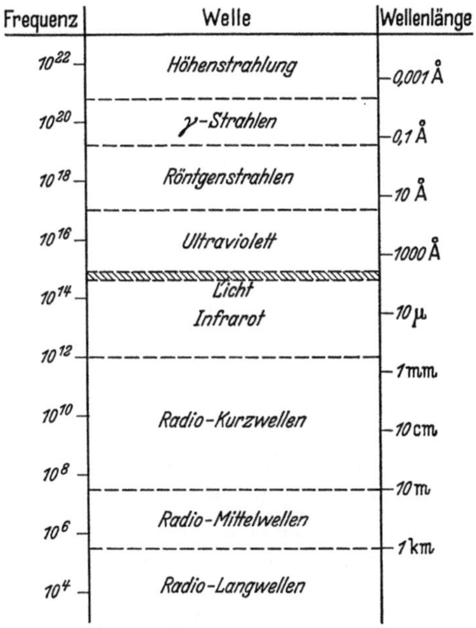

Abb. 73. Diverse elektromagnetische Schwingungen (Gebiet der sichtbaren Strahlung schraffiert).

[1]) Die Grenzen sind nicht genau anzugeben, da die Empfindlichkeit nur allmählich abfällt. Hier sind die Wellenlängen angenommen, für welche diese noch 10^{-5} des Maximalwertes beträgt.

macht, oder seinen Urheber anzeigt. Daß der Weg von Sonnenstrahlen z. B. in einem Zimmer wahrgenommen werden kann, ist nur der Reflexion an kleinen Staub- oder Rauchteilchen zu danken, die sich immer in der Luft befinden.

In dem kleinen Wellenlängenbereich des sichtbaren Lichtes kann unser Auge die verschiedenen Schwingungen durch seine Farbempfindlichkeit unterscheiden. Licht mit einer Wellenlänge von λ 6500 Å erzeugt in unserem Auge einen Eindruck, den wir rot nennen, das mit einer Wellenlänge von λ 5750 Å einen, den wir gelb nennen, usw. Tabelle 10 gibt die verschiedenen Wellenlängengebiete, die wir als rot, orange usw. andeuten. Die Grenzen der einzelnen Gebiete sind nicht scharf abgezeichnet, sondern gehen allmählich ineinander über und werden von verschiedenen Wahrnehmern einigermaßen verschieden festgestellt. Weißes Licht (Tageslicht) besteht bekanntlich aus einer Mischung aller dieser Farben. Dies kann in der Natur an einem Regenbogen wahrgenommen werden und ist leicht mit dem Spektroskop zu kontrollieren.

Tabelle 10.
Kulminations- und Scheidungswellenlängen bei hoher Leuchtdichte für die verschiedenen Spektralfarben in Å.

Farbe	Kulminationswellenlänge	Scheidungswellenlänge
Infrarot . . .		>7880
Rot	6730	
		6310
Orange	6000	
		5920
Gelb	5770	
		5680
Grün	5150	
		4980
Blau	4700	
		4390
Violett	4120	
Ultraviolett . .		<3760

Die Arbeitsweise eines Spektroskopes ist schematisch in Abb. 74a angegeben. Das von einer beliebigen Lichtquelle kommende Licht fällt durch einen Spalt S, der im Brennpunkt einer Linse L_1 steht. Das von S ausgehende, divergierende Lichtbündel wird durch die Linse parallel gerichtet und geht dann durch das Prisma P. Da die verschiedenen Wellenlängen verschieden stark gebrochen werden, und zwar blau stärker als rot, werden die parallelen Lichtstrahlen durch das Prisma voneinander getrennt. Die Linse L_2 richtet nun die verschiedenen Farbbündel auf verschiedene Stellen der Brennfläche $A B$, so daß dort der Spalt S wieder scharf abgebildet wird, jetzt aber für jede Farbe gesondert. Das so entstandene Bild kann entweder photographisch festgelegt werden oder mit Hilfe einer weiteren Linse, des sog. Okulares O, direkt mit dem Auge beobachtet werden.

Abb. 74b gibt den Aufbau eines Taschenspektroskopes mit geradsichtigem Prisma. Dies ermöglicht die spektrale Zerlegung des Lichtes, ohne Knick im Strahlengang. Dazu verwendet man eine Kombination von Prismen aus Kronglas (*Kr*) und Flintglas (*Fl*), die verschiedene Brechungsexponenten aufweisen. Aus dem schematisierten Strahlengang sieht man, daß der mittlere Teil des Spektrums unabgelenkt ist. $R_1 R_2$ ist ein ausziehbares Rohr zur genauen Einstellung des Spaltes S im Brennpunkt der Linse L. O ist das Okular.

Beleuchtet man den Spalt mit Licht von einer Glühlampe, dann erhält man ein *kontinuierliches Spektrum*, d. h., die Abbildungen des

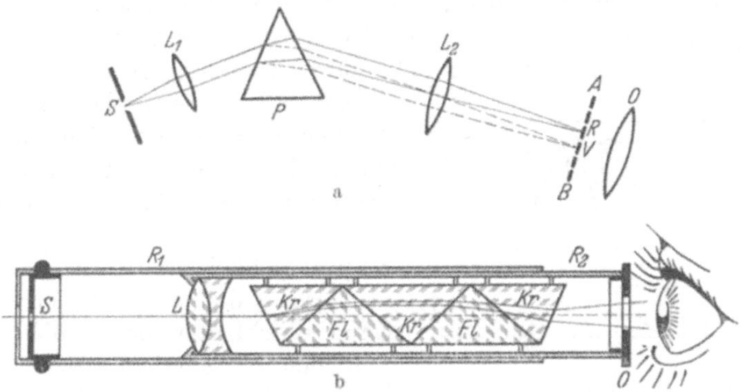

Abb. 74 a und b. a Schema des Spektroskopes. b Taschenspektroskop.

Spaltes in den verschiedenen Farben bilden ein zusammenhängendes Ganzes. Verwendet man als Lichtquelle jedoch eine Entladung in Na oder irgendeinem anderen atomaren Gas, dann erhält man eine beschränkte Anzahl Bilder, die durch breite, dunkle Teile voneinander getrennt sind (s. Abb. 20). Man spricht dann von einem diskontinuierlichen Spektrum oder einem *Linienspektrum*. Die *Bandenspektren* bilden eine Art Übergang zwischen diesen beiden äußersten und werden durch elektrische Entladungen in Molekülgasen erzeugt. Während diese letzteren bei oberflächlicher Betrachtung aus kontinuierlichen Stücken zu bestehen scheinen, sind sie in Wirklichkeit aus großen Anzahlen sehr nahe beieinander liegender Linien aufgebaut. Dieser Linienreichtum der Molekülspektren ist der Tatsache zu danken, daß außer den Energieniveaus für die normalen Elektronensprünge, durch die relative Bewegung der Atome in den Molekülen und die Rotation letzterer das Entstehen neuer Energieniveaus veranlaßt wird, die die zahlreichen Übergänge ermöglichen.

Das kontinuierliche Sonnenspektrum enthält eine Anzahl schmaler dunkler Streifen, die *Absorptionslinien*. Die bekanntesten sind das Natrium-Dublett und die Balmer-Reihe des Wasserstoffes.

Außer den kontinuierlichen Spektren, die von Temperaturstrahlern (z. B. einer Glühlampe) herrühren, hat man auch Rekombinationsspektren (S. 75 und Abb. 29) und Molekülspektren (Abb. 173), die beide kontinuierliche Teile aufweisen.

Wie wir im vorhergehenden Paragraphen bereits erwähnten, werden die verschiedenen Farben des sichtbaren Lichtes vom Auge nicht nur qualitativ, sondern auch quantitativ anders gewertet. So ergibt z. B. die gleiche ausgestrahlte Energiemenge in gelbem Licht einen viel stärkeren Lichteindruck als in rotem Licht. Man definiert die spektrale Hellempfindlichkeit des Auges als den reziproken Wert jener Energie per s, die bei den verschiedenen Wellenlängen erforderlich ist, um die gleichen Helligkeitseindrücke hervorzurufen. Den maximalen Wert der Empfindlichkeit setzt man willkürlich = 1. Für Farben, die das Auge quantitativ hoch wertet, wie gelb und grün, genügt eine geringe Energiemenge und der reziproke Wert ist groß. An den Grenzen des sichtbaren Spektrums, für blau und rot also, ist die erforderliche Strahlungsenergie groß und deren reziproker Wert, die spektrale Empfindlichkeit des Auges, daher klein.

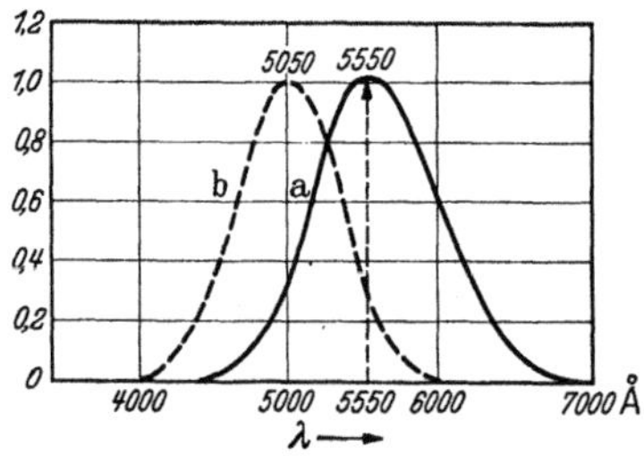

Abb. 75. Relative spektrale Hellempfindlichkeit a für hell adaptiertes Auge (normale und große Beleuchtungsstärken) = V_λ ($B > 3$ K/m²), b für dunkel adaptiertes Auge (sehr kleine Beleuchtungsstärken) ($B \approx 3 \cdot 10^{-5}$ K/m²).

Durch die verschiedenen relativen Empfindlichkeiten der Zapfen und der Stäbchen für ein und dieselbe Wellenlänge ergeben sich auch Unterschiede in den Kurven der spektralen Hellempfindlichkeit für diese beiden lichtempfindlichen Elemente. Da bei großen Leuchtdichten nur die Zapfen arbeiten, gibt eine Kurve, die bei den entsprechenden Werten[1]) aufgenommen ist, die Hellempfindlichkeit dieser Elemente, man nennt sie die spektrale Hellempfindlichkeit bei hell adaptiertem Auge (= V_λ, s. S. 164, Tabelle 12, Kolonne $\bar{y}$). Bei sehr geringen Leuchtdichten[2]) arbeiten nur die Stäbchen und man erhält die spektrale Hellempfindlichkeit für dunkel adaptiertes Auge. In Abb. 75 sind die beiden extremen Kurvenzüge angegeben. Kurve a gilt für Helladaptation und Kurve b für Dunkeladaptation. Für beide Maxima ist die Empfindlichkeit willkürlich auf 100% gesetzt. Betrachten wir Kurve a, dann sehen wir, daß das Maximum bei λ 5550 Å ($V_\lambda = 100\%$) liegt und zu beiden Seiten rasch abfällt. Im roten Teil bei λ 7000 Å und im violetten Teil bei λ 4200 Å beträgt die relative spektrale Hellempfindlichkeit nur noch etwa 0,4% ihres Maximums bei hell adaptiertem Auge. Ein Energiestrom von **1 W** ausgesandt in der Wellenlänge **λ 5550 Å**, gibt **621 internationale Lumen**. (Eine gasgefüllte Glühlampe von 60 W gibt etwa 650 lm.)

Bei Kurve b sehen wir, daß sowohl das Maximum als auch die ganze Kurve nach der kurzwelligen Seite des Spektrums verschoben ist. Das Maximum liegt hier bei etwa λ 5050 Å. Bei λ 7000 Å ist die Empfindlichkeit nun nahezu Null, und bei λ 4200 Å beträgt sie dagegen noch etwa 10%.

[1]) Leuchtdichte > 3 K/m². — [2]) Leuchtdichte $< \approx 10^{-3}$ K/m².

Diese Verschiebung der spektralen Empfindlichkeit bei geringen Leuchtdichten nach der blauen Spektrumseite ist als **Purkinje-Effekt** bekannt. Abgesehen von diesen beiden extremen Kurven sind auch alle zwischen diesen beiden liegenden von ähnlicher Form möglich, wenn die Leuchtdichte solche Werte hat, daß sowohl Zapfen als auch Stäbchen am Sehprozeß teilnehmen. Die Verschiebung erklärt z. B., warum bei Mondlicht alle Gegenstände bläulichgrau aussehen; die von blauer Farbe (bei Tageslicht) erscheinen heller als solche von roter Farbe, trotzdem der relative Anteil des roten Lichtes im vom Mond reflektierten Licht größer ist als im direkten Sonnenlicht. Durch das niedrige Beleuchtungsstärkenniveau tritt reines Stäbchensehen ein (dunkel adaptiertes Auge) und es gilt die Kurve b. Diese Verschiebung hat durch die allgemeinere Verwendung der Gasentladungslampen, die nur in schmalen Wellenlängenbereichen ausstrahlen, besondere Bedeutung erlangt, da die Sehmöglichkeit bei einem bestimmten Beleuchtungsniveau sehr stark dadurch beeinflußt werden kann. Dies kommt hauptsächlich für Straßenbeleuchtung in Anmerkung.

In Abb. 92 sind einige, für uns wichtige Spektrallinien angedeutet und die zugehörigen Empfindlichkeiten V_λ in Prozent vom Maximum bei den Ordinaten verzeichnet.

§ 46. Photometrische Einheiten.

Der *Lichtstrom* Φ ist die per s im sichtbaren Strahlungsgebiet ausgesandte Energie nach dem hervorgerufenen Lichteindruck physiologisch bewertet. Es ist bekannt, daß zum Exponieren einer photographischen Schicht in erster Linie die auffallende totale Lichtmenge (nicht per s) maßgebend ist. Bei schwacher Beleuchtung kann man (in erster Annäherung) dasselbe Resultat erreichen wie bei starker, wenn man bloß die Schicht solange der Lichteinwirkung aussetzt, daß die gesamte absorbierte Energiemenge gleich groß wird. Die empfindliche Schicht wirkt akkumulierend und das hervorgerufene Bild bleibt, wenn auch in latenter Form, bestehen. Im Auge ist der Vorgang ganz anders, bzw. muß anders sein, wenn das Sehen richtig stattfinden soll; das Bild muß „augenblicklich" erlöschen können, wenn man den Blick auf einen anderen Gegenstand richtet, um das neue Bild wieder deutlich wahrzunehmen. Treten starke Nachbilder (eine Art Blendung) auf, dann ist dies bestimmt ein Fehler der Beleuchtungsanlage. Da es also auf den augenblicklichen Wert des Lichteindruckes ankommt, muß man die **per Zeiteinheit** ausgesandte Lichtmenge als die wichtigste Größe betrachten. Die Einheit des **Lichtstromes** ist das **Lumen** (lm)[1].

---

[1]) Man verwendet in den letzten Jahren mehr und mehr das Dekalumen. 1 Dekalumen (1 Dlm) = 10 Lumen (10 lm). Eine Idee von der Größenordnung dieser Einheit gibt z. B. eine normale gasgefüllte Glühlampe von 220 V/100 W mit 1250 lm = 125 Dlm.

Trifft ein Lichtstrom auf eine Fläche F auf, dann wird diese beleuchtet. Die *Beleuchtungsstärke* E ist um so größer, je größer bei gegebener Fläche F der auffallende Lichtstrom Φ ist, oder je kleiner bei gegebenem Lichtstrom Φ die Fläche F ist. Die Definition der Beleuchtungsstärke lautet

$$E = \frac{\Phi}{F}, \tag{124}$$

und ihre Einheit ist das Lux[1]) (lx), welches man erhält, wenn 1 Lumen, gleichförmig verteilt auf eine Fläche von 1 m² auftrifft. Ist die Verteilung nicht gleichförmig, dann definiert man

$$E = \frac{\mathrm{d}\Phi}{\mathrm{d}F}. \tag{125}$$

$\mathrm{d}F$ ist eine sehr kleine Fläche, auf der man den Lichtstrom $\mathrm{d}\Phi$ als gleichmäßig verteilt annehmen kann.

Früher beurteilte man die Lichtquellen hauptsächlich nach ihrer *Lichtstärke* (oder Intensität) J. Für diese gilt, bei gleichförmiger Verteilung des Lichtstromes über den betrachteten Raumwinkel ω (s. S. 151, Fußnote [1])), folgende Definition:

$$J = \frac{\Phi}{\omega}. \tag{126}$$

Nach der Definition ist diese also der Lichtstrom per Raumwinkeleinheit. Bei ungleichförmiger Verteilung setzt man wieder

$$J = \frac{\mathrm{d}\Phi}{\mathrm{d}\omega}, \tag{127}$$

wobei der Raumwinkel $\mathrm{d}\omega$ so klein genommen wird, daß für diesen $\mathrm{d}\Phi$ als gleichförmig verteilt angesehen werden darf[2]).

Die Einheit der Lichtstärke ist die Kerze (K). Die internationale Kerze, mit der heute in den meisten Ländern gerechnet wird, ist durch die horizontale Lichtstärke bestimmter Standardlampen, die einer bestimmten Anzahl Kerzen gleichgestellt wird, festgelegt. In Deutschland verwendet man als Standard die Hefner-Lampe, die eine etwas kleinere Einheit, die Hefner-Kerze (HK) festlegt.

Durch vergleichende Messungen hat man festgestellt, daß:

$$1\ \text{int. K} = 1{,}11\ \text{HK oder } 1\ \text{HK} = 0{,}9\ \text{int. K}. \tag{128}$$

---

[1]) Einen Begriff von den Einheiten Lumen und Lux erhält man durch folgende Zahlen: In einem gut beleuchteten Raum hat man bei Tageslicht einige hundert Lux (= einige hundert Lumen per m²), unter freiem, ziemlich bewölktem Himmel mehrere tausend Lux. Bei künstlicher Beleuchtung begnügt man sich mit viel kleineren Werten. Eine Beleuchtungsstärke von 100 Lux auf einem Schreibtisch bezeichnet man als gut und eine von 20 Lux auf einer Straße als ausgezeichnet.

[2]) Diese beiden Definitionen der Lichtstärke gelten strenggenommen nur für punktförmige Lichtquellen oder für solche, die im Verhältnis zur Meßentfernung klein sind.

Mit Hilfe der Definition des Raumwinkels[1]) läßt sich der Zusammenhang zwischen Φ, E und J darstellen. Es gilt (s. Abb. 76b):

$$\mathrm{d}\omega = \frac{\mathrm{d}F}{r^2}, \tag{129}$$

$$\mathrm{d}F = r^2\,\mathrm{d}\omega. \tag{130}$$

Aus (125) und (127) wird mit diesem Wert

$$E = \frac{1}{r^2}\frac{\mathrm{d}\Phi}{\mathrm{d}\omega} = \frac{J}{r^2}. \tag{131}$$

In Worten: Wenn die Lichtstärke einer Lichtquelle in einer bestimmten Richtung J Kerzen beträgt, ist die Beleuchtungsstärke auf einer Fläche, die lotrecht auf diese Richtung im Abstand r Meter steht, $E = \frac{J}{r^2}$ Lux. Im Abstand $r = 1$ m wird E und J zahlenmäßig gleich groß. Wenn die Normale auf die beleuchtete Fläche mit der betrachteten Richtung einen Winkel ε bildet, gilt

$$E = \frac{J}{r^2}\cos\varepsilon. \tag{131'}$$

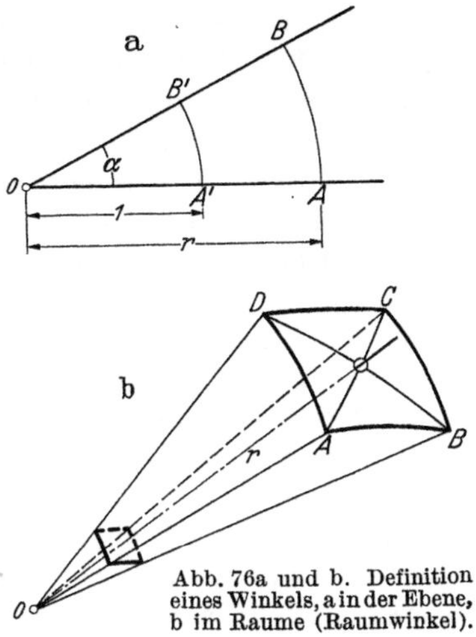

Abb. 76a und b. Definition eines Winkels, a in der Ebene, b im Raume (Raumwinkel).

Nehmen wir an, daß sich im Mittelpunkt einer Kugelfläche mit Radius $r = 1$ m eine Lichtquelle befindet, deren Abmessungen so klein sind, daß wir sie als punktförmig ansehen können, und daß diese in allen Richtungen die gleiche Lichtstärke von 1 K hat. Nach (131) ist dann die Beleuchtungsstärke, die von dem direkten Licht der betrachteten Lichtquelle auf der Kugelfläche erzeugt wird, 1 lx. Der per m² auffallende Lichtstrom ist 1 lm und der gesamte Lichtstrom 4π lm. Eine punktförmige Lichtquelle mit der Lichtstärke J K in allen Richtungen, liefert einen Lichtstrom von

$$\Phi = 4\pi J \text{ lm}. \tag{132}$$

Der gesamt ausgestrahlte Lichtstrom von einem gerade gespannten Draht ist, wenn J_N die Lichtstärke in K normal auf den Draht bedeutet:

$$\Phi = \pi^2 J_N \approx 10\,J_N \text{ lm}. \tag{133}$$

[1]) Ein Winkel α in einer Ebene (Abb. 76a) ist durch das Verhältnis AB/OA bestimmt. AB ist ein Kreisbogenstück mit dem Mittelpunkt O und dem Radius r, das durch die beiden Schenkel OA und OB abgeschnitten wird. Nimmt man $OA' = 1$ als Radius, dann ist die Länge $A'B'$ direkt ein Maß für den Winkel α und der dem ganzen Kreise entsprechende Winkel ist 2π Einheiten. Auf analoge Weise definiert man den Raumwinkel $OABCD$ von Abb. 76b. Man beschreibt um den Mittelpunkt O eine Kugelfläche mit dem Radius r. Der Raumwinkel wird dann ausgedrückt durch das Verhältnis *Fläche* $ABCD/r^2$, und der der ganzen Kugelfläche entsprechende Raumwinkel ist 4π Einheiten $\left(\frac{\text{Kugelfläche} = 4\pi r^2}{r^2}\right)$.

Ähnlich ist der gesamte von einer diffusstrahlenden ebenen Fläche ausgesandte Lichtstrom

$$\Phi = \pi J_N \text{ lm}^{1)}, \tag{134}$$

wobei J_N die Lichtstärke (K) normal auf die Fläche bedeutet.

Beträgt die Lichtstärke einer leuchtenden Fläche f, in einer Richtung, die mit der Flächennormalen den Winkel ε einschließt, J_ε, dann ist die Leuchtdichte der Fläche in dieser Richtung: $B_\varepsilon = \frac{J_\varepsilon}{f \cos \varepsilon}$; B_ε in K/cm², wenn J_ε in K und die scheinbare Oberfläche $f_\varepsilon = f \cos \varepsilon$ in cm² eingeführt wird. Ist nun $J_\varepsilon = J_N \cos \varepsilon$, dann wird $B_\varepsilon = \frac{J_N}{f}$ unabhängig von der Richtung. Diese Beziehung drückt das Lambertsche Gesetz aus, man sagt: die Fläche strahlt vollkommen diffus. Allgemein gilt, daß die Leuchtdichte B_ε, in einer Richtung ε, gleich dem Quotient aus der Lichtstärke in dieser Richtung, J_ε und der scheinbaren Oberfläche f_ε der Lichtquelle[2]) ist. Die Leuchtdichte ist für die Lichtquelle eine sehr belangreiche Größe und bestimmt oftmals ihre Anwendungsmöglichkeiten. Für Scheinwerfer z. B. wünscht man Lichtquellen mit sehr großer Lichtstärke und möglichst kleiner, lichtgebender Oberfläche, was nichts anderes als sehr große Leuchtdichte bedeutet. Die Einheit der Leuchtdichte ist die Kerze per cm² = Stilb (sb) genannt. (Die Leuchtdichte einer normalen, gasgefüllten 100 W-Glühlampe mit Klarglaskolben beträgt einige hundert Stilb.)

Während das Cosinusgesetz von Lambert für Temperaturstrahler gilt, wird es von den Gasentladungslampen nur teilweise, und zwar von den Natriumlampen, mit genügender Annäherung erfüllt. Für Neon- und Quecksilberdampflampen stimmt es nicht. Bei diesen letztgenannten beteiligen sich auch von der Oberfläche entfernter liegende Raumteile an der Lichtemission, während bei den Lichtquellen, deren Ausstrahlung dem Gesetz von Lambert gehorcht, das Licht nur von einer sehr dünnen Schicht an der Oberfläche stammt.

Eine beleuchtete, reflektierende Fläche kann als sekundäre Lichtquelle angesehen werden. Eine solche Fläche reflektiert vollkommen diffus, wenn sie nach dem Gesetz von Lambert zurückstrahlt. In Wirklichkeit wird dies niemals vollkommen erreicht, da alle Oberflächen mehr oder weniger auch spiegelnde Reflexion aufweisen. Das Lambertsche Gesetz liefert für ebene Flächen folgende Beziehung zwischen der Beleuchtungsstärke E (in lx) und der Leuchtdichte B (in sb):

$$B = \frac{E \varrho}{\pi \, 10^4} \text{ K/cm}^2 . \tag{135}$$

ϱ, der Reflexionskoeffizient, ist das Verhältnis zwischen zurückgestrahltem und einfallendem Lichtstrom (immer $\varrho < 1$) (s. S. 154).

[1]) Die Ableitung von (133) und (134), s. S. 153.

[2]) In einem Falle des Glühdrahtes, im anderen Falle des Milchglaskolbens der Lampe oder des Spiegels eines Reflektors usw.

Für die am häufigsten vorkommenden Werte von E bei Kunstlicht, nl. etwa 10 bis 100 lx und $\varrho = 0{,}314$, findet man aus (135) etwa 0,0001 bis 0,001 K/cm² oder 1 bis 10 K/m².

★ Ableitung der Formeln (133) und (134).

Der von einer, nach dem Lambertschen Gesetz strahlenden, ebenen Fläche ausgesandte Lichtstrom läßt sich folgendermaßen berechnen.

Die Lichtstärke normal auf die endliche, ebene Fläche f sei J_N (Abb. 77a). Nach dem Lambertschen Gesetz ist die Leuchtdichte B (K/cm² scheinbare Fläche) unabhängig von der Richtung, so daß die Lichtstärke unter einem Winkel ε mit der Flächennormalen $J_\varepsilon = J_N \cos\varepsilon$ betragen muß, da die scheinbare Fläche f_ε, $\cos\varepsilon$-mal kleiner ist unter diesem Winkel. Die Lichtverteilungskurve für eine solche strahlende Fläche wird also durch einen Kreis mit dem Durchmesser J_N dargestellt (die Betrachtung in der Ebene kann aus Symmetriegründen sofort auf den Raum übertragen werden und ergibt eine Kugelfläche mit dem Durchmesser J_N in Abb. 77b).

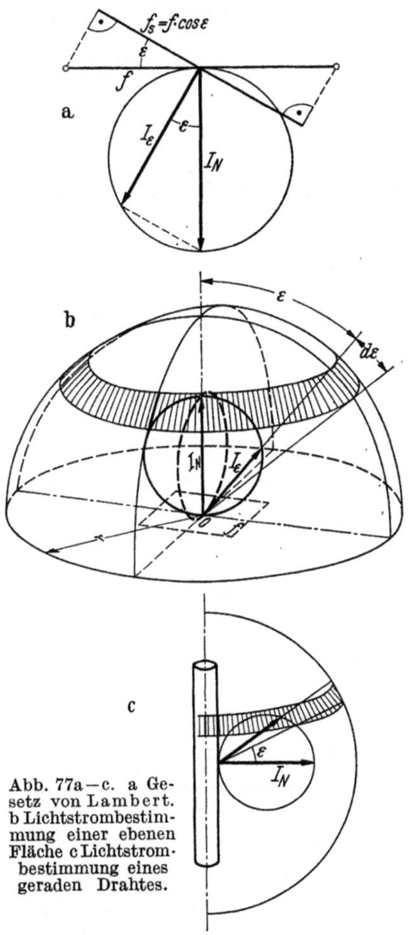

Abb. 77a—c. a Gesetz von Lambert. b Lichtstrombestimmung einer ebenen Fläche c Lichtstrombestimmung eines geraden Drahtes.

Nach (127) läßt sich ein Lichtstrom aus

$$\Phi = \int d\Phi = \int J\, d\omega \qquad (136)$$

bestimmen. J ist hier eine Funktion von ω, d. h. abhängig von der Richtung. In Abb. 77b ist die Normale N auf die strahlende Fläche f die Symmetrieachse des Systems Kugel und Fläche. Wir denken uns die Fläche f in dem Punkt O konzentriert und beziehen uns nur auf die vorher bestimmte Lichtverteilung $J_\varepsilon = J_N \cos\varepsilon$, so daß der gesamte Lichtstrom als von O kommend angesehen werden darf (die „Lichtstärke einer Fläche" hat überhaupt nur dann Sinn, wenn man die Größe der Fläche im Verhältnis zum Beobachtungsabstand als so klein annehmen darf, daß eine bestimmte Richtung dieselbe ist für alle Flächenpunkte). Schlagen wir eine Kugel mit Radius r um O und schneiden wir ihre ★

★ Oberfläche mit zwei Kegelflächen, deren Achse N ist. Nun können wir den Lichtstrom durch die schraffierte Mantelfläche der Kugelzone bestimmen. Die Lichtstärke in der Richtung J_ε ist $J_\varepsilon = J_N \cos\varepsilon$ und der durch O und den Mantel der Kugelzone bestimmte Raumwinkel ist $\mathrm{d}\omega = \frac{\mathrm{d}Z}{r^2}$, wobei $\mathrm{d}Z$ die Mantelfläche der Kugelzone ist. $\mathrm{d}Z$ läßt sich durch r und ε ausdrücken und man erhält:

$$\mathrm{d}\omega = \frac{\mathrm{d}Z}{r^2} = \frac{1}{r^2}\, 2\pi r \sin\varepsilon\, r\, \mathrm{d}\varepsilon = 2\pi \sin\varepsilon\, \mathrm{d}\varepsilon .$$

Das Integral aus Gl. (136) läßt sich nun berechnen und wir erhalten

$$\Phi = \int_0^{\frac{\pi}{2}} J_N \cos\varepsilon\, 2\pi \sin\varepsilon\, \mathrm{d}\varepsilon = \pi J_N$$

als Lichtstrom für eine diffus strahlende, ebene Fläche.

Auf analoge Weise läßt sich (133) ableiten[1]) (s. Abb. 77 c), wobei man erhält:

$$\Phi = \int_{-\frac{\pi}{2}}^{+\frac{\pi}{2}} J_N \cos\varepsilon\, 2\pi \cos\varepsilon\, \mathrm{d}\varepsilon = \pi^2 J_N .$$ ★

Hat eine ebene Fläche eine maximale Lichtstärke J_N K normal auf dieselbe gemessen $\left(\text{also eine Leuchtdichte von } B = \frac{J_N}{f} \text{ K/cm}^2\right)$ und strahlt sie nach dem Lambertschen Gesetz, dann ist der ausgestrahlte Lichtstrom $\Phi = \pi J_N$ lm (134), oder wenn der Lichtstrom bekannt ist, die maximale Lichtstärke $J_N = \frac{\Phi}{\pi}$ K.

Formel (135) wird nun auch leicht verständlich. Bei einer Beleuchtungsstärke von E lx fallen E lm per m² auf die Fläche. Von letzterer werden ϱE lm per m² reflektiert, also $\frac{\Phi}{f} = \varrho E \cdot 10^{-4}$ lm per cm². Da wir aber $\Phi = \pi J_N$ als Lichtstrom fanden und $B = \frac{J_N}{f}$ definierten, erhalten wir nun

$$B = \frac{J_N}{f} = \frac{\Phi}{\pi f} = \frac{E\varrho}{\pi\, 10^4} \text{ K/cm}^2 = \frac{E\varrho}{\pi} \text{ K/m}^2$$

als Leuchtdichte.

In der Literatur findet man auch noch das Lambert und das Apostilb als Einheit für die Leuchtdichte. Eine Fläche hat 1 Lambert, wenn sie 1 lm/cm² vollkommen diffus ausstrahlt. Man erhält also: 1 Lambert $= \frac{1}{\pi}$ K/cm² $= 0{,}318$ K/cm². Da das Lambert oft als Einheit zu groß war, führte man das Millilambert $= {}^1/_{1000}$ Lambert ein. Das Apostilb (asb) ist eine Untereinheit der Leuchtdichte und

[1]) Auch hier ist der Beobachtungsabstand sehr groß angenommen im Verhältnis zur Länge und Dicke des Drahtes oder der Röhre.

gleich $\frac{1}{\pi\,10^4}$ sb. Da alle diese Einheiten wiederholt in der Literatur anzutreffen sind, geben wir in Tabelle 11 eine vergleichende Zusammenstellung. Wählen wir z. B. als Einheit Stilb, dann finden wir in einer horizontalen Reihe für

$$1\,\text{sb} = 10^4\,\text{K/m}^2 = \pi\,\text{Lambert} = \pi\,10^3\,\text{mLambert} = \pi\,10^4\,\text{asb}.$$

Tabelle 11.

Vergleich zwischen verschiedenen Einheiten für die Leuchtdichte.

	K/cm² sb	K/m²	lm/cm² Lambert	10⁻³ lm/cm² mLambert	asb
1 K/cm², 1 sb . . .	1	10^4	π	$\pi \cdot 10^3$	$\pi \cdot 10^4$
1 K/m²	10^{-4}	1	$\pi \cdot 10^{-4}$	$\pi \cdot 10^{-1}$	π
1 lm/cm², 1 Lambert . .	π^{-1}	$\pi^{-1} \cdot 10^4$	1	10^3	10^4
10^{-3} lm/cm², 1 mLambert .	$\pi^{-1} \cdot 10^{-3}$	$\pi^{-1} \cdot 10$	10^{-3}	1	10
1 asb	$\pi^{-1} \cdot 10^{-4}$	π^{-1}	10^{-4}	10^{-1}	1

Schließlich ist noch zu bemerken, daß infolge des Unterschiedes zwischen der Grundeinheit in Deutschland und in anderen Ländern auch die abgeleiteten Einheiten diesen Unterschied aufweisen:

$$1\,\text{K} = 1{,}11\,\text{HK};\ 1\,\text{lm} = 1{,}11\,\text{Hlm};\ 1\,\text{lx} = 1{,}11\,\text{Hlx},\ \text{usw.}$$

Wenn nicht anders angegeben, werden im folgenden immer die internationalen Einheiten verwendet.

§ 47. Farbenmetrik.

Mit der Angabe der photometrischen Größen (Lichtstrom, Leuchtdichte usw.) einer primären (z. B. Gasentladungslampe) oder sekundären (z. B. beleuchtete Fläche) Lichtquelle ist diese nicht vollständig bestimmt, da wir an ihr auch immer eine Farbe erkennen.

Die Farbenmetrik hat den Zweck, diese Eigenschaft der Lichter durch eindeutige Maßzahlen festzulegen, so daß man sie, wie es bezüglich ihrer photometrischen Größen der Fall ist, auch hinsichtlich ihrer Farben vergleichen kann.

Im allgemeinen wird die physiologische Bewertung eines Lichtes außer von der Beschaffenheit der Strahlung noch von verschiedenen anderen Faktoren abhängen. Damit die gleiche Strahlung immer die gleiche Empfindung hervorrufe, müssen folgende Bedingungen erfüllt sein. Man beschränkt sich auf Zapfensehen, d. h. zentrales Sehen, das Bild im Netzhautgrübchen und Leuchtdichte größer als 3 K/m^2 (kein Purkinje-Effekt) und kleiner als 10^4 K/m^2 (keine Blendung). Ferner müssen die Messungen mit einem normalen und gut ausgeruhten Auge vorgenommen werden, d. h. farbtüchtiger Beobachter in neutraler Umgebung (kein Simultankontrast) und nicht mit farbig ermüdetem oder umgestimmtem Auge (kein Sukzessivkontrast). Die physiologische Wirkung einer Strahlung unter diesen Bedingungen wollen wir im weiteren ihren Farbreiz nennen. An einem Farbreiz läßt sich immer eine Reizstärke (Leuchtdichte) und eine Reizart (Farbton) erkennen. So kann z. B. die von einer weißen Fläche reflektierte Strahlung, bei Beleuchtung mit einer Hg-Hochdrucklampe, wohl dieselbe Reizstärke (Leuchtdichte) aufweisen wie bei Beleuchtung mit einer Na-Lampe, aber nicht die gleiche Reizart. Dagegen hat die Rückstrahlung von zwei weißen Flächen, die von der gleichen Hg-Hochdrucklampe verschiedene Beleuchtungsstärken erhalten, wohl die gleiche Reizart, aber nicht die gleiche Reizstärke. Dabei ist vorausgesetzt, wie in diesem Paragraphen überhaupt, daß die eingangs erwähnten Bedingungen erfüllt sind, also keine Blendung und kein Purkinje-Effekt usw. auftreten.

Die Farbmessung ist auf folgender experimenteller Grundlage aufgebaut (Graßmann).

Zu jedem Farbreiz läßt sich durch Mischung[1]) von drei voneinander unabhängigen und willkürlichen Reizarten in bestimmtem Stärkenverhältnis eindeutig ein gleich aussehender herstellen.

Die drei unabhängigen willkürlichen Reizarten nennt man Eichreize (auch wohl Eichfarben, früher Grundfarben). Die Unabhängigkeit bedeutet, daß keiner der drei Eichreize durch eine Mischung der beiden anderen miteinander erzeugbar sein darf. Als Eichreize nimmt man z. B. die drei Spektrallichter λ 7000 Å (rot), λ 5461 Å (grüne Hg-Linie) und λ 4358 Å (blaue Hg-Linie). Wir wollen die drei Eichreize durch die Indizes 1, 2 und 3 andeuten. Nach dem obengenannten Graßmannschen Additionsgesetz kann ein gegebener Farbreiz durch Mischung von einer bestimmten Menge x_1 (Rot) mit einer bestimmten Menge x_2 (Grün) und einer bestimmten Menge x_3 (Blau) (sowohl nach Reizart als auch Reizstärke) reproduziert werden, und zwar nur auf eine einzige Weise. Für x_1, x_2 und x_3 kann man z. B. die Leuchtdichten der Mischungskomponenten: B_1, B_2 und B_3 nehmen. Da der Farbreiz durch die drei Größen x_1, x_2, x_3 eindeutig bestimmt ist, kann man ihn durch einen Punkt A im dreidimensionalen Raum vorstellen, wobei x_1, x_2, x_3 die drei auf den Achsen X_1, X_2, X_3 aufgetragenen Koordinaten sind (Abb. 78).

Wird nun von einer Strahlung, die den Farbreiz A (x_1, x_2, x_3) hervorruft, die Energie, und somit auch die Leuchtdichte, um einen Faktor k

[1]) Bezüglich negativer Eichreizbeträge s. S. 158.

vergrößert oder verkleinert, ohne die relative spektrale Energieverteilung zu ändern, dann entsteht ein anderer Farbreiz A' (x_1', x_2', x_3') mit der gleichen Reizart, aber verschiedener Reizstärke. Für die neuen Koordinaten gilt $x_1' = k \cdot x_1$ $(B_1' = k\,B_1)$, $x_2' = k\,x_2$ $(B_2' = k\,B_2)$, $x_3' = k\,x_3$ $(B_3' = k\,B_3)$, so daß

$$\frac{x_1'}{x_1} = \frac{x_2'}{x_2} = \frac{x_3'}{x_3} = k \tag{137}$$

ist, d. h. die Punkte A und A' liegen auf einer Geraden durch den Ursprung des Koordinatensystems. Die Punkte einer solchen Geraden stellen die Farbreize gleicher Reizart, aber verschiedener Reizstärke vor. Für die Bestimmung einer Reiz**art** ist also nur das **relative** Mischungsverhältnis der Eichreizmengen erforderlich, nicht deren Beträge. Die Reizstärke wird **nicht durch die Länge** OA (oder OA') gegeben, sondern, wenn $x_1 = B_1$, $x_2 = B_2$, $x_3 = B_3$ ist, durch die Leuchtdichte $B_F = x_1 + x_2 + x_3 = B_1 + B_2 + B_3$ (oder $B_F' = B_1' + B_2' + B_3'$).

Die Geraden durch O bestimmen also die verschiedenen Reizarten; so liegen die Spektralfarben auf einem Kegelmantel, wie schematisch in Abb. 78 angegeben (r = Rot, g = Gelb, gr = Grün, b = Blau, v = Violett). Da wir als Eichreize die drei Spektralfarben λ 7000 Å, λ 5461 Å und λ 4358 Å gewählt haben, liegen die drei Achsen auf dem Kegelmantel. Die Gerade OW stellt die Reizart „weiß" vor. In der Nähe des Ursprungs ist die Kegelmantelfläche abgebrochen, da für dieses Gebiet der kleinen Reizstärken (Leuchtdichten) infolge des **Purkinje**-Effektes die angegebenen Voraussetzungen nicht mehr erfüllt sind.

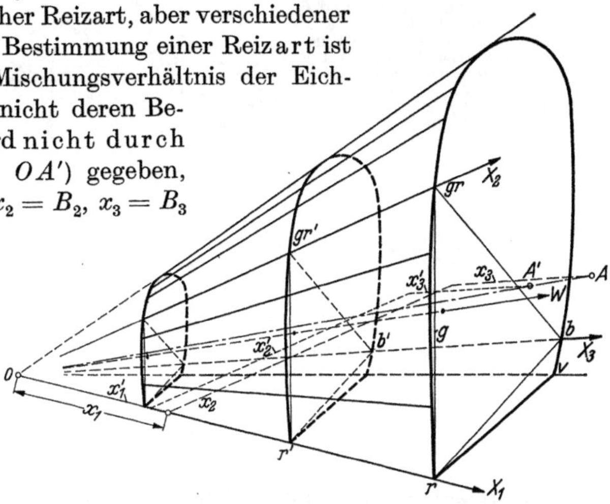

Abb. 78. Schematische Darstellung des dreidimensionalen Farbenraumes, wobei als Eichfarben ein rotes (r), ein grünes (gr) und ein blaues (b) Spektrallicht genommen sind. Die Spektralfarben liegen auf dem Kegelmantel, die gesättigten Purpurfarben in der Fläche Orv, alle anderen Farben im Spektralkegel; die Gerade OW stellt weiß vor. In den Flächen $x_1 + x_2 + x_3$ = konst. entstehen Farbdreiecke.

Wie wird nun im Farbenraum die Farbmischung angegeben? Wenn ein Farbreiz A (x_{1A}, x_{2A}, x_{3A}) mit einem Farbreiz B (x_{1B}, x_{2B}, x_{3B}) gemischt wird (Abb. 79), dann entsteht ein Farbreiz C (x_{1C}, x_{2C}, x_{3C}), dessen Koordinaten durch Addition der gleichachsigen Koordinaten von A und B, also $x_{1C} = x_{1A} + x_{1B}$ usw., bestimmt werden. Die Strecke OC, deren Endpunkt C (x_{1C}, x_{2C}, x_{3C}) den resultierenden Farbreiz gibt, wird also durch Addition der Strecken OA und OB nach dem Parallelogrammsatz erhalten. Es sei nochmals daran erinnert, daß die Länge OA usw. nicht die Reizstärke (Leuchtdichte) des Farbreizes A vorstellt.

Die oben gegebene Formulierung des Graßmannschen Additionsgesetzes ist nur gültig für Farbreize, die durch Punkte innerhalb des Dreikants $O\,r\,gr\,b$ (dessen Kanten die drei Eichreize bilden) dargestellt werden. Der Farbreiz D z.B. (Abb. 79) kann hierbei nicht durch einfache Addition von Eichreizmengen reproduziert werden. Man verfährt dann folgendermaßen: man fügt zu D eine solche Menge x_{1D} vom Eichreiz 1 (r), daß die erhaltene Mischung durch einen Punkt E in der Ebene OX_2X_3 vorgestellt wird: der Farbreiz E kann wohl durch Addition von Eichreizmengen 2 $(gr,\ x_{2D})$ und 3 $(b,\ x_{3D})$ erhalten werden. Die Menge x_{1D} nennt man hier „einen negativen Eichreizbetrag". Diese Bezeichnung wird aus folgendem deutlich. Symbolisch kann man die Reproduktion des Farbreizes A aus Abb. 79 durch Addition der Mengen x_{1A}, x_{2A} und x_{3A} wie folgt vorstellen:

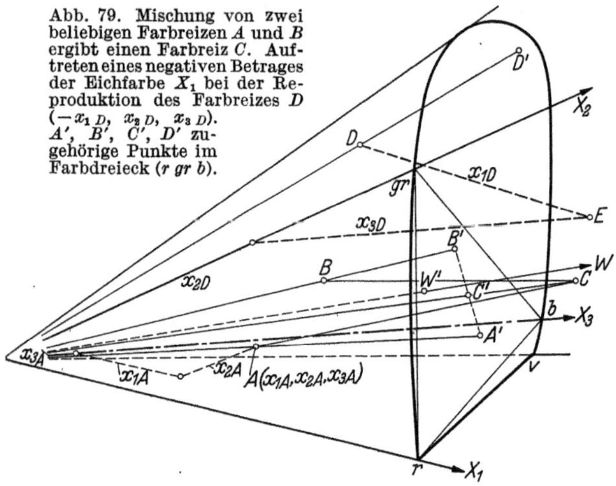

Abb. 79. Mischung von zwei beliebigen Farbreizen A und B ergibt einen Farbreiz C. Auftreten eines negativen Betrages der Eichfarbe X_1 bei der Reproduktion des Farbreizes D $(-x_{1D},\ x_{2D},\ x_{3D})$. A', B', C', D' zugehörige Punkte im Farbdreieck $(r\ gr\ b)$.

$$A \sim x_{1A}\,(r) + x_{2A}\,(gr) + x_{3A}\,(b)\ [1]$$

und analog für den Farbreiz D aus Abb. 79

$$D + x_{1D}\,(r) \sim E \sim x_{2D}\,(gr) + x_{3D}\,(b)$$

oder

$$D \sim -x_{1D}\,(r) + x_{2D}\,(gr) + x_{3D}\,(b),$$

so daß der Betrag x_{1D} mit dem negativen Vorzeichen auftritt[2]).

Die Farbenmetrik gibt keinen Aufschluß über die physikalische Zusammenstellung des Lichtes, das den Farbreiz erzeugt. Der gleiche Farbreiz kann durch physikalisch verschiedene Strahlungen erzeugt werden; z. B. kann die Reizart Weiß einmal durch einen Strahler mit kontinuierlichem Spektrum und ein andermal durch einen Strahler mit zwei komplementären Spektralfarben erzeugt werden (s. auch S. 162). Umgekehrt läßt sich jedoch aus der physikalischen Zusammensetzung

[1]) Das Zeichen „$\sim$" wird für die Bezeichnung „physiologisch gleich" verwendet.

[2]) Die obengegebene Festlegung des Farbreizes D ist, wenn die Eichreize 1, 2 und 3 gegeben sind, auch nur auf eine einzige Weise möglich.

der Strahlung der zugehörige Farbreiz eindeutig bestimmen (Beispiel der Hg-Hochdrucklampe, S. 167).

Wie schon erwähnt, kommt es bei der Festlegung einer Reizart nur auf das relative Verhältnis der Eichreizmengen an. Eine Reizart wird im Farbenraum durch eine Gerade durch O festgelegt, und diese ist bestimmt durch das Verhältnis $x_1 : x_2 : x_3$ der Koordinaten eines ihrer Punkte, z. B. A (x_{1A}, x_{2A}, x_{3A}) in Abb. 79. Statt der Eichreizbeträge x_1, x_2, x_3, die den Farbreiz festlegen, kann man also zur Bezeichnung einer Reizart die Eichreizanteile, das sind die Eichreizbeträge als Bruchteil ihrer Summe ausgedrückt, verwenden.

$$\frac{x_1}{x_1 + x_2 + x_3}, \quad \frac{x_2}{x_1 + x_2 + x_3}, \quad \frac{x_3}{x_1 + x_2 + x_3}.$$

Da die Summe der Eichreizanteile 1 ist, sind nun zur eindeutigen Bestimmung einer Reizart nur mehr zwei Maßzahlen erforderlich. Reizarten können also in einem zweidimensionalen Diagramm, sog. Farbdreiecken, festgelegt werden.

In Abb. 83 ist ein gleichseitiges Dreieck verwendet, wobei man von der bekannten Eigenschaft, daß die Summe der Abstände eines Punktes von den drei Seiten konstant und gleich der Höhe des Dreiecks ist[1]), Verwendung macht. Diese Summe kann man willkürlich $= 1$ setzen.

In Abb. 84 ist ein gleichschenkeliges rechtwinkeliges Dreieck genommen und auf den Katheten werden zwei Eichreizanteile aufgetragen. Der dritte Eichreizanteil ist dann gleich $\sqrt{2}$-mal dem Abstand des betrachteten Punktes von der Hypothenuse.

In Abb. 79 ist das Entstehen eines Farbdreiecks aus der räumlichen Darstellung durch Zentralprojektion ersichtlich. A stellt einen Farbreiz mit Eichreizbeträgen x_{1A}, x_{2A}, x_{3A} vor; alle Punkte auf der Geraden OA stellen Farbreize mit der gleichen Reizart wie A vor, also auch Punkt A', wo die Gerade OA die Fläche $r\,gr\,b$ durchstößt. Auf gleiche Weise erhält man für die Reizarten der Farbreize B und C die Punkte B' und C'. Aus der Abb. 79 sieht man auch, daß der Punkt C', der die Reizart des Farbreizes C, entstanden aus der Mischung von A und B, angibt, auf der Geraden $A'B'$, und zwar zwischen A' und B' liegen muß. Die Strecke OC liegt nämlich in der durch OA und OB bestimmten Ebene.

In dem Farbdreieck der Abb. 79 ist noch der Weißpunkt W' angegeben, und ein Punkt D', der außerhalb des Dreiecks $r\,gr\,b$ fällt, so daß er eine negative Koordinate $\left(\text{Eichreizanteil: } \frac{-x_{1D}}{-x_{1D} + x_{2D} + x_{3D}}\right)$ hat. Es sei nochmals darauf hingewiesen, daß ein Punkt im Farbdreieck nur die Reizart des betrachteten Farbreizes angibt, aber nichts über dessen Reizstärke aussagt.

[1]) Dies läßt sich leicht beweisen, indem man die Summe der Flächen der drei Teildreiecke, mit dem betrachteten Punkt als Scheitel und den drei Seiten als Basis, gleich der Fläche des ganzen Dreiecks stellt.

In dem Farbdreieck, wie in Abb. 79 angegeben, liegt der Weißpunkt W' ganz in der Nähe der Dreiecksseite $r\,gr$ und eine große Anzahl häufig vorkommender Farbreize wird an dieser Stelle des Diagrammes zusammengedrängt. Außerdem treten für alle Punkte außerhalb des Dreiecks negative Eichreizbeträge und somit auch negative Eichreizanteile, d. h. Dreieckkoordinaten, auf.

Mittels einer homogenen linearen Transformation kann man diese Nachteile beheben. Zu diesem Zwecke ersetzt man die Raumkoordinaten (Eichreizbeträge) x_1, x_2, x_3 durch andere X, Y, Z, die mit den ersteren durch folgende Gleichungen verbunden sind:

$$\left.\begin{aligned} x_1 &= a_1 X + b_1 Y + c_1 Z \\ x_2 &= a_2 X + b_2 Y + c_2 Z \\ x_3 &= a_3 X + b_3 Y + c_3 Z \end{aligned}\right\} \tag{138}$$

★ Nehmen wir den allgemeinen Fall, indem man von einem Eichreiztripel 1, 2, 3 (z. B. die Spektrallichter λ 7000 Å, λ 5461 Å und λ 4358 Å) zu einem anderen Eichreiztripel X, Y, Z übergeht. Ein Farbreiz A habe im ersten System die Raumkoordinaten x_1, x_2, x_3; sind E_1, E_2, E_3 die Einheitsbeträge der zugehörigen Eichreize 1, 2, 3, dann kann man das Graßmannsche Mischungsgesetz wie folgt ausdrücken:

$$A \sim x_1 E_1 + x_2 E_2 + x_3 E_3\,. \tag{139}$$

Der Einheitsbetrag E_1 des Eichreizes 1 wird durch einen Punkt auf der X_1-Achse ($x_1 = 1$, $x_2 = x_3 = 0$) festgelegt. Die Raumkoordinaten dieses Punktes im neuen System seien a_1, b_1, c_1 und analog für E_2 (a_2, b_2, c_2) und E_3 (a_3, b_3, c_3). Ferner seien E_x, E_y, E_z die Einheitsbeträge der neuen Eichreize. Dann gilt:

$$\begin{aligned} E_1 &\sim a_1 E_x + b_1 E_y + c_1 E_z \\ E_2 &\sim a_2 E_x + b_2 E_y + c_2 E_z \\ E_3 &\sim a_3 E_x + b_3 E_y + c_3 E_z\,. \end{aligned}$$

Substituiert man diese Werte für E_1, E_2, E_3 in (139) und ordnet nach E_x, E_y, E_z, dann folgt:

$$\begin{aligned} A \sim (a_1 x_1 + a_2 x_2 + a_3 x_3) E_x + (b_1 x_1 + b_2 x_2 + b_3 x_3) E_y &+ \\ + (c_1 x_1 + c_2 x_2 + c_3 x_3) E_z\,. \end{aligned}$$

Wenn nun der Farbreiz A im zweiten System die Koordinaten X, Y, Z hat, ist:

$$A \sim X E_x + Y E_y + Z E_z \tag{139'}$$

und beim Vergleich mit (139) erhält man die neuen Koordinaten als Funktion der alten:

$$\left.\begin{aligned} X &= a_1 x_1 + a_2 x_2 + a_3 x_3 \\ Y &= b_1 x_1 + b_2 x_2 + b_3 x_3 \\ Z &= c_1 x_1 + c_2 x_2 + c_3 x_3\,. \end{aligned}\right\} \tag{138'}$$

Umgekehrt kann man auch die alten Koordinaten durch die neuen ausdrücken und erhält dann Gleichungen vom Typus (138). ★

Die 9 Koeffizienten a_1, b_1, c_1, a_2 ...... b_3, c_3 können willkürlich gewählt werden und eine geschickte Wahl, wodurch für jeden Farbreiz Weiß: $X = Y = Z$ wird, bringt die Reizart Weiß (W) in die Mitte des Dreikants $OXYZ$ (Abb. 80).

Weiter kann man dafür sorgen, daß die Achsen OX, OY, OZ außerhalb des Spektralfarbenkegels liegen, so daß alle Farbreize positive Koordinaten erhalten. Die Achsen selbst stellen dann jedoch keine Farbreize mehr vor. Die Eichreizbeträge X, Y, Z werden durch Berechnung abgeleitet aus den x_1, x_2, x_3 Werten, (138′), die mit Hilfe von 3 Eichfarben, z. B. λ 7000 Å, λ 5461 Å und λ 4358 Å, experimentell bestimmt sind.

★ Wenden wir nun die Koordinatentransformation auf den Ausdruck für die Reizstärke B_F (S. 157), als Summe der Reizstärken der Komponenten B_1, B_2, B_3 an.

$$B_F = B_1 + B_2 + B_3 = x_1 + x_2 + x_3 .$$

Substitution von x_1, x_2, x_3 aus (138) gibt für B_F

$$B_F = (a_1 + a_2 + a_3)\,X + (b_1 + b_2 + b_3)\,Y + (c_1 + c_2 + c_3)\,Z .$$

Macht man die Ausdrücke $(a_1 + a_2 + a_3)$ und $(c_1 + c_2 + c_3)$ gleich Null, dann wird ★

$$B_F = \text{konst. } Y . \quad (140)$$

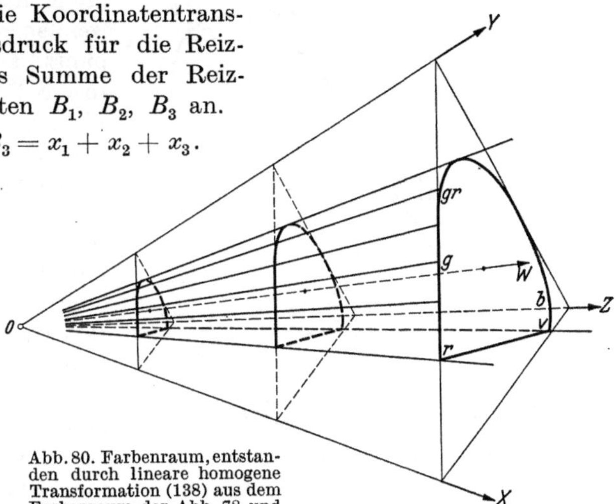

Abb. 80. Farbenraum, entstanden durch lineare homogene Transformation (138) aus dem Farbenraum der Abb. 78 und 79. Die Koordinatenachsen XYZ liegen außerhalb des Spektralfarbenkegels; alle Farbreize haben positive Koordinaten. Die Gerade OW (Reizart Weiß) liegt in der Mitte des Dreikants $OXYZ$.

Die Koordinatentransformation kann in solcher Weise vorgenommen werden, daß die Raumkoordinate (Eichreizbetrag) Y ein Maß für die Leuchtdichte B_F des Farbreizes F gibt. Eine Fläche konstanter Leuchtdichte ist dann parallel zur Fläche OXZ.

Wie im früheren Farbenraum werden Reizarten wieder durch Geraden durch O, die im Spektralkegel liegen, vorgestellt. Eine Reizart wird also wieder durch das Verhältnis der neuen Eichreizbeträge (Raumkoordinaten) $X:Y:Z$ festgelegt, oder durch die neuen Eichreizanteile (Dreieckskoordinaten)

$$x = \frac{X}{X+Y+Z}, \quad y = \frac{Y}{X+Y+Z}, \quad z = \frac{Z}{X+Y+Z} . \quad (141)$$

Die Eckpunkte des Dreiecks, das aus dem transformierten Farbenraum folgt, liegen außerhalb der Spektralkurve und stellen, ebenso wie die Koordinatenachsen des Farbraumes, keine Farben mehr vor.

Die „Internationale Beleuchtungskommission" (I.B.K. oder C.I.E.) hat für Farbmessung die Verwendung der oben besprochenen trichromatischen Methode empfohlen und zwei Farbdreiecktypen offiziell anerkannt, das Guild-Wright-Dreieck (Abb. 81) und das „Normaldreieck" (Abb. 83).

Im Guild-Wright-Dreieck stellen die Eckpunkte A_1, A_2 und A_3 die drei Eichreize λ 7000 Å, λ 5461 Å und λ 4358 Å dar. Der Kurvenzug A_1-A_2-F-A_3-P gibt dann die Lage der den verschiedenen Spektralfarben entsprechenden Farbreize an. Man sieht, daß ein großes Gebiet von Farbreizen außerhalb des Dreiecks fällt, wodurch man zu deren Bestimmung negative Koordinaten verwenden muß. Der Dreiecksschwerpunkt korrespondiert mit dem sog. N.P.L.-Weißpunkt (National Physical Laboratory) und bestimmt ungefähr die Reizart, die ein schwarzer Körper von 4800° K hervorrufen würde. In der Praxis reproduziert man diese Strahlung mit Hilfe einer Glühlampe, deren relativer Strahlungsüberschuß an Rot usw. durch Filter so abgeschwächt wird, daß man im sichtbaren Gebiet eine Strahlung erhält, die, was die spektrale Energieverteilung betrifft, mit der Formel von Planck (149) für 4800° K korrespondiert. Die Gerade A_1-P gibt die Reizarten der sog. gesättigten Purpurfarben an, d. s. Mischungen des äußersten Rot mit dem äußersten Violett in verschiedenen Verhältnissen. Außer diesen Farbtönen kann das Auge noch etwa 120 verschiedene Spektralfarben unterscheiden.

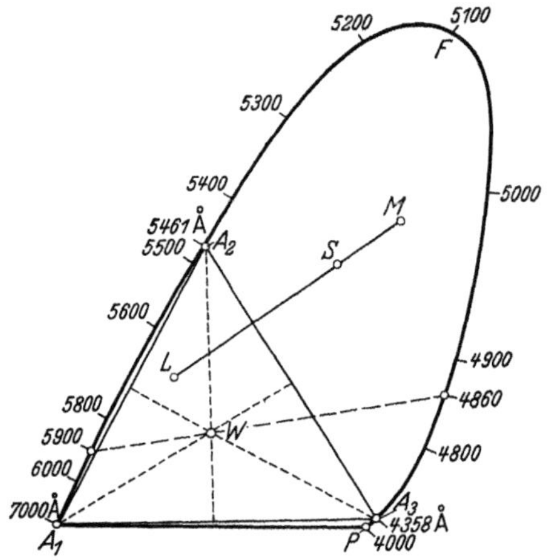

Abb. 81. Farbdreieck nach Guild-Wright.

Ein Farbreiz S, erzeugt aus der Mischung der Farbreize L und M, liegt immer auf der Verbindungsgeraden der Punkte LM (s. S. 157). Durch dieses Verfahren kann man also niemals Farbtöne realisieren, die außerhalb des Kurvenzuges A_1-A_2-F-A_3-P fallen, da der Kurvenzug durchweg konvex nach außen ist. Alle in der Natur vorkommenden Farbtöne werden also durch Punkte innerhalb des genannten Kurvenzuges vorgestellt. Die Reizart Weiß (wie auch jede andere innerhalb der Kurve) kann auf unendlich viele Manieren erzeugt werden, z. B. durch Mischung von λ 5900 Å (orange) mit λ 4860 Å (blau) in einem bestimmten Verhältnis. Ein auf diese Weise durch Mischung zweier Komplementärfarben erzeugtes Weiß nennt man ein subjektives Weiß[1]).

[1]) Komplementärfarben nennt man jene, deren Verbindungsstrecke den Weißpunkt enthält.

Dem *Normaldreieck* liegt ebenfalls die Spektrumseichung von Guild und Wright zugrunde. Guild und Wright bestimmten für das energiegleiche Spektrum [das ist jenes, bei dem in jedem Wellenlängenintervall $\Delta\lambda$ (z. B. 50 Å) gleich große Leistungen $S_\lambda \Delta\lambda$ ausgestrahlt werden: $S_\lambda \Delta\lambda =$ konst. für alle Wellenlängen, z. B. $S_\lambda \Delta\lambda = 1$ W] die Eichreizbeträge x_1, x_2, x_3, die zur Reproduktion der einzelnen Spektralfarben nötig sind. Als Eichreize verwendeten sie die Spektrallichter λ 7000 Å, λ 5461 Å und λ 4358 Å. Die von ihnen erhaltenen Werte anerkannte die I.B.K. als internationale „Normalwerte". Durch diese Werte ist eine „normale Farbempfindlichkeit" festgelegt, die man dem „Normalbeobachter" zuschreibt.

Zur Eintragung dieser Spektrumseichung in das „Normaldreieck" ging man von dem oben angegebenen Eichreiztripel auf das sog. „Normalreiztripel" über. Dieses kann nicht verwendet werden um eine primäre Spektrumseichung durchzuführen, da die Achsen, die die Normalreize vorstellen, außerhalb des Spektralkegels liegen (Abb. 80). Die Normalreizbeträge $\bar{x}$, $\bar{y}$, $\bar{z}$ werden aus den experimentell bestimmten Eichreizbeträgen x_1, x_2, x_3 errechnet. Bei dem Übergang zum Normalreiztripel, mittels der früher besprochenen linearen Transformation (S. 160), wurden nun die dort angedeuteten Möglichkeiten ausgenutzt; es treten z. B. keine negativen Koordinaten auf, der Weißpunkt liegt im Dreiecksschwerpunkt, $B =$ konst. $\bar{y}$ usw.

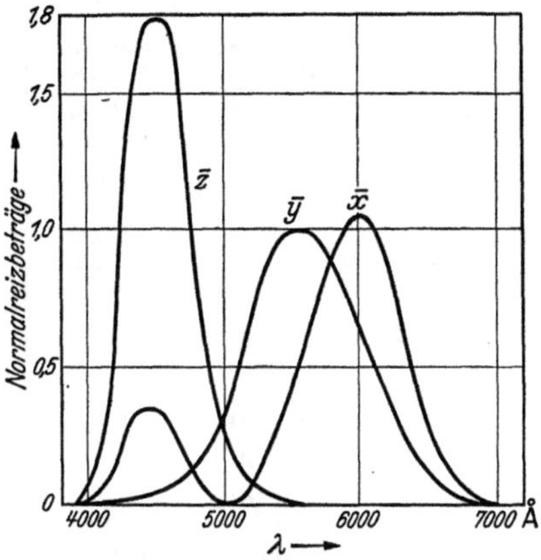

Abb. 82. Graphische Darstellung der Normalreizbeträge $\bar{x}, \bar{y}, \bar{z}$ für die verschiedenen Spektralfarben des energiegleichen Spektrums (Normalreizkurven).

Die Normalreizbeträge für die verschiedenen Spektralfarben des energiegleichen Spektrums (Eichwerte) $\bar{x}$, $\bar{y}$, $\bar{z}$ sind in Tabelle 12 zahlenmäßig und in Abb. 82 graphisch angegeben.

Mißt man beim energiegleichen Spektrum die Strahlung für jedes $\Delta\lambda$ in physiologischem Maßstab (Lumen) und setzt hierbei den zu λ 5550 Å gehörenden Wert gleich 1, dann erhält man für die verschiedenen Wellenlängen die relativen Werte der spektralen Hellempfindlichkeit des Auges V_λ. Nun ist nach (140) die Raumkoordinate $\bar{y}$ (Normalreizbetrag) der Leuchtdichte und somit auch dem Lichtstrom, proportional und da es sich hier um ein energiegleiches Spektrum handelt, wird diese Koordinate $\bar{y}_\lambda$ als Funktion der Wellenlänge denselben Verlauf wie V_λ zeigen. Man stellt für λ 5550 Å den Wert von $\bar{y}_\lambda = 1$, so daß die Kurve $\bar{y}$ aus Abb. 82 identisch mit Kurve *a* aus Abb. 75 wird. Die Kolonne $\bar{y}$ (Normalreizbetrag) aus Tabelle 12 gibt also die Werte von V_λ.

Tabelle 12. Eichwerte des energiegleichen Spektrums: Normalreizbeträge $\bar{x}\,\bar{y}\,\bar{z}$ (= Raumkoordinaten für das energiegleiche Spektrum) und Normalreizanteile $x\,y\,z$ (= Dreieckkoordinaten im Normaldreieck) I.B.K. 1931.

Normalreizbeträge (Raumkoordinaten)			λ	Normalreizanteile (Dreieckkoordinaten)		
$\bar{x}$	$\bar{y}$	$\bar{z}$		x	y	z
0,0014	0,0000	0,0065	**380**	0,1741	0,0050	0,8209
0,0022	0,0001	0,0105	**385**	0,1740	0,0050	0,8210
0,0042	0,0001	0,0201	**390**	0,1738	0,0049	0,8213
0,0076	0,0002	0,0362	**395**	0,1736	0,0049	0,8215
0,0143	0,0004	0,0679	**400**	0,1733	0,0048	0,8219
0,0232	0,0006	0,1102	**405**	0,1730	0,0048	0,8222
0,0435	0,0012	0,2074	**410**	0,1726	0,0048	0,8226
0,0776	0,0022	0,3713	**415**	0,1721	0,0048	0,8231
0,1344	0,0040	0,6456	**420**	0,1714	0,0051	0,8235
0,2148	0,0073	1,0391	**425**	0,1703	0,0058	0,8239
0,2839	0,0116	1,3856	**430**	0,1689	0,0069	0,8242
0,3285	0,0168	1,6230	**435**	0,1669	0,0086	0,8245
0,3483	0,0230	1,7471	**440**	0,1644	0,0109	0,8247
0,3481	0,0298	1,7826	**445**	0,1611	0,0138	0,8251
0,3362	0,0380	1,7721	**450**	0,1566	0,0177	0,8257
0,3187	0,0480	1,7441	**455**	0,1510	0,0227	0,8263
0,2908	0,0600	1,6692	**460**	0,1440	0,0297	0,8263
0,2511	0,0739	1,5281	**465**	0,1355	0,0399	0,8246
0,1954	0,0910	1,2876	**470**	0,1241	0,0578	0,8181
0,1421	0,1126	1,0419	**475**	0,1096	0,0868	0,8036
0,0956	0,1390	0,8130	**480**	0,0913	0,1327	0,7760
0,0580	0,1693	0,6162	**485**	0,0687	0,2007	0,7306
0,0320	0,2080	0,4652	**490**	0,0454	0,2950	0,6596
0,0147	0,2586	0,3533	**495**	0,0235	0,4127	0,5638
0,0049	0,3230	0,2720	**500**	0,0082	0,5384	0,4534
0,0024	0,4073	0,2123	**505**	0,0039	0,6548	0,3413
0,0093	0,5030	0,1582	**510**	0,0139	0,7502	0,2359
0,0291	0,6082	0,1117	**515**	0,0389	0,8120	0,1491
0,0633	0,7100	0,0782	**520**	0,0743	0,8338	0,0919
0,1096	0,7932	0,0573	**525**	0,1142	0,8262	0,0596
0,1655	0,8620	0,0422	**530**	0,1547	0,8059	0,0394
0,2257	0,9149	0,0298	**535**	0,1929	0,7816	0,0255
0,2904	0,9540	0,0203	**540**	0,2296	0,7543	0,0161
0,3597	0,9803	0,0134	**545**	0,2658	0,7243	0,0099
0,4334	0,9950	0,0087	**550**	0,3016	0,6923	0,0061
0,5121	1,0002	0,0057	**555**	0,3373	0,6589	0,0038
0,5945	0,9950	0,0039	**560**	0,3731	0,6245	0,0024
0,6784	0,9786	0,0027	**565**	0,4087	0,5896	0,0017
0,7621	0,9520	0,0021	**570**	0,4441	0,5547	0,0012

Tabelle 12 (Fortsetzung).

Normalreizbeträge (Raumkoordinaten)			λ	Normalreizanteile (Dreieckkoordinaten)		
$\bar{x}$	$\bar{y}$	$\bar{z}$		x	y	z
0,8425	0,9154	0,0018	**575**	0,4788	0,5202	0,0010
0,9163	0,8700	0,0017	**580**	0,5125	0,4866	0,0009
0,9786	0,8163	0,0014	**585**	0,5448	0,4544	0,0008
1,0263	0,7570	0,0011	**590**	0,5752	0,4242	0,0006
1,0567	0,6949	0,0010	**595**	0,6029	0,3965	0,0006
1,0622	0,6310	0,0008	**600**	0,6270	0,3725	0,0005
1,0456	0,5668	0,0006	**605**	0,6482	0,3514	0,0004
1,0026	0,5030	0,0003	**610**	0,6658	0,3340	0,0002
0,9384	0,4412	0,0002	**615**	0,6801	0,3197	0,0002
0,8544	0,3810	0,0002	**620**	0,6915	0,3083	0,0002
0,7514	0,3210	0,0001	**625**	0,7006	0,2993	0,0001
0,6424	0,2650	0,0000	**630**	0,7079	0,2920	0,0001
0,5419	0,2170	0,0000	**635**	0,7140	0,2859	0,0001
0,4479	0,1750	0,0000	**640**	0,7190	0,2809	0,0001
0,3608	0,1382	0,0000	**645**	0,7230	0,2770	0,0000
0,2835	0,1070	0,0000	**650**	0,7260	0,2740	0,0000
0,2187	0,0816	0,0000	**655**	0,7283	0,2717	0,0000
0,1649	0,0610	0,0000	**660**	0,7300	0,2700	0,0000
0,1212	0,0446	0,0000	**665**	0,7311	0,2689	0,0000
0,0874	0,0320	0,0000	**670**	0,7320	0,2680	0,0000
0,0636	0,0232	0,0000	**675**	0,7327	0,2673	0,0000
0,0468	0,0170	0,0000	**680**	0,7334	0,2666	0,0000
0,0329	0,0119	0,0000	**685**	0,7340	0,2660	0,0000
0,0227	0,0082	0,0000	**690**	0,7344	0,2656	0,0000
0,0158	0,0057	0,0000	**695**	0,7346	0,2654	0,0000
0,0114	0,0041	0,0000	**700**	0,7347	0,2653	0,0000
0,0081	0,0029	0,0000	**705**	0,7347	0,2653	0,0000
0,0058	0,0021	0,0000	**710**	0,7347	0,2653	0,0000
0,0041	0,0015	0,0000	**715**	0,7347	0,2653	0,0000
0,0029	0,0010	0,0000	**720**	0,7347	0,2653	0,0000
0,0020	0,0007	0,0000	**725**	0,7347	0,2653	0,0000
0,0014	0,0005	0,0000	**730**	0,7347	0,2653	0,0000
0,0010	0,0004	0,0000	**735**	0,7347	0,2653	0,0000
0,0007	0,0003	0,0000	**740**	0,7347	0,2653	0,0000
0,0005	0,0002	0,0000	**745**	0,7347	0,2653	0,0000
0,0003	0,0001	0,0000	**750**	0,7347	0,2653	0,0000
0,0002	0,0001	0,0000	**755**	0,7347	0,2653	0,0000
0,0002	0,0001	0,0000	**760**	0,7347	0,2653	0,0000
0,0001	0,0000	0,0000	**765**	0,7347	0,2653	0,0000
0,0001	0,0000	0,0000	**770**	0,7347	0,2653	0,0000
0,0000	0,0000	0,0000	**775**	0,7347	0,2653	0,0000
0,0000	0,0000	0,0000	**780**	0,7347	0,2653	0,0000

Aus jedem Zahlentripel der Normalreizbeträge lassen sich, wie in (141) angegeben, die zugehörigen Normalreizanteile (= Normaldreieckkoordinaten) berechnen. Für die Spektralfarbe λ 7000 Å, z. B., findet man in Tabelle 12: $\bar{x} = 0{,}0114$, $\bar{y} = 0{,}0041$, $\bar{z} = 0$, und die Dreieckkoordinaten ergeben sich hieraus zu:

$$\left.\begin{aligned} x &= \frac{\bar{x}}{\bar{x}+\bar{y}+\bar{z}} = 0{,}7347\,, \qquad y = \frac{\bar{y}}{\bar{x}+\bar{y}+\bar{z}} = 0{,}2653\,, \\ z &= \frac{\bar{z}}{\bar{x}+\bar{y}+\bar{z}} = 0 = 1 - x - y \quad (\text{weil } x+y+z=1)\,. \end{aligned}\right\} \tag{142}$$

Abb. 83 zeigt das Normaldreieck I.B.K. 1931. Die Eckpunkte werden mit X, Y, Z bezeichnet, die Koordinaten eines beliebigen Farbreizes mit x, y, z.

Der Farbort der Gesamtstrahlung des energiegleichen Spektrums, der mit Hilfe der Transformation in den Dreiecksschwerpunkt fällt, wird zugleich auch als Weiß anerkannt; er stimmt praktisch mit dem der Strahlung des schwarzen Körpers bei 5500° K überein. Die Farbkoordinaten einer Strahlung mit energiegleichem Spektrum müssen also gleich groß sein: $x = y = z = {}^1/_3$. Dasselbe gilt für die Normalreizbeträge $X = Y = Z = \sum \bar{x}_\lambda S_\lambda \Delta\lambda = \sum \bar{y}_\lambda S_\lambda \Delta\lambda = \sum \bar{z}_\lambda S_\lambda \Delta\lambda$. In der Abb. 82 sind die von den Kurven $\bar{x}_\lambda$, $\bar{y}_\lambda$ und $\bar{z}_\lambda$ eingeschlossenen Flächenstücke deshalb gleich groß.

Sind von einer beliebigen Strahlung die relativen Energien in den verschiedenen Wellenlängen bekannt, dann kann man mit Hilfe der Normalreizbeträge für das „energiegleiche Spektrum“ den Farbort der gegebenen Strahlung im Dreieck bestimmen. Wir wollen die Strahlung einer Hochdruck-Quecksilberdampfentladung (800 tor) auf diese Weise im Normaldreieck festlegen. Dabei nehmen wir einmal an, daß die Strahlung nur die gelben Linien (λ 5770—90 Å) und die grüne (λ 5461 Å) enthält, oberer Teil der Tabelle 13, Index 1; und das andere Mal, daß auch die blaue (λ 4358 Å) und die violetten (λ 4078—47 Å) Linien berücksichtigt werden, unterer Teil der Tabelle 13, Index 2. Wir multiplizieren die zu jeder Wellenlänge gehörenden Normalreizbeträge $\bar{x}_\lambda$ (Kolonne 4), $\bar{y}_\lambda$ (6), $\bar{z}_\lambda$ (8) nacheinander mit den jeweiligen S_λ (3, hier in Prozent der totalen Strahlungsleistung) und erhalten die Produkte $\bar{x}_\lambda S_\lambda$ usw. in den Kolonnen (5), (7) und (9). Die Summen in jeder Kolonne ergeben die Werte $X = \sum \bar{x}_\lambda S_\lambda$, $Y = \sum \bar{y}_\lambda S_\lambda$, $Z = \sum \bar{z}_\lambda S_\lambda$ und die Dreieckkordinaten erhalten wir zu:

$$x = \frac{X}{X+Y+Z}\,, \quad y = \frac{Y}{X+Y+Z}\,, \quad z = \frac{Z}{X+Y+Z} \quad \text{oder } z = 1 - x - y.$$

Beim Vergleich der beiden Fälle bemerkt man sofort den großen Einfluß der blauen und violetten Linien auf den Farbton bzw. die Reizart des Hochdruck-Quecksilberdampflichtes. Durch ihre Anwesenheit wird in der Abb. 83 der Punkt 9a ($x_1 = 0{,}413$, $y_1 = 0{,}584$, $z_1 = 0{,}004$), der die Lichtfarbe ohne blau und violett vorstellt, nach 9 ($x_2 = 0{,}336$, $y_2 = 0{,}405$, $z_2 = 0{,}259$) ganz in die Nähe des Punktes W verschoben.

Tabelle 13. Farbortbestimmung der Strahlung einer Hg-Hochdrucklampe ohne und mit Berücksichtigung der blauen und violetten Linien.

1	2	3	4	5	6	7	8	9
Wellenlänge in Å	Farbe	S_λ Energie in %	$\bar{x}_\lambda$	$\bar{x}_\lambda S_\lambda$	$\bar{y}_\lambda$	$\bar{y}_\lambda S_\lambda$	$\bar{z}_\lambda$	$\bar{z}_\lambda S_\lambda$
5790, 5791, 5770 } 5780	gelb	55,2	0,8868	48,9	0,8882	49,0	0,0017	0,0938
5461	grün	44,8	0,3759	16,85	0,9835	44,0	0,0124	0,5562
		100,0		$X_1 = 65{,}75$		$Y_1 = 93{,}0$		$Z_1 = 0{,}65$
		$\Sigma_1 = X_1 + Y_1 + Z_1 = 159{,}4$		$x_1 = \frac{X_1}{\Sigma_1} = 0{,}4125$		$y_1 = \frac{Y_1}{\Sigma_1} = 0{,}5835$		$z_1 = \frac{Z_1}{\Sigma_1} = 0{,}004$
5791, 5790, 5770 } 5780	gelb	35,2	0,8868	31,2	0,8882	31,28	0,0017	0,0598
5461	grün	28,6	0,3759	10,745	0,9835	28,14	0,0124	0,355
4358	blau	22,0	0,3317	7,33	0,0178	0,3935	1,6429	36,3
4078	violett	2,4	0,0346	0,0831	0,0009	0,00216	0,1646	0,395
4047	violett	11,8	0,0227	0,266	0,0006	0,00725	0,1076	1,26
		100,0		$X_2 = 49{,}62$		$Y_2 = 59{,}82$		$Z_2 = 38{,}37$
		$\Sigma_2 = X_2 + Y_2 + Z_2 = 147{,}82$		$x_2 = \frac{X_2}{\Sigma_2} = 0{,}336$		$y_2 = \frac{Y_2}{\Sigma_2} = 0{,}405$		$z_2 = \frac{Z_2}{\Sigma_2} = 0{,}259$

Es ist der Mühe wert zu betonen, wie wenig die blauen und violetten Linien zur Gesamtleuchtdichte bzw. zum physiologischen Helligkeitseindruck (Lichtstrom) beitragen. Zu diesem Zwecke brauchen wir bloß die Produkte $\bar{y}_\lambda\, S_\lambda$ der Kolonne 7 zu vergleichen (wie oben gesagt, geben die Normalreizbeträge $\bar{y}_\lambda$ ein direktes Maß für die relative spektrale Hellempfindlichkeit). Nach der unteren Hälfte der Tabelle 13 ist der

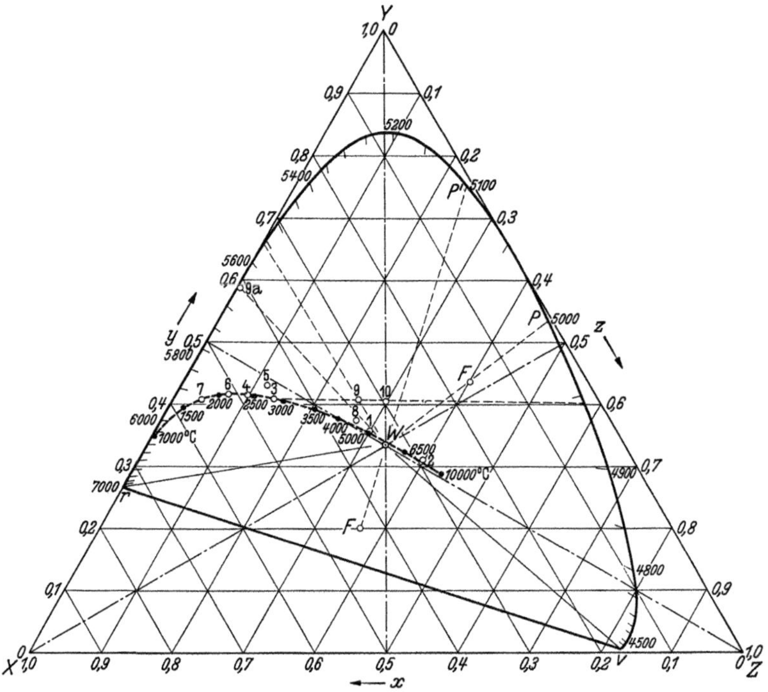

Abb. 83. Normaldreieck I.B.K. 1931. *W* Farbort des energiegleichen Spektrums = Schwerpunkt = Weißpunkt. Der geschlossene Kurvenzug gibt die Farborte der Spektralfarben und der gesättigten Purpurfarben. Der Kurvenzug mit angegebenen Temperaturen gibt die Farborte der schwarzen Strahlung. Weiter bezeichnen die Ziffern die Farborte folgender Lichtquellen: 1 Tageslicht (Sonne und Himmel). 2 Blauer Himmel. 3 Gasgefüllte Glühlampe. 4 Vakuumglühlampe. 5 Gasglühlicht (Auer). 6 Kohldrahtlampe. 7 Petroleumlicht. 8 Tageslichtglühlampe. 9 Hg-Hochdrucklampe (9a ohne blaue und violette Linien). 10 Hg-Superhochdrucklampe.

Beitrag der Linien mit $\lambda < 5000$ Å bloß 0,68% der Helligkeitsempfindung. Die Gesamthelligkeit oder Leuchtdichte ist in Prozent der totalen: 59,82 = 59,42 (gelb + grün) + 0,402 (blau + violett), nur $\frac{0{,}402 \cdot 100}{59{,}82} = 0{,}68\,\%$. Eine Quecksilberdampflampe, die z. B. 10 W im sichtbaren Gebiet ausstrahlt, gibt ohne blaue und violette Linien $621 \cdot 10 \cdot 0{,}5942 = 3684$ lm und mit diesen: $10 \cdot 621 \cdot 0{,}5982 = 3709$ lm (1 W in λ 5550 Å, dem Maximum der spektralen Hellempfindlichkeit ausgestrahlt, gibt 621 lm).

Für eine Lichtquelle mit kontinuierlichem Spektrum bestimmt man die Produkte $\bar{x}_\lambda\, S_\lambda$ usw. für eine große Anzahl Wellenlängen (alle 100 Å

z. B.). Die Flächen unter den so gefundenen Kurven, die $\bar{x}_\lambda S_\lambda$ usw. als Funktion der Wellenlänge vorstellen, werden durch Planimetrieren bestimmt und geben

$$X = \int \bar{x}_\lambda S_\lambda \, d\lambda, \quad Y = \int \bar{y}_\lambda S_\lambda \, d\lambda, \quad Z = \int \bar{z}_\lambda S_\lambda \, d\lambda. \tag{143}$$

Der weitere Gang der Berechnung erfolgt analog dem Beispiel, das oben für ein Linienspektrum durchgeführt wurde.

In Abb. 83 ist das Normaldreieck I.B.K. 1931 in der üblichen Form (gleichseitiges Dreieck) gegeben. Außer den Spektralfarben sind noch die Farborte einiger Lichtquellen eingetragen, deren spektrale Energieverteilung Abb. 200 zeigt. In Abb. 84 ist ein gleichschenkeliges rechtwinkeliges Dreieck verwendet, wobei wie in Abb. 83 einige Farborte angegeben sind (gleiche Bezeichnung wie in Abb. 83).

Abgesehen von der Leuchtdichte ist ein Farbreiz im Normaldreieck durch die 3 Koordinaten x, y, z gegeben. Da die Summe $x + y + z = 1$ sein muß, genügen für die Bestimmung eines Farbortes bereits 2 Koordinaten und die dritte folgt aus der Summe $= 1$. In dem sog. monochromatischen System wird ein Farbort tatsächlich auch durch bloß zwei Angaben bestimmt: durch den Farbton und die Sättigung. Bestimmen wir z. B. den Farbreiz F in Abb. 83 auf diese Weise. Man verlängert die Verbindungsgerade der beiden Punkte W und F bis zum Schnitt mit der Spektralkurve im Punkt P. Dieser gibt die farbtongleiche Wellenlänge λ_F (hier $\lambda_F = 5000$ Å). Man kann F dann als Mischung der Spektralfarbe P, die den Farbton bestimmt, mit Weiß (Punkt W) in einem bestimmten Verhältnis, ansehen. Zur Festlegung der Sättigung kann man entweder die spektrale Farbdichte p oder den spektralen Farbanteil σ verwenden.

Der spektrale Farbanteil σ wird durch das Streckenverhältnis:

$$\sigma = \frac{WF}{WP} = \frac{y_F - y_W}{y_\lambda - y_W} \tag{144}$$

bestimmt. y_F, y_W und y_λ sind die y-Koordinaten im Dreieck (Normalreizanteile). Die Größe σ hängt vom Koordinatensystem ab.

Bei der Definition der spektralen Farbdichte p denkt man sich den Farbreiz F mit Leuchtdichte B_F, durch Mischung eines Farbreizes Weiß, Leuchtdichte B_W, mit einem von farbtongleicher Wellenlänge λ_F, Leuchtdichte B_λ, erzeugt. Das Verhältnis von B_λ zu B_F ist dann die spektrale Farbdichte p:

$$p = \frac{B_\lambda}{B_F} = \frac{B_\lambda}{B_\lambda + B_W}. \tag{145}$$

Führt man wieder das Streckenverhältnis $\frac{WF}{WP}$ ein, dann wird:

$$p = \frac{WF}{WP} \cdot \frac{y_\lambda}{y_F} = \frac{y_F - y_W}{y_\lambda - y_W} \cdot \frac{y_\lambda}{y_F}. \tag{146}$$

Die Größe p ist unabhängig vom Koordinatensystem.

In Abb. 84 sind die Kurven konstanter spektraler Farbdichte ($p =$ konst.) angegeben, wobei man sieht, daß der Abstand zwischen den

Kurven konstanter p infolge des Faktors $\frac{y_\lambda}{y_F}$ stark von der farbtongleichen Wellenlänge λ_F abhängt.

Farbreize, die durch Punkte wie F' im Dreieck $r\,W\,v$ vorgestellt werden (Purpurfarben), können nicht durch Mischung einer Spektralfarbe mit Weiß reproduziert werden. Wohl kann man durch Mischung, im bestimmten Verhältnis von F' und P', W reproduzieren. Für die spektrale Farbdichte p gilt noch Formel (146), aber sie wird negativ (Abb. 84).

Sowohl die farbtongleiche Wellenlänge λ_F als auch σ und p lassen sich rein rechnerisch bestimmen. Da die Punkte F und P im Dreieck (Abb. 83) auf derselben Geraden durch W liegen, gilt:

$$\frac{x_F - x_W}{y_F - y_W} = \frac{x_\lambda - x_W}{y_\lambda - y_W}. \qquad (147)$$

Aus den Koordinaten des Farbreizes F (x_F, y_F) und des Weißpunktes W ($x_W = y_W = 0{,}333$) kann man das Ver-

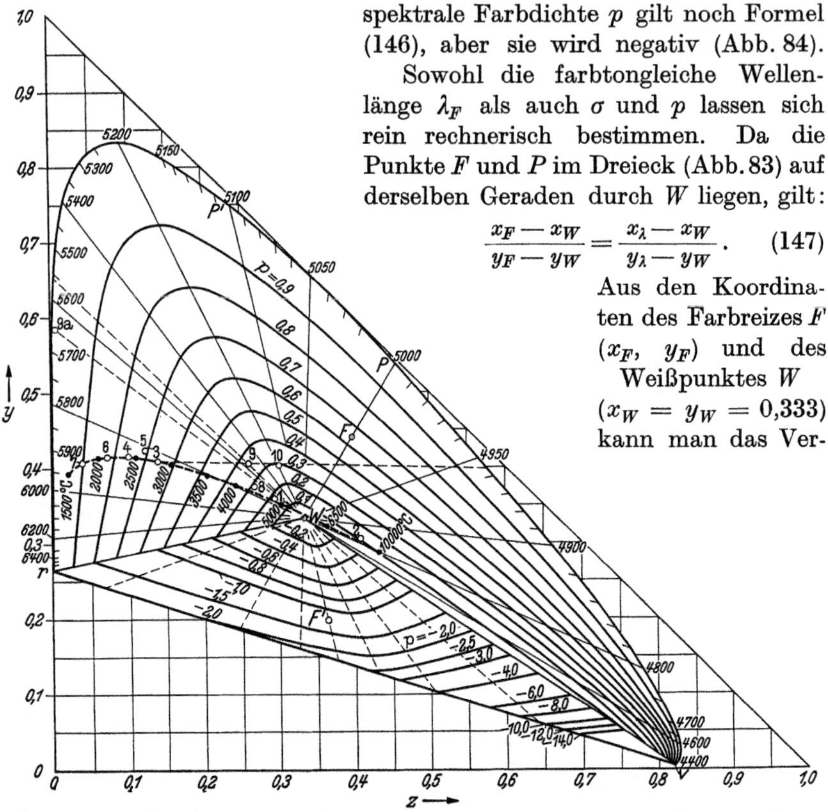

Abb. 84. Normaldreieck I.B.K. 1931 mit Kurven konstanter spektraler Farbdichte (p = konst.). Farborte wie in Abb. 83.

hältnis im ersten Glied bestimmen. Judd hat eine Tabelle aufgestellt, die das Verhältnis $\frac{x_\lambda - x_W}{y_\lambda - y_W}$ als Funktion der Wellenlänge gibt, woraus umgekehrt die letztere bestimmt werden kann.

Als Beispiel wollen wir λ_F, σ und p für die Punkte 9 und 9a der Abb. 83 (Hg-Hochdrucklampe mit und ohne blau-violette Linien) bestimmen. Auf S. 167 fanden wir (Tabelle 13) für Punkt 9: $x_2 = 0{,}336$, $y_2 = 0{,}405$. Nach (147) ist: $\frac{x_2 - x_W}{y_2 - y_W} = \frac{0{,}336 - 0{,}333}{0{,}405 - 0{,}333} = \frac{0{,}003}{0{,}068} = 0{,}0441$. In der Tabelle von Judd findet man diesen Wert von $\frac{x_\lambda - x_W}{y_\lambda - y_W} = 0{,}0441$

für $\lambda_F = 5564$ Å ($x_\lambda = 0{,}3474$, $y_\lambda = 0{,}6492$). Mit Hilfe der Formeln (144) und (146) findet man nun für $\sigma = 0{,}228$ und $p = 0{,}376$. Auf analoge Weise geht die Berechnung für Punkt 9a $x_1 = 0{,}4125$, $y_1 = 0{,}5835$ (Tabelle 13), $\frac{x_1 - x_W}{y_1 - y_W} = 0{,}317$. Daraus $\lambda_F = 5654$ Å ($x_\lambda = 0{,}4115$, $y_\lambda = 0{,}5868$) und schließlich $\sigma = 0{,}988$, $p = 0{,}992$ (vgl. Abb. 84).

Die farbtongleiche Wellenlänge $\lambda_F = 5564$ Å für die Hg-Hochdrucklampe (9) liegt also im gelbgrünen, wenn als Weißpunkt der Farbort des energiegleichen Spektrums genommen wird. Intuitiv vergleichen wir jedoch mit dem Licht einer Glühlampe, und dann sieht das Licht einer Hg-Hochdrucklampe bläulich aus. Bestimmt man in Abb. 84 die farbtongleiche Wellenlänge des Punktes 9 bezüglich des Punktes 3, als Weißpunkt, dann ergibt sich tatsächlich $\lambda_F = 4945$ Å, d. h. blau-(grün).

Der Einfluß selektiver Reflexion oder Absorption auf den Farbreiz einer sekundären Lichtquelle kann sogleich bestimmt werden, wenn man das Reflexionsvermögen ϱ_λ oder die Durchlässigkeit τ_λ als Funktion der Wellenlänge kennt. Die Lage eines Punktes, der den Farbort reflektierten oder durchgelassenen Lichtes angibt, bestimmt man nach der gleichen Methode wie bei dem Beispiel in Tabelle 13. Man muß natürlich die Emissionskurve $S_\lambda \, d\lambda$ der primären Lichtquelle kennen, bestimmt die Produkte $\bar{x}_\lambda S_\lambda \varrho_\lambda \, d\lambda$ (Reflexion) oder $\bar{x}_\lambda S_\lambda \tau_\lambda \, d\lambda$ (Transparenz), um die drei Normalreizbeträge X, Y, Z zu erhalten und rechnet dann, wie im Beispiel angegeben ist, nach Tabelle 13 weiter. Der obere Teil dieser Tabelle gibt das Resultat für Licht einer Hg-Hochdrucklampe mit einem Filter, das für $\lambda > 5400$ Å alles durchläßt ($\tau_\lambda = 1$) und für $\lambda < 5400$ Å alles absorbiert ($\tau_\lambda = 0$). Die Lichtfarbe einer sekundären Lichtquelle hängt also sowohl von der Energieverteilung der primären Lichtquelle ab als auch von den Eigenschaften der reflektierenden (ϱ_λ) Oberflächen oder durchlassenden (τ_λ) Körper. Der Farbeindruck einer primären Lichtquelle (rote Signallampe z. B.) wird dagegen von auffallendem Licht einer anderen Lichtquelle nur dann von dieser beeinflußt, wenn die Leuchtdichte, erzeugt durch das auffallende Licht, einen Wert erreicht, der mit der ursprünglichen Leuchtdichte des primären Strahlers (in unserem Fall rote Signallampe) vergleichbar wird.

Als belangreiche Schlußfolgerung aus diesem Kapitel wollen wir noch hervorheben, daß eine Lichtquelle, deren Farbort in der Nähe des Weißpunktes liegt, nicht notwendigerweise eine „weiße Lichtquelle" im allgemeinen Sinn ist. Ein typisches Beispiel ist die Strahlung der Hg-Hochdrucklampe (1 at), deren Farbort wohl in der Nähe des Weißpunktes liegt, die aber keinesfalls als Weißlichtquelle angesprochen werden kann. Solange man die Lichtquelle selbst sieht, oder deren Licht durch die Reflexion einer weißen Fläche, erhält man den Eindruck weißen Lichtes. Bei Beleuchtung bunter Oberflächen tritt jedoch Verfärbung auf (s. weiter Kapitel 17).

Neuntes Kapitel.

Meßmethoden und Bewertung von Lichtquellen.

§ 48. Temperaturstrahler und Strahlungsgesetze.

Da verschiedene Begriffe und Eigenschaften, die bei den Temperaturstrahlern ursprünglich behandelt und festgelegt wurden, mehrfach verwendet werden müssen, seien hier die Grundgesetze, die für diese Strahler gelten, kurz angeführt.

Unter Temperaturstrahler versteht man Lichtquellen, die durch Erhitzung auf hohe Temperatur Licht ausstrahlen. Die bekanntesten sind wohl die elektrischen Glühlampen, bei welchen ein dünner Draht durch den durchfließenden Strom erwärmt wird. Auch die gewöhnliche Kerzenflamme ist ein Temperaturstrahler, wobei die Lichtausstrahlung von glühenden Kohlenstoffteilchen, die in der Flamme schweben, erzeugt wird.

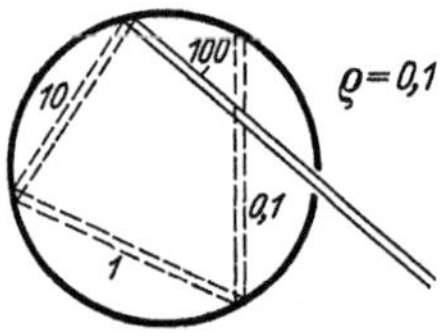

Abb. 85. Schema eines praktischen schwarzen Körpers.

Die der Temperaturstrahlung zugrunde liegenden Gesetze wurden sehr sorgfältig studiert, auch im Zusammenhang mit der praktischen Anwendung der Lichtquellen. Wir wollen sie an Hand der Eigenschaften der schwarzen Strahlung oder des sog. schwarzen Körpers kurz zusammenfassen.

Der schwarze Körper ist durch seine vollkommene Absorptionsfähigkeit für alle Lichtstrahlen charakterisiert. Sein Absorptionsvermögen, das Verhältnis zwischen absorbiertem und auffallendem Lichtstrom für eine beliebige Wellenlänge λ, ist also $\mathfrak{a} = 1$. Eine mit schwarzem (amorphem) Platin bedeckte Fläche erreicht nahezu diesen idealen Wert. In der Praxis verwendet man jedoch einen Hohlraum mit sehr kleiner Öffnung. Die Öffnung wirkt bei Untersuchung wie ein schwarzer Körper, da von dem eintretenden Licht nach wiederholten Reflexionen an den Innenflächen nur ein sehr kleiner Bruchteil wieder austritt (s. Abb. 85).

Definiert man das Emissionsvermögen (die Strahlungsleistung per cm^2) $s_{\lambda,T}$ eines Stoffes für eine bestimmte Temperatur T und Wellenlänge λ als die Energiemenge, die per s von 1 cm^2 seiner Oberfläche in dem Wellenlängengebiet zwischen λ und $\lambda + \Delta\lambda$ ausgesandt wird, dann lautet das Kirchhoffsche Gesetz:

$$\frac{s_{\lambda,T}}{a_{\lambda,T}} = \frac{\mathfrak{s}_{\lambda,T}}{\mathfrak{a}} = \mathfrak{s}_{\lambda,T} = f(\lambda, T)\,. \tag{148}$$

$\mathfrak{s}$ und $\mathfrak{a}$ $(= 1)$, das Emissions- und Absorptionsvermögen des schwarzen Körpers. (148) in Worten bedeutet: das Verhältnis zwischen Emissions- und Absorptionsvermögen eines beliebigen Körpers bei gegebener Temperatur und Wellenlänge ist unabhängig von der Art des Körpers und ausschließlich eine Funktion von λ und T. Dieser Zusammenhang gilt auch für den schwarzen Körper, für den $\mathfrak{a} = 1$ ist, so daß das Verhältnis (bei gegebenem λ und T) $= \mathfrak{s}_{\lambda,\,T}$ das Emissionsvermögen des schwarzen Körpers ist. Aus (148) folgt auch, daß das Emissionsvermögen $s_{\lambda,\,T}$ eines beliebigen Körpers immer kleiner ist als das des schwarzen Körpers. Weiter ergibt sich aus (148), daß für Stoffe, deren Absorption $a_{\lambda,\,T}$ groß ist, auch die Emission $s_{\lambda,\,T}$ groß sein muß, da $\frac{s_{\lambda,\,T}}{a_{\lambda,\,T}} =$ konst. ist für alle Körper bei gegebenem T und λ.

Das Emissionsvermögen des schwarzen Körpers wird durch die berühmte Formel von Planck wiedergegeben, bei deren Ableitung zum ersten Male der Begriff der Strahlungsquanten eingeführt wurde:

$$\mathfrak{s}_{\lambda,\,T} = \frac{c_1}{\lambda^5} \cdot \frac{1}{\varepsilon^{\frac{c_2}{\lambda T}} - 1} \quad \mathrm{W/(cm^2\,cm)}. \tag{149}$$

$c_1 = 3{,}704 \cdot 10^{-12} = 2\pi c^2 h\ \mathrm{W\,cm^2}$; $c_2 = 1{,}435 = \frac{c\,h}{k}$ cm Grad; $\varepsilon =$ Basis des nat. Log.; $\lambda =$ Wellenlänge in cm; $c = 2{,}9986 \cdot 10^{10}$ cm/s; $h = 6{,}55 \cdot 10^{-34}$ W s^2; $k = 1{,}37 \cdot 10^{-23}$ W s/° K.

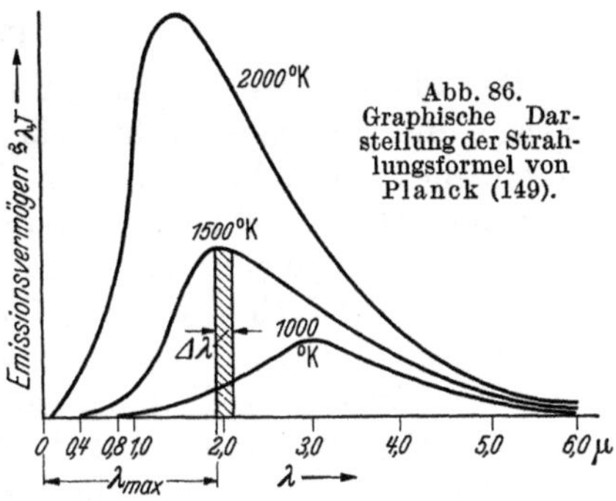

Abb. 86. Graphische Darstellung der Strahlungsformel von Planck (149).

Abb. 86 gibt graphisch die Formel (149) für drei verschiedene Temperaturen. In diesem Diagramm wird die per s und per cm^2 ausgestrahlte Energiemenge im Wellenlängengebiet $\Delta\lambda$ durch $\mathfrak{s}_{\lambda,\,T}\,\Delta\lambda$, das ist der Flächeninhalt des schraffierten Flächenstückes, vorgestellt. Die gesamte ausgestrahlte Energiemenge per cm^2 und s für alle Wellenlängen bei bestimmter Temperatur T erhält man aus (150)

$$\mathfrak{s}_T = \int_0^\infty \mathfrak{s}_{\lambda,\,T}\,\mathrm{d}\lambda = \sigma T^4, \tag{150}$$

$$\sigma = 5{,}75 \cdot 10^{-12}\ \mathrm{W/(cm^2\,Grad^4)}.$$

Das ist das Gesetz von Stefan-Boltzmann, durch ersteren experimentell bestimmt und durch letzteren theoretisch abgeleitet, noch bevor (149) bekannt war.

Aus Abb. 86 sehen wir sofort, daß die gesamte ausgestrahlte Energie (per cm^2 per s) sehr schnell mit der Temperatur steigt, nl. proportional T^4. Für eine gegebene Temperatur zeigt die Kurve für ein bestimmtes $\lambda_{\max}$ ein Maximum des Emissionsvermögens. Diese Wellenlänge, bei der das $\mathfrak{s}_{\lambda\,\max}$ auftritt, wird durch das Verschiebungsgesetz von Wien gegeben

$$\lambda_{\max}\,T = 2880. \tag{151}$$

$\lambda_{\max}$ in Mikron ($1\,\mu = 10^{-3}$ mm $= 10^4$ Å) und T in ° K.

Der Wert von $\mathfrak{s}_{\lambda\,\max}$ wird gegeben durch

$$\mathfrak{s}_{\lambda\,\max} = 13{,}14 \cdot 10^{-12}\, T^5 \text{ W/(cm}^2\text{ cm)}. \tag{152}$$

Bei steigender Temperatur verschiebt sich das $\lambda_{\max}$ nach kürzeren Wellenlängen und das $\mathfrak{s}_{\lambda\,\max}$ steigt sehr schnell, schneller noch als die gesamte ausgestrahlte Energie. Bei 2000° K ist $\lambda_{\max} = 14400$ Å, also tief im Infrarot (Wärme), bei 3000° ist $\lambda_{\max} = 9600$ Å, also näher dem sichtbaren Gebiet, während $\mathfrak{s}_{\lambda\,\max}$ 7,6mal größer ist als bei 2000°. Durch diese beiden Einflüsse steigt der im sichtbaren Gebiet ausgestrahlte Anteil verhältnismäßig schnell. Hieraus ist auch sehr deutlich zu sehen, warum durch Temperaturerhöhung eine Vergrößerung des Wirkungsgrades bei Temperaturstrahlern erzielt wird. So ist z. B. bei einer 60 W-Vakuumglühlampe die Temperatur des W-Drahtes 2500° K (= 2227° C) und die Lichtausbeute 10,0 lm/W. Bei einer 60 W gasgefüllten Lampe sind diese Zahlen 2700° K (= 2427° C) und 10,85 lm/W. (Beide Lampen für 220 V.)

§ 49. Photometrie.

Die Photometrie beschäftigt sich mit der Bestimmung der Lichtmenge, die von einer Lichtquelle per s ausgestrahlt wird. Man mißt zu diesem Zwecke die Lichtstärke in einer oder in mehreren Richtungen, oder den Gesamtlichtstrom. Zum Vergleich verwendet man die entsprechende Größe einer Normallampe. Die Lichtstärkenvergleichung ist die älteste, die Lichtstromvergleichung eine mehr logische Methode und daher gegenwärtig allgemein in Verwendung.

Unser Auge ist vollkommen außerstande absolute Messungen zu verrichten. Dagegen kann es mit ziemlich großer Genauigkeit (ungefähr 1%) die Gleichheit zweier nebeneinander liegender Leuchtdichten *von gleicher Farbe*[1]) beurteilen, bzw. deren Ungleichheit feststellen. Zur Erreichung dieser Genauigkeit müssen eine Anzahl Bedingungen, analog den bei der Farbmessung (S. 155) angeführten, erfüllt sein. Wir wollen uns erst mit den Lichtquellen beschäftigen, deren Farbe ungefähr die gleiche ist wie die der Normallampen.

Bei nahezu allen photometrischen Meßmethoden werden Leuchtdichten verglichen. Soll z. B. von einer Lampe L_2 die Lichtstärke in einer gegebenen Richtung bestimmt werden (Abb. 87a), dann läßt man diese einen Schirm S (dieser steht normal auf die Richtung $L_1 - L_2$) beleuchten, während die andere Seite des Schirmes von der bekannten Vergleichs- oder Normallampe L_1 beleuchtet wird (beide Seiten des Schirmes sind weiß und reflektieren diffus). Die zu messende Lampe wird nun solange in der Richtung $L_2 - S$ verschoben, bis die Leuchtdichten beider Schirmseiten gleich groß sind. Ist dieser Zustand erreicht, dann läßt sich nach Formel (131) die gesuchte Lichtstärke berechnen. Hat die Normallampe z. B. in der Richtung $L_1 \to S$ die Lichtstärke J_1

[1]) Die zwei zu vergleichenden Lichtquellen brauchen nicht dieselbe spektrale Energieverteilung zu besitzen, nur die Reizart (§ 47) muß gleich sein.

und ist der Abstand $\overline{SL_1} = r_1$ und der Abstand $\overline{SL_2} = r_2$ und J_2 die gesuchte Lichtstärke der Lampe L_2, dann ergibt sich für die Beleuchtungsstärken der beiden Schirmseiten

$$E_1 = \frac{J_1}{r_1^2} \qquad E_2 = \frac{J_2}{r_2^2}.$$

Da wir auf gleiche Leuchtdichte eingestellt haben und der Reflexionskoeffizient ϱ beider Schirmseiten gleich groß angenommen wird, kann wegen $B = \text{konst.}\ \varrho E$ (135) für $B_1 = B_2$ auch $E_1 = E_2$ gesetzt werden und wir erhalten

$$J_2 = \frac{r_2^2}{r_1^2} J_1 .$$

Die Messung der Lichtstärke ist also auf die Messung der Abstände r_1 und r_2 (die sehr genau ausgeführt werden kann) und die Einstellung gleicher Leuchtdichten (die ein geübter Beobachter mit 1% Meßfehler feststellen kann) zurückgeführt.

Um eine möglichst genaue Leuchtdichtengleichheit zu erhalten, verwendet man meistens das Lummer-Brodhun-Prisma (Abb. 87b). Es besteht aus zwei Prismen A und B. Die Kugelfläche K von A ist teilweise flach geschliffen, so daß eine kleine ebene Kreisfläche entsteht, mit der dieses Prisma an B angedrückt wird. Nur durch die Kontaktfläche der beiden Prismen können die Lichtstrahlen von dem einen in das andere treten. Der Strahlengang ist schematisch in der Abb. 87b angegeben. Beobachtet man in der Richtung O, dann sieht man in der Mitte ein Stück L der linken Seite des Schirmes (via den Spiegel M_1) und rund um dieses Stück einen Teil R der rechten Seite des Schirmes (via M_2).

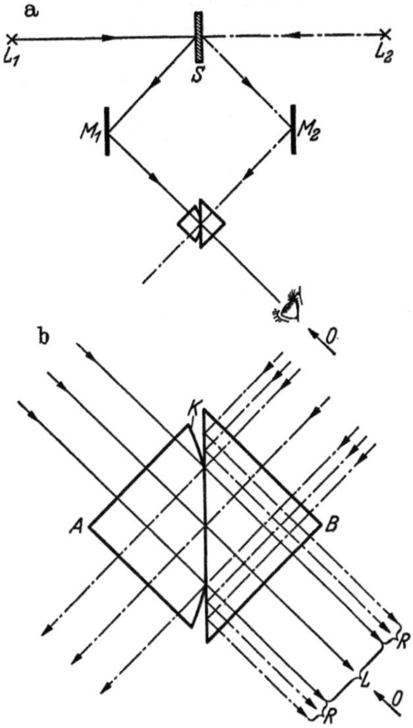

Abb. 87a und b. a Schema einer Photometerbank. b Lummer-Brodhun-Prisma.

Solange es sich um Lichtquellen gleicher Lichtverteilung handelt, genügt die Lichtstärkenmessung in bloß einer Richtung. Vergleicht man jedoch verschiedene Typen, dann muß man erst aus einer größeren Anzahl Messungen in verschiedenen Richtungen eine mittlere oder sphärische Lichtstärke bestimmen, um den Gesamtlichtstrom berechnen zu können. In diesem Falle ist diese Methode viel zu umständlich. Haben die zu messenden Lampen eine Symmetrieachse, dann genügt es, die Lichtstärken in bloß einer Meridianebene zu bestimmen; man legt diese

Messungen graphisch, z. B. in einem Polardiagramm, fest, sog. Lichtverteilungskurven (Abb. 88), und kann dann mit Hilfe einfacher, graphischer Methoden den Gesamtlichtstrom berechnen. Nur in Sonderfällen kann man aus *einer* Lichtstärkenmessung den Gesamtlichtstrom einer Lichtquelle berechnen. Dies gelingt z. B. bei einem gerade gespannten Draht oder einer leuchtenden Kugel (S. 151). Man verwendet daher die Lichtstärkenmessungen nur dort, wo man wirklich Lichtverteilungskurven erhalten will oder wo man auf Grund einer geringen Anzahl Messungen auf den Gesamtlichtstrom schließen kann.

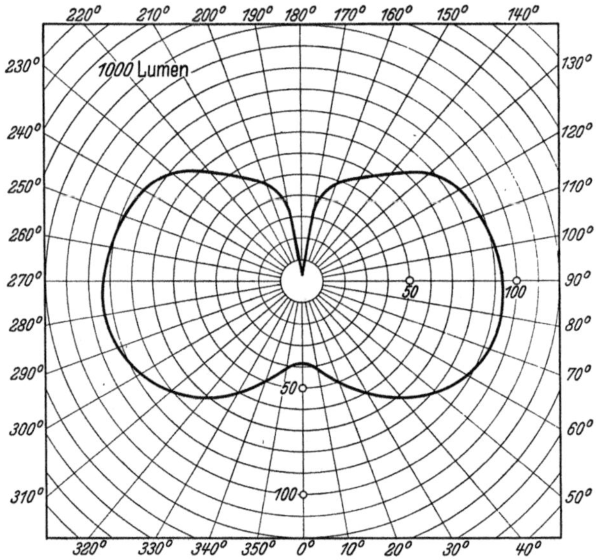

Abb. 88. Lichtverteilungskurve einer Hg-Superhochdrucklampe: HP (HgQ) — 300 (mattierter Kolben).

Die heute am häufigsten verwendete Methode zur Bestimmung des Gesamtlichtstromes einer Lichtquelle ist die mit der Ulbrichtschen Kugel (Abb. 89). Die zu messende Lampe wird in der Mitte einer großen hohlen Kugel befestigt, deren Innenseite mit einer sorgfältig zusammengestellten, diffusierenden weißen Farbe bestrichen ist. Die Kugel hat eine kleine Öffnung (das Fenster *F*), die mit einem durchscheinenden und gut diffusierenden Glas abgeschlossen ist. Zwischen Lampe und Fenster befindet sich ein weißer, diffus reflektierender Schirm *S*, der das direkte Licht, das die Lampe *L* auf das Fenster strahlen würde, abschirmt. Unter diesen Umständen ist die Leuchtdichte des Fensters ein Maß für den Gesamtlichtstrom der Lampe. Man vergleicht nun wieder die Leuchtdichte, die von der zu messenden Lampe auf dem Fenster erzeugt wird, mit der von einer Normallampe dort erzeugten. Der Vergleich erfolgt mit einer Hilfslampe, die auf einer Photometerbank verschoben wird.

Photometerbank und Ulbrichtsche Kugel sind hierbei mechanisch fest verbunden.

Das Problem der Photometrie gleichfarbiger Lichtströme hat praktisch eine ziemlich einfache Lösung gefunden. Die Vergleichung ungleichfarbiger Lichtquellen, die heterochrome Photometrie, ist jedoch nicht so einfach. Man hat verschiedene subjektive und objektive Methoden ausgearbeitet, wovon die meisten jedoch ziemlich umständlich sind. Als subjektive Methoden wollen wir kurz die direkte Vergleichsmethode, das Filter- und das Flimmerverfahren, behandeln.

Bei der direkten Vergleichsmethode stellt man die zwei verschiedenfarbigen Photometerfelder auf gleiche Leuchtdichte ein. Solange der Farbunterschied nicht zu groß wird, ist die Genauigkeit ausreichend, bei größeren Farbunterschieden können die Resultate verschiedener Beobachter stark streuen. Bei dieser subjektiven Meßmethode müssen zur Reproduzierbarkeit gewisse Bedingungen erfüllt sein, u. a. hier die selbstredende, daß der Beobachter farbtüchtige Augen habe. Größere Farbunterschiede werden bei der sog. Stufenmethode überbrückt, indem man die Messungen an zwischengeschalteten, kleineren Farbunterschieden ausführt, deren Gesamtunterschied mit dem gegebenen übereinstimmt.

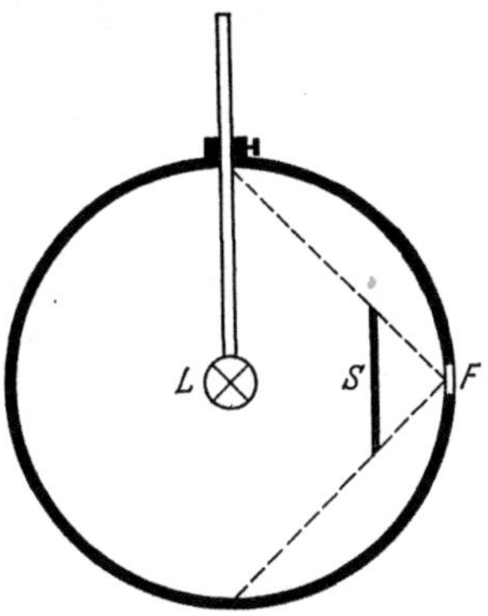

Abb. 89. Schema einer Ulbrichtschen Kugel.

Beim Filterverfahren versucht man die Messung auf das Photometrieren zweier gleichfarbiger Lichtquellen zurückzubringen. Man nimmt eine Lampe mit bekannter spektraler Energieverteilung S_λ, z. B. eine Glühlampe bei gegebener Temperatur, und filtert die Strahlung derart, daß die Farbe der gefilterten Strahlung mit der der zu messenden Strahlung vergleichbar wird. Ist die Durchlässigkeit τ_λ des Filters bekannt, dann wird die Lichtstärke J_f (mit Filter) der Vergleichslampe, deren ursprüngliche Lichtstärke J sei,

$$J_f = J \frac{\int S_\lambda \tau_\lambda V_\lambda \, \mathrm{d}\lambda}{\int S_\lambda V_\lambda \, \mathrm{d}\lambda}. \tag{153}$$

V_λ = spektrale Hellempfindlichkeit des Auges. Ebenso gilt für die Lichtströme Φ_f mit Filter und Φ, ohne Filter

$$\Phi_f = \Phi \frac{\int S_\lambda \tau_\lambda V_\lambda \, \mathrm{d}\lambda}{\int S_\lambda V_\lambda \, \mathrm{d}\lambda}. \tag{154}$$

Die Genauigkeit hängt hauptsächlich von der Güte der Farbengleichheit und der genauen Bestimmung von τ_λ ab. Man wendet diese Methode an, wenn fortlaufend Lampen gleicher Type, also konstanter Spektralverteilung und Farbe, gemessen werden, so daß die Filterkombination die gleiche ist.

Die dritte Methode, das *Flimmerverfahren,* beruht auf der Verwendung eines Flimmerphotometers. Die verschiedenfarbigen Leuchtdichten werden hierbei in zeitlicher, schneller Aufeinanderfolge wahrgenommen und können hierdurch miteinander verglichen werden. Ebenso wie für gewöhnliche Photometer besteht eine große Anzahl verschiedener Ausführungsformen von Flimmerphotometern. Wir wollen ein bestimmtes Modell besprechen, um die Arbeitsweise eines solchen Photometers zu erklären und wählen zu diesem Zwecke die Scheibe von Simmance-Abbady.

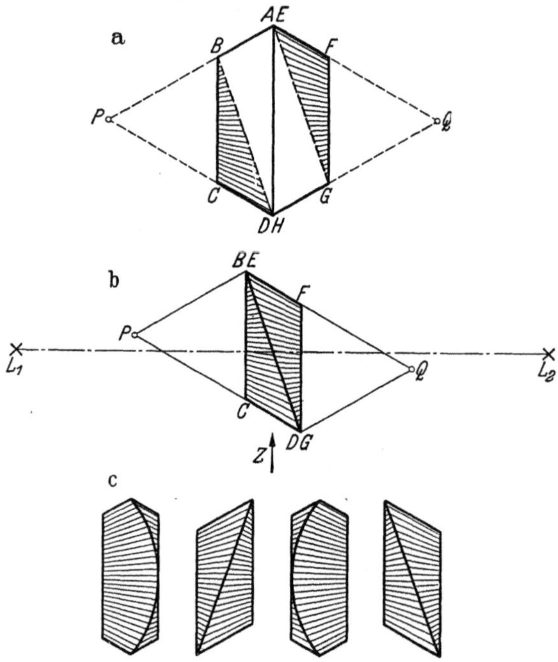

Abb. 90 a—c. Flimmerphotometer. a Scheibe von Simmance-Abbady. b Schematische Aufstellung. c Verschiedene Stellungen der Scheibe.

Sie wird aus zwei rechten Kegelstumpfen (z. B. Gips) $A\,B\,C\,D$ und $E\,F\,G\,H$ hergestellt. Von diesen beiden Kegelstumpfen wird ein Stück abgeschnitten, das in Abb. 90a durch $B\,A\,D$ und $G\,H\,E$ angedeutet ist. Die Schnittlinien $B\,D$ bzw. $E\,G$ stellen zugleich die Projektionen der Schnittebene dar. Nun werden die beiden übriggebliebenen Stücke $B\,C\,D$ und $E\,F\,G$ so aneinandergeschoben, daß B mit E und D mit G zusammenfällt (s. Abbildung 90b). Dieser neue Körper wird drehbar um eine Achse, die normal auf die Flächen $B\,C$ und $F\,G$ steht, befestigt und mit seiner Drehachse in der Verbindungsgeraden der beiden zu vergleichenden Lichtquellen L_1 und L_2 aufgestellt. Die beiden Lichtquellen beleuchten nun den Kegelstumpf, der ihnen seine imaginäre Spitze zuwendet. Der Beobachter sieht in Richtung z bei der Drehung der Scheibe einmal die von links beleuchtete Kegelstumpfhälfte und einmal die von rechts beleuchtete. Bei der Drehung erfolgt der Übergang allmählich. Abb. 90c gibt 4 von einem Beobachter wahrgenommene Stellungen, wenn sich die Scheibe um je 90° dreht.

Beleuchtet man nun die beiden Seiten mit verschiedenfarbigem Licht, wobei sowohl Lichtfarbe als auch Leuchtdichte verschieden sind, dann kann man bei wachsender Umdrehungsgeschwindigkeit folgendes beobachten: bei einer bestimmten Umdrehungszahl verschwindet der Farbenflimmer, die Farben fließen ineinander und es bleibt bloß ein Leuchtdichtenflimmer bestehen infolge der verschiedenen Leuchtdichten. Erhöht man die Drehungszahl noch weiter, dann kommt man schließlich zur sog. kritischen Umdrehungszahl oder Frequenz, bei der auch der Leuchtdichtenflimmer verschwindet.

Man benützt nun die Eigenschaft des Auges, die erst die Farbunterschiede ineinanderfließen läßt und dann bei höherer Frequenz die Leuchtdichtenunterschiede. Man beginnt mit kleiner Umdrehungszahl und läßt diese wachsen, bis der Farbenflimmer verschwindet. Nun verändert man bei gleichbleibender Drehzahl den Abstand zwischen Meßlampe und Scheibe, bis der Leuchtdichtenflimmer sein Minimum erreicht hat und nimmt bei diesem Stand an, daß die Leuchtdichten gleich groß sind. Obwohl diese Annahme nicht von selbstredend richtig ist, haben doch Untersuchungen von Ives, Gibson und Tyndall ergeben, daß die Flimmermethode reproduzierbare Resultate gibt.

Die Zuverlässigkeit der Flimmermethode hat man auf folgende Weise kontrolliert. Man bestimmte sowohl mit der Stufenmethode als auch mit der Flimmermethode die spektrale Hellempfindlichkeitskurve, indem man für die verschiedenen Wellenlängen die Energien maß, die erforderlich sind, um eine gegebene Leuchtdichte zu erzeugen. Auf diesem Weg fand man Werte, die den jeweiligen der spektralen Hellempfindlichkeit V_λ umgekehrt proportional sind. Beide Bestimmungsmethoden ergaben übereinstimmende Resultate. Der Fehler bei Verwendung des Flimmerphotometers ist in der Größe von einigen Prozent.

Die objektiven Methoden basieren alle auf dem Spektralverfahren. Man bestimmt die Emissionskurve $s_\lambda = f(\lambda)$, multipliziert die Energie $s_\lambda \Delta \lambda$, die per s per cm² Oberfläche in dem Wellenlängenbereich zwischen λ und $\lambda + \Delta \lambda$ ausgesandt wird, mit der relativen spektralen Hellempfindlichkeit V_λ und bildet die Summe für alle Produkte $s_\lambda V_\lambda \Delta \lambda$. Multipliziert man diese Summe mit 621 (Maximum des photometrischen Strahlungsäquivalents $\mathfrak{A} = 621$ lm/W), dann erhält man den Lichtstrom von 1 cm².

$$\Phi = 621 \int s_\lambda V_\lambda \, d\lambda \quad \text{lm/cm}^2. \tag{155}$$

Ist die Messung von s_λ derart ausgeführt, daß diese die ausgestrahlte Energie in einem bestimmten Raumwinkel $\Delta \omega$ gibt, dann erhält man sofort mit dem zugehörigen Lichtstrom $\Delta \Phi$ die Lichtstärke $J = \frac{\Delta \Phi}{\Delta \omega}$. Da es sich um 1 cm² der scheinbaren Oberfläche handelt, ist damit auch die Leuchtdichte B (J und B beide in der Meßrichtung, d. h. die Achse des Raumwinkels $\Delta \omega$) bekannt. Da die Aufnahme einer Emissionskurve jedoch ziemlich kompliziert ist, kommt diese Arbeitsweise nur für Laboratorien in Anmerkung.

Die Methode kann, nach Féry, stark vereinfacht werden. Man bildet ein Spektrum der Lichtquelle und stellt in der Auffangfläche eine Blende auf, die für jede Wellenlänge einen Bruchteil der Strahlung gleich der relativen Hellempfindlichkeit durchläßt. Noch einfacher wird die Messung, wenn man ein Filter verwendet, dessen Durchlässigkeit τ_λ, als Funktion von λ, proportional V_λ ist, da die Ausbildung eines Spektrums dann überflüssig wird. In beiden Fällen gibt die per s auftreffende Energie, z. B. gemessen durch den von der Erwärmung eines Thermoelementes erzeugten Strom, ein Maß für den Lichtstrom.

Die praktischste Methode wäre natürlich mit der objektiven Photometrie zu erreichen, wenn man bloß eine Photozelle finden könnte, deren spektrale Empfindlichkeitskurve denselben Verlauf hätte wie die spektrale Hellempfindlichkeitskurve des Auges. Der in der Photozelle erzeugte Strom wäre dann wirklich dem Lichtstrom einer Lichtquelle, physiologisch gemessen, proportional. Bis nun ist dieses Problem, das Anpassen der Photozelle, jedoch noch nicht definitiv gelöst. Man versucht die relative Empfindlichkeitskurve der Photozelle durch die Vorschaltung geeigneter Filter der des Auges gleich zu machen. Auch kann man mit Hilfe besonders geformter Diaphragmen, die für die verschiedenen Wellenlängen eine andere Öffnung besitzen und in einer Fläche $R - B$ (s. Abb. 74a, Spektroskop) aufgestellt werden (Nadelmethode), das gleiche Resultat erzielen. An Stelle der photographischen Platte des Spektrographen wird dann die Photozelle mit Diaphragma gesetzt. Diese Methoden sind eigentlich vereinfachte Spektralmethoden.

In der Praxis verwendet man beinahe überall die Photozelle, wobei man sich für die verschiedenen Lichtarten durch besonderes Eichen der Zellen, mit dem Flimmerphotometer, hilft. So korrespondiert z. B. bei einer bestimmten Kombination von Photozelle und Strommesser (Weston-Sperrschichtphotozelle in Serie mit μA-Meter von 300 Ω) ein Lux mit verschiedenen Ausschlägen bei verschiedenen Lichtsorten (s. Tabelle 14).

Tabelle 14. Weston-Sperrschichtzelle in Reihe mit μA-Meter von 300 Ω bei verschiedenen Lichtsorten.

Bei einer Beleuchtungsstärke von 1 lx auf der Sperrschichtzelle gibt das μA-Meter für die verschiedenen Lichtquellen folgende Ausschläge:

1-lx-Glühlampe (Vakuum)	1,3
1-lx-Glühlampe (gasgefüllt)	1,22
1-lx-Natriumlampe	0,77
1-lx-Quecksilberdampflampe (1 at)	0,81
1-lx-Neonlampe	1,51

Wir wollen noch einige Fehlerquellen der Photozellen betonen. Z. B. ist die Empfindlichkeit der Sperrschichtzellen, die ohne Anodenspannung arbeiten, oft stark abhängig von der Temperatur. Behebt man diesen Nachteil durch die Verwendung von Vakuumzellen, wobei man jedoch die Notwendigkeit einer Anodenbatterie in den Kauf nehmen muß, dann bleibt doch eine Schwierigkeit bestehen. Bei vielen Lichtquellen verändert sich die Energieverteilung über das Spektrum mit der Belastung, so daß die Eichung der Zelle in bestimmten Fällen falsch werden kann. Hierbei ist es noch besonders unangenehm, daß die meisten, auf dem Markt vorhandenen Photozellen ihre maximale Empfindlichkeit im Infrarot haben (Cs-Zellen). Hierdurch kann eine kleine Veränderung der in diesem Gebiet ausgestrahlten Energie große Stromvariationen der Photozelle mit sich bringen. (Die K-Zellen haben jedoch ihre maximale Empfindlichkeit zwischen 5000 und 5600 Å).

Aus Obigem geht wohl deutlich hervor, daß man bei der Messung von Entladungslampen mit Hilfe von Photozellen die größte Vorsicht walten lassen muß.

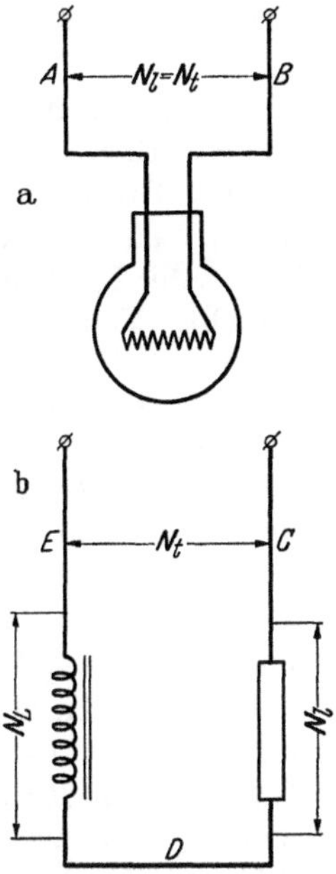

Abb. 91 a und b. Schematische Andeutung des Wattverbrauches der Lampe allein N_l, und von Lampe mit Vorschaltgerät N_t. a Glühlampe. b Entladungslampe mit Drosselspule.

§ 50. Nutzeffekt von Lichtquellen.

Unter der *Lichtausbeute* η einer Lampe versteht man das Verhältnis zwischen dem ausgestrahlten Lichtstrom Φ in Lumen und der aufgewandten Leistung N in W, $\eta = \frac{\Phi}{N}$ in lm per W. Bei einer Glühlampe ist diese Definition eindeutig, da man den Verbrauch einer Lampe an den Netzklemmen AB messen kann oder direkt an den Lampenklemmen und in beiden Fällen praktisch das gleiche Resultat erhält (s. Abb. 91). Bei Entladungslampen kann man N_l, den Energieverbrauch der Lampe allein, oder N_t, den Verbrauch der Lampe einschl. Vorschaltapparat messen, wobei $N_t = N_l$ (Lampe) + N_L (Drossel) ist. Im ersten Falle mißt man zwischen $C\,D$, im zweiten Falle zwischen $C\,E$.

Entsprechend den beiden N-Werten unterscheiden wir die Wirkungsgrade η_l und η_t.

Bei oberflächlicher Betrachtung ist man geneigt, η_t als logischesten Wirkungsgrad anzusprechen. Ein und dieselbe Lampe kann aber in verschiedenen Schaltungen verwendet werden, wobei die Verluste der Vorschaltapparate verschieden sein können, also veränderliches η_t, während der Verbrauch der Lampe allein konstant bleiben kann und somit auch η_l[1]). Auch bei einer gegebenen Schaltungsart, z. B. Lampe mit Drossel in Serie direkt am Netz, hängt N_L von der Konstruktion der Drossel ab (Eisensättigung). In Tabelle 15 findet man einen Vergleich für eine Hg-Hochdrucklampe HO-2000, und zwar

a) mit Drossel in Serie direkt ans Netz geschaltet (220 V),
b) über Streuspartransformator (primär 110 V).

Wird im folgenden über Lichtausbeute, ohne nähere Andeutung, gesprochen, dann wollen wir darunter η_l verstehen.

[1]) Es ist selbst möglich, daß der Wert N_t und η_t ohne besondere Übereinkunft gar nicht festliegt. Z. B. werden bei einer Serieninstallation eventuell die Verluste in den Leitungen und im Regeltransformator auf die Lampen aufgeteilt, während bei Parallelschaltung die Leitungsverluste meist nicht zu dem Lampenverbrauch gezählt werden.

Tabelle 15. η_t und η_l für eine HO-2000 (Hg 1 at) bei Betrieb mit Drossel ($U = 220$ V) und Streuspartransformator ($U = 110$ V).

U	Vorschaltgerät	N_t	N_l	Φ	η_t	η_l
a) 220 V	Drossel	475 W	450 W	20000 lm	$42{,}1 \frac{\text{lm}}{\text{W}}$	$44{,}4 \frac{\text{lm}}{\text{W}}$
b) 110 V	Streuspartransformator	490 W	450 W	20000 lm	$40{,}8 \frac{\text{lm}}{\text{W}}$	$44{,}4 \frac{\text{lm}}{\text{W}}$

Will man den Wirkungsgrad einer Lichtquelle verbessern, dann muß man natürlich erst feststellen, welche Faktoren diesen eigentlich beeinflussen. Tatsächlich ist der Wirkungsgrad ziemlich niedrig, ungefähr mit dem einer Dampfmaschine zu vergleichen, wo ein großer Teil der Energie der Kohle mit den erwärmten Rauchgasen durch den Schornstein entflieht. Von der Leistung N_l, die einer Lampe zugeführt wird, geht ein Teil als Wärme durch Konvektion, Leitung und (Wärme-) Strahlung verloren. Von der ausgestrahlten Leistung fällt ein Teil außerhalb des sichtbaren Spektrums, auch an der kurzwelligen Seite, was vom Standpunkt der Lichtproduktion betrachtet gleichfalls Verlust bedeutet. Schließlich spielt noch die Energieverteilung über das sichtbare Gebiet des Spektrums eine große Rolle, da sich die spektrale Hellempfindlichkeit (Abb. 75) mit der Wellenlänge sehr stark ändert. Nehmen wir eine Lichtquelle an, die z. B. 100 W ausstrahlt und davon 4 W im sichtbaren Gebiet. Werden diese 4 W im Maximum der spektralen Hellempfindlichkeit, λ 5550 Å, ausgestrahlt, dann geben sie etwa zehnmal soviel „Licht" als wenn sie im Rot, λ 6500 Å, oder im Blau, λ 4700 Å, ausgestrahlt werden. In diesem günstigsten Falle, daß alles Licht in λ 5550 Å ausgestrahlt wird, erhält man per W 621 lm (int.) (683 Hlm). Diese Größe, die meist durch $\mathfrak{A}$ angedeutet und oftmals Lichtwatt genannt wird, gibt den absoluten Wert der Maximumordinate der spektralen Hellempfindlichkeitskurve, wenn man als Ordinaten Lumen per W (photometrisches Strahlungsäquivalent K_λ) und auf der Abszisse die Wellenlänge λ (Abb. 92) aufträgt. In Analogie mit dem mechanischen Wärmeäquivalent nennt man den reziproken Wert von $\mathfrak{A}$ das mechanische Lichtäquivalent, dessen Wert $M = \frac{1}{\mathfrak{A}} = 0{,}00161$ W/lm oder 0,00146 W/Hlm ist (Tab. 16).

Tabelle 16.
Analogie zwischen mechanischem Licht- und Wärmeäquivalent.

Lichtwatt

$$1 \text{ W } (\lambda\ 5550 \text{ Å}) = 621 \text{ lm} = \mathfrak{A} \text{ (683 Hlm)}.$$

Mechanisches Lichtäquivalent

$$1 \text{ Lumen } (\lambda\ 5550 \text{ Å}) = 0{,}00161 \text{ W} = \frac{1}{\mathfrak{A}} = M$$

Watt

$$1 \text{ W} = 1 \text{ J/s} = 0{,}102 \text{ kgm/s} = 0{,}239 \text{ cal/s}$$

Mechanisches Wärmeäquivalent

$$1 \text{ cal/s} = 0{,}427 \text{ kgm/s} = 4{,}19 \text{ J/s} = 4{,}19 \text{ W}$$

Der Wert $\mathfrak{A}$ ist also das absolute Maximum, das man per ausgestrahltem W an Lumen erhalten kann. Man ist mit den praktischen Lichtquellen noch ein gutes Stück von diesem Maximum entfernt. Es ist wohl sehr fragwürdig, ob man eine „ideale“ Lampe, die nur im Maximum ausstrahlt, praktisch überhaupt verwenden könnte, da gerade die entsprechende Lichtfarbe allein, nl. gelbgrün, als sehr unangenehm empfunden wird.

Die Bestimmung von $\mathfrak{A}$ kann auf folgende Weise geschehen. Man kenne von einer Lichtquelle die spektrale Energieverteilung s_λ und die Leuchtdichte B und wisse, daß die Lichtausstrahlung dem Lambertschen Gesetz

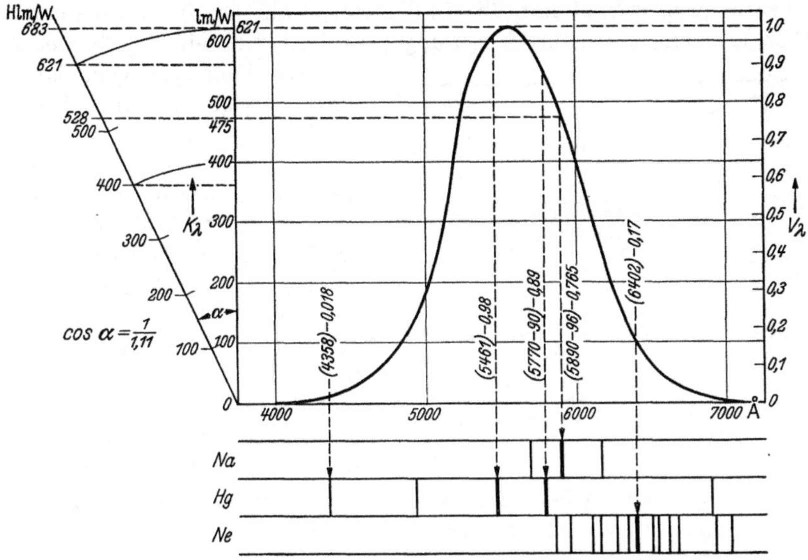

Abb. 92. Photometrisches Strahlungsäquivalent K_λ (lm/W) als Funktion der Wellenlänge in Å.

folge, so daß der Lichtstrom per cm² $\Phi_1 = \pi B$ lm per cm² beträgt (134) (wobei die Lichtquelle als ebene Fläche angenommen ist). Die Lichtmenge, die entsprechend der Energie s_λ per s und per cm² im Gebiet λ ausgestrahlt wird, ist dann $s_\lambda \mathfrak{A} V_\lambda \, d\lambda$ und man erhält für das ganze sichtbare Gebiet

$$\Phi_1 = \mathfrak{A} \int_{\lambda_v}^{\lambda_r} s_\lambda V_\lambda \, d\lambda .$$

Das Integral bestimmt man graphisch und kann dann aus $\pi B = \Phi_1$ den Wert $\mathfrak{A}$ berechnen.

Die Lichtausbeute einer Lichtquelle kann man anstatt in lm/W auch in Prozent vom Maximumwert $\mathfrak{A}$ ausdrücken und definiert dann

$$\eta_l' = \frac{\eta_l}{\mathfrak{A}} \cdot 100\,\% ,$$

wobei η_l in lm/W; η_l z. B. $= 50$ lm/W, $\mathfrak{A} = 621$ lm/W, dann ist $\eta_l' = 8\,\%$.

Um eine Lampe mit einem guten Wirkungsgrad zu erhalten, muß man dafür sorgen, daß möglichst viel der zugeführten Leistung N_l in dem Teil des sichtbaren Gebietes, wo die spektrale Empfindlichkeit des Auges am größten ist, ausgestrahlt wird.

Untersuchen wir nun bei einigen Lichtquellentypen, wie man dieses Resultat erreichen kann.

Nehmen wir erst die Lichtquellen mit kontinuierlichem Spektrum, die Temperaturstrahler und als Beispiel den schwarzen Körper, dessen Eigenschaften wir in § 48 behandelt haben. Bei diesem ist es das sehr naheliegende Mittel, Temperaturerhöhung, da die per s ausgestrahlte Energie proportional mit T^4 (150) steigt, während die Verluste durch Wärmeleitung und Konvektion ungef. proportional mit T^n (Exponent n zwischen 1 und 2) steigen. Darüber hinaus steigt die im sichtbaren Gebiet ausgestrahlte Energie relativ mit T (151). Den optimalen Zustand erhält man bei $T = 6500°$ K, wobei die Lichtausbeute 87,4 lm/W = 97 Hlm/W beträgt, bzw. in Prozent vom Maximalwert ($\mathfrak{A}$) ausgedrückt, 14,1%. Bei höherer Temperatur fällt die Lichtausbeute wieder zurück, da dann zuviel Energie im Blau ausgestrahlt wird, wo die Empfindlichkeit des Auges wieder kleiner ist.

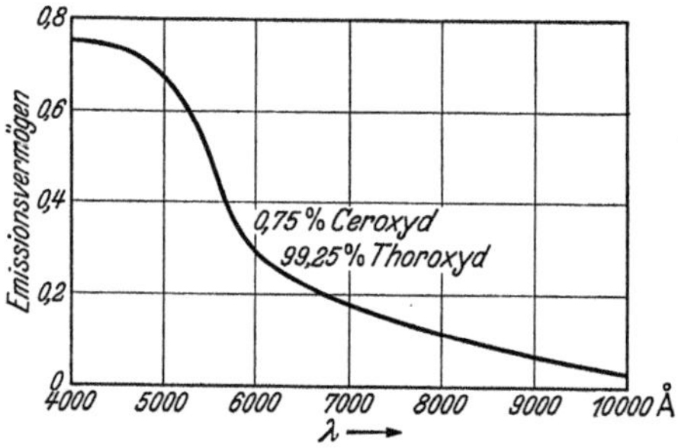

Abb. 93. Relatives Emissionsvermögen $s_\lambda/\mathfrak{s}_\lambda$ der Auer-Masse (99,25% Thoriumoxyd, 0,75% Ceriumoxyd) als Funktion der Wellenlänge λ bei etwa 1900° K.

Für die praktischen Lichtquellen mit Temperaturstrahlung, z. B. Glühlampen, deren Strahlungsgesetze einigermaßen analog jenen des schwarzen Körpers sind, gilt ebenfalls die Regel, daß Temperaturerhöhung Wirkungsgradverbesserung bedeutet. Bei den Glühlampen ist man in dieser Richtung jedoch leider bald an der Grenze des praktisch Möglichen, da u. a. die schnellere Verdampfung des Glühdrahtes die Lebensdauer verkürzt. Man verwendet aus diesem Grunde eine Gasfüllung, da diese das Verdampfen und dessen schädliche Folgen einigermaßen verhindert.

Bei dem nun allgemein verwendeten Metall Wolfram, das seines hohen Schmelzpunktes wegen (3390° C) gewählt wurde, tritt auch noch der Vorteil selektiver Strahlung auf. Bei einer gegebenen Temperatur strahlt Wolfram in jedem λ bloß einen Bruchteil der Strahlung des schwarzen Körpers aus. Dies wird aus Formel (148) verständlich, da $a_\lambda < 1$ ist und somit $s_\lambda < \mathfrak{s}_\lambda$ sein muß. Dieser Bruchteil ist im sichtbaren Gebiet jedoch größer als im langwelligen Gebiet, so daß Wolfram als Lichtstrahler eine bessere Lichtausbeute hat als der schwarze Körper (bei gleicher Temperatur). Ein anderes, bekanntes Beispiel selektiver Strahlung ist die der sog. Auer-Masse der Glühstrümpfe für Gasglühlicht (eine Mischung von z. B. 99,25% Thoriumoxyd und 0,75% Ceriumoxyd). Abb. 93 gibt die Verhältnisse $\frac{s_\lambda}{\mathfrak{s}_\lambda} = a_\lambda$ für eine derartige Masse als Funktion von λ bei einer Temperatur von etwa 1900° K. Von der gesamt ausgestrahlten Energie fällt bei der Auer-Masse ein viel größerer Bruchteil in das sichtbare Gebiet als beim schwarzen Körper.

Die große Lichtausbeute der Gasentladungslampen Na und Hg (Hochdruck und Superhochdruck) beruht ebenfalls auf selektiver Strahlung. Wohl ist der im sichtbaren Gebiet ausgestrahlte Bruchteil der gesamten Strahlungsenergie nicht so groß, aber dessen Lichtwert ist infolge der günstigen Lage im Spektrum, nämlich in der Nähe des Empfindlichkeitsmaximums, sehr hoch (s. Abb. 92). Eine notwendige Folge dieser selektiven Strahlung ist die Farbe des ausgesandten Lichtes, die eine starke Verfärbung der beleuchteten Gegenstände mit sich bringt. Jeder Versuch, um die Farbwiedergabe in diesen Lichtarten zu verbessern, resultiert in der Ergänzung des strahlungsarmen Teiles im sichtbaren Gebiet durch Strahlungsenergie, deren Lichtausbeute geringer ist (siehe Kap. 17).

In folgender Zusammenstellung (Tab. 17) sind einige oft vorkommende Definitionen bezüglich des Wirkungsgrades von Lichtquellen aufgenommen.

Tabelle 17.

ξ_1 — Visueller Nutzeffekt der Gesamtstrahlung.

$$\xi_1 = \frac{\Phi}{S} = \frac{621\int_0^\infty V_\lambda S_\lambda \, d\lambda}{\int_0^\infty S_\lambda \, d\lambda} \quad \text{lm/W} \tag{156}$$

Φ = Lichtstrom (lm), S = ausgestrahlte Leistung (W).

ξ_2 — Visueller Nutzeffekt der sichtbaren Strahlung.

$$\xi_2 = \frac{\Phi}{S'} = \frac{621\int_{\lambda_v}^{\lambda_r} V_\lambda S_\lambda \, d\lambda}{\int_{\lambda_v}^{\lambda_r} S_\lambda \, d\lambda} \quad \text{lm/W} \tag{157}$$

Φ = Lichtstrom (lm), S' = ausgestrahlte Leistung im sichtbaren Gebiet (W), λ_v und λ_r = Wellenlänge der violetten bzw. roten Grenze des sichtbaren Spektrums. ξ_2 ist ein Maß für die mehr oder weniger günstige Energieverteilung im sichtbaren Gebiet, mit Rücksicht auf die Hellempfindlichkeit des Auges. Hohe Werte von ξ_2 bedeuten, daß ein großer Teil der Energie S' in Wellenlängen, die in der Nähe von λ 5550 Å liegen, ausgesandt wird.

ζ_1 — Optischer Nutzeffekt.

$$\zeta_1 = \frac{S'}{S} = \frac{\int_{\lambda_v}^{\lambda_r} S_\lambda \, d\lambda}{\int_0^\infty S_\lambda \, d\lambda} \quad \text{W/W} \tag{158}$$

Verhältnis der im sichtbaren Gebiet ausgestrahlten Leistung S' zur total ausgestrahlten Leistung S.

Tabelle 17 (Fortsetzung).

ζ_2 — Nutzeffekt der sichtbaren Strahlung.

$$\zeta_2 = \frac{S'}{N} \quad \text{W/W} \tag{159}$$

Verhältnis der im sichtbaren Gebiet ausgestrahlten Leistung S' zur gesamt aufgewandten Leistung N.

ζ_3 — Nutzeffekt der totalen Strahlung.

$$\zeta_3 = \frac{S}{N} \quad \text{W/W} \tag{160}$$

Verhältnis der total ausgestrahlten Leistung S zur gesamt aufgewandten Leistung N.

Wenn nicht speziell angegeben, ist mit N in (159) und (160) die Leistung N_l gemeint.

η — (spezifische) Lichtausbeute.

$$\eta_l = \frac{\Phi}{N_l} \quad \text{lm/W}, \qquad \eta_t = \frac{\Phi}{N_t} \quad \text{lm/W} \tag{161}$$

Φ = Lichtstrom, N_l = Leistung der Lampe, N_t = totale Leistung.

η_l' = Verhältnis der wirklichen Lichtausbeute η_l zur maximal möglichen $\mathfrak{A} = 621$ lm/W.

$$\eta_l' = \frac{\eta_l}{\mathfrak{A}} \cdot 100 \quad \text{in } \%. \tag{161'}$$

§ 51. Verschiedene Faktoren, die das Sehen beeinflussen.

Bei der Beurteilung der Lampen im vorigen Paragraphen haben wir uns nur mit der Lichtausbeute η_l (oder η_t) beschäftigt, d. h. mit den per verbrauchtem W gelieferten Lumen. Bei der Wahl von Lampen spielen jedoch auch noch andere Faktoren eine Rolle, wie z. B. die Farbe des ausgestrahlten Lichtes. Man wird z. B. sicher keine Natriumlampen für Wohnzimmerbeleuchtung verwenden, da die Vorteile dieser Lichtquellen (große Lichtausbeute, Sehschärfe u. a.) nicht gegen die bei dieser Anwendungsart empfundenen Nachteile der Farbänderung beleuchteter Gegenstände (durch den monochromatischen Charakter dieses Lichtes) aufwiegen. Für Straßenbeleuchtung werden die genannten Nachteile jedoch durch die überwiegend großen Vorteile bedeutungslos.

Wir wollen von den zahlreichen Faktoren, die gutes Sehen bestimmen, einige der wichtigsten besprechen und untersuchen, inwieweit die Gasentladungslampen diesbezüglich nützlich sein können.

Auf die Frage, wie wir sehen, können wir antworten: auf Grund von Kontrasten, und zwar sowohl Helligkeits- als auch Farbkontrasten. Jedenfalls sind Kontraste absolut erforderlich. König hat den kleinsten Helligkeitskontrast, den man gerade noch wahrnehmen kann, in Abhängigkeit von der Umgebungs- (Adaptierungs-) Leuchtdichte bestimmt. Der reziproke Wert dieser Verhältnisse wird die Kontrastempfindlichkeit genannt. Abb. 94 gibt eine Übersicht der gefundenen Resultate (für weißes Licht).

Auf der Abszisse sind die Adaptationsleuchtdichten in K/cm^2 aufgetragen und auf den Ordinaten die kleinsten wahrnehmbaren Leuchtdichtenkontraste in Prozent von den Umgebungs- (Adaptations-) Leuchtdichten in Kurve I und die reziproken Werte in Kurve II. Man sieht deutlich aus Kurve II, daß für $B = 0{,}001\ K/cm^2$ bis $B = 0{,}1\ K/cm^2$ die Kurve ein Maximum hat und nahezu horizontal verläuft (d. h. die Kontrastempfindlichkeit konstant ist) und für größere Leuchtdichten wieder sinkt. Die Leuchtdichte einer diffus reflektierenden Fläche, die mit der Beleuchtungsstärke E der Fläche korrespondiert, ist nach (135)

$$B = \frac{E\varrho}{\pi\, 10^4}\ K/cm^2 .$$

Nehmen wir z. B. weißes Papier mit einem Reflexionskoeffizienten von $\varrho = 0{,}65$, dann finden wir aus vorhergehender Formel für $B = 0{,}001$, $E \approx 50$ Lux. Im allgemeinen haben die bei Innenbeleuchtung vorkommenden Flächen, die die Umgebung bilden, Reflexionskoeffizienten, die viel kleiner sind als 0,65, so daß die kleinsten Beleuchtungsstärken, die noch die maximale Kontrastempfindlichkeit ergeben, größer als 50 Lux sein müssen.

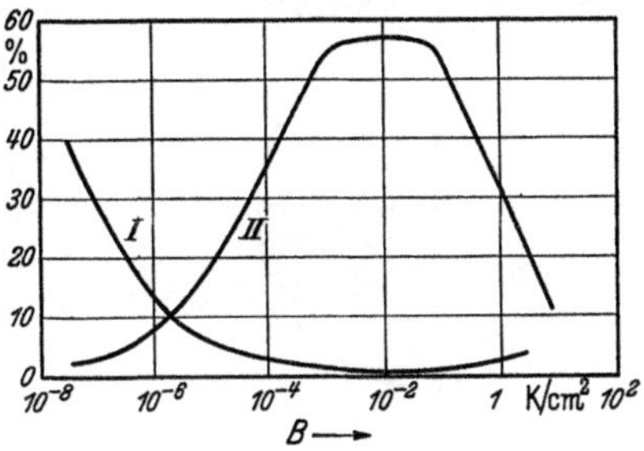

Abb. 94. Kontrastempfindlichkeit nach König. Kurve I. Kleinster wahrnehmbarer Leuchtdichtenunterschied ΔB (Ordinate) in Prozent von der Adaptationsleuchtdichte B (Abszisse), d. h. $\frac{\Delta B}{B} 100$. Kurve II. $1 : \left(\frac{\Delta B}{B}\right)$.

Nimmt man andere Eigenschaften des Auges als Kriterien an, z. B. Sehschärfe, Wahrnehmungsgeschwindigkeit od. dgl., dann findet man für B analoge Werte.

Betrachten wir nun die Straßenbeleuchtung als Beispiel einer Nutzbeleuchtung, für die sich die Entladungslampen besonders eignen. Man kann dieses Problem folgendermaßen zerlegen: allererst muß man einen Gegenstand, der sich auf dem Weg befindet, überhaupt wahrnehmen können (Kontrastbildung) und dann muß man den Gegenstand leicht und schnell erkennen können (Sehschärfe und Wahrnehmungsgeschwindigkeit). Vor allem letztgenannte Fähigkeit ist bei dem heutigen Schnellverkehr sehr belangreich, da eine große Wahrnehmungsgeschwindigkeit dem Kraftfahrzeugführer ein Gefühl der Sicherheit gibt. Von den drei genannten Eigenschaften wollen wir die erste näher untersuchen.

Kontrastbildung.

Selbst ein Laie bemerkt beim Betrachten eines Weges, der gut durch Natriumlampen beleuchtet wird, gar bald, daß sich Gegenstände sehr deutlich auf der Wegdecke abzeichnen. An sich ist es eigentlich merkwürdig, daß die Verwendung monochromatischen Lichtes, die doch Farbkontraste verschwinden läßt, dieses Resultat ergibt, da man hierdurch eigentlich eine geringere Kontrastbildung erwarten sollte. Die Erklärung hierfür findet man nicht in der Verschiedenheit der Reflexionskoeffizienten von Wegdecke und Gegenstand für weißes Licht und Natriumlicht, sondern in der Verschiebung der spektralen Hellempfindlichkeit des Auges mit abnehmender Leuchtdichte (Abb. 75).

Der folgende Versuch illustriert auf sprechende Weise die günstigen Eigenschaften des Natriumlichtes für Wegbeleuchtung. Wir nehmen eine kreisrunde Scheibe aus weißem Papier und beleuchten die linke Hälfte mit weißem Licht und die rechte Hälfte mit Natriumlicht und stellen die Beleuchtungen so ein, daß die beiden Hälften den Eindruck gleicher Helligkeit geben. Bedecken wir nun die untere Kreisflächenhälfte mit einem schwarzen oder dunkelgrauen Tuch (wodurch der Reflexionskoeffizient und somit die Leuchtdichte der unteren Fläche sehr stark vermindert wird), dann erscheint die linke Seite der unteren Hälfte (weißes Licht) heller als die rechte Seite der unteren Hälfte (Natriumlicht), während die beiden oberen Viertelkreisflächen nach wie vor gleich hell erscheinen. Abb. 95 gibt das Aussehen der Versuchsscheibe wieder.

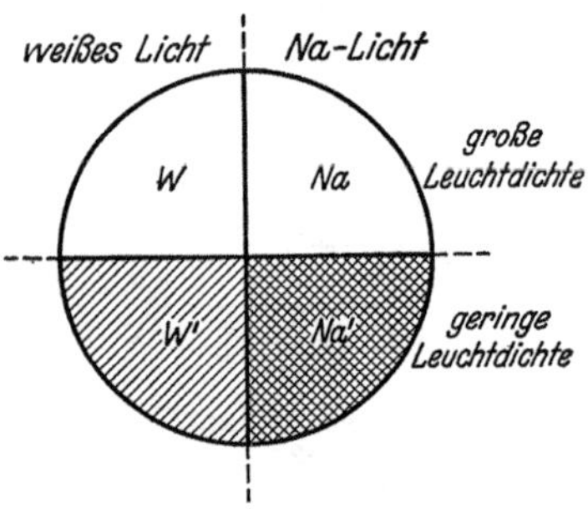

Abb. 95. Kontrastwirkung bei Na- und weißem Licht (schematisch).

Auf einer Straße sieht man Gegenstände, sowohl tagsüber als auch bei künstlicher Beleuchtung, in den weitaus allermeisten Fällen, dunkel gegen die lichtere Wegdecke. Bei den Beleuchtungsstärken, die bei Wegbeleuchtungen auftreten, kommt man nun gerade auf ein Niveau, bei dem die Kontraste zwischen licht und dunkel bei Natriumlicht relativ stärker erscheinen als bei Glühlampenlicht. Es ist ganz merkwürdig, daß, obwohl der Reflexionskoeffizient des schwarzen Tuches in genanntem Versuch für die beiden Lichtsorten gleich groß ist, der Kontrast für Natriumlicht auf der rechten Kreisflächenhälfte, zwischen oben und unten, viel stärker ist als auf der linken Hälfte für Glühlampenlicht.

Wollen wir diese Erscheinung näher untersuchen, dann müssen wir vor allem einen Unterschied machen zwischen den Begriffen: Leuchtdichte B und subjektive Helligkeit H.

Nach Formel (155) auf S. 179 kann man die Leuchtdichte B einer Strahlung durch folgende Formel angeben:

$$B = C \int s_\lambda V_\lambda \, d\lambda.$$

Hierbei ist $C = 621$, wenn s_λ die Strahlung in W pro cm² Oberfläche in der Raumwinkeleinheit und im Wellenlängenintervall von λ bis $\lambda + d\lambda$ und V_λ die spektrale Hellempfindlichkeit des Auges angibt. Bei konstanter spektraler Energieverteilung kann man dann für eine beliebige

Leuchtdichte: $B = s \frac{B_0}{s_0}$ schreiben, wobei s = Totalstrahlung per cm² = $\int s_\lambda \, d\lambda$ und B_0 die Leuchtdichte ist, die mit der Totalstrahlung per cm² s_0 korrespondiert. Man definiert nun, daß die subjektiven Helligkeiten H von zwei Flächen gleich groß sind, wenn die beiden Flächen „gleich hell aussehen“. Im folgenden wollen wir der Kürze halber für subjektive Helligkeit „Helligkeit“ verwenden.

Bei genügend hohen Leuchtdichten, oberhalb 3 K/m², führen beide Definitionen zum selben Ergebnis: wenn zwei Flächen „gleich hell“ aussehen, die gleiche Helligkeit haben, wird auch die Leuchtdichte, durch obenstehende Formel definiert, gleich sein. Unterhalb der Grenze von 3 K/m² jedoch braucht dies nicht mehr der Fall zu sein, wie aus dem Versuch nach Abb. 95 hervorgeht. Auf der unteren Hälfte der Scheibe ist wohl die Leuchtdichte dieselbe (der Reflexionskoeffizient des schwarzen Tuches ist der gleiche für weißes Licht und Na-Licht), aber nicht die Helligkeit.

Betrachten wir z. B. die zwei Spektrallinien λ 5300 Å und λ 5800 Å. Von diesen wird bei einer Leuchtdichte oberhalb 3 K/m² ungefähr dieselbe Energie nötig sein, um einen gleichen Helligkeitseindruck zu geben. Dies folgt aus der Kurve a der Abb. 75, die V_λ für hohe Leuchtdichten gibt. Bei einer bestimmten, sehr kleinen Leuchtdichte jedoch braucht man zur Erreichung eines gleichen Helligkeitseindruckes für λ 5800 Å zwölfmal soviel Energie als für λ 5300 Å. Dies ist eine Folge der Verschiebung der spektralen Hellempfindlichkeit des Auges nach kürzeren Wellenlängen mit abnehmender Leuchtdichte (§ 45).

Zur Bestimmung einer Maßzahl für die Helligkeit kann man z. B. folgende Festsetzung machen. „Die Helligkeit einer Fläche, die Licht von einer beliebigen Farbe ausstrahlt, erhält denselben Zahlenwert wie die Leuchtdichte einer Fläche, die monochromatisches Licht von λ 5350 Å aussendet und ‚gleich hell‘ aussieht wie die zu untersuchende Fläche (König, Bouma).“ Für die monochromatische Strahlung mit λ 5350 Å sind dann definitionsgemäß die Leuchtdichte und die Helligkeit zahlenmäßig gleich groß. Da die Leuchtdichte der Energie proportional ist, kann man sie bei gegebener spektraler Energieverteilung als ein Maß für die Energie verwenden.

Bestimmt man nun mit Hilfe der obengenannten Feststellung die zu jeder Leuchtdichte gehörenden Helligkeiten für die verschiedenen Spektrallinien, dann erhält man das in Abb. 96 gegebene Diagramm.

In vertikaler Richtung sind die Leuchtdichten in K/m², in horizontaler Richtung die Wellenlängen in Å aufgetragen. Die eingezeichneten Kurven geben die Linien konstanter Helligkeit: H = konst. an. Zur Erzielung einer Helligkeit von z. B. $3 \cdot 10^{-4}$ K/m² braucht man bei einer Wellenlänge von λ 6500 Å (rot) etwa 140mal die Leuchtdichte, die bei λ 4500 Å (blau) notwendig ist. Folgt man der vertikalen Linie, mit

Na bezeichnet (λ 5890—5896 Å), von oben nach unten, dann sinkt die Helligkeit viel schneller als die sie erzeugende Leuchtdichte. In Abb. 96 gibt die mit W bezeichnete Linie den Verlauf der Helligkeit H mit der Leuchtdichte B für Glühlampenlicht (schwarzer Körper bei 2700° K). Diese Kurve ist bestimmt durch die Schnittpunkte der horizontalen Linien B = konst. mit den Kurven H = konst., wobei H gleich der Helligkeit genommen ist, die zu den verschiedenen B-Werten gehört.

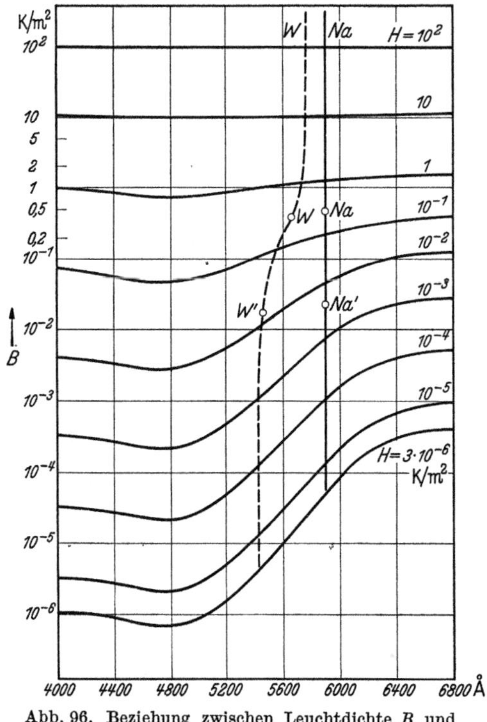

Abb. 96. Beziehung zwischen Leuchtdichte B und Helligkeit H für monochromatisches Licht, z. B. Na, und Glühlampenlicht: Kurve $W-W'$. Kurven konstanter Helligkeit: H = konst. Die Kurve $H = 3 \cdot 10^{-6}$ K/m² korrespondiert ungefähr mit dem absoluten Schwellenwert.

Mit Hilfe der Abb. 96 läßt sich nun auch das Resultat des Versuches nach Abb. 95 verstehen. Seien die Helligkeiten der beiden oberen Hälften W (Weiß) und Na (Natrium), die gleich eingestellt sind, $H_W = H_{\text{Na}} = 0{,}3$ K/m², dann sind die Leuchtdichten: $B_W = 0{,}390$ K/m² und $B_{\text{Na}} = 0{,}474$ K/m² [1]). Die dazu gehörenden Punkte W und Na liegen auf der Kurve konstanter Helligkeit $H = 0{,}3$, aber auf etwas verschiedener Höhe. Wenn nun z. B. der Reflexionskoeffizient des grauen Tuches um einen Faktor 20 kleiner ist als der der weißen Fläche, werden die Leuchtdichten des unteren Teiles $B_{W'} = 0{,}0195$ K/m² bzw. $B_{\text{Na}'} = 0{,}0237$ K/m². Die Helligkeiten betragen jedoch $H_{W'} = 0{,}0138$ bzw. $H_{\text{Na}'} = 0{,}0036$, also für Na relativ viel weniger, d. h. der mit Na-Licht beleuchtete Quadrant sieht viel dunkler aus als der mit Weißlicht beleuchtete.

Zusammenfassend können wir also feststellen, daß die Verschiebung des Maximums der spektralen Hellempfindlichkeit des Auges (Purkinje-Effekt) die Kontrastwirkung bei Natriumlicht befördert. Man muß aber darauf achten, daß gerade bei einer mit Na beleuchteten Wegstrecke die Leuchtdichte (infolge zu geringen Lichtstromes der älteren Lampen z. B.) nicht zu stark abfällt, da die Helligkeit und damit die Qualität der Beleuchtung dadurch stark verringert werden können.

---

1) Dies sind Werte, die in der Praxis bei Straßenbeleuchtungen auftreten.

Auch für die anderen beim Sehen wichtigen Eigenschaften wie Sehschärfe, Wahrnehmungsgeschwindigkeit, Blendung usw. wurden vergleichende Messungen mit verschiedenen Lichtarten ausgeführt. Hierbei ergaben sich u. a. Vorteile mit Na- und Hg-Lampen wegen der erhöhten Sehschärfe (z. B. bei Präzisionsarbeiten). Abb. 97 gibt die Verhältnisse für Quecksilber, Natrium- Neon- und Glühlampenlicht.

Der sog. reduzierte Abstand 𝔖 ist hier als Funktion der Beleuchtungsstärke in Lux aufgetragen (weiße Figuren mit $\varrho = 85\%$, auf dunklem Hintergrund mit $\varrho = 7\%$). Als Versuchsobjekte wurden Quadrate mit a cm Seitenlänge und Kreise mit a cm Durchmesser verwendet. Man bestimmt

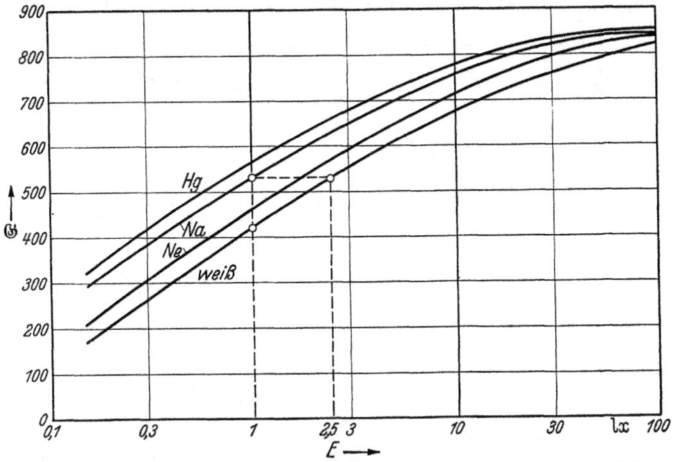

Abb. 97. Sehschärfe für Hg, Na, Ne und Glühlampenlicht (Argenta 40 W 220 V).

den Abstand d (cm), bei dem die Formen der beiden Figuren gerade noch unterschieden werden können, als Funktion der Lichtart, Beleuchtungsstärke usw. Das Verhältnis $\frac{d}{a}$ nennt man **reduzierten Abstand** 𝔖 und dieser ist ein Maß für die Sehschärfe. Zwischen dem kleinsten Sehwinkel α (in min), dessen reziproker Wert oft als Sehschärfe definiert wird, und dem reduzierten Abstand besteht für die angegebenen Versuchsobjekte folgender Zusammenhang: $\mathfrak{S} = \frac{690}{\alpha}$.

Vergleichen wir nun (in dem Gebiet, das uns für Straßenbeleuchtung am meisten interessiert, nl. 1 — 10 lx) 𝔖 für Na- und Weißlicht, dann sehen wir, daß bei gleichem E für beide Lichtarten im Na-Licht die Sehschärfe etwa 25 ÷ 12,5% höher ist als bei Weißlicht, oder daß ein gleiches 𝔖 bei Weißlicht erhalten wird, wenn die Beleuchtungsstärke um einen Faktor

$$f = 2{,}3 \div 2{,}7$$

größer ist als bei Na-Licht (s. Abb. 97).

Die untenstehende Zusammenstellung gibt für die Leuchtdichte von 0,32 K/m^2 die prozentuellen Werte von $\mathfrak{S}$ für die verschiedenen Lichtarten, wobei $\mathfrak{S}$ für Hg 100% gestellt wurde (ϱ Objekt 85%, ϱ Hintergrund 7%).

Hg . . $\mathfrak{S} = 100\%$, Na . . $\mathfrak{S} = 94\%$, Ne . . $\mathfrak{S} = 83\%$, Gl . . $\mathfrak{S} = 76\%$.
Hg gibt also noch etwas größere Werte für die Sehschärfe als Na; bei Straßenbeleuchtung wird dieser Unterschied jedoch, durch die größere Kontrastreichheit bei Na, mehr als kompensiert. Aus der Zusammenstellung sieht man auch, daß die größten $\mathfrak{S}$-Werte für die praktisch monochromatischen Lichtquellen auftreten: Hg . . λ 5770 — 5790 Å und λ 5461 Å [1]), Na . . λ 5890 — 5896 Å, Ne . . $\approx \lambda$ 6200 Å. Die Ursache liegt

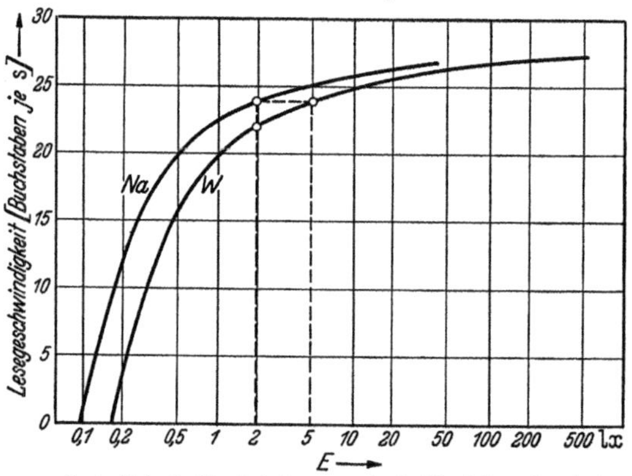

Abb. 98. Lesegeschwindigkeit (Buchstaben per s) als Funktion der Beleuchtungsstärke. Kurve Na . . .Na-Licht. Kurve *W* . . . Glühlampenlicht.

wahrscheinlich zum Teil im Verschwinden der chromatischen Aberration des Auges. Der Brennpunktsabstand des Augenlinsensatzes variiert mit der Wellenlänge, so daß das Bild immer nur in einer Farbe scharf abgebildet wird. Die Bilder in den anderen Farben sind unscharf und vermindern die Sehschärfe. Die Wellenlänge für maximale Sehschärfe stimmt ziemlich genau überein mit der für maximale spektrale Hellempfindlichkeit des Auges, nl. mit λ 5550 Å.

Zum Schluß geben wir in Abb. 98 noch einige Daten über die Wahrnehmungsgeschwindigkeit, wobei als Kriterium die Anzahl der per s gelesenen Buchstaben genommen ist. In der Abbildung findet man die Resultate für Na-Licht und Weißlicht. Auch hier tritt der Faktor $f = 2 \div 2{,}5$ auf.

Bei großen Luxwerten tritt ein Sättigungszustand ein, der durch die begrenzte Fähigkeit unseres Geistes bestimmt wird: das Gelesene kann nur mit einer begrenzten Geschwindigkeit verarbeitet werden.

---

[1]) Die blauen Linien tragen nur wenig zum totalen Lichtstrom bei (§ 47).

D. Gasentladungslampen mit niedrigem Druck.

Zehntes Kapitel.

Neon- und Hg-Niederdrucklampen.

§ 52. Einteilung der Gasentladungslampen.

Die Einteilung der Gasentladungslampen nach der Größe des Gasdruckes, wobei wir Niederdruck- und Hochdrucklampen unterscheiden, ist ziemlich willkürlich. Man kann ebensogut auch andere Kriterien wählen, z. B. den Entstehungsort der Lichtstrahlung. Dieser kann an den Elektroden sein, in der Entladung selbst oder bei beiden gleichzeitig. Bei der Wolframbogenlampe z. B. rührt die Lichtausstrahlung von den glühenden Elektroden her. Diese bestehen aus Wolframkügelchen (z. B. mit ∅ = 0,7 mm), die durch die anodischen und kathodischen Teile der Entladung auf hohe Temperatur erhitzt werden (Abb. 99). Die Entladung spielt hier also dieselbe Rolle wie der Glühstrom in einer gewöhnlichen Glühlampe. Die Entladung im Gas selbst, eine Mischung von Edelgasen, mit Hauptbestandteil Ne (eventuell auch N_2), gibt praktisch kein Licht. Bei der gewöhnlichen Bogenlampe in atmosphärischer Luft hat man bereits eine Art Übergang, da die positive Säule dieser Entladung meist schon wesentlich an der Lichtemission beteiligt ist. Die sog. Effektkohlen erhöhen noch die Lichtemission durch Abgabe von Dämpfen (sie sind in verschiedenen Salzen getränkt), die an der Entladung teilnehmen. Schließlich kommt die Entladungsform, bei der die Entladungsbahn selbst praktisch die gesamte Lichtausstrahlung besorgt, während die Strahlung der Elektroden verschwindend klein ist. Mit dieser letztgenannten Art wollen wir uns im folgenden hauptsächlich beschäftigen.

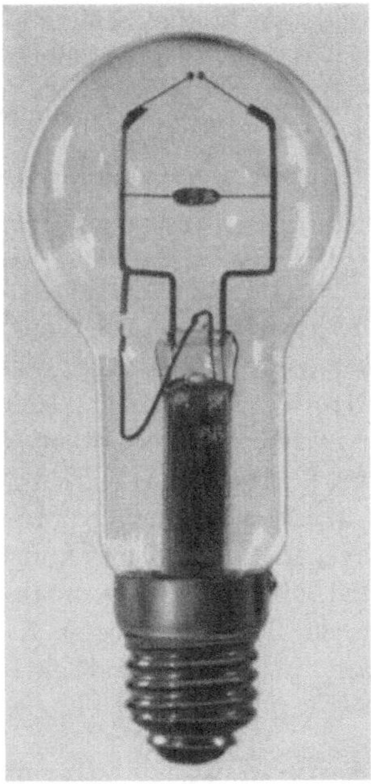

a

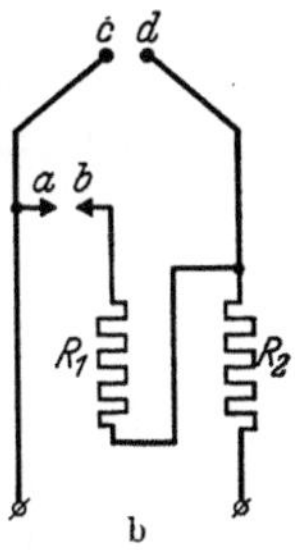

b

Abb. 99 a und b. Wolframbogenlampe. a Photo, b Schema. Beim Einschalten zündet erst eine Hilfsentladung zwischen $a-b$ (Mg-Elektroden), die die erforderliche Vorionisation für die Zündung der Hauptentladung zwischen $c-d$ liefert. Nach dem Zünden der Hauptentladung verursacht der Spannungsabfall an R_2 das Erlöschen der Hilfsentladung zwischen $a-b$.

Die für die Praxis wichtigen Teile der Entladung sind die positive Säule und das negative Glimmlicht. Erstgenannte kann hierbei einer Glimmentladung angehören (Neon-Hochspannungslichtreklameröhren) oder einer

Bogenentladung (Natriumlampe, Hochdruckquecksilberdampflampe). Das negative Glimmlicht allein wird nur für kleine Einheiten (Nachtlampen, Signallampen) und Speziallampen verwendet. Tabelle 18 gibt eine schematische Übersicht einer derartigen Einteilung.

Tabelle 18.
Einteilung der Gasentladungen nach den lichtemittierenden Teilen.

a) Elektroden: Wolframbogenlampe.
b) Elektroden + Entladung: Effektkohlenbogen.
c) Entladung:
  α) Positive Säule einer:
    1. Glimmentladung: Hochspannungsneon.
    2. Bogenentladung: Na-Lampe, Hg-Hochdrucklampe.
  β) Negatives Glimmlicht: Glimmlampe.

Die Unterscheidung der Lampen in Hoch- und Niederdruck ist jedoch auch nicht ganz so willkürlich. Aus der Kontraktion der Entladung bei Hg-Hochdruck z. B. kann man auch bei oberflächlicher Betrachtung sofort den Schluß ziehen, daß der Druck hoch ist. Die Willkür liegt hier bei der Wahl der Grenzen, da diese bei verschiedenen Gasen auch verschieden sind. Aus diesem Grunde unterscheiden wir (Tabelle 19) Niederdruckentladungen ohne Kontraktion, z. B. Neon, Natrium, Niederdruckquecksilber (mit kalter oder Glühkathode), Teil D, und Hochdruckentladungen mit Kontraktion[1]), bei welchen wir uns auf die Quecksilberdampflampen beschränken wollen, Teil E. Die modernen Lampen mit kontrahierter Entladung haben meistens eine Glühkathode, da die Kontraktion große Stromdichte erfordert, und diese nicht leicht bei kalter Kathode erzeugt werden kann. Man denke z. B. an die glühenden Elektroden des gewöhnlichen Kohlebogens.

Tabelle 19.
Einteilung der Gasentladungen nach dem Druck des Füllgases.

a) Niederdruck (keine Kontraktion).
  Teil D. — Neon, Niederdruckquecksilberdampf, mit kalter oder Glühkathode, Natrium (mit Glühkathode).
b) Hochdruck (Kontraktion).
  Teil E. — Quecksilberdampf. Hochdruck und Superhochdruck (Glühkathode).

§ 53. Einleitung.

So wie die meisten neuen Produkte der elektrotechnischen Industrie fanden auch die Gasentladungslampen ihren Ursprung in Laboratoriumsversuchen wissenschaftlich orientierter Forscher. Vom Laboratoriumsversuch bis zum fertigen technischen Produkt führt jedoch ein langer Weg, da mit der Technik immer auch ökonomische Gesichtspunkte eng

[1]) Bezüglich der Kontraktion, die durch das Einbringen fremder Stoffe erzeugt wird, s. S. 203.

verbunden sind und die Zeit nun einmal für diese oder jene Entwicklung reif sein muß. Der Techniker, der den richtigen Zeitpunkt erkennt, macht sich für die Technik ebenso verdienstlich wie der Physiker mit seinen ersten Wahrnehmungen. Belangreiche Entdeckungen haben immer eine lange „Inkubationszeit" erfordert, bevor sie praktische Verwendung fanden. Man denke z. B. nur an die Dynamomaschine, die erst 50 Jahre nach Faradays und Henrys Entdeckung der elektromagnetischen Induktion zur Entwicklung kam.

Davy (1809) war der erste, der eine Entladung in Form eines Lichtbogens zwischen Kohlenspitzen in Luft erzielte. In der zweiten Hälfte des 19. Jahrhunderts wurde diese Erfindung technisch entwickelt. Man versuchte z. B. das Abbrennen der Elektroden zu vermindern und ließ zu diesem Zweck den Lichtbogen in einem abgeschlossenen Raum brennen. Als gewöhnliche Lichtquelle wird der Kohlebogen nur wenig mehr verwendet und ist heute nur noch in Spezialapparaten (Scheinwerfer, Projektionsapparate u. a.) hin und wieder unentbehrlich. Da aber bereits heute mit Gasentladungslampen außerordentlich hohe Leuchtdichten erzielt werden, kann man erwarten, daß der Kohlebogen allmählich ganz verdrängt wird. Mit dem Kohlebogen werden wir uns in diesem Buche nicht näher befassen, da hierüber ausführliche Literatur besteht.

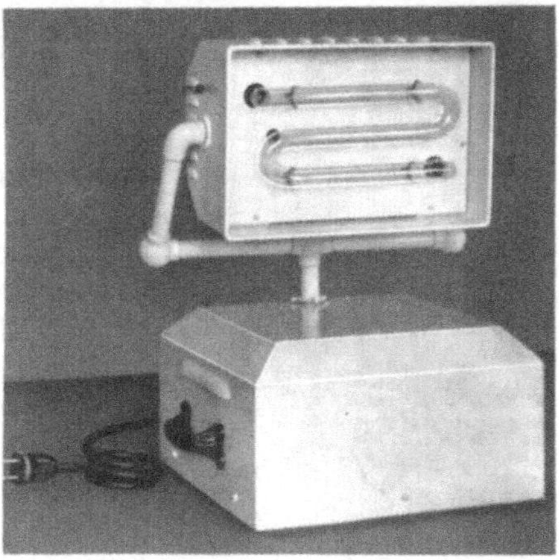

Abb. 100. CO_2-Röhre für weißes Licht.

Als wissenschaftliche Vorläufer der Niederdruckentladungen können wohl die bekannten Geislerschen Röhren angesehen werden, die in der Spektroskopie früher viel verwendet wurden. Die Entladung in diesen ist eine Glimmentladung mit kalter Kathode. Moore machte die ersten Versuche um derartige Entladungen als praktische Lichtquellen zu verwenden, wobei er Stickstoff oder Kohlensäure als Füllgas nahm. Stickstoff gibt Licht von gold-gelber Farbe, Kohlensäure weißes Licht, das praktisch mit Tageslicht übereinstimmt und deshalb in der Textilindustrie, zur Erzielung einer naturgetreuen Farbenwiedergabe, verwendet wird; die Lichtausbeute ist jedoch klein. Der größte Nachteil dieser Röhren, neben ihrem niedrigen Wirkungsgrad, ist wohl das allmähliche Verschwinden der Gasfüllung durch Absorption im Glas und Elektrodenmetall. Diese Schwierigkeit hat man durch die Anwendung automatischer Ventile bekämpft, die bei sinkendem Druck für Nachfüllung sorgen. Während die N_2-Röhren praktisch gesprochen nicht mehr vorkommen, handhaben sich die CO_2-Röhren doch noch immer des weißen Lichtes wegen. Der Druck wird in diesen Röhren, durch die Einbringung von $MgCO_3$, das bei Erwärmung CO_2 abgibt, auf der richtigen Höhe gehalten.

Schließlich fand man noch, daß eine Edelgas-Grundfüllung die Lichtausbeute verbessert und das Verschwinden des CO_2 herabsetzt. Abb. 100 gibt eine CO_2-Röhre in ihrer heutigen Ausführungsform. Die technischen Daten sind folgende: Rohrlänge 1 m, $V_l \approx 1400$ V, $I_l \approx 170$ mA, $\Phi \approx 800$ lm.

Abb. 101. Neonglimmlampe.

§ 54. Neon.

Der große Stoß zur Verwendung des Edelgases Neon in Entladungsröhren ging von Claude aus. Er erhielt dieses Gas in ziemlich großen Mengen als Beiprodukt beim Verflüssigen von Luft. Eine Verwendung hierfür suchte und fand er bei den Reklame-Leuchtröhren, wo sich die orange-rote Farbe dieser Entladung sehr gut eignete. Die Edelgase (als erstes Argon) waren schon viel früher von Rayleigh und Ramsay entdeckt worden (1892).

Von Neonentladungen wird sowohl das negative Glimmlicht als auch die positive Säule praktisch verwendet.

a) Das negative Glimmlicht.

Die bekannteste Ausführungsform ist die sog. Glimmlampe, eine der wenigen Typen, bei der ausschließlich der kathodische Teil der Entladung verwendet wird (Abb. 101). Kathode und Anode stehen so dicht beieinander, daß nur der kathodische Dunkelraum und das hieran anschließende negative Glimmlicht auftreten können, während die übrigen Teile der Entladung unterdrückt bleiben, eben wegen des geringen Abstandes Kathode-Anode. Die Gasfüllung besteht aus Neon von etwa 15 tor oder einer Mischung von verschiedenen Edelgasen (75% Ne + 25% He). Bei reinem Ne ist die eigentliche Entladung von einer roten Aureole umgeben, die den ganzen Kolben füllt. Dieser Effekt ist durch Resonanzwirkung verursacht, wobei die metastabilen Niveaus die Rolle des Grundniveaus spielen (§ 21). In diesem Resonanzlicht ist vor allem die Linie λ 6402 Å sehr stark ausgebildet. Die Intensität des Glimmlichtes selbst, das durch die Übergänge $(2s - 2p)$ (Abb. 24) geliefert wird, ist dem Lampenstrom proportional und innerhalb weiter Grenzen von der Größe des Kathodenfalles und dem Gasdruck unabhängig.

Diese Glimmlampen werden sowohl für Gleich- als auch für Wechselstrom, 110 V und 220 V, gebaut. Um die Zündspannung und den Kathodenfall zu erniedrigen, kann das Elektrodenmetall mit Ba überzogen werden (Erniedrigung des Austrittspotentials V_Φ an der Kathode, § 31). Der Stabilisierungswiderstand der Entladung (8500 Ω bei 220 V) wird im Lampensockel eingebaut, so daß die Lampe mit normaler Edisonfassung direkt ans Netz angeschlossen werden kann. Der gesamte Lichtstrom einer solchen Lampe ist sehr klein, er beträgt etwa 1 lm und daher kommt die Lampe für allgemeine Beleuchtungszwecke nicht in Anmerkung. Für folgende Anwendungsgebiete eignet sie sich jedoch gut: Reklame, Sparlicht, Spektraluntersuchung, stroboskopische Untersuchungen u. dgl. Die Lichtfarbe ist je nach der Gasfüllung verschieden, bei Ne orange-rot. Die Elektroden bestehen aus Eisendraht von etwa 1 mm Durchmesser, der Abstand zwischen Anode und Kathode ist etwa 2 mm. Bei einer 220-V-Lampe beträgt z. B. $I_l \approx 16$ mA und $V_l \approx 85$ V. Die Glimmentladung in diesen Lampen ist praktisch trägheitslos bei den meist vorkommenden Frequenzen, so daß sie besonders für stroboskopische Untersuchungen geeignet sind. Man hat auch Lampen mit flacher Kathode gebaut, die beim Fernsehen gute Dienste leisten (bis etwa 20000 Per./s).

b) Positive Säule.

Der Nutzeffekt der sichtbaren Strahlung $\left(\zeta_2 = \frac{S'}{N_l}\right)$, d. h. der prozentuelle Anteil der Entladungsenergie, der in sichtbare Strahlung umgesetzt wird, ist bei der positiven Säule bedeutend günstiger als beim negativen Glimmlicht. Hierbei spielen die metastabilen Niveaus eine große Rolle.

Aus Abb. 24 ersieht man, daß die sichtbaren Linien des Neonspektrums von Übergängen zwischen den Niveaus der 2 p-Gruppe und der 2 s-Gruppe herrühren, wobei der Energieunterschied im Mittel 2 V beträgt. Die erste Anregung erfolgt vom Grundniveau $2\,^1S_0$ aus und erfordert im Mittel 18,6 V. Das Atom geht unter Emission einer der orangefarbigen oder roten Linien in eines der vier 2 s-Niveaus (deren Energieinhalt im Mittel 16,6 V beträgt) über, so daß etwa 2 V als Strahlung freikommen. Nun bestehen zwei Möglichkeiten:

1. Das Atom kehrt unmittelbar in den Grundzustand $2\,^1S_0$ zurück, wobei die zwei Resonanzlinien, die im fernen Ultraviolett liegen, ausgesandt werden (Energieunterschied etwa 16,6 V, Abb. 102a). Mit Hilfe der Hellempfindlichkeitskurve und der experimentell bestimmten relativen Intensitätsverteilung kann man die Lichtausbeute der Neonsäule für diesen Fall, wobei das Atom jedesmal in den Grundzustand $2\,^1S_0$ zurückfällt, berechnen. Man findet ungefähr 15 lm/W.

2. Das Atom wird aus einem der 2 s-Niveaus durch Elektronenstoß wieder in eines der 2 p-Gruppe befördert. Diese Möglichkeit, wobei die

2 s-Gruppe die Rolle eines Pseudo-Grundniveaus spielt, wird speziell bei den langlebigen metastabilen $3\,s\,{}^3P_0$ und $3\,s\,{}^3P_2$ auftreten (Abb. 102b). Unter der Annahme, daß die Anregung aus dem Grundniveau nur einmal stattfindet und die folgenden Anregungen von den 2 s-Niveaus ausgehen, berechnet man für die Lichtausbeute 126 lm/W.

In der Praxis findet man beim Photometrieren 18 lm/W und in bestimmten Fällen sogar Werte bis 30 lm/W. Diese Werte zeigen wohl an, daß der unter 2. genannte Prozeß in der Neonsäule eine belangreiche Rolle spielen muß. Nun werden die metastabilen Niveaus $3\,s\,{}^3P_2$ und $3\,s\,{}^3P_0$ ihre Rolle als Pseudo-Grundniveaus um so besser spielen können, je länger die Atome, die diese Niveaus erreicht haben, darin verweilen. Die Lebensdauer der metastabilen Atome ist vom Röhrendurchmesser und vom Gasdruck abhängig. Sie können nämlich auf zwei verschiedene Weisen aus diesem Zustand gebracht werden: durch Stoß gegen die Wand, wobei sie ihre Energie als Wärme abgeben, und durch Zusammenstoß mit Gasatomen. In letzterem Fall können sie aus $3\,s\,{}^3P_0$ nach $3\,s\,{}^3P_1$ übergehen durch Energieabgabe an das stoßende unangeregte Atom, oder aus $3\,s\,{}^3P_2$ nach $3\,s\,{}^3P_1$ durch Energieaufnahme auf Kosten der kinetischen Energie des stoßenden Atomes (die Übergänge von $3\,s\,{}^3P_0$ und $3\,s\,{}^3P_2$ nach $3\,s\,{}^1P_1$ sind infolge der größeren Energieunterschiede, 0,13 V und 0,22 V, unwahrscheinlich). Da der Übergang $3s\,{}^3P_2$ nach $3s\,{}^3P_1$ wegen der Umsetzung von kinetischer Energie in potentielle und infolge des größeren Energieunterschiedes (0,05 gegenüber 0,04 V), weniger wahrscheinlich ist, wird $3\,s\,{}^3P_2$ länger leben als $3\,s\,{}^3P_0$. Aus diesem Grunde ist die Resonanz von λ 6402 Å bei der Glimmlampe so stark. Ist der Druck klein, dann leben die metastabilen Atome nicht lange, da sie rasch zur Wand diffundieren, und ist der Druck hoch, dann werden sie hauptsächlich durch Zusammenstöße im Gas vernichtet. Bestimmt man daher für konstanten Röhrendurchmesser D_1 und Strom I_l die Lichtausbeute der positiven Säule als Funktion des Druckes p, dann findet man für ein bestimmtes p (meistens in der Größenordnung von 1 tor) ein Maximum (Abb. 103).

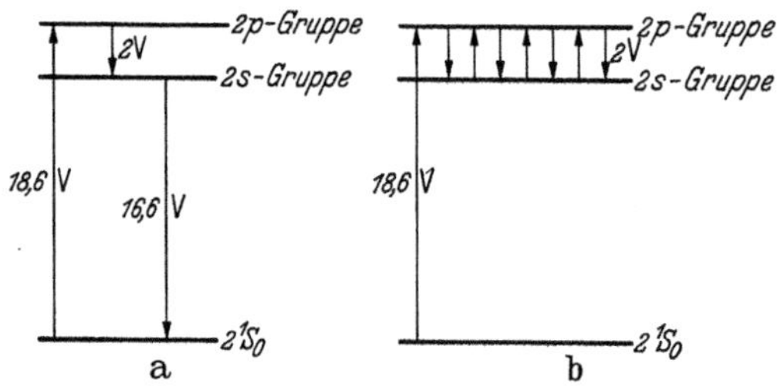

Abb. 102a und b. Mechanismus der Anregung von Neonatomen in der positiven Säule. a Direkt vom Grundniveau $2\,{}^1S_0$ aus. b Von der 2 s-Gruppe aus ($3\,s\,{}^3P_2$ und $3\,s\,{}^3P_0$ metastabil).

Betrachten wir erst die Säulenentladungen mit kalter Kathode, die auch historisch die älteren sind und immer mit Hochspannung betrieben werden. Die Ursache für die Anwendung hoher Spannung liegt in dem großen Kathodenfall, z. B. für Neon mit Eisenelektroden ungefähr 150 V (normaler Kathodenfall). Die hierbei auftretenden

Nachteile wurden bereits in § 31 angegeben: durch die hohe Spannung treffen die Ionen mit großer Energie auf das Elektrodenmetall und verursachen hierdurch dessen Zerstäubung, wobei das zerstäubte Metall das Verschwinden des Füllgases veranlaßt. Der Strom, den man bei normalem Kathodenfall durch die Röhre senden kann, hängt außer von der Größe der Kathodenoberfläche auch noch vom Gasdruck ab, $j_n = \text{konst.}\, p^2$ (§ 31).

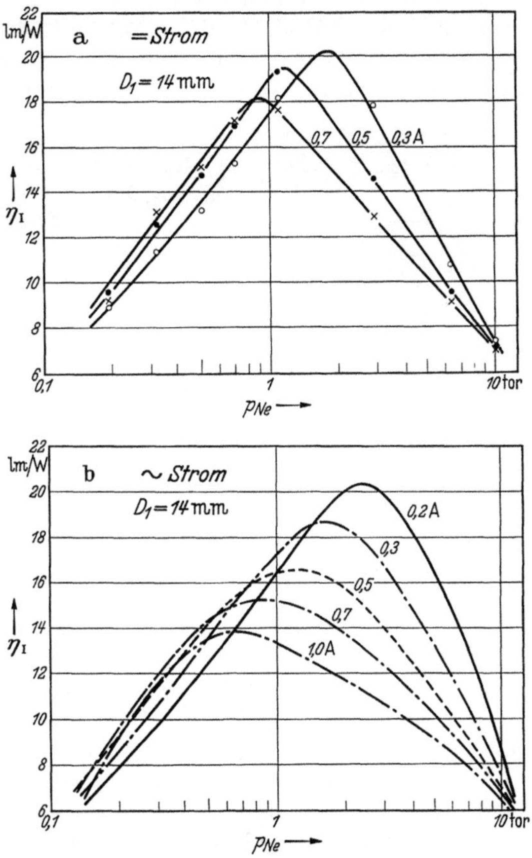

Abb. 103a und b. Lichtausbeute der positiven Säule in Neon als Funktion des Gasdruckes p, bei konstantem Röhrendurchmesser $D_1 = 14$ mm und verschiedenen Strömen I_l. a Gleichstrom, b Wechselstrom (gemessen).

Will man bei einem gegebenen Gasdruck die Stromdichte über den normalen Wert erhöhen, dann steigt auch der Kathodenfall (anomaler Kathodenfall) und hierdurch wird die Zerstäubung stärker. Ebensowenig kann man den Druck zu hoch treiben, da zwar die normale Stromdichte stark steigt, aber die Lichtausbeute der Säule sinkt (Abb. 103). Bei Röhren mit kalten Kathoden ist darum der (Wechsel-) Strom auch immer niedrig, $I_l = 25$ mA z. B., wodurch auch die Lichtstärke per m Röhrenlänge ziemlich klein wird: z. B. 15 K/m. Die Spannung V_l einer Röhre hängt vom Durchmesser und von der Länge ab, und beträgt per m Säule ungefähr 550 V. Diese Zahlen gelten für eine Röhre von $D_2 = 13 \div 14$ mm Durchmesser und einen Neondruck von 10 tor. Die Lichtausbeute der Säule beträgt etwa 12 bis 18 lm/W. Die benötigte Leerlaufspannung des Transformators liegt bis zu 75% höher als die Spannung V_l. Meistens werden diese Lampen mit einem Streutransformator betrieben, so daß sich eine spezielle Begrenzungsdrossel erübrigt. Die Verluste im Transformator betragen ungefähr 25% des Gesamtverbrauches. Wegen ihrer kleinen Lichtstärke pro m eignen sich diese

Röhren nicht für Beleuchtung, sondern werden beinahe ausschließlich für Reklamezwecke verwendet, wofür sie ihres roten Lichtes wegen sehr gut geeignet sind.

Will man die Röhrenabmessungen bei konstantem Lichtstrom verkleinern, dann muß man I_l erhöhen und dies gelingt nur durch die Anwendung von Glühkathoden. Solche Röhren können mit Niederspannung, d. h. normaler Netzspannung von 220 und 380 V, betrieben werden, da der Kathodenfall von 150 V auf ungefähr 15 V zurückgebracht wird.

a

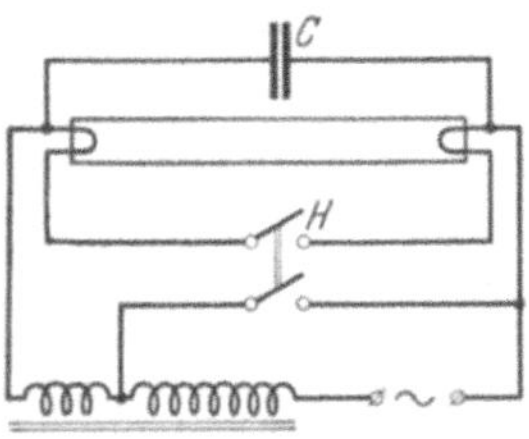

b

Abb. 104a und b. Neonröhre für Pflanzenbestrahlung. a Photo. b Schema mit Zündmechanismus.

Die Kathodenzerstäubung wird hierdurch geringer und mit ihr auch die Absorption des Füllgases, so daß der Druck niedriger gewählt werden kann und die Lichtausbeute wesentlich verbessert wird (bis $\eta_I = 27{,}5$ lm/W).

Diese Röhrentypen werden mit einer Drossel in Serie direkt an das Netz angeschlossen. Die Kathoden können hierbei mit Hilfe eines besonderen Glühstromtransformators oder von der Entladung selbst auf die erforderliche Temperatur gebracht werden. Das Anwendungsgebiet dieser Röhren ist ein ganz anderes, sie werden als Ansteuerungsfeuer oder als Hindernisfeuer in der Luftfahrt, für Pflanzenbestrahlung, für Anstrahlung u. a. m. verwendet. Abb. 104 gibt eine kleine Type für Pflanzenbestrahlung, bei der die Vorschaltapparatur im Reflektor eingebaut ist. Die elektrischen Daten sind folgende: $I_l = 0{,}95$ A, $V_l = 100$ V, $U = 220$ V, $N_t = 90$ W (entladungsgeheizte Kathode), $\Phi = 1250$ lm, $\eta_t = 14$ lm/W. Bei $U = 380$ V und entsprechender Säulenlänge wird $\eta_t = 17{,}5$ lm/W.

Um die Zündspannung zu erniedrigen, werden die Kathoden nach dem Anlegen der Netzspannung durch kurzzeitiges Schließen des Hilfsschalters H vorgewärmt. Nachdem die Zündung erfolgt ist, sorgt die Entladung selbst für die Erhaltung der Kathodentemperatur. Der Kondensator C (etwa $^1/_{20}\,\mu$F) parallel zur Lampe, dient zur Aufhebung der Rundfunkstörungen und zur Erleichterung der Zündung.

Die günstigere Wirkung des Neonlichtes gegenüber dem Glühlampenlicht für Pflanzenbestrahlung rührt von der relativ großen Energie, die Neon im Absorptionsgebiet des Chlorophylls (Blattgrün) ausstrahlt (bis 7900 Å) und von der verhältnismäßig sehr geringen Emission im Gebiet von 8000 bis 30000 Å. Die letztgenannte Strahlung verursacht eine unerwünschte Wirkung, die sog. Reckung der Stengeln.

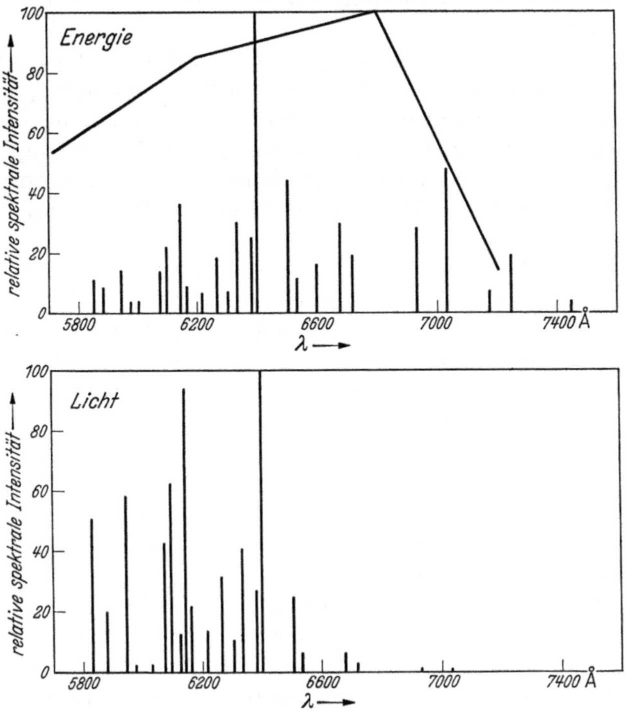

Abb. 105. Relative spektrale Intensitätsverteilung für Energie und Licht einer positiven Säule in Neon ($p = 2$ tor, $D_1 = 20$ mm, $I_l = 0{,}75$ A). Die Kurve gibt die Absorption des Chlorophylls (Maximum = 100).

Vollständigkeitshalber sei hier noch darauf hingewiesen, daß die positive Säule in Helium bei den gelben Lichtreklameröhren angewandt wird. Unter sonst gleichen Umständen ist die benötigte Spannung per m Röhre höher als bei Ne. Die Kathode kann eine kalte oder Glühkathode sein. Die Lichtausbeute ist kleiner als bei Neon, die Lichtstärke beträgt 5 K/m bei $D_2 = 13 \div 14$ mm und $I_l = 25$ mA.

§ 55. Niederdruck-Quecksilberdampf.

Die positive Säule bei Niederdruck-Quecksilberdampf kann man einfach als eine Edelgasentladung betrachten, wobei etwas Hg hinzugefügt ist, dessen Dampfdichte von der Temperatur der Entladungsröhre (der kältesten Stelle!) abhängt, da meistens ein Überschuß flüssigen Hg's vorhanden ist, so daß man mit gesättigtem Dampf zu tun hat. Die Anregungs- und Ionisationsspannungen von Hg sind viel niedriger als die der Edelgase Ar und Ne, so daß die Lichtausstrahlung dieser letztgenannten unterdrückt wird. Ist die Anzahl der Hg-Atome sehr gering, dann erhält man eine Entladung, deren Spektrum auch die Linien der Edelgase gibt.

Die Niederdruck-Hg-Entladungen ohne Edelgasfüllung haben nur mehr historische Bedeutung. Bei den heutigen Ausführungen, wo die Edelgasfüllung immer anwesend ist, zündet die Entladung im Edelgas. Diese Entladung erwärmt die Röhre bis genug Hg verdampft ist, das allmählich die Entladung übernehmen kann. Bei früheren Ausführungen ohne Edelgas (Arons 1892, Cooper-Hewitt 1901) verwendete man einen besonderen Mechanismus, mit Handbedienung oder automatisch, der die Zündung besorgte, da die benötigte Spannung wegen des geringen Hg-Dampfdruckes bei Zimmertemperatur (0,001 tor bei 15° C) sehr hoch ist. Die Zündung erfolgte durch Induktionsstöße oder durch Kippen der Lampe. Beim Kippen läuft das Hg zwischen die beiden Elektroden und erzeugt einen kurzzeitigen Kurzschluß, dessen Abreißfunke die Zündung hervorruft. Für die Erzeugung eines Lichtstromes von 6000 lm benötigte man eine Röhre von 1 m Länge. Da man nun in der Hochdruck-Hg-Lampe der heutigen Ausführung eine viel kompaktere Lichtquelle hat, bei der außerdem dank Edelgas und Glühkathoden der komplizierte Zündmechanismus fortfällt, wird die Cooper-Hewitt-Lampe praktisch nicht mehr verwendet.

Auch die gewöhnliche Glimmlampe, wie für Neon beschrieben, wird durch Einfüllung eines Tropfens Hg zu einer Hg-Glimmlampe. Die Farbe des ausgestrahlten Lichtes wird dann durch das Entstehen einer Aureole (blau) am Rand des Glimmlichtes verändert. Hier wird jedoch, im Gegensatz zur positiven Säule, die Emission des Edelgases, Ne oder Ar, nicht unterdrückt, da die Energie der Elektronen, die aus dem Kathodenfall kommen, groß ist.

Die Niederdruck-Hg-Entladung ist für die Röhren mit positiver Säule und kalter Kathode von praktischer Bedeutung, da sie die bekannte blaue Farbe in Lichtreklamen liefert. Das Spektrum der Hg-Entladung bei Niederdruck enthält die gleichen Linien wie bei Hochdruck, nur ist die Intensitätsverteilung eine andere. Bei Niederdruck sind die blauen Linien (λ 4358 Å und λ 4047 Å) relativ stärker, und die gelben Linien, ($\lambda\lambda$ 5770—5790 Å) relativ schwächer, so daß hierdurch die Lichtfarbe auch blauer wird. Tabelle 20 gibt die relative spektrale Intensitätsverteilung für Energie und Licht einer Hg-Niederdruckentladung ($p = 0{,}01$ tor) und einer Hg-Hochdruckentladung ($p = 800$ tor). In Abb. 177 findet man die relativen spektralen Energieverteilungen für diese beiden Fälle.

Tabelle 20. Relative spektrale Intensitätsverteilung für Energie und Licht einer Hg-Niederdruck- ($p = 0{,}01$ tor) und einer Hg-Hochdruck- ($p = 800$ tor) Entladung.

λ (Å)	$p = 1 \cdot 10^{-2}$ tor		$p = 800$ tor	
	Energie	Licht	Energie	Licht
4047	21,05	0,03	11,6	0,01
4078			2,4	
4358	34,85	1,4	21,7	0,66
4916			0,6	0,23
5461	32,9	75,4	28,1	46,9
5770/90	11,2	23,2	34,7	52,2
6907			0,9	0,01
	100	100	100	100

Auch die grüne Farbe bei Lichtreklamen wird mit den Niederdruck-Hg-Entladungen erzielt, indem man für die Röhren selektiv durchlässiges Glas verwendet, das Blau absorbiert und Gelb sowie Grün ziemlich gut durchläßt. Der Lichtverlust durch diese Absorption bleibt in annehmbaren Grenzen (ungefähr $^1/_3$), da der Beitrag der blauen und violetten Linien zum Gesamtlichtstrom nur klein ist. Für den Farbeindruck ist dieser kleine Beitrag jedoch sehr belangreich (§ 47). Die grüne Lichtfarbe kann man durch die Verwendung von Uranglas noch verstärken, da dieses unter dem Einfluß der ultravioletten Bestrahlung durch das Hg-Licht grün fluoresziert (§ 80).

Die Hochspannungs-Niederdruck-Hg-Lampen werden ebenso wie die gleichartigen Neonröhren meistens mit Streutransformatoren betrieben. Die Betriebsspannung per m und auch die Zündspannung sind bei den Hg-Röhren viel niedriger als bei Ne. Man kann daher bei gegebenem Transformator eine größere Rohrlänge mit Hg betreiben als mit Ne. Für eine Röhre mit $D_2 = 16 \div 18$ mm z. B. ist der Strom $I_l = 50$ mA, der Spannungsabfall pro m Säule 300 V/m, die Lichtstärke etwa 7 K/m und die Lichtausbeute der Säule 5,5 lm/W. Die Anwendungsmöglichkeiten decken sich mit denen des Ne, Reklameornamente und Aufschriften.

Mittels eines Kunstgriffes kann man auch die Hg-Niederdruckentladung zu einer Kontraktion veranlassen. Bei einer echten Hochdruckentladung ist die Kontraktion eine Folge der Dichteveränderung, die durch große Temperaturunterschiede bedingt ist. Bei den Niederdruckentladungen, wo diese Unterschiede viel kleiner sind, kann man durch Beifügung von Spuren gewisser Stoffe, die negative Ionen bilden (schwere Kohlenwasserstoffe: Naphthaline u. dgl.) Kontraktion hervorrufen. Die kontrahierte Entladung brennt sehr unruhig (in verschnörkelter Bahn) und wird für Reklamezwecke in dem sog. „Wirbellicht" verwendet.

Wie für Neon, kann man auch für Hg-Niederdruckröhren Glühkathoden verwenden. Der Vorteil hiervon ist die Möglichkeit einer niedrigen Betriebsspannung, so daß sie an die gebräuchlichen Niederspannungsnetze direkt angeschlossen werden können und nur die Begrenzungsdrossel erforderlich ist. Als Lichtquellen für sichtbares Hg-Licht haben diese Röhrentypen nach der Entwicklung der Hg-Hochdrucklampen nur mehr wenig Bedeutung. Zur Erzeugung der Hg-Resonanzlinie λ 2537 Å, die zur „Anregung" von Phosphoren dient, werden sie jedoch viel verwendet. Wir werden bei der Natriumlampe noch im Detail sehen, daß eine Resonanzlinie dann mit gutem Wirkungsgrad erregt werden kann, wenn man eine Entladung bei niedrigem Druck und mit kleiner Stromdichte herstellt; die Hg-Niederdrucklampe mit Edelgasfüllung und Glühkathode eignet sich gut für diesen Zweck.

Elftes Kapitel.

Beschreibung der Natriumlampen.

§ 56. Einleitung.

Davy entdeckte im Jahre 1807 das Metall Natrium, und man weiß bereits seit langen Jahren, daß die D-Linien (Absorptionslinien) im Sonnenspektrum charakteristische Na-Linien sind. Früher wurde der Bunsen-Brenner, dessen Flamme durch ein Natriumsalz gefärbt wurde (z. B. Kochsalz NaCl), als monochromatische Lichtquelle für Polarimetrie verwendet. Auch die spektrale Hellempfindlichkeit des Auges ist schon lange bekannt und daher auch die Tatsache, daß von diesem Standpunkt aus die Lage der D-Linien im Spektrum sehr günstig ist. Es dauerte jedoch bis 1920, bevor man versuchte, zu einer technischen Anwendung zu kommen.

Die ersten Andeutungen findet man in Patentanmeldungen von A. H. Compton (1919) und G. M. J. Mackay (1920). Eine der Compton-Anmeldungen (1920) bezieht sich auf eine Glassorte, die von Natrium nicht angegriffen wird. In 1923 veröffentlichten A. H. Compton und C. C. van Voorhis einige Resultate, die sie bei Versuchen an Gasentladungen erreicht hatten. So hatten sie unter anderem mit Natrium einen Wirkungsgrad von 210 lm/W erzielt. Pirani und Lax teilen in 1922 Angaben über Entladungen in Natriumdampf mit, wobei das Na mittels Elektrolyse in den Kolben gebracht wurde.

Die großen Industrielaboratorien in Europa (unter anderem das der Osram G. m. b. H. in Berlin und das der N. V. Philips Glühlampenfabriken in Eindhoven) haben dieses Thema intensiv bearbeitet, ohne daß es jedoch vorläufig zu Veröffentlichungen kam. So hat z. B. Zecher in Eindhoven (1925) in einer Natriumdampflampe mit positiver Säule (Edelgasgrundfüllung) eine Lichtausbeute von 50 lm/W und gute Lebensdauer erhalten. In 1930 veröffentlichte Pirani Resultate mit einer Entladung in Na-Dampf mit Krypton, die eine Lichtausbeute von 300 lm/W hatte, und gleichzeitig teilte er mit, daß er mit einer praktischen Na-Ar-Lampe 45 lm/W erhalten hatte. Auch Druyvesteyn hat derartige hohe Lichtausbeuten (350 lm/W) erreicht, und später ist man sogar bis 430 lm/W gekommen, d. h. bis 90% des mit Na maximal erreichbaren Wertes von 475 lm/W. Bei diesen hohen Werten ist für Lichtverlust im Glas der Röhre korrigiert und die Lampe ist im Ofen zum größten Teile beigewärmt. Man kann jedoch nicht erwarten, in der Praxis gleichfalls so hohe Lichtausbeuten zu erreichen. Die Gründe hierfür werden in Kapitel XIII über Natriumlampen besprochen.

§ 57. Allgemeine Beschreibung der Natriumlampen.

Da die Gasfüllung der Lampen aus einem Edelgas (meistens Neon) und einer sehr geringen Menge Natriumdampf besteht, kann man, was die Eigenschaften der Entladung betrifft, Komplikationen erwarten. Im normalen Betrieb ist die Temperatur der Lampe in der Größenordnung von 270° C und der hierbei auftretende Sättigungsdampfdruck des Natriums ist ung. $4 \cdot 10^{-3}$ tor. Wenn z. B. der Druck des Edelgases 20 tor (bei 270° C) beträgt, sind per 1 Na-Atom etwa 5000 Ne-Atome anwesend. Abgesehen von den Unterschieden in der freien Weglänge wird ein Elektron also 5000mal mehr mit Ne- als mit Na-Atomen zusammenstoßen. Daß in einer derartigen Entladung hauptsächlich doch das Na angeregt und ionisiert wird, liegt vor allem in den großen Unterschieden zwischen den Anregungsspannungen V_a bzw. Ionisationsspannungen V_i für Na und das Edelgas.

Legt man an die Klemmen einer kalten Natriumlampe eine genügend hohe Spannung, dann entsteht zwischen den beiden Glühkathoden, die sich an den Enden der Röhre befinden, eine Entladung, die ausschließlich vom Füllgas getragen wird. Bei der normalen Außentemperatur ist nämlich der Dampfdruck des Natriums so klein (bei 20° C: $\approx 1{,}1 \cdot 10^{-11}$ tor), daß mit der üblichen Netzspannung sicher kein Durchschlag im Dampf allein erfolgen könnte. Die erste belangreiche Funktion des Füllgases ist also die Ermöglichung der Zündung, d. h. es wirkt als *Zündgas*. Eine Natriumlampe gibt also unmittelbar nach der Zündung das Spektrum des Füllgases, und da dies meistens Neon ist, das bekannte orange-rote Licht der Neonröhren.

Neben der Lichtausstrahlung wird in der Entladung auch Wärme erzeugt, die die Röhre allmählich auf höhere Temperatur bringt. Das Natrium, in der kalten Lampe als festes Metall an der Wand niedergeschlagen, schmilzt bei 97° C und verdampft mehr und mehr. Die Verdampfungsgeschwindigkeit, das ist die Anzahl verdampfender Atome per s, nimmt mit der Temperatur schnell zu und wird bei etwa 200° C so groß, daß die Lampe merkbar Natriumlicht auszustrahlen beginnt. Die Intensität der gelben Natriumlinie steigt nun rasch, bis die Lampe die stationäre Temperatur erreicht hat. Ein stationärer Zustand stellt sich ein, da mit steigender Temperatur auch die Wärmeverluste zunehmen, so daß bei einer bestimmten Temperatur diese Verluste gleich der erzeugten Wärme sind und keine Energie mehr übrigbleibt, um eine weitere Temperatursteigerung hervorrufen zu können. Dieser Anwärmprozeß dauert, je nach der Lampentype, 5 bis 10 min.

Ist die Lampe in vollem Betrieb, dann spielt das Edelgas noch eine zweite sehr wichtige Rolle, und zwar als *Stoßgas*. Bei dem Na-Dampfdruck von $4 \cdot 10^{-3}$ tor (bei 270° C) wäre die mittlere freie Weglänge der Elektronen, ohne Ne-Gas, sehr groß, nämlich $\lambda_e \approx 22$ cm. Bei der Anwesenheit des Stoßgases ist das Elektron gezwungen, einen viel größeren Weg zurückzulegen, als der Bewegung in der Feldrichtung entspräche, um seine Energie von z. B. 2,1 V auf 5,1 V zu erhöhen (Umwegfaktor, S. 62). Dies erhöht also die Wahrscheinlichkeit, daß, bevor die Ionisationsenergie erreicht wird, das Elektron ein Na-Atom anregt.

Man könnte sich vielleicht fragen, warum dasselbe Resultat nicht durch Steigerung der Betriebstemperatur zu erreichen wäre, da diese eine Erhöhung des Na-Dampfdruckes erzeugen würde. Dies ist jedoch wegen der Selbstabsorption nicht möglich. Die gelbe Na-Linie wird nämlich als Resonanzlinie von den normalen Atomen sehr leicht absorbiert (S. 73) und nach kurzer Zeit wieder ausgesandt. Durch diese aufeinanderfolgende Absorption und Reemission der Lichtquanten verläuft eine geraume Zeit, bevor sie schließlich die Röhre verlassen. Das Resultat hiervon ist, daß die Lebensdauer des Anregungszustandes anstatt 10^{-8} s scheinbar viel länger wird.

Für das Auftreten von kumulativen Effekten ist es natürlich gleichgültig, wie das Atom in den angeregten Zustand gekommen ist (Elektronenstoß oder Strahlungsabsorption). Die kumulative Anregung verringert aber die Lichtausbeute, da z. B. die Emission im Infrarot stärker wird. Kumulative Effekte können auch bei niedrigerem Dampfdruck auftreten, wenn die Stromdichte zu groß wird.

Es ist nun auch begreiflich, daß sowohl der Lichtstrom als auch die Lichtausbeute einer Natriumlampe bei Unterbelastung und Überbelastung zurückgehen (Abb. 106). Im ersten Falle wird die Temperatur geringer, so daß keine genügende Anzahl Na-Atome für Anregung vorhanden ist. Im zweiten Falle wird der Dampfdruck und die Stromdichte so groß, daß kumulative Anregung auftritt und der prozentuelle Anteil der als gelbe Strahlung ausgesandten Energie kleiner wird.

Das Verhalten der Na-Lampen ist also ganz anders als das der Glühlampen, bei denen bekanntlich bei Überbelastung der Lichtstrom und die Lichtausbeute steigen (jedoch sehr auf Kosten der Lebensdauer).

In der Praxis stellt man die Natriumlampen derart ein, daß die aufgenommene Leistung N_l' gerade zwischen jenen Werten liegt, die mit einer maximalen Lichtausbeute (N_η) und einem maximalen Lichtstrom (N_Φ) korrespondieren (Abb. 106). Der Dampfdruck des Natriums hat dabei unter normalen Umständen einen solchen Wert, daß das Neon auch an der Entladung teilnimmt. Bei mit Neon gefüllten Lampen zeigt die spektroskopische Untersuchung, daß tatsächlich, und zwar hauptsächlich aus der Röhrenachse, auch Neonlicht ausgestrahlt wird (der sog. rote Kern)[1]). Bei Verwendung von Ar als Füllgas ist dieser Kern dunkel, da dieses Gas wenig intensive Linien im sichtbaren Gebiet ausstrahlt, und bei He ist er beinahe unsichtbar wegen des Auftretens der gelben He-Linie λ 5876 Å.

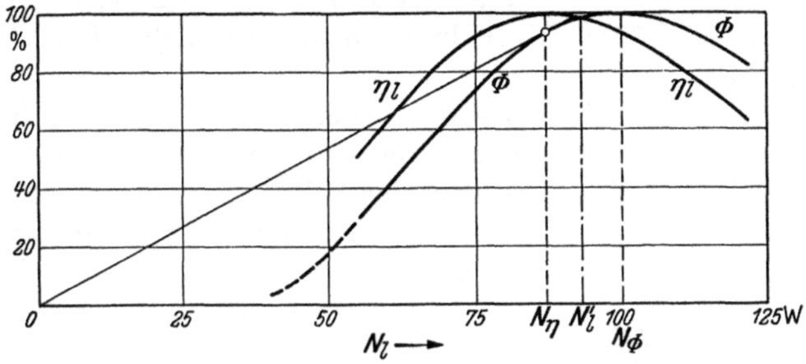

Abb. 106. Abhängigkeit des Lichtstromes Φ und der Lichtausbeute η_l einer Na-Lampe von der aufgenommenen Leistung N_l (SO 650).

Die für die Erhitzung der Lampe erforderliche Leistung ist von der Wärmeisolation abhängig; je besser die Isolation, desto geringer ist die zur Erwärmung notwendige Leistung. Bei den auf den Markt gebrachten Modellen sorgt die Entladung selbst für die Erwärmung. Wenn hierbei die zuzuführende Leistung groß ist, muß auch die Stromdichte in der Röhre groß sein, wodurch kumulative Anregung befördert wird und somit der Wirkungsgrad sinkt. Abgesehen von verschiedenen Schwierigkeiten, die wir später noch besprechen wollen, ist es grundsätzlich möglich, eine Natriumröhre, ohne weiteren Wärmeschutz, in stillstehender Luft zu betreiben, wenn auch mit geringerer Lichtausbeute. Die Wärmeabgabe geschieht durch Strahlung, Leitung und Konvektion. Die beiden letztgenannten kann man nahezu aufheben, indem man die Lampe mit einem Vakuumraum umgibt, was in der Praxis auch tatsächlich ausgeführt wird. Die zur Erwärmung der Lampe benötigte Energie ist dann relativ klein.

Wir erwähnten bereits, daß die Dampfdichte des Natriums sehr stark von der Temperatur in der Lampe abhängig ist. Man muß daher die Lampe von allen äußeren Einflüssen, wie Außentemperatur und vor

[1]) Bei ziemlich neuen Lampen besteht die sichtbare Emission aus etwa 5% Ne-Licht und etwa 95% Na-Licht.

allem kaltem Wind, unabhängig machen, denn der Lichtstrom ändert sich stark mit der Dampfdichte.

Man verwendet zu diesem Zwecke einen doppelwandigen Vakuummantel (Abb. 107), wobei sich die Lampe selbst im Vakuum (b) oder in Luft (c) befinden kann. Der Luftpolster zwischen Vakuummantel und Lampe hat eine günstige Wirkung, da bei einseitiger starker Abkühlung der Lampe durch Wind die eingeschlossene Luft dafür sorgt, daß der Temperaturabfall über die ganze Lampe verteilt wird und somit an der Windseite kleiner bleibt.

Man könnte wegen der starken Abhängigkeit der Dampfdichte von der Temperatur große Empfindlichkeit der Lampe bezüglich Netzspannungsschwankungen erwarten. Dies ist jedoch, dank der negativen Charakteristik der Entladung, nicht der Fall. Bei steigendem Strom sinkt die Lampenspannung, so daß die Leistung weniger schnell als der Strom zunimmt. Bei abnehmendem Strom ist das Umgekehrte der Fall: die Leistung sinkt weniger schnell als der Strom. Die Spannungsempfindlichkeit der Natriumlampen ist demzufolge auch viel geringer als die der Glühlampen.

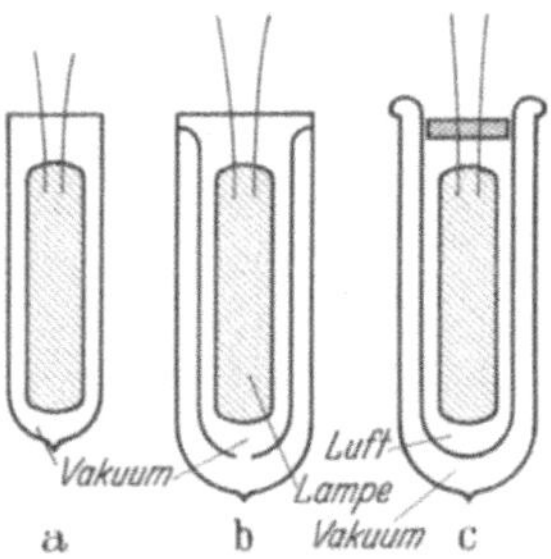

Abb. 107 a – c. Schematische Darstellung der Wärmeisolation bei Natriumlampen. a Einfacher Vakuummantel. b Doppelwandiger Vakuummantel. c Doppelwandiges Vakuumglas.

§ 58. Lampentypen.

Wir wollen hier eine Beschreibung der derzeit auf dem Markt anwesenden Lampentypen, die von den führenden Firmen auf diesem Gebiete geliefert werden, geben. Es sei vorausgeschickt, daß heute alle europäischen Typen, wegen der größeren Lichtausbeute, die positive Säule als eigentliche Lichtquelle verwenden und als Füllgas ein Edelgas benützen (meistens Ne mit einem kleinen Prozentsatz Ar zur Erleichterung der Zündung, S. 93). Die Erwärmung der Lampe erfolgt durch die Entladung selbst, ohne Verwendung besonderer Wärmequellen.

Anfangs hatte man auch Lampen für Gleichstrom. Die Entladungsform war ein Niederspannungsbogen (dieser zeigt eine gewisse Analogie mit der kathodischen Leuchterscheinung einer Glühkathode) mit hoher Stromstärke, $I_l = 7$ A, und niedriger Brennspannung, $V_l = 14$ V. Diese Lampen eigneten sich besonders für Reihenschaltung bei Straßenbeleuchtung. Eine kleinere dieser Typen wurde früher als Polarimeterlampe verwendet. Derzeit gebraucht man jedoch auch hierfür Wechselstromentladungen mit positiver Säule.

Die Ausstattung der Lampen mit positiver Säule weicht erheblich von der der Glühlampen ab, da das Entladungsrohr notwendigerweise eine beträchtliche Länge haben muß. Man verkürzt daher die Länge der Lampe durch einfaches oder mehrfaches Umbiegen der Röhre.

Derzeit bestehen Lampen mit gestrecktem, einmal gebogenem (U-Form) und dreimal gebogenem (W-Form) Rohr. Da sich das U-Rohr offenbar am besten bewährt, wollen wir dieses am ausführlichsten behandeln.

Bei den U-Form-Lampen unterscheidet man noch zwei Modelle nach der Zündspannung, wobei diese a) größer oder b) kleiner als 220 V ist.

a) Die Lampen mit einer Zündspannung höher als 220 V werden unter den Namen SO 650 usw., oder Na 650 usw. auf den Markt gebracht (S bedeutet einfaches U, O entladungsgeheizte Kathode). Derzeit werden sie in 4 Größen hergestellt: 250, 400, 650 (Abb. 108) und 1000 Dlm [1]).

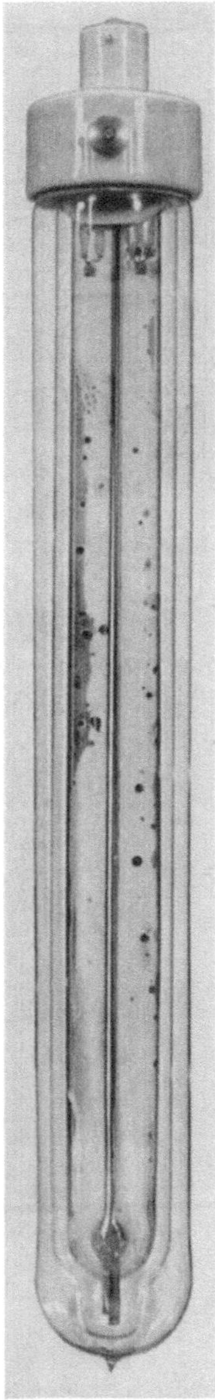

Abb. 108. Natriumlampe SO 650 oder Na 650.

Für die Straßenbeleuchtung hat die von der üblichen Glühlampenform abweichende Gestalt der Lampe bestimmte Vorteile. Die Lichtverteilungskurve in einer Ebene normal auf die Lampenachse ist kein Kreis, sondern ergibt lotrecht auf eine Ebene durch beide Schenkel ein Maximum (Abb. 109 C).

Man montiert die Lampe mit dem Lichtstärkenmaximum (in Kurve C—C) horizontal, da die Lichtstärke lotrecht unter der Lampe verhältnismäßig doch meistens zu groß ist. Da die Lampe mit einem Swan-Sockel mit zwei Kontaktstiften versehen ist, wird durch die Stellung der Fassung in der Armatur auch der richtige Stand der Lampe festgelegt. Die Lichtverteilungskurve in einer Ebene durch die Lampenachse ist wieder ungefähr die gleiche wie für einen geraden Draht (Abb. 109 A und B).

Durch die Verwendung höherer Zündspannungen als 220 V erzielt man eine Verbesserung der Lichtausbeute. Man kann dann den Elektrodenabstand vergrößern, so daß der Spannungsverlust an den Elektroden, relativ zum Spannungsabfall in der Säule, kleiner wird. Das gleiche gilt auch für den Wattverbrauch.

Nehmen wir z. B. die SO 650 (Na 650). Der Abstand zwischen den Glühkathoden beträgt 61 cm und der Spannungsabfall an den Elektroden (Anoden- + Kathodenfall) ung. 25 V. Bei einer Lampenspannung von $V_l = 165$ V wird der Gradient: $G = (165—25)/61 = 2,3$ V/cm. Die an die Elektroden abgegebene Leistung ist für die Lichtausstrahlung verloren

[1]) 1 Dlm = 1 Dekalumen = 10 int. lm = 11,1 Hlm.

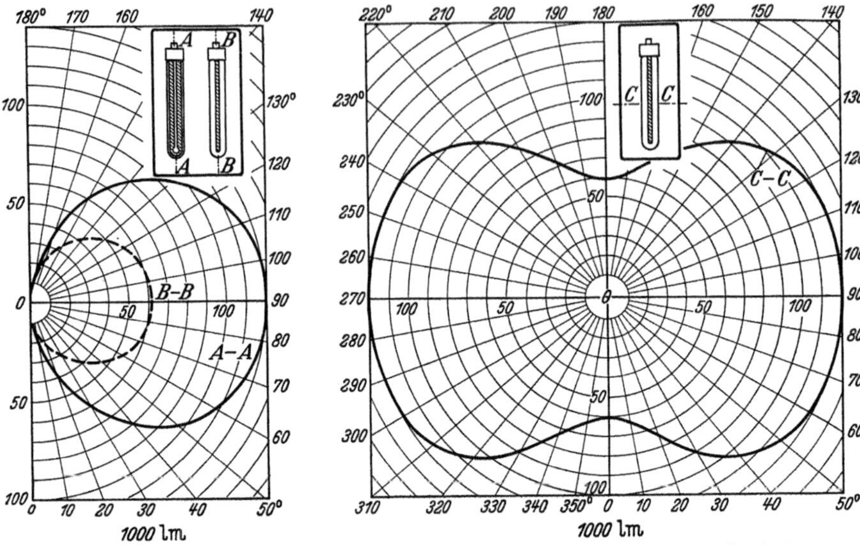

Abb. 109. Lichtverteilungskurven für SO 650 oder Na 650. Messung in einer Ebene durch die Achse der Lampe: A senkrecht auf die Ebene durch beide Schenkel der U-Röhre, B in der Ebene durch beide Schenkel der U-Röhre. C Messung in einer Ebene senkrecht auf die Achse der Lampe.

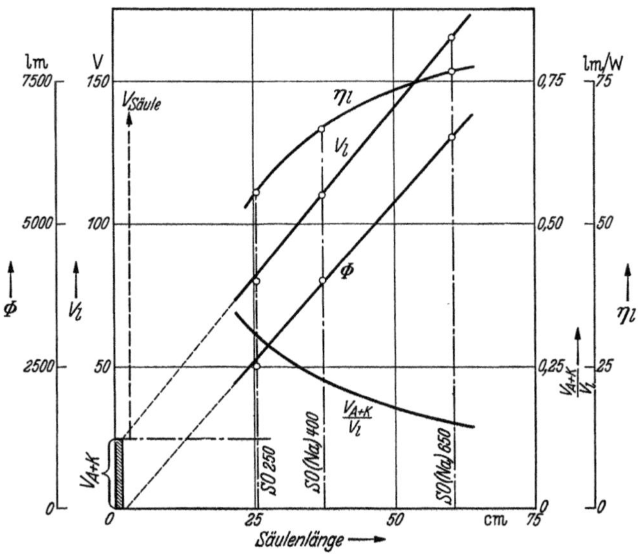

Abb. 110. Lichtstrom Φ, Lichtausbeute η_l, Lampenspannung V_l und Verhältnis der Spannungsabfälle an den Elektroden V_{A+K} zu V_l, bei verschiedenen SO-Lampen (mit gleichem D_1) als Funktion der Säulenlänge.

und beträgt bei Type SO 650 (Na 650) $\frac{25}{165} \cdot 100 \approx 15\%$ von N_l (auch von V_l). Baut man eine kürzere Röhre mit gleicher Gasfüllung, gleichem

Strom und Gradient, dann wird der Verlust den gleichen absoluten Wert haben. Nimmt man nun die Angaben von SO 400 (Na 400), $V_l =$ 110 V, dann wird der Elektrodenverlust $\frac{25}{110} \cdot 100 = 22{,}7\,\%$ von N_l. Die Lichtausbeute η_l ist dann auch bei der SO 650 (Na 650) bedeutend günstiger als bei der SO 400 (Na 400), nl. 76,5 lm/W gegen 66,5 lm/W. Bei letztgenannter ist auch der Lichtstrom wegen der geringeren Säulenlänge kleiner. Abb. 110 gibt graphisch die Verhältnisse wieder und man sieht deutlich, daß die Lichtausbeute mit wachsender Säulenlänge größer wird. Die größere Röhrenlänge hat jedoch zur Folge, daß die Zündspannung größer wird als die gebräuchliche Netzspannung, während auch die Lampenspannung [für SO 650 (Na 650) $V_l = 165$ V] zu hoch wird, um die Lampe noch mit genügender Sicherheit (wegen der Netzspannungsschwankungen) mit einer Drossel an einem 220-V-Netz betreiben zu können. Auch die entladungsgeheizten Kathoden, die als kalte Kathoden zünden müssen (§ 34), erhöhen die Zündspannung. Die praktischen Vorteile bei diesen sind aber groß, da nur zwei Zufuhrdrähte zur Lampe erforderlich sind.

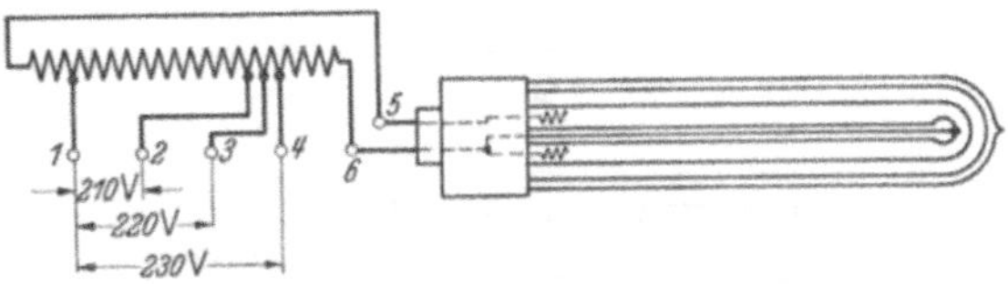

Abb. 111. Schaltung der SO (Na)-Lampen mit Streuspartrafo.

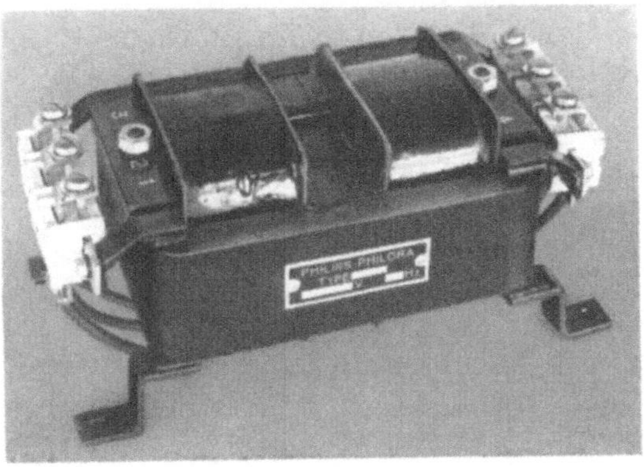
Abb. 112. Streuspartrafo für SO (Na)-Lampen.

Die verschiedenen Typen: SO 250, SO (Na) 400, 650 und 1000 werden über einen Trafo von 470 V Sekundärspannung an 220-V-Netze angeschlossen. Die beiden erstgenannten SO 250 und SO (Na) 400 können aber auch über eine Drossel direkt zwischen die Phasen von einem 380-V-Netz (220/380 V, 3 Phasen) geschaltet werden.

Abb. 111 gibt die Schaltung mit Streuspartrafo (Kombination von Auto- und Streutrafo). Der Trafo kann mit den verschiedenen Anzapfungen an Netze mit 210, 220 und 230 V angeschlossen werden (Abb. 111 und 112). Der Wattverlust in einem Streuspartrafo ist ein wenig größer als in der korrespondierenden Drossel.

Um eine höhere Spannung als 250 V gegen Erde zu vermeiden, kann man einen Punkt des Streutransformators an Erde legen. Dies ist beinahe in allen praktisch vorkommenden Fällen möglich. Anderenfalls muß man einen Trafo mit getrennten Wicklungen verwenden, der in Anschaffung und infolge der größeren Verluste auch im Gebrauch etwas teurer wird als ein Autotrafo. Abb. 113 gibt zwei Beispiele dieser Schaltungen.

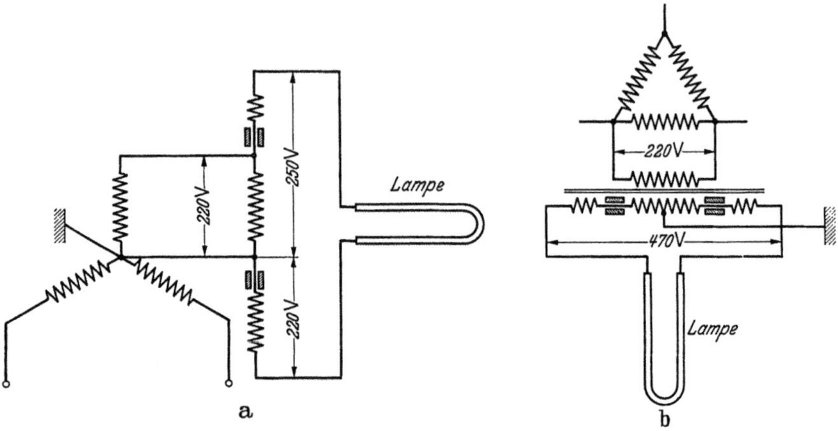

Abb. 113 a und b. Schaltungen von SO (Na)-Lampen mit Streuspartrafo, wobei die Spannung nirgends 250 V gegen Erde übersteigt. (a) ohne und (b) mit getrennten Wicklungen.

Außer für Parallelschaltung können diese Lampen auch für Reihenschaltung (Abb. 114) verwendet werden. Jede Lampe wird von einem

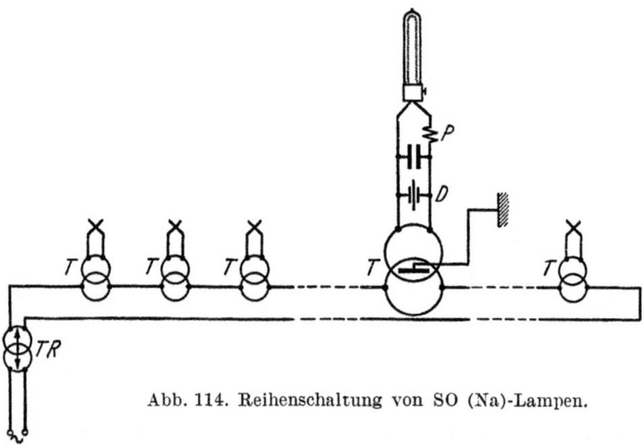

Abb. 114. Reihenschaltung von SO (Na)-Lampen.

eigenen Trafo T gespeist, dessen primäre Wicklung mit den anderen Primärwicklungen in Reihe geschaltet ist, während die Lampe an den Klemmen der sekundären Wicklung liegt. Die beiden Wicklungen sind durch einen Kupfermantel, der durch seine Erdung verhindert, daß die Hochspannung bei Störung auf die sekundäre Wicklung übergreift, voneinander getrennt. Anstatt der individuellen Drosselspulen verwendet man hier einen gemeinschaftlichen Regeltransformator T.R., der den Unterschied zwischen Zünd- und Brennspannung aufnimmt und den Strom im primären Stromkreis konstant hält (z. B. auf 6,6 A). Wenn infolge einer defekten Lampe kein Strom in der Sekundärwicklung fließt, arbeitet die Primärwicklung des Transformators als Drossel und ergibt einen zusätzlichen Widerstand im Hauptstromkreis. Weiter tritt im Trafo eine abnormale Erhitzung, infolge größerer Verluste, auf. Zur Vermeidung dieser Nachteile ist sekundär eine Durchschlagsicherung D (Abb. 114) aufgenommen, die bei defekter Lampe den Sekundärkreis kurzschließt. Gegebenenfalls kann man auch noch eine Entstörungsvorrichtung P, zur Beseitigung von eventuellen Rundfunkstörungen, anbringen. Hierbei wird eine kleine Drossel mit der Lampe in Serie geschaltet und ein kleiner Kondensator parallel zu diesen beiden (siehe auch S. 216). Das Seriensystem weist besonders bei der Beleuchtung sehr langer Straßenzüge Vorteile auf.

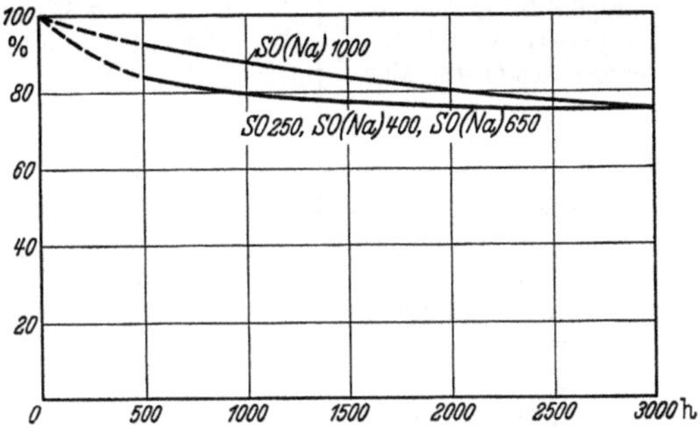

Abb. 115. Abhängigkeit des Lichtstromes von der Betriebszeit für SO (Na)-Lampen.

In Tabelle 21 findet man die technischen Daten der behandelten SO (Na)-Lampen. Bezüglich des Lichtstromes ist folgendes zu bemerken. Im größten Teil der nutzbaren Betriebszeit sinkt der Lichtstrom nur sehr langsam, bloß in den ersten hundert Stunden fällt er ziemlich rasch ab. Nimmt man als Anfangs-Lumenwert den wirklich auftretenden, dann erhält man ein einigermaßen irreführendes Bild des mittleren Verlaufes, da der Anfangswert von der Einbrennzeit der Lampe bei der Fabrikation abhängig sein wird. Der Nennwert aus Tabelle 21 wird daher durch Extrapolieren des allmählich verlaufenden Teiles der Lichtstromkurve (Abb. 115) erhalten. Der tatsächliche Anfangswert liegt höher als der Nennwert, sinkt aber nach kürzerem Betrieb auf diesen herab. Abb. 115 gibt den Verlauf des Lichtstromes mit der Zeit für SO 250, SO (Na) 400, 650 und 1000; nach 3000 h ist er auf 75% des Nennwertes gesunken.

Der Unterschied von N_t und N_l gibt die Leistung im Vorschaltgerät (Streuspartrafo); diese beträgt meistens 10—30% von N_l.

Die Lampen sind mit einem abnehmbaren doppelwandigen Vakuumgefäß (Abb. 107 c) versehen, so daß man beim Auswechseln der Lampe ersteres weiter verwenden kann. Zwischen den Röhrenschenkeln befindet sich ein metallisches Zündband als Außenhilfselektrode. Dieses dient zugleich zur Unterstützung der Lampe im Vakuumglas.

Tabelle 21. Daten für SO 250 und SO oder Na 400, 650 und 1000. Mit Streuspartransformator an 220 V, 50 ~. U-Form. Entladungsgeheizte Kathoden. Swan-Sockel.

		Bezeichnung der Lampe			
		SO 250	SO (Na) 400	SO (Na) 650	SO (Na) 1000
Leistungsaufnahme:					
Lampe allein . . .	N_l (W)	45	60	85	140
einschl. Vorschaltgerät	N_t (W)	65	80	105	165
Netzstrom	I_t (A)	1,4	1,4	1,4	2,2
Lampenspannung . . .	V_l (V)	80	110	165	165
Zündspannung	V_z (V)	340	340	400	410
Lampenstrom	I_l (A)	0,6	0,6	0,6	0,9
Verzerrungsfaktor der Lampe: $\frac{N_l}{I_l V_l}$ = . .	ψ	0,94	0,90	0,86	0,94
Leistungsfaktor von Lampe + Vorschaltgerät: $\frac{N_t}{I_t U}$ = . . .	λ	0,21	0,26	0,34	0,34
Normaler Kondensator für cos φ-Verbesserung	(μF)	19	19	19	25
Leistungsfaktor bei Verwendung des normalen Kondensators .		0,71	0,84	0,94	0,85
Netzstrom bei Verwendung des normalen Kondensators . . .	I'_t (A)	0,37	0,40	0,52	0,87
Lichtstrom (int. lm) .	Φ (Dlm)	250	400	650	1000
Lichtausbeute: $\frac{\Phi}{N_l}$ =	η_l (lm/W)	55,5	66,5	76,5	71,5
Lichtausbeute: $\frac{\Phi}{N_t}$ =	η_t (lm/W)	38,5	50	62	61
Abstand der Elektroden (in der Achse gemessen)	(mm)	260	375	610	810
Durchmesser der Entladungsröhre	D_2 (mm)	14	14	14	17
Länge des Vakuumgefäßes[1])	(mm)	245	305	420	520
Durchmesser des Vakuumgefäßes . . .	(mm)	50	50	50	65

Die Lampe SO 250 darf, außer horizontal, in jeder Lage mit dem Sockel oben verwendet werden. Bei den anderen SO-Lampen darf nur höchstens 20° von der horizontalen Brennlage abgewichen werden (Sockel oben).

[1]) Lampensockel mitgerechnet.

Für die erwähnten Lampen sind spezielle Armaturen entwickelt worden, die den besonderen Eigenschaften der Natriumlampen Rechnung tragen (Abb. 116).

b) Außer den bisher beschriebenen SO-Lampen, welche nur unter Zwischenschaltung eines Trafos an 220 V angeschlossen werden können,

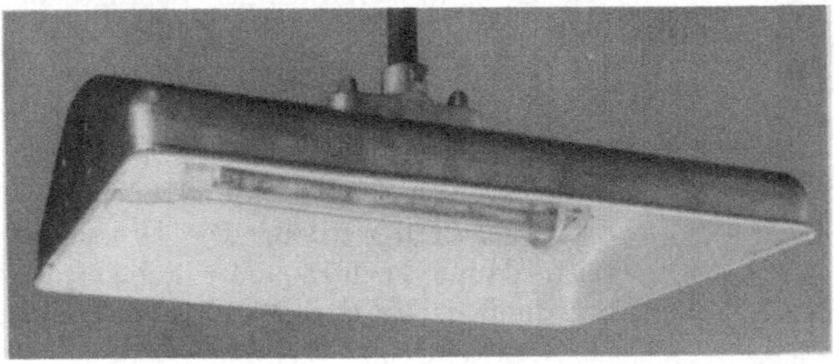

a

Abb. 116 a u. b. Armatur für Na-Lampen (SO 250, SO(Na): 400, 650, 1000) und Lichtverteilungskurven.

gibt es noch zwei Typen SO oder Na 300 und 500, welche nur eine Drossel benötigen. Die Erniedrigung der Zündspannung unter 220 V ist durch die Kombination verschiedener Maßregeln erreicht. Der Durchmesser der Röhre ist größer und der Abstand zwischen den Elektroden kleiner gewählt worden (21 mm und 240 mm für 300 Dlm, 24 mm und 350 mm für 500 Dlm). Im Rohr befindet sich ein isolierter Draht, der in der Mitte unterbrochen und bis in die Nähe der beiden Elektroden geführt ist (Zünddraht ähnlich Abb. 43f, g). In der Nähe einer der Hauptelektroden befindet sich noch eine Hilfselektrode, die über einen Widerstand mit der anderen Hauptelektrode verbunden ist (wie schematisch in Abb. 43b dargestellt). Die Lampe ist mit einem (nicht abnehmbaren) doppelwandigen Vakuummantel ausgerüstet (Abb. 117). Tabelle 22 gibt die technischen Daten für beide Größen: 300 und 500 Dlm.

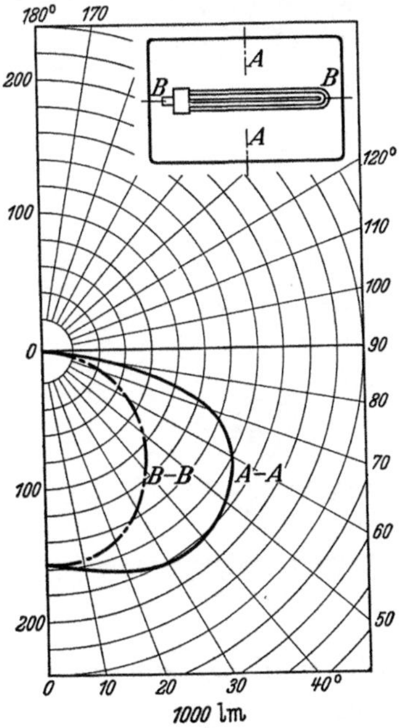

b

Wie erwähnt sind außer den U-förmigen Lampen auch gestreckte Röhren auf den Markt gebracht worden (Abb. 118), und zwar in zwei Ausführungen: Na 300 (3000 Hlm) und Na 600 (6000 Hlm). Diese

Typen werden mit einer Drossel an 220-V-Netze angeschlossen. Zur Erleichterung der Zündung hat die Lampe auf der Innenseite einen Zünddraht; bei Na 300 wird eine der Elektroden und bei Na 600 werden beide beim Einschalten kurze Zeit mittels eines kleinen Transformators (1,5 A, 5 V) vorgewärmt. Solange die Lampe nicht zündet, hat der Hilfstransformator T primär die volle Netzspannung (220 V); nach der Zündung wirkt nur die Lampenspannung V_l (50 oder 60 V), so daß die Elektroden dann praktisch von der Entladung allein auf Temperatur gehalten werden. Die Drossel ist unterteilt, damit hochfrequente Schwingungen, die eventuell in der Lampe auftreten können, nicht ins Netz kommen. Wenn nötig, können derartige Störungen vollständig mit Hilfe eines kleinen Kondensators C unterdrückt werden.

Die Lampen sind mit einem festen doppelwandigen Vakuummantel ausgerüstet. Die

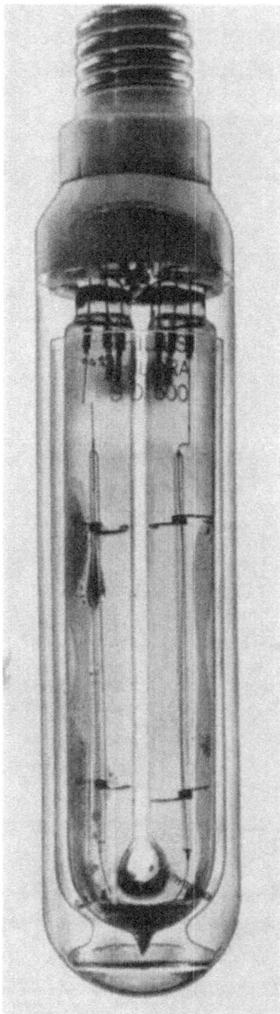

Abb. 117. Natriumlampe SO oder Na 500.

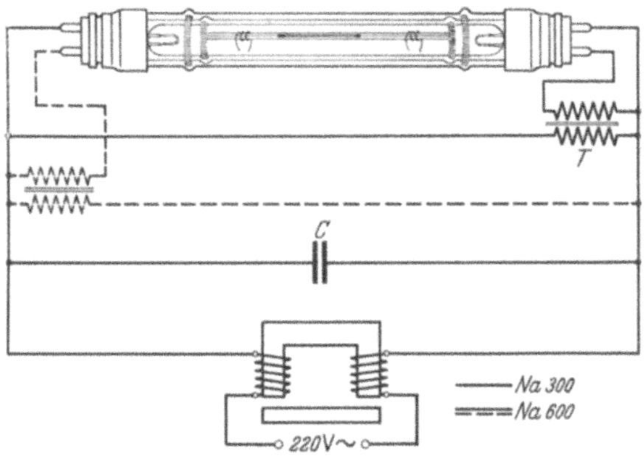

Abb. 118. Na-Lampen Na 300 (3000 Hlm) und Na 600 (6000 Hlm) (gestreckte Form) mit Schaltung.

Lichtverteilungskurve ist in einer Ebene normal auf die Achse der Lampe ein Kreis, in einer Ebene durch die Achse ist sie der eines getreckten Drahtes gleich (Abb. 77).

In Tabelle 23 findet man die technischen Daten.

Auch eine dreifach umgebogene Röhre ist unter dem Namen DA 90 (Abb. 119) auf dem Markt (D = doppeltes U, A = Kathode mit speziellem Glühstromtrafo 5 A, 2 V geheizt, Lichtstrom 420 Dlm, $N_l = 90$ W). Der Vorteil dieser Lampe liegt in der ziemlich kompakten Form. Sie

Tabelle 22. Daten für SO oder Na 300 und 500. Mit Drossel an 220 V, 50 ~. U-Form. Entladungsgeheizte Kathoden. Goliath-Sockel.

		Bezeichnung der Lampe	
		SO (Na) 300	SO (Na) 500
Leistungsaufnahme:			
Lampe allein	N_l (W)	53	80
einschl. Vorschaltgerät	N_t (W)	63	94
Lampenspannung	V_l (V)	65	75
Zündspannung	V_z (V)	180	190
Lampenstrom	I_l (A)	0,9	1,2
Verzerrungsfaktor der Lampe: $\frac{N_l}{I_l V_l} =$	ψ	0,91	0,89
Leistungsfaktor von Lampe + Vorschaltgerät: $\frac{N_t}{I_t U} =$	λ	0,32	0,36
Normaler Kondensator für cos φ-Verbesserung	(μF)	12	15
Leistungsfaktor bei Verwendung des normalen Kondensators		0,97	0,96
Netzstrom bei Verwendung des normalen Kondensators	I_t' (A)	0,29	0,43
Lichtstrom (int. lm)	Φ (Dlm)	300	500
Lichtausbeute: $\frac{\Phi}{N_l} =$	η_l (lm/W)	56,5	62,5
Lichtausbeute: $\frac{\Phi}{N_t} =$	η_t (lm/W)	47,5	53
Abstand der Elektroden (in der Achse gemessen)	(mm)	240	350
Durchmesser der Entladungsröhre	D_2 (mm)	21	24
Länge des Vakuummantels[1])	(mm)	270	320
Durchmesser des Vakuummantels	(mm)	60	70

ist mit einem abnehmbaren Vakuumglas ausgestattet und hat 5 Kontaktstifte: zwei je Hauptelektrode (Heizstrom) und einen für die Zündelektrode. Letztgenannte ist in Form einer Außenhilfselektrode ausgeführt und dient gleichzeitig zur Befestigung der Lampe an dem Sockel. Eine spezielle Wicklung des Glühstromtransformators gibt die zur Zündung erforderliche Spannung (460 V) an der Hilfselektrode. Die Lampe wird mittels einer Drossel an 220 V geschaltet. Tabelle 23 gibt einige technische Daten.

Zum Schluß wollen wir noch kurz eine Type beschreiben, die in Amerika gebaut und in Reihenschaltung angewandt wird. Es ist eine Art Mischtype, bei der ein großer Teil der Lichtemission von der kathodischen Leuchterscheinung an der Glühkathode herrührt. Dieser leuchtende Teil ist infolge des niedrigen Druckes und des

[1]) Lampensockel mitgerechnet.

Tabelle 23. Daten für Na 300 (3000 Hlm), Na 600 (6000 Hlm) und DA 90 (4200 int. lm). Mit Drossel an 220 V, 50 ∼. Na 300, 600: Entladungsgeheizte Kathoden mit Vorwärmung. Gestreckte Form. DA 90: Fremdgeheizte Kathoden. Dreifach gebogenes Rohr: W-Form.

		Bezeichnung der Lampe		
		Na 300	Na 600	DA 90
Leistungsaufnahme:				
Lampe allein	N_l (W)[1]	56	100	90
einschl. Vorschaltgerät .	N_t (W)	68	118	105
Lampenspannung	V_l (V)	50	60	76
Zündspannung	V_z (V)	<220	<220	<220[2]
Lampenstrom	I_l (A)	1,15	1,8	1,02
Verzerrungsfaktor der Lampe: $\frac{N_l}{I_l V_l}$ = ...	ψ	0,97	0,93	0,91
Leistungsfaktor von Lampe + Vorschaltgerät: $\frac{N_t}{I_t U}$ = .	λ	0,27	0,30	0,44
Lichtstrom (int. lm)	Φ (Dlm)	270	540	420
Lichtausbeute: $\frac{\Phi}{N_l}$ = . . .	η_l (lm/W)	48	54	47
Lichtausbeute: $\frac{\Phi}{N_t}$ = . . .	η_t (lm/W)	40	46	40
Abstand der Elektroden (in der Achse gemessen) . .	(mm)	200	300	450
Durchmesser der Entladungsröhre	D_2 (mm)	20	25	24
Länge des Vakuummantels (-glases)	(mm)	335	445	175
Durchmesser des Vakuummantels (-glases)	(mm)	38	45	80

großen Röhrendurchmessers ziemlich ausgebreitet. Zur Verbesserung der Lichtausbeute schließt noch eine positive Säule von beschränkter Länge an.

Abb. 120 gibt ein Photo von einer dieser Typen (10000 int. lm). Der zylinderförmige Kolben hat eine Länge von etwa 16″ (≈ 40 cm) und einen Durchmesser von etwa 3″ (≈ 7,5 cm). Die Zufuhrdrähte sind an einer Seite eingeführt. Als Wärmeschutz dient ein abnehmbares Vakuumglas. Die wichtigsten Daten sind:

$$V_l = 33\ \text{V},\quad I_l = 6{,}6\ \text{A},\quad N_l = 180\ \text{W},\quad \psi = 0{,}83$$

für die Type mit $\Phi = 10000$ lm, so daß $\eta_l = 55{,}5$ lm/W ist. [Unter gleichen Umständen hat eine Glühlampe für Reihenschaltung (mit niedriger

[1]) Einschl. Verbrauch in Glühdrähten.

[2]) 460 V an der Hilfselektrode.

Spannung und großem Strom) eine Lichtausbeute von 18 lm/W.] Es wird auch eine analoge Type von 6000 lm gebaut.

Keine der beschriebenen Na-Lampen besitzt einen Lichtstrom größer als 10000 lm. Überschreitet man diesen Wert, dann werden die Abmessungen der Lampen sehr groß. Es gibt aber spezielle Armaturen,

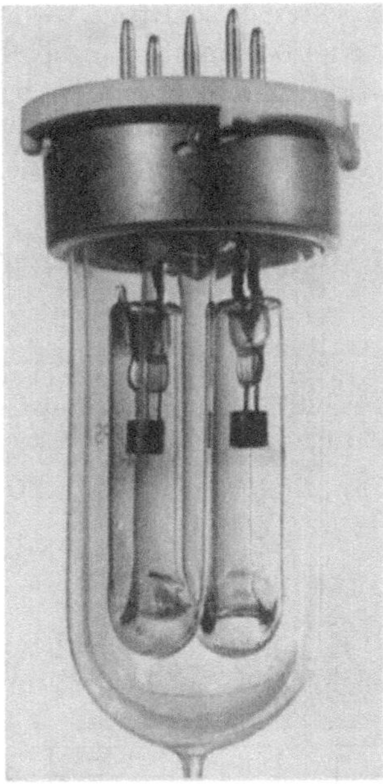

Abb. 119. Na-Lampe DA 90 ($N_l = 90$ W). (W-Form, dreifach gebogenes Rohr.)

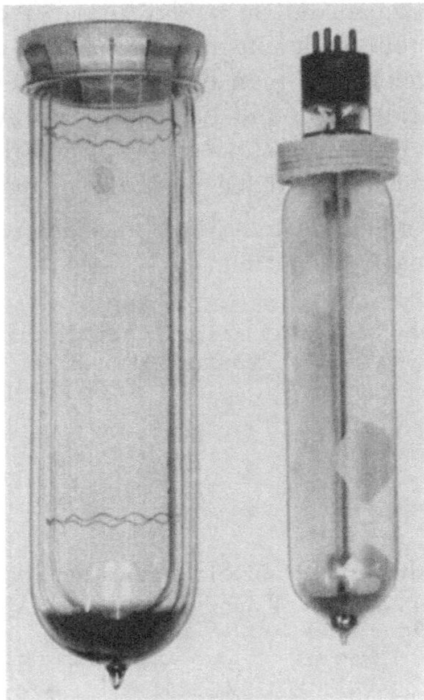

Abb. 120. Na-Lampe mit großer Stromstärke und niedriger Spannung.

in denen zwei SO 1000 zusammen montiert werden können. Auf diese Art kann man also einen Lichtstrom von ung. 20000 lm aus einer Armatur erreichen.

Zwölftes Kapitel.

Natriumlampen im Betrieb.

§ 59. Anwärmzeit der Natriumlampen.

Die Anwärmung der Na-Lampen wollen wir etwas ausführlicher behandeln, da diese große praktische Bedeutung hat. Außerdem kann man aus der Anwärmcharakteristik verschiedene wissenswerte Eigenschaften der Lampen erkennen.

Die „Anwärmzeit“ (die Zeit vom Einschalten bis zu dem Augenblick, in dem die Lampe 80% ihrer normalen Intensität erreicht) muß eigentlich als notwendiges Übel angesehen werden. Zur Erzielung einer einfachen

Konstruktion baut man die Lampen derart, daß die Entladung selbst für das Anwärmen und das Aufrechthalten der erforderlichen Temperatur sorgt. Es ist technisch möglich die Anwärmzeit zu verkürzen, z. B. indem man einen Teil der Begrenzungsdrossel ausschaltet und dadurch den Anlaufstrom, bzw. die von der Entladung aufgenommene Leistung einige Zeit lang erhöht. Diese Anordnung bringt jedoch so große Komplikationen mit sich, daß dieser Weg nur selten beschritten wird. Die Einstellung der Begrenzungsdrossel ist für eine bestimmte Netzspannung festgelegt, da man die Lampe mit einer bestimmten Leistung, bei der Lichtausbeute und Lebensdauer brauchbare Werte haben, arbeiten läßt. Die beiden letztgenannten werden kleiner, wenn man der kürzeren Anwärmzeit zuliebe die Lampe überlastet (S. 207).

Tabelle 24 gibt für verschiedene Lampentypen die Anwärmzeit bei normaler Schaltung.

Tabelle 24. Anwärmzeit (= Zeitdauer vom Einschalten bis zum Erreichen von 80% der Normalintensität) für verschiedene Na-Lampen bei normaler Schaltung.

Type	SO 250	SO (Na) 400	SO (Na) 650	SO (Na) 1000	SO (Na) 300	SO (Na) 500
min	$4^1/_2$	6	10	$9^1/_2$	6	$7^1/_2$

Mißt man den Strom I_l, die Spannung V_l (an den Lampenklemmen), die Leistung N_l (in der Lampe) und den Lichtstrom Φ als Funktion

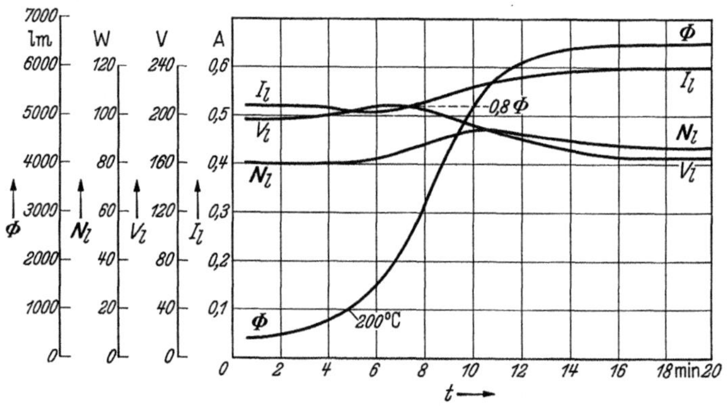

Abb. 121. Anwärmcharakteristik der SO (Na) 650 bei normaler Schaltung (50 ~). V_l Lampenspannung, I_l Lampenstrom, N_l Leistung der Lampe, Φ Lichtstrom.

der Zeit, vom Augenblick der Zündung an gerechnet, dann erhält man die in Abb. 121 angegebenen Kurven.

An der Spannungskurve sehen wir, daß der Anfangswert höher liegt als der Endwert, während dazwischen noch ein Maximum auftritt. Die höhere Beginnspannung wird sogleich begreiflich, wenn man bedenkt, daß die Entladung am Anfang ausschließlich in Neon stattfindet. Im angewärmten Zustand befindet sich in der Röhre eine genügende Menge Na-Dampf, dessen Ionisationsspannung belangreich niedriger ist als die des Neons, so daß die für die Kompensation der negativen Raumladung der Elektronen erforderlichen Ionen viel leichter gebildet werden können. Die Elektronentemperatur T_e und daher auch der Gradient G und die Spannung V_l können aus diesem Grunde niedriger sein.

Der Stromverlauf zeigt gerade das Umgekehrte, der Anfangswert ist niedriger als der Endwert. Dies folgt aus der Konstanz der zur Verfügung stehenden Netzspannung U, wie Abb. 122 zeigt.

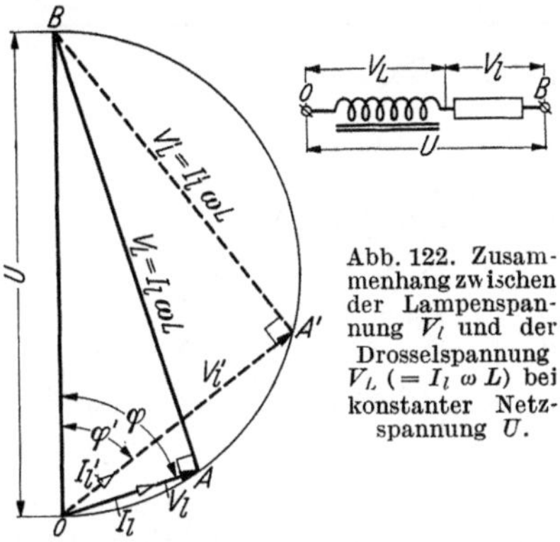

Abb. 122. Zusammenhang zwischen der Lampenspannung V_l und der Drosselspannung V_L ($= I_l\,\omega\,L$) bei konstanter Netzspannung U.

Nehmen wir an, daß die Lampe mit der Drosselspule in Serie vom Netz gespeist wird und einfachheitshalber, daß der Strom rein sinusförmig ist (d. h. die Lampe wird näherungsweise als Ohmscher Widerstand betrachtet). Die Summe von Lampenspannung und Drosselspannung muß zu jeder Zeit gleich der Klemmenspannung sein. Ein Vektordiagramm der Effektivwerte gibt dann das in der Abbildung gezeichnete Dreieck OAB. $OA = V_l$, $AB = V_L = I_l \omega L$ und $OB = U$ (die Netzspannungskomponente AB eilt der Komponente OA um etwa 90° vor). Die Netzspannung $U = OB$ ist konstant, so daß der Punkt A mit dem rechten Winkel auf dem Halbkreis über U liegen muß (andere Widerstände werden vernachlässigt). Hieraus ist deutlich zu ersehen, daß wachsendes V_l sinkendes V_L, und da ωL konstant ist, auch sinkendes I_l verursacht und umgekehrt. Wo V_l ein Maximum hat, muß I_l ein Minimum aufweisen.

Die dritte wichtige Kurve (Abb. 121) ist die der Leistung N_l der Lampe. N_l bestimmt die Anwärmzeit bzw. die Anwärmgeschwindigkeit der Lampe und auch ihre Endtemperatur. Strom und Spannung der Entladung sind wohl in Phase miteinander (sie gehen gleichzeitig durch Null), aber bei beiden bestehen (speziell bei der Lampenspannung) Abweichungen von der reinen Sinusform. N_l ist daher nicht einfach gleich der sog. Scheinleistung $V_l I_l$, sondern:

$$N_l = \psi I_l V_l. \tag{162}$$

Der Faktor ψ (< 1), der Verzerrungsfaktor, berücksichtigt die Verformung der Spannungs- und Stromkurve (§ 30).

Die Leistung N_l steigt mit der Temperatur der Lampe und hat, wie die Spannung V_l, ein Maximum, das jedoch bei höherer Temperatur liegt als das von V_l. Da der Verzerrungsfaktor ψ bei warmer Lampe dem Wert 1 näher kommt, wird N_l relativ stärker anwachsen als der Zunahme $I_l\,V_l$ im Vergleich zur kalten Lampe entspräche. Im Fall der Abb. 121 hat man $\psi_{\mathrm{Ne}} = 0{,}78$ und $\psi_{\mathrm{Na}} = 0{,}87$.

Es bleibt uns aus Abb. 121 noch der Lichtstrom Φ zu besprechen über. Der Anfangswert bei kalter Lampe, etwa 6% des Endwertes, rührt von der Entladung im Füllgas, hier Neon, her. Eine Zeitlang bleibt dieser Wert beinahe konstant, bis von einem gegebenen Augenblick an die Steigung einsetzt und nach ziemlich kurzer Zeit die 80% des normalen Lichtstromes erreicht werden. Der Punkt, bei dem der schnelle Anstieg beginnt, fällt ungefähr mit dem Beginn der Spannungs- und Wattzunahme zusammen. Mißt man die Lampentemperatur, bei der diese Steigung ihren Anfang nimmt, dann findet man für die Säulenlampentype eine Temperatur von etwa 200° C.

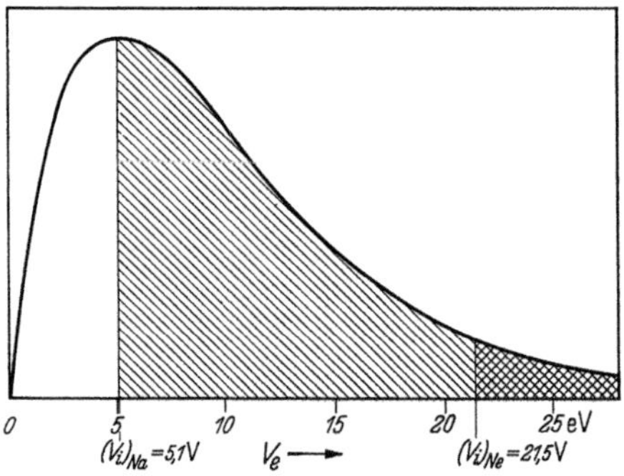

Abb. 123. Schematische Darstellung des Ionisierungsvermögens einer Elektronenwolke mit Maxwellscher Geschwindigkeitsverteilung. Gesamtanzahl der Elektronen = Fläche unter der Kurve; Anzahl der Elektronen, die Na ionisieren können = einfach schraffierte Fläche, die Ne ionisieren können = doppelt schraffierte Fläche.

Daß von 200° C Wandtemperatur an die Na-Lichtemission so plötzlich einsetzt, hat folgende Ursache. Solange V_l und somit auch die Elektronentemperatur T_e hoch bleibt, ist das Ionisierungsvermögen der Elektronen sehr groß, da T_e hauptsächlich auf die Ionisation von Ne mit $V_i = 21{,}5$ V eingestellt ist. Das Na, das von der Wand in die Entladung verdampft, wird augenblicklich ionisiert (Abb. 123) und praktisch nicht angeregt und kehrt in der Form von Ionen wieder zur Wand zurück. Die geringe Menge Natriumlichtes, die hierbei erzeugt wird, kommt vom Säulenrand in der Nähe der Wand. Die Anzahl positiver Na-Ionen ist nicht groß genug, um die ganze negative Raumladung kompensieren zu können, so daß die Entladung noch auf die Ne-Ionen angewiesen ist. Bei 200° C wird jedoch die per cm Rohrlänge verdampfende Anzahl Na-Atome mit der per cm Rohrlänge erforderlichen Anzahl Ionen vergleichbar (beide per Zeiteinheit gerechnet). Dadurch stellt sich die Entladung automatisch auf die Ionisation des Natriums ein mit $V_i = 5{,}1$ V und T_e kann daher sinken. Schließlich werden mehr Na-Atome verdampfen als für die Ionisation erforderlich sind, so daß der überschüssige Teil für Anregung zur Verfügung steht. So füllt sich nach und nach der Röhrenquerschnitt mit emittierendem Na. Die Brennspannung der Lampe hat sich unterdessen an die niedrigere Ionisationsspannung angepaßt und den niedrigeren Wert, rechts vom Maximum der V_l-Kurve in Abb. 121, erreicht.

★ Das Maximum in den Kurven für V_l und N_l läßt sich anschließend an obige Betrachtung erklären. Wir müssen zu diesem Zwecke noch zurückgreifen und uns die Stromverteilung in der positiven Säule in Erinnerung rufen. Wir hatten gefunden, daß die Elektronenkonzentration n_e, von der Achse zur Wand hin, nach einer Besselschen Funktion abnimmt (s. Abb. 63).

$$n_e = n_{e\,m}\, I_0 \left(\frac{2{,}405\, r}{R_1}\right).$$

Da die per s und cm³ gebildete Anzahl Ionen der Anzahl Elektronen n_e proportional gesetzt werden kann, gibt Abb. 63 auch die Abhängigkeit der gebildeten Anzahl Ionen (per s und cm³) vom Röhrenachsenabstand. Wir betrachten nun wieder 1 cm der Röhre und denken uns diese durch eine Anzahl (hypothetischer) konzentrischer Zylinder (deren Achse mit der Röhrenachse zusammenfällt) in Ringzylinder unterteilt (Abb. 124), deren Radien $r_1 = \frac{R_1}{10}$, $r_2 = \frac{2\,R_1}{10}$, $r_3 = \frac{3\,R_1}{10} \ldots\ldots r_9 = \frac{9\,R_1}{10}$ sind (R_1 = Radius der Röhre). Die Ionisation in jedem dieser 10 Ringzylinder hängt sowohl vom Radius als auch von der Größe des Querschnittes des Ringzylinders ab. Bei ziemlich niedriger Temperatur (T_w etwa 200° C) ist die Anzahl verdampfender Na-Atome ungefähr gleich der im Ringzylinder 10 erzeugten Anzahl Ionen (per s und cm Länge). Nahezu alle Na-Atome werden ionisiert und diese positiven Na-Ionen werden die bisher in 10 gebildeten Ne-Ionen ersetzen. Hierdurch wird die benötigte Spannung V_l und die erforderliche Leistung N_l etwas vermindert. Steigt nun die Temperatur weiter bis die Anzahl verdampfender Na-Atome gleich der in 10 und 9 gebildeten Anzahl Ionen ist, dann sollte man eigentlich eine weitere Verminderung der Spannung und der Leistung erwarten, während jedoch bei beiden eine Erhöhung auftritt. Im Falle genügender Stromdichte wird nämlich das gesamte verdampfte Na in 10 ionisiert und kehrt zur Wand zurück, bevor es noch 9 erreicht hat. Die Ionisation in 10 ist zu groß, d. h., es werden zuviel positive Ionen gebildet. Diese übermäßige Ionisation und die Anregung der Na-Atome verursachen jedoch das Ansteigen der Spannung und der Leistung (Abb. 121). Die Elektronentemperatur T_e und daher das Ionisierungsvermögen wird hauptsächlich durch die in 1 bis 9 erforderlichen Ionisationen bestimmt, die also noch auf die Ne-Atome angewiesen sind. Bei sehr großer Stromdichte (also auch große Ionisation an der Wand) kann diese überschüssige Ionisation so stark ansteigen, daß die erforderliche Leistung N_l und die Spannung V_l größer werden als bei einer reinen Ne-Entladung, ungeachtet der Unterschiede zwischen den Ionisationsspannungen V_i für Na und Ne. ★

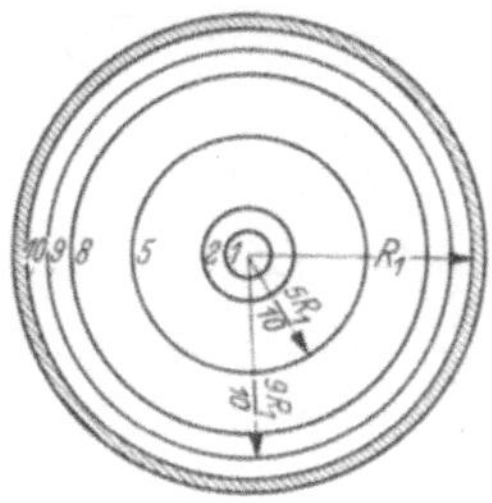

Abb. 124. Erklärung der Maxima von V_l und N_l beim Anwärmen.

★ Wird nun die Temperatur noch höher und damit die Verdampfungsgeschwindigkeit so groß, daß auch die näher zur Achse gelegenen Ringzylinder mit Na gefüllt werden, dann werden die Ne-Ionen größtenteils durch die Na-Ionen ersetzt, T_e kann sinken und mit der Elektronentemperatur auch die erforderliche Spannung V_l. Nun wird auch die Ionisation an der Wand geringer, da das Ionisierungsvermögen der Elektronen vermindert ist, und N_l sinkt sowohl auf Grund der kleineren Ionisierungsarbeit für die Na-Atome in der Mitte der Entladung als auch auf Grund des Verschwindens der überschüssigen Ionisation in der Nähe der Wand.

Nach der gegebenen Auffassung müssen die soeben beschriebenen Erscheinungen um so ausgeprägter sein, je größer die Stromdichte in einer Säule ist. Dies wird in der Tat auch durch das Experiment bestätigt. Wir können hieraus schließen, daß sich in einer normalen Na-Lampe sowohl das Ne als auch das Na an der Entladung beteiligen und daß der Metalldampf stark ionisiert ist. ★

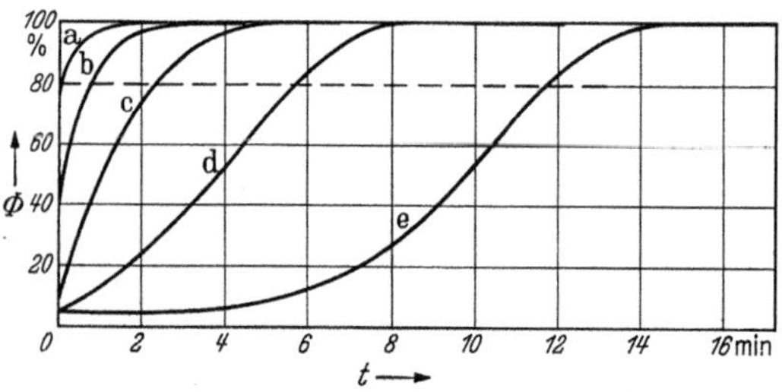

Abb. 125. Lichtstrom als Funktion der Zeit vom Augenblick der Wiederzündung an gerechnet, für SO (Na) 650 Lampe, die a) $^1/_2$, b) 1, c) 2 und d) 5 min ausgeschaltet war. Zum Vergleich normale Kurve e) für 20° C Anfangstemperatur (s. auch Abb. 121).

Die in Abb. 121 beschriebenen Anwärmkurven sind charakteristisch für ziemlich neue Lampen unter normalen Witterungsverhältnissen. Bei kaltem, heftigem Wind dauert es etwas länger bis die Lampe ihre volle Intensität erreicht, da ungeachtet der guten Wärmeisolation die Temperatur und daher auch der Dampfdruck langsamer ansteigen. Bei alten Lampen wird die Anwärmzeit länger, da sich die Natriumverteilung in der Röhre ändert (§ 64). Zu hohe oder zu niedrige Netzspannung hat ebenfalls Einfluß auf die Anwärmzeit, da sie Über- oder Unterbelastung verursacht, also schnelleres oder langsameres Anwärmen.

Für die Praxis ist es auch noch wichtig, wie lange es dauert, bis eine normal brennende Natriumlampe, die durch Netzspannungsausfall einige Zeit ausgeschaltet war, wieder 80% ihrer normalen Intensität erreicht. Sobald die Spannung wieder zurückkehrt, zündet eine noch mehr oder weniger warme Natriumlampe meistens augenblicklich. Die Anwärmzeit hängt nun davon ab, wieweit die Lampe in der Zeit des Spannungsausfalles abkühlte. Abb. 125 gibt die Anlaufkurven des Lichtstromes für eine SO 650, die $^1/_2$, 1, 2, 5 min ausgeschaltet war und mit normaler Anfangstemperatur, etwa 20° C, beginnt (letztgenannte Kurve ist analog der in Abb. 121).

§ 60. Verhalten der Na-Lampen bei Netzspannungsschwankungen.

Ungeachtet der Mühe, die man sich in Elektrizitätszentralen gibt um die Spannung konstant zu halten, kommen in stark belasteten Netzen doch Schwankungen bis zu $\pm 10\%$ und mehr vor. Bei Glühlampen erzeugt eine Spannungsänderung von 1% des Normalwertes eine Änderung der Lichtausstrahlung von 3,8% und der Energieaufnahme von 1,55%. Besonders ungünstig wirkt die Erhöhung der Energieaufnahme, da mit der hierdurch erfolgenden Temperatursteigerung des Glühdrahtes die Lebensdauer sehr rasch abfällt.

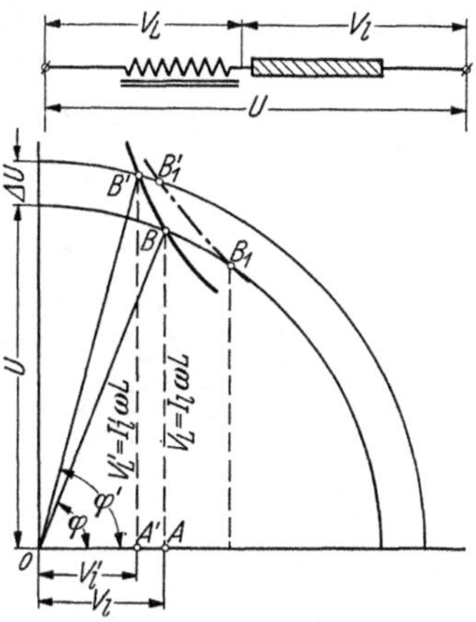

Abb. 126. Einfluß einer Netzspannungszunahme ΔU auf die Lampenspannung V_l und den Strom I_l einer Natriumlampe (schematisch).

Bei Natriumlampen verursacht eine Erhöhung der Netzspannung, bei konstanter Drosseleinstellung, ebenfalls eine Erhöhung der Energieaufnahme, aber gleichzeitig sinkt die Lampenspannung V_l infolge der Stromzunahme. Abb. 126 gibt schematisch die Verhältnisse wieder. Im normalen Zustand ist die Vektorsumme von Lampenspannung $V_l = OA$ und Drosselspannung $V_L = I_l \omega L = AB$ gleich der Netzspannung $U = OB$[1]). Steigt letztere nun vom Wert U auf $U + \Delta U$, dann wird der Strom bis I_l' zunehmen und daher die Spannung bis V_l' abnehmen. Da für die Drossel ωL konstant ist (keine Sättigung), steigt aber auch die Drosselspannung auf V_L'. Im neuen Gleichgewichtszustand ist wieder $U + \Delta U = OB'$ gleich der Vektorsumme von $V_l' = OA'$ und $V_L' = I_l' \omega L$. Den neuen Gleichgewichtspunkt B' findet man also im Schnittpunkt des Kreises $U + \Delta U$ mit der Charakteristik BB'. (In dieser ist $I_l \omega L$ als Funktion von V_l aufgetragen.) Wie aus Abb. 126 ersichtlich, geht der Verschiebungsfaktor von $\cos\varphi = \frac{V_l}{U}$ auf $\cos\varphi' = \frac{V_l'}{U + \Delta U}$ zurück.

Aus der Abb. 126 (strichpunktierte Kurve $B_1 B_1'$) sieht man auch, daß Netzspannungsänderungen um so mehr Einfluß auf den Lampenstrom haben werden, je größer (besser) der $\cos\varphi$ bei der ursprünglichen Spannung U ist. Da $U \geqq V_z$ sein muß, ist bei Stabilisierung durch eine Drossel das Verhältnis $\frac{V_l}{U} = \cos\varphi$ (infolge der relativ hohen Zündspannung V_z der Lampe) meistens kleiner als $\frac{1}{2}$, und bei Netzspannungsschwankungen bleiben die daraus folgenden Stromschwankungen genügend begrenzt.

[1]) Einfachheitshalber wird sinusförmiger Verlauf von Strom und Spannung vorausgesetzt, d. h. $\psi = 1$.

Abb. 127 gibt die Charakteristik einer SO (Na) 650, wobei alle Werte in Prozent der Normalwerte ausgedrückt sind. Auf der horizontalen Achse ist die Netzspannung U in Prozent aufgetragen, auf den Ordinaten die zugehörigen Werte der verschiedenen Größen: I_l, I_t, V_l, N_l, N_t, Φ, η_l und η_t. Wir sehen, daß der Strom I_l nahezu vollkommen proportional der Spannung U ist. Die Lampenspannung V_l nimmt jedoch mit steigendem U ab, da I_l steigt (negative Charakteristik). N_l nimmt

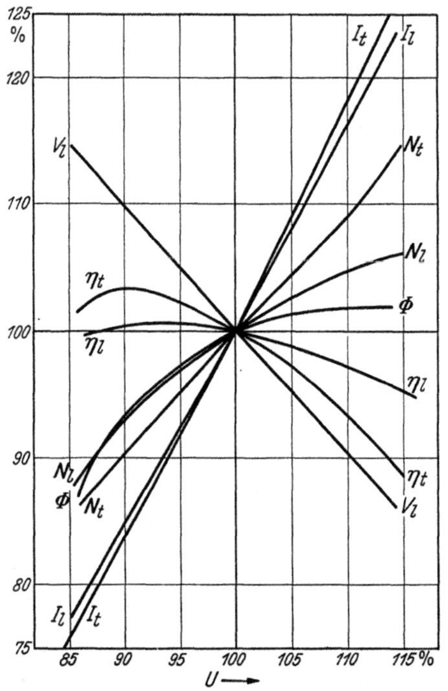

Abb. 127. Einfluß von Netzspannungsschwankungen auf I_l, I_t, V_l, N_l, N_t, Φ, η_l und η_t bei einer SO (Na) 650.

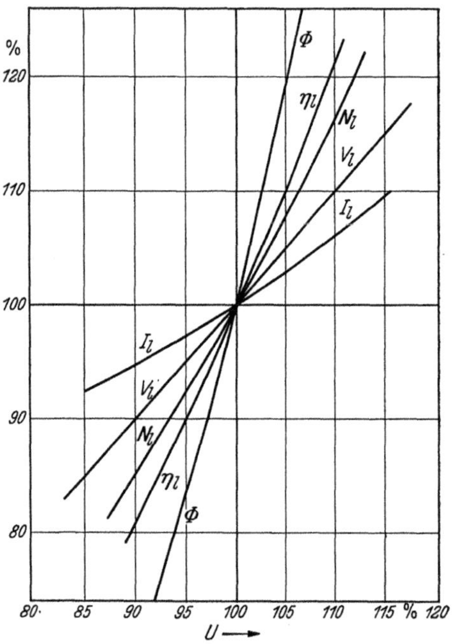

Abb. 128. Spannungsempfindlichkeit einer gasgefüllten Glühlampe von 300 W.

mit U zu, doch langsamer als I_l, da V_l fällt. Zum Vergleich ist auch die analoge Figur für eine Glühlampe in Abb. 128 gegeben.

Hier steigen sowohl Strom als auch Spannung, so daß die Energieaufnahme noch rascher mit der Netzspannungszunahme wächst als der Strom. Zum Vergleich sind in Tabelle 25 die Werte von I_l, V_l, N_l, Φ und η_l für eine SO (Na) 650 und eine 300-W-Glühlampe bei 10% Netzspannungsschwankung zusammengestellt, wobei die Größen bei der normalen Netzspannung $= 100$ gesetzt sind.

Bei einer Niederdruck-Gasentladungslampe wird eine Netzspannungssteigung nicht von der Lampe, sondern vom Vorschaltgerät aufgenommen, wobei dieses außerdem noch die durch die Stromerhöhung freikommende Lampenspannung kompensiert.

Eine Na-Lampe unterscheidet sich besonders durch das Verhalten des Lichtstromes Φ und der Lichtausbeute η_l (Abb. 127) von einer Glühlampe. Mit steigendem U steigt Φ erst noch um wenige Prozent bis auf ein Maximum und fällt dann wieder zurück. Bei fallendem U fällt auch Φ. Ein Vergleich mit den beiden Charakteristiken in Abb. 106 erklärt den Zusammenhang. Zufolge der steigenden Netzspannung steigt die Lampenleistung N_l. Mit N_l steigt Φ, bis dieses bei N_Φ sein Maximum erreicht hat und bei weiter steigendem U (bzw. N_l) wieder fällt. Bei fallendem U und N_l befindet man sich links vom Maximum für Φ, so daß dieses gleichfalls fällt.

Auf analoge Weise erklärt sich das Verhalten von η_l. Die Lampe, deren Charakteristiken hier wiedergegeben sind, war offensichtlich so eingestellt, daß bei einer Unterspannung von etwa 7% die Energieaufnahme gerade N_η W war. Hieraus erklärt sich das Fallen von η_l mit steigendem U.

Tabelle 25.

Netzspannungsempfindlichkeit einer Na-Lampe SO (Na) 650 und einer gasgefüllten Glühlampe 300 W. Normale Werte = 100%.

	SO (Na) 650		Glühlampe 300 W	
Netzspannung U	90	110	90	110
Strom I_l	85	116	95	106
Spannung V_l . .	110	90	90	110
Leistung N_l . . .	93	105	85	116
Lichtstrom Φ . .	93	102	69	140
Lichtausbeute η_l .	101	97	81	121

Aus dem Diagramm für Spannungsschwankungen kann man mit genügender Genauigkeit auch die Charakteristiken der Abb. 106 ableiten. Man nimmt für die verschiedenen Werte von U die zugehörigen von Φ und N_l, bzw. von η_l und N_l und trägt sie in einem Diagramm mit N_l als Abszisse auf. Ein solches Diagramm zeigt deutlich, warum mit Hinsicht auf Spannungsschwankungen die Einstellung zwischen den beiden Maxima erwünscht ist. An sich wäre es wohl am vorteilhaftesten, die Lampe bei der maximalen Lichtausbeute η_l zu betreiben; dann würden aber bei fallender Spannung der Verbrauch N_l und die Temperatur der Lampe so stark fallen, daß die Dampfspannung des Natriums und hiermit auch die Lichtemission viel zu stark sinken würde.

Bei sehr alten Lampen kann unter Umständen die Empfindlichkeit für Netzspannungsschwankungen stark zunehmen, wenn sich die Verteilung des Natriums mit der Zeit ändert. Es ist daher rätlich, sich an die angegebenen Lebensdauern zu halten, wenn man nicht bei Spannungsabfall vor der unangenehmen Überraschung starken Lichtrückfalles stehen will.

Die obenstehenden Betrachtungen beziehen sich alle auf Netzspannungsschwankungen, die von so langer Dauer sind, daß die Lampe wenigstens ihr Temperaturgleichgewicht bei der geänderten Spannung gefunden hat. Neben diesen Schwankungen können auch noch Spannungsabfälle von 20% und mehr des Normalwertes sehr kurzzeitig auftreten

(z. B. bei atmosphärischen Störungen). Bei einer Glühlampe hat dies weiter keine anderen Folgen, als daß die Lichtemission gleichzeitig abfällt und bei ansteigender Spannung auch unmittelbar wieder zurückkehrt. Bei einer Niederdruck-Entladungslampe kann ein starker Abfall, wenn auch sehr kurzzeitig, die Lampe zum Erlöschen bringen. Eine Gasentladungslampe hat nicht nur eine minimale Zündspannung, sondern auch eine minimale Brennspannung, unterhalb welcher die Lampe erlischt (Abb. 49). Bei Na-Lampen ist dies jedoch kein großer Nachteil, da diese praktisch augenblicklich wieder zünden, sobald die Spannung den minimalen Zündwert wieder erreicht hat. Die Lichtausstrahlung verläuft dann nach einer der Kurven in Abb. 125, je nachdem wie lange die Lampe außer Betrieb war.

§ 61. Verhalten der Na-Lampen bei veränderlicher Außentemperatur.

In § 57 erwähnten wir bereits, daß die Wärmeabgabe einer brennenden Na-Lampe durch die Zwischenschaltung eines Vakuumraumes bedeutend vermindert wird, so daß die erforderliche Leistung N_l, um sie auf der richtigen Temperatur zu halten, kleiner ist. Dies bedeutet auch einen geringeren Strom I_l, wodurch kumulative Effekte, die den Wirkungsgrad verschlechtern, auf kleinere Werte beschränkt werden.

Es besteht jedoch ein noch viel zwingenderer Grund für die Verwendung einer wärmeisolierenden Vakuumhülle: die Lampen müssen unabhängig von Witterungseinflüssen sein. Allgemein spricht man wohl von der Temperaturempfindlichkeit einer Lampe, versteht aber darunter nicht nur den Einfluß der Außentemperatur, sondern auch den der Windstärke, der noch viel größer sein kann. Da sich die Dampfdichte sehr stark mit der Temperatur ändert, wird eine kleine Variation letzterer eine starke Schwankung ersterer verursachen und somit auch die Lichtausstrahlung beeinflussen. Ein Temperaturrückgang an den kälteren Stellen der Lampe muß daher möglichst verhindert werden.

Nennen wir n die Anzahl Na-Atome per cm^3 und T_g die entsprechende absolute Temperatur des gesättigten Na-Dampfes, dann gilt

$$\log n = -\frac{5573{,}3}{T_g} - 1{,}6794 \log T_g + 28{,}7134. \tag{163}$$

In Abb. 129 ist $\log n$ (Ordinate) als Funktion der Temperatur (Abszisse) dargestellt. Tabelle 26 gibt einige Werte für n bei häufig vorkommenden Temperaturen. Das zweite Glied auf der rechten Seite obigen Ausdruckes steigt langsam mit der Temperatur, das erste Glied fällt schnell mit steigender Temperatur, so daß $\log n$ und um so mehr n mit T_g rasch zunimmt. Differenziert man (163), dann erhält man

$$\frac{dn}{n} = \left(\frac{5573{,}3}{T_g} \times \ln 10 - 1{,}6794\right) \frac{dT_g}{T_g}. \tag{164}$$

Ist T_g z. B. 557° K (= 284° C), dann folgt aus einer Veränderung der absoluten Temperatur um 1%, das sind etwa 6°, eine Veränderung der

Dampfdichte von etwa 20%. Bei einem Temperaturfall von 284° C auf 278° C geht daher die Dampfdichte n von $1{,}26 \cdot 10^{14}$ auf $1{,}02 \cdot 10^{14}$,

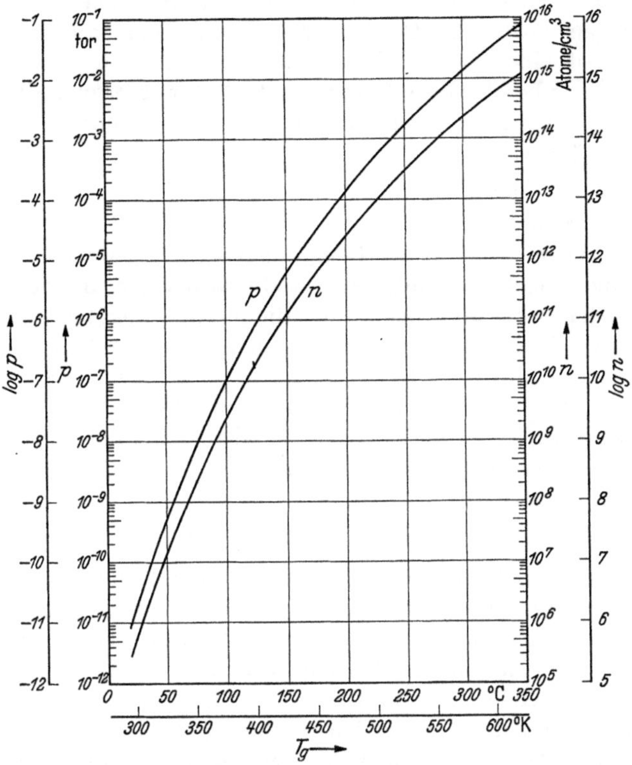

Abb. 129. Dichte n (Anzahl Atome per cm³) und Druck p (tor) von gesättigtem Na-Dampf bei verschiedenen Temperaturen T_g.

Tabelle 26. Dampfdichte (Anzahl Atome/cm³) und Dampfdruck (tor) gesättigten Na-Dampfes bei verschiedenen Temperaturen.

T_g		n Atome/cm³	p (tor)	T_g		n Atome/cm³	p (tor)
° C	° K			° C	° K		
0	273	$1{,}6110 \cdot 10^{4}$	$4{,}5234 \cdot 10^{-13}$	260	533	$4{,}7654 \cdot 10^{13}$	$2{,}6124 \cdot 10^{-3}$
20	293	$3{,}5441 \cdot 10^{5}$	$1{,}0680 \cdot 10^{-11}$	270	543	$7{,}1878 \cdot 10^{13}$	$4{,}0143 \cdot 10^{-3}$
100	373	$2{,}8347 \cdot 10^{9}$	$1{,}0875 \cdot 10^{-7}$	280	553	$1{,}0718 \cdot 10^{14}$	$6{,}0960 \cdot 10^{-3}$
200	473	$2{,}7435 \cdot 10^{12}$	$1{,}3347 \cdot 10^{-4}$	290	563	$1{,}5671 \cdot 10^{14}$	$9{,}0744 \cdot 10^{-3}$
240	513	$1{,}9774 \cdot 10^{13}$	$1{,}0434 \cdot 10^{-3}$	300	573	$2{,}2641 \cdot 10^{14}$	$1{,}3343 \cdot 10^{-2}$
250	523	$3{,}1046 \cdot 10^{13}$	$1{,}670 \cdot 10^{-3}$	350	623	$1{,}1871 \cdot 10^{15}$	$7{,}6068 \cdot 10^{-2}$

Die Dampfdichte des gesättigten Dampfes ist berechnet mit Hilfe der Formel

$$\log n = -\frac{5573{,}3}{T_g} - 1{,}6794 \log T_g + 28{,}7134 \quad (T_g \text{ in } ^\circ\text{K}).$$

also um 19,4%, zurück. In erster Annäherung gilt gleiches auch für die Lichtausstrahlung einer Na-Lampe, da, vorausgesetzt, daß die übrigen

Verhältnisse ungeändert bleiben, die Anzahl angeregter Atome proportional der Anzahl zur Verfügung stehender normaler Na-Atome ist. Realisiert man sich nun, daß in den gemäßigten Zonen Temperaturschwankungen von $+20°$ C bis $-20°$ C vorkommen, dann wird die Notwendigkeit einer guten Wärmeisolation begreiflich.

Bei einer unbeschützten Lampe in freier Luft erfolgt die Wärmeabgabe an die Umgebung auf drei verschiedene Arten:

1. durch Konvektion,
2. durch Leitung,
3. durch Strahlung.

Konvektion. Die mit der Lampe in Berührung stehende Luft wird erwärmt und steigt demzufolge auf, wodurch ein kontinuierlicher kalter Luftstrom der nachströmenden Luft die Lampe abkühlt.

Leitung. Diese ist immer anwesend, solange die Lampe von Luft umgeben ist, ob diese in Bewegung ist oder still steht. Sie ist analog der Wärmeleitung in festen Stoffen, nur sehr viel kleiner. Nennen wir die Temperatur der Lampe T_1 und die der Umgebung T_0, dann wird für erste Annäherung die Wärmeabgabe $\mathfrak{N}_{1)+2)}$ per cm² und s durch Leitung und Konvektion

$$\mathfrak{N}_{1)+2)} = C\,(T_1 - T_0)\,. \tag{165}$$

In der Konstanten C ist sowohl die Wirkung der Konvektion als die der Leitung enthalten; die erstere ist in den meisten Fällen weitaus die größere. Die Konvektion ist von der Art und dem Druck des umgebenden Gases abhängig, während die Leitung wohl von der Art des Gases, aber in weiten Grenzen nicht vom Druck abhängig ist.

Die oben genannte Konvektion ist die sog. freie Konvektion, bei der die Menge der vorbeiströmenden Luft auch durch den Temperaturunterschied $T_1 - T_0$ bestimmt wird. Tritt jedoch Wind auf, dann wird die strömende Luftmenge größer und somit auch die Wärmeabgabe und man spricht dann von erzwungener Konvektion. Aus diesem Grunde hat die Windgeschwindigkeit so großen Einfluß auf die Wärmeabgabe.

Von diesen beiden Verlusten kann man sich beinahe unabhängig machen durch die Zwischenschaltung eines Vakuummantels, wobei dann nur die Wärmeabgabe durch Strahlung stattfinden kann.

Strahlung. Wir betrachten einfachheitshalber zwei unendlich große ebene Flächen (die beiden Wände des Vakuummantels) mit den Temperaturen T_1 und T_0 ($T_1 > T_0$) und nehmen an, daß diese wie ein schwarzer Körper strahlen. 1 cm² der Fläche T_1 strahlt dann per s in die Richtung von T_0 eine Wärmemenge $\mathfrak{S}_{T_1} = \sigma\,T_1^4$ (150) und T_0 strahlt nach T_1: $\mathfrak{S}_{T_0} = \sigma\,T_0^4$. Die Differenz dieser beiden Strahlungsleistungen ist dann die wirklich von T_1 auf T_0 durch Strahlung übergehende Wärmemenge per cm² per s: $\mathfrak{N}_{3)}$

$$\mathfrak{N}_{3)} = \sigma\,(T_1^4 - T_0^4) \qquad \mathrm{W/cm^2}\,, \tag{166}$$

wenn σ in der entsprechenden Einheit ausgedrückt und T_1, T_0 in ° K eingesetzt wird. $\sigma = 5{,}75 \cdot 10^{-12}\,\mathrm{W/(cm^2\,Grad^4)}$ für den schwarzen Körper, für Glas im Gebiet der Wärmestrahlung ist $\sigma' = 0{,}8\,\sigma$.

Wir betrachten nun 2 Fälle. Im ersten gilt Formel (165) und im zweiten Formel (166), wobei T_0 und T_1 als gegeben angenommen werden, so daß $N_{1)+2)}$ und $N_{3)}$ bestimmt sind. Wir fragen: um wieviel wird T_1 sinken, wenn, bei konstanten $N_{1)+2)}$ und $N_{3)}$, T_0 fällt? Hierzu schreiben wir die beiden betreffenden Ausdrücke in etwas anderer Form:

$$\left.\begin{aligned} &\text{a)}\quad T_1 = \frac{N_{1)+2)}}{C} + T_0 \\ &\text{b)}\quad T_1^4 = \frac{N_{3)}}{\sigma} + T_0^4. \end{aligned}\right\} \qquad (167)$$

Durch Differentiation erhalten wir nach entsprechender Umformung:

$$\left.\begin{aligned} &\text{a)}\quad \frac{\mathrm{d}T_1}{\mathrm{d}T_0} = 1 \\ &\text{b)}\quad \frac{\mathrm{d}T_1}{\mathrm{d}T_0} = \left(\frac{T_0}{T_1}\right)^3 \qquad (T_0 < T_1). \end{aligned}\right\} \qquad (168)$$

Im ersten Falle ist also der Abfall $\mathrm{d}T_1$ von T_1 gleich dem Abfall $\mathrm{d}T_0$ von T_0. Im zweiten Falle ist $\mathrm{d}T_1$ jedoch viel kleiner als $\mathrm{d}T_0$ wegen des Faktors $\left(\frac{T_0}{T_1}\right)^3$. Für eine Na-Lampe sind die Temperaturen T_0 und T_1 von der Größenordnung 300° K und 600° K, so daß im Falle b) $\mathrm{d}T_1 = \frac{\mathrm{d}T_0}{8}$ wird. Hierbei treten die günstigen Eigenschaften eines Vakuumraumes als Wärmeisolation, in bezug auf Temperaturschwankungen, sehr deutlich hervor.

In Abb. 107 sind einige Ausführungen schematisch angegeben. In Schema a) ist die Lampe von Vakuum umgeben und nur durch eine einfache Glaswand umschlossen. Die Praxis zeigte jedoch, daß eine derartige Konstruktion keine genügende Wärmeisolation ergibt. Man ging daher dazu über, in den Vakuumraum noch eine Zwischenwand als Strahlungsschirm einzuführen: Schema b). Diese beiden Konstruktionen, bei denen die Lampe in einem Vakuumraum liegt und mit dem umhüllenden Kolben ein Ganzes bildet, wollen wir im weiteren Verlauf einwandigen — a) — bzw. zweiwandigen — b) — *Vakuummantel* nennen.

Ausführung b) kann durch ein doppelwandiges *Vakuumglas* c) ersetzt werden. Dieses ist dann von der Lampe getrennt, so daß letztere ausgewechselt werden kann, ohne daß man das Vakuumglas ersetzen muß. Im Falle c) tritt zwischen Lampe und Vakuumglas-Innenwand wieder Wärmeübergang durch Konvektion und Leitung der dazwischen eingeschlossenen Luft auf, so daß die gesamte Abgabe etwas größer wird als im Falle b). Demgegenüber steht jedoch die egalisierende Wirkung dieser Luftschicht, die die Lampe umströmt und örtliche Temperaturunterschiede ausgleicht. Praktisch ist es unmöglich eine Lampe zu konstruieren, bei der die erzeugte Wärme per cm² Oberfläche der Wand überall gleich groß ist (z. B. durch die an den Elektroden erzeugte Wärme), so daß doch immer wärmere und kältere Stellen auftreten. Diese Temperaturunterschiede werden durch den Wärmetransport der genannten Luftschicht verringert.

Der gleiche Vorgang spielt sich auch ab, wenn die Lampe von außen durch kalten Wind an einer Seite abgekühlt wird.

Für eine Lampe mit gegebener Kolbengröße nimmt die per s erforderliche Wärmemenge zur Aufrechterhaltung der richtigen Temperatur ab, wenn die Wärmeisolation verbessert wird (z. B. Zufügung von einem

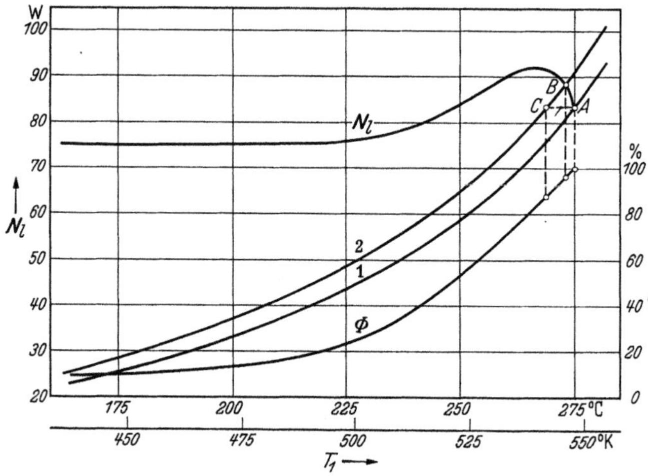

Abb. 130. Leistung N_l und Lichtstrom Φ als Funktion der Temperatur T_1 der Lampe. Die Kurven 1 und 2 geben die zur Aufrechterhaltung der Temperatur T_1 benötigte Leistung. Kurve 1: normaler Betrieb, Kurve 2: starke Kühlung (gemessen).

oder mehreren Zylindern im doppelwandigen Vakuummantel erhöht die Rückstrahlung). Die Werte von N_l, bei denen das Maximum der Lichtausbeute (N_η) und des Lichtstromes (N_Φ, Abb. 106) auftritt, werden hierbei ebenfalls kleiner. Die Lichtausbeute η wird praktisch nicht größer (eine kleine Zunahme von η wird durch steigende Absorption wegen der größeren Anzahl Glaszylinder wett gemacht), so daß der Lichtstrom Φ mit N_Φ abnimmt.

Will man dagegen bei verbesserter Wärmeisolation den Lichtstrom Φ (und damit auch N_l) konstant halten, dann müssen die Kolbendimensionen größer gewählt werden. Da nl. die innere Wandtemperatur die gleiche bleiben muß, erfordert die konstante abzuführende Leistung bei verbesserter Wärmeisolation eine größere strahlende Oberfläche. Für $\Phi = 6000$ lm z. B. würde die Lampe bald aus praktischen Gründen (Gewicht, Bruchgefahr) zu groß werden, so daß man sich mit einem doppelwandigen Vakuumgefäß (oder -mantel) begnügt.

Die Variation ΔT_1 der Innentemperatur T_1, infolge einer Änderung ΔT_0 der Außentemperatur T_0, hat nicht mehr viel Einfluß, wenn man die Lampe auf eine Leistung N_l' zwischen N_η und N_Φ (Abb. 106) einstellt. Dies wird verständlich aus dem Verhalten von Φ und N_l bei variabler Temperatur T_1. In Abb. 130 sind Φ und N_l als Funktion der Lampentemperatur T_1 aufgetragen. Der normale Betriebspunkt der Lampe liegt rechts vom Maximum in N_l.

Wird nun infolge einer Abnahme von T_0 auch T_1 kleiner, dann ist das zu einem ΔT_0 gehörende ΔT_1 geringer als der nach Formel (167 b) berechnete Wert, da die Leistung $N_{3)}$ $(= N_l)$ zunimmt. So ergibt nach Abb. 130 für $T_1 = 548°$ K eine Abnahme von $\Delta T_1 = 5° \approx 1\%$ von T_1 eine Zunahme $\Delta N_l = 7{,}5$ W, oder 9% von N_l. Durch das Maximum in der N_l-Kurve (Abb. 121 und 130) wird also die Temperaturempfindlichkeit verringert. Dies tritt deutlich aus der Abb. 130 hervor, wenn man die Kurven 1 und 2 vergleicht. Diese geben die Leistung, die der Lampe bei einer gegebenen Temperatur T_1 zugeführt werden muß, um sie auf dieser Temperatur zu halten: 1. unter normalen Bedingungen, 2. bei starker Kühlung. Ein Teil dieser Leistung wird als Licht ausgestrahlt.

Tabelle 27. Einfluß von Kälte und Wind auf eine neue und eine alte Na-Lampe SO (Na) 650 (ohne Armatur).

	Φ (lm)
1. Neue Lampe (14 h)	
+ 24° C — ohne Wind . . .	7217
— 12° C — mit Wind (10 m/s)	7200
2. Alte Lampe (3200 h)	
+ 24° C — ohne Wind . . .	5092
— 12° C — mit Wind (10 m/s)	4683

Der normale Betriebspunkt liegt im Schnittpunkt A der Kurven N_l und 1. Tritt nun erhöhte Kühlung auf, dann würde der Betriebspunkt, wenn N_l konstant bliebe, nach C kommen ($T_1 = 542°$ K), aber infolge der Steigung von N_l kommt er nach B ($T_1 = 546°$ K). Der Lichtabfall bei kaltem Wind bleibt während der ganzen Lebensdauer beschränkt, ohne daß man die Leistung N_l bedeutend größer als N_η machen muß (die Lichtausbeute sinkt also auch nicht viel).

Man darf jedenfalls N_l nicht allzuviel größer als N_η nehmen, da sonst das sog. „Umschlagen" der Lampe (speziell an warmen Sommerabenden bei neuen Lampen) auftritt. Wird nämlich die Temperatur der Lampe und hiermit der Na-Dampfdruck zu hoch, dann findet die Entladung nur in Na statt (ohne Anregung und Ionisation des Neons). Dabei nehmen η_l, Φ und N_l ab, so daß die Lampe abkühlt und wieder in die normale (Na-Ne-) Entladung übergeht. Die Lampe brennt dann abwechselnd normal und „umgeschlagen".

Tabelle 27 gibt einige Messungen über den Einfluß von Wind und Temperatur auf eine Na-Lampe; bei einer alten Lampe ist dieser größer. Man soll daher die Lampen nur während der angegebenen Lebensdauer in Betrieb halten, da sonst an kalten Winterabenden ein unzulässiger Lichtabfall auftritt.

Zum Schluß weisen wir noch darauf hin, daß auch die Form der Armatur die Temperaturempfindlichkeit beeinflußt. Beim sog. Tiefstrahler, wo die Lampe dem direkten Einfluß des Windes entzogen ist, wird die Empfindlichkeit geringer sein als in einer offenen Armatur.

Dreizehntes Kapitel.

Theoretische Betrachtungen über Na-Lampen und ihre Lebensdauer.

§ 62. Lichtausbeute.

Beim Entwurf einer Gasentladungslampe könnte man von folgenden Richtlinien ausgehen:

1. Man wählt ein Gas oder einen Dampf, dessen leicht anregbare Linien in dem Wellenlängengebiet liegen, wo die spektrale Hellempfindlichkeit des Auges ein Maximum ist (also in der Nähe von λ 5550 Å). Das gilt natürlich nur für den Fall, daß die Farbe des Lichtes von untergeordneter Bedeutung ist.

2. Man wählt jene Entladungsform und jene Betriebsbedingungen, bei denen möglichst viel Atome in die Niveaus, die zur Emission der gewünschten Linien Anlaß geben, befördert werden. Außerdem soll diese Anregung möglichst ohne Verluste erfolgen. Dies bedeutet meistens, daß die für Anregung aufgewandte elektrische Energie, im Verhältnis zu der für Ionisation erforderlichen, möglichst groß sein muß.

3. Die für Anregung verwendete Energie muß das Rohr als sichtbare Strahlung verlassen. (Die Emission im Infrarot oder Ultraviolett soll möglichst klein sein.) Für eine Lampe, die Resonanzstrahlung aussendet, z. B. Na, bedeutet dies Vermeidung der sekundären Prozesse, für eine Lampe, die höhere Linien emittiert, z. B. Hg, jedoch Beförderung dieser Prozesse (S. 56).

Andere praktische Gesichtspunkte, wie z. B. die Größe der Lampen usw., sind natürlich gleichfalls zu beachten.

Betrachten wir eine Natriumlampe nach diesen Gesichtspunkten. Der erste Punkt wird erfüllt, da die spektrale Hellempfindlichkeit für die gelben Na-Linien $\lambda\lambda$ 5890—96 Å noch 76,5% des Maximalwertes beträgt. Wenn die gesamte zugeführte Leistung als gelbes Na-Licht ausgestrahlt werden würde, könnte man eine Lichtausbeute von $621 \cdot 0{,}765 = 475$ lm/W erhalten. Der zweite Punkt ist auch erfüllt, da die erwünschten Linien Resonanzlinien (§ 21) mit niedriger Anregungsspannung sind (2,1 V), also leicht angeregt werden können. Der dritte Punkt ergibt aber bei der Konstruktion der Na-Lampen infolge der Selbstabsorption (§ 21) Schwierigkeiten. Die Resonanzlinien werden von den normalen Atomen leicht absorbiert, so daß eine scheinbare Verlängerung der Lebensdauer angeregter Atome entsteht und das Auftreten kumulativer Anregung und Ionisation erleichtert wird. Der Vorgang der Selbstabsorption ist sehr kompliziert und von verschiedenen Faktoren abhängig. Da es bisher noch nicht gelungen ist eine vollständige mathematische Theorie der Na-Lampen aufzustellen, müssen wir uns im folgenden auf eine qualitative Diskussion der maßgebenden Faktoren beschränken.

Pflanzt sich ein Lichtstrahl in einem Medium fort, das einen Absorptionskoeffizient a_I per Längeneinheit hat, dann ist seine Intensität von a_I und dem zurückgelegten Weg x abhängig. Auf dem Wege $\mathrm{d}x$ werde der Lichtstrom Φ_x infolge der Absorption um den Betrag $\mathrm{d}\Phi$ vermindert.

$$\mathrm{d}\Phi = -\Phi_x a_\text{I} \,\mathrm{d}x. \tag{169}$$

Durch Trennung der Veränderlichen ist diese Gleichung bei konstantem a_I integrierbar und wir erhalten, wenn wir für den Beginnpunkt $x_0 = 0$, $\Phi_x = \Phi_0$ setzen

$$\Phi_x = \Phi_0 \varepsilon^{-a_\text{I} x}. \tag{170}$$

Der Absorptionskoeffizient a_I wird meistens experimentell bestimmt, indem man für einen bestimmten Abstand x, Φ_0 und Φ_x mißt. Für die Absorption der Resonanzstrahlung in dem Gas, in welchem diese Strahlung erzeugt wird, ist der Absorptionskoeffizient a_I proportional der Konzentration der normalen Atome, n_n:

$$a_\text{I} = \text{konst.}\, n_n. \tag{171}$$

n_n ist oft mit dem Abstand x veränderlich und dann wird die Integration der Gleichung (169) viel schwieriger, da a_I ebenfalls eine Funktion von x wird. Jedenfalls nimmt der Lichtabfall durch Absorption sehr schnell mit n_n zu, da a_I (proportional n_n) in (170) als Potenzexponent steht.

Vergleicht man (170) mit Formel (41) bzw. (43), die die Intensitätsverminderung eines Elektronenbündels infolge von Zusammenstößen angibt, dann fällt sofort die Analogie der beiden Ausdrücke auf. Ersetzt man a_I durch $\frac{1}{\lambda}$, dann nimmt (170) genau die gleiche Form an wie (43) und λ hat dabei die Bedeutung einer mittleren freien Weglänge eines Lichtquantes der Resonanzstrahlung, d. h. des mittleren Weges, der zwischen zwei aufeinanderfolgenden Absorptionen zurückgelegt wird. Ist ein solches Lichtquant absorbiert, dann ist die Richtung, in welcher das ersetzende Lichtquant ausgestrahlt wird, vollkommen dem Zufall überlassen, so daß alle Richtungen gleich wahrscheinlich sind. Für die Wanderungsgeschwindigkeit dieser Quanten kann man die Betrachtungen, die bei der Diffusion vorgeführt wurden, verwenden. Die Diffusionskonstante war $D = \frac{1}{3} \lambda \bar{v}$, wobei $\lambda = \frac{1}{a_\text{I}}$ ist. Die mittlere Geschwindigkeit $\bar{v}$ ist jedoch nicht die Lichtgeschwindigkeit (im Vakuum) $c = 3 \cdot 10^{10}$ cm/s, sondern wird auf folgende Weise abgeleitet. Bei jeder Absorption bleibt das Lichtquant während einer Zeit τ, der Lebensdauer des angeregten Niveaus, als potentielle Energie im Atom. Zwischen zwei aufeinanderfolgenden Absorptionen, wobei eine mittlere freie Weglänge λ zurückgelegt wird, verläuft also eine Zeit τ. Die Zeit, die das Quant zum Zurücklegen des Weges zwischen zwei absorbierenden Atomen erfordert, ist neben τ zu vernachlässigen, da dieser Abstand mit Lichtgeschwindigkeit (c) durchlaufen wird. Nehmen wir für λ den sehr großen Wert von 1 cm an, dann wird diese Zeit $3 \cdot 10^{-11}$ s, während τ normal von der Größenordnung 10^{-8} s ist. Die mittlere Geschwindigkeit $\bar{v}$ ergibt sich also aus Weg/Zeit, $\bar{v} = \frac{\lambda}{\tau}$ und die Diffusionskonstante wird

$$D = \frac{1}{3} \lambda \bar{v} = \frac{1}{3} \frac{\lambda^2}{\tau} = \frac{1}{3} \frac{1}{a_{\mathrm{I}}^2 \tau}. \qquad (172)$$

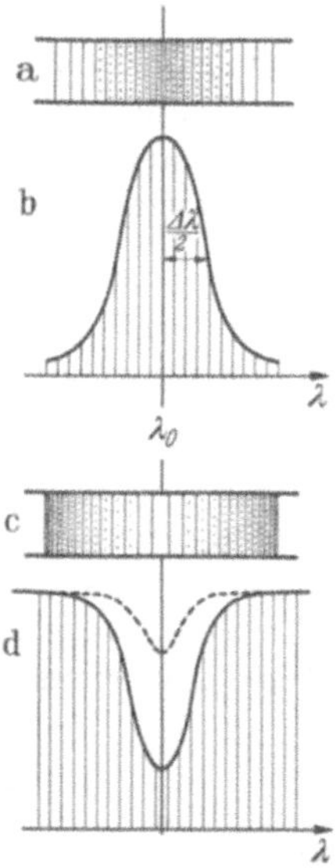

Abb. 131 a–d. Intensitätsverteilung einer Spektrallinie zufolge des Doppler-Effektes. a und b Emissionslinie. c und d Absorptionslinie.
– – – schwache} Absorption.
—— starke}

Auf Grund dieser Betrachtungen spricht man auch von einer *Diffusion der Resonanzstrahlung.*

In der Praxis verwendet man jedoch Röhren, die einen großen Teil des Natriums in ionisiertem Zustand enthalten, da zugunsten einer hohen Lichtausbeute der Dampfdruck niedrig gehalten wird. Das Füllgas (ein Edelgas wegen der geringen, elastischen Stoßverluste) hat immer eine höhere Ionisationsspannung als das Na, so daß in einem Gemisch aus diesen beiden das Natrium die meisten Ionen liefert. Bloß in dem Falle, daß keine genügende Anzahl Na-Atome vorhanden ist, um die erforderliche Menge Ionen liefern zu können, muß auch das Edelgas solche zur Verfügung stellen. Man hat in gewissen Entladungen einen Ionisationsgrad von 50% und mehr für das Na gemessen. Aus der Temperatur an der Innenseite der Entladungsröhre, die mit genügender Genauigkeit gemessen werden kann, läßt sich wohl ungefähr die Anzahl der vorhandenen Na-Atome, aber, infolge der Ionisation, nicht ohne weiteres das n_n (171) bestimmen. Ebensowenig wie die Ionen, tragen die angeregten Atome zur Absorption der Resonanzlinie, die durch a_{I} charakterisiert wird, bei. Es bleibt daher nichts anderes übrig, als n_n schätzungsweise festzustellen.

Noch eine weitere Schwierigkeit bei der Bestimmung des Absorptionskoeffizienten a_{I} ergibt sich aus der Tatsache, daß die ausgestrahlte Linie eine bestimmte Breite hat. Wir haben bisher stillschweigend angenommen, daß eine Spektrallinie absolut monochromatisch ist und daher die Strahlung von nur einer einzigen Wellenlänge enthält. Eine verfeinerte Meßmethode könnte dann die Bestimmung dieser Wellenlänge auf eine größere Anzahl Dezimalen gestatten [mit genauesten

Apparaten kann man heute bis auf 0,001 Å (10^{-10} mm) messen]. In Wirklichkeit hat eine Spektrallinie jedoch eine endliche Breite, so daß sie mehr als nur eine einzige Wellenlänge enthält. Tritt keine Absorption auf, dann stellt sich eine Spektrallinie bei großer Dispersion wie Figur a in Abb. 131 dar. Den Verlauf der Intensität als Funktion der Wellenlänge gibt Figur b in Abb. 131. Eine Spektrallinie wird nun durch die Wellenlänge λ_0 des Maximums der Intensität und die sog. Halbwertbreite festgelegt. Die Halbwertbreite ist der Unterschied $\Delta\lambda$ jener Wellenlängen, für die die Intensität die Hälfte des Maximums ist. In Abb. 131 ist die halbe Halbwertbreite $\left(\frac{\Delta\lambda}{2}\right)$ angegeben.

Das Verbreitern der Linie kann verschiedene Ursachen haben. Die sog. Eigenbreite der Linie entsteht durch die kleine Lebensdauer des angeregten Niveaus, das das entsprechende Lichtquant liefert. Je größer diese Lebensdauer ist, desto schärfer wird die Spektrallinie. Der Doppler-Effekt entsteht durch die thermische Bewegung der Atome während der Emission. Hierdurch wird die ausgestrahlte Frequenz nicht entsprechend ihrem ursprünglichen Wert wahrgenommen, sondern mit gewissen Abweichungen. Da nun eine Spektrallinie durch die gleichzeitige Wirkung vieler Atome erzeugt wird, die verschiedene Geschwindigkeiten bezüglich des Wahrnehmers (in Größe und Richtung) besitzen, entsteht ein Intensitätsverlauf wie in Abb. 131b angegeben ist. Auch die umringenden Ionen und Atome können die Linienbreite vergrößern, da die Energieniveaus der angeregten Atome von den elektrischen Feldern dieser beiden beeinflußt werden können. Dies ist aus Formel (47) leicht begreiflich, da bei $h\nu = W_2 - W_1$ durch eine Änderung von W_2 oder W_1 auch ν beeinflußt wird.

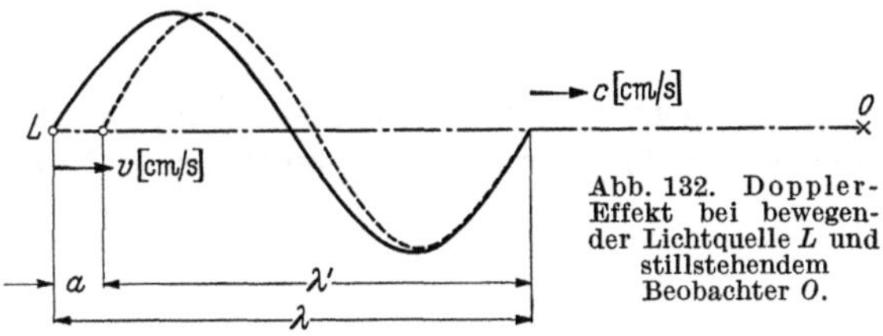

Abb. 132. Doppler-Effekt bei bewegender Lichtquelle L und stillstehendem Beobachter O.

★ Bei den Niederdruckentladungen spielt meistens der *Doppler-Effekt* die wichtigste Rolle. Nehmen wir den Fall an, daß der Beobachter stillsteht und die Lichtquelle L (Abb. 132) sich mit der Geschwindigkeit v in der Richtung zum Beobachter O hin bewegt.

Die Frequenz der Strahlung sei ν und die Fortpflanzungsgeschwindigkeit c, so daß die bei stillstehender Lichtquelle wahrgenommene Wellenlänge $\lambda = \frac{c}{\nu}$ ist. Bewegt sich nun die Lichtquelle in der Richtung nach O, dann wird die Wellenlänge der Strahlung in der Bewegungsrichtung $\lambda' = \lambda - a$, wobei a der von L während einer vollen Periode zurückgelegte Weg ist. Nennen wir die Zeitdauer einer Periode der Strahlung τ, dann ist $a = v\tau = \frac{v}{\nu}$. Dadurch, daß sich der Beginnpunkt ★

★ jeder Periode während der Zeit τ um a fortbewegt, wird die Wellenlänge und die Periodendauer von O aus verkürzt wahrgenommen. Die voll ausgezogene Kurve in Abb. 132 stellt die Schwingung dar bei stillstehender Lichtquelle, die strichlierte Kurve die wahrgenommene Schwingung in Punkt O, bei Bewegung der Lichtquelle in Pfeilrichtung mit der Geschwindigkeit v. Drückt man die scheinbare Wellenlänge λ' durch c und v aus, dann erhält man

$$\lambda' = \lambda - a = \lambda - v\tau = \lambda - v\frac{\lambda}{c} = \lambda\left(1 - \frac{v}{c}\right). \tag{173}$$

λ' ist also kleiner als λ und somit die Frequenz ν' größer als ν; mit $\nu = \frac{c}{\lambda}$, wobei die Fortpflanzungsgeschwindigkeit c konstant ist und mit $v \ll c$, erhält man

$$\nu' = \nu \frac{1}{1 - \frac{v}{c}} \approx \nu\left(1 + \frac{v}{c}\right). \tag{174}$$

Bewegt sich nun die Lichtquelle vom Wahrnehmer fort, dann gelten obenstehende Formeln mit umgekehrten Vorzeichen:

$$\lambda'' = \lambda\left(1 + \frac{v}{c}\right), \tag{175}$$

$$\nu'' \approx \nu\left(1 - \frac{v}{c}\right). \tag{176}$$

Für einen Beobachter, der bezüglich einer leuchtenden Entladungsröhre stillsteht, bewegen sich die strahlenden Atome sowohl in der Richtung zu ihm hin als auch von ihm fort. Der Beobachter nimmt daher sowohl Frequenzen ν, als auch ν' und ν'' wahr. Haben die Atome eine Maxwellsche Geschwindigkeitsverteilung, dann gibt Formel (23) den Bruchteil, der eine gegebene Geschwindigkeitskomponente in der Wahrnehmungsrichtung, oder entgegengesetzt zu dieser, hat, so daß man die Intensitätsverteilung der Emissionslinie in Abb. 131b berechnen kann. Man findet:

$$S_{\lambda'} = \text{konst.}\ \varepsilon^{-\frac{\mu c^2}{2RT_g}\left(\frac{\lambda - \lambda'}{\lambda}\right)^2} \tag{177}$$

μ = Molekulargewicht

R = Gaskonstante.

Man konnte auf diese Weise unter anderem das Bestehen der Maxwell-Verteilung experimentell nachweisen.

Dieselben Formeln gelten auch, wenn sich anstatt der Lichtquelle der Wahrnehmer bewegt, da es nur auf die relative Geschwindigkeit des Beobachters bezüglich der Lichtquelle ankommt. Nähern sie sich einander, dann erhöht sich die beobachtete Frequenz, und entfernen sie sich voneinander, dann erniedrigt sich diese.

Auch eine Absorptionslinie zeigt den Doppler-Effekt, wobei die Intensitätsverteilung nach Formel (23) berechnet werden kann. Ein ★

★ Atom mit Eigenfrequenz ν absorbiert, wenn es sich in der Fortpflanzungsrichtung des auftreffenden Lichtstrahles bewegt, eine höhere Frequenz ν'; bewegt es sich der Fortpflanzungsrichtung entgegen, dann absorbiert es eine kleinere Frequenz ν''. Das bewegende Atom empfängt diese ν' und ν'' als ν, die Frequenz, die es im relativen Ruhestand bezüglich der Lichtquelle ausschließlich absorbieren kann. ★

Sendet man Licht mit kontinuierlichem Spektrum durch einen Kolben, in dem sich Na-Dampf befindet, dann wird dieses nach dem Durchlaufen des Kolbens eine Absorptionslinie in seinem Spektrum besitzen, deren Breite und Intensität (Tiefe) von der Na-Dampftemperatur und -dichte und der Länge des im Dampf durchlaufenen Weges abhängt (Abb. 131 d: gestrichelte Linie schwache, voll ausgezogene Linie starke Absorption).

Die Na-Emissionslinie, die im Innern einer Na-Lampe erzeugt wird, unterliegt ebenfalls diesen Absorptionserscheinungen. So gibt Abb. 133 die Intensitätsverteilung der Linie: a) bei geringer Dampfdichte, relativ niedriger Temperatur und somit schwacher Selbstabsorption; b) bei großer Dampfdichte, relativ hoher Temperatur und starker Selbstabsorption. Man darf sich jedoch bezüglich dieser Selbstumkehr der Na-Linie keine übertriebene Vorstellung machen, da sie im allgemeinen nur mit sehr empfindlichen Instrumenten wahrgenommen werden kann. Mit einem guten Taschenspektroskop gelingt es gerade noch, die beiden Linien λ 5890 Å und λ 5896 Å des Na-Dubletts getrennt wahrzunehmen.

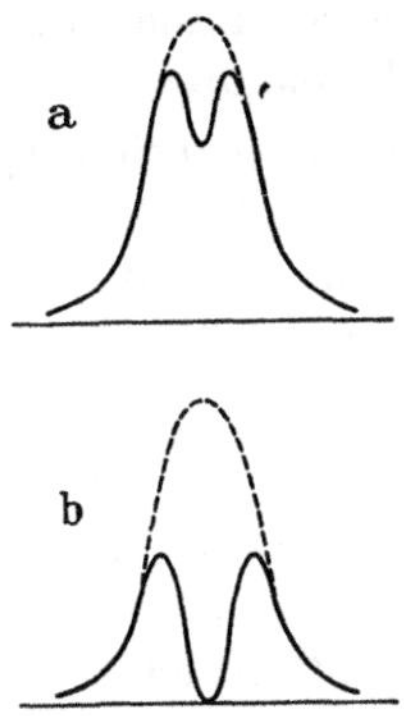

Abb. 133 a und b. Veränderung der Intensitätsverteilung der Na-Linie infolge von Selbstumkehr. a) schwach, b) stark.

Für das Verhalten einer Na-Lampe gibt die Größe der Selbstabsorption jedoch belangreiche Anweisungen. Im Maximum der Lichtausbeutekurve (Abb. 106) ist die Selbstabsorption meistens gut wahrnehmbar; mit wachsender Leistungsaufnahme, also steigender Temperatur und Dampfdichte, wird sie größer, mit fallender Leistungsaufnahme kleiner. Wären nun keine sekundären Vorgänge mit dieser Selbstabsorption verbunden, dann würde sie keine nachteiligen Folgen haben: sie würde nur die Lebensdauer der angeregten Atome scheinbar vergrößern und deren Konzentration erhöhen. Es sind jedoch gerade die sekundären Prozesse, die das Fallen von Φ und η, von einer bestimmten Leistungsaufnahme an ($\boldsymbol{N}_{\Phi}$ bzw. $\boldsymbol{N}_{\eta}$), verursachen.

Die sekundären Prozesse können verschiedenartige sein. Weitere Anregung oder Ionisation von Atomen, die sich im Resonanzniveau befinden, durch Elektronen. Anregung von höheren Niveaus, die Lichtstrahlung mit Wellenlängen ergibt, für die unser Auge weniger empfindlich ist als für λ 5890 Å und λ 5896 Å, oder die unsichtbare Strahlung (infrarot und ultraviolett) hervorruft, vermindert den Lichtstrom und auch die Lichtausbeute der Natriumentladung. Das gleiche gilt auch für kumulative Ionisation, die das Verhältnis zwischen Anregung und Ionisation zugunsten letzterer erhöht. Auch Stöße zweiter Art können hierbei eine Rolle spielen: beim Zusammentreffen eines angeregten Atomes und eines langsamen Elektrons erhält man dann ein neutrales Atom und ein schnelles Elektron (§ 20, Abb. 28, Nr. 7). Das Resultat wird jedoch hier wieder das gleiche, da das schnelle Elektron die Anregung höherer Niveaus oder Ionisation verursachen kann.

★ Die Wahrscheinlichkeit, daß ein einmal erzeugtes Na-Resonanzquant durch diese Komplikationen vernichtet oder degradiert wird, hängt in erster Linie von der Zeit ϑ ab, die verläuft vom Augenblicke seiner Erzeugung an bis zu seinem Verlassen der Röhre und weiter von der Konzentration n_e und Energie $e\overline{V}_e$ (Temperatur T_e) der Elektronen. Für ein Lichtquant, das in der Achse einer Röhre mit dem Radius R_1 erzeugt wird, kann man diese Zeit ϑ mit Hilfe der Formel, die Einstein für die Brownsche Bewegung abgeleitet hat, schätzen.

$$\vartheta = \frac{R_1^2}{6D}. \tag{178}$$

Unter „Brownsche Bewegung" versteht man die unruhige Bewegung sehr kleiner, z. B. in einer Flüssigkeit suspendierter Teilchen, unter dem Einfluß der Stöße der Flüssigkeitsmoleküle. Beobachtet man in einem Mikroskop die Lagen eines solchen Teilchens am Anfang (t_0) und Ende (t_1) eines Zeitintervalls ($t_1 - t_0$), dann besteht zwischen dem Mittelwert des Quadrates der Verschiebungen Δ und $t_1 - t_0$ folgender Zusammenhang:

$$\overline{\Delta^2} = 4\,D\,(t_1 - t_0). \tag{179}$$

D = Diffusionskonstante (§ 11). In dem soeben besprochenen zweidimensionalen Fall ist der Koeffizient der Diffusionskonstanten $= 4$; im dreidimensionalen Fall der Diffusion der Lichtquanten beträgt dieser Koeffizient $= 6$: Formel (178).

Da das Licht jedoch in dem ganzen Röhrenquerschnitt, und nicht nur in der Achse, erzeugt wird, müssen die verschiedenen möglichen Werte von Δ (von 0 bis $2\,R_1$) berücksichtigt werden. Hieraus findet man:

$$\bar{\vartheta} = \text{konst.}\,\frac{R_1^2}{6D}. \tag{180}$$

Ersetzt man D durch den Wert aus (172) für Resonanzstrahlung und verwendet dabei für a_I den Ausdruck (171), dann erhält man

$$\bar{\vartheta} = \text{konst.}\, n_n^2\, R_1^2. \tag{181}$$

Nehmen wir erst den Fall an, daß **weder Absorption noch sekundäre Prozesse auftreten**, so daß alle Lichtquanten nach erster Emission auch ungehindert die Röhre verlassen. Dann stellt sich ein stationärer Zustand ein, wobei die Anzahl der per s angeregten Atome ★

★ gleich der Anzahl der per s in den Normalzustand zurückkehrenden, also lichtausstrahlenden Atome ist. Für den stationären Zustand gilt dann folgende Gleichung:

$$n_n n_e C_1 = n_a A. \tag{182}$$

n_n und n_a = Anzahl Atome im Grundzustand bzw. im angeregten Zustand. n_e = Anzahl Elektronen per cm³, A = die Wahrscheinlichkeit, daß ein angeregtes Atom spontan in den Grundzustand zurückkehrt (Übergangswahrscheinlichkeit). Nach § 20 ist $\frac{1}{A} = \tau$, die mittlere Lebensdauer eines angeregten Atomes. C_1 = Konstante, die nur von der Elektronentemperatur abhängt; sie gibt die Anzahl Anregungen per s per neutralem Atom per Elektron[1]).

Aus Formel (182) folgt für die per s ausgestrahlte Energie, da $n_a A$ die Anzahl der per s per cm³ ausgesandten Quanten ist und die Energie per Quant $= h\nu$ (in erg)

$$n_a A h\nu = n_n n_e C_1 h\nu \tag{183}$$

oder nach Multiplikation mit dem photometrischen Strahlungsäquivalent K_λ (in lm/W) und mit 10^{-7} (1 W = 10^7 erg/s), der ausgestrahlte Lichtstrom

$$\Phi = n_a A h\nu K_\lambda 10^{-7} = n_n n_e C_1 h\nu K_\lambda 10^{-7} \text{ lm/cm}^3 \tag{184}$$

Nach den zu Beginn aufgestellten Beschränkungen, daß weder Absorption noch sekundäre Prozesse auftreten, ist der ausgesandte Lichtstrom per cm³ proportional n_e (d. h. der Stromdichte) und n_n (d. h. der Dampfdichte). Man kann diesen Zustand mit Na ziemlich annähernd erreichen, wenn man die Entladung bei nicht allzu hoher Temperatur und sehr kleiner Stromdichte betreibt, wobei die erforderliche Wärme, um die Röhre auf richtiger Temperatur zu halten, durch eine besondere Wärmequelle geliefert wird. Die auf diese Weise erzielten Wirkungsgrade gehen bis 90% des maximal Möglichen, so daß praktisch gesprochen beinahe die gesamte elektrische Leistung in Lichtstrahlung umgesetzt wird.

Schreiben wir (182), durch Einführung von $\frac{1}{\tau}$ für A, noch in anderer Form:

$$n_a = n_n n_e C_1 \tau, \tag{185}$$

dann sehen wir, daß für konstante Werte von C_1, n_n und n_e (Dampftemperatur und Strom) die Konzentration n_a der angeregten Atome der Lebensdauer τ proportional ist.

Wir haben oben gefunden, daß die Lebensdauer infolge der Selbstabsorption scheinbar auf den Wert $\bar{\vartheta}$ erhöht wird, wobei $\bar{\vartheta}$ viel und viel

---

[1]) Die Konstante C_1 wird durch folgenden Ausdruck gegeben: $C_1 = \int_0^\infty q(v) F(v) \cdot v\,dv$; $q(v)$ ist der Wirkungsquerschnitt (d. i. der reziproke Wert der mittleren freien Weglänge oder des mittleren Abstandes zwischen zwei anregenden Stößen) für Anregung, $F(v)$ der Ausdruck (18) für die Maxwell-Verteilung der Elektronengeschwindigkeit v. ★

★ größer als τ ist, so daß wegen (185) n_a bedeutend größer wird. Durch das größere $\bar{\vartheta}$ wird also die Wahrscheinlichkeit, daß sekundäre Prozesse auftreten, viel größer. Nennen wir C_2[1]) die Anzahl der per s per Elektron und per angeregtem Atom vernichteten Lichtquanten, dann können wir für die Anzahl der vernichtenden sekundären Prozesse per s per cm³ schreiben:

$$\text{s. P.} = n_a\, n_e\, C_2 \tag{186}$$

(s. P. = Anzahl sekundärer Prozesse per s). Die Anzahl der beim Auftreten sekundärer Prozesse per s ausgesandten Lichtquanten wird nun gleich der Differenz von der Anzahl der per s erzeugten und der per s durch s. P. vernichteten Quanten (oder angeregten Atome) sein. Die erzeugte Anzahl ist $n_n\, n_e\, C_1$, die vernichtete Anzahl ist $n_a\, n_e\, C_2$. Für n_a setzen wir den Wert aus (185) $n_n\, n_e\, C_1\, \tau$ und ersetzen nun natürlich das τ durch $\bar{\vartheta}$. Wir erhalten so für den ausgestrahlten Lichtstrom per cm³

$$\Phi = h\nu K_\lambda \left(n_n\, n_e\, C_1 - n_n\, n_e^2\, C_1\, C_2 \bar{\vartheta}\right) 10^{-7}\,\text{lm/cm}^3. \tag{187}$$

Setzen wir nun noch den Wert aus (181) für $\bar{\vartheta}$ ein und ziehen die gemeinsamen Faktoren vor die Klammer, dann können wir an

$$\Phi = h\nu K_\lambda\, n_n\, n_e\, C_1 \,(1 - n_n^2\, n_e\, R_1^2\, C_2)\, 10^{-7}\,\text{lm/cm}^3 \tag{188}$$

verschiedene Einflüsse untersuchen.

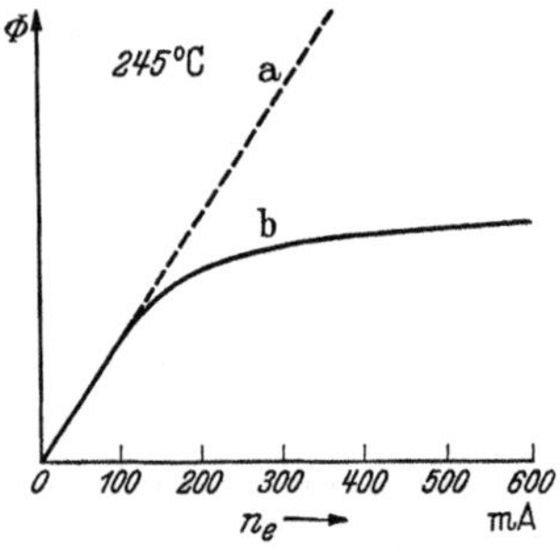

Abb. 134. Lichtstrom der Resonanzlinien (λ 5890 Å, λ 5896 Å) einer Na-Entladung bei konstanter Temperatur ($n_n \approx$ konst.) und veränderlicher Stromdichte (n_e = var). a) ohne, b) mit sekundären Prozessen (gemessen).

Nehmen wir erst an, daß die Temperatur der Entladungsröhre, also auch der Na-Dampfdruck und n_n konstant gehalten werden, während durch Veränderung des Stromes I_l die Elektronenanzahl n_e variiert wird. Bei nicht allzu hoher Temperatur, also auch nicht allzu großem n_n, wird bei kleiner Elektronenkonzentration n_e (kleinem I_l) der zweite Ausdruck in der Klammer klein sein bezüglich 1. Die letztgenannte Formel (188) geht dann über in (184), d. h. es treten keine sekundären Prozesse auf.

Wächst n_e, dann nimmt der Klammerausdruck ab und der Lichtstrom steigt nicht mehr proportional mit n_e (d. h. I_l), sondern langsamer. Abb. 134 gibt den Verlauf des Lichtstromes als Funktion der Konzentration n_e (I_l); a) ohne und b) mit Berücksichtigung sekundärer Prozesse.

Nehmen wir nun die Stromstärke I_l und somit die Elektronenkonzentration n_e konstant an und lassen wir die Temperatur verändern.

[1]) Für C_2 besteht ein analoger Ausdruck wie für C_1. Die folgende Überlegung gilt jedoch nur solange als $n_e\, C_2 \ll A$ ist, d. h. daß die Anzahl der durch sekundäre Prozesse verschwindenden angeregten Atome gegenüber der durch Ausstrahlung verschwindenden Anzahl klein ist. ★

★ Bei steigender Konzentration von n_n (der normalen Na-Atome = absorbierende) muß nun der Lichtstrom oberhalb einer bestimmten Temperatur schneller abfallen als bei der vorigen Annahme, da das zweite Glied in der Klammer n_n^2 enthält. Abb. 135 gibt den Verlauf des Lichtstromes als Funktion der Konzentration n_n bei konstantem n_e.

Bei hoher Temperatur tritt hier zufolge des Doppler-Effektes (Verbreitern der Linien) eine relative Verminderung der Absorption auf. Die sog. Ausläufer der Linien werden nämlich nicht so stark absorbiert wie die Mitte, so daß der Lichtstrom weniger schnell sinkt als nach (188) zu erwarten wäre. ★

Aus dem Vorgehenden kann man also schließen, daß bei der Konstruktion einer guten Na-Lampe die Größen n_n (Dampfdichte) und n_e (Elektronenkonzentration) klein gehalten werden sollen[1]). Zur Erzielung eines bestimmten Lichtstromes müßte man dann aber eine sehr große Lampe bauen, da $n_n n_e C_1$ (Anzahl der per s per cm³ angeregten Atome) dann gleichfalls klein ist. Eine solche Lampe würde jedoch verschiedene Nachteile aufweisen, und zwar vor allem die große Bruchgefahr und die lange Anwärmzeit. Eine praktisch brauchbare Lampe muß durch die Entladung auf die richtige Temperatur gebracht und auf dieser gehalten werden können. Im Beharrungszustand benötigt die Lampe zur Aufrechterhaltung dieser Temperatur eine bestimmte Leistung: $\psi I_l V_l$. Erhöht man die normale Leistung um schneller anwärmen zu können, dann wird der Entladungsstrom I_l größer als dem Wert $\boldsymbol{N}_\Phi$ von Abb. 106 entspricht, wodurch n_n als auch n_e ansteigt und der Lichtstrom der gelben Linien zurückfällt (rechts von $\boldsymbol{N}_\Phi$). Es wird dann relativ mehr Energie für die Anregung der höheren Niveaus (infrarote und sichtbare Linien) verwendet.

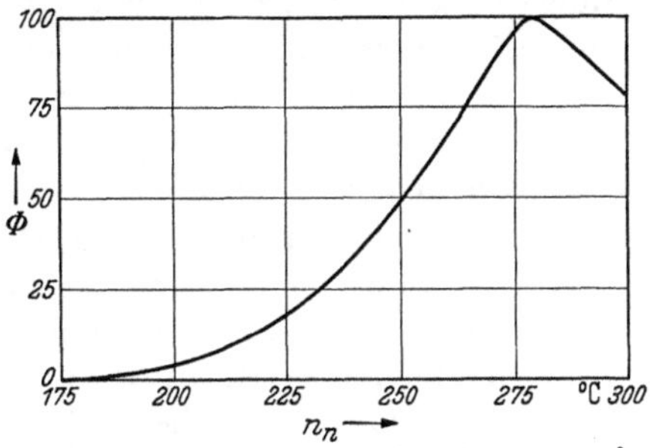

Abb. 135. Lichtstrom der Resonanzlinien (λ 5890 Å und λ 5896 Å) einer Na-Entladung bei konstantem Strom (n_e = konst.) und veränderlicher Temperatur (n_n = var.) (gemessen).

Ist die Lichtstromkurve $\Phi = f(\boldsymbol{N}_l)$ bekannt, dann kann man die Lage von $\eta_{l\,\max}$, den maximalen Wert der Lichtausbeute im $\eta_l = f(\boldsymbol{N}_l)$-Diagramm, bestimmen, indem man aus dem Ursprung des Koordinatensystemes die Tangente an die Φ-Kurve zieht, deren Neigungswinkel mit der $\boldsymbol{N}_l$-Achse $\eta_{l\,\max}$ angibt (Abb. 106). In dem Punkte, wo $\boldsymbol{N}_l = \boldsymbol{N}_\eta$ ist, gilt also:

$$\left(\frac{\mathrm{d}\,\Phi}{\mathrm{d}\,\boldsymbol{N}}\right)_{\boldsymbol{N}=\boldsymbol{N}_\eta} = \frac{\Phi}{\boldsymbol{N}_\eta} = \eta_{l\,\max}\,. \tag{189}$$

[1]) Infolge der verschiedenen Vernachlässigungen in obenstehenden Überlegungen sind letztere nur größenordnungsmäßig richtig; man denke z. B. an den hohen Ionisationsgrad des Natriumdampfes (§ 61).

Auch die Form der Lampe sowie die Art und der Druck des Füllgases haben Einfluß auf den Lichtstrom und die Lichtausbeute einer Lampe bei gegebenem n_n und n_e. Da im Korrektionsglied von (188) auch der Radius R_1 der Röhre vorkommt, wird in einer Röhre mit größerer lichter Weite das Maximum bei niedrigerer Temperatur und kleinerer Stromdichte auftreten. Vergleichen wir z. B. die Lampe mit niedriger Spannung und großem Strom für 6000 lm (§ 58, S. 216) mit einer SO (Na) 650 (6500 lm), die beide mit einem Vakuumglas versehen sind (gleiche Wärmeisolation). Die erstgenannte Lampe hat bei einem Innenradius von $R_1 = 3{,}1$ cm eine Betriebstemperatur von $T_w = 230°$ C und eine mittlere Stromdichte von $j = 0{,}16$ A/cm², während die entsprechenden Werte bei der SO (Na) 650 $R_1 = 0{,}6$ cm, $T_w = 270°$ C und $j = 0{,}53$ A/cm² sind. Was die Art des Füllgases betrifft, so ist man aus verschiedenen Gründen auf Edelgase angewiesen (u. a. werden sie von den Elektroden und dem Glas am wenigsten absorbiert und tasten diese auch nicht an), wobei man mit Neon die besten Resultate erreichen konnte, so daß dieses ganz allgemein hierfür verwendet wird.

Daß also die Erhöhung von Strom (Leistung) und Temperatur bei einer Na-Lampe nicht notwendigerweise eine erhöhte Lichtstromabgabe zur Folge hat, ist der Selbstumkehr zuzuschreiben. Es ist hierdurch nicht möglich, die Leuchtdichte, die bei etwa 10 K/cm² ihren Grenzwert hat, beliebig zu erhöhen. Die Selbstabsorption ist auch die Ursache. daß die Lampe nach dem Lambertschen Cosinusgesetz strahlt, d. h. die Leuchtdichte konstant ist, unabhängig von der hinter der strahlenden Oberfläche liegenden Entladungstiefe (S. 152).

Schließlich erwähnen wir noch kurz die Energiebilanz der Na-Lampe. Auffallend ist wieder der geringe Anteil der in Licht umgesetzten elektrischen Leistung. Die Größenordnung der nutzbaren Leistungsanteile ist ungefähr so, daß von der in der Säule verbrauchten Leistung etwa 15% in den Resonanzlinien und etwa 6% in den höheren Niveaus ausgestrahlt werden, während der Rest an der Wand abgegeben wird (Ionen und Elektronen) und für die Erwärmung sorgt, die den erforderlichen Na-Dampfdruck erzeugt.

§ 63. Gleich- und Wechselstromentladung.

Bei den vorhergehenden theoretischen Betrachtungen haben wir uns hauptsächlich auf Gleichstromentladungen beschränkt, da die Vorgänge bei diesen viel weniger kompliziert sind als bei Wechselstrom. Für die positive Säule bei Wechselstrom z. B. ist noch keine Theorie, analog der für Gleichstrom in Kapitel 7 gegebenen, ausgearbeitet. Da jedoch in der Praxis die meisten Entladungslampen mit Wechselstrom betrieben werden, mögen hier noch einige, hiermit zusammenhängende Eigenschaften besprochen werden.

Am Ende jeder Halbperiode geht der Strom durch Null, bevor er seine Richtung umkehrt. In diesem Augenblick findet daher nahezu keine Anregung durch Elektronen statt und da das Nachleuchten, selbst bei Anwesenheit von Eigenabsorption, nur von sehr kurzer Dauer ist, gibt die Lampe also beim Durchgang des Stromes durch Null kein Licht. Diesen Zustand bezeichnet man als Dunkelperiode und dessen Dauer wird unter anderem auch von der Art des verwendeten Stabilisierungselementes beeinflußt. Letztgenanntes bestimmt nämlich die Geschwindigkeit, mit der die Spannung an den Klemmen der Röhre wieder ansteigt, und daher auch die Zeit, die verstreicht, bis der Wert der Wiederzündspannung erreicht wird. Nach dem Durchschlag beginnt wieder Stromdurchgang und Lichtabgabe. Die schlechten Eigenschaften eines Ohmschen Widerstandes als Strombegrenzer bezüglich dieser Vorgänge wurden bereits in § 30 behandelt.

Eine unangenehme Folge dieser Dunkelperiode ist der bekannte Flimmereffekt. Die gleiche Erscheinung können wir auch bei mit Wechselstrom betriebenen Glühlampen konstatieren, wenn deren Draht sehr dünn ist. Dort wird dies jedoch nicht so deutlich sichtbar, da zufolge der Wärmekapazität des Glühfadens die Stromänderung nicht so naturgetreu in der Lichtausstrahlung wiedergegeben wird. Durch die schnelle Aufeinanderfolge dieser Dunkelperioden (100 per s bei Wechselstrom von 50 ~) kann unser Auge sie jedoch an stillstehenden Gegenständen nicht wahrnehmen, sondern nur an sich bewegenden. Bei genügend rascher Bewegung erscheint der Gegenstand nicht als kontinuierliches Band, sondern wird gleichzeitig an mehreren Stellen innerhalb eines normalen Sehwinkels wahrgenommen. Beim Fortschreiten auf seiner Bahn wird der Gegenstand nur dann sichtbar, wenn tatsächlich Lichtausstrahlung stattfindet, wobei das Bild auf der Netzhaut sprungweise einen anderen Platz einnimmt. Die Trägheit des Erlöschens der hervorgerufenen Bilder, die zeitlich und räumlich verschoben sind, verursacht die auf der Netzhaut scheinbar gleichzeitigen Eindrücke. Die Erfahrung hat gelehrt, daß diese Erscheinung bei den wichtigsten Anwendungsmöglichkeiten nicht störend wirkt (z. B. Straßenbeleuchtung, wo die Winkelgeschwindigkeit, bezüglich der Augenlinse als Drehungsmittelpunkt, der sich in großen Abständen bewegenden Gegenstände klein ist). Bloß bei Schwing- oder Drehbewegungen und vor allem, wenn deren Frequenz in die Nähe der Halbperiodenzahl (oder deren Vielfachen) des verwendeten Wechselstromes kommt, können sich Schwierigkeiten ergeben, da stroboskopische Effekte auftreten. Eine sich drehende Scheibe z. B. kann stillstehend (Synchronismus), langsamer oder gar entgegengesetzt der wirklichen Drehrichtung laufend erscheinen. Hat man in solchen Fällen die Möglichkeit, für die Beleuchtung mehr als nur eine Lichtquelle zu verwenden, dann kann man den stroboskopischen Effekt aufheben, wenn man die dasselbe

Gesichtsfeld beleuchtenden Lichtquellen an verschiedene Phasen, eines Drehstromnetzes z. B., anschließt.

In Abb. 136a ist die Beleuchtungsstärke als Funktion der Zeit angegeben, wobei drei Lampen von den drei verschiedenen Phasen eines Netzes gespeist werden und ungefähr gleich große Anteile zur Beleuchtungsstärke liefern.

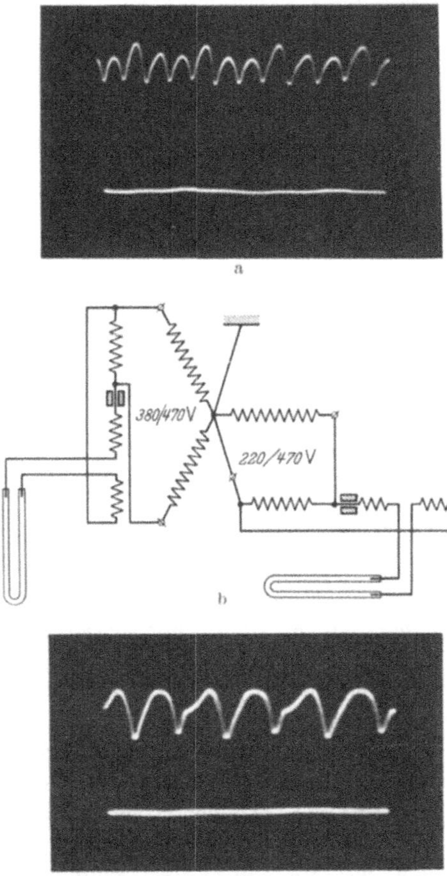

Abb. 136 a—c. Aufheben des Flimmereffektes bei Beleuchtung mit Wechselstromlampen. a Dreiphasennetz. b Scottsche Schaltung. c Resultierender Beleuchtungseffekt bei Scottscher Schaltung.

Bei der Verwendung von zwei Lampen für die Beleuchtung desselben Gesichtsfeldes kann z. B. auch mit Hilfe der sog. Scott-Schaltung (Abb. 136b) der Flimmereffekt sehr stark vermindert werden. Die beiden Lampen können z. B. zusammen in einer Armatur montiert sein. Abb. 136c gibt die resultierende Beleuchtungsstärke bei einer solchen Kombination als Funktion der Zeit. Welche Methoden man in bestimmten Fällen wählt, hängt von der Lampentype ab. Im allgemeinen können Lampen mit großer Stromdichte, z. B. So (Na) 650, besser in Scottscher Schaltung und Lampen mit kleiner Stromdichte, z. B. Da 90, besser in Dreiphasenschaltung verwendet werden.

Das periodische Nullwerden des Stromes äußert sich nicht nur in optischer Hinsicht (Dunkelperiode), sondern auch in elektrischer (Wiederzündung). Die dabei auftretenden Erscheinungen wurden in § 30 behandelt (Abb. 54). Wir sahen hierbei, daß der besondere Vorteil bei Verwendung einer Drossel als Stabilisierungselement in dem schnellen Spannungsanstieg beim Stromnulldurchgang liegt (eine Folge der Phasenverschiebung zwischen Strom I_l und Netzspannung U).

Legt man nun parallel zu den Lampenklemmen einen Widerstand, z. B. ein Voltmeter- oder die Spannungsspule eines Wattmeters, dann wird die Geschwindigkeit, mit der die Spannung anwächst, ungünstig beeinflußt. Die Folgen eines solchen Parallelwiderstandes zeigt Abb. 137.

AB ist die Veränderung der Wiederzündspannung als Funktion der Zeit t, deren Anfangswert in den Punkt gelegt ist, bei dem die Spannung V_l durch Null geht (Abb. 138). Diese Wiederzündspannung wächst infolge des Verschwindens der Restladungen mit t an. Die Kurve OC gibt den

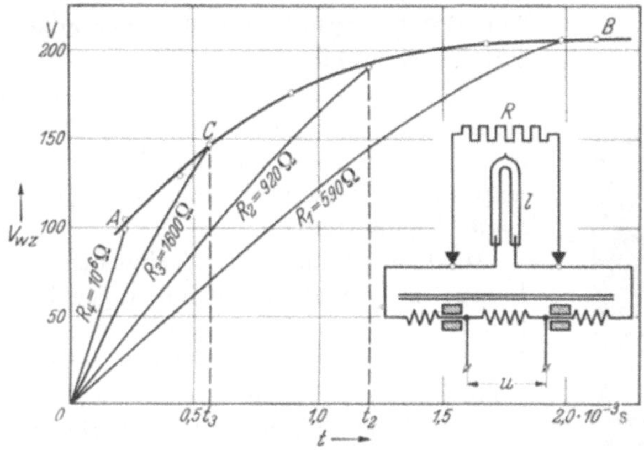

Abb. 137. Einfluß eines zu den Lampenklemmen parallelgeschalteten Widerstandes (Voltmeter oder Spannungsspule eines Wattmeters) auf die Wiederzündung einer Wechselstromlampe (SO 250 in normalem Betrieb).

Verlauf der Spannung an den Lampenklemmen für einen gegebenen Parallelwiderstand R_3. Nach einer Zeit t_3 hat diese schließlich den

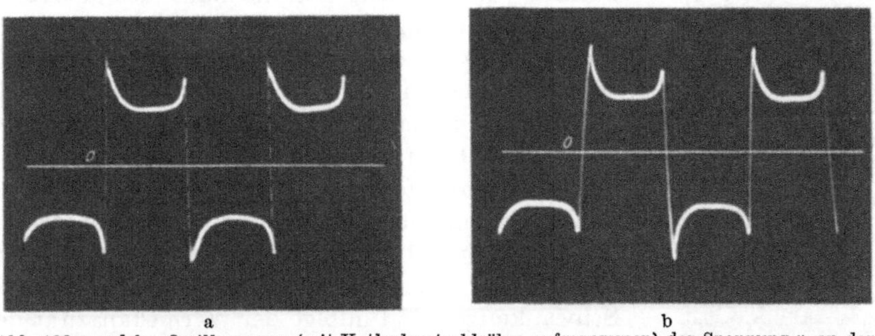

Abb. 138a und b. Oszillogramm (mit Kathodenstrahlröhre aufgenommen) der Spannung v_l an den K emmen einer Ne-Entladung mit Widerstand R parallel zur Lampe. a $R = 10^6\,\Omega$, b $R = 4 \times 10^3\,\Omega$.

erforderlichen Wert für die Wiederzündung der Lampe erreicht. Nehmen wir nun einen kleineren Widerstand R_2, z. B., dann wächst die Spannung langsamer an, während die erforderliche Zündspitze höher geworden ist, da $t_2 > t_3$. Wird R klein genug, dann zündet die Entladung nicht mehr. Durch das Parallelschalten eines Widerstandes wird sowohl die erforderliche Wiederzündspannung erhöht als auch der Verzerrungsfaktor ψ ungünstiger und die Dunkelperiode verlängert. Abb. 138 gibt den Verlauf der Spannung v_l einer Ne-Entladung [kalte SO (Na) 650 mit

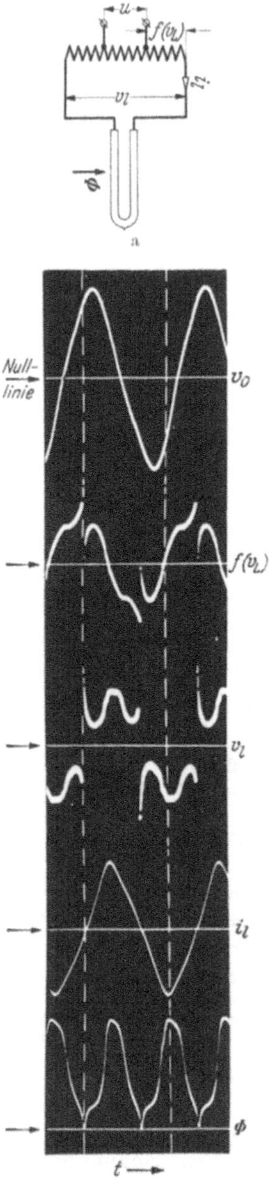

Abb. 139 a und b. Verlauf der Spannungen: v_0, v_l, v_L, des Stromes i_l und des Lichtstromes Φ als Funktion der Zeit für eine Na-Lampe SO (Na) 650.

Streuspartrafo 220/440 V] a) mit Widerstand $R = 10^6\,\Omega$, b) mit $R = 4000\,\Omega$ parallel zur Röhre ($I_l = 0{,}52$ A, $V_l \approx 200$ V). Man sieht deutlich den Unterschied im Spannungsanstieg [die strichlierte Linie im Fall a) ist eingezeichnet, da diese in der Aufnahme, wegen der großen Schreibegeschwindigkeit, zu schwach war].

Die Spannung V_l mißt man am besten mit einem elektrostatischen Voltmeter. Falls nötig, kann man die Leistungsaufnahme $\boldsymbol{N}_l$ der Lampe aus der Differenz der Gesamtleistung $\boldsymbol{N}_t$ und der der Drosselspule $\boldsymbol{N}_L$ bestimmen.

In Abb. 139 sind die Verhältnisse für eine Na-Lampe in normalem Betrieb angegeben. Der Verlauf der Spannung v_l[1]) weicht von dem für eine Neonentladung gegebenen (Abb. 54) ab. Man sieht wohl die Wiederzündspitze und auch einigermaßen die Abreißspitze am Ende der Halbperiode, aber in der Mitte ist eine Erhöhung von v_l hinzugekommen. Letztere ist eine Folge der sehr geringen Na-Dampfdichte, die das Neon veranlaßt, sich zeitweise stark an der Entladung zu beteiligen. In jeder Halbperiode tritt nun die in § 59 beim Anwärmen beschriebene Erscheinung des Fortionisierens des Natriums auf. Infolge der veränderlichen Natriumkonzentration ist auch der Lichtstrom Φ dem Lampenstrom i_l im Laufe einer Halbperiode nicht mehr proportional. Vergleicht man i_l und v_l aus Abb. 139 mit Φ aus Abb. 140, dann kann man diesen Vorgang folgendermaßen erklären.

Zu Beginn einer Halbperiode ist die Natriumkonzentration näherungsweise durch die mittlere Temperatur der Röhreninnenwand gegeben (die Schwankungen sind infolge der Wärmekapazität der Röhre nur klein). Der Strom ist klein und die Lichtausbeute groß, die Spannung stellt sich wie für eine reine Na-Entladung ein, i_l und Φ steigen, während η_l ungefähr konstant bleibt. Mit der Zunahme von i_l steigt auch der Ionisationsgrad des Natriums, und zwar so stark, daß die Anzahl der per s ionisierten Na-Atome größer wird als die durch Verdampfung per s neu hinzukommende. Durch die Abnahme der zur Verfügung stehenden Na-Atome wird in der Mitte der Röhre das Na fortionisiert und es tritt eine starke Zunahme in v_l auf (diese ist zu vergleichen mit dem Maximum

[1]) v_0 ist die sekundäre Leerlaufspannung des Trafos.

der V_l Kurve aus Abb. 121). Wo v_l und i_l gleichzeitig groß sind, hat auch N_l ein Maximum. Dasselbe gilt auch für den Lichtstrom Φ. Die Lichtausbeute η_l hat dagegen ein Minimum (Ionisation des Neons). Der Momentanwert des Stromes nimmt nun ab und mit ihm auch der Ionisierungsgrad. Nach einiger Zeit entsteht schließlich wieder eine reine Na-Entladung: die Spannung v_l sinkt. Am Ende der Halbperiode ist die Lichtausbeute wieder groß, da der Strom klein ist. Am Anfang und Ende der Halbperiode ist die Entladung einigermaßen jener mit gesonderter Heizung und kleiner Stromdichte ähnlich, bei der gleichfalls sehr große Lichtausbeuten erreichbar sind.

In der Mitte der Halbperiode findet die Anregung des Natriums nur in einer dünnen äußeren Schicht statt, so daß der Einfluß der Selbstumkehr verringert wird. Bei Überbelastung der Lampe (höhere Temperatur und größere Na-Konzentration) wird das Maximum von v_l kleiner; bei gegebener Temperatur wird dieses mit zunehmender Stromdichte größer.

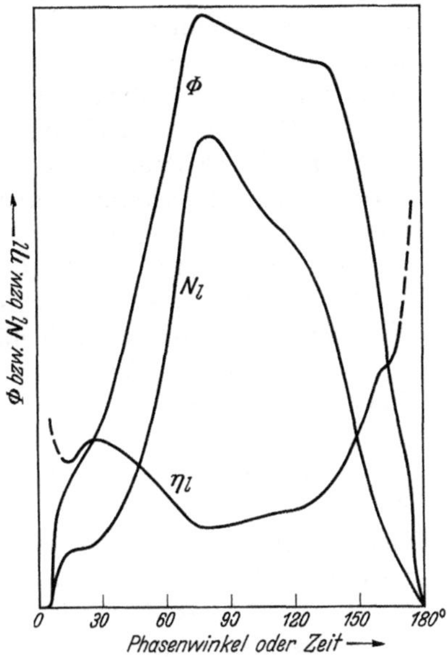

Abb. 140. Verlauf der Momentanwerte von Lichtstrom Φ, Leistung N_l und Lichtausbeute $\eta_l = \frac{\Phi}{N_l}$ in einer Halbperiode.

§ 64. Lebensdauer.

Als die Lebensdauer beeinflussende Faktoren können bei Na-Lampen in der Hauptsache drei genannt werden:

1. Sprung im Glas,
2. die Zündspannung ist zu hoch,
3. die Lichterzeugung ist zu gering geworden.

Das Springen des Glases gehört eigentlich zu den Kinderkrankheiten der Na-Lampen und kommt praktisch gesprochen nicht mehr vor. Da die meisten Gläser durch Na von hoher Temperatur (270° C) stark angegriffen werden, hat man spezielle Glassorten entwickelt, die sehr wenig Kieselsäure (SiO_2) enthalten und dem Angriff des Natriums sehr großen Wiederstand bieten (z. B. die sog. Boratgläser). Diese Glassorten lassen sich nicht leicht verarbeiten, da die erforderliche Glastemperatur für Bearbeitung und der Schmelzpunkt sehr dicht beieinander liegen (sog. kurzes Glas). Die Erweichungstemperatur ist etwa 400° C. Diese Temperatur liegt ziemlich dicht bei der normalen Betriebstemperatur, so daß örtliche Überhitzung, z. B. bei den Elektroden, die Lampe gefährden kann. Außerdem ist das Boratglas gegen Wasserdampf der Atmosphäre nicht widerstandsfähig (Verwitterung). Man ist deshalb dazu übergegangen, die Röhren aus Überfangglas herzustellen, indem man die mehr normalen Gläser (Kalkglas z. B.), die als Außenschicht dienen, gegen Na-Angriffe an der Innenseite mit einer dünnen Schicht Na-beständigen Glases überzog. Bei den großen Unterschieden in der chemischen Zusammensetzung der beiden Schichten bestehen natürlich auch Unterschiede in deren physischen Eigenschaften. Der Ausdehnungskoeffizient z. B. in dem Temperaturintervall $0 \div 300°$ C wird sicher Unterschiede aufweisen. Bei jedem Ein- oder Ausschalten muß die Lampe das ganze Intervall durchlaufen und darf hierbei keinen Sprung bekommen. Es ist in der Tat gelungen, Gläser zu fabrizieren, die diese Bedingungen erfüllen. Anstatt des Na-beständigen Glasüberzuges bringt man auch eine Art Glasur an der Innenseite an, indem man diese in Pulverform in den Kolben bringt und durch Erhitzen auf hohe Temperatur mit der Glaswand verschmilzt (Phosphatgläser z. B.).

Auch die elektrolytische Leitfähigkeit des Glases bei der hohen Betriebstemperatur kann Sprung verursachen. Diese Leitfähigkeit, die bei allen Gläsern bei einer entsprechend hohen Temperatur auftritt, wird hier noch durch das (aus der Entladung) in das Glas eindringende Natrium erhöht. Ein durch die Leitfähigkeit verursachter Sprung wird vorzugsweise dort auftreten, wo hohe Feldstärken vorkommen. Das ist z. B. bei den Durchführungen der Elektroden oder an der Kontaktstelle zwischen Glas und Zündelektrode der Fall (letztgenannte ist mit einer isolierenden Emailleschicht überzogen, um Durchschlag zu vermeiden). Durch einen Sprung im Glas kann Luft in die Lampe eindringen, wodurch die Zündspannung ansteigt und die Lampe bei der normal zur Verfügung stehenden Spannung nicht mehr zündet. Es kann längere Zeit dauern, bevor sich ein solches Leck endlich verrät, da das auf der ganzen Röhrenwand fein verteilte Natrium als „Getter" wirkt, d. h. die einleckenden Gase bindet. Man erkennt das Lecken daran, daß der silberartige Glanz der Metalloberfläche des Na-Niederschlages verschwindet und durch eine matt aussehende Schicht Natriumoxyd ersetzt wird (oft sieht das oxydierte Na auch schwarz aus).

Bei der Besprechung der entladungsgeheizten Kathoden (§ 34) wiesen wir darauf hin, daß diese vor allem während der Zündung durch den Ionenaufprall zu leiden haben. Will man diesen nachteiligen Einfluß durch die Verwendung kleiner Kathoden, die sich schnell erhitzen, verringern, dann wird die Temperatur während des normalen Betriebes zu hoch, so daß die emittierende Oxydschicht bald verdampft. Man hat deshalb einen Kompromiß gesucht, bei dem die Lampe, unter der Voraussetzung normalen Betriebes, doch noch genügend oft zünden kann. Wird die Lampe jedoch als intermittierende Lichtquelle verwendet (z. B. im Flugwesen oder im allgemeinen für Signalzwecke), dann muß man mit einer Verkürzung der normalen Lebensdauer rechnen, da die Kathode dann schneller „kahl" wird und demzufolge die Entladung nicht mehr zündet[1]).

[1]) In einem solchen Fall kann man die Schwierigkeit durch Verwendung von gesondert geheizten Kathoden vermeiden.

Die meist vorkommende Ursache des Ausfallens (nach einer normalen Lebensdauer) einer Lampe ist das Sinken des Lichtstromes mit der Zeit. Die Ursachen können verschiedener Natur sein; Lichtabsorption im Glas, Verminderung des Natriumdampfdruckes und Ansammlung des Natriums an bestimmten Stellen der Röhre, so daß in der Entladung ein Natriummangel entsteht, der sich durch die rote Farbe der Entladung (Neon) anzeigt.

Selbst das beste Glas wird im Laufe der Zeit durch die Na-Entladung ein wenig braun gefärbt und absorbiert um so mehr von dem in der Entladung erzeugten Licht, je dunkler seine Farbe geworden ist. Gelbes Na-Licht wird weniger absorbiert als weißes Licht, da das verfärbte Glas selektive Absorption aufweist. Das Antasten des Glases durch die Entladung ist stärker als das durch den bloßen Metalldampf von hoher Temperatur, da in der Entladung, außer den normalen Atomen, auch angeregte und ionisierte anwesend sind. Besonders die Ionen werden durch die negativen Wandladungen (§ 37) mit großer Geschwindigkeit auf das Glas geschleudert und können daher tiefer eindringen. Gläser mit geringerer elektrischer Leitfähigkeit (alkalifreie Gläser) zeigen eine bessere Widerstandsfähigkeit gegen Verfärbung. Ob das Braunwerden durch metallisches Na entsteht, das in fein verteiltem Zustand in der Glaswand sitzt oder durch chemische Reaktionen, konnte noch nicht mit Sicherheit entschieden werden; wahrscheinlich ist man der Wahrheit am nächsten, wenn man beide Möglichkeiten annimmt. Die Lichtabsorption des gebräunten Glases steigt im Beginn ziemlich schnell mit der Zeit, nach längerem Betrieb jedoch (Abb. 115) viel langsamer.

Während einerseits das Natrium in das Glas eindringt, können nach längerem Betrieb noch Bestandteile aus dem Glas durch das flüssige Natrium in diesem gelöst werden. Hierdurch wird bei einer gegebenen Temperatur der Dampfdruck niedriger, so daß auch die Atomanzahl, die angeregt werden kann, kleiner wird und hiermit auch der Lichtstrom in der gelben Na-Linie. Auch wenn in dem Vakuumraum, der die Röhre umgibt, durch das wiederholte Erwärmen Gas frei kommt, wird der Na-Dampfdruck kleiner, da die Temperatur der Röhre sinkt. (Die Wärmeabgabe wird dann durch die Wärmeleitung des Gases erhöht.) Eine Erniedrigung der Na-Konzentration hat nun wohl eine Erhöhung der in der Entladung aufgenommenen Leistung N_l zur Folge, doch diese kann den Dampfdruck nicht wieder auf seinen ursprünglichen Wert zurückbringen, so daß das Resultat eine Abnahme des ausgestrahlten Lichtstromes ist.

Das Rotleuchten, mit als Folge Lichtabfall, wird durch Mangel an Natrium erzeugt, der entweder durch thermische oder elektrische Ursachen in diesem oder jenem Teile der Lampe auftritt und das Überwiegen der Entladung in Neon verursacht. Findet sich irgendwo in der Lampe eine kalte Stelle, dann wird sich im Laufe der Zeit das gesamte Natrium in der Röhre an dieser Stelle abscheiden. Die Dampfdichte wird dann in erster Linie durch die niedrigere Temperatur der betreffenden

Stelle bestimmt und kann daher bedeutend kleiner sein als der Anfangswert, der durch die warmen Teile der Lampe bedingt war.

Der elektrische Transport des Natriums, fort aus der Entladung, die sog. Kataphorese, tritt bei Gleichstromlampen stark auf. Die positiven Na-Ionen werden zur Kathode hin gezogen, wodurch eine Verarmung des Gebietes um die Anode an Natrium entsteht. Die Zurückdiffusion infolge von Konzentrationsunterschieden der normalen Atome ist meistens viel kleiner als der elektrische Transport, und zwar besonders bei großer Stromdichte, wo das Na stark ionisiert ist. Diese Erscheinung bereitet eine der größten Schwierigkeiten, die sich bei der Konstruktion von Na-Gleichstromlampen ergeben.

Bei oberflächlicher Betrachtung sollte man denken, daß Kataphorese bei Wechselstromlampen nicht auftritt, da der Transport, der in der einen Halbperiode in der einen Richtung verläuft, in der folgenden Halbperiode durch die Bewegungsumkehr wieder ausgeglichen wird. Dies ist jedoch nicht der Fall, da an der Stelle des Überganges vom rotleuchtenden zum gelbleuchtenden Teil ein Potentialsprung entsteht, der das Na in bestimmter Richtung forttreibt. Diese Tendenz wird noch durch den Temperaturunterschied an der Übergangsstelle verstärkt. Der rote Teil ist nämlich wärmer als der gelbe, da der Gradient im Ne größer ist als im Na[1]). Der Effekt der Kataphorese ist bei den Wechselstromentladungen jedoch belangreich geringer als bei den Gleichstromentladungen, so daß er bei den erstgenannten ziemlich leicht aufgehoben werden kann. Noch eine andere Möglichkeit des Na-Transportes liegt in der Asymmetrie des Stromes (Gleichrichtereffekt).

Unter Beachtung der verschiedenen oben genannten Faktoren kann man als mittlere Lebensdauer derzeit etwa 3000 h annehmen.

Zusammenfassend können wir konstatieren, daß wir in der Natriumlampe eine Lichtquelle besitzen, die hohe Lichtausbeute, $40 \div 75$ lm/W, große Lebensdauer, etwa 3000 h, und kleine Leuchtdichte, etwa 4 K/cm^2 hat. Als Nachteil könnte man in gewissen Fällen (Innenbeleuchtung) die Einfarbigkeit des Natriumlichtes nennen, wenn nicht gerade diese die belangreichen Vorteile bei Straßenbeleuchtung, die das wichtigste Anwendungsgebiet der Na-Lampen bildet, ergeben würde (§ 51).

Der Monochromatismus des Lichtes und die hohe Lichtausbeute der Lampen ermöglichen es, einen normalen Hauptverkehrsweg mit einem Aufwand von nur etwa 3 kW per km ausgezeichnet zu beleuchten, wobei auch die Betriebskosten für Lampenersatz, der großen Lebensdauer wegen, niedriger sind. Dank der geringen Leuchtdichte der Lichtquelle selbst wird Blendung, bei einigermaßen vernünftiger Anordnung. ohne Umständlichkeiten vollkommen vermieden. Durch die Entwicklung der Natriumlampen ist eine wirtschaftlich mögliche Lösung für das Problem der Hauptverkehrsstraßenbeleuchtung gefunden.

---

[1]) Die wärmste Stelle liegt, infolge des Na-Konzentrationsabfalles, gerade beim Übergang (Abb. 130 — $\boldsymbol{N}_l$ als Funktion der Na-Konzentration).

E. Quecksilberdampflampen mit hohem und sehr hohem Druck.

Daß diese Typen getrennt von den anderen behandelt werden, hat verschiedene Gründe. Zufolge der Kontraktion sind die lichttechnischen Eigenschaften dieser Entladungen so verschieden von denen der Niederdruckentladungen, daß man sie schon wegen der sich hieraus ergebenden Anwendungsmöglichkeiten anders einteilen muß. Auch die theoretische Behandlung ist ganz anderer Art, da die Gastemperatur eine belangreiche Rolle spielt. Schließlich ist noch wegen der außergewöhnlich raschen Entwicklung dieser Lampen in den letzten Jahren eine ausführliche Behandlung gerechtfertigt.

Vierzehntes Kapitel.

Beschreibung und Betrieb der Hg-Hochdrucklampen.

§ 65. Einleitung.

Beim Durchblättern der Patentliteratur fällt sofort auf, daß die Quecksilberdampf-Hochdruckentladung seit langem das Interesse der Erfinder hatte. Den Technikern, die jedoch nicht bloß theoretisch konstruieren, ist es aber erst im Laufe der letzten Jahre gelungen, diese Entladungen zu einem praktisch verwendbaren Produkt zu entwickeln.

Die erste gründliche Beschreibung einer Hg-Hochdruckentladung mit kontrahierter Säule findet man in zwei Veröffentlichungen von Küch und Retschinsky (1905). Diese beiden studierten das Verhalten einer Entladung in einer Quarzröhre (wegen der hohen Temperatur) bei einem Druck von ungefähr 1 at, wobei die Kathode aus einer Quecksilberoberfläche bestand. Die Temperatur in der Entladung war nach ihrer Angabe in der Größe von 2000° C und sie sprachen von Temperaturstrahlung. Sie beschrieben auch einen Versuch, wobei der Druck 4 at betrug und die Temperatur auf 8000—10000° C geschätzt wurde.

Eine Lampe nach Küch und Retschinsky wurde von der Firma *Heraeus* als U.V.-Strahler in den Handel gebracht. Der Druck betrug etwa 1 at und die Enden der Röhre, in denen sich die Hg-Elektroden befanden, waren mit Kühlrippen ausgerüstet. Da die Kathode aus einer Quecksilberoberfläche bestand, konnte die Lampe nur mit Gleichstrom betrieben werden (abgesehen von der sog. Gleichrichterschaltung, wobei eine Kathode und zwei andere Elektroden, die abwechselnd Anoden sind, verwendet werden). Der Stabilisierungswiderstand mußte also ein Ohmscher Widerstand mit seinem unvermeidlichen Energieverlust sein. Hierdurch wurde der Nutzeffekt der Lampe als Lichtquelle wesentlich vermindert. Die Zündung erfolgte durch Kippen der Lampe, wobei das flüssige Hg einen Kurzschluß zwischen den beiden Elektroden erzeugte, der beim Unterbrechen meistens von einem Lichtbogen begleitet wurde und die normale Entladung einleitete. Um das bekannte Rundlaufen des Kathodenfleckes (= Entladungsanschluß auf der Kathodenoberfläche) zu vermeiden, verengte man die Röhre vor der Kathode. Diese Lampe wurde als U.V.-Strahlungsquelle (Photographie, Therapie, Bakteriologie usw.) für Wellen bis zu $\lambda \geqq 2000$ Å viel verwendet. Als Lichtquelle für Allgemeinbeleuchtung fand sie jedoch keine große Verbreitung.

Gegen die Verwendung einer solchen Lampe für Allgemeinbeleuchtung hatte man vor allem Bedenken wegen der Lichtfarbe. Um diese zu verbessern, schlug Wolfke (1912) vor, statt des Quecksilbers ein Kadmiumamalgam zu verwenden, da Cd eine ausgeprägte rote Linie aussendet. Dies mißlang damals, da das Quarz vom Cd zu stark angegriffen wurde.

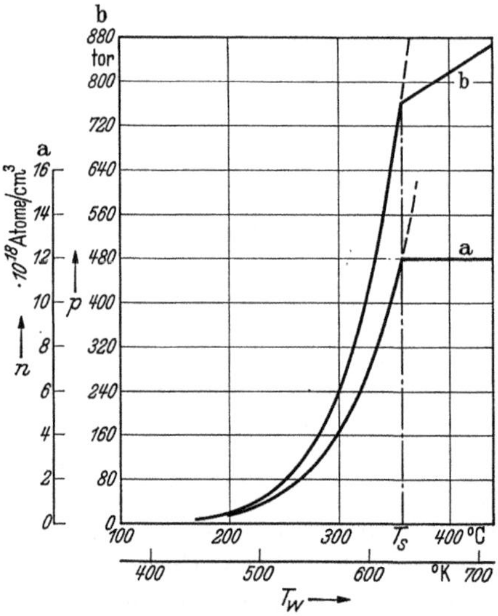

Abb. 141. Verlauf von Dampfdichte (a) und Dampfdruck (b) als Funktion der Wandtemperatur T_w (kälteste Stelle) in einer Hg-Hochdrucklampe.

§ 66. Allgemeine Beschreibung der normalen ($\approx$ 1 at) Hg-Hochdrucklampen.

Bei normaler Temperatur, 20° C, ist der Dampfdruck des Hg's sehr niedrig, etwa 0,001 tor. Um eine Röhre, die ausschließlich Hg enthält, bei dieser Temperatur zum Zünden zu bringen, muß man irgendeinen Kunstgriff anwenden, da die Zündspannung bei einem derartig niedrigen Druck sehr hoch, jedenfalls weit höher als die normalen Lichtnetzspannungen, liegt. Man hilft sich heute mit Oxydkathoden und füllt die Röhre mit einem Edelgas (Druck von einigen tor). Die Entladung beginnt dann wieder im Edelgas, erwärmt allmählich die Röhre, wodurch das Hg verdampft und wegen seiner kleineren Anregungs- und Ionisationsspannungen bereits bei verhältnismäßig niedrigem Dampfdruck die Entladung übernimmt. Das Füllgas ist hier wohl Zündgas im normalen Betrieb, aber nicht Stoßgas. Der Hg-Druck wird ungefähr 1 at, während die Dichte kleiner bleibt als mit dem entsprechenden Sättigungsdruck überein käme. Bei gesättigtem Hg-Dampf von 356,7° C beträgt der Dampfdruck 1 at und die Dampfdichte $n = 1{,}174 \cdot 10^{19}$ Atome/cm³. Bei einer Edelgasfüllung von 10 tor (bei 20° C) Argon z. B., ist dann das Verhältnis zwischen der Anzahl Hg-Atome und Ar-Atome etwa 35 zu 1. In den Hg-Hochdrucklampen, wo dieses Verhältnis 10 zu 1 ist, spielt das Edelgas also, im Gegensatz zu den Na-Lampen, was die Entladung selbst betrifft, keine Rolle mehr, sobald die Lampe die richtige Temperatur erreicht hat.

Bei den Hg-Hochdrucklampen sind Lampen- und Entladungstemperatur ganz verschieden. Bei gesättigtem Dampf bestimmt die kälteste Stelle der Lampe den Dampfdruck. Bei den üblichen Hochdrucklampen ist die Temperatur dieser Stelle jedoch immer höher, als zum Verdampfen des gesamten in der Röhre befindlichen Hg's mindestens erforderlich wäre. In Abb. 141 ist der Verlauf der Dampfdichte (Kurve *a*)

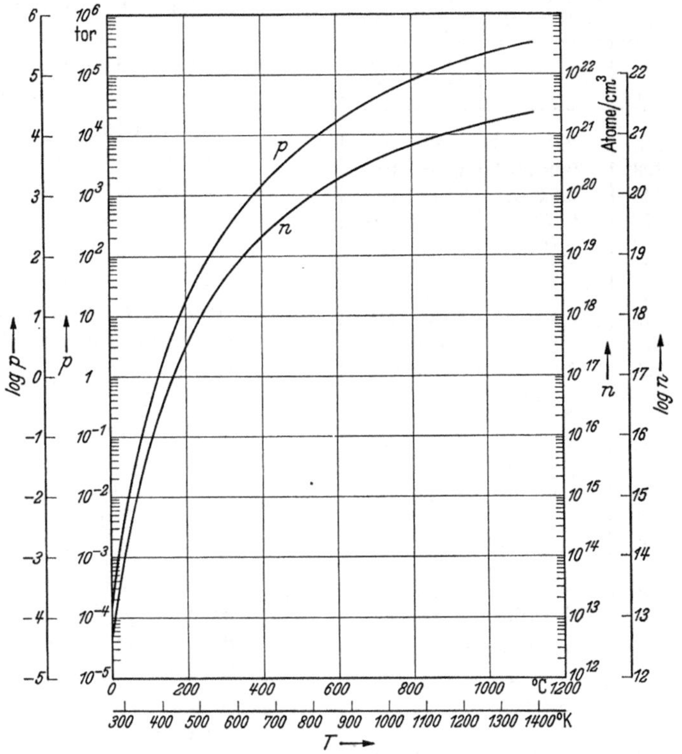

Abb. 142. Dichte n (Anzahl Atome/cm³) und Druck p (in tor) von gesättigtem Hg-Dampf als Funktion der Temperatur T_g.

und des Dampfdruckes (Kurve *b*) als Funktion der Wandtemperatur gegeben[1]). Mit steigender Wandtemperatur T_w steigen sowohl Dampfdichte als auch Dampfdruck nach der bekannten Kurve. Sobald jedoch die Sättigungstemperatur T_s erreicht wird und die ganze Hg-Menge in Dampf übergeführt ist, kann die Anzahl Atome per cm³ nicht mehr zunehmen, so daß die mittlere Dichte von hier an konstant bleibt (Kurve *a*). Für $T_w > T_s$ kann der Druck noch weiter steigen, wenn auch viel langsamer als unterhalb T_s. Er steigt dann nach Formel (14) $p = n\,k\,T$.

[1]) Hierbei ist vorläufig abgesehen von den Dichteunterschieden in der Röhre infolge der Temperaturunterschiede in der Entladung.

Die normale Wandtemperatur bei der hier behandelten Lampentype beträgt etwa 600° C.

Abb. 142 gibt den Druck und die Dichte von gesättigtem Hg-Dampf (in logarithmischem Maßstab) als Funktion der Temperatur T_g. In Tabelle 28 sind außerdem einige Werte von n und p bei oft vorkommenden Temperaturen angeführt.

Tabelle 28. Dampfdichte n (Anzahl Atome/cm³) und Dampfdruck p (tor) des gesättigten Hg-Dampfes bei einigen Temperaturen.

T_g		p (tor)	n (Anzahl Atome/cm³)	p (at)
° C	° K			
0	273	0,000185	$6{,}589 \cdot 10^{12}$	
20	293	0,001201	$3{,}985 \cdot 10^{13}$	
50	323	0,01267	$3{,}814 \cdot 10^{14}$	
100	373	0,2729	$7{,}1135 \cdot 10^{15}$	
150	423	2,807	$6{,}452 \cdot 10^{16}$	
200	473	17,287	$3{,}6365 \cdot 10^{17}$	
250	523	74,375	$1{,}383 \cdot 10^{18}$	
300	573	246,80	$4{,}188 \cdot 10^{18}$	
350	623	672,69	$1{,}050 \cdot 10^{19}$	
356,7	629,7	$7{,}6 \cdot 10^{2}$	$1{,}1735 \cdot 10^{19}$	1
397,9	670,9	$1{,}52 \cdot 10^{3}$	$2{,}203 \cdot 10^{19}$	2
461,9	734,9	$3{,}8 \cdot 10^{3}$	$5{,}028 \cdot 10^{19}$	5
519	792	$7{,}6 \cdot 10^{3}$	$9{,}327 \cdot 10^{19}$	10
586	859	$1{,}52 \cdot 10^{4}$	$1{,}720 \cdot 10^{20}$	20
693	966	$3{,}8 \cdot 10^{4}$	$3{,}824 \cdot 10^{20}$	50
795	1068	$7{,}6 \cdot 10^{4}$	$6{,}917 \cdot 10^{20}$	100
920	1193	$1{,}52 \cdot 10^{5}$	$1{,}238 \cdot 10^{21}$	200

Die Dampfdrücke p des gesättigten Dampfes sind berechnet mit Hilfe der Formel

$$\log p = \frac{-52{,}23 \cdot 58{,}7}{T_g} + 7{,}752$$

p in tor und T_g in ° K.

Die Entladungstemperatur ist von ganz anderer Größenordnung, nämlich einigen tausend Graden. Die Elektronentemperatur T_e und die Temperatur des Atomgases T_g in der Entladung sind ungefähr gleich groß. Der große Temperaturunterschied zwischen der Entladungsachse und der Wand, der mehrere tausend Grade beträgt, wird durch die relativ geringe Wärmeleitung des gasförmigen Hg's ermöglicht. Bei diesen hohen Temperaturen ist die Energieabgabe sowohl durch Strahlung als auch auf andere Weise sehr beträchtlich, so daß man zur Aufrechterhaltung der Temperatur sehr große Energiemengen, per cm³ eigentliche Entladung gerechnet, zur Verfügung stellen muß. Infolge der großen Temperaturunterschiede kontrahiert die Entladung in der Achse und die Kontraktion erzeugt große Stromdichten. Der hohe Druck verursacht einen großen Gradient, so daß schließlich die per cm³ im kontrahierten Teil abgegebene Leistung $j \cdot G$ sehr groß wird. In der Achse der Entladung hat die Temperatur ihr Maximum und die Dichte ihr Minimum (der Druck $p = n\,k\,T$ ist in der ganzen Röhre konstant!). Anregung und Ionisation finden hauptsächlich in der Nähe der Entladungsachse statt. Der Strom wird wieder praktisch nur von Elektronen getragen, die die aus dem Felde gewonnene Energie an die Atome abgeben.

Mißt man bei konstantem Druck die Lichtausbeute η_l als Funktion der Stromstärke I_l, dann findet man einen Verlauf wie in Abb. 143 angegeben ist. Bei jeder der Kurven ist der Druck konstant gehalten, indem man ein Hg-Reservoir auf bestimmter Temperatur hielt. Da mit steigendem Strom I_l sowohl die Leistung $\boldsymbol{N}_l$ als auch die Lichtausbeute η_l wächst, nimmt der Lichtstrom Φ rascher mit I_l zu als η_l.

In Abb. 143 sieht man, daß für gegebenen Strom I_l, η_l mit dem Druck p steigt. Abb. 144 gibt η_l (sichtbares Licht!) als Funktion von p für ein größeres Druckgebiet bei konstantem Strom $I_l = 4$ A und Röhrendurchmesser $D_1 = 27$ mm. Diese Kurve zeigt ein Maximum bei einem Druck von etwa 0,1 tor, d. h. bei einer Temperatur von etwa 90° C, nimmt mit wachsendem p ab, bis etwa 3 tor (etwa 155° C), um hiernach wieder anzusteigen. Das Minimum in η_l korrespondiert mit dem Gebiet, wo die Kontraktion der Säule beginnt. Links von diesem Minimum befindet sich das Gebiet der Niederdruckentladung, rechts davon das der Hochdruckentladung. Im folgenden befassen wir uns nur mit letzterem Gebiet.

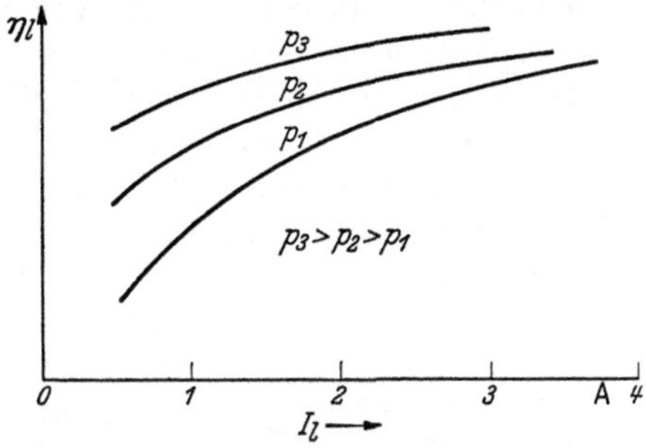

Abb. 143. Lichtausbeute η_l einer Hg-Hochdrucksäule für verschiedene Drücke $p_1 < p_2 < p_3$ als Funktion der Stromstärke I_l (Röhrendurchmesser konstant) (schematisch).

In diesem Gebiet bedeutet eine Erhöhung des Druckes auch eine Zunahme des Gradienten. Es stellte sich nun heraus, daß man das Ergebnis: η_l steigt sowohl mit dem Strom I_l als auch mit dem Druck p [d. h. mit G, da $G = f(p)$], zusammenfassen kann, indem man sagt: η_l wächst mit zunehmender Leistungsaufnahme $\boldsymbol{N}_{\mathrm{I}}$ pro cm Entladungslänge ($\boldsymbol{N}_{\mathrm{I}} = I_l G$ W/cm).

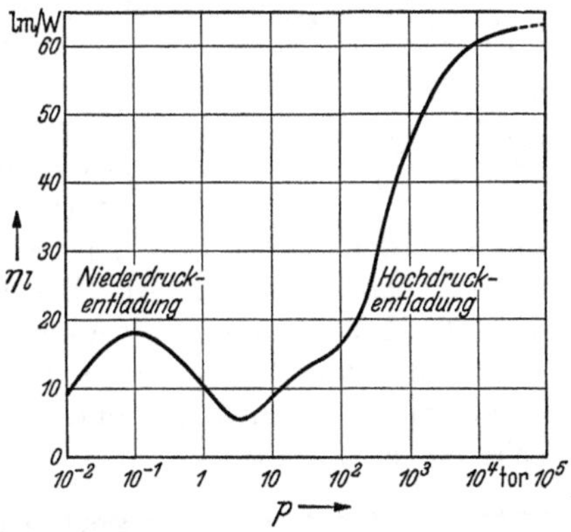

Abb. 144. Lichtausbeute der positiven Säule bei konstantem $I_l = 4$ A, Röhrendurchmesser $D_1 = 27$ mm, als Funktion des Dampfdruckes p (tor).

In Abb. 145 ist die Lichtausbeute η_{I} als Funktion von $\boldsymbol{N}_{\mathrm{I}}$ (W/cm) für zwei verschiedene Röhrendurchmesser angegeben, wenn die Menge verdampften Hg's pro cm Länge $\mathfrak{g}_{\mathrm{I}} = \text{konst} = 10$ mg/cm ist. Für ein gegebenes $\mathfrak{g}_{\mathrm{I}}$ sind die Drücke dem Quadrat des Durchmessers umgekehrt proportional: $p = \text{konst.}\,\frac{\mathfrak{g}_{\mathrm{I}}}{D_1^2}$. Der Röhrendurchmesser hat nur ziemlich geringen Einfluß auf η_{I}, doch ist dieses etwas höher für größere Durchmesser bei konstantem $\boldsymbol{N}_{\mathrm{I}}$.

Aus Abb. 145 folgt, daß man, um eine große Lichtausbeute zu erhalten, die Leistung $\boldsymbol{N}_{\mathrm{I}}$ steigern muß. Bei den normalen Hochdrucklampen beträgt $\mathfrak{N}_{\mathrm{I}}$ etwa 30 W/cm. Bei diesen Lampen ist die Frage nicht, wie bei den Na-Lampen, wie kann man eine gute Wärmeisolation erhalten, sondern im Gegenteil, wie erhält man eine gute Wärmeabfuhr. Wieso eine solche Lampe durch die Verwendung überhitzten Hg-Dampfes von Netzspannungsschwankungen und Witterungseinflüssen beinahe unabhängig gemacht werden kann, soll später noch behandelt werden (§ 68).

Wegen der hohen spezifischen Belastung $\mathfrak{N}_{\mathrm{I}}$ (W/cm) ist es möglich von diesen Lampen größere Einheiten herzustellen (d. h. mit großem Lichtstrom), ohne daß deren Länge oder überhaupt deren Abmessungen besonders groß werden (s. Tabelle 29). So beträgt die Lichtstärke normal auf die Lampenachse gemessen pro cm Länge der Entladung bei 4 A größenordnungsmäßig für Niederdruck 3,5 K und für Hochdruck 125 K. Die normale Hochdrucklampe ist deshalb auch die angewiesene Type für Einheiten von 250 bis 1000 W. Die Lichtausbeute η_l variiert hierbei von 33 lm/W bis 50 lm/W. Die hohe Belastung zusammen mit der Kontraktion verursachen eine große Leuchtdichte, etwa 250 K/cm², in der Entladungsachse. Bei der Niederdruckentladung beträgt diese nur etwa 1,5 K/cm².

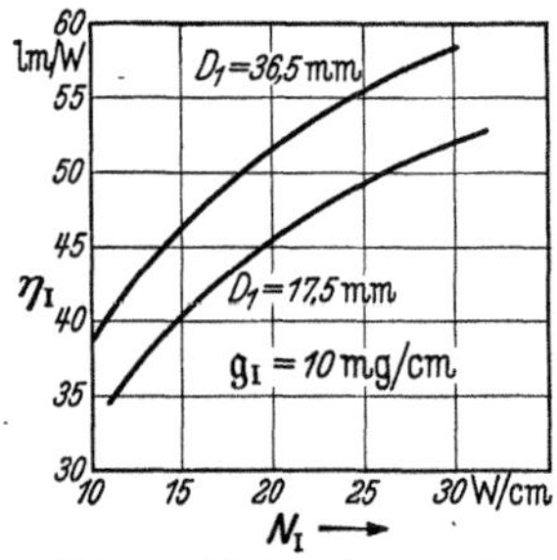

Abb. 145. Lichtausbeute η_{I} der Hg-Hochdrucksäule (ohne Elektrodenverluste) als Funktion von $\mathfrak{N}_{\mathrm{I}}$ (W/cm) für verschiedene Durchmesser der Entladungsröhre bei konstanter Menge verdampften Quecksilbers pro cm Entladungslänge, $\mathfrak{g}_{\mathrm{I}} = 10$ mg/cm.

Der Druck bestimmt nicht nur die Kontraktion und den hohen Wert des Gradienten, sondern hat auch noch Einfluß auf die Farbe des ausgesandten Lichtes. Von den Lampen mit 1 at Druck ist die Lichtfarbe weniger blau als die von den Typen mit Niederdruck, da die Intensität der blauen Linien relativ geringer ist. Bei 1 at liefern die beiden Liniengruppen $\lambda\lambda$ 5770 ÷ 5790 Å und λ 5461 Å ungefähr gleich große Beträge zum Gesamtlichtstrom; die blauen und violetten Linien geben praktisch gesprochen nichts zum Gesamtlichtstrom, aber beeinflussen die Farbe des Lichtes sehr stark (S. 166).

§ 67. Lampentypen.

Die von den verschiedenen Firmen auf den Markt gebrachten Lampen sind nahezu einander gleich. Die N. V. Philips bringt sie unter dem Namen HO-Lampen, Osram G. m. b. H. unter HgH, G. E. C. England unter Osira, usw. Wir können uns auf Grund der Einheitlichkeit auf eine allgemeine Beschreibung beschränken.

In Abb. 146b ist eine normale Hg-Hochdrucklampe schematisch wiedergegeben. Die Entladung entsteht zwischen den zwei Oxydkathoden (A und B in der inneren Röhre), die durch die Entladung selbst auf Temperatur gebracht und gehalten werden. In der Nähe von A befindet sich eine Hilfselektrode H, die über einen hohen, in der Lampe eingebauten Widerstand R (einige zehntausend Ohm) mit der anderen Elektrode verbunden ist. Beim Einschalten entwickelt sich zwischen A und H eine Glimmentladung, die die Hauptentladung zwischen A und B einleitet. Die Lampe zündet bei der normalen Netzspannung, so daß sie nur über eine Drossel L an das 220-V-Netz angeschlossen wird. Der innere Kolben besteht aus Hartglas (mit hohem Erweichungspunkt, etwa 800° C) und ist mit Argon von einigen tor gefüllt (Zündgas). Zur Erzielung möglichster Unabhängigkeit von Witterungseinflüssen und schnelleren Anwärmens ist die Entladungsröhre von einem zweiten, luftleeren Kolben umgeben. Zum Anschluß besitzt sie einen Goliath-Schraubsockel (es sind bloß zwei Zuführungsdrähte erforderlich). Die Drossel wird entweder regelbar oder mit Anzapfungen ausgeführt, so daß bei etwas abweichenden Netzspannungen (z. B. 210 V oder 230 V) doch der gewünschte Strom eingestellt werden kann (Abb. 146b und 147). Auf dem Kontinent werden die Lampen mit dem Lichtstrom Φ in Dlm, in England mit dem Leistungsverbrauch in der Lampe N_l angegeben. Tabelle 29 gibt diverse Daten von diesen Lampen (Abmessungen, V_l, I_l, Φ usw.), Abb. 146c Oszillogramme von den Spannungen: u, v_L, v_l, dem Strom i_l und dem Lichtstrom Φ.

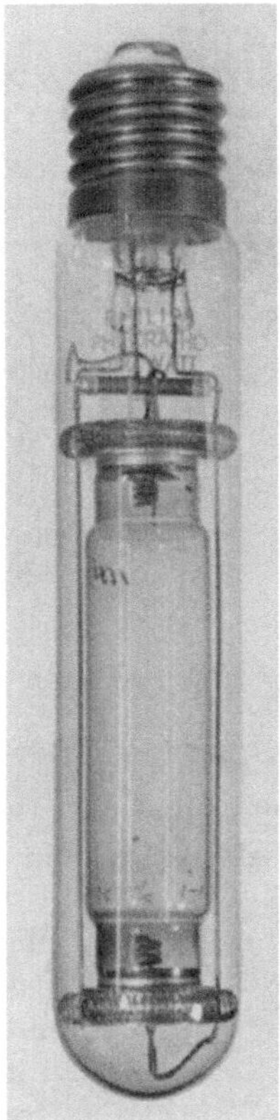

a

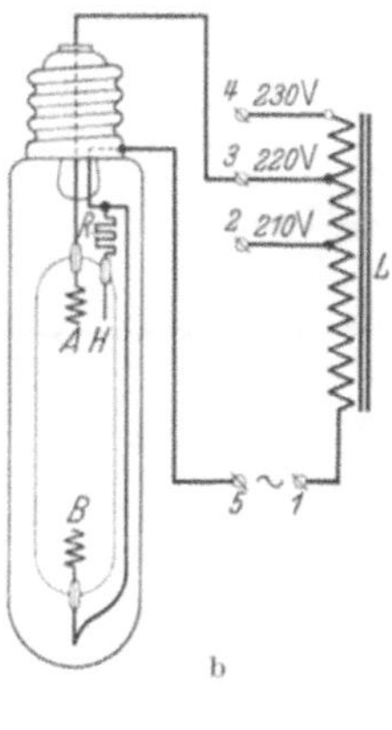

b

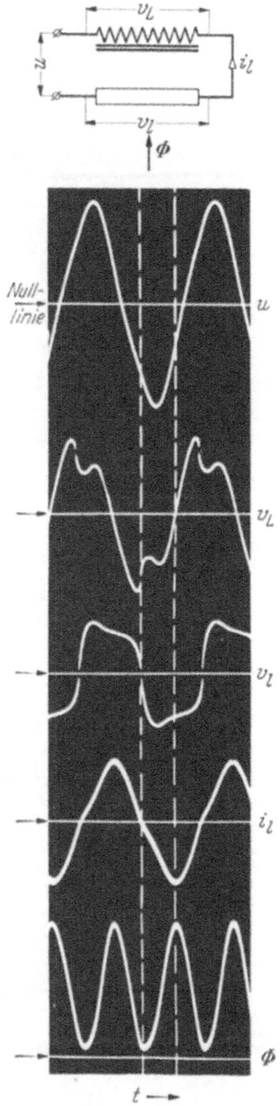

c

Abb. 146a—c. Normale Hg-Hochdrucklampe. a Photo einer HO 1000, b Schaltungsschema, c Oszillogramme von den Spannungen: u, v_L, v_l, dem Strom i_l und dem Lichtstrom Φ.

Abb. 147. Drosselspule für HO (HgH) 1000.

Für Netzspannungen unterhalb 190 V kann man entweder eine Kombination von Transformator und Drossel verwenden oder einen Streu-(spar)-transformator (§ 58 und Abb. 111). Da auch der Außenkolben noch ziemlich heiß wird, muß die Lampe (falls dieser Kolben nicht aus Hartglas besteht) vorzugsweise in tiefen Armaturen montiert

a

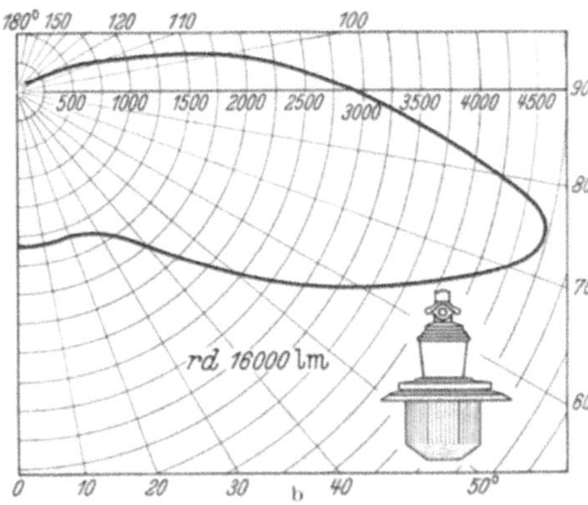

b

Abb. 148 a und b. Armaturentype für Osira-Lampen. a Photo und b Lichtverteilungskurve.

werden, so daß das Glas gegen direkt auffallende Regentropfen, die Sprung verursachen könnten, geschützt ist. Auch aus lichttechnischen Gründen ist eine ausreichende Abschirmung des direkt ausgestrahlten

Tabelle 29. Daten für Hg-Hochdrucklampen, $p \approx 1$ at.

(N. V. Philips: HO; Osram G.m.b.H.: HgH). Auf dem Kontinent wird die Lampengröße durch den Lichtstrom in Dlm, in England durch den Leistungsverbrauch in der Lampe: N_l in W angegeben.

Mit Drossel an 220 V, 50 ~. Gestreckte Röhre. Brennlage vertikal. Entladungsgeheizte Kathoden.

Lampengrößen			300 Dlm	500 Dlm	1000 Dlm	2000 Dlm	400 W[1])	650 W
Leistungsaufnahme von Lampe allein	N_l	(W)	90	140	265	450	400	650
Leistungsaufnahme inkl. Vorschaltgerät	N_t	(W)	100	150	280	475	425	685
Lampenspannung	V_l	(V)	110	130	130	130	130	130
Zündspannung max.	V_z	(V)	180	180	180	180	180	180
Lampenstrom	I_l	(A)	0,93	1,2	2,2	3,7	3,5	5,5
Lampenstrom beim Einschalten (maximal)		(A)	1,58	1,9	3,7	6,3	6,0	9,4
Verzerrungsfaktor der Lampe: $\frac{N_l}{I_l V_l}$	ψ		0,88	0,90	0,93	0,94	0,88	0,91
Leistungsfaktor von Lampe + Vorschaltgerät: $\frac{N_t}{I_l U}$	λ		0,49	0,57	0,58	0,58	0,55	0,57
Normaler Kondensator für cos φ-Verbesserung		(μF)	7	8,5	15	25	25	50
Leistungsfaktor bei Anwendung des normalen Kondensators			0,83	0,85	0,84	0,83	0,82	0,93
Netzstrom bei Anwendung des normalen Kondensators	I_t	(A)	0,55	0,80	1,55	2,6	2,4	3,4
Lichtstrom	Φ	(lm)	3000	5000	10000	20000	18000	31000
Lichtausbeute	η_l	(lm/W)	33,3	35,7	37,7	44,4	45,0	47,7
Lichtausbeute	η_t	(lm/W)	30	33,3	35,7	42,1	42,3	45,5
Anwärmzeit (bis 80% von Φ erreicht ist)		(min)	4	$4^1/_2$	5	4	4	$3^1/_2$
Abstand der Elektroden		(mm)	40	70	100	144	150	215
Durchmesser der Entladungsröhre	D_2	(mm)	20	23	30	33	30	33
Länge der Lampe[2])		(mm)	160	212	250	310	300	430
Durchmesser der Lampe[3])		(mm)	40	40	46	50	46	55

[1]) Die Typen 150 W und 250 W sind nicht aufgenommen, da diese den 500 Dlm- bzw. 1000 Dlm-Typen ziemlich ähnlich sind.

[2]) Lampensockel mitgerechnet.

[3]) Die 300 und 500 Dlm-Typen werden auch mit kugelförmigem Außenkolben hergestellt. Diese beiden Typen werden durch Superhochdrucklampen HP(HgQ) ersetzt (S. 298). Auch eine HgH 5000 wird geliefert mit: $\Phi = 50000$ lm, $N_l = 1000$ W, $N_t = 1060$ W.

Lichtes erwünscht, da die Leuchtdichte der linienförmigen Lichtquelle, wie bereits gesagt, ziemlich hoch ist (100 bis 250 K/cm²). Auch für diese Lampen wurden besondere Armaturen entwickelt. Abb. 148 gibt eine Refraktortype [Photo (a) und Lichtverteilungskurve (b)]. Der Zweck

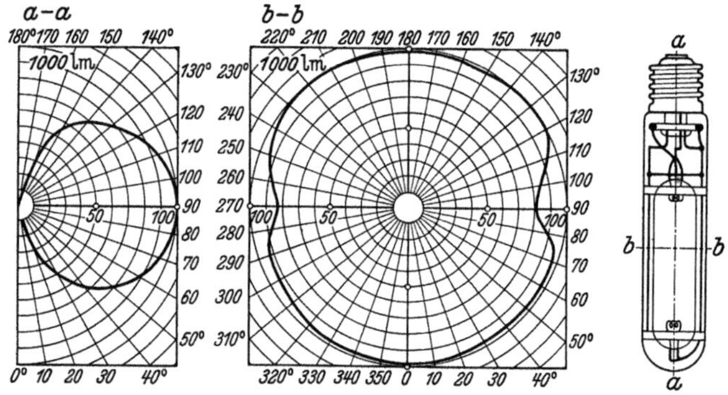

Abb. 149. Lichtverteilungskurve für HO (HgH)-Lampen. a in einer Fläche durch die Lampenachse; b in der auf die Lampenachse lotrechten Fläche.

dieser Armaturen ist einerseits den Lichtstrom der Lampe so gut wie möglich für Straßenbeleuchtung auszunützen (große Intensität in der Richtung der Straßenachse) und andererseits die große Leuchtdichte in den normalen Blickrichtungen so viel wie möglich zu vermindern. Was die Lichtverteilungskurven der nackten Lampe betrifft, so sind diese nahezu gleich denen eines geraden, glühenden Drahtes. Abb. 149 gibt diese Kurven für Flächen, durch und normal auf die Lampenachse. Der normale Brandstand der Lampe ist vertikal, mit dem Sockel oben oder unten. Bei horizontalem Stand krümmt sich die Entladung infolge der Konvektion nach oben und kommt der Rohrwand näher, so daß das Glas zu heiß werden kann[1]).

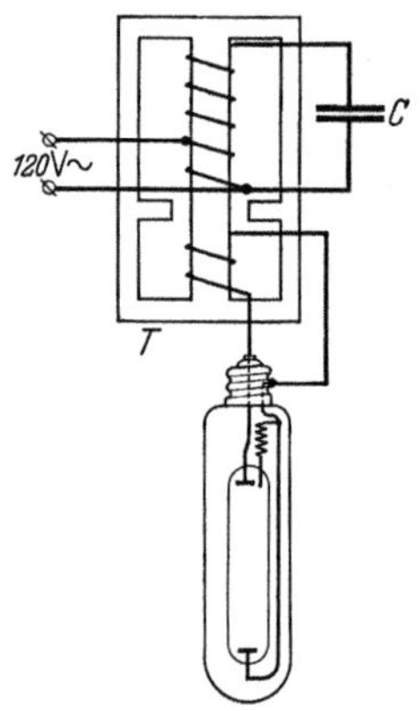

Abb. 150. Streutransformator mit primärer Sparwicklung für Kondensator C zur Verbesserung des Verschiebungsfaktors $\cos\varphi$.

Die 1 at Hg-Lampen werden in Parallelschaltung verwendet und nur für Wechselstrom hergestellt.

In den Vereinigten Staaten werden zwei Typen, analog den hier beschriebenen, gebaut: eine für 400 W (H_1) und eine für 250 W (H_2). Die kleinere wird ohne äußeren Kolben geliefert, muß aber in einer geschlossenen Armatur verwendet werden. Da dort die Netze mit 120 V, 60 ~ betrieben werden, verwendet man Streutransformatoren (T in Abb. 150). Die Primärwicklung dieser Transformatoren kann

[1]) Verwendet man eine normalerweise vertikal brennende Lampe in horizontaler Lage, dann werden hierdurch N_l um etwa 4%, η_l um etwa 8% und Φ um etwa 12% verringert.

verlängert sein, wodurch mit einem relativ kleinen Kondensator C ein ziemlich hochgespannter voreilender Strom (zur Verbesserung des Verschiebungsfaktors $\cos\varphi$) erhalten wird.

§ 68. Charakteristiken der normalen Hg-Hochdrucklampen.

Bei den Glühlampen beschränkt man sich meistens darauf, die Charakteristiken für normalen Betrieb zu geben, wobei bloß geringe Variationen der verschiedenen Größen (Strom usw.) berücksichtigt werden (Abb. 128). Die Glühlampe erreicht innerhalb sehr kurzer Zeit nach dem Einschalten ihren normalen Betriebszustand, da die Wärmekapazität des Glühdrahtes nur sehr gering ist. Das Anwärmen wird noch dadurch beschleunigt, daß der Widerstand des Glühdrahtes in kaltem Zustand bedeutend kleiner als im betriebswarmen Zustand ist (ungefähr $^1/_{15}$), wodurch der Anlaufstrom ein Vielfaches des normalen Betriebsstromes wird. Bei großen Beleuchtungsanlagen kann man daher bei gleichzeitigem Einschalten Störungen erwarten, wenn nicht von vornherein mit dem großen Anlaufstrom Rechnung gehalten wurde. Bei den Hg-Lampen ist die Wärmekapazität der anzuwärmenden Teile viel größer, so daß die Anwärmeperiode länger dauert als bei Glühlampen; der Anlaufstrom ist zufolge der Stabilisierungsdrossel höchstens das 1,7fache des Normalstromes.

Betrachten wir erst die Anwärmcharakteristiken. Nach der Zündung einer kalten Lampe wird die Entladung erst vom Edelgas getragen. Durch die entwickelte Wärme verdampft das Quecksilber und es entsteht eine Hg-Niederdruckentladung, die durch weitere Zunahme der Temperatur in eine Hg-Hochdruckentladung übergeht. Die Anwärmzeit ist bei Hg-Lampen meistens etwas kürzer als bei Na-Lampen (s. Tabelle 29). Abb. 151 gibt die Anwärmcharakteristiken für HO (HgH) 1000. V_l, I_l, $\boldsymbol{N}_l$ und Φ sind als Funktion der Zeit gegeben, vom Augenblick des Einschaltens an gerechnet. Zu Beginn ist die Spannung V_l niedrig, da die Entladung bei Niederdruck stattfindet. Bei der normalen Begrenzung des Stromes durch eine Drossel (oder Streuspartransformator) ist I_l erst groß (Abb. 151), während die Leistungsaufnahme noch gering ist. Tabelle 29 gibt die Anlaufströme für die verschiedenen Lampentypen.

Die Leistung der Lampe ist $\boldsymbol{N}_l = \psi I_l V_l$ (162). Wenn Strom und Spannung nicht zuviel von der Sinusform abweichen, gilt (Abb. 122):

$$U^2 = V_l^2 + (\omega L I_l)^2. \tag{190}$$

Löst man (190) nach I_l auf und substituiert den Wert in $\boldsymbol{N}_l$, dann folgt nach Einführung von $\frac{V_l}{U}$:

$$\boldsymbol{N}_l = \psi \frac{U^2}{\omega L} \cdot \frac{V_l}{U} \sqrt{1 - \left(\frac{V_l}{U}\right)^2}. \tag{191}$$

In Abb. 152 ist (191) graphisch vorgestellt (Kurve OMP). Die Ordinate ist Null für $V_l = 0$ und $V_l = U$ und hat ein Maximum M für $\frac{V_l}{U} = 0{,}71$,

d. h. für $U = 220$ V, $(V_l)_{\max} = 155$ V. Bei der Berechnung der Kurve ist $\psi = 0{,}925$ und $\omega L = 67{,}3$ genommen. Kurz nach dem Zünden ist V_l klein (Niederdruckentladung) und somit auch $\boldsymbol{N}_l$ (Punkt A in Abb. 151

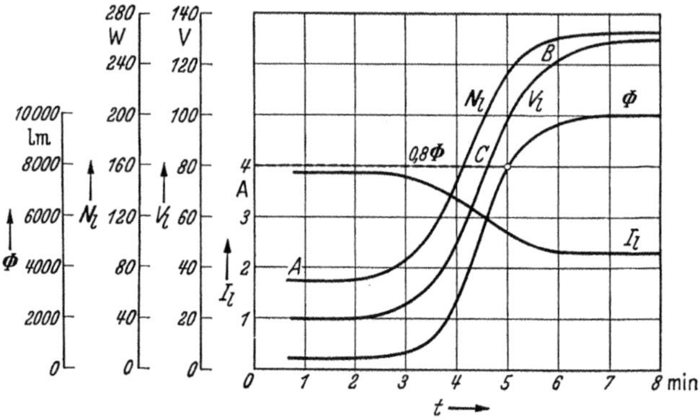

Abb. 151. Anwärmecharakteristiken für HO (HgH) 1000. V_l = Lampenspannung, I_l = Lampenstrom, $\boldsymbol{N}_l$ = Lampenverbrauch, Φ = Lichtstrom.

und 152). Die Röhre wird allmählich erwärmt, der Dampfdruck steigt und mit diesem auch V_l und $\boldsymbol{N}_l$ (z. B. Punkt C links vom Maximum

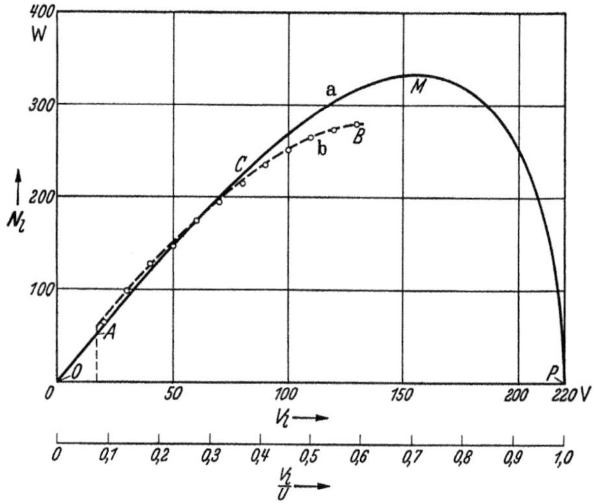

Abb. 152. Leistung $\boldsymbol{N}_l$ einer HO (HgH) 1000 Lampe als Funktion von $\frac{V_l}{U}$ [Kurve a berechnet nach (191), Kurve b gemessen. Lampe in Serie mit Drossel am Netz].

in der Kurve OMP der Abb. 152). Dieses Ansteigen von V_l setzt sich solange fort bis alles Hg in Dampfform übergegangen ist. Die mittlere Dampfdichte und mit dieser auch V_l und $\boldsymbol{N}_l$ bleiben nun praktisch konstant.

Bei der HO (HgH) 1000 ist nach etwa 6 min alles Hg verdampft und beträgt die Temperatur an der kältesten Stelle ungefähr 350° C; Punkt *B* auf der Kurve.

Die Anwärmzeit hängt einigermaßen von den äußeren Kühlungsverhältnissen ab, so daß bei kaltem Wind eventuell einige Minuten mehr als nach Tabelle 29 erforderlich sein können. Abweichung von der nominalen Netzspannung hat natürlich auch Einfluß, da bei gegebenem Hg-Dampfdruck, also gegebener Spannung V_l, der Strom I_l durch den veränderten Wert der Netzspannung beeinflußt wird. Überspannung verkürzt und Unterspannung erhöht die Anwärmzeit. Auch wenn die Leitungen nicht für den hohen Anlaufstrom berechnet sind, kann durch den nicht erwarteten größeren Spannungsabfall die Anwärmzeit vergrößert werden. Eine ältere Lampe kann eine etwas längere Anwärmperiode benötigen, wenn die Wärmeisolation schlechter wird. Das Glas kann nämlich noch Gas abgeben, wodurch der Wärmeübergang im Vakuumraum, zwischen Außenballon und Röhre, vergrößert wird.

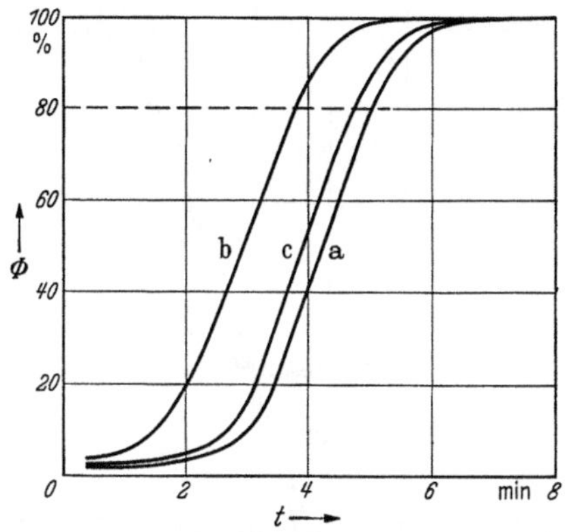

Abb. 153. Verlauf des Lichtstromes einer HO (HgH) 1000 beim Anwärmen. a, Normale Zündung der kalten Lampe (nach 5 min 80% des normalen Lichtstromes Φ). Ist die Spannung an einer normal brennenden Lampe einen Augenblick ausgefallen, dann zündet diese erst wieder, nachdem sie etwa 9 min abkühlen konnte und der Lichtstrom steigt dann nach Kurve b (80% Φ nach $3^3/_4$ min vom Augenblick der Zündung an). Wird die Lampe nach 14 min Unterbrechung des normalen Betriebes wieder eingeschaltet, dann zündet sie sofort und der Lichtstrom folgt Kurve c. (80% Φ nach $4^3/_4$ min vom Augenblick der Zündung an.)

Die Zündspannung einer warmen HO-Lampe ist um ein Vielfaches größer als die einer kalten Lampe; Grund hierfür ist der hohe Dampfdruck. Als Folge hiervon zündet eine Lampe, die betriebswarm ist, nicht sofort wieder, wenn die ausgefallene Spannung z. B. nach einigen Sekunden mit ihrem normalen Wert zurückkehrt. Die Lampe muß erst so weit abgekühlt sein, daß durch das Kondensieren des Hg's der Dampfdruck niedrig genug geworden ist (Abb. 153).

N e t z s p a n n u n g s s c h w a n k u n g e n beeinflussen die Hg-Lampen nicht nur beim Anwärmen, sondern auch im normalen Betrieb. Die Auswirkungen dieser Schwankungen sind jedoch verschieden, je nachdem sie sehr rasch oder allmählich verlaufen. Wir wollen erst die allmählich verlaufenden Schwankungen, die am meisten vorkommen, besprechen.

Bei Netzspannungsänderungen interessiert uns in erster Linie der Verlauf der Leistung N_l, da diese die Temperatur, den Lichtstrom, die Lichtausbeute und auch die Lebensdauer bestimmt. Hat man eine Hg-Lampe mit überhitztem Dampf, dann ist die Spannung V_l praktisch gesprochen unabhängig vom Strom I_l [in Wirklichkeit steigt V_l ein wenig mit sinkendem oder (stark) steigendem I_l; Abb. 156].

Schreibt man (191) in der Form

$$\boldsymbol{N}_l = \psi \frac{V_l}{\omega L} \sqrt{U^2 - V_l^2} \qquad (192)$$

und differenziert nach U, wobei V_l konstant gehalten wird, dann folgt

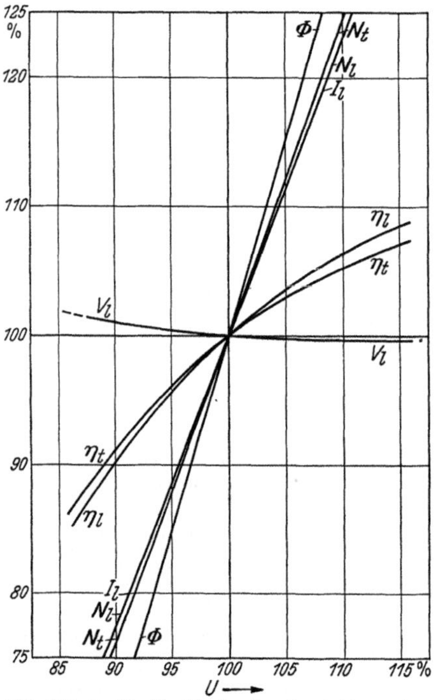

Abb. 154. I_l, V_l, $\boldsymbol{N}_l$, $\boldsymbol{N}_t$, Φ, η_l und η_t in Prozenten von den Normalwerten (= 100%) als Funktion der Netzspannung (Normalwert U = 220 V = 100%) bei einer HO (HgH) 1000 Lampe.

$$d\boldsymbol{N}_l = \psi \frac{V_l}{\omega L} \cdot \frac{U\,dU}{\sqrt{U^2 - V_l^2}}. \qquad (193)$$

Teilung von (193) durch (192) gibt, da $V_L^2 = U^2 - V_l^2$,

$$\frac{d\boldsymbol{N}_l}{\boldsymbol{N}_l} = \frac{dU}{U}\left(\frac{U}{V_L}\right)^2. \qquad (194)$$

Der Faktor $\left(\frac{U}{V_L}\right)^2$ beträgt meistens ungefähr 2 [z. B. für HO (HgH) 1000, $U = 220$ V, $V_l = 130$ V und $V_L = 158$ V (Drossel) ist $\frac{U}{V_L} = 1{,}39$ und $\left(\frac{U}{V_L}\right)^2 = 1{,}94$], so daß die prozentuelle Änderung von $\boldsymbol{N}_l$ etwa 2mal so groß ist als die prozentuelle Netzspannungsschwankung.

In Abb. 154 ist der Verlauf von I_l, V_l, $\boldsymbol{N}_l$, $\boldsymbol{N}_t$, Φ, η_l und η_t in Abhängigkeit von der Netzspannung (prozentuell) aufgetragen. Mit Ausnahme von V_l wachsen alle Größen mit steigendem und fallen mit sinkendem U. Der Lichtstrom steigt schneller als $\boldsymbol{N}_l$, da die Lichtausbeute auch steigt (S. 258). Es ist interessant die Kurven aus Abb. 154 mit den entsprechenden einer W-Glühlampe (Abb. 128) zu vergleichen. Tabelle 30 gibt die Werte der obengenannten Größen in Prozenten von ihren Normalwerten bei $\Delta U = \pm 10\%$ von U normal (= 100%). Diese Tabelle kann mit Tabelle 25 verglichen werden, wo die entsprechenden Größen für W-Glühlampen angegeben sind.

Tabelle 30. Netzspannungsempfindlichkeit einer HO (HgH) 1000-Lampe. Normale Werte = 100%.

Netzspannung	U	90	110	Leistung	$\boldsymbol{N}_l$	78	124
Strom	I_l	78	124	Lichtstrom	Φ	70	132
Spannung	V_l	101	100	Lichtausbeute	η_l	90	106

Hierbei muß noch einmal auf die Folgen hingewiesen werden, die die Verwendung des überhitzten Hg-Dampfes hat. Wäre noch flüssiges Hg anwesend, dann würde bei dem Wachsen von U und N_l, und daher auch der Temperatur der kältesten Stelle, die Dampfdichte zunehmen.

Die beruhigende bzw. ausgleichende Wirkung des überhitzten Hg-Dampfes tritt jedoch noch viel deutlicher bei *plötzlichen Netzspannungsschwankungen* zutage. Den Unterschied zwischen langsam auftretenden und plötzlichen Schwankungen kann man gut an Hand der Charakteristik einer normalen Glühlampe erklären (Abb. 155). Die Kurve OA gibt für jeden Stromwert I_l den zugehörigen Spannungswert V_l, wobei für alle Werte der Glühdraht genug Zeit erhielt, um die entsprechenden Endtemperaturen zu erreichen. Da der Metalldraht ein *Ohm*scher Widerstand ist, bedeutet der Tangens des Neigungswinkels einer Geraden OA für einen beliebigen Punkt A der Kurve nichts anderes als den Drahtwiderstand für den betreffenden Betriebspunkt, $R = \frac{V_l}{I_l} = \frac{AB}{OB}$. Legt man an eine kalte Lampe ihre normale Spannung, dann ist im ersten Augenblick ihr Widerstand klein (geringer Neigungswinkel für Beginnwiderstand) und der Strom groß. Für diesen Zustand wird die Charakteristik durch die gestrichelte Linie gegeben. Nachdem der Glühdraht jedoch seine normale Betriebstemperatur erreicht hat, wird der Betriebszustand durch Punkt A vorgestellt. Langsame Schwankungen der Netzspannung, bei denen sich die Temperatur des Glühdrahtes in jedem Augenblick an die neuen Betriebszustände anpassen kann, werden durch den Kurvenzug OA charakterisiert. Wird die Spannung jedoch plötzlich von OE auf OE_1 gebracht, dann wird der Augenblickswert des Stromes durch Verschiebung des Punktes A auf der Geraden OA nach C bestimmt, solange die Temperatur des Glühdrahtes nicht genug Zeit zum Steigen hat und somit der Widerstand konstant bleibt. Der Augenblickswert des Stromes ist OB_2. Während sich der Draht nun erwärmt, verschiebt sich der charakteristische Punkt längs CD zum Punkt D auf der stationären Charakteristik und der Strom sinkt auf den Wert OB_1.

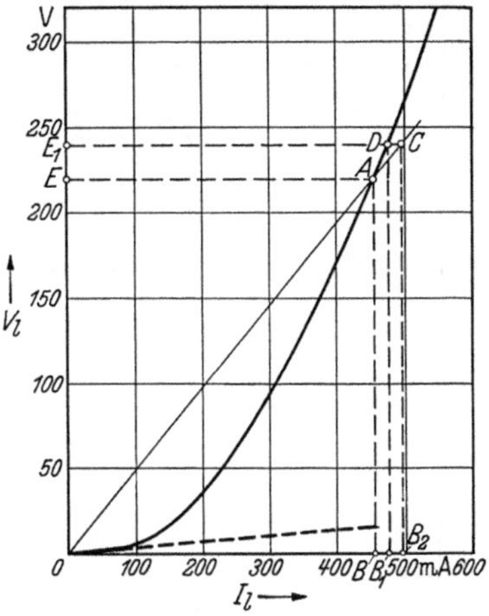

Abb. 155. Strom-Spannungscharakteristik einer Glühlampe (gemessen).

Betrachten wir nun die stationäre Charakteristik von einer HO (HgH) 1000 (Abb. 156), die erhalten wurde, indem man bei veränderlicher Netzspannung U (bei den Punkten angegeben) und konstanter Drossel den

Strom auf verschiedene Werte einstellte und der Lampe dabei genug Zeit ließ, um jeweils ihr Temperaturgleichgewicht herzustellen. Die Kurve $ABCD$ gibt dann den Zusammenhang zwischen V_l und I_l. Unterhalb des Punktes B ist der Hg-Dampf gesättigt, d. h., daß noch flüssiges Hg vorhanden ist. Im Punkt B ist die Sättigungstemperatur erreicht, alles Hg ist verdampft und V_l ist von diesem Augenblick an beinahe unabhängig von I_l.

Nehmen wir nun an, daß eine Lampe mit einer derartigen Gleichgewichtscharakteristik über eine fest eingestellte Drossel an ein Netz angeschlossen wird, wobei C den normalen Betriebspunkt vorstellt. Steigt nun die Netzspannung, dann wird, weil V_l ungefähr konstant ist, der Strom I_l zunehmen, da sonst die Drosselspannung kein Gleichgewicht herstellen könnte. Die Leistungsaufnahme N_l der Lampe nimmt zwar auch zu, aber die Lampe bleibt ungestört in Betrieb, wenn auch bei höherer Temperatur, gleichgültig ob die Netzspannungszunahme schnell oder langsam erfolgte. Bei Abnahme der Netzspannung kann die Plötzlichkeit dieses Vorganges jedoch ganz andere Resultate zeitigen. Unter den vorausgesetzten Bedingungen (ωL = konstant) wird bei Netzspannungsabnahme natürlich auch I_l sinken, und zwar nach der gegebenen Kurve CBA in Abb. 156, wenn die Veränderung langsam genug stattfindet. Erfolgt die Spannungsverminderung ΔU nun schnell, dann kann die Lampe erlöschen, wenn der Strom auf einen kleineren Wert sinkt als dem Punkt F entspricht. Man hat in diesem Falle nicht mehr mit der Gleichgewichtscharakteristik zu tun, sondern mit der Charakteristik, die zum Dampfdruck des Punktes C gehört. In dieser Kurve CF steigt die Spannung V_l ziemlich schnell mit sinkendem Strom, so daß die zur Verfügung stehende Spannung in einem gegebenen Moment nicht mehr hoch genug ist. Bei schneller Netzspannungsverminderung darf U nicht kleiner werden als 180 V, wenn $V_l = 130$ V ist (Punkt F).

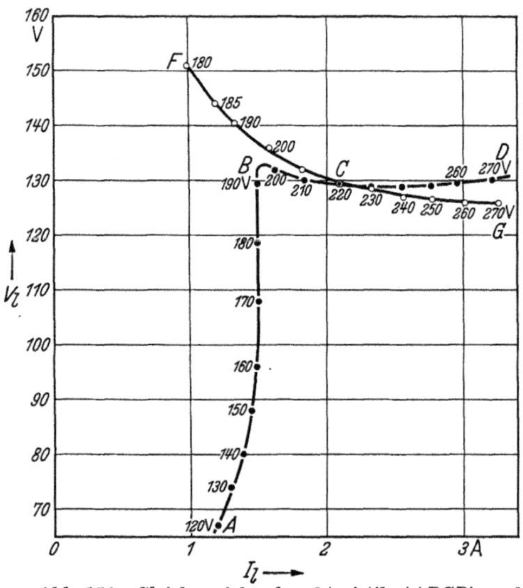

Abb. 156. Gleichgewichtscharakteristik ($ABCD$) und Augenblickscharakteristik (FCG) für eine HO (HgH) 1000. Bei den verschiedenen Punkten sind die Werte der Netzspannung angegeben.

Eine Lampe wird nun bei plötzlicher Netzspannungsabnahme um so leichter erlöschen, je größer $\frac{V_l}{U}$ ist, so daß dieser Wert meistens kleiner als 0,7 gewählt wird.

Auf den Einfluß der Umgebungstemperatur wurde bereits hingewiesen. Eine Lampe in normalem Betriebszustand zeigt hierbei sehr große Stabilität, wenn bloß der Hg-Dampf überhitzt ist. Solange die Temperatur T_k der kältesten Stelle oberhalb der Sättigungstemperatur liegt (350° C), bleiben mittlere Dampfdichte und V_l konstant. Das gleiche gilt auch für I_l und N_l; der Lichtstrom und die Lichtausbeute fallen jedoch mit sinkender Außentemperatur etwas zurück, da auch die Temperatur in der Entladungsbahn kleiner wird. Tabelle 31 gibt einige Werte bezüglich des Einflusses von Temperatur und Wind auf eine unbedeckte Lampe [HO (HgH) 1000]. Bei einer Lampe mit gesättigtem Dampf ist der Einfluß der Temperatur belangreich größer, da sich die Dampfdichte mit der Temperatur ändert und hiermit auch V_l und N_l, so daß die Änderung des Lichtstromes und der Lichtausbeute bedeutend größer wird (wenn $V_l < 0{,}7\ U$). Da alle guten Lampen dieser Type mit überhitztem Hg-Dampf arbeiten, gehen wir auf die Arbeitsweise mit gesättigtem Dampf hier nicht näher ein.

Tabelle 31. Einfluß von Temperatur und Wind auf eine unbedeckte HO (HgH) 1000-Lampe.

	Φ (Dlm)
+ 20° C — ohne Wind	1000
— 18° C — mit Wind (10 m/s)	990

Die Lebensdauer der Hg-Lampen hing ursprünglich von der Glasqualität ab. Dies wird nicht verwundern, wenn man bedenkt, daß die Wandtemperatur der Entladungsröhre etwa 600° C beträgt, während die Bearbeitungstemperatur des betreffenden Hartglases bei etwa 1200° C liegt. Die Hochdruck Hg-Lampe mit 1 at Druck konnte erst dann für allgemeine Anwendung in Frage kommen, als es gelang, das erforderliche temperaturbeständige Glas zu erzeugen, da Quarz ziemlich teuer ist. Diese Hartglassorten enthalten verhältnismäßig wenig SiO_2, etwa 50 bis 60%, aber relativ viel Aluminiumoxyd, etwa 20% Al_2O_3. Als Stromzufuhrdrähte verwendet man W oder Mo. Die Glasschwierigkeiten sind heute überwunden und die Lebensdauer wird durch zu großen Lichtabfall oder Abnützung der Kathode bestimmt. Letztgenannte wird in den Hochdrucklampen sehr schwer belastet, da die Entladung in einem kleinen „Brennfleck" ansetzt, wo die Stromdichte sehr hoch ist. Bei einer guten Kathode kann man die Zerstäubung innerhalb bestimmter Grenzen halten, so daß der Lichtverlust durch Absorption des sich auf der Glaswand absetzenden Materials gering bleibt. Im Laufe der Betriebszeit fällt der Lichtstrom allmählich ab (s. Abb. 157) und hat nach etwa 2000 h ungefähr 80% seines Beginnwertes. Man hat hier, wie bei den Na-Lampen, einen ziemlich schnellen Lichtabfall innerhalb der ersten Brennstunden. Würde man als Anfangslichtstrom der Lampe den Wert geben, den die Lampe in vollkommen neuem Zustand, sozusagen von der Pumpe weg, liefert, dann würde man einen verkehrten

Eindruck bezüglich der mittleren Werte während der normalen Lebensdauer erhalten. Inwieweit der heiße Hg-Dampf das Glas antastet, hierdurch Verfärbung und Absorption hervorruft, ist noch nicht mit Sicherheit festgestellt. Die nominale mittlere Lebensdauer der serienmäßig erzeugten Hg-Hochdrucklampen mit 1 at Druck beträgt 2000 h.

Die Schaltung der 1 at Hg-Hochdrucklampen bietet keine besonderen Schwierigkeiten. Sie können mit einer Drossel in Serie an ein 220-V-Netz angeschlossen werden. Die Drosselverluste betragen $5 \div 10\%$ von N_l. Bei niedrigerer Netzspannung, z. B. 110 V, kann man einen Transformator und eine Drossel, oder einen Streuspartransformator anwenden. Wie alle Wechselstromentladungslampen hat auch diese Lampe eine Dunkelperiode, wenn der Strom durch Null geht. Sie ist länger als bei den Na-Lampen, wobei jedoch diese Periode nicht vollkommen dunkel ist, da der Hg-Dampf, dessen Temperatur sehr hoch ist, wegen thermischer Trägheit nachleuchtet. Das Flimmern ist unter normalen Umständen nicht hinderlich, solange die Netzfrequenz größer ist als 35 Perioden per s. In normalem Betrieb verursachen die Lampen keine Radiostörungen.

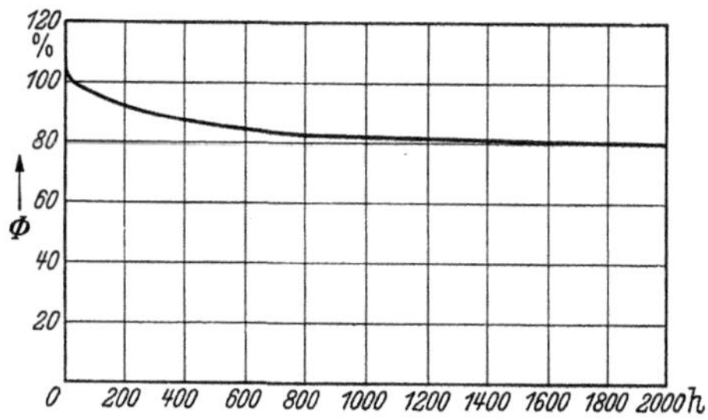

Abb. 157. Lichtstrom als Funktion der Betriebszeit für HO (HgH) 1000.

Die normale Brennlage ist vertikal (aus Symmetriegründen in der Entladung), doch sind auch gewisse Abweichungen zulässig, die für die verschiedenen Typen in den Katalogen der herstellenden Firmen angegeben sind.

Fünfzehntes Kapitel.

Theorie der Hg-Hochdruckentladung.

§ 69. Einleitung und Grundlagen der Theorie.

Die Theorie der Hg-Hochdruckentladung ist bereits soweit entwickelt, daß man die Eigenschaften einer Lampe, die gebaut werden soll, voraus bestimmen kann, wenn die Leistung per cm Entladungslänge N_{I} ($= I_l G$, W/cm), die Menge Quecksilberdampf per cm Entladungslänge $\mathfrak{g}_{\mathrm{I}}$ (mg/cm) und der Röhrendurchmesser D_1 (mm) gegeben sind.

Die theoretische Behandlung läßt sich durchführen, wenn man nicht auf die Elementarprozesse eingeht, sondern die Entladung in ihrer Gesamtheit als ein Gebilde von hoher Temperatur betrachtet, das sich in einem stationären Zustand befindet. Dies bedeutet aber nichts anderes, als daß die Eigenschaften und insbesondere die Strahlung einer Hg-Hochdruckentladung durch die Temperatur bestimmt werden. Die Gastemperatur T_g ist der alles beherrschende Faktor: sowohl die Geschwindigkeitsverteilung der Atome, Ionen und Elektronen als auch die Ionisierung und Anregung werden durch T_g festgelegt. Aus dem Ionisierungsgrad und dem Dampfdruck kann man den zur Aufrechterhaltung eines gegebenen Stromes erforderlichen Gradient und somit auch den Leistungsverbrauch ableiten. Schließlich bestimmt T_g auch noch die Energie, die per s durch Strahlung, Konduktion und Konvektion (des Dampfes) abgegeben wird.

Man wird daher vor allem versuchen, die Gastemperatur T_g in der Entladungsbahn zu berechnen. Wie bereits erwähnt, ist T_g sehr hoch, nämlich mehrere tausend Grad. Derartige Temperaturen werden durch die Kontraktion ermöglicht, da die Entladung nun nicht direkt mit der Wand in Berührung kommt und der Dampf, der die kontrahierte Entladung umgibt, als wärmeisolierende Schicht wirkt. Eine vollständige Theorie muß daher auch eine Erklärung der Kontraktion umfassen.

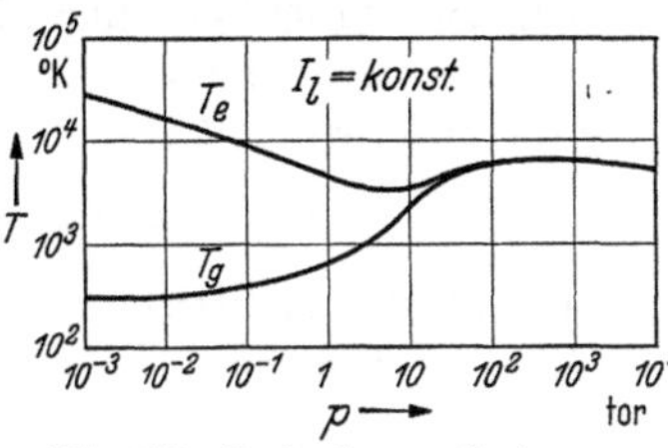

Abb. 158. Verlauf von Gastemperatur T_g und Elektronentemperatur T_e als Funktion des Druckes p (schematisch).

Betrachten wir eine positive Säulenentladung in einer Röhre mit einem Durchmesser von z. B. 40 mm und nehmen wir an, daß der Druck des Gases oder Dampfes allmählich erhöht wird. Bereits bei einem Druck von wenigen tor ist die Stromdichte nicht mehr gleichmäßig über den ganzen Röhrenquerschnitt verteilt, sondern in der Achse größer als an der Wand. Dies ist eine Folge der Veränderung der Elektronendichte n_e mit dem Abstand von der Achse [Formel (110) und Abb. 63]. In der Umgebung der Achse ist wegen der größeren Stromdichte auch die Energieabgabe durch elastische Elektronenstöße größer. Während die Temperatur T_g, die im Mittel einige hundert Grade beträgt, in der Achse ein Maximum hat, zeigt die Gasdichte dort ein Minimum, da der Druck $p = n\,k\,T_g$ überall in der Röhre gleich groß ist. Der Spannungsabfall per mittlere freie Weglänge (der sog. Normalgradient) ist in der Achse daher größer (der Längsgradient G V/cm ist über den ganzen Röhrenquerschnitt konstant) und die Elektronen können dort zwischen zwei aufeinanderfolgenden Stößen eine größere Energiemenge aufnehmen und leichter ionisieren. Die Elektronentemperatur T_e ist bei dem niedrigen Druck bedeutend größer als die Gastemperatur T_g (Abb. 158).

Je mehr der Druck zunimmt, desto größer wird die Energieabgabe der Elektronen durch elastische Stöße [Formel (121′)] und die beiden Temperaturen, T_e und T_g, kommen einander näher (T_e sinkt und T_g steigt, Abb. 158). Der Temperaturunterschied zwischen Achse und Wand wird größer, da sich der Strom nach und nach in der Röhrenmitte konzentriert. Bei genügend großem Strom (also auch großer Stromdichte) und Druck treten erhebliche Temperaturunterschiede im Gas (zwischen Achse und Wand) auf, und diese veranlassen die erwähnte Kontraktion.

Warum müssen nun zur Erzielung der Kontraktion die Stromdichte und der Druck hoch sein? Damit ein genügender Dichteunterschied zwischen Achse und Wand auftritt, muß die Temperatur in der Achse hoch sein. Dazu muß die per cm³ verbrauchte Leistung $j \cdot G$ in der Achsennähe groß sein und dies fordert, daß j oder G, oder beide, groß sind, was nur bei Hochdruck möglich ist. Einen hohen Gradient kann man zwar auch bei sehr niedrigem Druck erreichen, nicht aber eine große Stromdichte in der Achse; die seitliche Diffusion würde nämlich die Entladungsbahn verbreitern. Bei hohem Druck ist zur Beförderung einer großen Stromstärke ein hoher Gradient jedoch unerläßlich, da die Beweglichkeit der Elektronen der Gas- (oder Dampf-) Dichte umgekehrt proportional ist. Für die Stromdichte schreibt man mit Hilfe von Formel (71):

$$j_e = n_e\, e\, u_e = n_e\, e\, K_e\, G = n_e\, e\, a\, \frac{e\, \lambda_e}{m_e\, v_e}\, G\,, \tag{195}$$

wobei für die elektrische Feldstärke $\mathfrak{E}$ der Gradient G eingeführt ist.

In Abb. 158 ist der Verlauf von T_e und T_g als Funktion des Druckes schematisch angegeben und hieraus sieht man, daß mit steigendem Dampfdruck nicht nur T_g wächst, sondern auch T_e fällt. Es ist jedoch notwendig, daß T_e immer noch etwas größer als T_g bleibt, da die Elektronen ihre Energie von dem Felde empfangen und auf die Atome übertragen[1]). Die Energieübergabe geschieht z. B. durch elastische Stöße, die bei hohem Druck so zahlreich sind, daß die Endgeschwindigkeit der Elektronen trotz der großen Feldstärke gering bleibt [Formel (66)]. Eine andere Möglichkeit der Energieabgabe liegt in den Zusammenstößen zwischen Elektronen und Ionen, wobei die Kräfte, mit denen die beiden aufeinander einwirken, groß sind, da es beiderseits geladene Teilchen betrifft. Die Ionen geben die aufgenommene Energie wieder an die Atome ab, wobei je elastischen Stoß der abgegebene Energiebetrag größer ist als bei einem Elektronenstoß, da die Massen der Atome und Ionen ungefähr gleich groß sind (S. 63). Im folgenden werden wir annehmen, daß die Temperatur der Elektronen (T_e) und der Atome (T_g) praktisch gleich ist, wodurch die Rechnung erheblich vereinfacht wird. Die berechneten und gemessenen Resultate stimmen so gut miteinander überein, daß diese Näherung gerechtfertigt erscheint.

★ § 70. Gleichung von Saha und Boltzmannsches Prinzip.

Nimmt man an, daß in dem zentralen Teil der Hg-Hochdruckentladung thermisches Gleichgewicht herrscht, dann kann man auch ★

---

[1]) Auch bei hohem Druck wird der Strom praktisch nur von Elektronen getragen, da $n_e \approx n_p$ und die Beweglichkeit der Elektronen bedeutend größer ist.

★ thermodynamische und statistische Theoreme anwenden. Wir wollen im folgenden zwei dieser, und zwar die Gleichung von Saha und das Boltzmannsche Prinzip, benützen.

Die Gleichung von Saha bestimmt den Ionisationsgrad α, das ist die Anzahl ionisierter Atome, geteilt durch die ursprünglich anwesende Anzahl neutraler Atome eines Gases oder Dampfes. Sie wurde von diesem Forscher abgeleitet, um den Ionisationsgrad von Gasen in Sternen (wo sehr hohe Temperaturen auftreten) berechnen zu können und dadurch verschiedene Eigenschaften der Sternspektren zu erklären. Später wurde die Gleichung auch in der Theorie des Luftbogens angewandt.

Saha betrachtet die thermische Ionisation bei hoher Temperatur als eine gewöhnlich chemische Reaktion, und zwar als die Dissoziation eines neutralen Atomes in ein Ion und ein Elektron nach der Gleichung (von links nach rechts)

$$\mathrm{Hg} \rightleftarrows \mathrm{Hg}^+ + e + e\,V_i, \tag{196}$$

wobei $e\,V_i$ die Dissoziationsarbeit, in diesem Falle gleich der Ionisationsarbeit ist. Der umgekehrte Vorgang, von rechts nach links, die Rekombination, tritt auch auf, wobei die Rekombinationsenergie $e\,V_i$ frei wird. Im stationären Zustand herrscht zwischen Dissoziation und Rekombination Gleichgewicht, d. h. je s werden gleich viel Atome ionisiert als Ionen rekombinieren.

Dieses Gleichgewicht, das von der Temperatur abhängig ist, wird durch das Massenwirkungsgesetz bestimmt,

$$\frac{p_p\, p_e}{p_n} = K. \tag{197}$$

p_p, p_e und p_n sind hierbei die Partialdrücke der positiven Ionen, Elektronen und neutralen Atome und K ist die Gleichgewichtskonstante des Massenwirkungsgesetzes (abhängig von T). Zur Einführung des Ionisationsgrades α formen wir (197) mit Hilfe des Totaldruckes $p = p_p + p_e + p_n$, um:

$$\frac{\frac{p_p}{p} \cdot \frac{p_e}{p}}{\frac{p_n}{p}} \cdot p = K. \tag{198}$$

Nennen wir n die Anzahl der ursprünglich per cm³ anwesenden neutralen Atome, dann ist $n_p = \alpha\, n$ und $n_e = \alpha\, n = n_p$ (einmalige Ionisation und ein einziges Gas vorausgesetzt), so daß die Konzentration der übrigbleibenden neutralen Atome $n_n = n - n_p$ beträgt. Im ganzen befinden sich also in jedem cm³ $n_n + n_p + n_e = n + n_p$ Teilchen. Bei gegebener Temperatur sind die Partialdrücke den Konzentrationen der verschiedenen Teilchen proportional, und (198) wird zu:

$$\frac{\frac{n_p}{n+n_p} \cdot \frac{n_e}{n+n_p}}{\frac{n_n}{n+n_p}} \cdot p = \frac{\alpha^2\, n^2}{n^2 - n_p^2} \cdot p = \frac{\alpha^2}{1-\alpha^2} \cdot p = K. \tag{199}$$

★

★ Da die Berechnung der Größe K (mit Hilfe verschiedener Theoreme aus der physikalischen Chemie) sehr kompliziert ist, geben wir hier bloß das Resultat:

$$\frac{\alpha^2}{1-\alpha^2}\cdot p = A\,T_g^{\frac{5}{2}}\,\varepsilon^{-\frac{e V_i}{k T_g}}. \tag{200}$$

A = Konstante = 1,33 g cm^{-1} sec^{-2} Grad$^{-\frac{5}{2}}$.
p = Druck in bar (1 bar = 1 dyn/cm^2; 1 tor = 1333 bar; 1 at = 760 tor = $10{,}14\cdot 10^5$ bar).
T_g = abs. Temp. des Gases °K.
$e V_i$ = Ionisationsarbeit in erg.
k = Boltzmann-Konstante = $1{,}37\cdot 10^{-16}$ erg/°K.

Wenden wir (200) auf die positive Säule eines Hg-Bogens an, dann finden wir für $T_g = 6300°$ K bei 1 at einen Ionisationsgrad $\alpha = 0{,}46\%$. In Gasentladungen ist α von der Größenordnung 10^{-3}, also immer $\alpha^2 \ll 1$, so daß es in (200) im Nenner vernachlässigt werden kann und die Anwendung der Formel bedeutend vereinfacht wird. Aus (200) folgt dann

$$\alpha^2 p = A\,T_g^{\frac{5}{2}}\,\varepsilon^{-\frac{e V_i}{k T_g}}. \tag{201}$$

Bei den üblichen Ionisationsgraden ist der Unterschied zwischen dem Totaldruck $p = p_p + p_e + p_n$ und dem Druck des nicht ionisierten Gases bei der gleichen Temperatur so klein, daß letzterer eingeführt werden darf.

Für Hg z. B. wird die Ionisationsenergie $e V_i = 1{,}65\cdot 10^{-11}$ erg $= k\cdot 120500°$ K $\left(k T = \frac{\text{erg}}{\text{Grad}}\cdot \text{Grad} = \text{erg}\right)$ und der Potenzexponent von ε in (201) kommt in die Größenordnung von (—20), so daß selbst durch Multiplikation mit $T_g^{\frac{5}{2}}$ die rechte Seite von (201) klein bleibt, z. B. mit $T_g = 6300°$ K für Hg ungefähr 20. Abb. 159 gibt den Verlauf des Ionisationsgrades α für Hg als Funktion der Temperatur für $p = 1$ at, 10 at und 100 at. Bei konstanter Temperatur fällt α mit wachsendem Druck proportional mit $\frac{1}{\sqrt{p}}$, doch nimmt die Anzahl Ionen pro cm^3 (n_p) zu, da $n_p = \alpha n$ und $n = \frac{p}{k T_g}$, so daß n_p proportional $\sqrt{p}$ ist. Für $T_g = 6300°$ K wird n_p bei 1 at: $5{,}34\cdot 10^{15}$, bei 10 at: $1{,}69\cdot 10^{16}$ und bei 100 at: $5{,}34\cdot 10^{16}$. Ist das Ionisationspotential niedriger, dann wird bei gegebener Temperatur und gegebenem Druck der Ionisationsgrad α größer, da der Exponent von ε in (201) abnimmt (im absoluten Wert).

Als zweite Beziehung aus der Thermodynamik verwenden wir, wie erwähnt, das Prinzip von Boltzmann. In § 9 wurde dieses schon behandelt, wobei die potentielle Energie vom Schwerefeld der Erde oder von einem elektrischen Feld (für Elektronen) herrührte. Auch auf angeregte Atome ist das Prinzip anwendbar, wobei statt der Schwerefeldenergie die Anregungsenergie $e V_a$ in der Formel auftritt. ★

★ Befinden sich in einem abgeschlossenen Raum (1 cm³) n Atome auf hoher Temperatur, dann wird das Verhältnis der Anzahl angeregter n_a zur Anzahl normaler Atome n_n durch folgende Formel gegeben:

$$\frac{n_a}{n_n} = \varepsilon^{-\frac{e V_a}{k T_g}}, \tag{202}$$

wobei $n_n = n - n_a$ und $e V_a$ = Anregungsenergie ist. Das Verhältnis $\frac{n_a}{n_n}$ ist bei den in Gasentladungen vorkommenden Temperaturen meistens so klein, daß für $n_n = n - n_a$ einfach n geschrieben werden darf.

Schließlich muß in (202) auf der rechten Seite noch ein Faktor g eingeführt werden:

$$n_a = n\, g\, \varepsilon^{-\frac{e V_a}{k T_g}}. \tag{203}$$

Dieser Faktor g, der meistens in der Nähe von 1 liegt, ist das Verhältnis $\frac{g_a}{g_n}$, der sog. Gewichte oder Multiplizitäten des angeregten bzw. des normalen Zustandes. Die Faktoren g_a und g_n berücksichtigen, daß die meisten Anregungsniveaus nicht einfach sind, sondern aus verschiedenen Unterniveaus, mit gleich großer Energie, bestehen (für Hg ist $g_n = 1$). In einem Magnetfeld wird die Energie der Unterniveaus verschieden und wird die entsprechende Spektrallinie in verschiedene Komponenten zerlegt (Zeemann-Effekt).

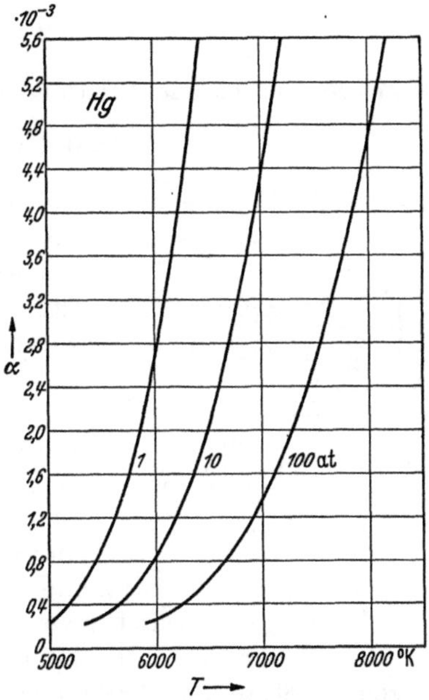

Abb. 159. Ionisationsgrad α für Hg als Funktion der Temperatur für verschiedene Drücke berechnet nach Saha (201).

§ 71. Differentialgleichung der Hg-Hochdrucksäule.

Kennt man in der Hg-Hochdruckentladung die Temperaturverteilung als Funktion des Abstandes von der Achse, dann kann man daraus mit Hilfe der Gleichungen von Saha und Boltzmann alle Größen bestimmen. Zur Ableitung der Temperaturverteilung stellen wir die Energiebilanz für ein Elementarvolumen im stationären Zustand auf.

Nehmen wir eine Entladung in vertikal stehender Röhre, so daß die Entladungsachse auch Symmetrieachse ist und betrachten wir als Elementarvolumen einen Ringzylinder von 1 cm Höhe und den Radien r und $r + dr$. Der Innenradius der Röhre sei R_1 (Abb. 160). Die zugeführte Leistung $d N_I$, die vom Feld geliefert wird, kann, da die Stromdichte j_r nur vom Radius r abhängt, folgendermaßen geschrieben werden:

$$d N_I = 2 \pi r\, dr\, j_r\, G. \tag{204}$$ ★

★ Die Leistungsabgabe des betrachteten Elementes erfolgt teilweise durch Wärmeleitung im Gas $\mathrm{d}L_{\mathrm{I}}$ und teilweise durch Strahlung $\mathrm{d}S_{\mathrm{I}}$. Konvektion wollen wir vorläufig vernachlässigen, da deren Einfluß (besonders bei langen Röhren) nur gering ist. Die Wärmeabgabe $\mathrm{d}L_{\mathrm{I}}$ ist der Unterschied zwischen der an der inneren Seite des Ringzylinders in das betrachtete Element eintretenden Leistung (205) und der an der äußeren Seite austretenden (206).

Die eintretende Leistung ist

$$2\pi r \left(\lambda_{T_g} \frac{\mathrm{d}T_g}{\mathrm{d}r}\right)_r \tag{205}$$

und die austretende Leistung ist

$$2\pi (r + \mathrm{d}r) \left(\lambda_{T_g} \frac{\mathrm{d}T_g}{\mathrm{d}r}\right)_{r+\mathrm{d}r}. \tag{206}$$

λ_{T_g} ist die Wärmeleitfähigkeit des Gases, unabhängig vom Druck, aber Funktion der Temperatur T_g und somit auch des Abstandes r, da T_g selbst von r abhängig ist. Die Differenz von (206) (nach $\mathrm{d}r$ entwickelt) und (205) ist

$$\mathrm{d}L_{\mathrm{I}} = 2\pi \frac{d}{\mathrm{d}r}\left(r\,\lambda_{T_g} \frac{\mathrm{d}T_g}{\mathrm{d}r}\right)\mathrm{d}r. \tag{207}$$

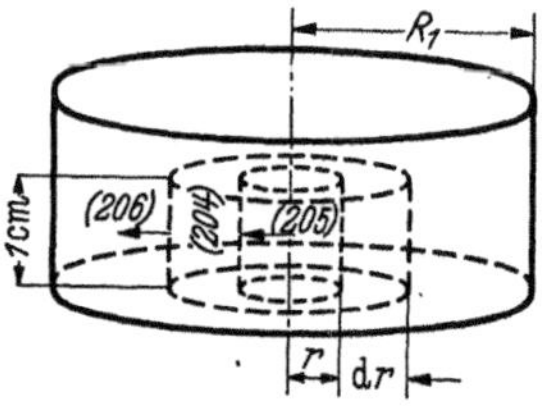

Abb. 160. Elementarvolumen $2\pi r\,\mathrm{d}r$. 1 cm³ für die Aufstellung der Energiebilanz in der Hg-Hochdrucksäule.

Die von dem Volumenelement gelieferte Strahlung $\mathrm{d}S_{\mathrm{I}}$ ist proportional der dort anwesenden Anzahl angeregter Atome: $2\pi r\,\mathrm{d}r\,n_a$. Der Einfluß der Selbstabsorption wird vernachlässigt, da die abgegebene Strahlung der Hg-Hochdruckentladung größtenteils durch Übergänge zwischen zwei angeregten Zuständen der Atome erzeugt wird und wir daher in erster Annäherung annehmen dürfen, daß die erzeugte Strahlung direkt das Rohr verläßt.

$$\mathrm{d}S_{\mathrm{I}} = 2\pi r\,\mathrm{d}r\,C\,n_a. \tag{208}$$

n_a ist die Anzahl der per cm³ angeregten Atome im Abstand r von der Achse und C eine Konstante, die unter anderem die Übergangswahrscheinlichkeit enthält.

Für die Energiebilanz des Elementarvolumens

$$\mathrm{d}N_{\mathrm{I}} = \mathrm{d}L_{\mathrm{I}} + \mathrm{d}S_{\mathrm{I}}$$

erhalten wir also mit (204), (207) und (208)

$$2\pi r j_r G\,\mathrm{d}r = 2\pi \frac{d}{\mathrm{d}r}\left(r\,\lambda_{T_g} \frac{\mathrm{d}T_g}{\mathrm{d}r}\right)\mathrm{d}r + 2\pi r\,C\,n_a \mathrm{d}r. \tag{209}$$

In dieser Gleichung können wir j_r und n_a, die Funktionen von r sind, durch die Temperatur T_g, die selbst von r abhängt, ausdrücken, so daß (209) dann nur mehr T_g als abhängige und r als unabhängige Veränderliche enthält. Die Stromdichte war nach (195) $j = n_e e K_e G$. Die Elektronendichte bestimmen wir aus der Gleichung von Saha (201), wobei wir für ★

★ p den Ausdruck $n\,k\,T$ aus (14) einführen und $\alpha^2 p = f_1(T_g) = \alpha^2 n\,k\,T_g$ erhalten. Die Anzahl Atome per cm³ (n) ist proportional dem Wert $\frac{\mathfrak{g}_I}{R_1^2}$ ($\mathfrak{g}_I$ = Hg-Dampfmenge in mg per cm Entladungslänge, R_1 = Innenradius der Röhre) und wenn wir nun die Glieder, die T_g enthalten, in einer Funktion $f_2(T_g)$ zusammenfassen, dann ist

$$\frac{\alpha^2\,\mathfrak{g}_I}{R_1^2} = f_2(T_g) \quad \text{oder} \quad \alpha = \frac{R_1}{\sqrt{\mathfrak{g}_I}}\,[f_2(T_g)]^{\frac{1}{2}}\,.$$

Die Beweglichkeit K_e ist nach (71): $K_e = \text{konst.}\,\frac{\lambda_e}{\bar{v}_e} = \text{konst.}\cdot\frac{1}{n\sqrt{T_g}}$ ($T_e \approx T_g$). Substitution von $n_e = \alpha\,n$ und K_e in (195) gibt für j_r:

$$j_r = \frac{G\,R_1}{\mathfrak{g}_I^{\frac{1}{2}}}\,C\left[\frac{f_2(T_g)}{T_g}\right]^{\frac{1}{2}}, \tag{210}$$

da die n im Zähler und Nenner einander aufheben. Die Konstante C enthält unter anderem auch e. Mit (210) wird $\mathrm{d}\,\mathfrak{N}_I$ aus (204) nun

$$\mathrm{d}\,\mathfrak{N}_I = 2\,\pi\,r\,\frac{G^2 R_1}{\mathfrak{g}_I^{\frac{1}{2}}}\,C\left[\frac{f_2(T_g)}{T_g}\right]^{\frac{1}{2}}\mathrm{d}\,r\,. \tag{211}$$

Für die Bestimmung von n_a verwenden wir die Gleichung (203) von Boltzmann, wobei n wieder = konst. $\frac{1}{T_g}\cdot\frac{\mathfrak{g}_I}{R_1^2}$ gesetzt wird. Aus (208) folgt dann

$$\mathrm{d}\,S_I = \frac{\mathfrak{g}_I}{R_1^2}\cdot 2\,\pi\,r\,\mathrm{d}\,r\,f_3(T_g)\,. \tag{212}$$

Die Differentialgleichung (209) für die Energiebilanz wird somit

$$\frac{G^2 R_1}{\mathfrak{g}_I^{\frac{1}{2}}}\,C\left[\frac{f_2(T_g)}{T_g}\right]^{\frac{1}{2}} = -\frac{1}{r}\,\frac{d}{\mathrm{d}\,r}\left(r\,\lambda_{T_g}\frac{\mathrm{d}\,T_g}{\mathrm{d}\,r}\right) + \frac{\mathfrak{g}_I}{R_1^2}\,f_3(T_g)\,. \tag{213}$$

Sie enthält als einzige Veränderliche T_g und r. Da in der Röhrenachse $\frac{\mathrm{d}\,T_g}{\mathrm{d}\,r} = 0$ (T_g ist Maximum an dieser Stelle) und die Wandtemperatur T_w gegeben ist, sind auch die beiden erforderlichen Grenzbedingungen bekannt. Könnte man die Differentialgleichung (213) in geschlossener Form auflösen, dann wäre hiermit auch das ganze Problem gelöst. Mit der Funktion $T_g = f(r)$ könnten dann alle Eigenschaften der Entladung und somit auch die Kontraktion bestimmt werden. Aus (210) könnte die Stromdichte $j_{(r)}$, aus (211) der Leistungsverbrauch $\mathfrak{N}_I$, aus (207) die Wärmeleitung und aus (212) die Strahlung vorausberechnet werden.

Man darf nun aber doch nicht glauben, daß eine derartige unaufgelöste Differentialgleichung bloß illusorischen Wert hat, da es gelingt, aus (213) die sog. „Ähnlichkeitsgesetze" abzuleiten (§ 75). Es kommt in der Technik hin und wieder vor, daß man wegen mathematischer Schwierigkeiten die Eigenschaften einer Maschine, die man konstruieren will, nicht vorausberechnen kann (z. B. im Schiffs- und Flugzeugbau). Man hilft ★

★ sich dann mit Versuchsmodellen, bei denen jedoch bestimmte Zusammenhänge zwischen den Abmessungen des Modells und der definitiven Konstruktion bestehen müssen. Diese Zusammenhänge werden durch die aus der Differentialgleichung abgeleiteten Ähnlichkeitsgesetze gegeben, und wenn diese einmal bekannt sind, läßt sich ein Modell derart wählen, daß aus seinen Eigenschaften auch die der definitiven Konstruktion abgeleitet werden können. ★

§ 72. Bestimmung der Temperatur und Temperaturverteilung in der Hg-Hochdrucksäule.

Die Temperatur und die Temperaturverteilung spielen in der Hg-Hochdrucksäule eine so wichtige Rolle, daß wir die Bestimmung dieser beiden näher betrachten wollen. Bei dem normalen Kohlebogen in Luft, bei dem erstmalig die Theorie der thermischen Ionisation angewandt wurde, haben Temperaturmessungen sehr hohe Werte geliefert. Man fand durch Intensitätsmessungen an Bandenspektren einen Verlauf der Intensitätsverhältnisse, der mit einer Boltzmann-Verteilung der Energie über die verschiedenen Niveaus gut übereinstimmte [s. (203)]. Die hieraus folgende Temperatur ist tatsächlich in der Größe von etwa 6000° K. Eine andere Methode besteht darin, daß man den Absorptionskoeffizienten des Gases in der Entladungsachse für Röntgenstrahlen bestimmt. Da der Druck konstant ist (1 at für Lichtbogen in Luft), wird bei hoher Temperatur in der Mitte der Entladung dort die Dichte gering sein und mit ihr auch die Absorption. Aus derartigen Messungen fand man für $I_l = 2$ A eine Temperatur von etwa 4600° K. Neuerdings ist auch die Temperatur mittels der Fortpflanzungsgeschwindigkeit von Schallwellen bestimmt worden, wobei analoge Ergebnisse erhalten wurden.

Für den Hg-Bogen hat man die alten Messungen von Küch und Retschinsky, die an einer „Hanau-Lampe" (mit $I_l = 4$ A) mit Hilfe eines Thermoelementes ausgeführt wurden und eine Temperatur von etwa 2000° K ergaben. Während diese Methode zu niedrige Werte gab, kommt die Bestimmung mit Hilfe der Intensitätsverteilung der Linie λ 5461 Å, die unter anderem durch den Doppler-Effekt (S. 237) verbreitert wird, der Wirklichkeit viel näher. Bei Messungen nach letztgenannter Methode erhielt man für $I_l = 1$ A eine Temperatur von 3800° K[1]).

Zur Bestimmung der Temperatur in einer Hg-Entladung kann auch folgendes Verfahren angewandt werden. Man bestimmt jene Belastung

---

[1]) Es sei darauf hingewiesen, daß man mit Hilfe des Doppler-Effektes wirklich die kinetische Energie der Translation bestimmt; leider sind die Linien meist noch aus anderen Gründen verbreitert, so daß die erhaltenen Resultate unsicher sind.

in W/cm, die nach z. B. einstündigem Betrieb das Erweichen des Glases veranlaßt und hiernach die Menge Hg (in mg/cm), die erforderlich ist, um bei der gefundenen Belastung gerade 1 at Druck zu erzeugen. Dieser Druck kann leicht bestimmt werden, da hierbei das erweichte Glas weder nach innen noch nach außen deformiert wird, wenn zu beiden Seiten der Wand, innen und außen also, der gleiche Druck von z. B. 1 at herrscht. Der Druck ist in der ganzen Röhre der gleiche, nl. 1 at, und mit Hilfe von (14) $n = \frac{p}{k\,T}$ kann man die Dichte als Funktion der Temperatur an einer betrachteten Stelle bestimmen. In einem Ringzylinder von 1 cm Höhe, Innenradius r und Außenradius $r + \mathrm{d}r$ befinden sich $2\pi r\,\mathrm{d}r\,n$ bzw. $2\pi r\,\mathrm{d}r\,\frac{p}{k\,T_g}$ Atome per cm Länge. In der ganzen Röhre sind per cm Länge dann

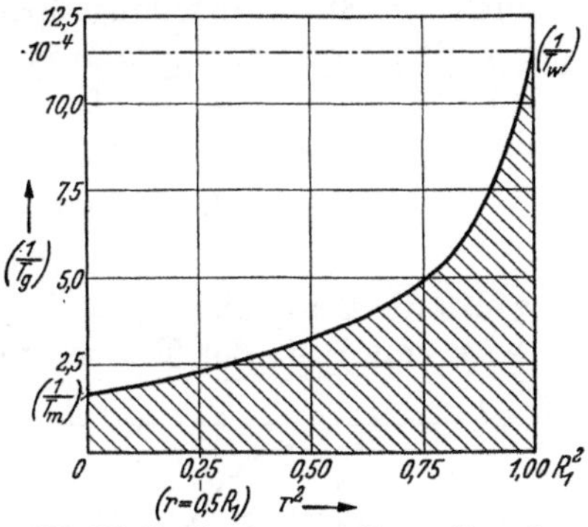

Abb. 161. Bestimmung von T_m aus T_w und dem Verlauf von $\frac{1}{T_g}$ als Funktion von r^2.

$$\frac{\pi p}{k}\int_0^{R_1}\frac{2\,r\,\mathrm{d}r}{T_g} = \frac{g_{\mathrm{I}}}{g_{\mathrm{Hg}}} \tag{214}$$

Atome. g_{Hg} bedeutet hierbei das Gewicht eines Hg-Atomes in mg. Wir können (214) noch in anderer Form schreiben, und zwar

$$\int_0^{R_1}\frac{\mathrm{d}(r^2)}{T_g} = \frac{g_{\mathrm{I}}\,k}{\pi\,g_{\mathrm{Hg}}\,p}. \tag{215}$$

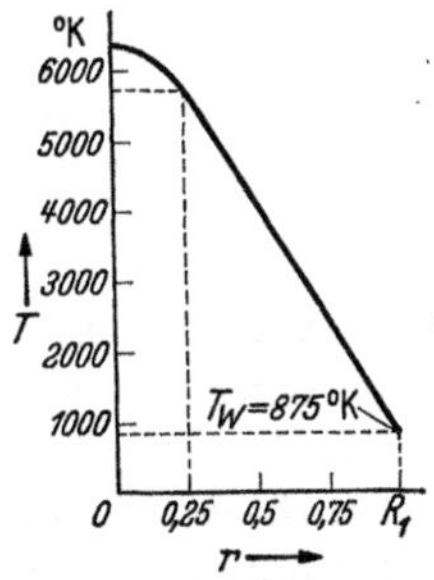

Abb. 162. Temperaturverlauf (in °K) als Funktion des Abstandes r von der Entladungsachse (Röhrenachse) bei 1 at Druck und 40 W/cm Belastung. Röhrendurchmesser (innen) $D_1 = 20$ mm, $g_{\mathrm{I}} = 3{,}06$ mg/cm.

Trägt man nun $\frac{1}{T_g}$ als Funktion von r^2 auf (Abb. 161), dann ist die schraffierte Fläche unter der Kurve $\frac{1}{T_g}$ gleich der bekannten rechten Seite der Gleichung (215). Man kann nun auf theoretische Grundlagen gestützt einen plausiblen Verlauf von T_g als Funktion von r näherungsweise schätzen und daraus auch, da die Wandtemperatur T_w direkt gemessen werden kann, die Temperatur T_m des Dampfes in der Entladungsmitte. Abb. 162 gibt den auf eine derartige Weise bestimmten Verlauf der Temperatur. Für den betreffenden Fall, Röhrendurchmesser $D_1 = 20$ mm, Belastung $N_{\mathrm{I}} = 40$ W/cm, $p = 1$ at, $T_w = 875°$ K (602° C), findet man für die Temperatur in der Entladungsachse $T_m = 6400°$ K. Die

Dichte des Gases ist dann an der Wand etwa 7mal so groß wie in der Entladungsachse.

Ist der Verlauf der Temperatur $T_g = f(r)$ bekannt, dann kann man auch die Stromverteilung über den Röhrenquerschnitt berechnen. Ist der Betriebsstrom I_l, dann erhalten wir durch Integration von $j_{(r)}$ als Funktion von r, in den Grenzen von 0 bis R_1

$$I_l = \int_0^{R_1} 2\pi r j_{(r)} \, dr = 2\pi G \int_0^{R_1} \frac{r j_{(r)}}{G} \, dr, \qquad (216)$$

wobei die Stromdichte $j_r = f(r)$ in einem Abstand r von der Entladungsachse mit Hilfe der Temperatur $T_g = f(r)$ in diesem Abstand aus (210) berechnet wird. Abb. 163 gibt das Resultat für den betrachteten Fall und zeigt, daß der Beitrag zum Gesamtstrom von den Ringen, für die r größer ist als $0{,}5\,R_1$, vernachlässigt werden kann. Durch graphische Integration kann aus Abb. 163 I_l bestimmt werden, wobei sich eine gute Übereinstimmung mit dem experimentell gefundenen Wert ergibt.

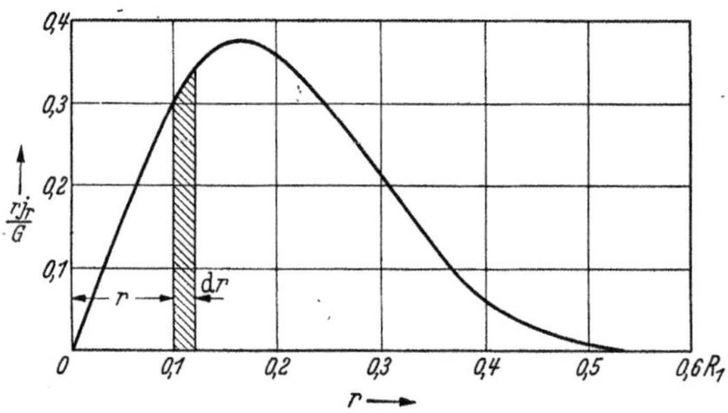

Abb. 163. Querschnitt der Hg-Hochdruckentladung. Schraffierte Fläche = Beitrag zum Gesamtstrom von einem Ring mit den Radien r und $r + dr$ und Stromdichte j_r.

Auf analoge Weise kann man die Leuchtdichte als Funktion des Achsenabstandes berechnen, wenn man die Selbstabsorption im Gas vernachlässigt. Mit Hilfe des Boltzmann-Prinzipes (203) läßt sich die Anzahl der angeregten Atome per cm³, n_a als Funktion von r bestimmen, da nun $T_g = f(r)$ bekannt ist.

$$n_a = n\, g\, \varepsilon^{-\frac{e V_a}{k T_g}} = n\, g\, \varepsilon^{-\frac{11\,600\, V_a}{T_g}}.$$

Die berechnete Leuchtdichte für die gelben Linien λ 5770 Å und λ 5790 Å, von denen die drei Ausgangsniveaus 8,8 V höher als das Grundniveau liegen, ist in der strichlierten Linie in Abb. 164 wiedergegeben. Bei wachsendem Abstand r von der Achse fällt die Temperatur, wobei das ε-Glied viel rascher mit r abnimmt als die Konzentration n mit r zunimmt $\left(\text{proportional } \frac{1}{T_g}\right)$, so daß der Wert der rechten Seite von (203) schnell sinkt. Nach Abb. 162 ist in einem Achsenabstand von $0{,}25\,R_1$ die Temperatur des Gases um ungefähr 10% niedriger als in der Achse, während nach Formel (203) die Leuchtdichte der gelben Linien bereits um etwa 80% kleiner ist als der Maximalwert.

Die voll ausgezogene Linie in Abb. 164 gibt den gemessenen Leuchtdichtenverlauf für die gelben Linien. Die scharfe Trennung zwischen hell leuchtendem Kern und dunklem Mantel wird hier mehr oder weniger durch Absorption und Reemission verwischt.

Da die Anregungsspannung V_a im Exponent von ε steht, wird der Abfall der Leuchtdichte um so schneller stattfinden, je größer V_a ist. Für die gelben Linien mit $V_a = 8{,}8$ V also schneller als für die grüne Linie mit $V_a = 7{,}7$ V (Abb. 165).

Die Kontraktion der Entladung kann also sowohl in bezug auf die Stromkonzentration (Abb. 163) als auch in bezug auf die Lichtemission

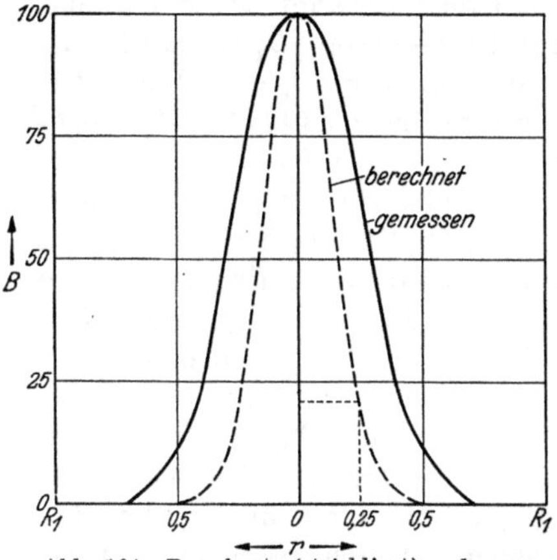

Abb. 164. Berechnete (strichliert) und gemessene[1] (voll ausgezogen) Leuchtdichte als Funktion vom Achsenabstand r der Entladung für die gelben Linien $\lambda\lambda$ 5770—90 Å. $N_{\mathrm{I}} = 40$ W/cm, $D_{\mathrm{I}} = 20$ mm, $\mathfrak{g}_{\mathrm{I}} = 3{,}06$ mg/cm.

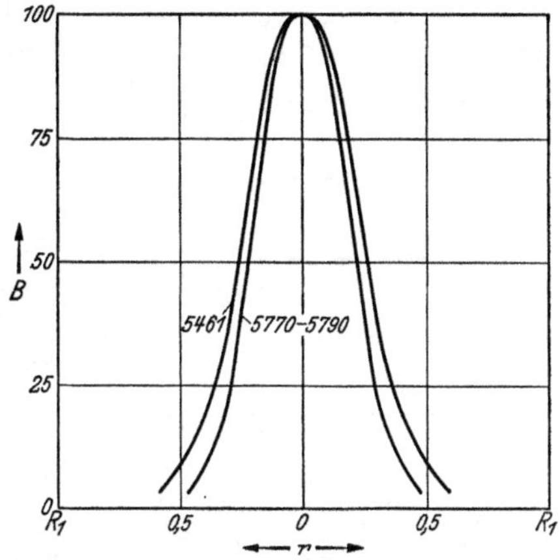

Abb. 165. Gemessener Verlauf der Leuchtdichte als Funktion des Achsenabstandes r für die gelben Linien $\lambda\lambda$ 5770 — 90 Å und die grüne Linie λ 5461 Å. Für jede Linie ist der Maximalwert in der Mitte = 100 gestellt. $N_{\mathrm{I}} = 25$ W/cm, $D_1 = 30$ mm, $\mathfrak{g}_{\mathrm{I}} = 6$ mg/cm.

(Abb. 164 und 165) mit Hilfe des Temperaturverlaufes (Abb. 162) erklärt werden.

§ 73. Lichtausbeute der Hg-Hochdruckentladung.

Von den verschiedenen Faktoren, die die Lichtausbeute der Hg-Hochdruckentladung beeinflussen können, kommen hauptsächlich folgende in Anmerkung:

1. Durchmesser der Entladungsröhre D_1,
2. Stromstärke I_l,
3. Gradient G, oder da $G = f(p)$ Druck p (Abb. 166).

Diese drei sind wohl die wichtigsten. Weiter spielen noch eine Rolle:

4. die Länge der Entladungsröhre.

[1] Die gemessene Kurve ist für die Tiefe der Entladung, die zur Emission in der betrachteten Richtung beiträgt, korrigiert; in der Achse ist diese Tiefe größer als am Rand.

Je länger das Rohr, desto geringer ist der Einfluß der Elektrodenverluste (S. 210) bei sonst gleichen Verhältnissen. Dank des hohen Gradienten in den üblichen Hg-Hochdrucklampen spielt der Spannungsabfall an den Elektroden (im Mittel $V_{A+K} \approx 15$ V) eine relativ geringe Rolle. Im folgenden wollen wir von den Elektrodenverlusten absehen, indem wir 1 cm Länge der eigentlichen Säule betrachten.

5. Art und Druck des Zündgases,

6. die Lage der Röhre: horizontal oder vertikal. Die Einflüsse 5. und 6. sind gering und werden am Ende dieses Paragraphen näher besprochen. Hier wollen wir in erster Linie 1., 2. und 3. behandeln.

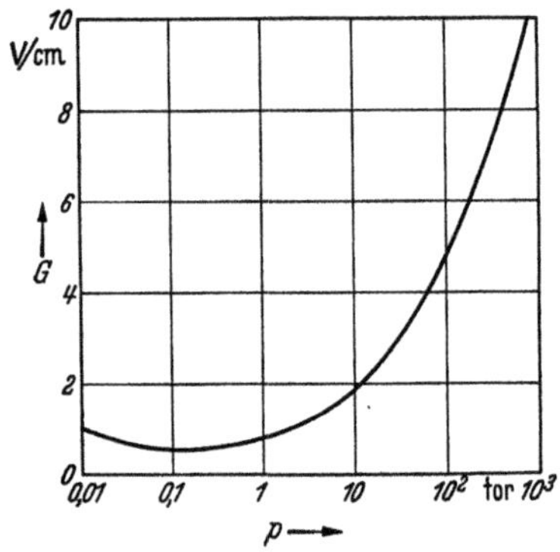

Abb. 166. Gradient als Funktion des Dampfdruckes p (tor) bei konstanter Stromstärke $I_l = 4$ A und Durchmesser $D_1 = 27$ mm.

Wie bereits erwähnt, steigt bei konstantem Durchmesser D_1 die Lichtausbeute mit dem Strom I_l und Gradient G (§ 66). Für die bei den üblichen Hg-Hochdruckentladungen auftretenden Strom- und Gradientwerte ist die Lichtausbeute $\eta_I = f(I_l \cdot G) = f(N_I)$. Anstatt des Druckes p kann man (bei gegebenem Durchmesser D_1 und gegebener Leistung N_I) die Hg-Dampfmenge per cm $\mathfrak{g}_I$ (mg/cm) einführen, wodurch $\eta_I = f(N_I, \mathfrak{g}_I, D_1)$ wird, d. h., N_I, $\mathfrak{g}_I$ und D_1 bestimmen die Entladung. Bei konstantem $\mathfrak{g}_I$ steigt η_I relativ wenig mit D_1 (Abb. 145). Ein kleinerer Durchmesser D_1 gibt bei konstantem $\mathfrak{g}_I$ einen höheren Druck.

Zur Bestimmung der Funktion $\eta_I = f(N_I, \mathfrak{g}_I, D_1)$ gehen wir von der Energiebilanz aus. Die zugeführte Leistung N_I ist im stationären Zustand gleich der Summe der durch Wärmeleitung im Dampf (L_I) und durch Strahlung (S_I) abgeführten Leistungen.

$$N_I = L_I + S_I. \tag{217}$$

Hierbei ist die Abfuhr durch Konvektion des Dampfes und Elektronendiffusion zur Wand vernachlässigt.

Zur Vereinfachung wollen wir uns bei der Bestimmung von L_I auf ähnliche Entladungen beschränken. Als „ähnliche“ Entladungen betrachten wir jene, bei denen in homologen Punkten die gleichen Temperaturen auftreten. Dann wird z. B. in zwei Entladungsröhren mit verschiedenen Durchmessern nicht nur die Temperatur in der Mitte (T_m) gleich groß sein, sondern auch in relativ gleichen Abständen von der Achse, z. B. $\frac{R_1}{3}$ sind gleiche Temperaturen, so daß der Temperaturverlauf als Funktion des Achsenabstandes in den beiden Fällen ähnlich ist (Abb. 170). Die Größe L_I wird dann, wie aus (205) ersichtlich, unabhängig von D_1, da r in diesem Ausdruck sowohl im Nenner als auch im Zähler auftritt[1]). Da die Wärmeleitung unabhängig vom Druck ist, also bei gegebener Temperatur auch unabhängig von $\mathfrak{g}_{\mathrm{I}}$ (durch $\mathfrak{g}_{\mathrm{I}}$ ist die mittlere Dichte gegeben), ist L_{I} nur Funktion der Temperatur und des Temperaturverlaufes.

Die ausgestrahlte Leistung S_{I} ist bei Vernachlässigung der Absorption proportional der Anzahl angeregter Atome, also nur abhängig von der Dichte n, d. h. von $\mathfrak{g}_{\mathrm{I}}$ und von der Temperatur T_g [Formel (203)], aber beinahe unabhängig von D_1. Der Nutzeffekt der totalen Strahlung (160) ζ_3, d. h. das Verhältnis zwischen der ausgestrahlten Leistung S_{I} und zugeführten Leistung N_{I}, ist mit (217):

$$\zeta_3 = \frac{S_{\mathrm{I}}}{N_{\mathrm{I}}} = \frac{N_{\mathrm{I}} - L_{\mathrm{I}}}{N_{\mathrm{I}}} = 1 - \frac{L_{\mathrm{I}}}{N_{\mathrm{I}}}. \tag{218}$$

Nun ist aber die Beschränkung auf „ähnliche“ Entladungen nicht so kritisch aufzufassen, denn auch für Röhren mit verschiedener Temperatur wird der Temperaturverlauf sehr ähnlich sein. Bei Zunahme von N_{I} z. B. wird die Temperatur T_m doch nicht stark zunehmen, da die Strahlung sehr schnell mit T_g zunimmt (203). In erster Annäherung kann man L_{I} als konstant betrachten, so daß nach (218) mit steigendem N_{I}, ζ_3 nach 1 konvergiert. (L_{I} = konst. bedeutet, daß bei Zunahme von N_{I} die ganze Zunahme als Strahlung abgeführt wird.) ζ_3 hängt also hauptsächlich von N_{I} ab, obwohl auch eine geringe Abhängigkeit von $\mathfrak{g}_{\mathrm{I}}$ und D_1 nachzuweisen ist, da die Absorption, die wohl von $\mathfrak{g}_{\mathrm{I}}$ und D_1 abhängt, die Leistungsabgabe beeinflußt.

Vom praktischen Standpunkt ist die Lichtausbeute η_{I} wichtiger als der Nutzeffekt der totalen Strahlung ζ_3. Diese beiden laufen wohl einigermaßen parallel, aber die relative Intensitätsverteilung ändert sich mit der Temperatur, so daß der visuelle Nutzeffekt der Gesamtstrahlung, ξ_1 (156), nicht konstant bleibt. Zunahme von $\mathfrak{g}_{\mathrm{I}}$ bei konstantem N_{I} wird eine Abnahme von T_g zur Folge haben, da die Dichte n in (203) zunimmt und n_a mit N_{I} konstant bleiben muß. (L_{I} ändert sich wenig, S_{I} aber stark mit T_g). Abnahme von $\mathfrak{g}_{\mathrm{I}}$ bei konstantem N_{I} hat Temperaturerhöhung zur Folge. Bei konstantem $\mathfrak{g}_{\mathrm{I}}$ wird also zunehmendes N_{I} die Temperatur erhöhen und umgekehrt.

Die Temperaturänderungen werden das Gelb-Grün-Verhältnis ($\lambda\lambda$ 5770—90 Å)/(λ 5461 Å) beeinflussen. Die Anregungsspannungen der Anfangsniveaus der Linie $\lambda\lambda$ 5770—90 Å und λ 5461 Å sind 8,8 V und 7,7 V (Abb. 22), so daß der Ausdruck $\frac{e V_a}{k}$ in (203) für $\lambda\lambda$ 5770—90 Å größer ist. Demzufolge wird sich die Intensität der gelben Linien stärker

[1]) Der Ausdruck enthält $r \frac{\mathrm{d} T_g}{\mathrm{d} r}$ und bei gegebener Temperaturdifferenz $T_m - T_w$ gibt eine Zunahme von r eine Abnahme von $\frac{\mathrm{d} T_g}{\mathrm{d} r}$ bzw. eine Abnahme von r eine Zunahme von $\frac{\mathrm{d} T_g}{\mathrm{d} r}$.

mit der Temperatur ändern als die der grünen Linie, so daß bei steigendem T_g das Verhältnis (5770—90 Å)/5461 Å zunimmt (Abb. 167).

Die experimentellen Resultate der Bestimmung von η_{I} als Funktion von N_{I}, $\mathfrak{g}_{\mathrm{I}}$ und D_1 stimmen ungefähr mit den obenstehenden theoretischen Betrachtungen überein. Man findet eine starke Abhängigkeit von N_{I} und eine schwächere von D_1 (Abb. 145) und $\mathfrak{g}_{\mathrm{I}}$.

Betrachten wir noch kurz die zu Beginn genannten Punkte 5. und 6., Zündgas und Brennlage. Beide beeinflussen η_{I} durch Änderung von L_{I}. Mit abnehmendem Atomgewicht nimmt die Wärmeleitfähigkeit eines Gases und somit auch L_{I} zu, also ζ_3 (218) ab (T_g sinkt). Man hat z. B. gefunden, daß die Lichtausbeute der Hg-Hochdrucklampen größer ist, wenn man statt Ne das schwerere Ar als Zündgas verwendet.

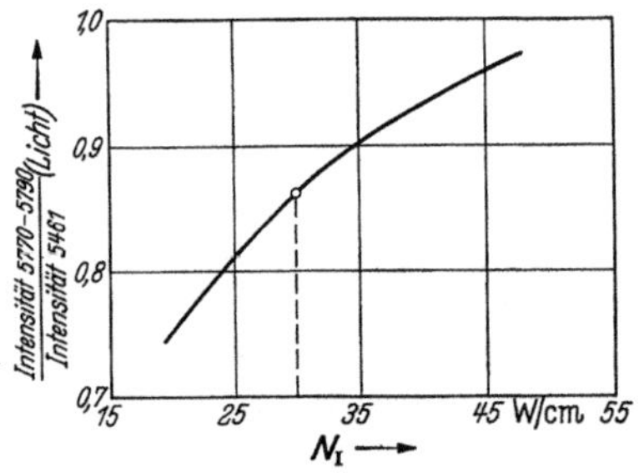

Abb. 167. Verhältnis der Intensität (Lichtstrom) der gelben Linien λλ 5770—90 Å zu der der grünen Linie λ 5461 Å bei konstantem $\mathfrak{g}_{\mathrm{I}} = 6{,}3$ mg/cm und $D_1 = 27$ mm, mit steigender Leistung N_{I}, also zunehmender Temperatur T_g. Die Werte von N_{I} für die normalen Hochdrucklampen (≈ 1 at) liegen bei etwa 25÷30 W/cm.

In horizontaler Brennlage ist die Lichtausbeute einige Prozent geringer als in vertikaler. In ersterem Falle krümmt sich die Entladung infolge der Konvektion nach oben und nähert sich der Rohrwand, und da in dieser asymmetrischen Lage die Wärmeabgabe größer ist, nimmt ζ_3 (218) und auch η_{I} ab (T_g sinkt). Die Krümmung ist um so stärker, je größer der Druck p ($\mathfrak{g}_{\mathrm{I}}$) und der Durchmesser D_1 ist. Die lokale Überhitzung der Rohrwand kann gegebenenfalls die Zerstörung letzterer durch Erweichung des Glases zur Folge haben.

★ § 74. Berechnung des Gradienten G.

Die drei Größen N_{I}, $\mathfrak{g}_{\mathrm{I}}$ und D_1 bestimmen nicht nur die Lichtausbeute, sondern überhaupt die ganze Entladung. Wir wollen als Beispiel die Berechnung des Gradienten behandeln, d. h. die Funktion $G = f(N_{\mathrm{I}}, \mathfrak{g}_{\mathrm{I}}, D_1)$ bestimmen.

Zu diesem Zweck nehmen wir an, daß die durch Wärmeleitung abgeführte Leistung konstant ist: $L_{\mathrm{I}} = \text{konst.}$ Mit Hilfe der Gl. (203) von Boltzmann kann man (bei Vernachlässigung der Absorption) für S_{I} schreiben:

$$S_{\mathrm{I}} = \text{konst.}\, \mathfrak{g}_{\mathrm{I}} \sum_k q_k\, \varepsilon^{-\frac{e V_k}{k T_g}}. \qquad (219)$$

$\sum\limits_k$ gibt an, daß über alle angeregten Niveaus summiert werden muß. q_k stellt den folgenden Ausdruck vor:

$$q_k = g_k \sum_l A_{kl}\,(e V_{kl}). \qquad (220) \quad ★$$

★ g_k ist das Gewicht des Anregungsniveaus mit dem Index k. Von diesem aus sind Übergänge nach verschiedenen anderen Niveaus mit Index l möglich; $e\,V_{k\,l}$ ist die Energie, die beim Übergang vom Niveau k zu einem der Niveaus mit Index l ausgestrahlt wird und $A_{k\,l}$ die dazu gehörende Übergangswahrscheinlichkeit. Für die Berechnung der ausgestrahlten Leistung ersetzen wir die verschiedenen Anregungsniveaus durch ein einziges hypothetisches, dessen Anregungsspannung $V_{\mathfrak{m}}$ sei. Statt des Ausdruckes (219) schreiben wir also für S_{I}:

$$S_{\mathrm{I}} = \text{konst.}\,\mathfrak{g}_{\mathrm{I}}\,\varepsilon^{-\frac{e V_{\mathfrak{m}}}{k T_g}}\,. \tag{221}$$

Der Wert $V_{\mathfrak{m}}$ wird experimentell bestimmt.

Bei diesen und ähnlichen Überlegungen wird zur Vereinfachung die sog. effektive Temperatur T_f eingeführt. Man denkt sich nl. die wirkliche Temperaturverteilung (Abb. 162) durch eine schematische ersetzt, wobei über den stromführenden Teil des Querschnittes eine gleichförmige Temperatur T_f angenommen wird. Dadurch ist die Anwendung der Gleichungen von Boltzmann und Saha bedeutend vereinfacht. T_f liegt in der Nähe des Maximalwertes von T_g, d. h. $T_f \approx T_m$. In diesem Paragraphen wird in den verschiedenen Formeln mit T_g immer T_f gemeint.

Nach (195) ist die Stromdichte

$$j = n_e\, e\, K_e\, G.$$

Mit der Gleichung (201) von Saha:

$$n_e = \alpha\, n = \text{konst.}\, n\, p^{-\frac{1}{2}} \cdot T_g^{\frac{5}{4}} \cdot \varepsilon^{-\frac{e V_i}{2 k T_g}}$$

und mit der Gleichung (71) von Langevin

$$K_e = \text{konst.}\,\frac{1}{n} \cdot T_g^{-\frac{1}{2}}$$

können wir substituieren, wobei $p = \text{konst.}\,\frac{\mathfrak{g}_{\mathrm{I}}}{D_1^2}$ gesetzt und die Variation von $T_g^{\frac{3}{4}}$ gegenüber der von $\varepsilon^{-\frac{e V_i}{2 k T_g}}$ vernachlässigt wird:

$$j = \text{konst.}\,\mathfrak{g}_{\mathrm{I}}^{-\frac{1}{2}}\, D_1\, G\, \varepsilon^{-\frac{e V_i}{2 k T_g}}\,.$$

Für den Strom I_l gilt: $I_l = \text{konst.}\; j \cdot D_1^2$, so daß

$$I_l = \text{konst.}\,\mathfrak{g}_{\mathrm{I}}^{-\frac{1}{2}}\, D_1^3\, G\, \varepsilon^{-\frac{e V_i}{2 k T_g}}\,.^{1)}$$

Nach Multiplizieren mit G, da $N_{\mathrm{I}} = I_l\, G$, folgt

$$N_{\mathrm{I}} = \text{konst.}\,\mathfrak{g}_{\mathrm{I}}^{-\frac{1}{2}}\, D_1^3\, G^2\, \varepsilon^{-\frac{e V_i}{2 k T_g}}$$

[1]) Hierbei wird stillschweigend angenommen, daß der effektive Durchmesser (des stromführenden Teiles) der Entladung proportional D_1 ist. Im ganzen Querschnitt der „effektiven Entladung" denkt man sich die Stromdichte j konstant, da G und T_f ebenfalls konstant vorausgesetzt werden. ★

★ und nach G aufgelöst erhält man:

$$G = \text{konst.}\, N_{\mathrm{I}}^{\frac{1}{2}}\, \mathfrak{g}_{\mathrm{I}}^{\frac{1}{4}}\, D_1^{-\frac{3}{2}}\, \varepsilon^{\frac{e V_i}{4 k T_g}}. \tag{222}$$

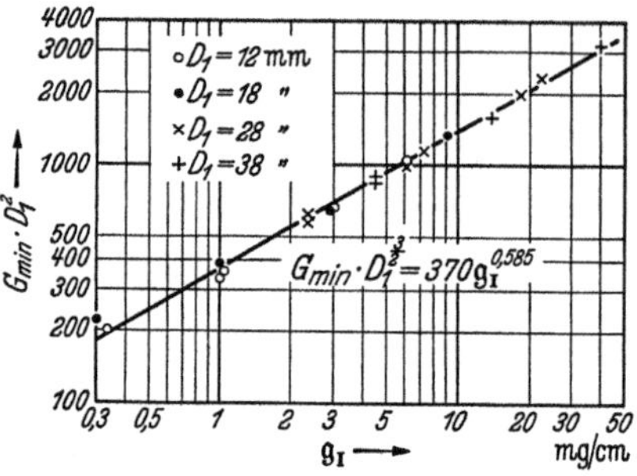

Abb. 168. Produkt der Minimalwerte [nach Formel (225), siehe unten] $G_{\min}$ des Gradienten (V/cm) und zugehörigen $D_1^{\frac{3}{2}}$ (Durchmesser D_1 in mm) als Funktion von $\mathfrak{g}_{\mathrm{I}}$ (verdampfte Hg-Menge in mg pro cm) (N_{I} = konst. gehalten und gleich dem Wert, für den $G_{\min}$ auftritt).

Eliminiert man T_g aus (222) mit Hilfe von (221), dann ergibt sich, da $S_{\mathrm{I}} = N_{\mathrm{I}} - L_{\mathrm{I}}$, (217):

$$G = \text{konst.}\, \frac{N_{\mathrm{I}}^{\frac{1}{2}}\, \mathfrak{g}_{\mathrm{I}}^{\frac{1}{4} + \frac{V_i}{4 V_m}}}{D_1^{\frac{3}{2}}\, (N_{\mathrm{I}} - L_{\mathrm{I}})^{\frac{V_i}{4 V_m}}}. \tag{223}$$

Aus (223) kann man einige wichtige Schlüsse ziehen. Hält man $\mathfrak{g}_{\mathrm{I}}$ und N_{I} konstant, dann wird

$$G \cdot D_1^{\frac{3}{2}} = \text{konst.} \tag{224}$$

Trägt man $G D_1^{\frac{3}{2}}$ (aus Versuchsergebnissen), bei konstantem N_{I} als Funktion von $\mathfrak{g}_{\mathrm{I}}$ in einem doppeltlogarithmisch geteilten Koordinatensystem auf, dann erhält man in Übereinstimmung mit der Formel:

$$G D_1^{\frac{3}{2}} = \text{konst.}\, \frac{N_{\mathrm{I}}^{\frac{1}{2}}}{(N_{\mathrm{I}} - L_{\mathrm{I}})^{\frac{V_i}{4 V_m}}} \cdot \mathfrak{g}_{\mathrm{I}}^{\frac{1}{4} + \frac{V_i}{4 V_m}} = \text{konst.}\, \mathfrak{g}_{\mathrm{I}}^{\frac{1}{4} + \frac{V_i}{4 V_m}}$$

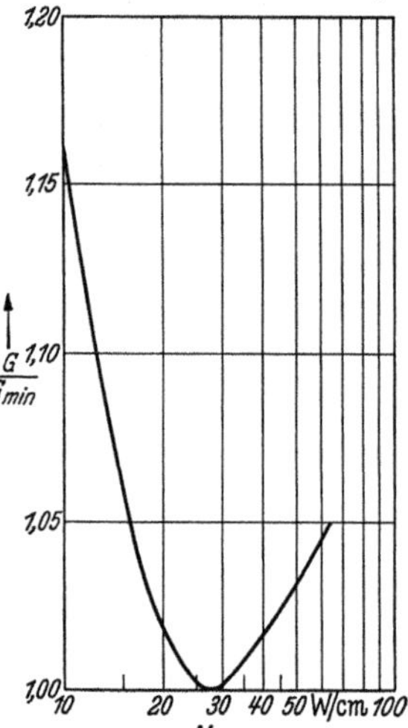

Abb. 169. Verhältnis des Gradienten G zum Minimalwert $G_{\min}$ als Funktion der Leistung N_{I} (bei gegebenem $\mathfrak{g}_{\mathrm{I}}$ und D_1).

eine Gerade. Der Tangens des Neigungswinkels dieser Geraden mit der Abszissenachse (Abb. 168) ist $\frac{1}{4} + \frac{V_i}{4 V_m}$ und man findet hierfür den Wert 0,585. Daraus folgt $V_m = \frac{3}{4} V_i$ und mit $V_i = 10{,}4$ V, für V_m der Wert 7,8 V. Einführung dieses Wertes in (223) gibt

$$G = \text{konst.}\, \frac{N_{\mathrm{I}}^{\frac{1}{2}}\, \mathfrak{g}_{\mathrm{I}}^{\frac{7}{12}}}{D_1^{\frac{3}{2}}\, (N_{\mathrm{I}} - L_{\mathrm{I}})^{\frac{1}{3}}}. \tag{225}$$

Das rechte Glied von (225) hat bei konstant gehaltenen $\mathfrak{g}_{\mathrm{I}}$ und D_1 als Funktion von N_{I} ein Minimum für $N_{\mathrm{I}} = 3\, L_{\mathrm{I}}$ (L_{I} war als konstant vorausgesetzt). Abb. 169 zeigt den gemessenen Verlauf von G als Funktion von N_{I}. Die Leistung, für die $G_{\min}$ auftritt, beträgt $N_{\mathrm{I}} = 28$ W/cm, so daß $L_{\mathrm{I}} = \frac{1}{3} N_{\mathrm{I}} = 9{,}3$ W/cm ist. Für sehr große N_{I} steigt G proportional $N_{\mathrm{I}}^{\frac{1}{6}}$, für $N_{\mathrm{I}} = L_{\mathrm{I}} = 9{,}3$ W/cm soll G unendlich sein. Dies ist nicht der Fall, da bei sehr kleinen Werten von N_{I} auch L_{I} abnimmt und ★

★ nicht konstant bleibt wie vorausgesetzt. Wohl steigt G sehr schnell, wenn N_{I} in die Nähe von 9,3 W/cm kommt.

Wenn G in V/cm, N_{I} in W/cm, $\mathfrak{g}_{\mathrm{I}}$ in mg/cm und D_1 in mm ausgedrückt werden, findet man für die Konstante aus (225) den Wert 185 ($L_{\mathrm{I}} = 9{,}3$ W/cm). Für $N_{\mathrm{I}} \approx 30$ W/cm ist der Ausdruck $N_{\mathrm{I}}^{\frac{1}{2}} (N_{\mathrm{I}} - L_{\mathrm{I}})^{-\frac{1}{3}} \approx 2$, so daß für den Minimalwert des Gradienten

$$G_{\min} = 370 \cdot \mathfrak{g}_{\mathrm{I}}^{\frac{7}{12}} \cdot D_1^{-\frac{3}{2}} \tag{226}$$

gilt. Der Wert von N_{I} für den $G_{\min}$ auftritt, ist (L_{I} konstant angenommen) unabhängig von $\mathfrak{g}_{\mathrm{I}}$ und D_1. ★

§ 75. Ähnlichkeitsgesetze der Hg-Hochdruckentladungen.

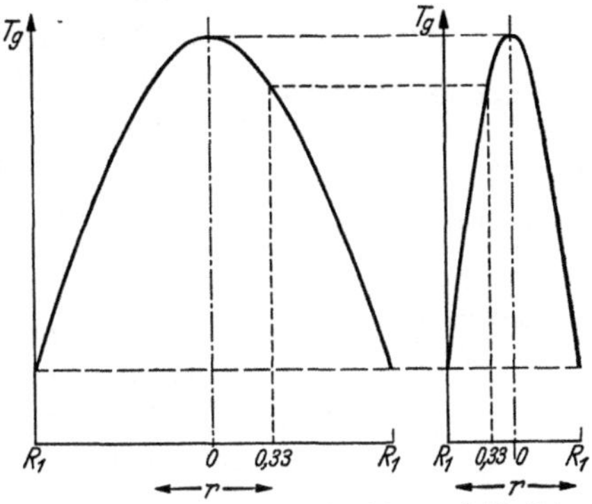

Abb. 170. Temperaturverlauf in zwei ähnlichen Hg-Hochdruckentladungen mit verschiedenen Durchmessern (schematisch).

Aus dem Vorhergehenden ist wohl deutlich hervorgetreten, daß die Hg-Hochdruckentladung vollständig bestimmt ist, wenn die Temperatur T_m und der Temperaturverlauf als Funktion von N_{I}, $\mathfrak{g}_{\mathrm{I}}$ und D_1 bekannt sind. Man kann das Problem auch umkehren und untersuchen, wie sich bei zwei verschiedenen Röhren die drei bestimmenden Größen N_{I}, $\mathfrak{g}_{\mathrm{I}}$ und D_1 verhalten müssen, damit die Temperatur in beiden Fällen die gleiche sei. Die gesuchten Verhältnisse werden durch die Ähnlichkeitsgesetze gegeben, wobei, wie bereits erwähnt, jene Entladungen als „ähnlich" bezeichnet werden, deren T_m gleich und deren Temperatur in homologen Punkten gleich groß ist. Im Fall der Zylindersymmetrie z. B. muß im Achsenabstand r, wofür das Verhältnis $\frac{r}{R_1}$ gleich ist, die Temperatur auch gleich sein. Abb. 170 gibt schematisch den Temperaturverlauf in zwei ähnlichen Entladungen mit verschiedenen Durchmessern.

Wir wollen hier nur das erste Gesetz betrachten, es lautet:

Zwei Hg-Hochdruckentladungen mit verschiedenen Durchmessern ($D_1 \neq D_1^*$) sind ähnlich[1]), wenn sowohl die Leistungen per cm ($N_{\mathrm{I}} = N_{\mathrm{I}}^*$) als auch die Hg-Dampfmengen per cm ($\mathfrak{g}_{\mathrm{I}} = \mathfrak{g}_{\mathrm{I}}^*$) gleich sind.

Wir stellen das Problem folgendermaßen: wie müssen für zwei Röhren mit verschiedenen Durchmessern $D_1 \neq D_1^*$, aber gleichen Dampfmengen per cm $\mathfrak{g}_{\mathrm{I}} = \mathfrak{g}_{\mathrm{I}}^*$ die Leistungen per cm N_{I} und N_{I}^* gewählt werden, damit sie ähnliche Entladungen ergeben. Nimmt man $L_{\mathrm{I}} =$ konst. an, dann ist die Lichtausbeute η_{I} nur von N_{I} abhängig [vgl. Formel (218)]. Wählen wir also $N_{\mathrm{I}} = N_{\mathrm{I}}^*$, dann werden die Lichtströme per cm

[1]) Mit „*" bezeichnen wir die Werte der ähnlichen Entladungen.

Entladungslänge gleich, da auch $\eta_{\mathrm{I}} = \eta_{\mathrm{I}}^*$ ist. Infolge der Gleichheit von $\mathfrak{g}_{\mathrm{I}}$ ist die Zahl der Atome im Grundzustand (per cm Länge) auch gleich. Da die Strahlung (Absorption vernachlässigt) der Anzahl angeregter Atome proportional ist, erfordern gleiche Strahlungen nach (203) auch gleiche Temperaturen.

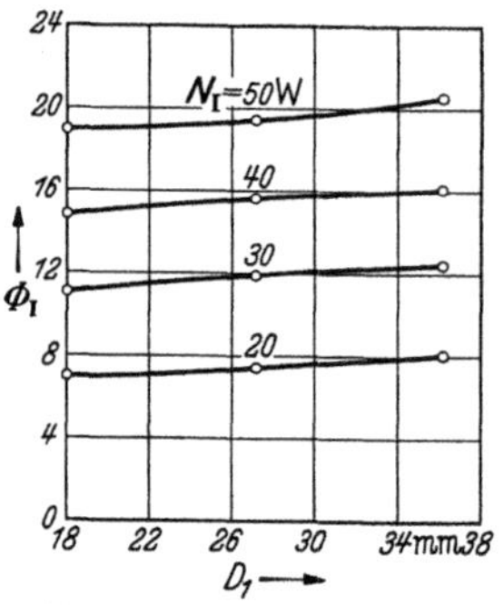

Abb. 171. Lichtstrom Φ_{I} (per cm Länge) der grünen Hg-Linie (willkürliche Einheiten) als Funktion des Durchmessers D_1 bei verschiedenen Leistungen per cm $N_{\mathrm{I}} = 20$, 30, 40, 50 W/cm ($\mathfrak{g}_{\mathrm{I}}$ = konst. = 12 mg/cm).

Das erste Gesetz beruht also darauf, daß die Leistungsabgabe durch Wärmeleitung L_{I} unabhängig vom Durchmesser D_1 ist (§ 73). Bei kleinerem Durchmesser ist (bei gleichem N_{I}) die Wandtemperatur T_w höher und daher $T_m - T_w$ sowie der Temperaturgradient kleiner (bei gleichem T_m), so daß L_{I} etwas kleiner sein sollte. Offenbar wird dies wieder durch die Zunahme der Wärmeleitfähigkeit λ_{T_g} mit der Temperatur ausgeglichen. Experimentell werden die Schlußfolgerungen aus dem ersten Gesetz gut bestätigt. So zeigt Abb. 171, daß der Lichtstrom per cm Länge praktisch unabhängig vom Durchmesser D_1 ist. Die kleine Zunahme von Φ_{I} mit D_1 bei konstantem N_{I} ist dem geringeren Einfluß der Absorption zuzuschreiben.

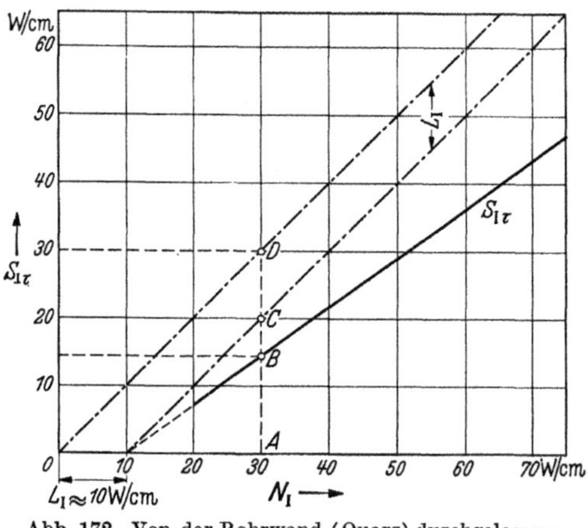

Abb. 172. Von der Rohrwand (Quarz) durchgelassene Totalstrahlung $S_{\mathrm{I}\tau}$ (per cm Länge) einer Hg-Hochdruckentladung als Funktion von N_{I} (gemessen). Für $N_{\mathrm{I}} = OA$ ist $AB = S_{\mathrm{I}\tau}$, BD die von der Rohrwand abgegebene Strahlung, $CD = L_{\mathrm{I}}$.

Eine schöne Bestätigung der Annahme L_{I} = konst. = 9,3 W/cm findet sich noch in den Messungen der Totalstrahlung $S_{\mathrm{I}\tau}$ der Entladung, die von der Rohrwand (Quarz) durchgelassen wird. Diese läßt sich als Funktion von N_{I} durch folgende Formel vorstellen:

$$S_{\mathrm{I}\tau} = 0{,}72\,(N_{\mathrm{I}} - 10). \qquad (227)$$

Formel (227) ist in weiten Grenzen gültig [$D_1 = 3{,}3$; 9,2 und 27 mm, $\mathfrak{g}_{\mathrm{I}} > \frac{D_1}{13}$ mg/cm (D_1 in mm) oder da $p\,(\mathrm{at}) \approx \frac{130\,\mathfrak{g}_{\mathrm{I}}}{D_1^2}$, $p > \frac{10}{D_1}$ at, $N_{\mathrm{I}} > 20$ W/cm]. In Abb. 172 ist das gefundene Resultat wiedergegeben.

$AB = S_{\mathrm{I}\tau}$ ist die von der Entladung durch die Wand nach außen abgegebene Strahlung = gesamte Leistung der Lampe (AD) — Strahlung der Wand (BD) (alles pro cm Entladungslänge). Von dieser letzteren (BD) wird der Teil $CD = L_{\mathrm{I}}$ durch Wärmeleitung der Wand zugeführt. Der Teil BC kann z. B. durch Diffusion der Resonanzstrahlung in Kombination mit Stößen zweiter Art an die Wand abgegeben werden. Die Quarzwand absorbiert zum größten Teil die λ 1850-Linie und vollkommen die infrarote Strahlung mit $\lambda > 4\,\mu$[1]).

Schließlich sei noch darauf hingewiesen, daß die Ähnlichkeitsgesetze direkt aus der Differentialgleichung (213) abgeleitet werden können.

Sechzehntes Kapitel.

Hg-Superhochdrucklampen.

§ 76. Vorteile des sehr hohen Druckes.

Stützend auf das erste Ähnlichkeitsgesetz (§ 75) wollen wir zwei Entladungen mit gleich großen Leistungen per cm $N_{\text{I}} = N_{\text{I}}^* = 40$ W/cm und denselben Dampfmengen per cm $\mathfrak{g}_{\text{I}} = \mathfrak{g}_{\text{I}}^* = 6{,}75$ mg/cm, vergleichen. Die Durchmesser betragen $D_1 = 30$ mm und $D_1^* = 3$ mm, während die erste Röhre einen Druck $p = 1$ at aufweist.

Untersuchen wir nun, wie sich die charakteristischen Größen in der Röhre mit $D_1^* = 3$ mm zu jenen in der Röhre mit $D_1 = 30$ mm verhalten. Da die Temperaturen und die Mengen Hg-Dampf per cm Länge gleich sind, wird im Rohr mit dem kleineren Durchmesser der Druck $p^* = \left(\frac{D_1}{D_1^*}\right)^2 \cdot p = 100\,p$, also 100 at betragen. Aus der Formel (224) folgt für den Gradienten: $G^* = 10\sqrt{10}\,G$ und da $N_{\text{I}}^* = N_{\text{I}}$ ist der Strom $I_l^* = \frac{I_l}{10\sqrt{10}}$.

Die Stromdichte ist jedoch höher geworden:

$$j^* = \frac{I_l^*}{\frac{\pi D_1^{*2}}{4}} = \frac{\frac{I_l}{10\sqrt{10}}}{\frac{\pi D_1^2}{4} \cdot \frac{1}{100}} = \sqrt{10}\,\frac{I_l}{\frac{\pi D_1^2}{4}} = \sqrt{10}\,j\,.$$

Die Leuchtdichte B^* beträgt das Zehnfache von B, da Φ_{I} gleich geblieben ist ($N_{\text{I}}^* = N_{\text{I}}$ und auch $\eta_{\text{I}}^* = \eta_{\text{I}}$ nahezu unabhängig von D_1), aber der Durchmesser D_1^* $^1/_{10}$ von D_1 ist. Mit $B = 160$ K/cm² beträgt $B^* = 1600$ K/cm². Damit haben wir alle charakteristischen Größen der Entladung mit $D_1^* = 3$ mm bestimmt.

Der Vorteil einer solchen Entladung liegt vor allem darin, daß sie es ermöglicht, Lampentypen kleiner Leistung mit guter Lichtausbeute herzustellen. Aus Abb. 145 ist ersichtlich, daß zur Erzielung einer guten Lichtausbeute eine große Leistung per cm N_{I} notwendig ist. Große N_{I} erhält man entweder mit großen I_l und kleinen G (1-at-Lampen) oder mit kleinen I_l und großen G (Superhochdrucklampen). Verkürzt man z. B. eine 1-at-Lampe

[1]) Die Messungen von $S_{\text{I}\,T}$ wurden an einer mit Gleichstrom betriebenen Lampe in Luft, bei vertikalem Brandstand, ausgeführt. Für große N_{I} ist die von der Wand direkt an die Luft abgegebene Wärme klein bezüglich der Wärmestrahlung.

mit $N_I = 40$ W/cm und $G = 7$ V/cm bis auf 2 cm, dann wird $V_l = 2\,G + V_{A+K} = 14 + 15 = 29$ V und der Elektrodenverlust ist: $\frac{15}{29} \cdot 100 = 52\%$ von N_l. Bei der korrespondierenden Superhochdrucklampe sind diese Verhältnisse viel günstiger: $G^* = 10\sqrt{10}\,G = 220$ V/cm, so daß $V_l = 2\,G^* + V_{A+K} = 455$ V und der Elektrodenverlust beträgt nur mehr: $\frac{15}{455} \cdot 100 = 3{,}3\%$ von N_l. Außerdem wird der Leistungsfaktor von Lampe + Drossel viel günstiger (§ 30). Sowohl die Verkleinerung des Durchmessers als die Erhöhung des Druckes tragen zur Vergrößerung des Gradienten bei.

Die Verkleinerung des Durchmessers D_1 wird aber eine Erhöhung der Wandtemperatur zur Folge haben, da nahezu der gleiche Wärmestrom durch eine viel kleinere Außenoberfläche abgeführt werden muß. Man verwendet dann auch Röhren aus Quarz anstatt aus Glas, da der Erweichungspunkt des Quarzes (bei etwa 1500° C) viel höher liegt. Außerdem wird die Kühlung der Entladungsröhre verbessert, indem man den Außenkolben, der die Quarzröhre enthält, nicht evakuiert, sondern mit einem Gas von ung. einer halben at Druck füllt (Konvektion).

Die obengenannte Lampe mit $D_1^* = 3$ mm und natürlicher Kühlung hat wie erwähnt eine Leuchtdichte in der Achse von $B^* \approx 1600$ K/cm², was ung. dem Wert, den man mit überlasteten Glühlampen erreicht, gleichkommt. Will man die Leuchtdichte noch weiter erhöhen, dann kann dies z. B. durch Steigerung von N_I erreicht werden, und man ist dann gezwungen, forcierte Kühlung anzuwenden, da sonst T_w zu hoch wird. So kann man durch Anwendung von Wasserkühlung die Leistung per cm z. B. auf das Zwanzigfache bringen; für das 3-mm-Rohr also auf 800 W/cm. Dabei steigt B auch ungefähr auf das Zwanzigfache, wobei der Lichtstrom Φ_I noch schneller als N_I steigt, da auch η_I zunimmt; infolge der höheren Temperatur wird aber die Entladungsbahn etwas verbreitert. Man erreicht auf diese Weise Leuchtdichten von 32000 K/cm² (die Leuchtdichte von Wolfram bei 3000° C ist 1250 K/cm² und vom Krater eines normalen Kohlebogens 18000 K/cm²).

Bei den wassergekühlten Röhren kann man bei gleichzeitiger Verringerung von D_1 bis 1 mm und Vergrößerung von N_I bis 1400 W/cm eine Leuchtdichte von

$$32\,000 \cdot 3 \cdot \frac{1400}{800} \approx 170\,000 \text{ K/cm}^2$$

erreichen (in der Achse wurde 180000 K/cm² gemessen). Die Leuchtdichte der Sonne durch die Erdatmosphäre beobachtet beträgt 165000 K/cm² (ungeschwächt beträgt sie 225000 K/cm²). Ein zweiter Vorteil des Superhochdruckes liegt also in den außerordentlich hohen Leuchtdichten, die unter geeigneten Umständen erreicht werden können, wodurch die betreffenden Lampen besonders für Projektionszwecke geeignet sind.

Ein dritter und vom praktischen Standpunkt sehr wichtiger Vorteil des Superhochdruckes ergibt sich aus der Änderung des Hg-Spektrums. Der kontinuierliche Hintergrund des Spektrums, der bei 1 at sehr schwach ist, so daß er keinen Einfluß hat, wird bei hohem Druck so stark, daß die Farbe des Lichtes erheblich verbessert wird und sich der des Tageslichtes nähert. Im folgenden Paragraphen werden die Eigentümlichkeiten des Hg-Spektrums bei sehr hohem Druck näher behandelt.

§ 77. Spektrum der Hg-Superhochdrucklampen.

Das Spektrum der Superhochdruckentladungen (Abb. 173c÷f) zeigt verschiedene, auffallende Besonderheiten:

1. Eine starke Verbreiterung der meisten Spektrallinien nach der langwelligen Seite des Spektrums,

2. ein ausgebreitetes kontinuierliches Spektrum, das sich vom U.V. (λ 2300 Å) bis ins Infrarot (λ 12000 Å) erstreckt und

3. ein breites Absorptionsband, das bei λ 2537 Å beginnt, sich nach der langwelligen Seite ausbreitet und dessen Gesamtbreite sich mit dem Gradient der Entladung ändert.

Vom Standpunkt der praktischen Anwendung aus betrachtet, ist vor allem das kontinuierliche Spektrum wichtig. Doch auch das Absorptionsband verdient Interesse, da seine Breite die Schätzung des Druckes im Rohr gestattet. Wir wollen also kurz auf die Erklärung dieser beiden Erscheinungen eingehen.

Wie bekannt, ist die Gesamtladung eines neutralen Atomes in erster Annäherung Null, da die Anzahl der gebundenen, um den Kern kreisenden Elektronen gleich der Anzahl der überschüssigen positiven Einheitsladungen im Kern ist. Da die verschiedenartigen Ladungen jedoch voneinander getrennt angeordnet sind (der Schwerpunkt der positiven Ladungen fällt nicht mit dem Schwerpunkt der negativen Ladungen zusammen), resultiert doch noch ein nach außen wirkendes schnell wechselndes elektrisches Feld. Kommen also zwei Atome einander genügend nahe, dann werden sie einander beeinflussen, was sich unter anderem in einer Veränderung des Energiegehaltes für den neutralen und angeregten Zustand äußert (teilweise Molekülbildung). Besonders der angeregte Zustand wird hierbei stark beeinflußt, da bei einem angeregten Atom das Elektron weiter vom Kern entfernt ist und daher auch der Einwirkung eines äußeren Feldes mehr ausgesetzt ist. Berechnen wir nun den mittleren gegenseitigen Abstand zweier Atome in der Entladungsachse, wobei wir den Druck zu 100 at und die Temperatur zu 8000° K annehmen. Aus (14) finden wir für

$$n = \frac{p}{k\,T} = \frac{100 \cdot 76 \cdot 13{,}6 \cdot 981}{1{,}37 \cdot 10^{-16} \cdot 8 \cdot 10^{3}} = \frac{10{,}14 \cdot 10^{7}}{10{,}96 \cdot 10^{-13}}\,,$$

also $n = 0{,}925 \cdot 10^{20}$ Atome/cm³. Nehmen wir an, daß alle Atome in den Mittelpunkten gleich großer Würfel sitzen, dann ist das Volumen eines solchen Würfels $\frac{1}{n}$ cm³ $= 1{,}08 \cdot 10^{-20}$ cm³. Die Würfelseite, die gleich dem Abstand der Atome voneinander ist, beträgt dann $\sqrt[3]{\frac{1}{n}} = 2{,}21 \cdot 10^{-7}$ cm. Diesen Abstand der Atome voneinander vergleiche man mit dem Atomdurchmesser für Hg, der $3{,}6 \cdot 10^{-8}$ cm beträgt. Im Mantel der

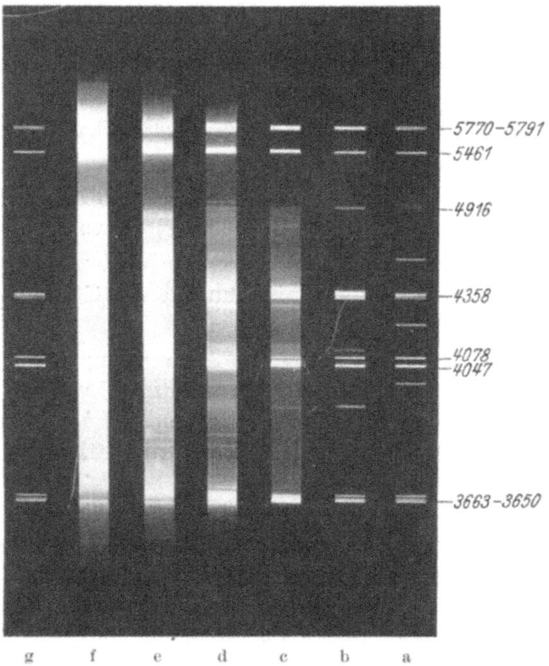

Abb. 173 A.

Abb. 173 A und B. Spektrum von Hg-Entladungen bei Niederdruck, Hochdruck und Superhochdruck. Aufnahme mit Glasprisma (bis λ 3600 Å) auf panchromatischer Platte (A) und mit Quarzprisma auf Zenith-Platte (bis λ 2000 Å) (B).

a Hg-Niederdruck (etwa 0,01 tor) $D_1 = 22$ mm, $I_l = 7{,}5$ A,
b Hg-Hochdruck (etwa 1 at) $D_1 = 22$ mm, $I_l = 5$ A,
c Hg-Superhochdruck in Luft (etwa 20 at) $D_1 = 4{,}25$ mm, $I_l = 0{,}5$ A, $G = 120$ V/cm,
d Hg-Superhochdruck, wassergekühlt (etwa 20 at) $D_1 = 4{,}5$ mm, $I_l = 5{,}6$ A, $G = 135$ V/cm,
e Hg-Superhochdruck, wassergekühlt (etwa 125 at) $D_1 = 2$ mm, $I_l = 1{,}2$ A, $G = 500$ V/cm,
f Hg-Superhochdruck, wassergekühlt (etwa 175 at) $D_1 = 1$ mm, $I_l = 1{,}1$ A, $G = 800$ V/cm,
g wie a.

Die Schwächung zwischen λ 5461 Å und λ 4916 Å ist dem Mangel an Empfindlichkeit der panchromatischen Platte in diesem Gebiet zuzuschreiben.

Entladung, wo der Druck den gleichen Wert hat, aber die Temperatur viel niedriger ist, wird die Dichte bedeutend größer (etwa 8mal) und der Abstand zwischen den Atomen entsprechend $\left(\sqrt[3]{\frac{1}{8}} = \frac{1}{2}\text{-mal}\right)$ kleiner.

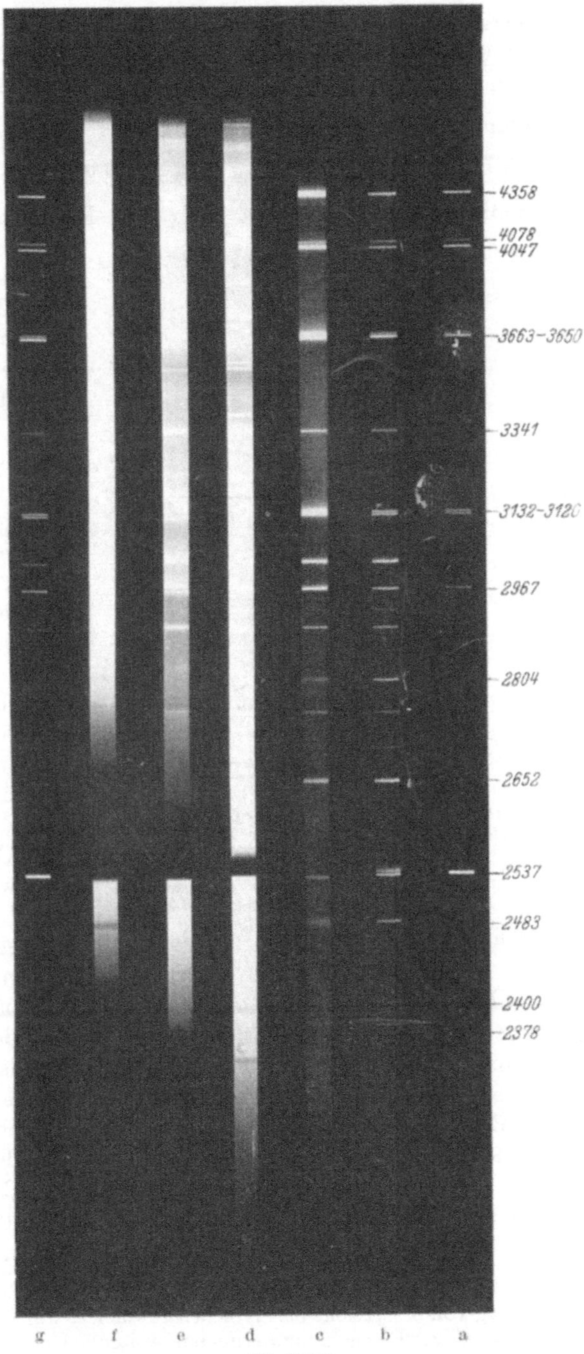

Abb. 173 B.

In Abb. 174 ist die potentielle Energie von zwei Hg-Atomen angegeben, wobei Kurve I für zwei normale Atome gilt, Kurve II für ein Atom im Grundzustand mit einem in $6\,^3P_1$ (das angeregte Niveau für Linie λ 2537 Å) und Kurve III für ein Atom im Grundzustand mit einem in $7\,^3S_1$ (das Anfangsniveau für Linie λ4358 Å). Alle drei Kurven stellen die potentielle Energie als Funktion des Abstandes d zweier Atome dar. Der große Anstieg der Kurven bei kleinem d korrespondiert mit der „Berührung" der beiden Atome. Für größere Werte von d ist der Abfall der Energie bei sinkendem d nach theoretischen Berechnungen umgekehrt proportional der 6. Potenz des Abstandes.

Betrachten wir nun den Übergang vom Niveau $6\,^3P_1$ aus. Sind die Atome weit genug voneinander entfernt, dann wird bloß λ 2537 Å ausgestrahlt, da der gegenseitige Einfluß gering ist (Übergang a in Abb. 174). Die Verhältnisse werden anders, sobald die Atome im Augenblick des

Überganges einander sehr nahe kommen (Übergang b in Abb. 174). Nennen wir die Energie der ungestörten Niveaus W_1 ($6\,^1S_0$) und W_2 ($6\,^3P_1$), dann wird bei der Ausstrahlung von λ 2537 die Energie $W_2 - W_1$ freikommen. Für die gestörten Niveaus werden die Energien $W_1 - \frac{C_n}{d^6}$ und $W_2 - \frac{C_a}{d^6}$, so daß beim Übergang: $W_2 - W_1 - \frac{C_a - C_n}{d^6}$ zur Wirkung kommt (Länge b in Abb. 174). Die Proportionalitätskonstante C ist für jedes Niveau anders, für das neutrale Grundniveau ist sie klein. Für die verschiedenen angeregten Niveaus zeigt sie nur geringe Unterschiede. C_a für $6\,^3P_1$ ist ungefähr zweimal so groß wie C_n für $6\,^1S_0$. Befinden sich die beiden Atome im Grundzustand, dann tritt keine Molekülbildung auf; für angeregte Atome ist dies jedoch wohl der Fall.

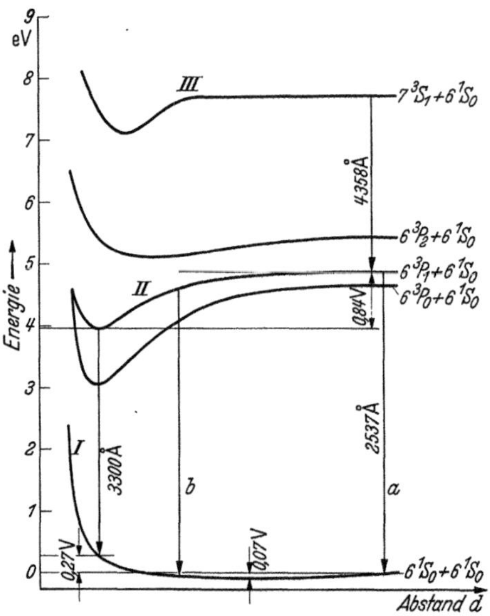

Abb. 174. Schematische Darstellung der potentiellen Energie (eV) von zwei normalen Atomen $6\,^1S_0$ (Kurve I), einem normalen mit einem angeregten Atom in $6\,^3P_1$ ($V_a = 4{,}9$ V, Kurve II) und einem normalen mit einem angeregten Atom in $7\,^3S_1$ ($V_a = 7{,}7$ V, Kurve III) als Funktion des Abstandes d. Die Zahlen auf der rechten Seite geben die Wellenlängen der ungestörten Spektrallinien.

Für das Resonanzniveau $6\,^3P_1$ ist die Störung belangreich und die Frequenz wird sehr stark herabgedrückt. Das kontinuierliche Spektrum ist in der Tat teilweise dem Niveau $6\,^3P_1$ (von Linie λ 2537 Å), das Übergänge nach dem Grundniveau liefert, zuzuschreiben[1]). Aus Abb. 174 ist auch ersichtlich, warum das Niveau $7\,^3S_1$ (von Linie λ 4358) Å nicht das Entstehen einer derartigen Verbreiterung veranlaßt. Die Kurven II und III haben ungefähr die gleiche Form (die Konstante C_a hat ungefähr den gleichen Wert für beide), so daß der Energieunterschied für Beginn- und Endniveau ungefähr gleich groß ist und der Energieunterschied zwischen diesen beiden Niveaus sich nur wenig mit d verändern kann.

Betrachten wir nun die Absorption an der langwelligen Seite von λ 2537 Å, die Aufschluß über den Druck in der Superhochdrucklampe gibt. Nimmt man ein Quarzrohr ohne Entladung mit Hg von hohem Druck p und hoher Temperatur T_g und bestimmt das Absorptionsspektrum,

[1]) Auch die Übergänge aus den $6\,^3P_0$- und $6\,^3P_2$-Niveaus nach dem Grundzustand, die normalerweise verboten sind (§ 17), liefern Beiträge zum Kontinuum. Der Beitrag von $6\,^3P_0$ reicht bis ins sichtbare Gebiet. Für $\lambda < 2537$ Å ist das Kontinuum einer analogen Erscheinung an anderen, weiter im U.V.-Gebiet gelegenen Linien zu verdanken. Hauptsächlich ist es die Singulett-Resonanzlinie λ 1850 Å ($6\,^1S_0 - 6\,^1P_1$).

dann findet man ebenfalls an der roten Seite von λ 2537 Å ein derartiges Absorptionsband, dessen Breite β in cm^{-1} der Gleichung [1])

$$\frac{p}{T_g} \sqrt{l} = \text{konst.}\ \beta^{\frac{3}{4}} \tag{228}$$

genügt, wobei l die Länge des Absorptionsweges, p den Hg-Druck und T_g die Gastemperatur bedeutet. Man kann diesen Ausdruck theoretisch ableiten, wobei man von der Potentialkurve für $^3P_1$ (Abb. 174) und der Wahrscheinlichkeit, daß zwei Atome sich im Abstand d befinden, ausgeht.

Für die Entladungsröhre kann man unter einigen vereinfachenden Annahmen eine analoge Beziehung ableiten und diese lautet:

$$p \sqrt{\frac{R_1 - R_f}{T_g T_w}} = \text{konst.}\ \beta^{\frac{3}{4}}, \tag{229}$$

wobei T_g die Temperatur in der Entladung ($\approx T_m$), T_w die Wandtemperatur, R_1 den Rohrradius und R_f den Entladungsradius bedeutet. Mit Hilfe dieser Formel wurde für ein Rohr von $D_1 = 2$ mm, bei Wechselstrom von 1,3 A und einem Gradient von 400 V/cm ein Druck von etwa 100 at gefunden. An dem gleichen Rohr wurde unter den gleichen Verhältnissen mit Hilfe eines seitlichen Kapillarröhrchens als Manometer der Druck direkt aus der Zusammendrückung des darin anwesenden Edelgases (400 tor Ne) bestimmt und der gleiche Wert gefunden. Abb. 175 gibt das Resultat der Druckmessungen an zwei wassergekühlten Wechselstromröhrchen ($D_1 = 2$ mm).

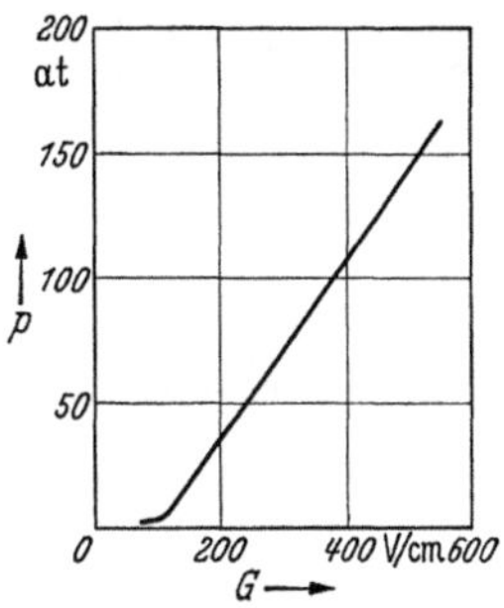

Abb. 175. Druck p in at als Funktion des Gradienten G in V/cm für Wechselstromentladungen in wassergekühlten Quarzröhrchen bei Entladungsstrom I_l von 1 bis 1,5 A ($D_1 = 2$ mm, $D_2 = 6$ mm).

Für p in at als Funktion des Gradienten in V/cm kann als erste Annäherung folgende empirische Formel verwendet werden:

$$p = \frac{G - 100}{3}. \tag{230}$$

Bei anderen Kühlverhältnissen findet man für p einigermaßen abweichende Werte, da der Gradient nicht ausschließlich vom Druck und vom Durchmesser abhängt, sondern auch von der Stromstärke I_l oder der Leistung N_1. Für selbsttätige Luftkühlung wird bei einer derartigen Entladung mit $G = 400$ V/cm ein Druck von 120 at angenommen, da bei diesen Kühlverhältnissen die Stromdichte niedriger ist als bei der Anordnung auf die sich Abb. 175 bezieht. Mit diesen Röhrchen ist es möglich, den Gradient bis auf 900 V/cm zu erhöhen, wobei der Druck auf etwa 300 at geschätzt wird.

[1]) Nennen wir die Wellenlänge 2537 Å: λ_0 und jene, bei der die Absorption aufhört, z. B. 2652 Å: λ_1, dann werden die zugehörigen Wellenzahlen $\tilde{\nu}_0 = \frac{1}{\lambda_0} = 39420\ cm^{-1}$ und $\tilde{\nu}_1 = \frac{1}{\lambda_1} = 37720\ cm^{-1}$, also $\beta = \tilde{\nu}_0 - \tilde{\nu}_1 = 39420 - 37720 = 1700\ cm^{-1}$.

In Abb. 176 ist die Energieverteilung über das Spektrum einer Superhochdruckentladung ($N_I \approx 500$ W/cm), das für die praktische Anwendung der Lampen wichtig ist, gegeben. Die Abbildung gibt die auf ein cm² per s per 1000 Å eingestrahlte Energie; die ausgezogene Linie für die Sonne, die gestrichelte Linie für eine wassergekühlte Hg-Lampe (mit Quarzfenster) bei 1,2 A, 500 V/cm und etwa 500 W/cm (gemessen in 20 cm Abstand). Das Spektrum der Hg-Lampe enthält also eine ansehnliche Menge Rot und Infrarot, während sich die Emission im U.V. weiter ausbreitet als im Sonnenlicht. Das Ozon der Luft absorbiert die Sonnenstrahlung mit Wellenlängen $\lambda < 3000$ Å. Für die Hg-Lampen, deren Kühlmantel aus gewöhnlichem Glas besteht, endigt das Spektrum des austretenden Lichtes bei ung. λ 3000 Å.

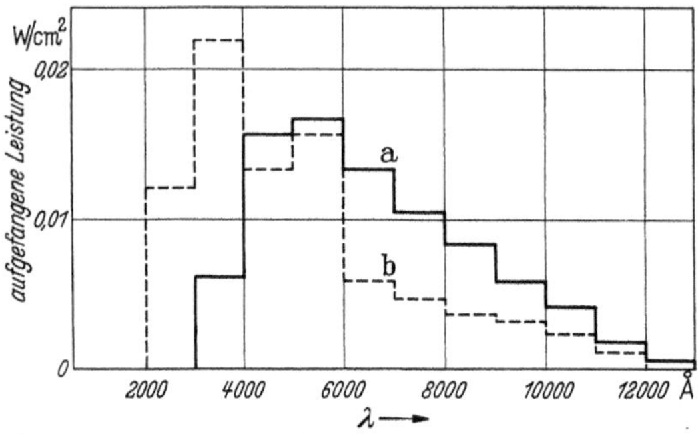

Abb. 176. Die Kurven geben die per 1000 Å per s auf 1 cm² eingestrahlte Energie; a für die Sonne und b für eine wassergekühlte Hg-Lampe (mit Quarzfenster) bei $I_l = 1{,}2$ A, $G = 500$ V/cm und $N_I \approx 500$ W/cm, die 20 cm von der bestrahlten Fläche entfernt ist.

Bei den wassergekühlten Lampen kann man die Leistung, die als Strahlung abgegeben wird, auf zwei Arten bestimmen, nl. durch direkte Messung der Strahlung und durch Messung des Unterschiedes zwischen gesamt zugeführter und durch das Kühlwasser abgeführter Leistung. Beide Bestimmungen liefern Werte bis zu 75% von N_I.

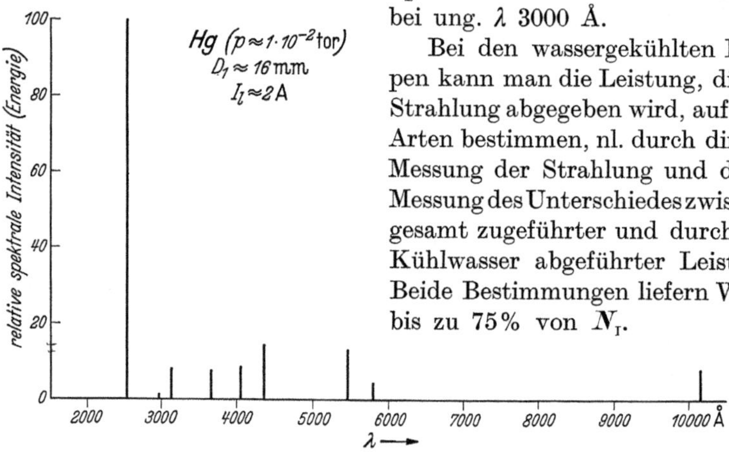

Abb. 177 a.

In Abb. 177 ist noch die Energieverteilung des Hg-Spektrums unter verschiedenen Betriebsbedingungen gegeben:

a Niederdruck, b Hochdruck 1 at, c Superhochdruck 20 at, und d Superhochdruck 130 at[1]).

[1]) Die gestrichelte Kurve ist korrigiert für Absorption durch das Kühlwasser. Bei der hier vorgeführten Messung wurde ein besonders dünner Kühlwassermantel verwendet. Bei der normalen Ausführung dieser Lampen wird alle Strahlung mit $\lambda > 1{,}5\,\mu$ vollkommen absorbiert.

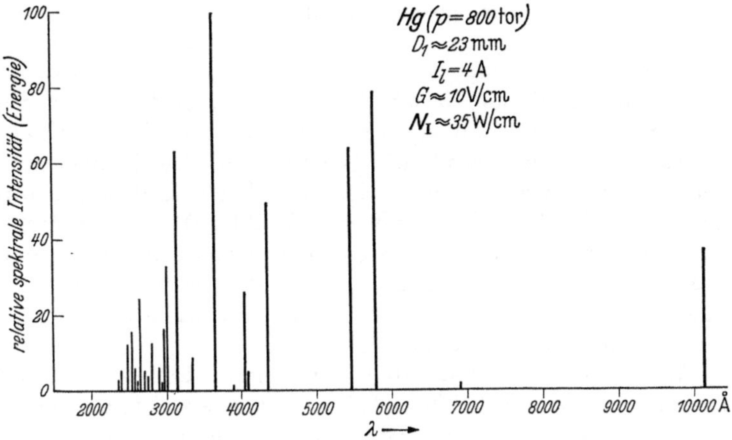

Abb. 177 b.

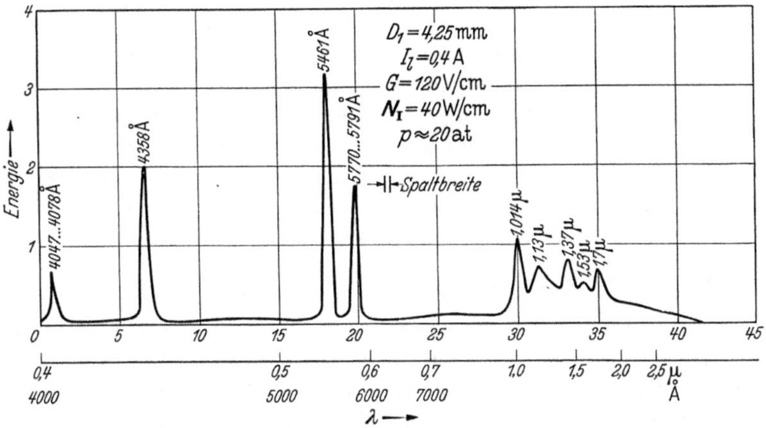

Abb. 177 c.

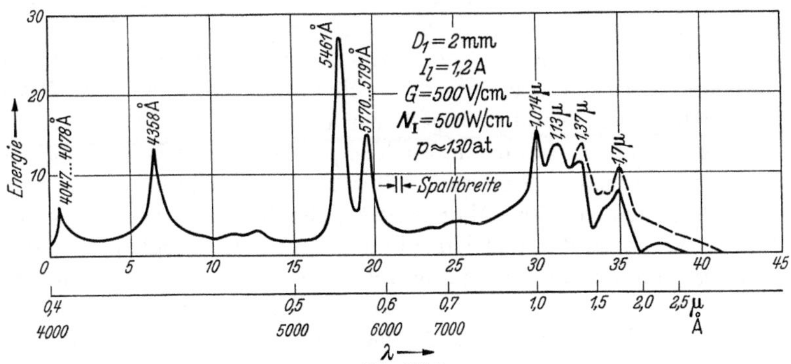

Abb. 177 d.

Abb. 177a–d. a Relative Energieverteilung bei Niederdruck. b Relative Energieverteilung bei Hochdruck (1 at). c Energieverteilung einer Superhochdruck HP (20 at). Ordinate: $S_{I\,\lambda}$ in W per cm Säulenlänge per Einheit des Abszissenmaßstabes. d Energieverteilung einer Superhochdruck SP (130 at). Ordinate: $S_{I\,\lambda}$ in W per cm Säulenlänge per Einheit des Abszissenmaßstabes [1]).

[1]) Der Bereich $\Delta\lambda$, in dem die Strahlung gemessen wird, wird durch die konstante Breite des Spaltes bestimmt und hängt infolge der Dispersion von λ ab. Für Blau ist $\Delta\lambda$ kleiner als für Rot, für Gelb beträgt es in der Abb. 177 $\approx$ 50 Å.

Außer dem Kontinuum, das sowohl mit dem Druck als auch mit der Stromdichte zunimmt, bietet das Emissionsspektrum der Superhochdruckentladung noch andere Besonderheiten. So ist z. B. das Gelb-Grün-Verhältnis kleiner als für die 1-at-Lampen. Die Temperatur der Entladung ist niedriger als man nach den Ähnlichkeitsbetrachtungen erwarten sollte (infolge relativ größerer Strahlung). Dies äußert sich auch im Gradienten, dessen gemessene Werte höher liegen als die berechneten (die Abweichung nimmt zu mit steigendem Druck). Auch die Änderung der Absorption infolge der Linienverbreiterung spielt beim Gelb-Grün-Verhältnis eine Rolle.

Das Verhältnis der Intensitäten der höheren Linien der Triplettserien, ($6\,^3P - n\,^3D$) und ($6\,^3P - n\,^3S$) zu den beiden ersten mit $n = 6$ für ^3D und $n = 7$ für ^3S ändert sich mit dem Druck, und zwar nimmt es von Niederdruck ausgehend erst zu, erreicht bei einigen at einen Sättigungswert, um bei noch höheren Drücken wieder abzunehmen. Zufolge dieser Erscheinung rückt der Schwerpunkt der spektralen Energieverteilung beim Übergang von der Hochdruck- zur Superhochdruckentladung (von etwa 5 at an) nach längeren Wellenlängen hin. Die Intensität der ersten Glieder (λ 5461 und $\lambda\lambda$ 3650—62 Å) nimmt bei konstanter Stromstärke mit steigendem Dampfdruck (d. h. steigende G und N_1) stetig zu. Auch die Selbstabsorption in der Entladung beeinflußt die spektrale Energieverteilung stark.

§ 78. Hg-Superhochdrucklampen für allgemeine Beleuchtungszwecke.

In § 76 erwähnten wir bereits, daß zur Erzielung von Lampen kleiner Leistung mit guter Lichtausbeute eine große Leistung per cm erforderlich ist, wobei der Strom klein und der Gradient groß sein muß. Die Erhöhung des Gradienten wird durch Erhöhung des Druckes und Verkleinerung des Röhrendurchmessers erzielt. Übrigens wird bei Drücken, die größer sind als einige Atmosphären, die Verwendung großer Durchmesser erschwert, da dann aus mechanischen Gründen die Wanddicke unverhältnismäßig groß werden müßte und diese die Wärmeabfuhr nach außen beeinträchtigen würde.

Bei Hg kommt es darauf an, die Temperatur in der Entladungsachse so hoch wie möglich zu erhalten, während gleichzeitig die Wandtemperatur niedrig bleiben muß. Man versucht den Temperaturabfall von der heißen Entladungsmitte zur Umgebung so viel wie möglich in den die Entladung umhüllenden Dampfmantel zu legen. T_w will man natürlich möglichst niedrig halten, um die Einwirkung des Hg's auf die Wand (Glas, Quarz) auf ein Minimum zu beschränken und deren mechanische Stärke nicht durch zu starke Erhitzung zu vermindern. Eine untere Grenze für die Wandtemperatur an der Innenseite der Röhre ist durch die Temperatur, bei der der Sättigungsdampfdruck gleich dem gewünschten Druck wird, gegeben.

Die Lampen, bei denen N_{I} klein genug ist, so daß natürliche Kühlung, durch Strahlung, Leitung und freie Konvektion noch ausreicht, sind unter

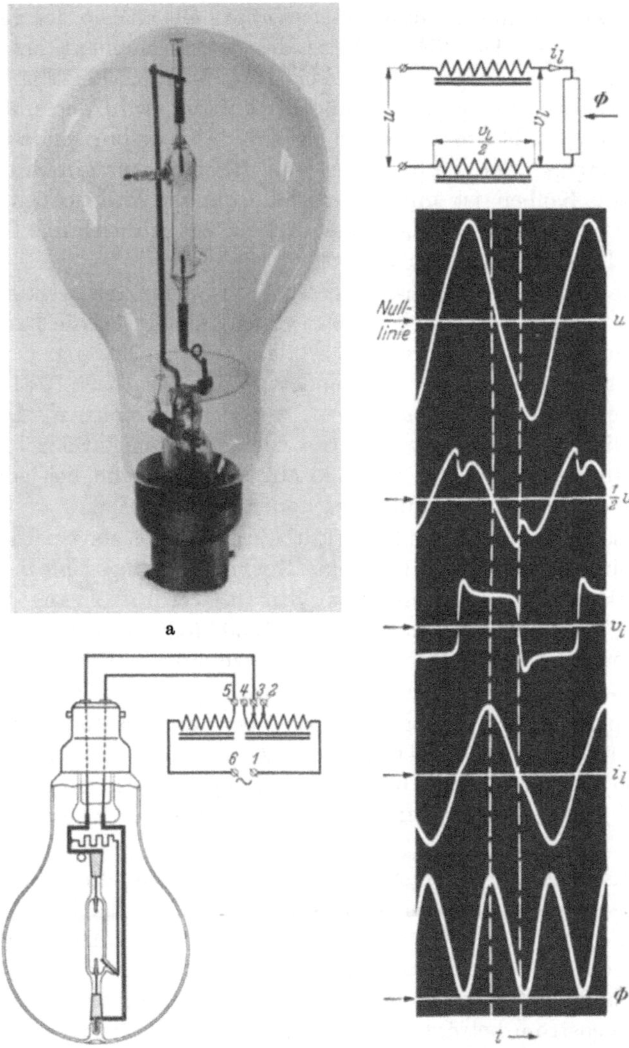

Abb. 178a—c. a Photo und b Schaltschema für Hg-Superhochdrucklampe mit natürlicher Kühlung, HP (Hg Q) 300. c Oszillogramm von Netzspannung u, halber Drosselspannung v_L, Lampenspannung v_l, Lampenstrom i_l und Lichtstrom Φ einer HP 300 (220 V 50 ~).

der Bezeichnung HP- oder HgQ-Lampen bekannt. Abb. 178a gibt ein Photo einer HP (HgQ) 300. Das eigentliche Entladungsrohr ist das kleine Quarzröhrchen, das sich in der Mitte des Lampenkolbens befindet. An den beiden Enden des Quarzröhrchens sind die Elektroden eingeschmolzen, die durch die Entladung erwärmt werden und abwechselnd als Kathode und Anode wirken. Der Abstand zwischen diesen Elektroden ist etwa 22 mm und der Durchmesser der kontrahierten Säule im Betrieb beträgt etwa 1,5 mm, so daß die scheinbare Oberfläche der Lichtquelle 32 mm^2 beträgt. Die lichte Weite des Quarzröhrchens beträgt etwa 6,5 mm und der Außendurchmesser etwa 9 mm. Bei Explosion des Quarzröhrchens, was praktisch niemals auftritt, wird der Außenkolben nicht zerstört, so daß keine Gefahr besteht, daß wegspringende Stückchen heißen Quarzes oder Freikommen von Hg Schaden anrichten [1]). Der umhüllende Kolben ist mit Gas gefüllt, um die Wärmeabgabe an die Umgebung zu erhöhen, wobei der Wärmeübergang durch das Gas hauptsächlich durch Konvektion erfolgt.

Da die HP (HgQ)-Lampen ihrer äußeren Form nach vollkommen den normalen Glühlampen gleichen (mattierter Kolben), ist die Lampenhülse mit einem grünen Ring versehen, damit Verwechslungen vermieden werden. Es ist zu empfehlen, besonders in Mischleuchten (§ 81), die HP-Fassung ebenfalls mit einem grünen Anstrich zu versehen. In England werden diese Lampen mit einem speziellen Bajonett-Sockel, mit drei Zapfen, ausgerüstet. Auch wird ein grünes Metallband bei jeder Lampe geliefert, das um die Fassung geschoben wird.

Ebensowenig wie die anderen Entladungslampen darf natürlich diese Lampe ohne Vorschaltgerät an eine Stromquelle angeschlossen werden. Die HP (HgQ)-Lampen werden zur Zeit in zwei Ausführungen geliefert: HP (HgQ) 300 (3000 lm) und HP (HgQ) 500 (5000 lm) [2]). Beide werden über Drosselspulen direkt an 220-V-Netze angeschlossen (Abb. 178b).

Im Gegensatz zur heutigen Ausführung, die mit ungesättigtem Hg-Dampf betrieben wird, gibt es eine ältere mit gesättigtem Hg-Dampf. Bei dieser Lampe ist der Druck ($p = 20$ at) und die Lampenspannung ($V_l = 230$ V) höher. Der höheren Spannung wegen muß bei Betrieb an 220-V-Netzen ein (Streuspar-) Tranformator zwischengeschaltet werden.

Die Lampen werden nur für Wechselstrom ausgeführt, da die Verluste in einem Ohmschen Widerstand, der bei Gleichstrom zur Begrenzung erforderlich wäre, viel zu hoch sein würden. Die HP (HgQ) 300 kann aber für Spezialzwecke mit 220 V Gleichstrom betrieben werden. Hierbei muß die Zündung mit einem Hochfrequenzapparat erzielt werden. Der Lampenstrom beträgt dann 0,7 A, der Serienwiderstand etwa 160 Ω. Bei Gleichstrombetrieb muß die Lampe vertikal mit der Anode unten

[1]) Überhaupt braucht man die Anwesenheit von Hg-Dampf in der Atmosphäre nicht gar zu kritisch zu beurteilen, da der Dampfdruck von Hg, dessen Oberfläche mit verschiedenen Stoffen verunreinigt ist (Staub usw.) belangreich niedriger liegt als der normale Wert.

[2]) In England baut man eine 80-W- und 125-W-Lampe, in USA. eine 80-W-(H_3). Die Wattangaben betreffen N_l, Verbrauch der Lampen allein.

Tabelle 32. Daten für HP (HgQ) 300 und HP (HgQ) 500, mit Drossel an 220 V 50 ~. Gestreckte Röhre mit Außenkolben. Entladungsgeheizte Kathoden. Swan- oder Edison-Sockel.

Bezeichnung der Lampe		HP (HgQ) 300	HP (HgQ) 500
Leistungsaufnahme von Lampe allein . .	N_l (W)	75	120
Leistungsaufnahme einschließlich Vorschaltgerät	N_t (W)	83 [1])	130 [1])
Lampenspannung	V_l (V)	115	115
Zündspannung max.	V_z (V)	180	180
Lampenstrom	I_l (A)	0,75	1,15
Lampenstrom beim Einschalten (maximal)	(A)	1,25	1,9
Verzerrungsfaktor der Lampe $\frac{N_l}{I_l V_l}$ . . .	ψ	0,87	0,91
Leistungsfaktor von Lampe + Vorschaltgerät $\frac{N_t}{I_l U}$	λ	0,50	0,51
Normaler Kondensator für cos φ-Verbesserung	(μF)	8,5	12
Leistungsfaktor bei Anwendung des normalen Kondensators $\frac{N_t}{I_t' U}$	λ'	0,90	0,91
Netzstrom bei Anwendung des normalen Kondensators	I_t' (A)	0,42	0,65
Lichtstrom	Φ (lm)	3000	5000
Lichtausbeute $\frac{\Phi}{N_l}$	η_l (lm/W)	40	41,7
Lichtausbeute $\frac{\Phi}{N_t}$	η_t (lm/W)	36	38,5
Anwärmzeit (bis 80% von Φ erreicht ist)	(min)	$4^1/_2$	3
Abstand der Elektroden in der Achse gemessen	d (mm)	22	28
Innendurchmesser der Entladungsröhre .	D_1 (mm)	6,5	7,5
Außendurchmesser der Entladungsröhre .	D_2 (mm)	9	10
Länge der Lampe [2]) mit Swan-Sockel .	(mm)	150	167
Länge der Lampe [2]) mit Edison-Sockel	(mm)	153,5	170,5
Durchmesser des Außenkolbens	(mm)	80	90

aufgestellt sein. In Tabelle 32 findet man die technischen Daten für HP (HgQ) 300- und HP (HgQ) 500-Lampen.

Die maximale Lichtstärke einer HP (HgQ) 300 (3000 lm), normal auf die Achse gemessen, beträgt etwa 300 K, die Leuchtdichte in dieser Richtung etwa 1000 K/cm^2. Abb. 179 gibt den Verlauf der Leuchtdichte der gelben, grünen und blauen Linien als Funktion des Achsenabstandes für HP (HgQ) 300. Die hohe Leuchtdichte in der Achse kann in bestimmten Fällen von großem Vorteil sein. Bei den meisten Anwendungsgebieten für allgemeine Beleuchtung ist jedoch eine Erniedrigung

[1]) Für 120-V-Netze wird ein Streuspartransformator verwendet; die Leistung N_t wird dann 90 W bzw. 138 W.

[2]) Lampensockel mitgerechnet.

dieser großen Leuchtdichte erwünscht, so daß man den Außenkolben der Lampe mattiert. Abb. 88 gibt die Lichtverteilungskurve einer HP (Hg Q) 300 mit mattiertem Außenkolben in einer Ebene durch die Lampenachse.

Abb. 180 gibt den Verlauf des Lichtstromes in Prozenten des Nennwertes als Funktion der Zeit. Der tatsächliche Anfangswert liegt höher als der Nennwert (3000 lm), fällt aber während der ersten Stunden auf diesen zurück. Die mittlere Lebensdauer der HP (Hg Q) 300 und HP (Hg Q) 500 beträgt 2000 Stunden.

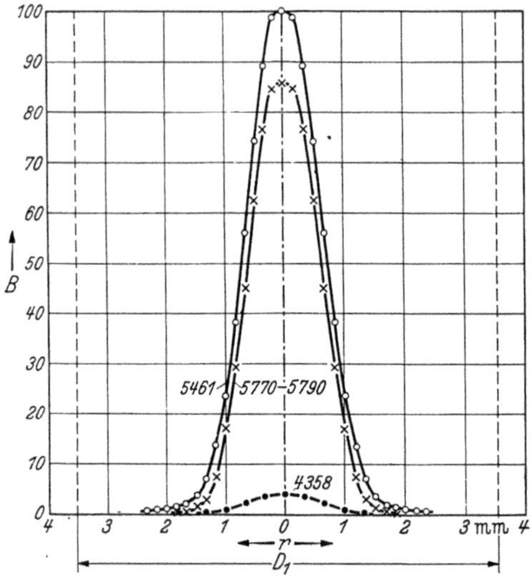

Abb. 179. Leuchtdichte der HP (Hg Q) 300 als Funktion des Achsenabstandes für gelbe, grüne und blaue Linien (Maximum für Grün = 100) (gemessen).

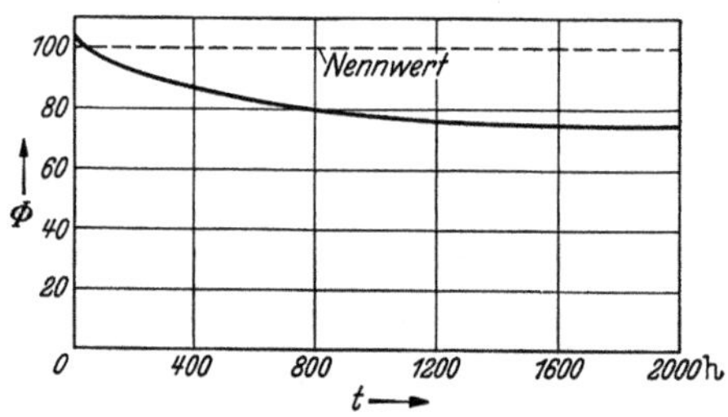

Abb. 180. Verlauf des Lichtstromes einer HP (Hg Q) 300 mit der Betriebszeit.

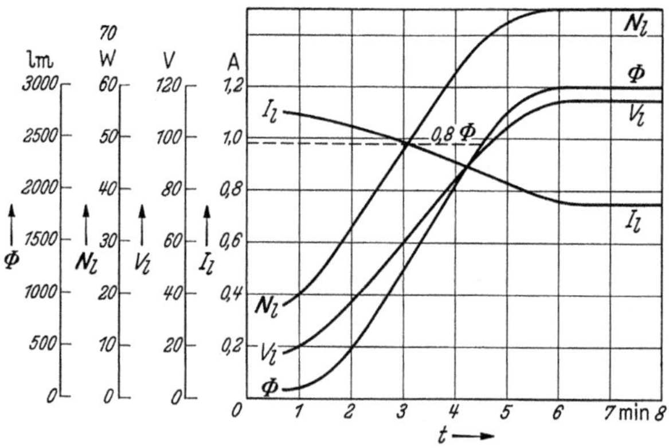

Abb. 181. Anwärmkurven für HP (Hg Q) 300. Lichtstrom Φ, Lampenspannung V_l, Lampenstrom I_l, Leistung N_l als Funktion der Zeit t in min.

Abb. 181 gibt die Anwärmkurven einer HP 300: Lichtstrom Φ, Lampenspannung V_l, Lampenstrom I_l, Verbrauch N_l als Funktion der Zeit vom Augenblick des Zündens an. Die Lampe zündet in der Edelgasfüllung (Argon) und erreicht nach $4^1/_2$ min 80% ihres normalen Lichtstromes.

Erlischt die Lampe, dann zündet sie erst nach einigen Minuten wieder bei der normal zur Verfügung stehenden Spannung. Das Hg muß erst teilweise kondensieren, da die Zündspannung bei dem hohen Hg-Druck sehr hoch liegt.

Für die Abhängigkeit von Netzspannungsschwankungen gibt Abb. 182 das übliche Diagramm, wobei die diversen Größen in Prozenten von den normalen Werten als Funktion der Netzspannung (220 V = 100%) gegeben sind. Tabelle 33 gibt die prozentuelle Änderung einiger charakteristischer Größen für $\Delta U = \pm 10\%$. Bei sehr plötzlich verlaufenden Schwankungen der Netzspannung kann U bis 195 V sinken, ohne daß die Lampe erlischt (siehe S. 268).

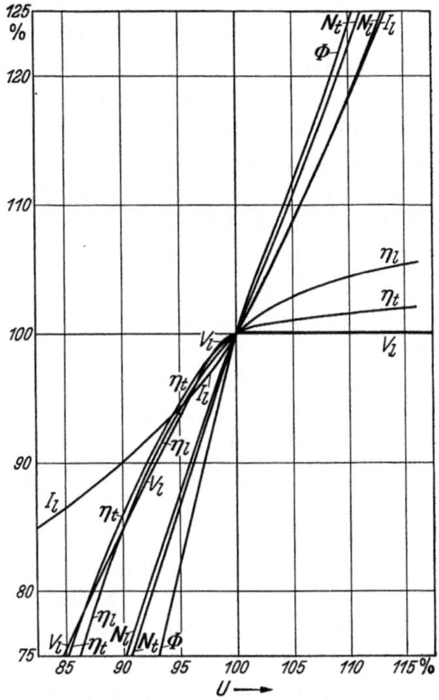

Abb. 182. Einfluß der Netzspannungsschwankungen bei HP (HgQ) 300 auf Lampenstrom I_l, Lampenspannung V_l, Lichtstrom Φ, Leistung N_l und N_t, Lichtausbeute η_l und η_t (in Prozenten vom Normalwert).

Tabelle 33. Netzspannungsempfindlichkeit der HP (HgQ) 300. Normale Spannung $U = 100$ gesetzt.

Netzspannung U	90	110
Strom I_l	90	118
Spannung V_l	84	100
Leistung N_l	74	118
Lichtstrom Φ	63	124
Lichtausbeute η_l	85	105

Das Spektrum dieser Lampen besteht aus den bekannten Hg-Linien (stark verbreitert) und einem Kontinuum. Die Lichtfarbe ist „leicht bläulich[1]) gefärbtes Weiß", aber Subjektiv-Weiß (siehe S. 171). Tabelle 34 gibt eine Idee von den Beiträgen, die die verschiedenen Wellenlängengebiete zu dem gesamten Lichtstrom liefern. Die Methoden für Verbesserung der Lichtfarbe werden in § 81 näher besprochen. Die

Tabelle 34. Relative Beiträge der verschiedenen Linien und des Kontinuums zum Lichtstrom der HP (HgQ) 300. Lichtfarbe: leicht bläulich[1]) getöntes Weiß.

Hg-Linien:			Hg-Kontinuum:
$\lambda\lambda$ 5770—90 Å	gelb	etwa 42%	von $\lambda > 5900$ Å rot etwa 2,5%
λ 5461 Å	grün	etwa 51%	$\lambda < 5900$ Å blau und grün etwa 3,5%
λ 4358 Å	blau	etwa 1% (für blau und violett)	
$\lambda\lambda$ 4078—47 Å	violett		

[1]) Verglichen mit Glühlampenlicht von etwa 2800 °K Farbtemperatur (s. S. 171).

HP (Hg Q) 300 läßt sich vorteilhaft mit einer 200-W-Glühlampe kombinieren (beide je 3000 lm), wobei der Mangel an Rot der Hg-Lampe durch den Überschuß an Rot der Glühlampe kompensiert wird. Da die Beiträge der Linien λ 5770 und λ 5790 Å (gelb) und von λ 5461 Å (grün) groß sind, kann diese Lampe auch ökonomisch mit Farbfiltern zur Erzeugung von gelbem oder grünem Licht verwendet werden.

§ 79. Hg-Superhochdrucklampen für Projektionszwecke.

Bei der Besprechung der Vorteile des sehr hohen Druckes (§ 76) wurde auf die außerordentlich großen Leuchtdichten hingewiesen. Da bei großen Leistungen pro cm, $\boldsymbol{N}_{\mathrm{I}} = 100$ W/cm z. B., die Lichtausbeute η_{I} nur relativ wenig von $\boldsymbol{N}_{\mathrm{I}}$, D_1 und p abhängt, kann man ein größeres Φ_{I} nur durch Steigerung der Leistung $\boldsymbol{N}_{\mathrm{I}}$ erhalten. Dabei kann eventuell auch durch eine Verkleinerung des Durchmessers D_1 eine Verengung der Entladungsbahn erzielt werden.

Wie bereits erwähnt, stehen zur Erhöhung der Leistung $\boldsymbol{N}_{\mathrm{I}}$ zwei Mittel zur Verfügung. Bei kleinem Strom I_l kann der Gradient G erhöht werden. Dies erreicht man durch Vergrößerung des Druckes p oder Verminderung des Durchmessers D_1, oder durch beide gleichzeitig. Auf diese Weise erhält man die HP (Hg Q)-Lampen mit natürlicher Luftkühlung oder die SP-Lampen mit Wasserkühlung. Man kann aber auch bei konstantem Druck p, d. h. bei ung. konstantem Gradient G, den Strom I_l erhöhen. Hierbei wird man, um möglichst große Werte von $\boldsymbol{N}_{\mathrm{I}}$ zu erhalten, den Druck (und damit den Gradienten) so hoch wie möglich wählen. Eine Lampe mit natürlicher Luftkühlung, gebaut nach den letztgenannten Richtlinien, ist die HgB 500 W.

In Abb. 183 ist der Zusammenhang zwischen der Leuchtdichte B (sb) und dem Druck p (at) bzw. dem Strom I_l schematisch für die Hg-Hochdruck- und Superhochdruckentladung gegeben. Da bei konstantem Druck p der Gradient G nur wenig von I_l abhängt, ist die Leistung $\boldsymbol{N}_{\mathrm{I}}$ pro cm dem I_l ung. proportional. Bei konstantem Strom I_l nimmt der Gradient etwas weniger als direkt proportional mit p zu $\left(\approx p^{\frac{7}{12}}\right)$; für $I_l = 8$ A sind bei den verschiedenen Linien $p =$ konst. die zugehörigen Gradientwerte gegeben[1]). Die drei schraffierten Gebiete entsprechen etwa den heutigen Betriebsbedingungen: I. für HO (HgH)-Lampen, II. für Lampen mit sehr hohem Druck, aber kleinem Strom und Durchmesser (SP), und III. für Lampen mit großem Strom (HgB). Die strichlierten Linien sind teilweise extrapoliert.

Aus Abb. 183 ist ersichtlich, daß bei gegebenem Druck p die Leuchtdichte B proportional mit I_l, und da $G \approx$ konst. ist, auch proportional mit $\boldsymbol{N}_{\mathrm{I}}$ zunimmt. Bei den Lampen mit natürlicher Luftkühlung kommt man bei einem gegebenen Durchmesser D_1 (von einigen mm z. B.) mit

[1]) Diese Werte gelten nur für große D_1, bei kleinerem Durchmesser werden sie höher.

der zulässigen Leistung N_{I} bald an eine Grenze, da die Wandtemperatur sonst zu hoch wird. Bei der Anwendung erzwungener Kühlung, die praktisch als Wasserkühlung ausgeführt wird, kann N_{I} sehr bedeutend gesteigert werden. Eine andere Möglichkeit, um die Wandtemperatur niedrig zu halten, liegt in der Vergrößerung des Durchmessers, da dann der abzuführende Wärmestrom pro cm² Wandoberfläche geringer wird. Dann ist aber der Druck p (und somit der Gradient G) aus mechanischen Gründen früher begrenzt, so daß die Vergrößerung von N_{I} mittels Steigerung von I_l erhalten werden muß. ★ Wir wollen kurz untersuchen, nach welchen Richtlinien eine wassergekühlte Lampe konstruiert werden muß, um die größtmögliche Leuchtdichte zu ergeben. Eine obere Grenze für die praktisch mögliche Erhöhung der Leuchtdichte erhält man durch die maximale Energieabfuhr durch Wärmeleitung. Die Erhöhung der Leistung und Verkleinerung des Durchmessers, die die Erhöhung der Leuchtdichte erzeugen, sind hierdurch beschränkt.

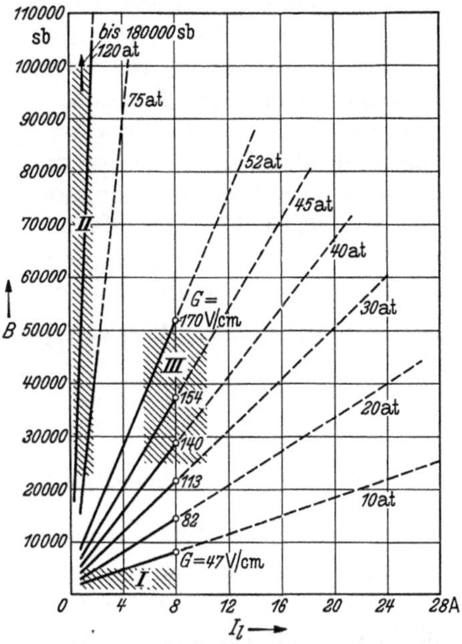

Abb. 183. Leuchtdichte B (sb) der Hg-Hoch- und Superhochdruckentladung in Abhängigkeit von Stromstärke I_l (oder Leistung $N_{\mathrm{I}} = I_l\,G$) und Druck p. (Teilweise gemessen und teilweise extrapoliert.) Die drei Gebiete geben schematisch folgende Betriebsbedingungen: I. für HO und HgH, II. für Lampen mit besonders hohem Druck, kleinem Strom und Durchmesser (z. B. SP) und III. für Lampen mit großem Strom (z. B. HgB).

Von der gesamten per cm zugeführten Leistung N_{I} wird ein Teil $a\,N_{\mathrm{I}}$ nicht ausgestrahlt ($a \approx 0{,}30$, S. 288), sondern durch Leitung durch die Quarzwand abgeführt. Für 1 cm Rohrlänge können wir somit folgende Differentialgleichung aufstellen:

$$2\pi r \lambda \frac{\mathrm{d}T}{\mathrm{d}r} = -0{,}24\,a\,N_{\mathrm{I}} \qquad (231)$$

(1 W = 0,24 cal/s). Nehmen wir an, daß λ (Wärmeleitfähigkeit der Wand) von der Temperatur unabhängig ist (in Wirklichkeit wächst λ mit der Temperatur), dann können wir nach Trennung der Veränderlichen integrieren und erhalten

$$T_r - T_1 = \frac{0{,}24\,a\,N_{\mathrm{I}}}{2\pi\lambda} \ln \frac{R_1}{r}. \qquad (232)$$

Nehmen wir den Index 1 für die Innenwand (R_1, T_1) und Index 2 für die Außenwand (R_2, T_2), dann erhalten wir für $r = R_2$

$$T_1 - T_2 = \frac{0{,}24\,a\,N_{\mathrm{I}}}{2\pi\lambda} \ln \frac{R_2}{R_1}. \qquad (233)$$

Die Lichtausbeute η_l ist nur wenig vom Radius R_1 und Druck p abhängig und steigt nur langsam mit N_{I}, sobald dieses oberhalb des Wertes ★

★ 100 W/cm liegt. Die Erhöhung der Leuchtdichte durch Verkleinern von R_1 und Vergrößern von N_I erfordert also einen größeren Wert $T_1 - T_2$, d. h. ein größeres Temperaturgefälle in der Wand. Zunahme von T_1 hat Zunahme von p zur Folge und diese eine Erhöhung der Kontraktion, wodurch die Leuchtdichte ebenfalls steigt. Außerdem verlangt der größere Druck für gleiches I_l einen größeren Gradient, so daß bei gleichem N_I ein kleinerer Strom erzielt wird, was mit Hinsicht auf die Abdichtung der Einschmelzstellen u. a. vorteilhaft ist.

Wie bereits gesagt, ist der Erhöhung von N_I durch die maximal zulässige Temperatur T_1, und der Erhöhung des Druckes durch die mechanische Stärke des Quarzes, eine Grenze gesetzt. Die Temperatur T_1 bestimmt praktisch die Lebensdauer der Lampe, und wenn für letztere ein bestimmter Wert angenommen wird, ist auch T_1 festgelegt. Die Differenz $T_1 - T_2$ ist dann gleichfalls gegeben, da der Unterschied zwischen T_2 und der Kühlwassertemperatur klein ist. Den maximalen Wert $\Delta T_{\max}$ erhält man dann, wenn für $T_1 = T_{\max}$ und für $T_2 = T_{\text{Wasser}}$ gesetzt wird. Für einen bestimmten Wert von $\frac{R_2}{R_1}$ erhält man nun die maximal zulässige Belastung

$$N_{I\max} = \frac{2\pi\lambda\,\Delta T_{\max}}{0{,}24\,a \ln \frac{R_2}{R_1}}. \tag{234}$$

In dieser Formel kann bloß noch $\frac{R_2}{R_1}$ verändert werden, so daß $N_{I\max}$ nur von dem Verhältnis $\frac{R_2}{R_1}$ abhängt und nicht von den Werten selbst. Hält man daher das Verhältnis konstant, dann kann man bei konstantem N_I die Durchmesser verkleinern. Der Druck darf hierbei auch konstant bleiben, da die mechanische Widerstandsfähigkeit in erster Annäherung ebenfalls vom Verhältnis $\frac{R_2}{R_1}$ abhängt.

Bei konstantem Druck und konstanter Belastung nimmt der Durchmesser der Entladung langsamer ab als R_1, da die Temperatur der Entladung steigt. Die Steigung der Temperatur verursacht aber gerade die größere Leuchtdichte. Hält man jedoch die Hg-Menge per cm Entladungslänge konstant, dann bleibt infolge der Ähnlichkeitsgesetze auch die Temperatur ungefähr konstant, während sich der Druck umgekehrt proportional R_1 verändert. Bei kleiner werdendem R_1 nimmt also der Druck und hiermit auch die Konzentration der angeregten Atome zu, da die Konzentration n der normalen Atome wächst und nach (203) auch n_a bei gleichbleibendem T_g.

Nehmen wir an, daß bei konstantem Druck der Durchmesser der Entladung proportional R_1^q ist (hierbei ist q kleiner als 1), dann wird die durchschnittliche Leuchtdichte

$$B = \frac{\text{konst.}}{R_1^q \ln \frac{R_2}{R_1}}. \tag{235}$$ ★

★ Da der Lichtstrom Φ_I konstant gedacht wird ($\boldsymbol{N}_\text{I}$ = konst. und η_I = konst.) und dieser proportional dem Produkt aus Leuchtdichte B und scheinbarer Oberfläche (R_1^q) ist: $\Phi_\text{I} = \text{konst.} \cdot B\, R_1^q = \text{konst.} \cdot \boldsymbol{N}_\text{I}\, \eta_\text{I}$, folgt mit Verwendung von (234) Ausdruck (235) für B.

Man sollte nach (235) durch Verminderung von R_1 (bei konstantem $\boldsymbol{N}_\text{I}, p$ und $\left.\frac{R_2}{R_1}\right)$ eine beliebig hohe Leuchtdichte erreichen können. Praktisch ist es jedoch unmöglich, R_1 unbegrenzt zu erniedrigen. Z. B. erniedrigt sich die Wärmeabfuhr des Kühlwassers bei kleinerer Außenfläche des Entladungsröhrchens, es tritt Sättigung der Konzentration angeregter Atome ein, Selbstabsorption usw. Hält man $\mathfrak{g}_\text{I}$ konstant, dann kann die Grenze durch zu hohes Ansteigen des Druckes erreicht werden. Die Leuchtdichte wird praktisch langsamer ansteigen als dem abnehmenden R_1 nach (235) entspräche. ★

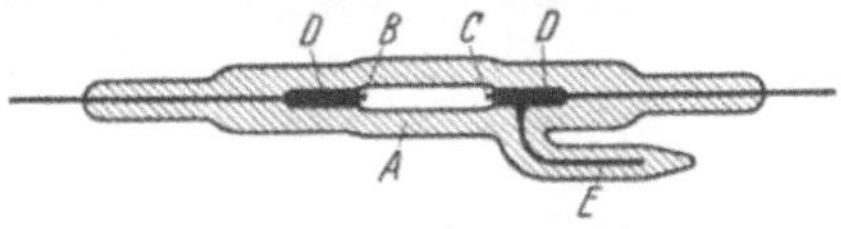

Abb. 184. Schematische Darstellung einer SP 500 W-Lampe.

Will man die größtmögliche Leuchtdichte erzielen, dann muß gleichzeitig die Leistung $\boldsymbol{N}_\text{I}$ erhöht und der Durchmesser D_1 verkleinert werden. Es gelang auf diese Weise Lampen herzustellen, die, bei $D_1 = 1$ mm, 1400 W/cm aufnehmen ($G = 805$ V/cm, $I_l = 2{,}1$ A) und in der Entladungsachse eine Leuchtdichte von 180000 K/cm² aufweisen. Der Verlauf der Leuchtdichte als Funktion des Abstandes von der Achse, normal auf eine Ebene durch die Entladungsachse gemessen, ist analog dem in Abb. 187 für die SP 800 W-Lampe. Berechnet man mit Hilfe der Ähnlichkeitsgesetze die Temperatur in der Achse einer derartigen Entladung, dann findet man für $T_m = 8900°$ K. Bei dieser Temperatur befindet sich etwa $^1/_{400}$ der gesamten Atomanzahl in dem am stärksten besetzten Niveau $6\,^3P_0$ und der Ionisationsgrad α beträgt $8{,}04 \cdot 10^{-3}$ (bei 200 at).

Diese Entladungen geben ein sehr schmales leuchtendes Band von hoher Leuchtdichte. Oft ist es erwünscht, eine leuchtende Fläche größerer Ausdehnung zu haben; man kann dann mehrere dieser wassergekühlten Lampen nebeneinander in einem Gehäuse aufstellen (Abb. 193). Eine andere Möglichkeit liegt in der Anwendung von Entladungen mit großer Stromstärke und größerem Durchmesser. Obwohl die Hg-Superhochdrucklampen noch in ständiger Weiterentwicklung sind, wollen wir zum Schluß einige der heute erhältlichen Typen beschreiben.

Eine schematische Wiedergabe der sog. SP 500 W-Lampe, mit Wasserkühlung, findet sich in Abb. 184, während Abb. 185a ein Photo der Lampe mit Hälter und Gehäuse für Wasserzirkulation gibt. Die eigentliche Entladungsröhre besteht aus einem dickwandigen Quarzrohr mit Innendurchmesser $D_1 = 2$ mm und Außendurchmesser $D_2 = 6$ mm, so daß die Wanddicke 2 mm beträgt. In einem Abstand von 12,5 mm befinden sich zwei Wolframelektroden B und C (Abb. 184), die aus Hg-Tropfen D herausragen. Die Hg-Menge in der Lampe ist so groß, daß im normalen Betriebszustand der Dampf gesättigt ist. Der Druck (und hiermit der Gradient) wird durch den Abstand zwischen Hg-Oberfläche und Elektrodenendpunkt festgelegt. Im Kathoden- und Anodenfall wird eine große Wärmemenge entwickelt, von der ein um so größerer Teil auf das dahinterliegende Hg übergeht, je kleiner der Abstand zwischen dem Hg-Spiegel und dem Elektrodenendpunkt ist. Die Höhe des Hg-Spiegels bezüglich der Elektrodenspitze wird mittels der Länge des

Abb. 185a.

Abschmelzpunktes E eingestellt. Die Röhre wird in einem halbzylindrischen Hälter montiert, der eventuell auch einen Spiegel enthalten kann (Abb. 185a). Dieser Hälter wird in das Gehäuse für Wasserzirkulation eingeschoben. Die einfachste Lösung der Wasserversorgung ist wohl Anschließen an eine Wasserleitung; der Wasserverbrauch beträgt etwa 2,7 l pro min. In verschiedenen Fällen ist dies jedoch nicht möglich, so daß man geschlossene Systeme mit Wasserzirkulation gebaut hat.

Tabelle 35 gibt eine Zusammenstellung der wichtigsten elektrischen und lichttechnischen Daten. Da die Lampe in normalem Betrieb eine Spannung $V_l = 420$ V aufweist, muß ein Transformator verwendet werden, der in diesem Fall als Streutrafo mit getrennten Wicklungen ausgeführt ist (Abb. 185b). Abb. 185c gibt den Verlauf der Momentanwerte der Transformatorleerlaufspannung v_0, der Lampenspannung v_l, des Stromes i_l und des Lichtstromes Φ als Funktion der Zeit in normalem Betrieb (50 ~).

Die Zündung einer kalten Lampe findet wieder in einer Edelgasfüllung statt. Die Anwärmzeit ist bei dieser Lampentype in der Größenordnung von 1 s und die Wiederzündung nach dem Ausschalten kann augenblicklich stattfinden, da der Hg-Dampf infolge der Wasserkühlung sehr schnell kondensiert.

Bei eventuellem Springen des Quarzröhrchens erfolgt die Kondensation dank des kleinen Volumens und des Wassermantels so schnell, daß die Umhüllung nicht zerstört wird und somit jede weitere Wirkung nach außen unterbleibt.

In Tabelle 35 findet man auch die Angaben für die SP 800 W. Diese Lampe ist analog der SP 500 W, nur ist der Durchmesser D_1 auf 1 mm erniedrigt und die Leistung N_I auf 800 W/cm erhöht. Die Leuchtdichte in der Achse ist B_m = 91000 K/cm² und die Lebensdauer beträgt 25 h (= Strom).

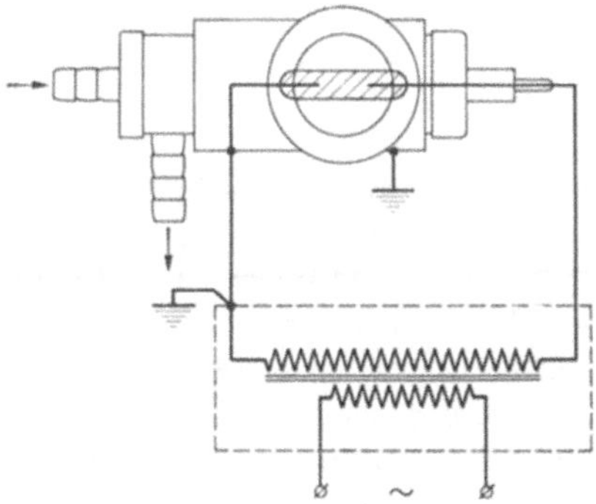

Abb. 185 b.

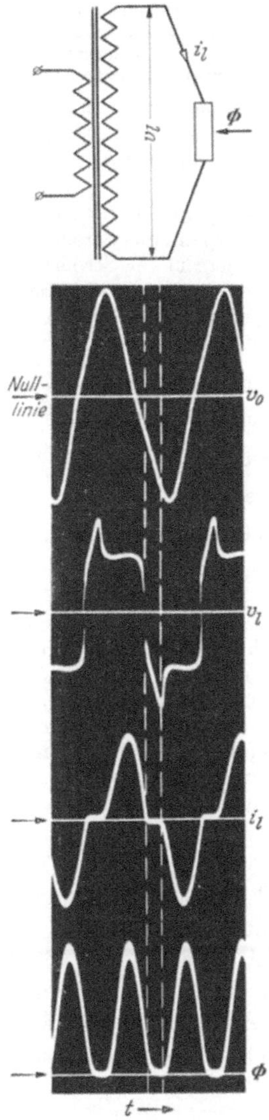

Abb. 185 c.

Abb. 185 a—c. SP 500 W. a Photo der Lampe mit Hälter und Gehäuse. b Schaltschema für Wechselstrom. c Oszillogramm von Transformatorleerlaufspannung v_0, Lampenspannung v_l, Strom i_l und Lichtstrom Φ (50 ~).

Die beiden hier beschriebenen Lampen können auch mit Gleichstrom betrieben werden; für die SP 800 W ist dies zu empfehlen, da sonst

Tabelle 35. Daten[1]) für Hg-Superhochdrucklampen (mit Wasserkühlung): SP 500 W und SP 800 W. Mit Streutrafo an 220 V 50 ~ (auch mit Gleichstrom[2]) S 309). Gestreckte Röhre-Brennlage willkürlich. Zündung vorzugsweise horizontal. Entladungsgeheizte Kathoden.

Lampentype		SP 500 W	SP 800 W
Leistungsaufnahme der Lampe allein . .	N_l (W)	500	800
Leistung pro cm Entladungslänge . . .	N_1 (W/cm)	400	800
Leistungsaufnahme einschließlich Vorschaltgerät	N_t (W)	565	900
Lampenspannung (~ Strom)	V_l (V)	420	600
Leerlaufspannung Streutrafo	V_0 (V)	600	900
Lampenstrom (~ Strom)	I_l (A)	1,5	1,5
Lampenstrom beim Einschalten (~ Strom)	(A)	2,5	2,5
Lampenstrom (= Strom)	(A)	1,3	1,3
Netzstrom (~ Strom)	I_t (A)	4,4	6,5
Verzerrungsfaktor der Lampe $\frac{N_l}{I_l V_l}$ . . .	ψ	0,79	0,89
Leistungsfaktor von Lampe + Vorschaltgerät $\frac{N_t}{I_t U}$	λ	0,58	0,63
Lichtstrom	Φ (int. lm)	30000	50000
Lichtausbeute $\frac{\Phi}{N_l}$	η_l (lm/W)	60	62,5
Lichtausbeute $\frac{\Phi}{N_t}$	η_t (lm/W)	53	55,5
Lichtstärke normal auf die Entladungsachse	J (K)	3000	5000
Leuchtdichte in der Entladungsachse .	B_m (sb)	33000	91000
Anwärmzeit	(s)	etwa 1 s	etwa 1 s
Abstand der Elektroden	d (mm)	12,5	10
Innendurchmesser der Entladungsröhre .	D_1 (mm)	2	1
Außendurchmesser der Entladungsröhre .	D_2 (mm)	6	3
Hg-Dampfdruck	p (at)	75	120
Mittlere Lebensdauer	h	etwa 500	etwa 25 (= Strom)

die Lebensdauer kürzer wird. Bei Gleichstrombetrieb erfolgt die Stabilisierung mittels eines Ohmschen Widerstandes, der möglichst klein gehalten wird, um die Wattverluste zu beschränken. Da die Lampe aber als Niederdruckentladung mit kleiner Spannung V_l beginnt, würde der Anlaufstrom bei kleinem Stabilisierungswiderstand so große Werte annehmen, daß die Lampe zerstört werden würde. Abb. 186 gibt das Schaltschema für die SP 500 W bei Gleichstrombetrieb. Beim Zünden

[1]) Da sich die verschiedenen Größen: N_l, η_l, Φ usw. im Laufe der Lebensdauer ziemlich stark ändern, sind Mittelwerte angegeben (S. 314).

[2]) Die SP 800 W wird der Lebensdauer wegen vorzugsweise mit Gleichstrom betrieben. Es gibt auch eine Gleichstromtype SP 1000 W für Filmprojektion mit folgenden Daten: $N_l = 1000$ W, $N_I = 800$ W/cm, $V_l = 500$ V, $I_l = 2$ A, $\Phi = 60000$ lm, $\eta_l = 60$ lm/W, $B_m = 50000$ K/cm², $d = 12{,}5$ mm, $D_1 = 1{,}8$ mm, $D_2 = 4$ mm, $p \approx 100$ at.

ist S_2 geöffnet, so daß der ganze Widerstand (75 + 50) Ω in Reihe mit der Lampe liegt. Da aber die Spannung von 500 V zur Einleitung der Zündung zu niedrig ist, wird durch das Schließen des Schalters S_1 der Kondensator C (der über den großen Widerstand von 100000 Ω aufgeladen worden ist) über einen Teil der Wicklung des Transformators T entladen. Die dadurch in T induzierte Spannung kommt an die Klemmen der Lampe und verursacht nun zusammen mit der Gleichspannung die Zündung der Entladung.

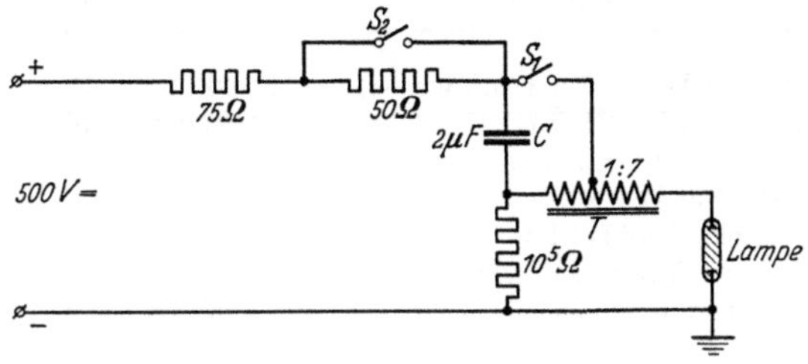

Abb. 186. Gleichstromschaltung für SP 500 W-Lampe. Beim Zünden ist S_2 geöffnet; erst wird S_1 geschlossen und nach dem Anwärmen S_2. Beim Ausschalten wird erst S_2, dann S_1 geöffnet.

Ist nach 1÷2 s die Lampe angewärmt und nähert sich die Spannung V_l dem normalen Wert, dann wird der Schalter S_2 geschlossen und damit der Widerstand von 50 Ω überbrückt. Beim Ausschalten wird wieder erst S_2 geöffnet und dann S_1. Für Gleichstrombetrieb der SP 800 W benötigt man 750 V Spannung. Der Anlaufstrom beträgt (wie für die SP 500 W) etwa das 2fache des normalen Stromes.

Die Leuchtdichten in Tabelle 35 sind die in der Entladungsachse gemessenen maximalen Werte B_m. Für die Beurteilung einer Lichtquelle als Projektionslampe ist aber auch die Größe der leuchtenden Fläche f_s und der Verlauf der Leuchtdichte in dieser von Wichtigkeit. Abb. 187 gibt die Leuchtdichte normal auf eine Fläche durch die Achse als Funktion des Achsenabstandes für SP 500 W und SP 800 W. In der Tabelle 36 sind einige Daten für die verschiedenen in diesem Paragraphen besprochenen Lampen angegeben; d ist die Länge der Entladung (zwischen Elektroden), b_{90}, b_{50} und b_{10} die Breite der Entladung an den Stellen, wo die Leuchtdichte auf 90, 50 und 10% des Maximalwertes gesunken ist (s. Abb. 187).

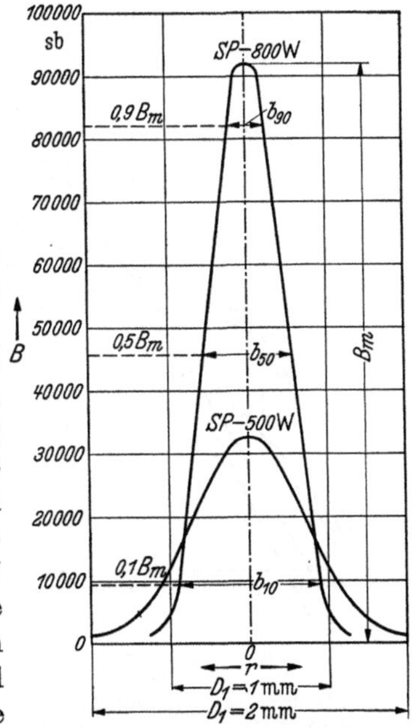

Abb. 187. Verlauf der Leuchtdichte als Funktion des Achsenabstandes für SP 500 W und SP 800 W. b_{90}, b_{50} und b_{10} sind die Breiten der Entladung an den Stellen, wo die Leuchtdichte auf 90, 50 und 10% des Maximalwertes B_m gesunken ist.

Tabelle 36.
Daten für verschiedene Lampen mit großer Leuchtdichte (Abb. 187).

Lampentype	B_m (sb)	d (mm)	b_{90} (mm)	b_{50} (mm)	b_{10} (mm)	N_T (W)
SP 500 W 40/1,5 (= oder ~)	33000	12,5	0,37	0,84	1,36	400
SP 800 W 80/1,3 (=)	91000	10	0,27	0,60	1,1	800
HP 4000 (~)	1410	250	0,4	1,1	2,0	40
HgB 500 W (=)		5				1000
Bei den Elektroden	49000		0,26	0,88	1,61	
In der Mitte zwischen den Elektroden	23000		0,74	1,84	3,45	

Abb. 188 gibt in der üblichen Darstellung den Einfluß der Netzspannungsschwankungen auf die charakteristischen Größen der SP 500 W (Wechselstrombetrieb).

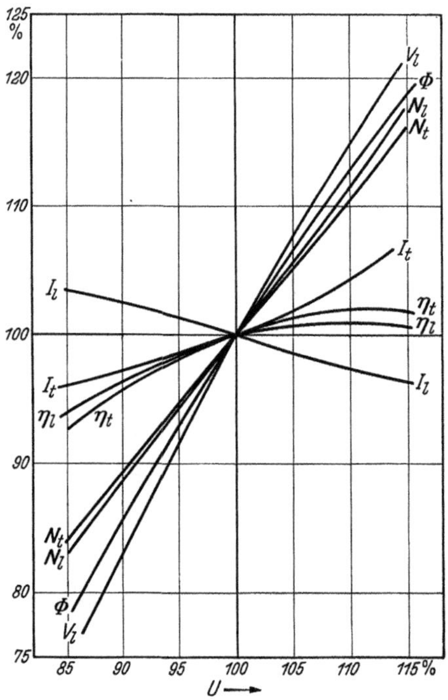

Abb. 188. Einfluß der Netzspannungsschwankungen bei SP 500 W (Wechselstrom 50 ~) auf Netzstrom I_t, Lampenstrom I_l, Lampenspannung V_l, Lichtstrom Φ, Leistung N_l und N_t und Lichtausbeute η_l und η_t (in Prozenten vom Normalwert).

Da die behandelten (Superhochdruck-) Lampen (SP) mit gesättigtem Dampf arbeiten, wollen wir noch kurz auf die Stabilisierung und den Anwärmvorgang eingehen. Bei den Lampen mit überhitztem Hg-Dampf erreicht die Spannung V_l nach dem Anwärmen einen bestimmten Endwert, sobald alles Hg verdampft ist. Bei gegebener Netzspannung und Drosseleinstellung ist dann die der Lampe zugeführte Leistung N_l festgelegt (Abb. 152) und die Temperatur nimmt zu bis die abgegebene Leistung gleich diesem Wert N_l ist. Bei einer Lampe mit gesättigtem Hg-Dampf besteht diese Begrenzung für V_l nicht; solange die Temperatur wächst, nimmt auch der Druck zu und damit V_l. Die zugeführte Leistung steigt mit V_l, aber nur bis $V_l \approx 0{,}7\ U$ (bei Begrenzung mit Drossel) und nimmt nachher wieder ab: Kurve N_l in Abb. 189. Das Gleichgewicht kommt nun bei jener Temperatur zustande, bei der die Spannung V_l einen solchen Wert hat, daß die zugeführte Leistung gleich der abgegebenen ist, also im Schnittpunkt P der Kurve N_l mit der Linie W. Vergrößert man die

Impedanz der Drossel (bei gleichbleibendem U), dann wird die zugeführte Leistung durch die Kurve N_l' gegeben und die Lampe kommt im Punkt P' ins Gleichgewicht, so daß sie nun unterbelastet ist. In diesem Punkt ist sie auch viel empfindlicher gegen kleine Änderungen der Betriebsbedingungen, da der Winkel unter dem $P'W$ die Kurve N_l' schneidet, kleiner ist. Bei kleinerer Impedanz der Drossel wird die zugeführte Leistung als Funktion von V_l z. B. der Kurve N_l'' folgen. In diesem Falle ergibt sich aber kein stabiler Betriebspunkt für die Lampe; bevor der Schnittpunkt von N_l'' mit W erreicht wird, ist der Druck und damit die Wiederzündspannung so hoch gestiegen, daß die zur Verfügung stehende Spannung nicht mehr zur Wiederzündung ausreicht. Der Betrieb der Lampe ist dann intermittierend, sie wärmt sich an, erlischt beim Erreichen der Spannung V_l'' (korrespondierend mit Punkt P''), um nach genügender Abkühlung wieder zu zünden, usw.

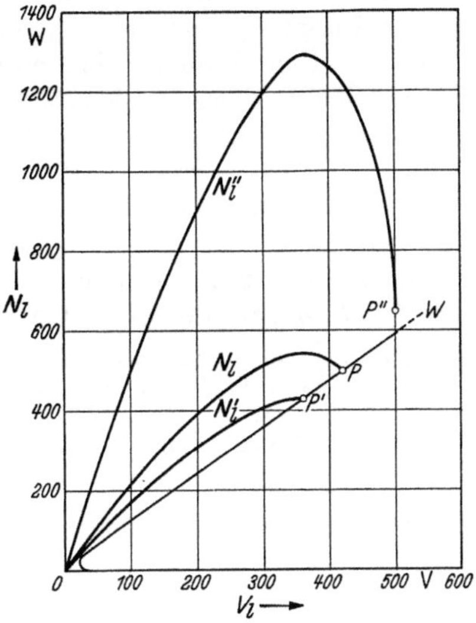

Abb. 189. Verlauf von abgegebener Leistung (Linie W) und zugeführter Leistung N_l für SP 500 W (~ Strom, Streutrafo) als Funktion der Lampenspannung V_l. N_l normale Einstellung, N_l' unterbelastete und N_l'' überbelastete Lampe.

Betrachten wir noch kurz das Anwärmen. Für jeden Wert von V_l wird die zur weiteren Anwärmung zur Verfügung stehende Leistung durch den Ordinatenunterschied zwischen den Kurven N_l und W gegeben. Man ersieht aus Abb. 189, daß sich eine überbelastete Lampe schneller anwärmt. Bei starker Unterbelastung (zu niedrige Netzspannung) oder abnormal starker Kühlung kann es vorkommen, daß die Lampe ihren normalen Betriebszustand überhaupt nicht erreichen kann. Abb. 190 stellt einen solchen Fall schematisch vor; die Kurve N_l schneidet hier die Gerade W in den drei Punkten: P, P_1 und P_2. Beim Anwärmen kommt die zugeführte mit

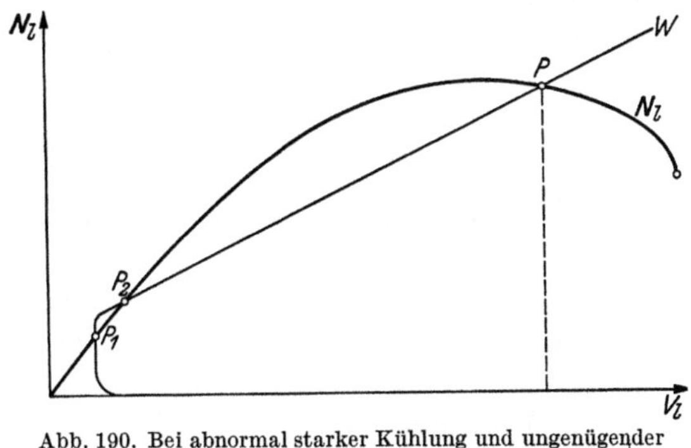

Abb. 190. Bei abnormal starker Kühlung und ungenügender Energiezufuhr kann die Lampe ihren normalen Betriebszustand in P nicht erreichen, da zugeführte und abgeführte Leistung bereits im Punkt P_1 miteinander im Gleichgewicht sind (schematisch).

der abgegebenen Leistung bereits im Punkt P_1 ins Gleichgewicht, so daß die Lampe als Niederdruckentladung weiter brennt. Durch zeitweise Verringerung der Kühlung kann man die Temperatur ansteigen lassen bis der Punkt P_2 erreicht wird, wonach die Lampe von selbst weiter anwärmt und im Punkt P den normalen Gleichgewichtszustand erreicht.

Aus dem vorhergehenden folgt, daß es für eine Lampe mit gesättigtem Hg-Dampf vorteilhaft ist, die Betriebsbedingungen so zu wählen, daß $V_l > 0{,}7\ U$ ist (Anwärmen, Stabilisierung). Daß sie dann bei plötzlichen sehr starken Netzspannungssenkungen leichter erlischt (S. 268), muß man mit in Kauf nehmen.

Im Laufe der Lebensdauer ändern sich die charakteristischen Größen wie $\boldsymbol{N}_l$, Φ, η_l usw. der SP 500 W ziemlich stark (Abb. 191); in Tabelle 35

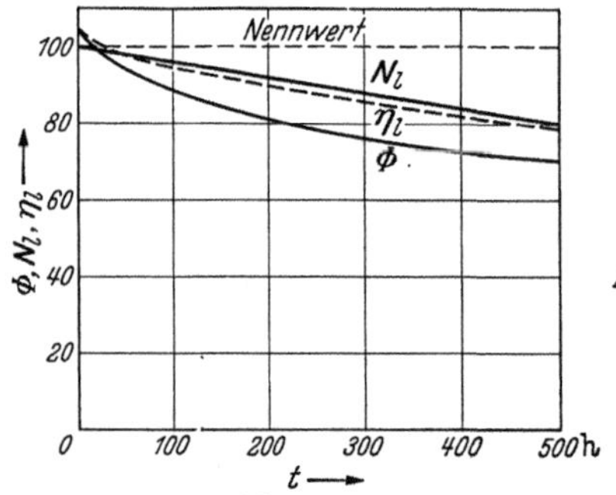

Abb. 191.

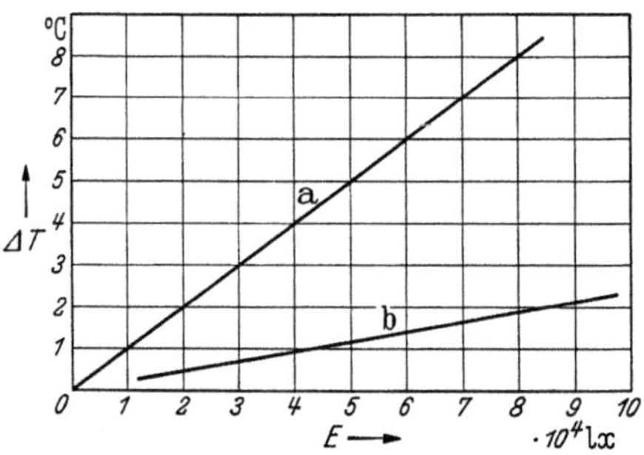

Abb. 192.

Abb. 191. Verlauf von $\boldsymbol{N}_l$, Φ und η_l für die SP 500 W während der normalen Lebensdauer.

Abb. 192. Temperaturzunahme der Haut (Unterarm) bei Bestrahlung mit: a Glühlampenlicht und b Hg-Licht (SP 500 W), in Abhängigkeit von der Beleuchtungsstärke in Lux.

sind daher Mittelwerte aufgenommen. Die Abnahme von Φ ist sowohl eine Folge der Abnahme von η_l (Angriff des Quarzes) als auch von $\boldsymbol{N}_l$ (Steigung von V_l).

Von der Gesamtstrahlung der SP 500 W fallen etwa 46% ins U.V., 27% ins sichtbare Gebiet und 27% ins Infrarot. Das Wasser absorbiert praktisch kein U.V., wohl aber das Infrarot von 1,5 μ an. Will man die SP 500 W für Ultraviolettbestrahlung verwenden, dann muß das Fenster der Fassung und des Gehäuses aus Quarz oder ultraviolettdurchlässigem Glas bestehen. Infolge des Kontinuums und der verbreiterten Linien (§ 77) ist die Farbwiedergabe beim Licht der SP 500 W erheblich besser als bei dem der 1-at-Hg-Lampen (§ 81, Tabelle 38).

Die Anwendungen der SP 500 W liegen auf den Gebieten der großen Glühlampen oder Bogenlampen. Die Wasserkühlung bietet in vielen Fällen große Vorteile, z. B. bei Filmprojektion oder bei Aufnahmen in Filmstudios usw. Die Wärmestrahlung ist bedeutend geringer als bei Glühlampen (Abb. 192) und wegen der starken aktinischen Wirkung des Lichtes der SP 500 W kann die Leistung bei Verwendung von panchromatischem Material auf etwa $^1/_6$ der bei Bogenlampen erforderlichen verringert werden[1]).

Bei Filmprojektion kann man entweder Gleichstrom oder 24periodigen Wechselstrom verwenden. Bei geeigneter Wechselstromschaltung erübrigt sich die Verwendung des rotierenden Sektors, da die Verschiebung des Filmes während der zu diesem Zwecke verlängerten Dunkelperioden stattfindet.

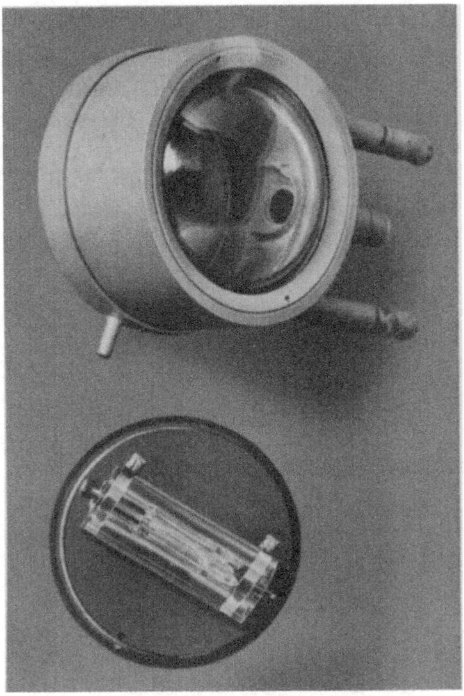

Abb. 193. Lampenhalter mit 3 SP 800 W für Scheinwerfer.

Für Scheinwerfer verwendet man vorzugsweise die SP 800 W, wobei zur Verbreiterung der leuchtenden Fläche drei Lampen nebeneinander in einem Halter aufgestellt werden können (Abb. 193). Zwischen den Lampen befinden sich ultraviolettabsorbierende Glasschirme, damit nicht infolge der starken gegenseitigen Zustrahlung die Temperatur der Lampen zu stark ansteigt und die Lebensdauer verringert wird.

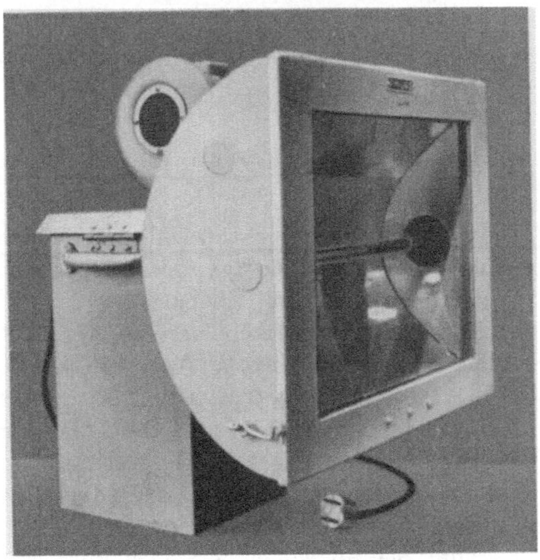

Abb. 194. Landungsbahnfeuer mit HP-Lampe von ≈ 1 kW.

Auch Lampen mit kleinerer Leistung N_I und natürlicher Luftkühlung, analog den in § 78 beschriebenen HP- (HgQ-) Lampen, werden für Projektionszwecke verwendet. Die

[1]) Die starke grüne Linie bietet besonders merkbare Vorteile, da die panchromatische Platte gerade in diesem Gebiete relativ unempfindlich ist.

Leuchtdichte B_m und der Lichtstrom Φ_{I} pro cm Entladungslänge sind natürlich kleiner als bei den wassergekühlten Typen. Der totale Lichtstrom Φ kann durch Verlängerung des Abstandes zwischen den Elektroden vergrößert werden. Die Lampenspannung V_l wird dann höher, so daß man z. B. einen Streuspartransformator vorschalten muß. Eine solche verlängerte Type wird z. B. in Landungsbahnfeuern verwendet, wobei man sie in parabolischen Zylinderreflektoren montiert (Abb. 194). An die Stelle eines Brennpunktes tritt dann eine Brennlinie.

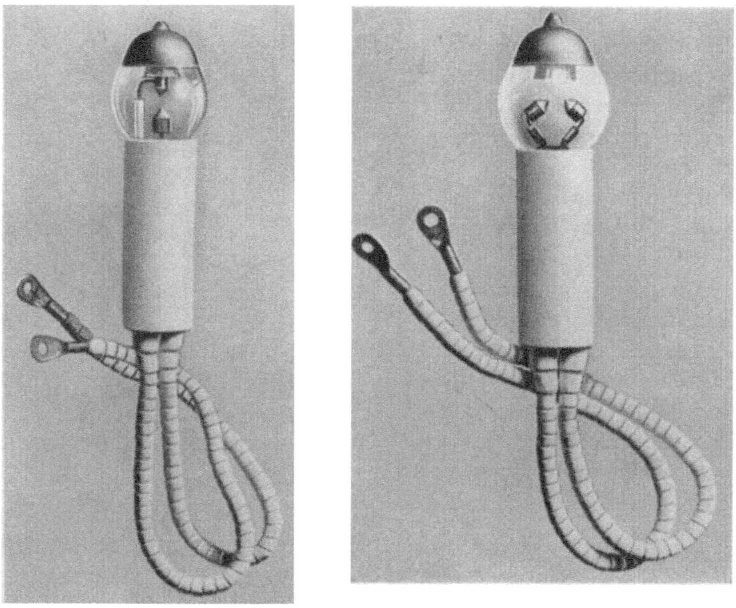

a b

Abb. 195 a und b. HgB 500-W-Lampe. a Für Gleichstrombetrieb (Entladung vertikal), b für Wechselstrombetrieb (Entladung horizontal).

Die so erhaltenen Lichtbündel sind fächerförmig, mit einem Öffnungswinkel von etwa 160° in der Fächerfläche und sehr kleinem Winkel in der dazu normalen Ebene.

Die Charakteristiken der in Abb. 194 dargestellten Lampe sind: $I_l = 0{,}56$ A, $V_l \approx 1800$ V, $N_l = 950$ W, $N_{\text{I}} \approx 40$ W/cm, $N_t = 1050$ W, $B_m = 1400$ K/cm², $\Phi = 4000$ Dlm, $\eta_l \approx 42$ lm/W, Abstand zwischen den Elektroden $d = 25$ cm. Die Lebensdauer beträgt etwa 600 h.

Eine günstige Eigenschaft derartiger Hg-Entladungen bildet die große Intensität der grünen Linie (λ 5461), deren Licht vom Gras sehr gut reflektiert wird.

Zum Schluß wollen wir noch kurz eine Type mit natürlicher Luftkühlung besprechen, die größeren Durchmesser D_1 besitzt und mit größerem Strom I_l arbeitet: HgB 500 W. Die Lampe hat ungefähr kugelförmige Gestalt (Abb. 195), $D_1 = 30$ mm, $D_2 = 35$ mm.

Im normalen Betrieb ist die Temperatur der Quarzwand etwa 800° C und der Druck des gesättigten Hg-Dampfes etwa 50 at. Infolge des relativ großen Durchmessers D_1 ist diese Entladung der eines in freier Luft brennenden Bogens ähnlich (auch entladungsgeheizte Elektroden). Der Elektrodenabstand beträgt etwa 5 mm, $N_l \approx 500$ W, $V_l = 70 \div 90$ V, $I_l = 6$ A (Anlaufstrom etwa 7 A), $N_1 \approx 1000$ W/cm. Die HgB 500 W wird für Gleichstrom (vertikale Brennlage des Bogens, Anode unten) und für Wechselstrom (horizontale Brennlage des Bogens) hergestellt; sie muß mit dem Sockel unten und in einem gelüfteten Gehäuse aufgestellt werden und kann in Reihe mit einem regelbaren Widerstand (= Strom) oder einer regelbaren Drossel an 220 V angeschlossen werden. (Die Zündung muß zur Zeit noch mittels Hochfrequenzapparat oder Induktor eingeleitet werden.) Während der Anwärmperiode, die etwa 10 min dauert, muß der Strom beigeregelt werden. Nach dem Ausschalten dauert es ungefähr die gleiche Zeit bis das Hg genügend stark kondensiert ist, daß die Lampe wieder zünden kann.

Die Lebensdauer (Abfall des Lichtstromes bis auf 80% des Anfangswertes) beträgt etwa 100 h, die Lichtstärke normal auf die Achse gemessen $J = 2250$ K, die Leuchtdichte in der Achse $B_m \approx 32000$ K/cm² (s. Tabelle 36). Wie bei den anderen Hg-Lampen kann auch hier B_m mittels eines Spiegels erhöht werden (um $30 \div 35$%).

Diese Lampentype mit größerem Strom I_l kann natürlich auch mit Wasserkühlung gebaut werden (s. z. B. das Spektrum in Abb. 173d).

Siebzehntes Kapitel.

Verbesserung der Lichtfarbe und Erhöhung der Lichtausbeute.

§ 80. Fluoreszenz und Phosphoreszenz.

Da Fluoreszenz und Phosphoreszenz in den letzten Jahren mehr und mehr praktische Bedeutung erlangen, sowohl zur Erzeugung farbigen Lichtes als auch zur Farbverbesserung des Lichtes der Entladungslampen, wollen wir diese Erscheinungen hier kurz behandeln. Man könnte die lumineszierenden Substanzen oder „Luminophore" als Lichttransformatoren bezeichnen. Bestrahlt man nl. Zinksulfid (ZnS), das Spuren Kupfer enthält und auf bestimmte Weise behandelt ist, so daß es phosphoreszierende Eigenschaften erhält, mit ultraviolettem Licht, dann strahlt es selbst Licht von grüner Farbe aus. Unterbricht man die U.V.-Bestrahlung, dann leuchtet das Zinksulfid noch längere Zeit mit abklingender Intensität nach. Wir können also folgendes feststellen:

1. Das unsichtbare U.V.-Licht wird in sichtbares Licht umgewandelt (in obengenanntem Fall in gelbgrünes),

2. die während der Bestrahlung mit U.V.-Licht aufgenommene Energie wird zum Teil nach dem Beendigen der Bestrahlung als sichtbares Licht abgegeben (Nachleuchten).

Neben seiner Funktion als Lichttransformator tritt das Material also auch als Lichtakkumulator auf. Den Vorgang muß man sich einigermaßen analog der Anregung von Gasatomen vorstellen. Ein Elektron im Atomverband wird kürzere oder längere Zeit aus seinem Gleichgewichtszustand gebracht und strahlt bei seiner Zurückkehr ein Lichtquant aus. Der Unterschied zwischen Fluoreszenz und Phosphoreszenz liegt in der Zeitdauer, während der das Elektron in dem abnormalen Zustand bleiben kann. Bei den phosphoreszierenden Substanzen wird das Elektron, dank des komplizierten Kristallbaues, eine Zeitlang durch die umgebenden Atome zurückgehalten.

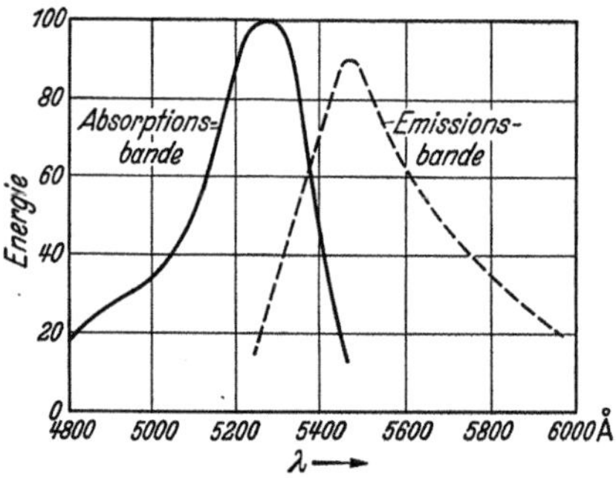

Abb. 196. Absorptions- und Emissionsbande von Eosin in wässeriger Lösung.

Bei dieser Lichttransformation gilt als Regel, daß die einfallende Strahlung kürzere Wellenlänge besitzt (höhere Frequenz) als die ausgesandte Strahlung (Regel von Stokes).

Wird für jedes absorbierte Lichtquant ein anderes Lichtquant ausgestrahlt, dann ist die „Quantenausbeute“ = 1. Die Quantenausbeute ist also das Verhältnis der ausgestrahlten zur absorbierten Lichtquantenzahl. Bei der Umwandlung geht Energie verloren, da man für ein absorbiertes Lichtquant $h\,\nu_{abs}$ ein anderes $h\,\nu_{em}$ zurückerhält, dessen Energieinhalt wegen $\lambda_{em} > \lambda_{abs}$ respektive $\nu_{em} < \nu_{abs}$, kleiner ist. Das Verhältnis $\frac{\nu_{em}}{\nu_{abs}} = \frac{\lambda_{abs}}{\lambda_{em}}$ gibt ein Maß für die Ausbeute jeder stattfindenden Umwandlung. Als „Energieausbeute“ des Prozesses bezeichnet man das Produkt von „Quantenausbeute“ und $\frac{\nu_{em}}{\nu_{abs}}$. Die Energieausbeute gibt also das Verhältnis der (transformierten) ausgestrahlten zur absorbierten Energie. Ist die Quantenausbeute = 1, dann ist die Energieausbeute $= \frac{\nu_{em}}{\nu_{abs}} = \frac{\lambda_{abs}}{\lambda_{em}}$.

Bei der Bestimmung von $\frac{\nu_{em}}{\nu_{abs}}$ muß man aber beachten, daß die Luminophore meistens breite Absorptions- und Emissionsbande haben. Abb. 196 gibt diese für eine Eosinlösung in Wasser und illustriert zugleich die Stokessche Regel. Solange die erregende Strahlung nicht im Überlappungsgebiet liegt, ist das Emissionsband unabhängig von den Erregerwellenlängen. Das Verhältnis $\frac{\nu_{em}}{\nu_{abs}}$ stellt infolge der Breite der Banden einen Mittelwert dar.

Das Akkumulationsvermögen einer phosphoreszierenden Substanz hängt außer von deren Zusammensetzung sehr stark von der Zubereitungsweise ab. Wird das Akkumulationsvermögen sehr klein, dann spricht man von Fluoreszenz, während man bei längerem Nachleuchten von Phosphoreszenz spricht. Eine scharfe Grenze zwischen diesen beiden Erscheinungen läßt sich kaum ziehen, sie gehen allmählich ineinander über und meistens tritt bei phosphoreszierenden Substanzen auch Fluoreszenz auf. Die Diffusion der Resonanzstrahlung in Na-Dampf bezeichnet man als Fluoreszenz.

Für die Praxis ist die Phosphoreszenzfähigkeit eine sehr wichtige Eigenschaft, da sie es ermöglicht, das Flimmern der Wechselstromlampen stark zu verringern.

Die Anregung zum Phosphoreszieren und Fluoreszieren läßt sich außer mit U.V.-Licht auch mit sichtbarem Licht erzielen; z. B. wird bei „Signalon“, einem Rhodaminepräparat, gelbes Licht in rotes umgesetzt[1]) (Regel von Stokes!). Auch Kathodenstrahlen (Schirm der Braunschen Röhren in Fernsehapparaten) und Röntgenstrahlen (Kalziumwolframatschirm bei Durchleuchtung) können Lumineszenz verursachen.

Die Zubereitung einer stark lumineszierenden Substanz ist nicht einfach und erfordert ganz besondere Sorgfalt. Im allgemeinen besteht ein Leuchtphosphor aus einem Grundmaterial (z. B. ZnS), zu dem eine geringe Menge aktivierenden Metalles zugefügt wird (z. B. 0,1‰ Cu bei ZnS); beide werden mit einem Flußmittel zusammen bei hoher Temperatur (z. B. 1000° C) geschmolzen. Das Flußmittel erleichtert die Bildung von Kristallen. Phosphoreszierende Substanzen sind in großer Zahl bekannt, sowohl natürliche als auch künstliche, wobei auch verschiedene vorkommen, die ohne Metallzusatz aufleuchten. Tatsächlich sind Phosphoreszenz und Fluoreszenz sehr allgemein vorkommende Erscheinungen. Bei den meisten Glassorten, die dem Einfluß schneller Kathodenstrahlen ausgesetzt werden, wird Fluoreszenz angetroffen. Es gibt auch flüssige Substanzen, die lumineszenzfähig sind.

Abb. 197 gibt die Lage der Erregungs- und Emissionsbande von einigen künstlichen Kristallphosphoren, sog. Lenard-Phosphoren. In dieser Abbildung ist das Emissionsband α[2]) von SrS—Cu (SrS = Grundmaterial, Cu = aktivierendes Metall) für die Dauererregung und die Momentanerregung dieselbe, aber dies ist nicht immer der Fall. Aus der Abb. 197 sieht man, daß die Erregungsbande des Momentanleuchtens (m) eine andere Form haben als jene des Dauerleuchtens (d). Durch Temperaturerhöhung wird das Nachleuchten verkürzt, ohne daß die

[1]) Das Signalon wird z. B. als Anstrich für rote Verkehrssignale verwendet, damit diese auch unter Natriumlicht rot aussehen.

[2]) Ein Phosphor kann verschiedene Emissionsbande haben und man deutet diese mit griechischen Buchstaben α, β, ... usw. an.

ausgestrahlte Lichtmenge sich ändert. Oberhalb eines kritischen Wertes verschwindet die Leuchtfähigkeit allmählich mit steigender Temperatur.

Wir müssen uns beschränken auf einige für die Anwendung belangreiche Eigenschaften hinzuweisen. Die Intensität der Phosphoreszenz ist in weiten Grenzen proportional der „anregenden“ Strahlung. Bei sehr großer Intensität der anregenden Strahlung tritt durch die sog. „Vollerregung“ der Substanz ein Sättigungszustand der Lichtemission ein. Die Leuchtdichte einer phosphoreszierenden Schicht kann also nicht unbegrenzt erhöht werden. Eine andere Erscheinung, die sich bei praktischer Anwendung sehr unangenehm bemerkbar machen kann, ist die „Tilgung“ der Emission. Wird z. B. eine Substanz durch U.V.-Bestrahlung zum Leuchten gebracht, dann kann unter Umständen eine hinzugefügte infrarote Strahlung die sichtbare Lichtemission vermindern. Auch Temperaturerhöhung kann, wie bereits erwähnt, denselben Einfluß ausüben. Schließlich ist noch zu erwähnen, daß viele Substanzen unter dem Einfluß der anregenden Strahlung eine Umwandlung erfahren, die sich meistens durch Verfärbung des Stoffes anzeigt und die die Leuchtfähigkeit herabsetzt.

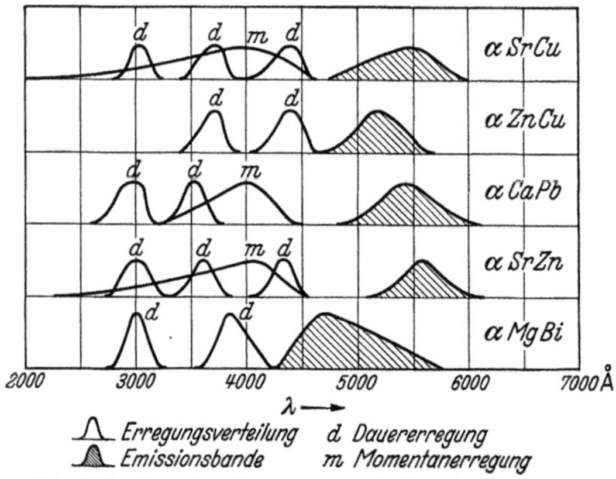

Abb. 197. Lage der Erregungs- und Emissionsbande des Momentan- (m) und Dauerleuchtens (d) von einigen Lenard-Phosphoren.

Nehmen wir nun an, wir hätten eine Hg-Niederdrucklampe als Quelle von λ 2537 Å, die wir zur Anregung einer gegebenen phosphoreszierenden Substanz verwenden wollen. Es bestehen dann verschiedene Möglichkeiten, um die phosphoreszierende Schicht anzubringen; an der Innenseite der Entladungsröhre, im Glas oder außerhalb der Entladungsröhre. Welche der drei Möglichkeiten in Betracht kommt, hängt von verschiedenen Faktoren ab. Das Anbringen der Substanz an der Innenseite der Entladungsröhre ist ziemlich schwierig und außerdem ist sie dann dem Hg ausgesetzt, was besonders bei den in der Entladung anwesenden Hg-Ionen und angeregten Hg-Atomen, zu ungewünschten, chemischen Reaktionen Anlaß geben kann. Wird die Substanz in das Glas eingeschmolzen, dann läuft man Gefahr, daß die Leuchtfähigkeit herabgesetzt wird. Bringt man die Substanz, die durch die genannte U.V.-Strahlung angeregt werden soll, z. B. an der Innenseite eines die Entladungsröhre einhüllenden Kolbens oder auf einem Reflektorschirm an, dann muß die Röhre aus Quarz hergestellt werden (da Glas für λ 2537 Å nicht durchlässig ist) und wird dadurch teurer. Ein Nachteil einer unabgeschirmten Quarzröhre wäre auch noch, daß diese die andere Hg-Resonanzlinie von λ 1850 Å zum Teil durchläßt und hierdurch in der umringenden Luft Ozon erzeugt wird, das in größeren Konzentrationen sehr unangenehm wirkt.

Nimmt man eine Substanz, die auf eine längere Welle anspricht, z. B. auf Violett von λ 3660 Å, dann genügt es, U.V.-durchlässiges Glas zu verwenden. Zur Erzeugung der in diesem Gebiet liegenden Linien eignet sich jedoch eine Entladungsform mit großer Stromdichte und hohem Druck besser [HO- (HgH-) und HP- (HgQ-) Lampen].

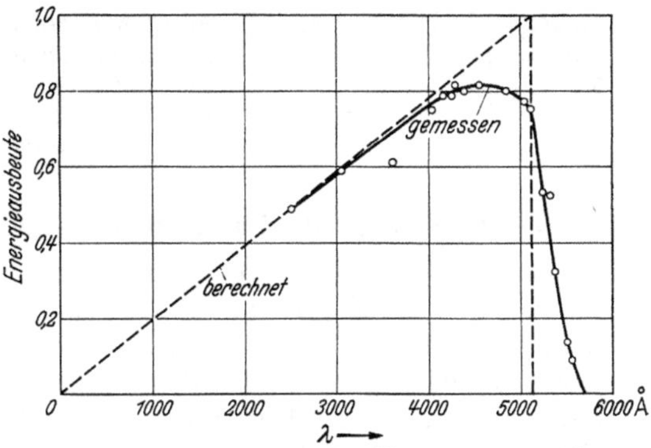

Abb. 198. Energieausbeute der Fluoreszenz von einer Fluoreszeinlösung. Gestrichelte Kurve: berechnet mit Stokesscher Regel und Quantenausbeute = 1, Kreise: Meßpunkte.

Mit einigen der bekannteren Substanzen (z. B. $ZnSiO_3$) erreicht man bei Anbringung an der Innenseite der Röhre von Hg-Niederdruckentladungen Lichtausbeuten in der Größenordnung von $\eta_l =$ 50 lm/W, wobei die Lebensdauer ebenfalls in praktisch gut brauchbare Grenzen fällt. Bis nun wurden sie hauptsächlich in Reklame-Lichtröhren verwendet, da sie hierfür wegen der zahlreichen Farbvariationen sehr effektvoll wirken können. Ein großer Vorteil bei dieser Verwendung liegt in der geringen Leuchtdichte und derartige Substanzen werden auch für allgemeine Beleuchtungszwecke Bedeutung erlangen. Man erhält derzeit z. B. mit Lampen von $\Phi = 1000$ lm für weißes Licht ≈ 45 lm/W und für grünes Licht ≈ 90 lm/W.

Wie hoch die Lichtausbeute einer Lampe mit Luminophoren gesteigert werden kann, sieht man aus folgender Schätzung. Nehmen wir an, daß von einer 100 W-Hg-Niederdrucklampe 20% der Leistung $\boldsymbol{N}_l$ in Strahlung von λ 2537 Å umgesetzt werden und daß die Quantenausbeute = 1 sei. Die Energieausbeute wird, wenn das Emissionsband seinen Schwerpunkt in λ 5080 Å hat: $\frac{2537}{5080} \approx \frac{1}{2}$, so daß $100 \cdot 0{,}20 \cdot \frac{1}{2} =$ 10 W als sichtbares Licht ausgestrahlt werden. Für λ 5080 Å ist $V_\lambda =$ 0,465, so daß die Lichtausbeute $\frac{10 \cdot 0{,}465 \cdot 621}{100} \approx 29$ lm/W wird. Man kennt einige Substanzen, die wirklich unter günstigen Umständen eine Quantenausbeute = 1 haben. Ein Beispiel gibt Abb. 198, wo die Energieausbeute für eine Fluoreszeinlösung als Funktion der Wellenlänge aufgetragen ist. Die gestrichelte Kurve ist unter Annahme der Stokesschen Regel, mit Quantenausbeute = 1 berechnet, während die Kreise die beobachteten Werte angeben. Auch der Rhodamin-Fluoreszenzstoff gibt bei Anregung mit λ 5460 Å und geeigneter Präparation für die Quantenausbeute den hohen Wert 0,70.

In der folgenden Zusammenstellung sind einige der gegenwärtig viel verwendeten Luminophore zusammengestellt. Die kursiv gedruckten Wellenlängen geben die ungefähre Lage der Maxima von Anregungs- bzw. Emissionsbanden an.

Grundmaterial	Aktivator	Erregungsbande	Emissionsbande
$ZnSiO_3$	Mn	2200 *2530* 3000	4600 *5100* 6000
$CdSiO_3$	Mn	2200 *2530* 3200	5200 *5900* 6500
$MgWO_4$	—	2200 *2500* *3000* 3300	4300 *5400* 6500
ZnS	Cu	2400 *3600* *4300* 4400	4700 *5400* 6200
ZnCdS	Cu	2400 *3600* *4300* 4400	5100 *5800* *5900* 6700

§ 81. Anwendung der Luminophore und Mischlicht (Farbwiedergabe).

In Teil C wurde bereits erwähnt, daß das sog. weiße Licht der normalen 1-at-Hg-Hochdruckentladung nur „Subjektiv-Weiß" ist, d. h. nur dann weiß erscheint, wenn es weiße Flächen beleuchtet. Sobald dieses Licht jedoch auf z. B. rote oder orangefarbene Flächen fällt, tritt der Mangel an Rot zutage. Im Gegensatz hierzu werden grüne Farbtöne sehr stark hervorgehoben, da die grüne Linie, λ 5461 Å, etwa 47% des gesamten Lichtstromes liefert. Man verwendet diese Lampen daher z. B. für die Anstrahlung von Bäumen. Da ein großes Anwendungsgebiet für diese Lampen bei Straßenbeleuchtung in Städten zu suchen ist, wird es sehr begreiflich, daß man auch versuchte, die Farbe des Lichtes zu verbessern, also rote Strahlen hinzuzufügen. Die verschiedenen Möglichkeiten, um dies zu erreichen, sind in Tabelle 37 zusammengestellt.

Tabelle 37. Farbverbesserung der Hg-Lampen.

1. Mischlicht:
   a) in einer Entladung: Cd + Hg (1 at),
   b) in zwei oder mehr Entladungen: Ne + Hg,
   c) Glühlampen + Entladungslampen: W + Hg [HO (HgH) oder HP (HgQ)].
2. Luminophore:
   (auch Lichtausbeuteverbesserung).
3. Sehr hohes p des Hg: HP (HgQ) und SP.

Nach Methode 1a fügt man zum Hg noch ein anderes Gas oder einen Metalldampf, so daß die Entladung in einer bestimmten Mischung stattfindet. Das Mischungsverhältnis muß hierbei geschickt gewählt werden, da sonst die Entladung in dem Dampf oder Gas mit der niedrigsten Anregungs- und Ionisationsspannung allein auftritt. Wird die Konzentration der leicht anregbaren und leicht ionisierbaren Komponente klein genug gehalten, dann kann man gleichzeitig die Spektren beider Komponenten erhalten. Die Metalle mit genügend großer Dampfspannung, die für Mischung mit Hg in Betracht kommen, sind Kadmium und Zink. Die ersten diesbezüglichen Versuche mißlangen, da Cd das Quarz, das damals allgemein für Hg-Hochdrucklampen verwendet wurde, sehr stark angriff. Derzeit kennt man verschiedene Hartglassorten, die dem Angriff durch Cd genügend großen Widerstand bieten. Die größte Schwierigkeit liegt jedoch in der Erniedrigung der Lichtausbeute durch Beimischung von Cd. Wohl nimmt die Rotstrahlung mit dem Cd-Gehalt zu, gleichzeitig nimmt aber die Lichtausbeute der Entladung mit wachsendem Cd-Gehalt ab. So wird z. B. die Lichtausbeute einer Hg-Lampe von 36÷40 lm/W auf 28÷30 lm/W erniedrigt, wenn man soviel Cd beimischt, daß die menschliche Haut in normaler Farbe erscheint. Will man den Rotbetrag[1]) der Strahlung soweit erhöhen, daß dieser dem des Tageslichtes entspricht, dann ist soviel Cd erforderlich, daß die Lichtausbeute bis auf 20÷22 lm/W sinkt. Vergleicht man diesen Wert mit dem einer Glühlampe von entsprechender Leistung, z. B. 400÷500 W mit 17,5 lm/W, dann sieht man, daß der Gewinn an Lichtausbeute, im Verhältnis zu den Komplikationen, die durch die unentbehrliche Drossel hervorgerufen werden, nicht mehr sehr groß ist. Das Cd liefert außer einer starken roten Linie mit λ 6438 Å noch einige andere, schwächere: λ 5086, λ 4800 Å und λ 4678 Å.

★ Die Erniedrigung der Lichtausbeute durch Beimischung von Cd ist auf Grund der thermischen Ionisation begreiflich (S. 274). Da das Ionisationspotential für Cd, $V_i = 8{,}95$ V, kleiner ist als das für Hg, $V_i = 10{,}4$ V, wird im Cd ein bestimmter Ionisationsgrad bereits bei niedrigerer Temperatur erreicht. Die Cd-Anregungsniveaus liegen ebenfalls niedriger, so daß auch der Anregungsgrad bei diesem größer ist als beim Hg, der Anteil der ausgestrahlten Energie zunimmt und die Temperatur T_g der Entladung bei konstantem N_1 abnimmt und somit der absolute Wert des Anregungsgrades für Hg auch kleiner wird. Der Temperaturabfall vermindert den Ionisationsgrad der Mischung Cd + Hg, so daß ungeachtet des kleineren V_i für Cd der Gradient doch steigt. Der kleinere Anregungsgrad und somit die geringere Anzahl Übergänge im Hg verursachen die Erniedrigung der Lichtausbeute, da wohl die Hg-Linien, aber nicht die Cd-Linien im Gebiet der größten spektralen Hellempfindlichkeit des Auges liegen. ★

[1]) Unter Rotbetrag oder Rotgehalt versteht man den Anteil des Lichtstromes, der in Wellenlängen größer als z. B. λ 5900 Å ausgestrahlt wird. Zur Messung dieses Anteiles verwendet man z. B. eines der folgenden Filter: Wratten Nr. 25 (λ 5800 Å), Wratten Nr. 26 (λ 5900 Å) oder Schott RG 1 (λ 6000 Å). Die angegebenen Wellenlängen sind ung. jene, bei denen die Absorption endigt (die kürzeren werden absorbiert).

Nach Methode 1b (Tabelle 37) verwendet man zwei verschiedene Entladungsröhren, z. B. Hg-Hochdruck mit einer Niederdruck-Säulenentladung. Bei Verwendung von derartigen Kombinationen, die aus zwei oder mehr Einheiten bestehen können, muß man vor allem darauf achten, daß eine vollkommene Mischung der verschiedenen Strahlungen erzielt wird, so daß keine farbigen Schatten auftreten. Sehr gut geeignet für eine gute Durchmischung der Strahlungen ist eine Glocke aus Opalüberfangglas, von der die Entladungsröhren umschlossen werden, wobei die Absorptionsverluste im Glas sehr gering sind. So ergibt z. B. eine Hg-Superhochdrucklampe [HP (HgQ) 300] von $\boldsymbol{N}_l = 75$ W ($\boldsymbol{N}_t = 83$ W) mit einer Neonröhre von $\boldsymbol{N}_l = 25$ W ($\boldsymbol{N}_t = 30$ W) ein Mischlicht, das dem Tageslicht näher kommt. Die Lichtausbeute der HP (HgQ) 300 ist $\eta_t = 36$ lm/W, die der Neonsäule $\eta_t = 10$ lm/W, so daß die Lichtausbeute der Kombination $\eta_t \approx 30$ lm/W wird. Die Lichtausbeute einer Glühlampe mit ung. gleichem Verbrauch also 100 W ist ≈ 13 lm/W.

Methode 1c verwendet als Rotlichtquelle eine Glühlampe. Für Straßenbeleuchtung erhält man mit 1-at-Hg-Hochdrucklampen bereits ein brauchbares Resultat durch Kombination mit Glühlampen im Verhältnis gleichen Verbrauches; z. B. HO (HgH) 1000 ($\eta_t = 36$ lm/W) mit Glühlampe von 300 W (16 lm/W) gibt eine Gesamtlichtausbeute von 26 lm/W (Gesamtlichtstrom ≈ 1500 Dlm). Will man dem Tageslichteffekt näherkommen, dann muß man mindestens in gleichem Lumenverhältnis kombinieren. Man erhält dann z. B. bei einer Lichtausbeute η_t von 36 lm/W für HO (HgH) 1000 und 17,5 lm/W für 500 W Gl.L. 24 lm/W für die Kombination (Gesamtlichtstrom ≈ 1880 Dlm). Derartige Kombinationen ergeben nach den heutigen Begriffen ziemlich große Einheiten, so daß sie nur dort anwendbar sind, wo entweder sehr große Beleuchtungsstärken verlangt werden oder große Flächen aus großem Abstand beleuchtet werden können, z. B. hohe Fabrikräume, große Plätze usw. Früher verwendete man auch die Hg-Niederdrucksäule in Kombination mit Glühlampen, um Tageslichteffekte zu imittieren, doch ist die Lichtausbeute kleiner, da die der Hg-Niederdrucksäule kleiner ist. Der Vorteil dieser Kombination ist der, daß die kompletten Einheiten kleiner hergestellt werden können als die obengenannten. Diesen Vorteil bietet jedoch auch die Hg-Superhochdrucklampe; z. B. HP (HgQ) 300 mit 200 W Glühlampe gibt eine Gesamtlichtausbeute von 21 lm/W (Gesamtlichtstrom = 600 Dlm).

Abb. 199 gibt ein Photo einer Mischlichtleuchte für HO (HgH), oder HP (HgQ) mit Glühlampe.

Auch die Verwendung rotfluoreszierender Rhodamine zur Verbesserung der Lichtfarbe ist bereits lange bekannt. Die fluoreszierende Substanz wird zu diesem Zweck entweder auf einem Schirm (z. B. dem Reflektor) oder auf einer die Hg-Lampe umgebenden Glocke aufgetragen. Das Rhodaminpräparat wird auf einem Chromgelbuntergrund angebracht und mit einem Schutzlack überdeckt, der es gegen Ausbleichen schützt. Im allgemeinen sind die Phosphore infolge der breiten Emissionsbande zur Erzeugung eines Weißeindruckes des Lichtes sehr günstig. Ideal wäre es natürlich, wenn ausschließlich die ultraviolette Strahlung (λ 3600 Å) zur Anregung des Leuchtphosphors verwendet werden könnte, da dann mit der Farbverbesserung auch eine Lichtausbeuteverbesserung gepaart ginge. In der Praxis bedeutet Farbverbesserung mit Rhodamin jedoch gleichzeitig Lichtausbeuteverschlechterung, da es auch sichtbare Strahlung absorbiert. Die Menge Rotlicht, die man mittels der Fluoreszenzstrahlung hinzufügen will, kann man durch die Größe des fluoreszierenden Schirmes oder die Dicke der fluoreszierenden Schicht auf dem umhüllenden Kolben regeln.

Abb. 199. Mischlichtleuchte für HO (HgH) + Glühlampe oder HP (HgQ) + Glühlampe.

Auch andere Luminophore, die besonders auf das langwellige U.V. ($\lambda \approx$ 3600 Å) ansprechen, können zur Farbverbesserung des Hg-Lichtes der HO-(HgH-) und HP-(HgQ-) Lampen verwendet werden. Dabei kann eventuell auch noch eine Verbesserung der Lichtausbeute auftreten.

Schließlich hat man noch in der Erhöhung des Gasdruckes (auf sehr hohe Werte, größer als 6 at) ein Mittel zur Verbesserung der Lichtfarbe. Nicht nur die ursprünglichen Spektrallinien werden hierdurch verbreitert, sondern es tritt außerdem noch ein starkes kontinuierliches Spektrum auf, das im Rot sehr intensiv ist, so daß man bei genügend hohem Druck (Größenordnung 100 at) eine gute Farbwiedergabe an farbigen Gegenständen erhält (§ 77).

Bei der Besprechung der Farbenmetrik (§ 47) haben wir hervorgehoben, daß die Lage des repräsentativen Punktes einer Lichtquelle im Farbdreieck nur die Farbe des ausgesandten Lichtes bestimmt. Über die Farbwiedergabe[1]) bei Beleuchtung bunter Gegenstände gibt dieser Farbort aber keinen Aufschluß.

Zur Beurteilung der Farbwiedergabe kann man die relative spektrale Energieverteilung der betrachteten Lichtquelle mit der des Tageslichtes

[1]) Die Frage nach einer „angenehmen" Beleuchtung ist von der nach einer richtigen Farbwidergabe ganz verschieden. Bei den üblichen Luxwerten der künstlichen Beleuchtung empfinden wir ein Licht als angenehm, wenn die Lichtquelle ein wenigstens einigermaßen kontinuierliches Spektrum und niedrige Farbtemperatur ($T_F \leqq 2800°$ K) hat. (Als Farbtemperatur bezeichnet man jene Temperatur des schwarzen Körpers bei der dessen Strahlung den gegebenen Farbort ergibt.) Das sind also Lichtquellen die relativ viel Rot und Gelb ausstrahlen (Abb. 200).

vergleichen. In Abb. 200 sind diese Energieverteilungen für einige „weiße“ Lichtquellen zusammengestellt. Die zugehörigen Punkte im Farbdreieck sind in Abb. 83 und 84 gegeben.

Einen Eindruck von den relativen Anteilen des Lichtstromes in verschiedenen Spektralgebieten erhält man aus Tabelle 38. In dieser Tabelle sind vier Gebiete so gewählt, daß für das energiegleiche Spektrum (§ 47) die Lichtströme in allen vier Gebieten gleich groß sind. Eine weitere Ausarbeitung dieser Methode, wobei das sichtbare Spektrum in acht Gebiete unterteilt wird, führt zu genaueren Resultaten. Hierbei wird die Unterteilung nicht in gleiche Lichtströme per Intervall vorgenommen, sondern folgendermaßen: 4000 ÷ 4200 ÷ 4400 ÷ 4600 ÷ 5000 ÷ 5500 ÷ 6000 ÷ 6500 ÷ 7000 Å (s. Abb. 201). Weichen die Lichtströme zweier Lichtquellen in den einzelnen Gebieten nicht mehr als 20 ÷ 25% voneinander ab, dann kann man von diesen eine gleiche Farbenwiedergabe erwarten.

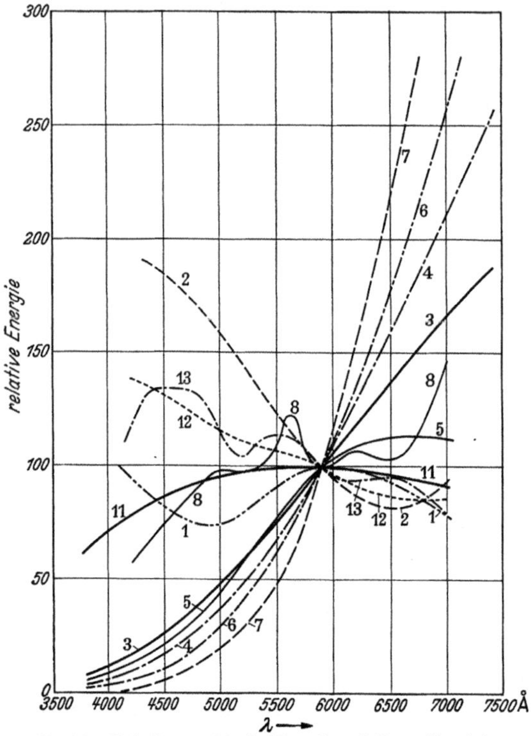

Abb. 200. Relative spektrale Energieverteilung für einige „weiße“ Lichtquellen (Energie für λ 5900 Å = 100 gestellt). 1 Tageslicht (bewölkter Himmel), 2 blauer Himmel, 3 gasgefüllte Glühlampe, 4 Vakuumglühlampe, 5 Gasglühlicht (Auer), 6 Kohledrahtlampe, 7 Petroleumlicht, 8 Tageslichtglühlampe, 11 schwarzer Körper bei 5000° K, 12 Mittelwert von 1 und 2, 13 Normallichtquelle C (IBK 1931).

Man sieht aus der Abb. 200 (Energieverteilungen), daß die Normallichtquelle C (IBK 1931) diese Bedingung

Tabelle 38. Verteilung des Lichtstromes über vier Spektralgebiete des sichtbaren Spektrums in Prozenten des Gesamtlichtstromes.

Wellenlängenbereiche (Å)	4000÷5300÷5580÷5880÷7000			
Energiegleiches Spektrum	25	25	25	25
Sonne	26	26	25	23
Gasgefüllte Glühlampe	14	22	28	36
HP (HgQ) 300	8	58	31	3
HP (HgQ) 300 + Glühlampe (gleiche Lichtströme)	10	40	30	20
SP 500 W	5	54	30	11
SP 800 W	8	48	30	14

erfüllt, wenn man ihre Kurve 13 mit der Kurve 12 (Mittelwert von 1 und 2) vergleicht. Die Tageslichtglühlampe dagegen (Kurve 8) enthält zu wenig blaue Strahlung.

Zum Schluß wollen wir kurz eine Meßmethode zum Vergleich der Farbwiedergabe zweier verschiedener Lichtarten, z. B. Tageslicht und Mischlicht: HP (HgQ) 300 + 150 W-Glühlampe, betrachten. Dazu verwendet man die Farbenkarten des Ostwaldschen Farbenatlasses. Die verschiedenen Farbmuster sind durch je zwei Buchstaben und eine Zahl charakterisiert. Der erste Buchstabe gibt ein Maß für die Sättigung (*p*, *o* stark gesättigt, *e*, *d* wenig gesättigt), der zweite Buchstabe bestimmt den totalen Reflexionskoeffizienten (z. B. $c = 30\%$) und die Zahl legt die farbtongleiche Wellenlänge fest. Die Methode besteht nun darin, daß man eine Anzahl der Farbenkarten, z. B. die Reihen *d c*, *e c*, *f c*... *p c* mit den Zahlen 0, 4, 8... 96 bei den zwei Lichtarten vergleicht, und mit einer Zahl die gute oder schlechte Übereinstimmung kennzeichnet (0 = kein Unterschied, 1 = Unterschied gerade bemerkbar, 2 = deutlich bemerkbar, 3 = ein starker Unterschied, Eindruck einer ganz anderen Farbe). Man trägt nun das Resultat in einem Diagramm auf (Abb. 202), in dem jede verwendete Farbenkarte durch ein Ringsegment vorgestellt wird und erhält dann Gebiete, wo die Übereinstimmung sehr gut (0), gut (1), ziemlich gut (2) und ungenügend (3) ist.

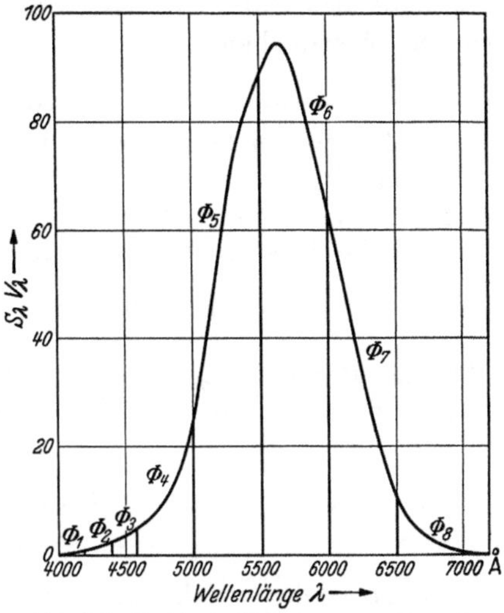

Abb. 201. Spektrale Lichtstromverteilung des Tageslichtes (= spektrale Energieverteilung × V_λ) mit Einteilung in 8 Gebiete. Eine richtige Farbwiedergabe liefern jene Lichtquellen, deren Teillichtströme in den einzelnen Gebieten um nicht mehr als höchstens 20÷25% von denen des Tageslichtes abweichen.

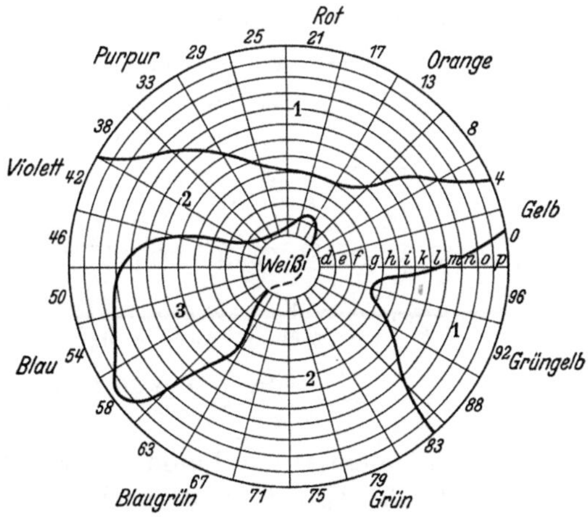

Abb. 202. Vergleich der Farbwiedergabe des Tageslichtes und Mischlichtes einer HP (HgQ) 300 + 150 W gasgefüllten Glühlampe. Gebiet (1): gute, (2) ziemlich gute und (3) ungenügende Übereinstimmug.

Im Beispiel der Abb. 202 sieht man, daß der Mangel an Rot der Hg-Lampe durch den Überschuß an Rot der Glühlampe aufgehoben wird, aber, daß die blaue Strahlung bei zu kurzen Wellenlängen liegt. Bei farbentüchtigen und geübten Beobachtern liefert diese Methode gut reproduzierbare Resultate; sie leistet sehr gute Dienste bei der Entwicklung neuer Lichtquellen.

Anhang I.

Ableitung der Poissonschen Gleichung. Die Poissonsche Gleichung (7) gibt eine Beziehung zwischen der Raumladungsdichte ϱ und dem sog. Laplaceschen Operator bezüglich des Potentials V. In rechtwinkeligen Koordinaten (x, y, z) lautet dieser:

$$\nabla^2 V \quad \text{oder} \quad \triangle V = \frac{\partial^2 V}{\partial x^2} + \frac{\partial^2 V}{\partial y^2} + \frac{\partial^2 V}{\partial z^2}. \tag{236}$$

Ist die Raumladungsdichte an der betrachteten Stelle (x, y, z) Null, dann erhält man die Laplacesche Gleichung:

$$\nabla^2 V = 0. \tag{237}$$

Ist $\varrho \neq 0$ dann gilt die Poissonsche Gleichung:

$$\nabla^2 V = -4\pi\varrho. \tag{238}$$

Laplacesche Gleichung. In einem rechtwinkeligen Koordinatensystem sei der Aufpunkt $P(x, y, z)$ und verschiedene Punkte $P_1(x_1, y_1, z_1)$, $P_2(x_2, y_2, z_2)$, mit Ladungen Q_1, Q_2 gegeben. Das Potential von Q_1, in P, beträgt

$$V_1 = \frac{Q_1}{s_1} \quad \text{mit} \quad s_1^2 = (x - x_1)^2 + (y - y_1)^2 + (z - z_1)^2$$

und analog für die anderen Punkte: P_2, P_3 usw.

Differenzieren wir V_1 zweimal nach x:

$$\frac{\partial V_1}{\partial x} = -\frac{Q_1}{s_1^2}\frac{\partial s_1}{\partial x} = -\frac{Q_1}{s_1^2}\frac{x - x_1}{s_1} = -Q_1\frac{x - x_1}{s_1^3},$$

$$\frac{\partial^2 V_1}{\partial x^2} = -\frac{Q_1}{s_1^3} + \frac{3\,Q_1(x - x_1)}{s_1^4}\cdot\frac{\partial s_1}{\partial x} = -\frac{Q_1}{s_1^3} + \frac{3\,Q_1(x - x_1)^2}{s_1^5}.$$

Analoge Ausdrücke gelten für $\frac{\partial^2 V_1}{\partial y^2}$ und $\frac{\partial^2 V_1}{\partial z^2}$, so daß

$$\left.\begin{aligned} \nabla^2 V_1 &= \frac{\partial^2 V_1}{\partial x^2} + \frac{\partial^2 V_1}{\partial y^2} + \frac{\partial^2 V_1}{\partial z^2} = \\ &= -\frac{3\,Q_1}{s_1^3} + \frac{3\,Q_1[(x - x_1)^2 + (y - y_1)^2 + (z - z_1)^2]}{s_1^5} = 0. \end{aligned}\right\} \tag{239}$$

Da das Potential im Punkt P: $V = V_1 + V_2 + \ldots$ usw. und für jeden Wert V_n, $\nabla^2 V_n = 0$ ist, ist auch $\nabla^2 V = 0$.

Poissonsche Gleichung für einen kugelförmigen, ladungserfüllten Raum. Wir denken uns zunächst eine Kugel mit Radius R, deren Oberfläche die Ladungsdichte σ uniform verteilt trägt. Die totale Ladung der Kugel beträgt also $Q = 4\pi R^2 \sigma$. Wir bestimmen das Potential in einem Punkt P, im Abstand a vom Mittelpunkt O der Kugel (Abb. 203).

Eine Kugelzone mit Oberfläche $R\,\mathrm{d}\,\varphi \cdot 2\,\pi\,R \sin\varphi$ hat eine Ladung $\sigma \cdot 2\,\pi\,R^2 \sin\varphi\,\mathrm{d}\,\varphi$ und gibt im Punkte P ein Potential

$$\mathrm{d}\,V_{\mathrm{au}} = \frac{1}{l}\,\sigma\,2\,\pi\,R^2 \sin\varphi\,\mathrm{d}\varphi\,. \tag{240}$$

Für die ganze Kugel gilt

$$V_{\mathrm{au}} = \int \mathrm{d}\,V_{\mathrm{au}} = 2\,\pi\,R^2\,\sigma \int\limits_{\varphi=0}^{\varphi=\pi} \frac{1}{l} \sin\varphi\,\mathrm{d}\varphi\,. \tag{241}$$

Drückt man l durch R, a und φ aus,

$$l^2 = R^2 + a^2 - 2\,R\,a \cos\varphi \tag{242}$$

und differenziert, wobei R und a konstant gehalten werden, dann erhält man

$$2\,l\,\mathrm{d}\,l = +\,2\,R\,a \sin\varphi\,\mathrm{d}\varphi\,. \tag{243}$$

Löst man nach $\sin\varphi\,\mathrm{d}\,\varphi$ auf und substituiert in (240):

$$V_{\mathrm{au}} = \frac{2\,\pi\,R\,\sigma}{a} \int\limits_{a-R}^{a+R} \mathrm{d}\,l\,, \tag{244}$$

dann ergibt sich nach Integration:

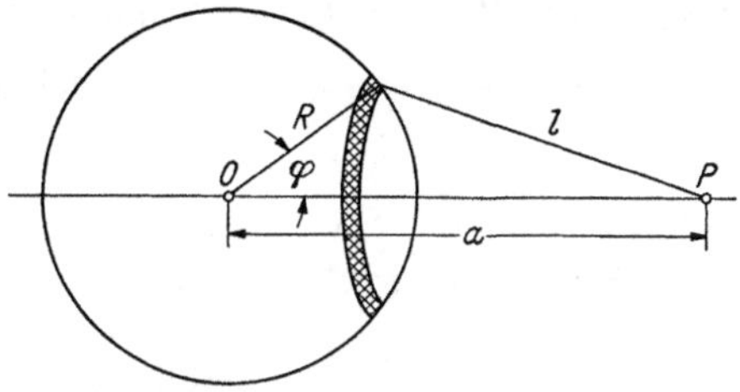

Abb. 203. Bestimmung des Potentials im Punkte P, von einer Kugel mit Flächerladungsdichte σ.

$$V_{\mathrm{au}} = \frac{4\,\pi\,R^2\,\sigma}{a} \quad \text{für} \quad a > R\,. \tag{245}$$

Die Kugel gibt also im Punkte P außerhalb der Kugel das gleiche Potential wie die im Mittelpunkt O konzentrierte Ladung $Q = 4\,\pi\,R^2\,\sigma$.

Eine analoge Berechnung für einen Punkt innerhalb der Kugel, wobei die Integrationsgrenzen in (244): $R - a$ und $R + a$ sind, gibt:

$$V_{\mathrm{in}} = 4\,\pi\,R\,\sigma \quad \text{für} \quad a < R\,, \tag{246}$$

also unabhängig von a und gleich dem Wert für $a = R$. Nehmen wir nun eine Kugel vom Radius R, die mit Raumladung von der Dichte ϱ gefüllt ist, und bestimmen wir das Potential in einem Punkte P innerhalb dieser Kugel im Abstand a vom Mittelpunkt O ($a < R$). Wir denken uns die Kugel in eine große Anzahl Kugelschalen mit den Flächenladungsdichten $\sigma = \varrho\,\mathrm{d}\,r$ zerlegt. Das Potential V_{in} im Punkte P setzt sich nun aus zwei Teilen, $V_{\mathrm{in}\,1}$ und $V_{\mathrm{in}\,2}$, zusammen. Der eine Teil $V_{\mathrm{in}\,1}$ bezieht sich auf die Kugelschalen mit $r < a$, wofür nach (245) gilt:

$$V_{\mathrm{in}\,1} = \int\limits_0^a \frac{4\,\pi\,r^2\,\varrho\,\mathrm{d}\,r}{a} = \frac{4}{3}\,\pi\,a^2\,\varrho\,, \tag{247}$$

und der zweite Teil auf Kugelschalen mit $r \geqq a$, wofür (246) gilt:

$$V_{\mathrm{in}\,2} = \int\limits_a^R 4\,\pi\,r\,\varrho\,\mathrm{d}\,r = 2\,\pi\,(R^2 - a^2)\,\varrho\,. \tag{248}$$

Das Potential $V_{in} = V_{in1} + V_{in2}$ ist also (247) + (248):

$$V_{in} = \frac{4\pi a^2 \varrho}{3} + 2\pi (R^2 - a^2)\varrho = 2\pi R^2 \varrho - \frac{2\pi a^2}{3}\varrho. \tag{249}$$

Ist nun der Mittelpunkt der Kugel der Ursprung eines rechtwinkeligen Koordinatensystems und hat der Punkt P die Koordinaten (x, y, z), so daß

$$a^2 = x^2 + y^2 + z^2 \tag{250}$$

ist, dann können wir (250) in (249) einsetzen und nach x differenzieren:

$$\frac{\partial V_{in}}{\partial x} = -\frac{4\pi\varrho}{3} x,$$

$$\frac{\partial^2 V_{in}}{\partial x^2} = -\frac{4\pi\varrho}{3}.$$

Das gleiche gilt auch für $\frac{\partial^2 V_{in}}{\partial y^2}$ und $\frac{\partial^2 V_{in}}{\partial z^2}$, so daß schließlich die Poissonsche Gleichung (238):

$$\nabla^2 V_{in} = \nabla^2 V = \frac{\partial^2 V}{\partial x^2} + \frac{\partial^2 V}{\partial y^2} + \frac{\partial^2 V}{\partial z^2} = -4\pi\varrho$$

folgt.

Diese Ableitung gilt für einen Punkt $P(x, y, z)$ in einem kugelförmigen, mit Ladungsdichte ϱ erfüllten Raum.

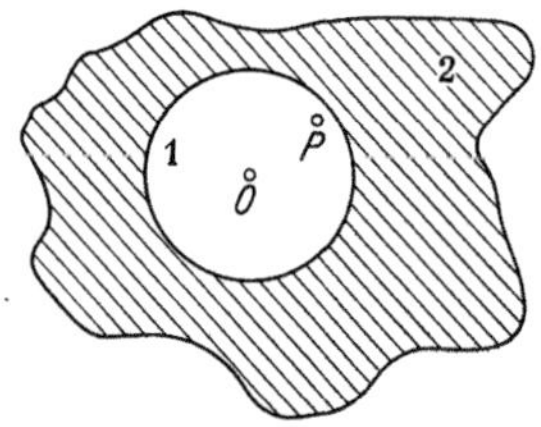

Abb. 204. Zerlegung eines mit Raumladung erfüllten Raumes zur Bestimmung des Potentials in einem Punkte P.

Poissonsche Gleichung für willkürliche Begrenzung des ladungserfüllten Raumes. Man zerlegt den Raum in zwei Teile; einen kugelförmigen 1, welcher P enthält[1]), und den Außenraum 2 (Abb. 204). Das Potential V in P setzt sich zusammen aus: V_1 von der Ladung innerhalb der Kugel und V_2 von der Außenladung:

$$V = V_1 + V_2 \quad \text{und} \quad \nabla^2 V = \nabla^2 V_1 + \nabla^2 V_2. \tag{251}$$

Nach (238) ist $\nabla^2 V_1 = -4\pi\varrho$. Zur Ermittlung von $\nabla^2 V_2$ denken wir uns die Ladung innerhalb der Kugel fort, so daß zwischen P und dem Raum 2 ein ladungsfreier Raum entsteht und für $\nabla^2 V_2$ die Gleichung (239) von Laplace gilt, nämlich $\nabla^2 V_2 = 0$. Hiermit ist die Allgemeingültigkeit von (238) bewiesen.

Anhang II.

Theorie des Wasserstoffatomes nach Schrödinger.

In diesem Buche wurde nur die Bohrsche Atomtheorie in ihrer älteren Form verwendet. Es schien uns dies berechtigt wegen der größeren Anschaulichkeit der Bohrschen Vorstellungen von den Elektronenbahnen. Indessen haben sich aus der Theorie von Bohr neue Anschauungsweisen gebildet, die als Heisenbergsche Quantenmechanik und Schrödingersche Wellenmechanik angedeutet werden. Wir wollen hier wenigstens von der Schrödingerschen Theorie einen kurzgefaßten Umriß geben.

[1]) Bei nicht konstantem ϱ kann die Kugel so klein gewählt werden, daß ϱ als konstant angenommen werden kann.

Während die Erscheinungen des photoelektrischen Effektes die Annahme einer atomistischen Struktur des Lichtes verlangen, läßt sich Interferenz und Beugung nur mit Hilfe der Wellentheorie erklären. Man muß hieraus die Schlußfolgerung ziehen, daß Licht eine doppelte Natur hat, nl. einerseits Wellencharakter und andererseits atomistischen Aufbau. Im Jahre 1923 stellte de Broglie eine Theorie auf, nach der mit jedem bewegenden Teilchen, gleichgültig ob Elektron, Proton, Atom oder Molekül, auch eine Welle assoziiert sein soll, die durch

$$\lambda = \frac{h}{m v} \tag{252}$$

gegeben ist. Für ein Elektron mit der Geschwindigkeit von 1 V wird $\lambda = \frac{6{,}55 \cdot 10^{-27}}{9 \cdot 10^{-28} \cdot 5{,}95 \cdot 10^{7}} = 1{,}225 \cdot 10^{-7}$ cm $= 12{,}25$ Å [1]).

De Broglie nahm an, daß die Bohrschen Bahnen, z. B. die Bahnen des Wasserstoffatomes, der Bedingung genügen sollen, eine ganze Zahl von Wellenlängen zu umfassen. Die Bedingung hierfür lautet im Falle einer Kreisbahn mit Radius r: $2\pi r = n\lambda = \frac{n h}{m v}$, oder $m v r = n \frac{h}{2\pi}$. Das ist gerade die früher in § 13 angegebene Bohrsche Bedingung (53) für die stationären Zustände.

Die Schrödingersche Theorie knüpft nun an diese Resultate an, indem sie den Wellenzustand des eng um den Kern kreisenden, also in seiner Bewegung beschränkten Elektrons, mit dem Schwingungszustand eines begrenzten materiellen dreidimensionalen Mediums vergleicht. In einem solchen Medium können sich (in Analogie mit den akustischen Problemen der schwingenden Saiten, Membranen usw.) stehende Wellen ausbilden, die durch eine „Wellengleichung" festgelegt werden. Analog der Wellengleichung der schwingenden Saite:

$$\frac{d^2\psi}{d x^2} + \frac{4\pi^2}{\lambda^2}\psi = 0 \tag{253}$$

lautet die Schrödinger-Gleichung für den feldfreien Fall

$$\triangle \psi + \frac{4\pi^2}{\lambda^2}\psi = 0, \tag{254}$$

wobei $\triangle \psi$ für $\frac{\partial^2\psi}{\partial x^2} + \frac{\partial^2\psi}{\partial y^2} + \frac{\partial^2\psi}{\partial z^2}$ steht.

Werden von einem Felde auf das Elektron Kräfte ausgeübt, dann gilt die Beziehung:

Totale Energie = kinetische Energie + potentielle Energie

$$W = \frac{m_e v_e^2}{2} + W_{pot} \tag{255}$$

oder

$$v_e = \sqrt{\frac{2}{m_e}(W - W_{pot})} \tag{256}$$

[1]) Für ein Wasserstoffatom mit der mittleren Geschwindigkeit, die zur Temperatur 0° C gehört, wird dies:

$$\lambda = \frac{6{,}55 \cdot 10^{-27}}{1{,}65 \cdot 10^{-24} \cdot 2{,}41 \cdot 10^{5}} = 1{,}65 \cdot 10^{-8}\,\text{cm} = 1{,}65\,\text{Å}.$$

und für die Wellenlänge λ findet man nach (252)

$$\lambda = \frac{h}{m_e v_e} = \frac{h}{\sqrt{2 m_e (W - W_{\text{pot}})}},$$

so daß die Wellengleichung (254)

$$\triangle \psi + \frac{8 \pi^2 m_e}{h^2} (W - W_{\text{pot}}) \psi = 0 \tag{257}$$

wird, die sog. Schrödinger-Gleichung.

Für das Wasserstoffatom ist $W_{\text{pot}} = -\frac{e^2}{r}$, und mithin die Schrödinger-Gleichung

$$\triangle \psi + \frac{8 \pi^2 m_e}{h^2} \left(W + \frac{e^2}{r}\right) \psi = 0. \tag{258}$$

Diese Gleichung wird durch Trennung der Variabeln aufgelöst. Nach Einführung von Polarkoordinaten r, ϑ, φ läßt sich durch folgenden Ansatz die Lösung obiger Gleichung finden.

$$\psi(r, \vartheta, \varphi) = R(r)\, \Theta(\vartheta)\, \Phi(\varphi). \tag{259}$$

R, Θ, Φ sind Funktionen von nur einer Variabeln. Substitution von (259) in (258) liefert folgende drei Gleichungen für die drei Variabeln

$$\frac{d^2 \Phi}{d \varphi^2} + m^2 \Phi = 0, \tag{260}$$

$$\frac{d}{d \cos\vartheta} \left(\sin^2\vartheta \frac{d\Theta}{d\cos\vartheta}\right) + \left(\alpha - \frac{m^2}{\sin^2\vartheta}\right) \Theta = 0, \tag{261}$$

$$\frac{d^2 R}{d r^2} + \frac{2}{r} \frac{dR}{dr} + \left[\frac{8 \pi^2 m_e}{h^2} \left(W + \frac{e^2}{r}\right) - \frac{\alpha}{r^2}\right] R = 0. \tag{262}$$

m und α sind die sog. Separierungskonstanten. Die Bedingungen, daß nur „stehende“ Wellen zugelassen werden, sollen lauten:

$$m = \text{ganze Zahl} = 0, \pm 1, \pm 2 \ldots$$
$$\alpha = l(l+1); \quad l = 0, 1, 2 \ldots$$

Dadurch erhält man für Φ und Θ bestimmte Funktionen, und zwar für Φ

$$\Phi = \varepsilon^{i m \varphi} = \cos m\varphi + i \sin m\varphi$$

und für Θ, wenn man $m = 0$ setzt,

$$P_l(\cos\vartheta) = \frac{(2l-1)(2l-3)\ldots 1}{l!} \left[(\cos\vartheta)^l - \frac{l(l-1)}{2(2l-1)} (\cos\vartheta)^{l-2} + \right.$$
$$\left. + \frac{l(l-1)(l-2)(l-3)}{2 \cdot 4 (2l-1)(2l-3)} \cdot (\cos\vartheta)^{l-4} \ldots\right]$$

die sog. Kugelfunktion; für $m \neq 0$ wird der Ausdruck für Θ noch etwas komplizierter.

Für R erhält man letzten Endes folgende Gleichung:

$$\frac{d^2 R}{d r^2} + \frac{2}{r} \frac{dR}{dr} \left[\frac{8 \pi^2 m_e}{h^2} \left(W + \frac{e^2}{r}\right) - \frac{l(l+1)}{r^2}\right] R = 0. \tag{262'}$$

Die Lösung dieser Gleichung soll nach Schrödinger der Bedingung genügen überall endlich zu sein und im Unendlichen ($r \to \infty$) zu verschwinden. Dadurch sind nur bestimmte Werte von W zugelassen und man kann zeigen, daß diese lauten:

$$W_n = -\frac{2 \pi^2 m_e e^4}{n^2 h^2}; \quad n = 1, 2, 3 \ldots \tag{263}$$

Für diese bestimmten Energiewerte, sog. Eigenwerte der Gleichung (262') für R, sind nur stationär stehende Wellen möglich. Man sieht, daß diese Werte (263) gerade mit den Bohrschen Werten (55) übereinstimmen.

Bedeutung der Funktion ψ. Die Funktion ψ hat nach Born folgende Bedeutung. Die Größe $|\psi|^2$ ist ein Maß für die Wahrscheinlichkeit das

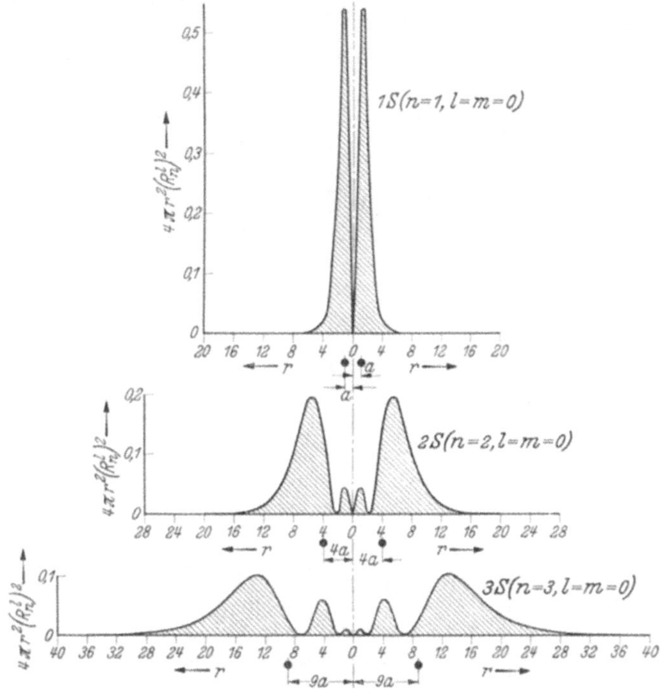

Abb. 205. Mittlere Raumladungsdichte des H-Atomes in den Zuständen 1 S ($n = 1$, $l = m = 0$), 2 S ($n = 2$, $l = m = 0$), 3 S ($n = 3$, $l = m = 0$) als Funktion des Radius r. Als Längeneinheit ist hierbei der Radius a der Elektronenbahn (nach Bohr) im Normalzustand angenommen (a = 0,53 Å). Ferner sind angegeben die Radien der kreisförmigen Bahnen nach (54) für $n = 1, 2, 3$.

Elektron an einer bestimmten Stelle des Raumes anzutreffen. Dabei soll dafür gesorgt werden, daß

$$\iiint |\psi|^2 \, \mathrm{d}x \, \mathrm{d}y \, \mathrm{d}z = \iiint |\psi|^2 r^2 \, \mathrm{d}r \sin\vartheta \, \mathrm{d}\vartheta \, \mathrm{d}\varphi \tag{264}$$

über den ganzen Raum integriert $= 1$ ist (Normierung). Fragt man z. B. nach der Wahrscheinlichkeit, das Elektron in einem Abstand zwischen r und $r + \mathrm{d}r$ anzutreffen, dann wird diese durch folgenden Ausdruck gegeben:

$$4\pi r^2 (R)^2 \, \mathrm{d}r \int_0^{\pi} |\Theta|^2 \sin\vartheta \, \mathrm{d}\vartheta \int_0^{2\pi} |\Phi|^2 \, \mathrm{d}\varphi. \tag{265}$$

Da infolge der Normierung die beiden Integrale $= 1$ sind, erhält man

$$4\pi r^2 (R)^2 \, \mathrm{d}r. \tag{266}$$

In Abb. 205 sind für einige Fälle $n = 1$ und $l = m = 0$ usw. die Ausdrücke (266) aufgetragen. Man sieht, daß die Wahrscheinlichkeit, das

Elektron anzutreffen, in einem bestimmten Abstand vom Kern ein Maximum ist; dieser Abstand entspricht ungefähr dem Radius der Bohrschen Kreisbahn.

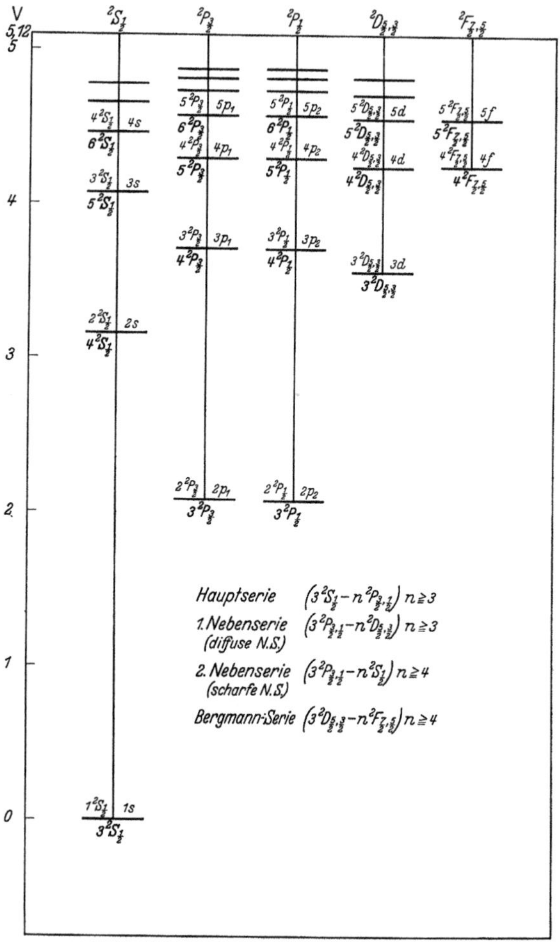

Abb. 206. Ältere und neuere Termbezeichnungen der Niveaus des Na-Atomes. Unter den Strichen die in diesem Buche verwendeten (vgl. Abb. 19).

Anhang III.

Verschiedene Bezeichnungen der Terme des Na- und Hg-Spektrums.

In diesem Buche wurden zur Bezeichnung der Terme die sog. natürlichen Quantenzahlen verwendet. Da aber in der Literatur oft ältere Bezeichnungsweisen verwendet werden, wie die konventionellen Quantenzahlen z. B. bei Hg: $1\,^1S_0$, $2\,^1S_0$ anstatt $6\,^1S_0$, $7\,^1S_0$ und die Bezeichnungen von Paschen z. B. bei Hg: $1\,S$, $2\,S$ anstatt $6\,^1S_0$, $7\,^1S_0$; $2\,p_{1,\,2,\,3}$, $3\,p_{1,\,2,\,3}$ anstatt $6\,^3P_{2,\,1,\,0}$, $7\,^3P_{2,\,1,\,0}$, sind in den Abb. 206 und 207 für einige Terme die verschiedenen Andeutungen zusammengestellt (Abb. 206

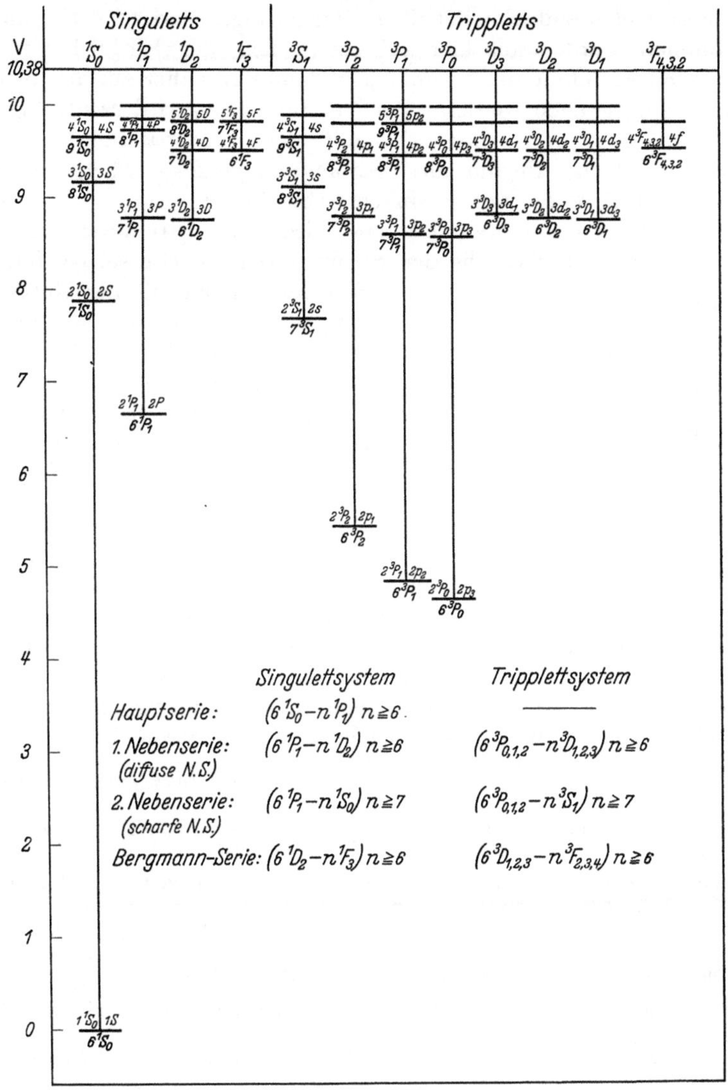

Abb. 207. Ältere und neuere Termbezeichnungen der Niveaus des Hg-Atomes. Unter den Strichen die in diesem Buche verwendeten (vgl. Abb. 22).

für Na, Abb. 207 für Hg). Die fettgedruckten Symbole sind die in diesem Buche verwendeten. Für das Ne-Spektrum sind die neuen und alten Bezeichnungen in Abb. 24 zu finden.

Anhang IV.

Stromverlauf bei mit Drossel stabilisierten Wechselstromentladungen.

Im Gegensatz zu der in § 30 gegebenen Behandlungsweise dieses Problemes, wobei einfachheitshalber sinusförmiger Verlauf von i_l und v_l angenommen wurde, soll hier bei einer mehr der Wirklichkeit entsprechenden Annahme des Spannungsverlaufes v_l, näher auf den Stromverlauf i_l eingegangen werden. Der Verlauf von v_l wird rechteckig angenommen, d. h. $v_l = \text{konst.} = V_l$, mit der Zündspannung[1]) $V_z > V_l$ (Zündspitze) beim Beginn des Stromdurchganges. Nach erfolgter Zündung soll V_z sofort auf V_l sinken (Abb. 208)[2]).

Sobald die Lampe gezündet hat, wirken im Stromkreis in jeder Halbperiode zwei EMKe, die den Strom durch die Drossel bestimmen.

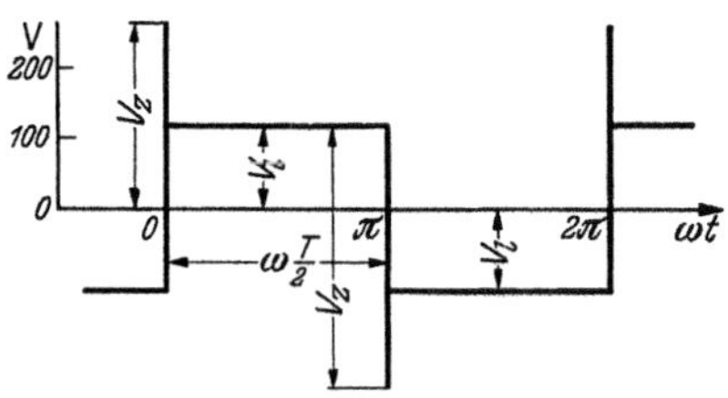

Abb. 208. Schematisierter Verlauf der Momentanwerte von v_l.

Einerseits die sinusförmige Netzspannung $u = U_m \sin \omega t$ und andererseits die konstante Gegen-EMK ($-V_l$) der Lampe. Erstere hat einen sinusförmigen, um 90° nacheilenden Strom zur Folge, dessen Momentanwert $i_1 = \frac{U_m}{\omega L} \sin\left(\omega t - \frac{\pi}{2}\right) = -\frac{U_m}{\omega L} \cos \omega t$ ist. Als Folge der konstanten Gegen-EMK $-V_l$ fließt ein entgegengesetzt gerichteter Strom i_2, der linear mit der Zeit t variiert[3]). Der wirklich auftretende Strom i_l ist die Superposition der beiden, also $i_l = i_1 + i_2$.

In Abb. 210 sind diese Verhältnisse wiedergegeben. Die vollausgezogene Kurve stellt die Netzspannung $u = U_m \sin \omega t$ vor; sobald diese den Wert $V_z = U_m \sin \alpha$ erreicht, zündet die Entladung. Der hiernach fließende Strom ist die algebraische Summe vom Strom i_1 (gestrichelte Kurve) und Strom i_2: $\frac{U_m}{\omega L} \cos \alpha - \frac{V_l}{\omega L}(\omega t - \alpha)$ (Gerade AB), also durch

---

[1]) Nach der ersten Zündung ist unter V_z die Wiederzündspannung V_{wz} zu verstehen.

[2]) Den folgenden Abbildungen sind die Betriebsbedingungen der HP (HgQ)300 mit Drossel an 220 V zugrunde gelegt.

[3]) Legt man an eine Drossel mit der Selbstinduktion L und dem Widerstand R eine konstante Spannung V, dann gilt in jedem Augenblick: $V - L\frac{\mathrm{d}i}{\mathrm{d}t} - Ri = 0$. Durch Separation der Variabeln läßt sich diese Gleichung lösen und man erhält: $i = \frac{V}{R}\left(1 - \varepsilon^{-\frac{R}{L}t}\right)$. Mit zunehmender Zeit t strebt der Strom dem Grenzwert $\frac{V}{R}$ zu (Abb. 209). Ist $\frac{R}{L}$ klein, dann kann der Ausdruck $\varepsilon^{-\frac{R}{L}t}$ durch die zwei ersten Glieder der Reihe: $1 - \frac{R}{L}t + \frac{1}{1 \cdot 2}\left(\frac{R}{L}t\right)^2 - \frac{1}{1 \cdot 2 \cdot 3}\left(\frac{R}{L}t\right)^3 + \ldots$ ersetzt werden. In erster Annäherung ist also $i = \frac{V}{L}t$; weiter ist $\left(\frac{\mathrm{d}i}{\mathrm{d}t}\right)_{t=0} = \frac{V}{L}$.

die schraffierten Ordinaten gegeben. Der Anfangswert des Stromes i_2 im Augenblick $\omega t = \alpha$, ist $\frac{U_m}{\omega L}\cos\alpha$, so daß der Anfangswert von $i_l = 0$ ist. Die Gleichung für i_l lautet daher:

$$i_l = i_1 + i_2 = \frac{U_m}{\omega L}(\cos\alpha - \cos\omega t) + \frac{V_l}{\omega L}(\alpha - \omega t). \qquad (267)$$

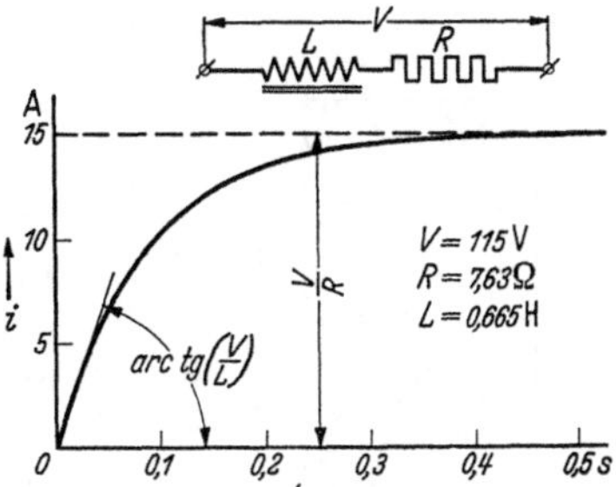

Abb. 209. Stromverlauf i mit der Zeit t beim Anlegen der Spannung V an eine Drossel mit der Selbstinduktion L und dem Widerstand R.

Wenn der Stromdurchgang genau eine halbe Periode dauert, ist der Wert von $\omega t = \beta$, wofür der Strom i_l wieder Null wird: $\beta = \alpha + \pi$. Setzt man diesen Wert in (267) ein, dann erhält man die Bedingung: $U_m \cos\alpha = \frac{\pi}{2} V_l$, oder

$$\cos\alpha = \frac{\pi}{2}\frac{V_l}{U_m} \qquad (268)$$

für die stromlose Periode (Dunkelperiode) $= 0$. Mittels der Formel $\cos^2\alpha = 1 - \sin^2\alpha$ und des Ausdruckes $V_z = U_m \sin\alpha$ läßt sich (268) nach Quadrierung auch in der Form

$$\left(\frac{\pi}{2}\frac{V_l}{U_m}\right)^2 + \left(\frac{V_z}{U_m}\right)^2 = 1 \qquad (269)$$

schreiben. Man sieht aus dieser Gleichung, daß weder das Verhältnis $\frac{V_l}{U_m}$ noch $\frac{V_z}{U_m}$ zu groß sein darf.

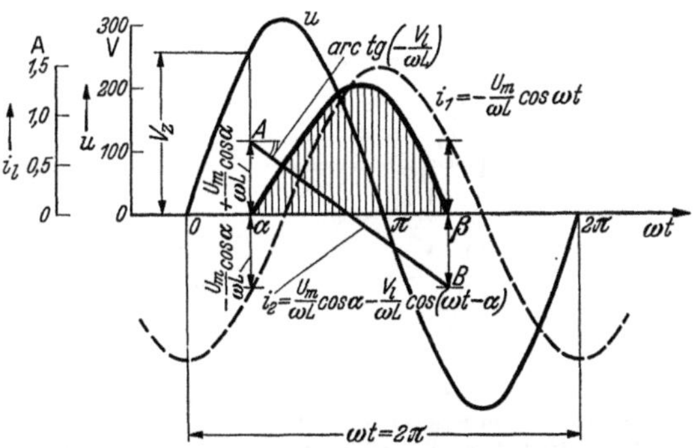

Abb. 210. Bestimmung des Stromes i_l aus den beiden Strömen i_1 (Netzspannung) und i_2 (Gegen-EMK $= -V_l$).

Im vorhergehenden haben wir angenommen, daß $\beta - \alpha = \pi$, d. h. der Stromdurchgang dauert genau eine Halbperiode $\frac{T}{2}$ (Abb. 211a). Wenn der Strom Null wird, ist die zur Verfügung stehende Netzspannung $U_m \sin\alpha$ gerade gleich der benötigten Wiederzündspannung V_z, so daß die Entladung zünden kann. Es kommt jedoch auch vor, daß beim Erlöschen der Entladung der Momentanwert der Netzspannung $U_m \sin\alpha < V_z$ ist (Abb. 211b). Dann zündet die Entladung nicht sofort wieder, sondern erst wenn die Netzspannung $U_m \sin\alpha = V_z$ geworden ist[1]). Der Strom bleibt eine endliche Zeit Null und es tritt eine Dunkelperiode auf.

[1]) In der Abb. 211b ist angenommen, daß die Wiederzündspannung die gleiche geblieben ist; in Wirklichkeit nimmt sie jedoch meistens mit der Länge der Dunkelperiode zu (§ 63, Abb. 137).

Schließlich kann beim Nulldurchgang des Stromes die Netzspannung $U_m \sin\varphi > V_z$ sein. In der Praxis ist dies meistens der Fall. Die Wiederzündung wird dann zuverlässiger und die Lampe brennt ruhiger.

Kehren wir nun zu jenem Fall zurück, wo die Dunkelperiode $= 0$ und die Netzspannung beim Stromnulldurchgang $U_m \sin\alpha = V_{wz}$ ist (Abb. 211a). Mit Hilfe der Gl. (267) für den Strom i_l wollen wir erstens den Leistungsfaktor λ berechnen. Dieser wird definiert als $\lambda = \frac{N_t}{I_t U}$. Da Kupfer- und Eisenverluste vernachlässigt werden, ist $N_L = 0$ und $N_t = N_l$. Im Gegensatz zur Berechnung im § 30 ist nun jedoch der Strom i_l nicht sinusförmig angenommen. (Aus Abb. 210 ist deutlich zu sehen, daß der Momentanwert i_l in der zweiten Hälfte des Stromdurchganges größer ist.)

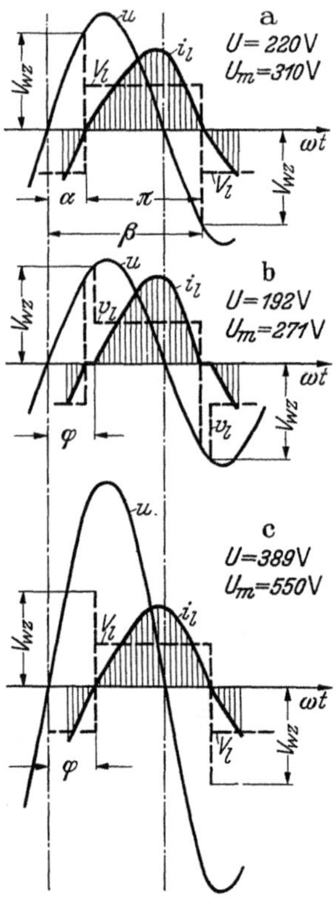

Abb. 211. Schematischer Verlauf von Netzspannung u, Lampenspannung v_l und Lampenstrom i_l für verschiedene U_m. a $U_m \sin\alpha = V_{wz}$, Dunkelperiode $= 0$; b $U_m \sin\alpha < V_{wz}$, $U_m \sin\varphi = V_{wz}$, Dunkelperiode > 0; c $U_m \sin\alpha > V_{wz}$, $U_m \sin\varphi > V_{wz}$, Dunkelperiode $= 0$.

$$\left.\begin{aligned} N_l &= V_l \frac{1}{\pi} \int_{\alpha}^{\alpha+\pi} i_l \, d\,\omega t \\ &= V_l \cdot 0{,}9 \frac{\sqrt{U^2 - (1{,}11\, V_l)^2}}{\omega L}, \end{aligned}\right\} \tag{269}$$

$$\left.\begin{aligned} I_t = I_l &= \sqrt{\frac{1}{\pi} \int_{\alpha}^{\alpha+\pi} i_l^2 \, d\,\omega t} \\ &= \frac{\sqrt{U^2 - (1{,}11\, V_l)^2}}{\omega L}. \end{aligned}\right\} \tag{270}$$

Substitution von (269) und (270) in den Ausdruck für λ liefert:

$$\lambda \approx \frac{N_l}{I_l U} \approx 0{,}9 \frac{V_l}{U}. \tag{271}$$

Da in erster Näherung $\frac{V_l}{U}$ ein Maß für den Verschiebungsfaktor $\cos\varphi$ ist, können wir für (271)

$$\lambda \approx 0{,}9 \cdot \cos\varphi = \psi \cdot \cos\varphi \tag{272}$$

schreiben, so daß $\psi = 0{,}9$ ist, wie in § 30.

Nehmen wir in (268) [Bedingung für das Auftreten des Falles a) in Abb. 211] $V_l = V_z$, dann folgt für $\frac{V_l}{U_m} = 0{,}536$, oder $\frac{V_l}{U} = 0{,}76$. Dies in (271) eingeführt, gibt:

$$\lambda = 0{,}9 \cdot 0{,}76 = 0{,}68. \tag{273}$$

Tatsächlich gelingt es mit der einfachen Schaltung der Drossel nicht, einen höheren Wert für λ zu erreichen[1]). (Meist ist $V_z > V_l$, so daß der

[1] Mit parallelgeschaltetem Kondensator kann λ infolge Korrektion des Verschiebungsfaktors $\cos\varphi$ natürlich wohl größer als 0,68 werden.

Wert von λ auch kleiner wird.) Aus Abb. 211 ist ersichtlich, daß im Fall a) wirklich der größtmögliche Leistungsfaktor auftritt. In den Fällen b) und c) ist der Verschiebungsfaktor $\cos\varphi$ kleiner als im Falle a), da $\varphi > \alpha$ ist. Außerdem ist im Fall b) die Verzerrung stärker, so daß auch ψ in (272) kleiner wird.

Zum Schluß leiten wir noch aus (269) die prozentuelle Änderung von N_l ab: $\frac{dN_l}{N_l}$ als Funktion von $\frac{dU}{U}$. [Wieder für den Fall a) der Abb. 211.] Differenzierung bei konstant gedachtem V_l (s. z. B. Abb. 156) ergibt:

$$\frac{dN_l}{N_l} = \frac{1}{1 - \left(1{,}11\,\frac{V_l}{U}\right)^2} \cdot \frac{dU}{U}. \tag{274}$$

Die prozentuelle Änderung von N_l ist also immer größer als die von U, und zwar um so mehr, je größer das Verhältnis $\frac{V_l}{U}$ ist. Für eine HO(HgH) 1000 z. B., mit $V_l = 130$ V und $U = 220$ V (Tabelle 29) findet man $\frac{dN_l}{N_l} = 1{,}75\,\frac{dU}{U}$ (vgl. § 68, Tabelle 30).

Wir kommen also wieder zu dem Resultat, daß für eine zuverlässige Wiederzündung und für das Niedrighalten der Einflüsse von Netzspannungsschwankungen das Verhältnis $\frac{V_l}{U}$ nicht allzu hoch gewählt werden soll.

Anhang V.

Bestimmung der Temperatur T_e und Konzentration n_e von Elektronen mittels Sondenmessungen.

Wir denken uns einen ionisierten Gasraum, ein sog. Plasma (z. B. ein Stück einer positiven Säule), in dem $n_e \approx n_p$ ist. Weiter nehmen wir vorläufig an, daß die kinetische Energie der beiden Arten Teilchen die gleiche sei: $\frac{m_e v_e^2}{2} = \frac{m_p v_p^2}{2}$. Dann ist $v_e \gg v_p$ und $j_e \gg j_p \left(j_e = \frac{1}{4}\, e\, n_e\, v_e\right)$. Wie wir bei der Theorie der positiven Säule gesehen haben, ist die Energie der Elektronen in der Größenordnung von einigen eV.

In diesen ionisierten Gasraum bringen wir eine flache Sonde mit Schutzring (Abb. 212), deren Rückseite und Zuführungsdraht isoliert ist. Das Potential des Raumes R vor der Sonde (z. B. bezüglich der Kathode der Entladung gemessen) sei V_g. Wir geben nun der Sonde verschiedene Potentiale V bezüglich des Raumes R und messen die hierbei fließenden Ströme i. Abb. 212 gibt die Charakteristik $i = f(V)$. Wir nennen den Strom positiv, wenn sich die Elektronen zur Sonde hin bewegen. Die Charakteristik $i = f(V)$ ist stark asymmetrisch und kann in drei Gebiete geteilt werden. Für $V \ll 0$ (Punkt A) wird die Sonde nur positive Ionen aufnehmen und für $V \gg 0$ (Punkt B) nur Elektronen. Ist die Sonde jedoch nur wenig negativ (einige V) bezüglich des

Gasraumes, dann kann ein Teil der Elektronen, dank ihrer kinetischen Energie (Maxwell-Verteilung), gegen das verzögernde Feld die Sonde erreichen. Dieser Teil nimmt jedoch mit mehr negativ werdender Spannung V schnell ab und im Punkt D werden praktisch nur noch positive Ionen aufgefangen.

Auffallend im Teil AD der Charakteristik ist die Sättigung des Stromes. Diese entsteht durch die Ausbildung einer Raumladung von positiven Ionen vor der Sonde. Alle Kraftlinien, die von der negativen Oberflächenladung des Metalles ausgehen, enden auf positiven Ladungen

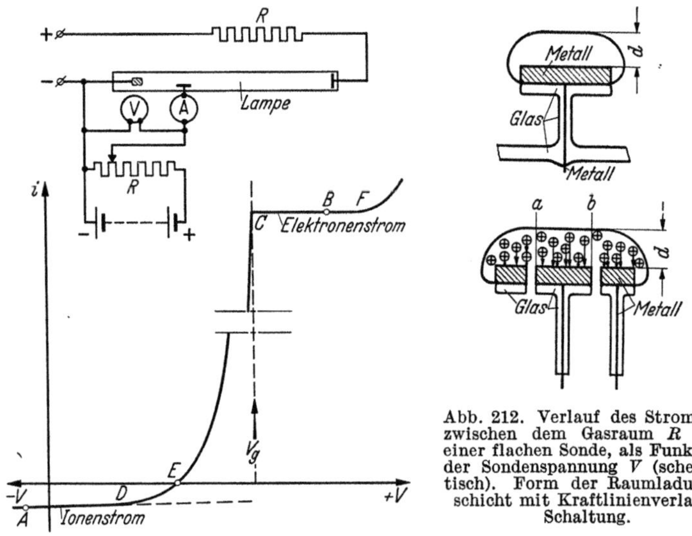

Abb. 212. Verlauf des Stromes i zwischen dem Gasraum R und einer flachen Sonde, als Funktion der Sondenspannung V (schematisch). Form der Raumladungsschicht mit Kraftlinienverlauf. Schaltung.

in der Raumladungsschicht (Abb. 212), so daß die Elektrode vollkommen abgeschirmt ist. Der zum mittleren Teil der Sonde fließende Strom ist dann durch die Stromdichte j_p im Plasma und die Oberfläche $a\,b$ bestimmt. Bei höheren Negativwerten von V wird nur die Dicke d der Raumladungsschicht größer [Formel (6)], aber der Strom i ändert sich nicht, da sowohl j_p als auch die auffangende Oberfläche $a\,b$ gleich bleiben.

Eine ähnliche Erklärung gilt für den Sättigungscharakter des Teiles $C\,B$, nur besteht in diesem Fall die Raumladungsschicht aus Elektronen. Der Teil BC ist nicht so ausgedehnt wie DA, da die Elektronen infolge der beschleunigenden Wirkung des Feldes in der Raumladungsschicht Energie aufnehmen. Ziemlich bald (im Punkt F — Abb. 212) setzt Ionisation in der Nähe der Sonde ein und die negative Raumladung wird durch die gebildeten positiven Ionen zerstört, wodurch der Strom i stark anwächst. Im Teil $C\,B$ gilt, wenn f die wirksame Oberfläche $a\,b$ in cm^2 ist:

$$i_e = j_e f = \frac{1}{4} e\, n_e \bar{v}_e f. \tag{275}$$

Daraus kann man n_e berechnen, wenn $\bar{v}_e$ bekannt ist, und dazu braucht man die Elektronentemperatur T_e, die aus dem Übergangsgebiet DC bestimmt wird.

Da der Ionenstrom zur Sonde klein ist im Vergleich zum Elektronenstrom, kann man ihn bei der Besprechung des Übergangebietes CD in erster Annäherung vernachlässigen. Der Strom im Gebiet CD gibt dann ein Maß für die Anzahl Elektronen, die gegen das verzögernde Potential ($-V$) die Sonde erreichen können. Nehmen wir an, daß die Elektronengeschwindigkeiten eine Maxwell-Verteilung haben, dann können wir näherungsweise das Boltzmannsche Prinzip (§ 9) anwenden. Ist n_e die Konzentration der Elektronen im Plasma, dann wird die Konzentration n'_e, gerade vor dem Metall, gegeben durch (35)

$$n'_e = n_e\,\varepsilon^{-\frac{eV}{kT_e}};$$

hieraus folgt

$$\left.\begin{aligned} i'_e = j'_e f &= \frac{1}{4}\,e\,n'_e\,\bar{v}_e f \\ &= \frac{1}{4}\,e\,n_e\,\bar{v}_e\,\varepsilon^{-\frac{eV}{kT_e}}. \end{aligned}\right\} \qquad (276)$$

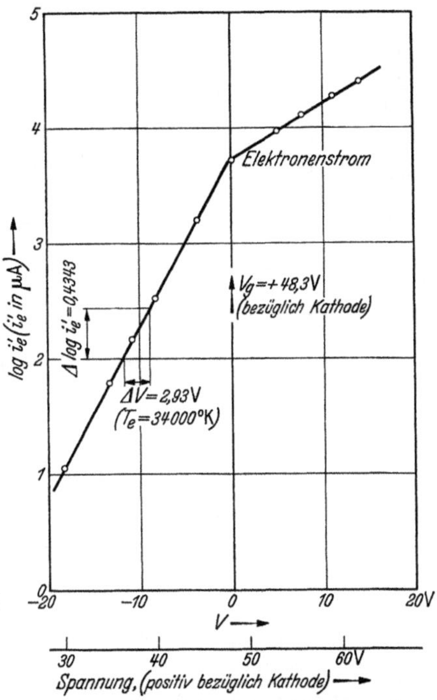

Abb. 213. Log i'_e in Abhängigkeit von der Spannung V der Sonde bezüglich des Raumes R (gemessen, s. Abb. 214).

Logarithmieren der letzten Gleichung gibt:

$$\ln i'_e = \ln\left(\frac{1}{4}\,e\,n_e\,\bar{v}_e f\right) - \frac{eV}{kT_e}$$

oder nach Einführung Briggscher Logarithmen

$$2{,}303 \log i'_e = \text{konst.} - \frac{e}{kT_e}\cdot V.$$

Trägt man also den Logarithmus des Stromes im Gebiet CD als Funktion der Spannung V auf, dann erhält man eine Gerade (Abb. 213), deren Neigung durch $-\frac{e}{kT_e}$ gegeben ist. Mit V in V ($= 1/_{300}$ E.S.E.) ausgedrückt wird die letzte Gleichung

$$2{,}303 \log i'_e = \text{konst.} - \frac{e}{300\,k}\cdot\frac{1}{T_e}\cdot V$$

$$2{,}303 \log i'_e = \text{konst.} - \frac{11600}{T_e}\cdot V. \qquad (277)$$

Der Tangens des Neigungswinkels der Geraden in Abb. 213,

$$\frac{2{,}303\,\Delta \log i'_e}{\Delta V} = \frac{11600}{T_e}, \qquad (278)$$

erlaubt die Bestimmung von T_e. Ist für $\triangle V = 1\,V$ der zugehörige $\triangle \log i'_e = \log \varepsilon = 0{,}4343$, d. h. nimmt i'_e um den Faktor 2,718 zu, dann ist $T_e = 11\,600°$ K. Im allgemeinen gilt: ist $\triangle V$ der Spannungsunterschied, für den i'_e um den Faktor 2,718 zunimmt (oder $\log i'_e$ um 0,4343 zunimmt), dann ist die zugehörige Temperatur $T_e = 11\,600 \triangle V\,°$K. Für $T_e = 11\,600°$K beträgt die mittlere Energie der Elektronen 1,5 V $\left(e\,\overline{V}_e = \frac{3kT_e}{2}\right)$.

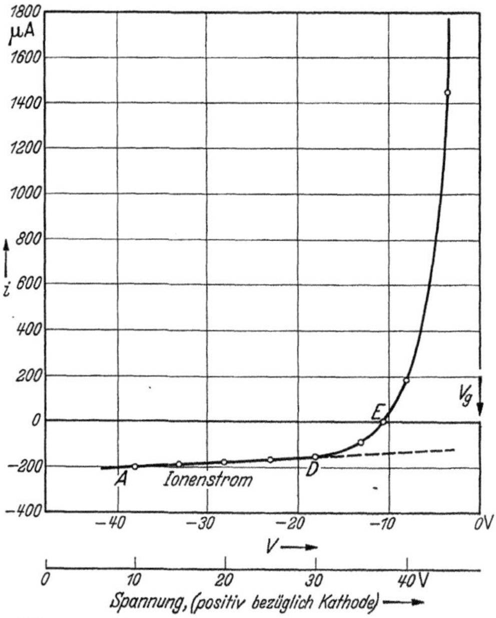

Abb. 214. Charakteristik $i = f(V)$ für $V < 0$ einer zylindrischen Sonde (gemessen). Neon, $p = 1{,}32$ tor, $D_1 = 18$ mm, $I_l = 0{,}25$ A; Sonde: Durchmesser 135 μ, Länge 1,02 mm (Entladungsmitte).

Im vorhergehenden haben wir das Potential V_g des Raumes R (bezüglich der Kathode) als bekannt vorausgesetzt. In der Praxis bestimmt man die Charakteristik in Abb. 212 als Funktion der Spannung bezüglich einer der Elektroden. Aus dem Übergang der schrägen Geraden in die horizontale, Abb. 213, bestimmt man dann V_g. Da weiter aus Abb. 213 T_e und somit auch $\bar{v}_e$ bekannt ist, kann nun mit Hilfe von (275) die Konzentration n_e bestimmt werden.

Die oben gegebene Theorie bezieht sich auf den einfachsten Fall der flachen Sonde mit Schutzring. In der Praxis verwendet man solche ohne Schutzring, zylindrische und kugelförmige Sonden. Die Theorie wird dann etwas komplizierter, aber die Form der Kurven in Abb. 212 und 213 bleibt analog. So gibt z. B. Abb. 214 den positiven Ionenstrom einer gemessenen Charakteristik mit einer Zylindersonde. Für diese nimmt bei veränderlichem V die auffangende Fläche proportional der Dicke der Raumladungsschicht zu. Dies erklärt den nicht horizontalen Verlauf der Geraden AD in Abb. 214.

Anhang VI.

Diffusion der Resonanzstrahlung in Natriumlampen.

Bei der Besprechung der Lichtausbeute der Natriumlampen (§ 62) haben wir auf den Einfluß der Selbstabsorption der Resonanzstrahlung hingewiesen. Diese verlängert die Zeit, die ein Quant benötigt, um von seinem Entstehungsort bis zur Wand der Röhre zu kommen. Dadurch wird die Wahrscheinlichkeit des Auftretens sekundärer Effekte erhöht und die Ausbeute verringert.

Die Berechnung der Anzahl Absorptionen, die ein Quant erleidet, bevor es die Röhre verläßt, ist nur unter vereinfachenden Annahmen möglich. Wir wollen hier an Hand eines Beispieles eine schätzungsweise Berechnung vorführen. Dazu knüpfen wir an die Betrachtungen des § 11 über die Diffusion an.

Nehmen wir wieder den auf S. 28 behandelten Fall: Diffusion zwischen zwei parallelen Flächen, die in einem Abstand d voneinander stehen. Wir fragen nach der Anzahl Zusammenstöße, die ein Teilchen auf seinem Wege von $x=0$ bis $x=d$ erleidet.

In einem Abstand x ist die Konzentration der Teilchen: $n_x = n_0\left(1-\frac{x}{d}\right)$. Jedes Teilchen macht per s im Mittel $\frac{\bar{v}}{\lambda}$ ($\lambda =$ mittlere freie Weglänge) Zusammenstöße mit den Gasatomen. Im Abstand x werden also per cm^3 und per s $\frac{n_x\bar{v}}{\lambda}$ Zusammenstöße stattfinden. Die gesamte Anzahl Zusammenstöße Z per s zwischen 0 und d in einem Prisma mit der Basisfläche 1 cm^2 wird dann:

$$Z=\int_0^d n_x\frac{\bar{v}}{\lambda}\,d\,x=\frac{n_0\bar{v}}{\lambda}\int_0^d\left(1-\frac{x}{d}\right)d\,x=\frac{n_0\bar{v}}{\lambda}\,\frac{d}{2}. \tag{279}$$

Führen wir die Anzahl der per s durch einen cm^2 diffundierenden Teilchen, $\nu_D = D\frac{n_0}{d}$, ein, dann folgt, da $D=\frac{\bar{v}\lambda}{3}$ ist, nach Substitution von n_0 in (279):

$$Z=\frac{3}{2}\left(\frac{d}{\lambda}\right)^2\nu_D \tag{280}$$

und die Anzahl Zusammenstöße z pro Teilchen auf dem Weg von 0 bis d wird:

$$z=\frac{Z}{\nu_D}=\frac{3}{2}\left(\frac{d}{\lambda}\right)^2. \tag{281}$$

Versucht man die letzte Gleichung auf die Diffusion der Resonanzstrahlung in einer Na-Lampe anzuwenden, dann entstehen Schwierigkeiten bei der Bestimmung von λ, da dieses von der Frequenz abhängt. Wie schon erwähnt, hat eine Spektrallinie infolge des Doppler-Effektes eine bestimmte Breite. Die Mitte der Linie wird leichter absorbiert als die Ränder[1]), so daß nach dem Durchlaufen eines kurzen Abstandes die Linie wie in Abb. 133a aussieht. Dies bedeutet aber, daß die freie Weglänge vergrößert wird. Der Lichtstrahl muß einen größeren Abstand zurücklegen, damit die Intensität wieder auf den ε-ten Teil ihres Wertes sinkt. Die folgende Überlegung führt aber doch zum Ziel.

---

[1]) Man denke an die Maxwell-Verteilung $\frac{dn_{v_x}}{n}=f(v_x)$, die ein Maximum hat für $v_x=0$ (Abb. 7).

Wir betrachten einen stationären Zustand, in dem die Anzahl angeregter Atome pro cm^3 (n_a) konstant ist. Durch Elektronenstöße werden per s per cm^3 $n n_e C_1$ neue angeregte Atome gebildet. (Für die Bedeutung von C_1 s. Fußnote S. 241.) Strahlungsabsorption bildet per s $nC\int \varrho(\nu) f(\nu) \mathrm{d}\nu$ neue; $\varrho(\nu)$ ist die Strahlungsdichte und $f(\nu)\mathrm{d}\nu$ die Absorptionswahrscheinlichkeit als Funktion der Strahlungsfrequenz ν; C eine Konstante. Per s per cm^3 gehen infolge von Emission $n_a A$ und infolge von Elektronenstößen $n_a n_e C_2$ angeregte Atome verloren (für C_2 s. Fußnote S. 242). Im stationären Zustand gilt nun:

$$n n_e C_1 + n C \int \varrho(\nu) f(\nu) \mathrm{d}\nu = n_a A + n_a n_e C_2$$

oder anders geschrieben und nach Integration über das Volumen der Lampe:

$$\int n n_e C_1 \mathrm{d}v - \int n_a n_e C_2 \mathrm{d}v = \int [n_a A - n C \int \varrho(\nu) f(\nu) \mathrm{d}\nu] \mathrm{d}v = Q\,. \quad (282)$$

Die rechte Seite gibt nun die Anzahl der per s von der Lampe ausgesandten Quanten. Nennen wir den Ausdruck $C\int\limits_v n\left[\int \varrho(\nu) f(\nu) \mathrm{d}\nu\right] \mathrm{d}v$, der die gesamte Anzahl Absorptionen per s im ganzen Lampenvolumen vorstellt, U, dann folgt:

$$U = \int n_a A \,\mathrm{d}v - Q\,, \quad (283)$$

so daß die Anzahl Absorptionen per ausgesandtem Quant:

$$\frac{U}{Q} = \frac{\int n_a A \,\mathrm{d}v}{Q} - 1 \quad (284)$$

wird.

(284) kann auch kurz wie folgt abgeleitet werden. $\int\limits_v n_a A \,\mathrm{d}v$ gibt die per s im ganzen Volumen ausgesandten Quanten, von denen Q die Röhre verlassen und $\int\limits_v n_a A \,\mathrm{d}v - Q$ wieder absorbiert werden. Per Quant, das die Röhre verläßt, ist also die Anzahl der absorbierten: $\frac{\int\limits_v n_a A \,\mathrm{d}v - Q}{Q}$, d. h. Gl. (284).

Zum Schluß noch ein Zahlenbeispiel.

Die Anzahl angeregter Atome (n_a) bestimmen wir mittels der Gleichung von Boltzmann (203):

$$n_a = n \cdot g \cdot \varepsilon^{-\frac{e V_a}{k T_e}}\,.$$

Hierbei wird angenommen, daß die Strahlung mit dem Elektronengas in thermischem Gleichgewicht ist. Der Faktor $g = \frac{g_a}{g_n}$ beträgt für die Na-Resonanzlinien:

$$\frac{2\,(3\,^2P_{\frac{1}{2}}) + 4\,(3\,^2P_{\frac{3}{2}})}{2\,(3\,^2S_{\frac{1}{2}})} = \frac{6}{2} = 3\,.$$

Die Elektronentemperatur T_e sei 9280° K ($\overline{V}_e = 1{,}2$ V) und die Temperatur an der kältesten Stelle, $T_k = 280°$ C, so daß $n = 1{,}07 \cdot 10^{14}$ ist. Weiter sei näherungsweise im ganzen Volumen sowohl n als auch n_a konstant[1]). Für eine zylindrische Entladungsröhre von: $D_1 = 2$ cm und $l = 20$ cm ist das Volumen $= \frac{\pi D_1^2}{4} l = 62{,}83\,\text{cm}^3$. $A = \frac{1}{\tau} = 0{,}72 \cdot 10^8$.

Die Größe Q finden wir aus der Leuchtdichte B, z. B. $B = 3{,}5$ K/cm², und der Oberfläche der Röhre $\pi D_1 l = 125{,}7$ cm². Unter Annahme der Gültigkeit des Lambertschen Gesetzes folgt für den Lichtstrom pro cm²: πB lm/cm² [Formel (134)]. Dieser Lichtstrom/cm² korrespondiert mit $\frac{\pi \cdot B}{621 \cdot 0{,}76}$ W/cm² $= \frac{\pi \cdot B \cdot 10^7}{475}$ erg/cm²·s (Abb. 92), und da ein Na-Lichtquant eine Energie von 2,1 eV $= 2{,}1 \cdot 1{,}59 \cdot 10^{-12}$ erg hat, wird $Q = \frac{\pi \cdot B \cdot 10^7 \cdot \pi \cdot D_1 \cdot l}{475 \cdot 2{,}1 \cdot 1{,}59 \cdot 10^{-12}}$ Quanten/s. Die Werte des Integrals $\int\limits_v n_a A \, dv$ und die von Q in (284) eingesetzt liefern nun:

$$\frac{U}{Q} = \frac{1{,}07 \cdot 10^{14} \cdot 3 \cdot \varepsilon^{-\frac{11\,600 \cdot 2{,}1}{9280}} \cdot 0{,}72 \cdot 10^8 \cdot 62{,}83}{\frac{\pi \cdot 3{,}5 \cdot 10^7 \cdot 125{,}7}{475 \cdot 2{,}1 \cdot 1{,}59 \cdot 10^{-12}}} = 1{,}39 \cdot 10^4 .$$

Anhang VII.

Umrechnung von Maßen.

Mechanische Größen:

Kraft:	1 kg Gewicht $= 9{,}81 \cdot 10^5$ dyn.
Druck:	1 tor $= 1$ mm Hg $= 1333$ dyn/cm² $= 1333$ bar.
	1 at $= 760$ tor $= 1{,}013 \cdot 10^6$ dyn/cm² $= 1033{,}5$ g/cm².
Arbeit oder Energie:	1 kgm $= 9{,}81$ J $= 9{,}81 \cdot 10^7$ erg.
	1 cal $= 4{,}19 \cdot 10^7$ erg.
	1 kcal $= 427$ kgm $= 4{,}19 \cdot 10^{10}$ erg.
	1 kWh $= 3{,}6 \cdot 10^{13}$ erg $= 3{,}6 \cdot 10^6$ J $= 860$ kcal.
Leistung:	1 W $= 10^7$ erg/s.

Elektrische Größen:

1 Elektrostatische Einheit (E.S.E.)		
Ladungsmenge	$= 3{,}33 \cdot 10^{-10}$ Coulomb	C
Strom	$= 3{,}33 \cdot 10^{-10}$ Ampere	A
Spannung	$= 300$ Volt	V
Leistung	$= 1 \cdot 10^{-7}$ Watt	W
Widerstand	$= 9 \cdot 10^{11}$ Ohm	Ω
Stromdichte	$= 3{,}33 \cdot 10^{-10}$ Ampere/cm²	A/cm²
Magnetfeld	$= 1$ Gauß	G
Elektrisches Feld	$= 300$ Volt/cm	V/cm
Kapazität (cm)	$= 1{,}11 \cdot 10^{-12}$ Farad	F
	$= 1{,}11 \cdot 10^{-6}$ Mikro-Farad	μF
Selbstinduktion	$= 9 \cdot 10^{11}$ Henry	H

1) Dies ist für eine positive Säule bei Na-Lampen nur eine grobe Annäherung infolge der Konzentration der Natriumentladung in der Nähe der Wand.

Lichttechnische Größe:

Lichtstrom: 1 W ausgestrahlt in 5550 Å (0,555 μ) = 621 Lumen	lm

Im Juli 1937 hat das „Comité Consultatif de Photométrie" (eine Sub-Kommission des „Bureau International des Poids et Mesures") als neue Einheit für die Lichtstärke die Normalkerze (NK) eingeführt, die ab 1. Januar 1940 verwendet werden soll. Diese wird durch folgende Definition festgelegt: „Die Leuchtdichte des schwarzen Körpers bei der Schmelztemperatur des Platins beträgt 60 NK/cm²." Diese Definition ist von Deutschland, Frankreich, England, USA. und U.R.S.S. angenommen. Es gilt:

1 NK (Normalkerze) = 0,98 Int. K. (1 Int. K. = 1,02 NK),
1 NK (Normalkerze) = 1,09 HK (1 HK = 0,92 NK).

Anhang VIII.

Tabelle einiger wichtiger Konstanten.

Ladung des Elektrons	e	$4{,}77 \cdot 10^{-10}$ E.S.E. $= 1{,}59 \cdot 10^{-19}$ C
Masse des (ruhenden) Elektrons	m_e	$9{,}0 \cdot 10^{-28}$ g
Masse des Wasserstoffatomes	m_H	$1{,}65 \cdot 10^{-24}$ g
Plancksche Konstante	h	$6{,}55 \cdot 10^{-27}$ erg.s
Boltzmannsche Konstante	k	$1{,}37 \cdot 10^{-16}$ erg/Grad
Lichtgeschwindigkeit	c	$2{,}998 \cdot 10^{10}$ cm/s
Spezifische Ladung des Elektrons	$\frac{e}{m_e}$	$1{,}76 \cdot 10^{8}$ C/g
Verhältnis	$\frac{m_e}{m_H}$	$1/1835 = 5{,}46 \cdot 10^{-4}$
Loschmidtsche Zahl (Anzahl Moleküle pro Mol)	$\mathfrak{L}$	$6{,}06 \cdot 10^{23}$
Avogadrosche Zahl (Anzahl Moleküle pro cm³ bei 0° C und 760 tor)	$\mathfrak{N}$	$2{,}71 \cdot 10^{19}$
Anzahl Atome pro cm³ bei 0° C und 1 tor .		$3{,}56 \cdot 10^{16}$
Volumen von 1 Mol Idealgas (0° C, 760 tor).		$22{,}4 \cdot 10^{3}$ cm³
Gaskonstante für 1 Mol	R	$8{,}3 \cdot 10^{7}$ erg/° K $= 1{,}98$ cal/° K
Stefan-Boltzmann-Konstante	σ	$5{,}77 \cdot 10^{-5}$ erg/(cm²·s·Grad⁴)
Konstante des Wienschen Verschiebungsgesetzes		0,288 cm · Grad
Rydberg-Konstante	R	$3{,}29 \cdot 10^{15}$ s⁻¹
Rydberg-Konstante	$R' = \frac{R}{c}$	109 737 cm⁻¹

Nach den neuesten Veröffentlichungen (Tables annuelles de constantes et données numériques 1938, P. Auger und M. Rouault) werden für die folgenden Konstanten untenstehende Werte angegeben:

$$e = 4{,}80 \cdot 10^{-10}\ \text{E.S.E.}, \qquad m_e = 9{,}12 \cdot 10^{-28}\ \text{g},$$
$$m_H = 1{,}67 \cdot 10^{-24}\ \text{g}, \qquad h = 6{,}62 \cdot 10^{-27}\ \text{erg.s},$$
$$k = 1{,}38 \cdot 10^{-16}\ \text{erg/Grad}, \qquad \mathfrak{L} = 6{,}02 \cdot 10^{23}.$$

Die Konstante 12350 der Formel in der Fußnote auf S. 9 wird dann 12390.

Symboltabelle.

Symbol	Bedeutung	Einheit	Symbol	Bedeutung	Einheit
$\mathfrak{A}$	Maximum des photometr. Strahlungsäquivalents $621\ \frac{\text{lm}}{\text{W}}$	$\frac{\text{lm}}{\text{W}}$	a	Absorptionsvermögen des schwarzen Körpers	
A	Übergangswahrscheinlichkeit $\left(\frac{1}{\tau}\right)$	s^{-1}	a_λ	Absorptionsvermögen eines Körpers für die Wellenlänge λ	
B	Leuchtdichte	sb	b	Beschleunigung	cm/s²
B_F	Leuchtdichte eines Farbreizes	sb	b_e	Beschleunigung (siehe Indizes)	
B_λ	Leuchtdichte einer Spektralfarbe mit Wellenlänge λ	sb			
B_W	Leuchtdichte des Weißpunktes	sb			
C	Kapazität	μF	c	Fortpflanzungsgeschwindigkeit des Lichtes im Vakuum $3 \cdot 10^{10}$ cm/s	cm/s
C_i	Konstante betr. Ionisation				
$D_{1,2}$	Rohrdurchmesser (innen, außen)	mm, cm	d	Abstand	mm, cm
D	Diffusionskonstante				
D_{am}	ambipolare Diffusionskonstante				
E	Beleuchtungsstärke	lx			
$\mathfrak{E}$	elektrische Feldstärke	V/cm	e	Ladung des Elektrons (negativ)	C
F	Fläche	m²	f	Fläche	cm²
F_s	scheinbare Oberfläche	m²	f_s	scheinbare Oberfläche	cm²
G	Gradient	V/cm			
$\mathfrak{G}$	Reduzierter Abstand $\left(690\ \frac{1}{\alpha}\right)$ $\left(\frac{1}{\alpha} = \text{Sehschärfe}\right)$		$\mathfrak{g}_I$	Gewicht Hg-Dampf (siehe Indizes)	mg/cm
H	subjektive Helligkeit		h	Strahlungskonstante von Planck	erg · s
J	Lichtstärke	K			
J_N	Lichtstärke normal auf die Fläche	K			
I	elektrische Stromstärke	A	i	Momentanwert des elektrischen Stromes	A

Symbol	Bedeutung	Einheit	Symbol	Bedeutung	Einheit
$I_{l,s,w}$	elektrische Stromstärke (siehe Indizes)	A	$j_{e,p,s}$	elektrische Stromdichte (siehe Indizes)	A/cm²
			j	innere Quantenzahl	
K	Gleichgewichtskonstante		k	Konstante von Boltzmann	erg/° K
$K_{,e,p,\lim}$	Beweglichkeit (siehe Indizes)	$\frac{\text{cm}}{\text{s}} \Big/ \frac{\text{V}}{\text{cm}}$			
L	Induktivität	H	l	Nebenquantenzahl	
L_{I}	Leistungsverlust durch Wärmeleitung (siehe Indizes)	W/cm	m_l	magnetische Quantenzahl	
$\mathfrak{L}$	Loschmidtsche Zahl $6{,}06 \cdot 10^{23}$ Atome per Mol		m	Masse des Atoms (oder allgemein)	g
M	mechanisches Lichtäquivalent $0{,}0016 \frac{\text{W}}{\text{lm}}$	$\frac{\text{W}}{\text{lm}}$	m_H ... usw.	Masse des Wasserstoffatoms .... usw.	g
N	totale Anzahl Atome (oder allgemein)		$m_{e,p}$	Masse der Teilchen (siehe Indizes)	g
$N_{a,e,p,\text{I}}$	totale Anzahl Teilchen (siehe Indizes)		n	Anzahl Atome (oder allgemein) per cm³	
$\boldsymbol{N}$	Leistung	W	$n_{a,e,p,m,n}$	Anzahl Teilchen per cm³ (siehe Indizes)	
$\boldsymbol{N}_{l,t,\text{I},A,K,T,\varkappa}$	Leistung (siehe Indizes)	W	n	Hauptquantenzahl	
$\mathfrak{N}$	Zahl von Avogadro $2{,}71 \cdot 10^{19}$ Atome per cm³ bei 0° C und 760 tor				
P	Kraft	dyn	p	Druck	tor, at
Q	elektrische Ladung	C	p	spektrale Farbdichte	
R	Gaskonstante	erg/°K			
R	Rydberg-Konstante	s^{-1}			
R'	Rydberg-Konstante	cm^{-1}			
R	Ohmscher Widerstand	Ω			
$R_{1,2}$	Rohrradius (innen, außen)	mm, cm	r	laufende Koordinate des Radius	mm, cm
S	Strahlungsleistung	W	s	Strahlungsleistung per cm²	W/cm²
S'	sichtbare Strahlungsleistung	W	$\hat{s}$	Schwarze Strahlungsleistung per cm²	W/cm²
S''	unsichtbare Strahlungsleistung	W			
$S_{T,\lambda,\nu}$	Strahlungsleistung bei bestimmtem $T, \lambda, \nu = \frac{c}{\lambda}$		$s_{T,\lambda,\nu}$	Strahlungsleistung per cm² bei bestimmtem $T, \lambda, \nu = \frac{c}{\lambda}$	
T	Temperatur	°K °C	s	Weg	cm
T_g	Temperatur des Atomgases	°K °C	t	Zeit	s
T_k	Temperatur an der kältesten Stelle	°K °C			

Symbol	Bedeutung	Einheit	Symbol	Bedeutung	Einheit
$T_{e, m, s, w}$	Temperatur (siehe Indizes)	°K °C	u	Fortschreitungsgeschwindigkeit für Atome (oder allgemein)	cm/s
T	Zeitdauer einer Periode				
			$u_{e, p, \lim}$	Fortschreitungsgeschwindigkeit (siehe Indizes)	cm/s
U	Netzspannung	V	u	Momentanwert der Netzspannung	V
U_L	induktive Netzspannungskomponente	V	u_L	Momentanwert der induktiven Netzspannungskomponente	V
$\mathfrak{V}$	Volumen	cm^3			
$V_{a, e, l, w, A, K}$	Spannung (siehe Indizes)	V	v_l	Momentanwert der Lampenspannung	V
V_i	Ionisationsspannung	V			
V_{ms}	Spannung (Potential) des metastabilen Niveaus	V			
V_L	induktive Spannung	V	v_L	Momentanwert der induktiven Spannung	V
V_R	Ohmsche Spannung	V	v	Geschwindigkeit der Atome (oder allgemein)	cm/s
V_z	Zündspannung	V	$v_{e, p, \lim}$	Geschwindigkeit (siehe Indizes)	cm/s
V_Φ	Austrittspotential	V	$v_{\mathfrak{w}}$	wahrscheinlichste Geschwindigkeit der Atome (oder allgemein)	cm/s
V_λ	relative Hellempfindlichkeit		$\bar{v}$	mittlere Geschwindigkeit der Atome (oder allgemein)	cm/s
W	Energie	erg	v_f	Effektivwert der Geschwindigkeit der Atome (oder allgemein)	cm/s
Z	Ordnungszahl im periodischen System der Elemente		z	Anzahl Elektronen neugebildet per Elektron per s	
α	Ionisierungsfaktor von Townsend		ζ_3	Nutzeffekt der totalen Strahlung $= \frac{\boldsymbol{S}(\mathrm{W})}{\boldsymbol{N}(\mathrm{W})}$	
α	Ionisationsgrad				
γ	extra Elektronen per Ion		η	Lichtausbeute $= \frac{\Phi}{\boldsymbol{N}}$	$\frac{\mathrm{lm}}{\mathrm{W}}$
ε	Basis der nat. Logarithmen		$\eta_{l, t, \mathrm{I}}$	Lichtausbeute (siehe Indizes)	$\frac{\mathrm{lm}}{\mathrm{W}}$
ε	Winkel mit Flächennormalen		$\varkappa$	Bruchteil der Energieübertragung bei Stoß $= 2\,\frac{m_e}{m}$	
ζ_1	optischer Nutzeffekt $= \frac{\boldsymbol{S}'(\mathrm{W})}{\boldsymbol{S}(\mathrm{W})}$				
ζ_2	Nutzeffekt der sichtbaren Strahlung $= \frac{\boldsymbol{S}'(\mathrm{W})}{\boldsymbol{N}(\mathrm{W})}$		λ	Wellenlänge	Å
			λ_{max}	Wellenlänge des Strahlungsmaximums	

Symbol	Bedeutung	Einheit
λ	mittlere freie Weglänge für Atome (oder allgemein)	cm
$\lambda_{e,p}$	mittlere freie Weglänge (siehe Indizes)	cm
λ	Leistungsfaktor $\lambda = \psi \cdot \cos\varphi$	
λ	Wärmeleitzahl	
μ	Molekulargewicht oder Atomgewicht	
μ	Bruchteil des Stromes von Ionen getragen	
ν	Frequenz	s^{-1}
$\tilde{\nu}$	Wellenzahl	cm^{-1}
ν	Anzahl Atome (oder allgemein) durch 1 cm² per s	
ν_D, ν_{am}	Anzahl Atome durch 1 cm² per s bei Diffusion (unipolar, ambipolar)	
$\nu_{e,p}$	Anzahl Teilchen durch 1 cm² per s (siehe Indizes)	
ξ_1	visueller Nutzeffekt der totalen Strahlung $= \frac{\Phi}{S}$	$\frac{lm}{W}$

Symbol	Bedeutung	Einheit
ξ_2	Visueller Nutzeffekt der sichtbaren Strahlung $= \frac{\Phi}{S'}$	$\frac{lm}{W}$
ϱ	Raumladungsdichte $(n_p - n_e) \cdot e$	C/cm³
ϱ	Reflexionskoeffizient	
ϱ_λ	Reflexionskoeffizient für Wellenlänge λ	
σ	Flächenladungsdichte	C/cm²
σ	Strahlungskonstante von Stefan-Boltzmann	
τ	mittlere Lebensdauer angeregter Atome	s
τ	Lichtdurchlässigkeit	
τ_λ	Lichtdurchlässigkeit für Wellenlänge λ	
φ	Phasenverschiebungswinkel	
$\cos\varphi$	Verschiebungsfaktor	
Φ, I	Lichtstrom (siehe Indizes)	lm
ψ	Verzerrungsfaktor	
ω	Winkelgeschwindigkeit	s^{-1}
ω	Raumwinkel	

Bedeutung der Indizes.

A	Anode
a	Anregung
e	Elektron
K	Kathode
l	Lampe
m	Entladungsachse (Mitte); Maximalwert bei Wechselstromgrößen
n	Normalzustand
p	positive Ionen
s	Sättigung (z. B. Sättigungsstrom)
t	total
T	Temperatur, Wärme
w	Wand
I	per cm Länge
lim	Grenzwert
$\varkappa$	Stoß

Literatur- und Quellenverzeichnis.

Die Literaturangaben sind nach den Paragraphen geordnet; bei jeder Angabe ist mit einigen Worten der Inhalt genannt. Die Zitate sind numeriert (kursiv gedruckt). Die Angaben (*1*) bis (*7*) beziehen sich auf mehr allgemeine Werke.

(*1*) von Engel, A. und M. Steenbeck. Elektrische Gasentladungen. Bd. I. Erzeugung, Bewegung und Vernichtung von Ladungsträgern. Berlin: Julius Springer 1932.

(*2*) von Engel, A. und M. Steenbeck. Elektrische Gasentladungen. Bd. II. Entladungseigenschaften. Technische Anwendungen. Berlin: Julius Springer 1934.

(*3*) Knoll, M., F. Ollendorff und R. Rompe. Gasentladungstabellen. Berlin: Julius Springer 1935.

(*4*) Darrow, K. K. Electrical Phenomena in Gases. Baltimore: Williams and Wilkins 1932.

(*5*) Seeliger, R. Physik der Gasentladungen, 2. Aufl. Leipzig: Johann Ambrosius Barth 1934.

(*6*) Born, M. und F. Sauter. Moderne Physik (Atomtheorie). Berlin: Julius Springer 1933.

(*7*) Köhler, W. und R. Rompe. Elektrische Leuchtröhren. Braunschweig: F. Vieweg & Sohn 1933.

A. Elektronen, Atome, Ionen.

I. Elektronen.

§ 3.

Abb. 4: (*1*) S. 155.

(*8*) Langmuir, I. und K. T. Compton. Feld- und Potentialverlauf, Raumladungserscheinungen in Gasentladungen. Rev. Mod. Phys. 3 (1931) 191—257.

II. Kinetische Gastheorie.

(*9*) Loeb, L. B. Kinetic Theory of Gases, 2. Aufl. London-New York: McGraw-Hill 1934.

§ 10.

Tabelle 4. Werte von r; Ne, Ar, Hg, H_2, N_2, O_2: (*10*) S. 69; He: (*11*) S. 415; Na: (*12*) S. 105; m-Werte: (*3*) S. 1.

(*10*) Landolt, H. und R. Börnstein. Physikalisch-chemische Tabellen. Ergänzungsband I. Berlin: Julius Springer 1923.

(*11*) Jeans, J. H. Dynamische Theorie der Gase. Braunschweig 1926.

(*12*) Landolt, H. und R. Börnstein. Physikalisch-chemische Tabellen. Ergänzungsband III. Berlin: Julius Springer 1930.

Abb. 10: nach (*13*).

(*13*) Ramsauer, C. und R. Kollath. Wirkungsquerschnitte von Gasmolekülen bezüglich langsamer Elektronen und langsamer Ionen. Geiger-Scheel. Handbuch der Physik, Bd. XXII/2, 2. Aufl. Berlin: Julius Springer 1933.

III. Atomtheorie.

(*14*) Haas, A. Atomtheorie. Berlin: Walther de Gruyter & Co. 1936.

§ 14.

Tabelle 5a: (*15*) S. 571, mit Atomgewichten 1937.

(*15*) Joos, G. Theoretische Physik, 2. Aufl. Leipzig: Akademische Verlagsgesellschaft 1934.

Abb. 12: (*16*) S. 95.

(*16*) White, H. E. Atomic Spectra. New York-London: McGraw-Hill 1934.

§ 15.

Tabelle 5b: (*6*) S. 132, mit Atomgewichten 1937
und Ionisierungsspannungen aus (*17*) S. 252.

(*17*) Kuhn, H. Atomspektren. Eucken, A. und K. L. Wolf. Hand- und Jahrbuch der chemischen Physik, Bd. 9/1. Leipzig: Akademische Verlagsgesellschaft 1934.

§ 16.

Abb. 19: (*18*) Bd. II, S. 21.

(*18*) Grotrian, W. Die Spektren der Atome mit 1—3 Valenzelektronen (Samml. Struktur der Materie, Bd. VII). Berlin: Julius Springer 1928.

§ 17.

Abb. 22: (*18*) Bd. II, S. 79.

IV. Wechselwirkung zwischen Atomen und Elektronen.

(*19*) Compton, K. T. und I. Langmuir. Elementarprozesse in Gasentladungen. Rev. Mod. Phys. 2 (1930) 123—242.

(*20*) de Groot, W. und F. M. Penning. Anregung von Quantensprüngen durch Stoß. Geiger-Scheel. Handbuch der Physik, Bd. XXIII/1, 2. Aufl. Berlin: Julius Springer 1933.

§ 18.

(*21*) Przibram, K. Ionen in Gasen. Zusammenfassende Übersicht: Beweglichkeit, Diffusion, Ladung usw. Geiger-Scheel. Handbuch der Physik, Bd. XXII/1, 2. Aufl. Berlin: Julius Springer 1933.

(*22*) Hertz, G. Diffusion langsamer Elektronen im elektrischen Felde. Z. Phys. 32 (1925) 298—306.

Tabelle 6: Ke: (*23*) und (*24*); K_n und K_p: (*3*) S. 45; ausgenommen K_p für N_2 (rein, $\mathfrak{E} = 1$): (*25*) und K_p für He (rein, $\mathfrak{E} = 1$): (*26*).

(*23*) Bradbury, N. A. und R. A. Nielsen. Messungen von K_e in H_2. Phys. Rev. 49 (1936) 388—393.

(*24*) Nielsen, R. A. Messungen von K_e in N_2, He, Ne, Ar. Phys. Rev. 50 (1936) 950—954.

(*25*) Mitchell, J. H. und K. E. W. Ridler. Messung von K_p in N_2. Proc. roy. Soc., Lond. A 146 (1934) 911—921.

(*26*) Tyndall, A. M. und C. F. Powell. Messung von K_p in He. Proc. roy. Soc., Lond. A 134 (1931) 125—136.

Tabelle für K_p von Alkaliionen in Edelgasen: (*27*).

(*27*) Powell, C. F. und L. Brata. K_p für Alkali-Ionen in Gasen. Proc. roy. Soc., Lond. A 138 (1932) 117—132.

(*28*) Ramien, H. Energieverlust langsamer Elektronen in H_2. Z. Phys. 70 (1931) 353—374.

§ 19.

Abb. 26: (*20*) S. 86. Fußnote (1) S. 66: (*20*) S. 70.

Abb. 27: (*3*) S. 68. Tabelle 7: (*20*) und (*29*).

(*29*) Bacher, R. F. und S. Goudsmit. Atomic Energy States. New York-London: McGraw-Hill 1932.

§ 20.

Lebensdauer τ für Na $3\,^2P_{\frac{3}{2},\frac{1}{2}}$ und Hg $6\,^3P_1$: (*30*) S. 148.

(*30*) Mitchell, A. C. G. und M. W. Zemansky. Resonance Radiation and Excited Atoms. Cambridge University Press 1934.

Lebensdauer metastabiler Zustände: (*20*) S. 163.

(*31*) Penning, F. M. Einfluß sehr geringer Beimischungen auf die Zündspannung der Edelgase (Ionisation durch metastabile Atome). Z. Phys. 46 (1928) 335—348.

§ 22.

Abb. 29: (*32*).

(*32*) Krefft, H. Wiedervereinigungsspektrum der positiven Säule in Metalldämpfen mit Dublettserien. Z. Phys. 77 (1932) 752—773.

B. Gasentladungen.

V. Allgemeines.

(*33*) Emeléus, K. G. Conduction of Electricity through Gases. London: Methuen 1929.

§ 26.

Abb. 37: (*34*).

(*34*) Kruithof, A. A. und F. M. Penning. Townsend Koeffizient α für Ar. Physica, Haag 3 (1936) 515—533.

Abb. 38. He: (*35*); Ne, Ne + 0,1% Ar und Ar: (*36*); Luft: (*37*).

(*35*) Townsend, J. S. und S. P. McCallum. Ionisation durch Stoß in He. Phil. Mag. 17 (1934) 678—697.

(*36*) Kruithof, A. A. und F. M. Penning. Bestimmung (α/p) für Ne-Ar-Mischungen. Physica, Haag 4 (1937) 430—449.

(*37*) Sanders, F. H. Bestimmung von (α/p) für Luft. Phys. Rev. 44 (1933) 1020—1024, 45 (1934) 346.

§ 27.

Abb. 39: (*38*).

(*38*) Penning, F. M. und C. C. J. Addink. Zündspannung der Glimmentladung in Ne-Ar-Gemischen zwischen parallelen Platten. Physica, Haag 1 (1934) 1007—1027.

§ 28.

(*39*) Maier-Leibnitz, U. Ausbeutemessungen (der Anregung) beim Stoß langsamer Elektronen mit Edelgasatomen. Z. Phys. 95 (1935) 499—523.

§ 29.

(*40*) Penning, F. M. Negative Charakteristiken bei selbständigen Gasentladungen. Phys. Z. 33 (1932) 816—822.

VI. Erscheinungen an den Elektroden.

(*41*) Güntherschulze, A. Normaler Kathodenfall und Austrittsarbeit V_Φ. Z. Phys. 24 (1924) 52—55.

Tabelle 8: (*3*) S. 120, dort fehlende aus (*2*) S. 103.

Tabelle 9: (*2*) S. 104.

Die Werte des Kathodenfalles sind etwas unsicher.

(*42*) Claude, G. Neon Leuchtröhren. C. R. Acad. Sci., Paris 152 (1911) 1377—1379.

(*43*) Alterthum, H., A. Lompe und R. Seeliger. Aufzehrung der Edelgase in der Entladung. Z. techn. Phys. 17 (1936) 407—412.

§ 32.

(*44*) Langmuir, I. Kathodenfall bei Glühkathoden. Phys. Rev. 33 (1929) 954—989.

§ 33.

(*45*) Langmuir, I. und H. Mott Smith. Sondenmessungen — Anodenfall-Theorie. Gen. Electr. Rev. 27 (1924) 762—771.

(*46*) von Issendorf, J. Der negative Anodenfall. Z. Phys. 67 (1931) 556—566.

VII. Die positive Säule bei niedrigem Druck und Gleichstrom.

§ 38.

Abb. 63: aus (*47*).

(*47*) Druyvesteyn, M. J. Messungen an der positiven Säule in Neon. Z. Phys. 81 (1933) 571—580.

§ 40.

(*48*) Schottky, W. Diffusionstheorie der positiven Säule. Phys. Z. 25 (1924) 342—348 und 635—640.

§ 41.

Abb. 69: (*2*) S. 86. Die Konstanten *C* der Formel (117) aus (*2*) S. 86 (Tabelle 2).

§ 42.

Abb. 71: (*3*) S. 100.

§ 43.

Messungen nach (*47*). Energiebilanz zum Teil nach eigenen, nicht veröffentlichten, Messungen.

C. Licht und Sehen.

VIII. Begriffe und Maßeinheiten.

(*49*) Walsh, J. Photometry. London: Constable & Co. 1926.

§ 44.

(*50*) Bouma, P. J. Eigenschaften des Auges. Philips' techn. Rdsch. 1 (1936) 102—106.

(*51*) Gerbis, H. Das Wunder des Auges. Licht 6 (1936) 2—7.

§ 45.

Tabelle 10: (*52*) S. 114.

(*52*) Luckiesh, M. und F. K. Moss. The Science of Seeing. New York: van Nostrand Cy 1937.

§ 46.

(*53*) DIN 5031 — Grundgrößen, Bezeichnungen und Einheiten in der Lichttechnik.

§ 47.

(*54*) DIN 5033 — Bewertung und Messung von Farben.

(*55*) Richter, M. Farbbestimmung. IBK 1931. Licht 4 (1934) 205—208, 231—236.

(*56*) Bouma, P. J. Farbbestimmung (gemeinverständlich). Philips' techn. Rdsch. 1 (1936) 282—287.

(*57*) Bouma, P. J. Farbenraum und Farbdreiecke. IBK 1931. Literatur s. Philips' techn. Rdsch. 2 (1937) 39—46.

(*58*) Judd, D. B. IBK 1931. Normalauge. Koordinatensysteme. J. opt. Soc. Amer., N. Y. 23 (1933) 359—374.

Abb. 78, 79, 80, 84: nach (*57*).

IX. Meßmethoden und Bewertung von Lichtquellen.

§ 48.

(*59*) Blanc, A. Rayonnement. Principes scientifiques de l'éclairage. Collection Armand Colin No. 1. Paris 1921.

§ 49.

(*60*) DIN 5032 — Photometrische Bewertung und Messung von Lampen und Beleuchtung.
(*61*) Laporte, M. und F. Gans. Objektive Photometrie. Rev. Opt. 15 (1936) 321—332.

§ 50.

(*62*) Pirani, M. und E. Summerer. Physikalische Energiebilanz, technische Bewertung der Lichtquellen. Lichttechn. 13 (1936) 1—8.
(*63*) Lax, E., M. Pirani und R. Rompe. Probleme der technischen Lichterzeugung. Naturwiss. 23 (1935) 593—405.

Abb. 93: nach (*64*) — Kap. 2, Abb. 12.

(*64*) Lax, E. und M. Pirani. Lichttechnik auf physikalischen Grundlagen. Geiger-Scheel. Handbuch der Physik, Bd. XIX, 1—49, 332—470. Berlin: Julius Springer 1928.

§ 51.

Abb. 96: (*65*), Abb. 97: (*66*), Abb. 98: (*67*).

(*65*) Bouma, P. J. Leuchtdichte *B* und Helligkeit *H* bei Straßenbeleuchtung und Photometrie. Literatur. Philips' techn. Rdsch. 1 (1936) 142—146.
(*66*) Bouma, P. J. Sehschärfe bei diversen Lichtarten. Ingenieur, Utrecht 49 A (1934) 243—246.
(*67*) Bouma, P. J. Sehschärfe bei Glühlampen- und Na-Licht. Ingenieur, Utrecht 49 A (1934) 31—34.

D. Gasentladungslampen mit niedrigem Druck.

X. Neon- und Hg-Niederdrucklampen.

(*68*) Lax, E. und M. Pirani. Gasentladungs- und Bogenlampen. Geiger-Scheel. Handbuch der Physik, Bd. XIX, Kap. 15 (379—399), 1. Aufl. Berlin: Julius Springer 1928.

§ 52.

(*69*) Holst, G. Wolframbogenlampe. Physica, Haag 1 (1921) 379—380.

§ 53.

(*70*) Hagenbach, A. Elektrischer Lichtbogen. Geiger-Scheel. Handbuch der Physik, Bd. XIV, Kap. 6 (324—353), 1. Aufl. Berlin: Julius Springer 1927.
(*71*) Skaupy, S. und H. Pulfrich. DRP 478073, 5. 11. 26. Leuchtröhre mit CO_2- und Edelgas- (He-) Füllung.

§ 54.

(*72*) Druyvesteyn, M. J. und N. Warmoltz. Photometrie des Neonglimmlichts. Z. Phys. 68 (1931) 378—394.
(*73*) de Groot, W. Resonanz der λ 6402 in Neon. Physica, Haag 6 (1926) 53—56.
(*74*) Dorgelo, H. B. Intensitätsmessungen am Ne-Spektrum. Physica, Haag 5 (1925) 90—100.

Abb. 104: (*75*).

(*75*) Roodenburg, J. W. M. und G. Zecher. Pflanzenbestrahlung mit Neonlicht. Philips' techn. Rdsch. 1 (1936) 193—199.

Abb. 105: nach (*76*).

(*76*) Krefft, H. und M. Pirani. Spektralmessungen von technischen Strahlungsquellen. Z. techn. Phys. 14 (1933) 393—411.

§ 55.

Tabelle 20: nach (*76*).

(*77*) Brev. franç. 589856/Add. 29867, 30. 4. 1924. Verwendung von Uranglas bei Hg-Niederdruckentladungen.

XI. Beschreibung der Natriumlampen.

§ 56.

(*78*) Compton, A. H. US. Pat. No. 1830312, 8. 5. 1919. Na-Entladung.

(*79*) Mackay, G. M. J. US. Pat. No. 1531966, 26. 1. 1920. Na-Entladung. Vakuummantel.

(*80*) Mackay, G. M. J. US. Pat. No. 1603087, 1. 10. 1920. Na-Entladung.

(*81*) Compton, A. H. US. Pat. No. 1570876, 16. 10. 1920. Natriumfestes Glas.

(*82*) Compton, A. H. und C. C. van Voorhis. Lichtausbeute verschiedener Gasentladungen. Phys. Rev. 21 (1923) 210.

(*83*) Mackay, G. M. J. und E. E. Charlton. Entladung in Natriumdampf. Phys. Rev. 21 (1923) 209—210.

(*84*) Pirani, M. und E. Lax. Erscheinungen bei der Elektrolyse von Na durch Glas. Z. techn. Phys. 3 (1922) 232.

(*85*) Pirani, M. Lichterzeugung mit Gasentladungslampen. Z. techn. Phys. 11 (1930) 482—486.

(*86*) Druyvesteyn, M. J. Energiebilanz der Na-Säule. Phys. Z. 33 (1932) 822—823.

(*87*) Holst, G. Natriumlampen. Allgemeine Beschreibung. Ingenieur, Utrecht 48 (1933) E 75—79.

(*88*) Ewest, H. Entwicklung Na-Lampen (Patentübersicht). Licht 6 (1936) 243—246.

§ 58.

(*89*) Uyterhoeven, W. Serienschaltung Na-Lampen. Illum. Engr. Lond. 28 (1935) 58—59.

(*90*) Lax, E. und M. Pirani. Neue Gasentladungslichtquellen (Literatur). Techn.-wiss. Abh. Osram Bd. III (1934) 6—22.

(*91*) Fonda, G. R. und A. H. Young. Na-Wechselstromlampe. Gen. Electr. Rev. 37 (1934) 331—337.

(*92*) Found, C. G. Arbeitsweise der GE Na-Wechselstromlampe. Gen. Electr. Rev. 37 (1934) 269—277.

XII. Natriumlampen im Betrieb.

§ 59.

(*93*) Uyterhoeven, W. und C. Verburg. Maximum in V_l und N_l beim Anwärmen. C. R. Acad. Sci., Paris 200 (1935) 536—539.

(*94*) Uyterhoeven, W. und C. Verburg. Stromdichteverteilung in Na-Ne-Entladung. C. R. Acad. Sci., Paris 202 (1936) 1498—1500.

§ 61.

Formel (163) berechnet nach (3): aus (*95*) S. 531.

(*95*) Edmondson, W. und A. Egerton. Dampfdruck und Schmelzpunkt von Na und K. Proc. roy. Soc., Lond. A 113 (1926) 520—533.

XIII. Theoretische Betrachtungen über Natriumlampen und ihre Lebensdauer.

§ 62.

(*96*) Compton, K. T. Diffusion der Resonanzstrahlung. Phys. Rev. 21 (1923) 207.

Linienverbreiterung: (*17*) S. 228; (*30*) S. 158.

(*97*) Druyvesteyn, M. J. und W. de Groot. Temperaturstrahlung der Flammen und der Gasentladungen. Physica, Haag 12 (1932) 153—165.

(*98*) de Groot, W. Lichtemission bei Gasentladungen, insbesondere von Resonanzlinien. Physica, Haag 12 (1932) 289—310, 1 (1934) 28—34.

(*99*) Rompe, R. Betrachtungen über Strahlungsvorgänge. Techn.-wiss. Abh. Osram, Bd. III (1934) 44—47.

(*100*) Fonda, G. R. und A. H. Young. Einfluß des Dampfdruckes auf den Betrieb der Na-Lampen. J. opt. Soc. Amer., N. Y. 24 (1934) 31—34.

(*101*) Druyvesteyn, M. J. und N. Warmoltz. Energiebilanz, T_e, G der positiven Säule in Na-Entladungen. Grundgas Ne, He, Ar. Phil. Mag. 17 (1934) 1—27.

(*102*) Schmellenmayer, H. Strahlung der Na-Resonanzlinien. Z. Phys. 93 (1935) 705—725.

§ 63.

(*103*) Vaillant, W. Messung der Lichtausbeute von Wechselstromleuchtröhren. Verzerrungsfaktor. Licht 4 (1934) 221—222 und 243—244.

(*104*) Ewest, H. Strom, Spannung und Leistung bei Wechselstromleuchtröhren. Z. techn. Phys. 14 (1933) 478—480.

(*105*) Uyterhoeven, W. und C. Verburg. Einfluß der Na-Konzentrationsänderung bei Wechselstromentladung. C. R. Acad. Sci., Paris 201 (1935) 647—649.

§ 64.

(*106*) Druyvesteyn, M. J. Elektrophorese in der positiven Säule einer Gasentladung. Physica, Haag 2 (1935) 255—266.

E. Quecksilberdampflampen mit hohem und sehr hohem Druck.

XIV. Beschreibung und Betrieb der Hg-Hochdrucklampen.

§ 65.

(*107*) Küch, R. und T. Retschinsky. Strahlung des Hg-Bogens. Ann. Phys., Lpz. 20 (1906) 563—583.

§ 66.

(*108*) Krefft, H. und R. Summerer. Hg-Dampflampen und Anwendungen. Licht 4 (1934) 1—5, 23—26, 86—89, 105—108.

Die Formel zur Berechnung der Tabelle 28 ist aus Critical Tables, Bd. III, S. 204.

(*109*) Seeliger, R. Einschnürung als Folge des Temperaturunterschiedes. Phys. Z. 33 (1932) 313.

Abb. 144: nach (*110*) Abb. 1.

(*110*) Krefft, H. Strahlung der Hg-Entladung. Techn.-wiss. Abh. Osram Bd. IV (1936) 33—41.

Abb. 145 nach Angaben von Dr. W. Elenbaas.

§ 67.

Allgemeine Beschreibung: (*108*) und

(*111*) Elenbaas, W. Hg-Hochdruckentladungen. Ingenieur, Utrecht 50 (1935) E 83—90.

Abb. 148a und b: (*112*).

(*112*) Beggs, S. S. und G. H. Wilson. Entwurf von Leuchten für Hg-Hochdrucklampen. Gen. Electr. Comp. J. 6, No. 3, August 1935.

Abb. 150: (*113*).

(*113*) St. Louis, J. A. 400 W (H_1) und 250 W (H_2) Type Hg-Lampe. Trans. Illum. Engng. Soc. 31 (1936) 583—597.

XV. Theorie der Hg-Hochdruckentladung.

§ 69.

(*114*) Elenbaas, W. Temperatur des Hg-Bogens. Physica, Haag 1 (1934) 211—224.

(*115*) Elenbaas, W. Theorie der Hg-Hochdruckentladung. Thermisches Gleichgewicht. Physica, Haag 1 (1934) 673—688.

Abb. 158: (*111*) Abb. 2.

§ 70.

(*116*) Saha, M. N. Ableitung der Saha-Gleichung. Phil. Mag. 40 (1920) 472—488; Z. Phys. 6 (1921) 40—55.

(*117*) Compton, K. T. Erste Anwendung der Saha-Gleichung auf Bogenentladungen. Phys. Rev. 21 (1923) 266—291.

(*118*) Ornstein, L. S., H. Brinkman und A. Beunes. Anwendung der Saha-Gleichung auf Bogenentladungen. Z. Phys. 77 (1932) 72—81.

§ 71.

Siehe (*115*).

§ 72.

(*119*) Brinkman, H. Temperaturbestimmung im Bogen mittels Spektralmessungen (Dissertation). Zusammenfassende Übersicht. Utrecht 1937.

(*120*) Engel, A. von und M. Steenbeck. Temperatur der Bogenentladung. Naturwiss. 19 (1932) 212.

(*121*) Küch, R. und T. Retschinsky. Temperaturbestimmung im Hg-Bogen. Ann. Phys., Lpz. 22 (1907) 595—602.

(*122*) Ornstein, L. S. und W. R. van Wijk. Temperatur Hg-Bogen aus Linienbreite. Z. Phys. 78 (1932) 737.

(*123*) Suits, C. G. Hochdruckbogen (Temperatur). Gen. Electr. Rev. 39 (1936) 194—200.

Abb. 161: (*114*), Abb. 162: (*111*),
Abb. 163 und Abb. 164: (*115*), Abb. 165: (*124*).

(*124*) Elenbaas, W. Hg-Hochdruckentladungen. Allgemeine Beschreibung. Nederl. Tijdschr. Natuurkde. 4 (1937) 65—87.

§ 73.

(*125*) Elenbaas, W. Elektrodenverluste in der Hg-Hochdruckentladung. Physica, Haag 3 (1936) 947—953.

Siehe auch (*124*).

Abb. 166: (*110*), Abb. 167: nach (*126*).

(*126*) Elenbaas, W. Einfluß des Zündgases auf die Hg-Hochdruckentladung. Physica, Haag 3 (1936) 219—236.

§ 74.

(*127*) Elenbaas, W. Gradient der Hg-Hochdruckentladung. Physica, Haag 2 (1935) 757—762.

§ 75.

(*128*) Elenbaas, W. Ähnlichkeitsgesetze der Hochdruckentladung. Physica, Haag 2 (1935) 169—182.

Abb. 170: (*124*). Abb. 171: (*129*).

(*129*) Heller, G. Ähnlichkeitsgesetze der Hochdruckentladung. (Mathematische Ableitung.) Physics 6 (1935) 389—394.

Abb. 172: nach (*130*).

(*130*) Elenbaas, W. Gesamtstrahlung der Hg-Hoch- und Superhochdruckentladung. Physica, Haag 4 (1937) 413—417.

XVI. Hg-Superhochdrucklampen.

§ 76.

(*131*) Elenbaas, W. Allgemeine Beschreibung der Hg-Hochdruck- und Superhochdruckentladung. Rev. Opt. 15 (1936) 343—350.

§ 77.

(*132*) de Groot, W. Spektrum der Hg-Superhochdruckentladung. Ingenieur, Utrecht 50 (1935) E 92—94.

(*133*) de Groot, W. Spektrum der Hg-Superhochdruckentladung. Zeeman-Heft. Physica, Haag (1935) 312—322.

Abb. 173: (*134*).

(*134*) Elenbaas, W. Spektrum der Hg-Superhochdruckentladung. Physica, Haag 3 (1936) 859—871.

Abb. 174: nach (*135*).

(*135*) Mrozowski, S. Bandenspektrum des Hg-Dampfes. Z. Phys. 104 (1937) 228—247 und 106 (1937) 458—462.

Abb. 175 und 176: (*132*). Abb. 177a und b nach: (*76*).
Abb. 177c und d: (*134*).

(*136*) Krefft, H., K. Larché und F. Rössler. Strahlung der Hg-Entladung bei Hoch- und Superhochdruck. Z. techn. Phys. 17 (1936) 374—377.

(*137*) Fabrikant, W. A. und F. Butaewa. Strahlung der Hg-Hochdruckentladung. Phys. Z. Sowjet. 9 (1936) 383—404.

(*138*) Elenbaas, W. Selbstabsorption in Hg-Hochdruckentladungen. Physica, Haag 2 (1935) 763—768.

§ 78.

(*139*) Heller, G. HP 300-Lampe (mit gesättigtem Hg-Dampf). Philips' techn. Rdsch. 1 (1936) 129—134.

(*140*) Buttolph, L. J. Superhochdrucklampe (H_3) mit gesättigtem Hg-Dampf. J. Soc. mot. Pict. Engrs. 28 (1937) 43—49.

§ 79.

(*141*) Bol, C. Wassergekühlte Hg-Superhochdruckröhre. Ingenieur, Utrecht 50 (1935) E 91—92.

Abb. 183: nach (*142*), teilweise korrigiert.

(*142*) Rompe, R. und W. Thouret. Leuchtdichte der Hg-Entladung bei höheren Drucken. Z. techn. Phys. 17 (1936) 377—380.

(*143*) Elenbaas, W. Leuchtdichte der Hg-Superhochdruckentladung. Z. techn. Phys. 17 (1936) 61—62.

Abb. 187, 192 und 194: aus (*144*).

(*144*) Dorgelo, E. G. Wassergekühlte Hg-Superhochdrucklampen. Philips' techn. Rdsch. 2 (1937) 165—171.

Abb. 190: nach (*139*).

XVII. Verbesserung der Lichtfarbe und Erhöhung der Lichtausbeute.

§ 80.

Abb. 196, 197 und 198: aus (*145*).

(*145*) Pringsheim, P. Fluoreszenz und Phosphoreszenz (Literatur). Samml. Struktur der Materie, Bd. VI, 3. Aufl. Berlin: Julius Springer 1928.
(*146*) Pringsheim, P. Anregung von Lichtemission durch Einstrahlung. Geiger-Scheel. Handbuch der Physik, Bd. XXIII/1, Kap. 3 (185—322), 2. Aufl. Berlin: Julius Springer 1933.
(*147*) Pringsheim, P. Lumineszierende Lichtquellen. Geiger-Scheel. Handbuch der Physik, Bd. XIX, Kap. 9 (287—307), 1. Aufl. Berlin: Julius Springer 1928.
(*148*) Curie, M. Luminescence des Corps Solides. Conf. Rapports, Vol. 24. Paris: Presses Universitaires de France 1934.
(*149*) Pirani, M. und A. Rüttenauer. Lichterzeugung durch Strahlungsumwandlung. Licht 5 (1935) 93—98.
(*150*) Rüttenauer, A. Anregung der Phosphore in der Neon-Entladung. Z. techn. Phys. 17 (1936) 384—387.
(*151*) Found, C. G. Zusammenfassende Übersicht über Lichterzeugung durch Gasentladungslampen. Trans. electrochem. Soc. Amer. (1937) Preprint.

§ 81.

(*152*) Elenbaas, W. Temperaturänderung des Hg-Bogens bei Zufügung von Kadmium. Physica, Haag 2 (1935) 45—54.

Abb. 200, 201 und 202: nach (*153*).

(*153*) Bouma, P. J. Farbwiedergabe bei „weißen" Lichtquellen. Philips' techn. Rdsch. 2 (1937) 1—7.

Anhang I.

(*154*) Jäger, G. Theoretische Physik. III: Elektrizität und Magnetismus. Samml. Göschen No. 78, 4. Aufl. Berlin-Leipzig: Akademische Verlagsgesellschaft 1918.

Anhang II.

Abb. 205: nach (*16*) S. 68.

Anhang IV.

(*155*) Dorgelo, E. G. Wechselstromschaltungen. Philips' techn. Rdsch. 2 (1937) 103—109.

Anhang V.

(*156*) Langmuir, I. und H. Mott Smith. Niederdruck-Entladungen in Hg. Gen. Electr. Rev. 27 (1924) 449—455, 538—548, 616—623, 762—771, 810—820.

Anhang VII.

Normalkerze: nach (*157*).

(*157*) Steinwehr, H. von. N.K. (Normalkerze, Neue Kerze). Phys. Z. 38 (1937) 868—870.

Sachverzeichnis.

(T bedeutet Tabelle.)

GPSR Compliance

The European Union's (EU) General Product Safety Regulation (GPSR) is a set of rules that requires consumer products to be safe and our obligations to ensure this.

If you have any concerns about our products, you can contact us on ProductSafety@springernature.com

In case Publisher is established outside the EU, the EU authorized representative is:

Springer Nature Customer Service Center GmbH
Europaplatz 3
69115 Heidelberg, Germany

Batch number: 10682323

Printed by Printforce, the Netherlands